卓越工程师培养计划"十二五"规划教材

微计算机原理及应用

(第3版)

潘名莲　王传丹　庞晓凤　编著

電子工業出版社

Publishing House of Electronics Industry

北京 · BEIJING

内容简介

本书共 8 章，以得到最广泛应用的 IA-32 位结构微处理器家族产品 80x86/Pentiun 和 PC 系列微计算机为背景，系统阐述了微处理器的基本工作原理、体系结构、指令系统、汇编语言程序设计以及主存储器、输入/输出接口芯片围绕 CPU 构建微计算机/微处理器系统的基本组成原理、应用技术和方法。

本书系统性强，既有基本原理的阐述，又配有相应的应用实例。书中的程序都经上机通过，硬件连接实例都取于成功的系统。

本书可作为高等院校理工科非计算机专业相关课程的教材，也可供从事微处理器和微机应用的研究生及科技人员学习和参考。

图书在版编目（CIP）数据

微计算机原理及应用 / 潘名莲，王传丹，庞晓凤编著. —3 版. —北京：电子工业出版社，2013.4
卓越工程师培养计划“十二五”规划教材
ISBN978-7-121-17111-6

Ⅰ. 微… Ⅱ. ①潘… ②王… ③庞… Ⅲ. 微型计算机—高等学校—教材 Ⅳ. ①TP36

中国版本图书馆 CIP 数据核字（2012）第 101790 号

策划编辑：章海涛
责任编辑：章海涛　特约编辑：曹剑锋
印　　刷：北京虎彩文化传播有限公司
装　　订：北京虎彩文化传播有限公司
出版发行：电子工业出版社
　　　　　北京市海淀区万寿路 173 信箱　邮编 100036
开　　本：787×1 092　1/16　印张：23　字数：625 千字
版　　次：2003 年 4 月第 1 版
　　　　　2013 年 4 月第 3 版
印　　次：2025 年 1 月第 14 次印刷
定　　价：45.00 元

凡所购买电子工业出版社图书有缺损问题，请向购买书店调换。若书店售缺，请与本社发行部联系，联系及邮购电话：(010)88254888。

质量投诉请发邮件至 zlts@phei.com.cn，盗版侵权举报请发邮件至 dbqq@phei.com.cn。

服务热线：(010)88258888。

第 3 版前言

又过了 10 年。《微计算机原理(第 2 版)》到现在已经用 10 年了,历经 15 次印刷,受到各高校、各位老师、同学们和广大科技工作者的厚爱,我们深感欣慰。

回想 20 世纪 80 年代中期,8086 16 位微处理器和 IBM PC/XT 微机还不为大多数人认知,作为本书从第 1 版、第 2 版到现在的第 3 版的主编,幸运地从科研得到了一台 IBM PC/AT 微机,并从此走上了为电子科大硕士、博士研究生开设的“16 位微计算机”课程的讲台。在取得教学、科研经验的基础上,我们撰写了《微计算机原理》(16 位)的教材,并投向了当年由电子工业工科电子类专业(无线电技术与信息系统)编委会(仪器与测量)编审组在全国重点高校的征稿。也就是这本书,它荣获了唯一的中标入选资格,并推荐给电子工业出版社出版,作为全国高校工科电子类的规划教材。受教的多少学生,当他们走上工作岗位后回校对老师说的一句话:“是《16 位微计算机》引我上手工作打开局面”。他们在熟懂微计算机原理的基础上,展翅高飞,已飞得很高、很远。十年、二十年母校再聚首,总也忘不了老师的 Microprocessor 和 Microcomputer 的恩惠。多少学生、读者如今已是各行各业的骨干、带头人。他们硕果累累,青出于蓝,更胜于蓝。

21 世纪,人类社会在微电子技术、通信技术、计算机技术和软件技术的支撑下,微处理器和微计算机的发展已从当年的 16 位到 32 位到 64 位。以 Intel 公司为代表的生产厂商从 80x86/Pentium 家族产品进入到多核处理器时代。微处理器的另一分支则向着片上系统的嵌入式形态发展,构成了信息社会从巨型机到超小型机应用的后 PC 时代。微处理器和微计算机技术飞跃发展,产品不断升级换代的过程中,计算机的组成原理、体系结构、基本工作原理并没有改变。我们看到的只是组成芯片的集成度变高了,一个芯片中包含的基本组成部件增多了,即后代硬件产品结构覆盖着前代,而用前代产品指令系统开发的软件可以在后代产品上运行。以此为出发点,本书第 3 版仍保持第 2 版的主干内容不变,特色不变,进行了添新、删陈、合并、重组,与时俱进地引入现代微处理器和微计算机发展的新内容,并增加实践和应用实例。

具体修编体现如下:

① 保持全书 8 章的建制不变,将原来的第 7 章中断系统合并入第 6 章输入/输出技术中,并把其中的功能扩展及总线标准重组到新的第 8 章微计算机扩展与应用,增加了在多学科中的应用实例。附录中增加了汇编语言程序上机调试过程,以便学习者即使不进实验室,也完全可以用自机自实验,实现学以致用的目的。显然,这也很有助于教育部启动的“卓越工程师教育培养计划”的院校选用。

② 在第 2 版写到微处理器和微计算机发展到 2003 年的基础上,第 3 版增加以后近 10 年的新发展内容,如 64 位 CPU、多核微计算机和嵌入式片上系统以及多媒体应用方面的基础和发展,相应增加了 C/C++与汇编语言的混合编程(其实例一样是经上机通过的),加强了A/D 和 D/A 的应用,AGP 总线等内容。

③ 删去了较陈旧、烦琐或在其他基础课中学过的内容,精简了原第 4 章中的一些伪指令和一些实用程序设计实例,并把声音和动画程序并到相应地方作应用实例。

④ 将 DOS 功能调用和 BIOS 功能调用从位于原来的中断指令部分重组到第 4 章中,以利于编程应用。

本书作为理工科电类各专业的专业基础课教材,参考学时为 60~80,实验安排可用 16 学时，各校可根据实际情况伸缩。

本书由电子科技大学计算机科学与工程学院教授、博导刘乃琦担任主审，他仔细审核了编写大纲，提出了宝贵意见，对编写过程给予关心；由电子科技大学副校长马争教授(前两版的编著者之一)担任顾问；得到了高等学校电子信息类教材编委会的黄书万教授的鼓励与指导；得到了四川大学计算机学院李志蜀教授、西南交通大学计算机与信息工程学院诸昌铃教授、电子科技大学自动化工程学院古天祥教授和陈光禹教授的关心和指导，古天祥教授还为第8章编写了微机在测控系统中应用的实例；得到了电子科技大学计算机科学与工程学院罗克露教授的关心，送来了《计算机组成原理》的精品教材；在读硕士生、博士生梁恒菁、校友屈升为本书查找了资料，谨向他们表示诚挚的诚意。

本书由潘名莲、王传丹和庞晓凤编著，潘名莲任主编。第1、3章由潘名莲编写，第2、4、5章由庞晓凤编写，第6、7章和新编第8章由王传丹编写。由于我们水平有限，书中难免还存在一些缺点和错误，恳请广大读者批评指出。

本书为读者提供配套的教学资料包(含电子课件、编程实例等)，有需要要者，请登录到http://www.hxedu.com.cn，注册后进行下载。读者反馈：unicode@phei.com.cn。

作者

于电子科技大学

目　录

第1章 概 述

1946年,电子数字计算机问世。它作为20世纪的先进技术成果之一,最初只作为一种自动化的计算工具。经过半个多世纪,从第一代采用电子管、第二代采用晶体管、第三代采用中小规模集成电路已发展到第四代采用大规模集成电路到超大规模和甚大规模集成电路。尤其在20世纪70年代初,在大规模集成电路技术发展的推动下,微计算机的出现为计算机的应用开拓了极其广阔的前景。计算机特别是微计算机的科学技术水平、生产规模和应用深度已成为衡量一个国家数字化、信息化水平的重要标志。计算机已经远不只是一种计算工具,与多媒体技术、通信网络结合,它已渗透到国民经济和生活的各个领域,极大地改变着人们的工作和生活方式,已成为社会前进的巨大推动力。

本章将全面介绍微处理器和微计算机的基本概念、组成、特点和应用概貌,以期对微计算机和应用有一个概括的了解。

1.1 计算机的基本结构和工作原理

1.1.1 计算机的基本结构

第一台电子数字计算机虽然是作为一种计算工具出现的,然而经过几十年的发展,从构成器件上、性能的提升上和应用的发展上都出现了惊人的变化。但是,究其基本组成结构,万变不离其宗,都可归结于如图1-1所示的基本结构,即计算机由运算器、控制器、存储器、输入设备和输出设备5部分组成。

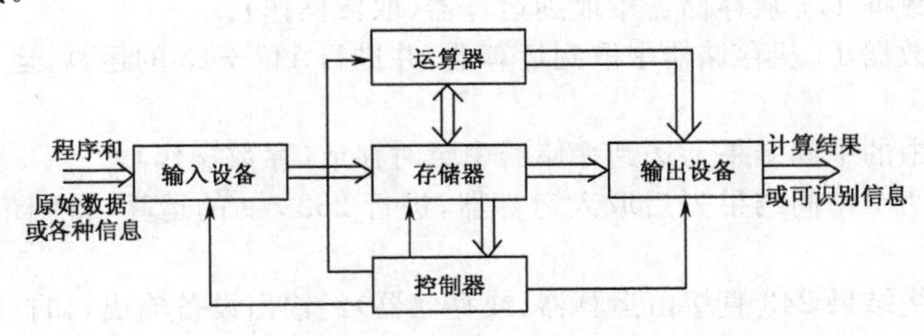

图1-1 计算机的基本结构框图

① 运算器:计算机对各种数据进行运算,对各种信息进行加工、处理的部件,它是数据运算、加工和处理的中心。

② 存储器:计算机存放各种数据、信息和执行程序的部件,包括存放供运算、加工的原始数据,运算、加工的中间结果,运算加工的最终结果,以及指挥控制进行运算、加工的指令代码。存储器是存放数据的大仓库,又分为主存储器(又称内存)和辅助存储器(又称外存)。

③ 输入设备:给计算机输入各种原始信息,包括数据、文字、声音、图像和程序,并将它们转换成计算机能识别的二进制代码存入存储器中。因此,输入设备是信息接收并进行转换的装置。常用的输入设备有键盘、鼠标、扫描仪、手写板及数码相机等。

④ 输出设备:将计算机中各种数据运算的结果,各种信息加工、处理的结果,以人们可识别的信息形式输出。因此,输出设备是信息输出并进行转换的装置。常用的输出设备有显示器、打印机等。

输入、输出设备是人机交互的设备,统称为外部设备,简称外设。

⑤ 控制器:计算机对以上各部件进行控制、指挥,以实现计算机运行过程自动化的部件。因

此，控制器是计算机发布操作命令的控制中心和指挥系统。当然，这种控制和指挥是要由人们事先进行设计的，即人们需要事先把解题和处理的步骤(Program)根据设计要求，按先后顺序排列起来，也就是编制成程序，由输入设备送入存储器中存放起来。经启动计算机运行程序后，便由控制器控制、指挥各组成部件，自动完成全部处理过程，直至得到预定的计算结果，并转换成可识别的信息。

1.1.2 计算机的工作原理

由图 1-1 可见，计算机中有两类信息在流动。一类是数据，用双线表示，包括原始数据、中间结果、最终结果及程序的指令信息；另一类是控制命令，用单线表示。数据和控制命令都是用“0”和“1”表示的二进制信息。

现在，以 21×12－117÷13 这一简单的算术运算为例，展示一下计算机的工作过程。

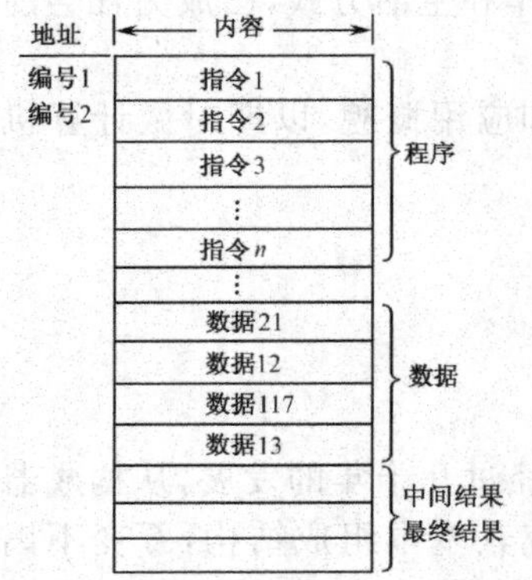

图 1-2 程序和数据的存放

第一步：由输入设备将事先编制好的解题步骤(即程序)和原始数据(21，12，117 和 13)输入到存储器指定编号的地方(或称单元)存放起来，并在存储器中划出存放中间结果和最终结果的单元，如图1-2 所示。

第二步：启动计算机，从第一条指令开始执行程序。计算机便在程序的控制下自动完成解题的全过程，包括：

(1)把第 1 个数据 21 从存储器中取到运算器(取数操作)。

(2)把第 2 个数据 12 从存储器中取到运算器，进行21×12运算，并得到中间结果 252(乘法运算)。

(3)将运算器中的中间结果 252 送到存储器中暂时存放(存数操作)。

(4)把第 3 个数据 117 从存储器中取到运算器(取数操作)。

(5)把第 4 个数据 13 从存储器中取到运算器，并进行 117÷13 的运算，运算器中得到中间结果 9(除法运算)。

(6)将运算器中的中间结果 9 送到存储器中暂时存放(存数操作)。

(7)将暂存的两个中间结果先后取入运算器，进行 252－9 的运算，得到最终结果 243，并存入存储器中保存。

第三步：将最终结果 243 直接由运算器(或存储器)经输出设备输出，如打印出来。

第四步：停机。

以上就是迄今为止，电子计算机共同遵循的计算机结构原理和程序存储及程序控制的计算机工作原理。这种原理是 1945 年由冯·诺依曼(John Von Neumann)提出的，故又称为冯·诺依曼型计算机原理。

图 1-1 的五大基本组成部分是计算机的实体，统称为计算机的硬件(Hardware)。包括解题步骤在内的各式各样的程序称为计算机的软件(Software)。硬件中的运算器、控制器和存储器称为计算机系统的主机，其中运算器和控制器是计算机结构中的核心部分，又称为中央处理器 CPU(Central Processing Unit)。

1.2 微处理器、微计算机、微处理器系统、片上系统

1.2.1 微处理器 MPU

微处理器就是把原来体积庞大的中央处理器 CPU 的复杂电路，包括运算器和控制器做在一片大规模集成电路的半导体芯片上。我们把这种微缩的 CPU 大规模集成电路 LSI(Large

Scale Integration)称为微处理器(Microprocessor),简称 MP,或 μp,或 CPU。其职能是执行算术、逻辑运算和控制整个计算机自动地、协调地完成操作。通常,这种微缩的 CPU 的芯片尺寸只有十几至几十平方毫米。MP 是计算机发展的第四代产品。

1.2.2 微计算机 MC

仅是一块 MP 芯片不可能具有一台完整的计算机的功能,它只是计算机中核心的运算器和控制器,必须搭配其他芯片,如随机存储器 RAM(Random Access Memory)、只读存储器 ROM(Read Only Memory)、输入和输出接口电路 I/O(Input/Output),以及其他辅助电路,如时钟发生器、各类译码器、缓冲器等。这些芯片通过一定的联系方式,围绕 CPU 才能构成一台微计算机。因此,所谓微计算机,就是以微处理器为核心,配上大规模集成电路的随机存储器 RAM、只读存储器 ROM、输入/输出接口 I/O 及相应的辅助电路而构成的微型化的计算机主机装置,简称 MC 或 μC。这些大规模集成电路芯片被组装在一块印制板(PCB)上,即微计算机主板(或母板)。

有的生产厂家把 CPU、存储器和输入/输出接口电路集成制作在单块芯片上,使其具有完整的计算机功能,我们称这种大规模集成电路芯片为单片微型计算机或单片机。

在微计算机主机上配上各种外设和各种软件,就构成微计算机系统,也简称微机系统。

1.2.3 微处理器系统 MPS

微计算机有它独自的特点,不再像小型机和大型机那样,完全由计算机生产厂家设计组装成通用计算机系统,提供给用户使用。微计算机由大规模集成电路芯片构成,因此用户完全可以根据自己的用途,选购某种微处理器为核心,并选购相应数量的与之相配的系列大规模集成电路,自行设计、装配成满足需求的特殊微计算机装置;用户也可以在选购生产厂家生产的微机主板后,再根据其提供的扩展总线槽,自行设计需要的部分,以构成某种专门用途的系统。我们称这种以微处理器为核心构成的专用系统为微处理器系统(Micro-Processing System),简称 MPS 或 μPS。微处理器系统和外部世界的联系更广泛,在组成结构的规模上更具灵活性。典型的 MPS 的结构如图 1-3 所示。

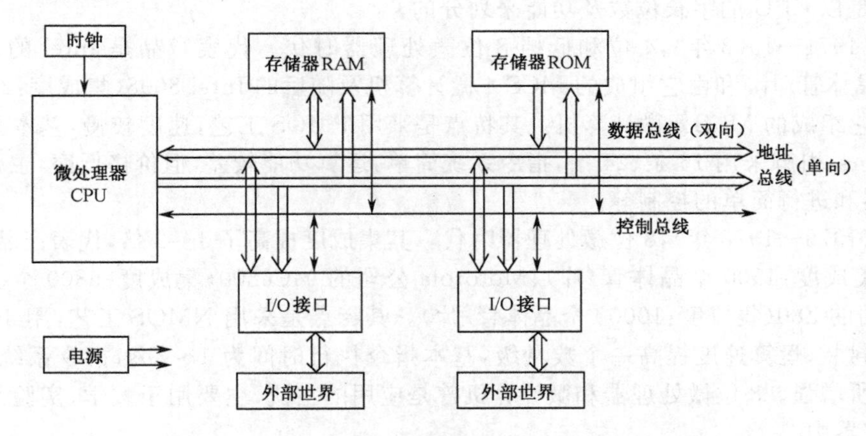

图 1-3 典型的微处理器系统框图

这里,必须提及一下,微计算机系统和微处理器系统在人们使用的概念上有其共同之处,都是以 CPU 为核心组建的。但是,在提到微计算机系统时,人们常常会以其通用性,而自然与它的配置齐全联系起来,这是一种市场购置和它独立存在使用的概念。而微处理器系统则是以其专用性和具备功能的"量体裁衣"概念相联系的,是行业专用、自行设计的嵌入式概念,是各行业实现数字化、智能化的核心。例如，各种家用电器的控制系统，各种智能仪器的控制系统，测控系统、通信设备、程控交换设备中的智能管理、功能控制系统，机电一体化设备中的数控系统等，这些都是一些微处理器系统。显然，在现今信息化、自动化时代，MPS是一种应用更广泛也是一种更广义的称呼。要把配置齐全的微计算机系统称为通用的微处理器系统，自然也不为过。

1.2.4 片上系统 SoC

前面所述的微计算机和微处理器系统都是将系统组成的各芯片焊接在印制板(PCB)上，通过板上印制连线将它们连接起来。但是，当系统要求速度增加，功耗降低，体积小时，这种印制连线的延时、噪声、体积将不能满足系统性能的要求。在这种需求的牵引和当今半导体集成度提高的推动下，就出现了系统级芯片 SoC(System on Chip，片上系统)。

所谓片上系统 SoC，就是将一个具有专门系统功能的组成部件嵌入集成在一块芯片上，包括CPU、存储器、需要的I/O接口，适应特殊需要的(如数字信号处理器 DSP、数/模混合电路等)硬件部件，加上系统软件、用户软件等软核部件，构成更微小型的微处理器系统。这种片上系统又称为嵌入式系统，通常是客户定制的 CSIC(Customer Specific Integrated Circuit)，或是面向特定用途的标准产品 ASSP(Application Specific Standard Product)，适用于嵌入到应用对象系统中，构成更大规模的系统。SoC 的特点是速度快，集成度高，功耗低、体积小、专用性强，软、硬部件均可"量体裁衣"，使系统成本降低，加快了嵌入的宿主系统更新换代的速度。这些优点正好适应了各类通信产品、移动电话、掌上电脑、消费类电子产品的数字音频播放器、数字机顶盒、游戏机、数码相机、商用 POS/ATM 机、汽车电子及工业控制机的要求，从而获得了广泛的应用。

1.3 微处理器的产生、发展及多核处理器

以大规模集成电路工艺和计算机组成原理为基础的微处理器和微计算机的问世是计算机发展史上新的里程碑，标志着计算机进入了第四代。1971 年，美国旧金山南部的森特克拉郡(硅谷)的 Intel 公司首先制成 4004 微处理器，并用它组成 MCS-4(Microcomputer System-4)微计算机。自此，微处理器和微计算机就以其异乎寻常的速度发展着，每隔 2 年～4 年就换代一次。这种换代通常是以 CPU 的字长位数及功能来划分的。

第一代(1971—1973 年)，4 位和低档 8 位微处理器时代。代表产品是 Intel 的 4004(集成度：1200 个晶体管/片)和由它组成的 MCS-4 微计算机及随后的 Intel 8008(集成度：2000 个晶体管/片)和由它组成的 MCS-8 微计算机。其特点是采用 PMOS 工艺，速度较慢，基本指令执行时间为 10～20μs，引脚采用 16 条、24 条，指令系统简单，运算功能较差，但价格低廉，主要用于家用电器、计算器和进行简单的控制等。

第二代(1973—1978 年)，8 位微处理器时代。其集成度提高了 1～2 倍，代表产品有 Intel 公司的 8080(集成度：4900 个晶体管/片)、Motorola 公司的 MC6800(集成度：6800 个晶体管/片)和 Zilog 公司的 Z80(集成度：10000 个晶体管/片)。其特点是采用 NMOS 工艺，用 40 条引脚的双列直插式封装，运算速度提高一个数量级，基本指令执行时间为 1～2μs，指令系统比较完善，寻址能力有所增强。8 位微处理器和微计算机曾是应用的主流，主要用于教学、实验系统和工业控制、智能仪器中。

第三代(1978—1984 年)，16 位微处理器时代。1978 年，Intel 公司推出 Intel8086(集成度：29000 个晶体管/片)，相继 Zilog 公司推出 Z-8000(集成度：17500 个晶体管/片)，Motorola 公司推出 MC68000(集成度：68000 个晶体管/片)。其特点是均采用高性能的 HMOS 工艺，各方面性能指标比第二代又提高一个数量级。Intel8086 的基本指令执行时间约为 0.5μs，指令执行速度为 2.5MIPS(MIPS 为每秒百万条指令)。1982 年，Intel 公司推出高性能的 16 位 CPU 80286，

采用 68 条引脚的无引线的方形封装。指令执行速度提高到 4MIPS。Intel 80286 设计了两种工作方式——实模式和保护模式。当工作在实模式时，保持与 8086 兼容，且工作速度更快。80286 整体功能比 8086 强 6 倍。16 位微处理器广泛应用于数据处理和管理系统。IBM公司首先用 Intel 公司的产品组建个人计算机（Personal computer，PC）IBM PC/XT 和 IBM PC/AT 机，并成为世界销量最大的 PC 机型。

第四代（1985—1992 年），32 位微处理器时代。1985 年，Intel 公司推出 Intel 80386，采用 CHMOS 工艺和 132 条引脚的针筒阵列封装（集成度达到 27.5 万个晶体管/片），指令执行速度提高到 10MIPS。其工作方式除 80286 的实模式和保护模式外，还增加了虚拟 8086 模式。在实模式下，能运行 8086 指令，运行速度比 80286 快 3 倍。80386 是 Intel 公司推出的第一个实用的 32 位微处理器。

1989 年，Intel 公司又推出另一个高性能的 32 位微处理器 80486，其集成度达 100 万个晶体管/片。与 80386 显著不同的是，80486 将多种不同功能的芯片电路集成到一个芯片上。在 80486 芯片上，除有 80386 CPU 外，还集成了 80387 浮点运算处理器（FPU）、82385 高速暂存控制器和 8KB 的高速缓冲存储器（Cache）。这样，80486 就在 80386 的基础上更加高速化。当时钟频率为 25MHz 时，指令执行速度达 15MIPS，时钟为 33MHz 时，达 19MIPS。

第五代（1993—2005 年），奔腾（Pentium）产品时代。1993 年，Intel 公司推出 Pentium 微处理器（也称为 Intel 80586，或 P5）。该微处理器集成度为 310 万个晶体管/片，在时钟频率为 60MHz 下，指令执行速度为 100MIPS。芯片内部也有一个浮点运算协处理器，但其浮点型数据的处理速度比 80486 高 5 倍。

Pentium 微处理器的面市称得上是微机发展史上的里程碑。Pentium 微处理器不仅是对前代产品 80486 的改进，而且从设计思想上把提高微处理器内部指令的并行性和高效率作为指导，它把芯片上的 Cache 加倍为 16KB（这里 K＝1024），并分为两个，一个 8KB 作为指令缓冲存储器（L1），另一个 8KB 作为数据缓冲存储器（L2）；数据总线宽度由 32 位增加到 64 位；采用双整数处理器技术，允许每个时钟周期同时执行两条指令。这种有两个独立的整数处理器技术又称为超标量（Superscalar）技术。为了摆脱 80486 时代处理器名称的混乱，Intel 公司把新一代的产品命名为 Pentium（奔腾）。另一个 CPU 制造商 AMD 公司把自己的这代产品命名为 K5，Cyrix 公司则命名为 6x86。以后，Intel 公司不断对产品进行更新，相继发布了 Pentium Por、Pentium MMX、PentiumⅡ、PentiumⅢ和 Pentium4。AMD 公司也相继发布了 K6、K7 产品。目前，Intel 公司和 AMD 公司是这代 CPU 的两个最大的制造商。

1995 年，Intel 公司推出 Pentium Pro（高能奔腾），又称为 P6，集成度为 550 万个晶体管/片，时钟频率为 150MHz，运行速度达到 400MIPS，是一种比 P5 更快的第二代奔腾产品，具有更优化的内部体系结构；整数处理器增加为 3 个，浮点运算速度也加快，内部可以同时执行 3 条指令；片内除原有的第一级 16KB 高速缓冲存储器 L1 外，还增加一个 256KB 的第二级高速缓冲存储器 L2；采用双重独立总线和动态执行技术，地址总线增加了 4 条（共 36 条），能寻址 64GB 存储空间。

1996 年，Intel 公司将多媒体扩展技术 MMX（MultiMedia eXtension）应用到 Pentium 芯片上，推出 Pentium MMX 微处理器，其外部引脚与 P5 兼容，但在指令系统中增加了 57 条多媒体指令，用于音频、视频、图形图像数据处理，使多媒体、通信处理能力得到了很大的提高。

1997 年，Intel 公司推出 PentiumⅡ（PⅡ）微处理器。实际上，这是 Pentium Pro 级的 MMX 处理器，芯片集成度达到 750 万个晶体管/片，时钟频率高达 450MHz。第一级（L1）数据和指令 Cache 每个扩展为 16KB，支持片外的第二级（L2）Cache，其容量为 256KB、512KB 和 1MB。Intel Celeron 提供集成第二级 Cache 为 128KB，是 PentiumⅡ的简化版本，以降低 CPU 的成本。PⅡ

微处理器封装不再采用 Pentium 和 Pentium Pro 所用的陶瓷封装，而采用新的封装结构——单边接触 SEC(Single Edge Contact)插件盒和一块带金属外壳的印制板电路，PⅡ CPU 和 L2 Cache 都集成(捆绑)安装在这块印制板上。

1999 年，Intel 公司推出 PentiumⅢ(PⅢ)微处理器，芯片集成度为 950 万个晶体管/片，最初推出时的时钟频率为 450MHz 和 500MHz。PⅢ将 PⅡ的片外第二级(L2)Cache 集成进片内。PⅢ的最大特点是增加了 70 条单指令多数据流扩展 SSE(Streaming SIMD eXtension)指令集。

2000 年 11 月，Intel 公司推出 Pentium4 微处理器(时钟频率为 1.5GHz，工艺尺寸为 0.18μm)，采用了称为 NetBurst 的全新 Intel 32 位微体系结构(IA-32)，集成度达 4200 万个晶体管/片，时钟频率在 1.5GHz 以上，增加了功能更强大的执行跟踪缓存(Excution Trace Cache)。在 SSE 指令基础上新增了 76 组 SSE2 指令，更加满足网络、图像图形处理、视频和音频流编解码等多媒体的应用。Pentium4 使用 Socket423 或 Socket478 插座。由于其集成度和时钟频率增高带来的发热量增加，除了封装采用金属外壳外，安装时还要加带散热片的微型风扇。2002 年 11 月，Intel 公司公布了更新的 Pentium 4 微处理器，其时钟频率已达 3.06GHz(工艺尺寸为 0.13μm)。

2004 至 2005 年，Intel 与 AMD 为争夺微处理器市场，不断推出新的产品，基于 NetBurst 的 Pentium4 处理器家族也逐渐庞大起来，出现了支持超线程技术和 SSE3 的新 Pentium4 微处理器。这时期，微处理器的最高集成度可达十几亿个晶体管/片。

目前，市场上可实现 64 位计算的 CPU 主要来自 Intel 和 AMD 公司。Intel IA64，基于安腾 2 处理器，不兼容 32 位应用。Intel EM64T 基于 XeonDP Nocona 和 MP 处理器，兼容 32 位应用，是 Intel-32 结构的扩展，因而可在兼容 IA-32 软件情况下，允许软件利用更多的内存地址空间，并且允许软件进行 32 位线性地址写入。AMD64，基于 Opteron 处理器，兼容 32 位应用。

当代(2006 年至今)片上多核处理器时代，随着半导体制造工艺不断进步，集成度的提高，单纯靠采用提高时钟频率来提高微处理器性能的办法也带来了因功耗提高而难以解决的散热问题。在这种背景下，各主流处理器厂商纷纷将产品战略从提高芯片时钟频率的研究和开发转向多线程、多内核(core)等技术的研究和开发上。

2006 年，Intel 推出了基于新的 Core 微结构的 Core 2 Duo 处理器酷睿 2。这种采用低功耗的双核设计技术，不仅提高了性能，而且由于采用较低运行频率，降低了功耗需求，也提高了微处理的能效。这推动了片上多核处理器的研究热潮，而进入了片上多核处理器 CMP(Chip Multi-Processors)的时代。

所谓 CMP，就是在一个芯片上做出多个(如 2、4 个或更多)结构相对简单的处理器内核。这些内核既可采用简单流水线结构，又可使用中等复杂的超标量处理器，多个内核并行执行多线程任务，从而有效地扩展了处理器的性能。

2008 年，Intel 公司推出一款代号为“Nehalem”的全新微体系结构，这是 Intel 的 8 个内核处理器的全新芯片设计代号。2010 年，Intel 公司公布了超多核商用芯片产品“Knights Corner”，它可以将 50 个以上处理器核集成到一块芯片上。

当代的多核处理器已成微处理器发展的必然趋势，无论是在移动式、嵌入式、桌面式微机和服务器的应用中都将被采用，其未来前景将十分广阔。

1.4 IA-32 结构微处理器

从微处理器的发展历程看出：Intel 芯片在竞争中得到发展，并形成了包括 16 位微处理器 8086，8088，80286 和 32 位微处理器 80386，80486 及 Pentium 系列产品以及 64 位 CPU 和多核处理器在内的 IA(Intel Architecture)-32 结构。这一结构的微处理器得到广泛应用的两个关键因素：一是后一代产品性能大大高于前一代产品，其数据寄存器的宽度呈 2 的倍数增加，后代结构覆盖了前代；二是指令系统向下兼容，后代产品只是根据性能的提升扩充了原有的指令组，因此，IA-32 结构的指令系统可统称为 80x86 指令系统。IA-32 结构的微处理器芯片如表 1-1 所示。

表 1-1　IA-32 结构的微处理器芯片

Intel CPU	推出时间(年)	推出时的时钟频率(MHz)	集成度(晶体管数/片)
8086/8088	1978/1979	8MHz	29k
80286	1982	12.5MHz	134k
80386DX	1985	20MHz	275k
80486DX	1989	25MHz	1.2M
Pentium(p5)	1993	60MHz	3.1M
Pentium pro	1995	200MHz	5.5M
Pentium Ⅱ	1997	266MHz	7.5M
Pentium Ⅲ	1999	500MHz	8.2M
Pentium 4	2000	1500MHz	42M
New Pentium4	2002	3.06GHz	330M

1.5　微计算机系统的组成

微计算机系统由硬件系统和软件系统两部分组成，其组成构件的列表如图 1-4 所示。

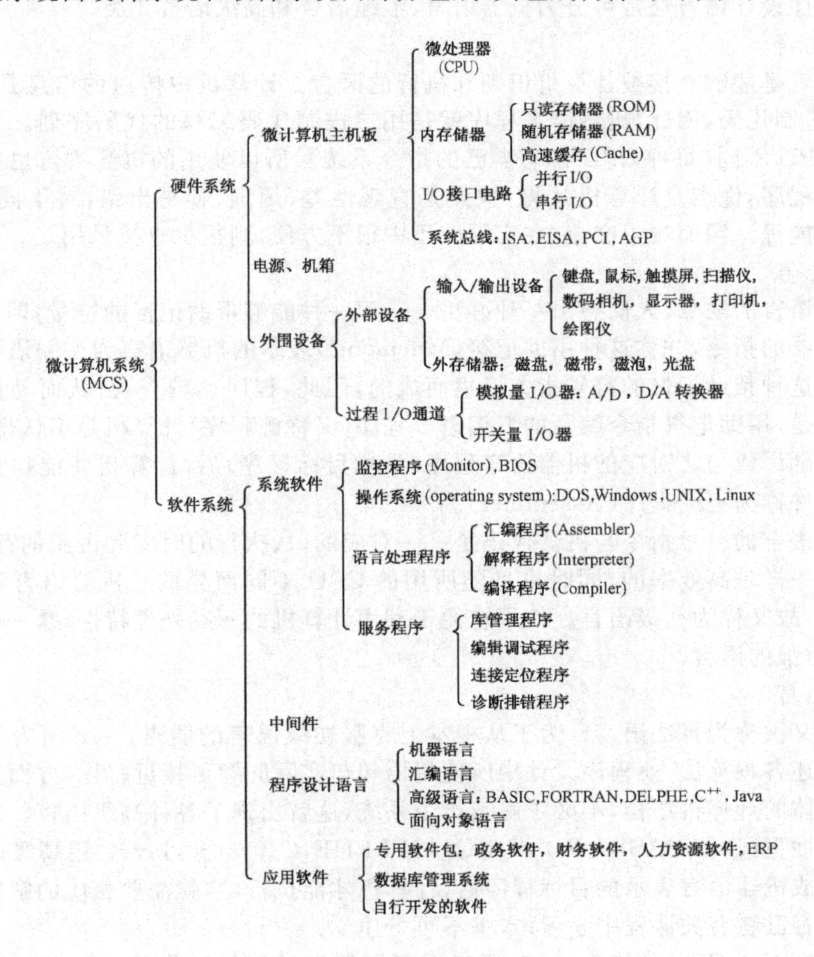

图 1-4　微计算机系统的组成

1.5.1 硬件系统

硬件系统是微计算机系统硬设备的总称，是微机工作的物质基础，是实体部分。构成微计算机主机的包括大规模集成电路的各个部件：CPU，ROM，RAM 和 I/O 接口电路等将在本书后面各章讲述，并从计算机组成原理出发，根据其外部引脚特性和连接的原则、方法将它们围绕 CPU 核心构成实用系统。

1.5.2 软件系统

软件系统是微计算机为了方便用户使用和充分发挥微计算机硬件效能所必备的各种程序的总称。这些程序或存在于内存储器中，或存放在外存储器中。

一台微计算机或微处理器系统组装好后，没有安装任何软件之前则称为“裸机”。“裸机”再好，也不能发挥机器效能。因此，硬件和软件是组成微机系统必不可少的组成部分。微计算机系统根据其使用场合和利用形态的不同，设计者或用户给它配上的软件规模也不相同。

1. 程序设计语言

程序设计语言是指用来编写程序的语言，是人和计算机之间交换信息所用的一种工具，又称编程环境。程序设计语言通常可分为机器语言、汇编语言和高级语言 3 类。

(1)机器语言

机器语言就是能够直接被计算机识别和执行的语言。计算机中传送的信息是一种用“0”和“1”表示的二进制代码，因此，机器语言程序就是用二进制代码编写的代码序列。由于每种微计算机使用的 CPU 不同(每种 CPU 都有自已的指令系统)，所以使用的机器语言也就不相同。用机器语言编写程序，优点是计算机认得，缺点是直观性差、烦琐、容易出错，对不同 CPU 的机器也没有通用性能等。因而难于交流，在实际应用中很不方便，则很少直接采用。

(2)汇编语言

基于机器语言的缺点，人们想出一种办法——用一种能够帮助记忆的符号，即用英文字或缩写符来表示机器的指令，并称这种用助记符(Mnemonic)表示的机器语言为汇编语言。由于汇编语言程序是用这种帮助记忆的符号指令汇集而成的，因此，程序比较直观，从而易记忆、易检查、便于交流。但是，用助记符指令编写的汇编语言程序(又称源程序)计算机是不认得的，汇编语言源程序必须要翻译成与之对应的机器语言程序(又称目标程序)后，计算机才能执行。担任翻译加工的系统软件称为汇编程序(Assembler)。

由于汇编语言的符号指令与机器代码是一一对应的，从执行的时间和占用的存储空间来看，它和机器语言一样是高效率的，同时也是随所用的 CPU 不同而异的。机器语言和汇编语言都是面向机器的，故又称为初级语言。使用它便于利用计算机的所有硬件特性，是一种能直接控制硬件、实时能力强的语言。

(3)高级语言

高级语言又被称为算法语言。为了从根本上克服初级语言的弱点，一方面为了使程序设计语言适合于描述各种算法，使程序设计中所使用语句与实际问题更接近；另一方面为了使程序设计可以脱离具体的计算机结构，不必了解其指令系统，这就出现了各种高级语言。用高级语言编写的程序通用性更强，如 BAS1C，FORTRAN，DELPHE，C/C ＋＋，Java。用高级语言编写的源程序仍需翻译成机器语言表示的目标程序后，计算机才能执行，这就需要相应的解释程序或编译程序。高级语言已在有关课程中学习，本书不再赘述。

汇编语言离不开 CPU 的指令系统，通过它可了解微计算机工作原理。本书将以汇编语言为主，阐明编程原理和方法。

(4)面向对象的语言

为了提高编程的实际开发效率,还可以采用混合语言编程的方法,即采用高级语言和汇编语言混合编程,彼此互相调用,进行参数传递,共享数据结构及数据信息。这样,可以充分发挥各种语言的优势和特点,充分利用现有的多种实用程序、库函数等资源,使得软件的开发周期大大缩短。

2. 系统软件

系统软件是应用软件的运行环境,是人和硬件系统之间的桥梁,人就是通过它们来使用机器的。系统软件是由机器的设计者或销售商提供给用户的,是硬件系统首先应安装的软件。

(1)监控程序

监控程序又称为管理程序。在单板微计算机上的监控程序(Monitor)一般只有1~2KB,通常固化在内存ROM中,又被称为驻留(Resident)软件。在PC微机中,起此作用的叫做BIOS(基本输入/输出系统),其容量要大得多,从几十字节到几兆字节。其主要功能是对主机和外部设备的操作进行合理的安排,接受、分析各种命令,实现人机联系。通常在BIOS中还包括一些可供用户调用的有用子程序。

(2)操作系统

操作系统是在管理程序基础上,进一步扩充许多控制程序所组成的大型程序系统。其主要功能有:合理地组织整个计算机的工作流程,管理和调度各种软、硬件资源——包括CPU、存储器、I/O设备和软件,检查程序和机器的故障。用户通过操作系统便可方便地使用计算机。操作系统是计算机系统的指挥调度中心,操作系统常驻留在磁盘(Disk)中,又称DOS(Disk operating system)。

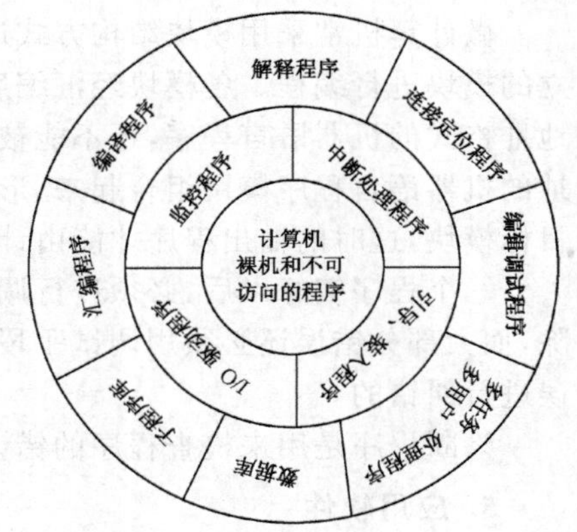

图1-5 微计算机操作系统的层次结构

操作系统具有层次结构,我们可以把操作系统管理的资源表示为图1-5所示的层次。

有了操作系统的微计算机系统的所有资源都将由操作系统统一管理,用户不必过问各部分资源的分配使用情况,而只是通过使用它的一些命令就行了。例如,通过使用它的实用程序命令就可调用各种语言。因此,可以说操作系统是用户和裸机间的接口。

微计算机系统常用的操作系统有以下几种:

① MS-DOS(Microsoft-Disk Operating System):这是美国Microsoft公司开发的通用16位单用户磁盘操作系统,主要包括文件管理和外设管理。该系统吸收了其他操作系统的长处,结构优良,软件上的互换性强,是PC机的主要操作系统之一。

② Windows:Window3.0是Microsoft公司于1990年5月推出的一种图形用户界面(GUI)和具有先进动态内存管理方式的操作系统,用其图形窗口操作环境替代了DOS环境下的命令操作方式,使PC机操作更为直观,易学、好用。1995年7月又推出了Windows 95,是80486和Pentium PC机的基本操作系统。之后又陆续推出了Windows 98/2000/XP为了不抛弃老用户,Windows 95/98/2000/XP提供了支持MS-DOS应用程序的运行和绝对的兼容性。为此,Windows包括了MS-DOS的最新版本,并为每个运行MS-DOS应用程序创建了一个MS-DOS虚拟机环境。

3. 语言处理程序

① 汇编程序:其功能是把用汇编语言编写的源程序翻译成机器语言表示的目标程序。汇编程序可存放在内存的ROM中,被称为驻留的汇编程序。汇编程序也可存放在磁盘上,使用时应

在操作系统的支持下，先将汇编程序调入内存，然后才能进行翻译加工，得到机器语言的目标程序，再经过服务程序的加工，最后得到可执行的程序文件。

② 解释程序：其功能是把用某种程序设计语言编写的源程序（如 BASIC 程序）翻译成机器语言的目标程序，并且本着翻译一句就执行一句的准则，做到边解释边执行。

③ 编译程序：能把用高级语言（如 FORTRAN 等）编写的源程序翻译成为机器语言的目标程序。编译程序也需经服务程序的加工才能得到可执行的程序文件。

4. 服务程序

用汇编程序和编译程序的程序设计语言编好程序后，还需要对程序进行编辑、调试并将程序装配到计算机中去执行，在此过程中，还需要一些其他的辅助程序，这类辅助程序称为服务程序。微计算机系统常用的服务程序有：文本编辑程序、连接程序、定位程序、调试程序和诊断排错程序。

文本编辑程序（Editor）是软件编制开发的一种工具。在它的管理控制下，程序员可通过键盘/屏幕终端输入源程序，然后存入磁盘，生成文本文件，并由它对生成的文本文件进行编辑，如增补、删除、修改等。

微计算机常采用模块结构方式进行程序设计。模块结构允许将一个大的程序分为若干个独立的模块进行编程。各模块经汇编后，得到各自独立的目标程序。这些目标程序都是具有浮动地址格式的机器语言程序，还不能被机器执行。连接程序的功能就是把各个独立的具有浮动地址的机器语言程序模块组合起来，形成一个完整的输出程序，再由定位程序把存储器单元分配给目标模块，这时的输出程序才能由计算机执行。

一个程序编好以后，必须进行调试。一般语法上的错误在汇编、编译和连接过程中可以被排除，而大部分错误还必须用调试手段来进行排除。调试程序（Debug）的任务就是用来对程序错误进行纠错的。

诊断程序是用来检查程序的错误或计算机的故障的，并指出出错的地方。

5. 应用软件

应用软件是用户利用计算机及其所提供的各种系统软件、程序设计语言为解决各种实际问题而开发的程序。本书将在讲述微处理器指令系统基础上，用汇编语言程序进行程序设计。

6. 中间件

企业级应用软件系统开发迫切需要建立一个基础平台。这个基础平台软件被称为中间件，它能够为企业应用系统开发提供丰富的、可靠的中间服务和支持，使得开发者专注于应用系统的业务逻辑，从而大大简化一个具有高可用性、安全性、可靠性、可伸缩性的多层分布式企业应用系统的开发。流行平台标准有：JavaEE（Java Enterprise Edition）、CORBA（Common Object Broker Architecture）及.NET。

中间件要解决的问题包括代理方法请求、消息传递、管理组件生命周期、并发访问控制、负载均衡、安全控制、分布式数据库访问及事务管理等。

1.5.3 微计算机系统结构的特殊性

微计算机源于电子计算机，但又有别于电子计算机，有其特殊之处。正因其特殊，才给各专业应用的自行设计和扩展提供了可能与方便。

1. 软件的固化

在微计算机中，硬件和软件更加密切而不可分。在大规模集成电路技术支持下，出现了各种半导体固定存储器，如 ROM，PROM，EPROM，E^2PROM，Flash Memory，将软件固化于这样的硬件中，称这类器件为固件(Firmware)。发展带有软件固化的微计算机系统已成为一个重要发展方向。现代微计算机都具有固化的一些程序，如监控程序，BASIC解释程序以及操作系统的引导程序和I/O驱动程序的BIOS等。

2. 总线结构

前面已经了解到，任何一种微计算机、微处理器系统的核心都是CPU。CPU通过总线(BUS)和其他组成部件进行连接来实现其核心作用。总线就好似整个微计算机系统的"中枢神经"，所有的地址信号、数据信号和控制信号都经由总线进行传输。微计算机系统内的总线可归为4级，如图1-6所示。

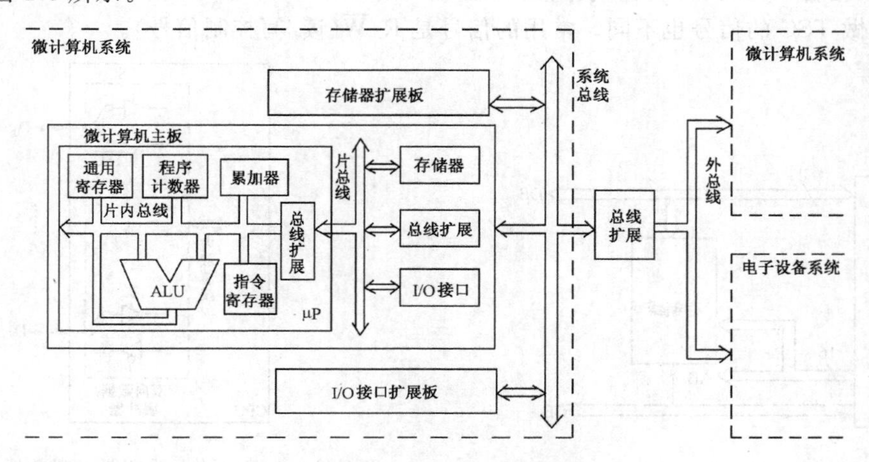

图1-6　微型计算机的总线结构

① 片内总线：又叫芯片内部总线，位于CPU芯片内部，用来实现CPU内部各功能单元电路之间的相互连接和信号的相互传递。

② 片总线：又叫元件级总线，是微计算机主板上或单板微计算机上以CPU芯片为核心，芯片与芯片间连接的总线。

③ 内总线：又叫微计算机总线或板级总线，通常称为微机系统总线，用来实现计算机系统中插件板与插件板间的连接。各种微计算机系统中都有自己的系统总线，如IBM PC/XT微机的ISA总线、80386/80486微机的EISA总线以及Pentium微机的PCI、AGP总线等。

④ 外总线：又叫通信总线，用于系统之间的连接，完成系统与系统间的通信。例如，微机系统与微机系统之间、微机系统与测量仪器之间、微机系统与其他电子设备系统之间、微机系统与多媒体设备之间的通信。这种总线不是微机系统所特有的，往往是借用电子工业其他领域已有的总线标准，如RS-232C，IEEE-488，CAMAC和USB等。

1.6 微计算机基本工作原理

在开始接触到微计算机结构时，一个现代微计算机结构显得太复杂了。为便于分析，先从一个以实际系统为基础、经过简化的微处理器系统的典型模型着手，分析其基本结构和工作原理，然后再过渡到实际的微计算机。因此，这里暂不考虑外部设备及其接口，而是先从一个由CPU和一片半导体存储器构成的最简单的模型机着手进行分析。图1-7示出这种模型微计算机结构。

1.6.1 系统连接

我们知道CPU是微计算机的核心。这个核心是靠3组总线将系统其他部件、存储器、I/O

接口连接起来的。这 3 组总线是数据总线 DB(Data Bus),地址总线 AB(Address Bus)和控制总线 CB(Control Bus)。

1. 数据总线 DB

数据总线是传输数据或代码的一组通信线,其条数与处理器字长相等。例如,8 位微处理器的 DB 有 8 条,分别表示为 $D_0 \sim D_7$,D_0 为最低位。数据在 CPU 与存储器(或 I/O 接口)间的传送是双向的,因此 DB 为双向总线,其双向的实现借助于双向数据缓冲器,如图 1-8 所示。当三态控制信号 TSC=1 时,输入门开放,数据由存储器(或 I/O 接口)流进 CPU;而当 $\overline{TSC}$=0 时,则输出门开放,数据自 CPU 内部传输到存储器(或 I/O 接口)。TSC 信号由 CPU 内部产生。不同的微处理器用做 TSC 的信号也不同。常用的信号是 R/$\overline{W}$(读/写控制信号)。

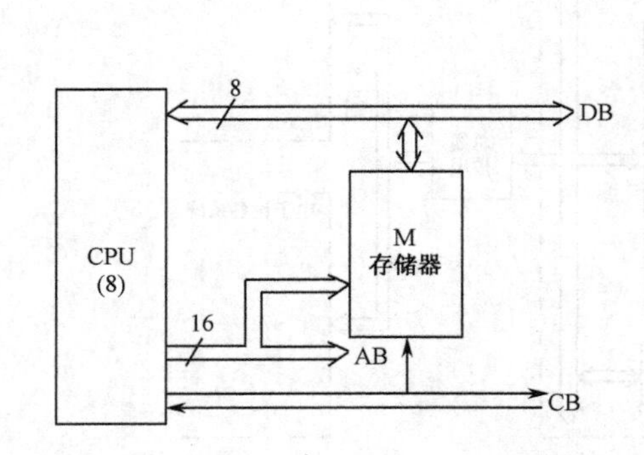

图 1-7　模型计算机结构

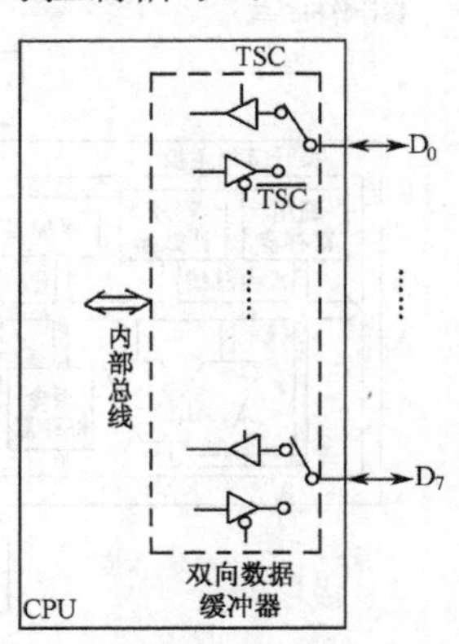

图 1-8　由双向数据缓冲器实现数据双向传输

2. 地址总线 AB

地址总线是传送地址信息的一组通信线,是微处理器用来寻址存储器单元或 I/O 接口的端口用的总线。例如,8 位微处理器的地址总线条数为 16,分别用 $A_0 \sim A_{15}$ 表示,其中 A_0 为最低位。由 16 位地址线可以指定 $2^{16}=65536$ 个不同的地址(常略称为 64K 内存单元)。地址常用 16 进制数表示,地址范围为 0000H~FFFFH。计算机中常常又将 256 个单元称为一个页面,例如将 0000H~00FFH 的 256 个单元称为零页页面。

3. 控制总线 CB

控制总线是用来传送各种控制信号的。这些信号是微处理器和其他芯片间相互反映情况和相互进行控制用的。有的是 CPU 发给存储器或 I/O 接口的控制信号,称输出控制信号。有的又是外设通过接口发给 CPU 的控制信号,称输入控制信号。控制信号间是相互独立的,其表示方法采用能表明含义的缩写英文字母符号,若符号上有一横线,则表示用负逻辑(低电平有效),否则为高电平有效。

1.6.2　微处理器的内部结构

典型微处理器的内部结构框图如图 1-9 所示。由图可见,微处理器内部主要由 4 部分组成。为了减少连线占用面积,采用内部单总线,即内部所有单元电路都挂在内部总线上,分时使用总线。

1. 寄存器阵列

寄存器阵列包括通用寄存器 $R_1 \sim R_8$ 和专用寄存器 SP、PC 等,用来暂时存放数据和地址,是微处理器内部的临时存储单元。由于 CPU 可以直接处理其中的数据和地址,因此可以减少访问存储器的次数,从而提高运算速度。通用寄存器 R 和内部数据总线进行双向连接,由多路转换器确定哪个寄存器参加工作。

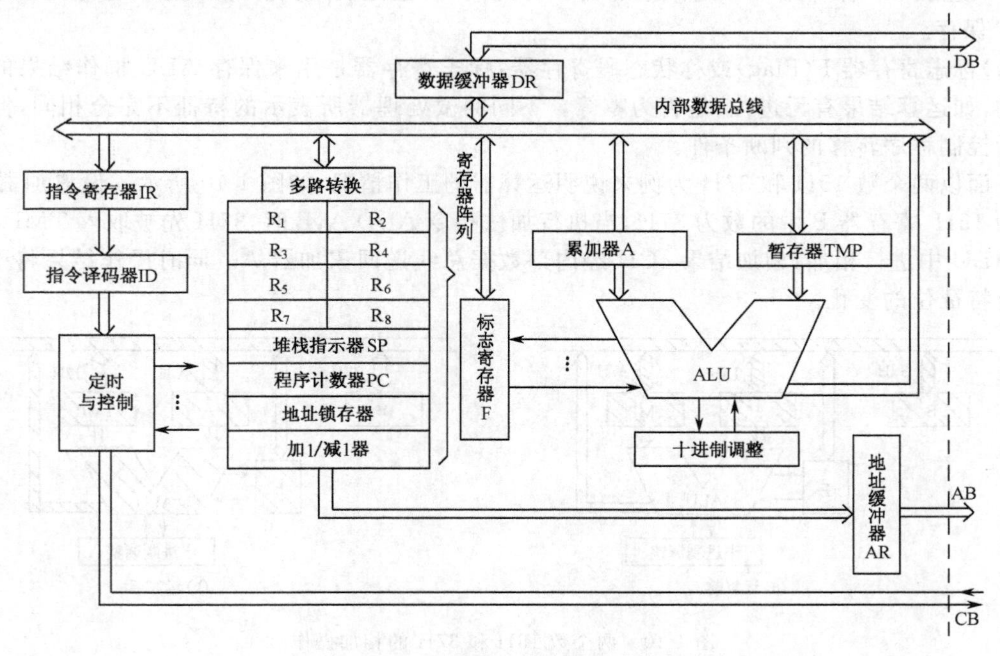

图 1-9 典型微处理器的内部结构框图

程序计数器 PC(Program Counter)的位数等于地址总线的条数。它是专门设置来存放现行指令地址的。每当取出现行指令地址后,PC 就自动加 1(转移时除外),以指向下一条指令的地址。如果指令是多字节的,则每取一个字节,PC 自动加 1,当取完一条指令的所有字节之后,PC 仍指向下一条指令的地址。一般指令按顺序执行,因此 PC 用来控制程序执行的顺序,为执行的程序计数。仅当执行转移指令时,PC 的内容才由转移地址取代,从而改变程序执行的正常次序,实现程序的转移。

堆栈指示器 SP(Stack Pointer)是用来指示 RAM 中堆栈栈顶地址的寄存器。堆栈存储器是数据暂时堆放的场地,每当一个数据(8 位)推入或弹出时,SP 的内容自动减 1 或加 1,以保证始终指向栈顶地址。

2. 运算器

运算器是在控制器控制下对二进制数进行算术逻辑运算及信息传送的部件,由累加器 A、暂存器 TMP、算术逻辑单元 ALU、标志寄存器 F 及其他逻辑电路组成。

(1)累加器 A(Accumulator):累加器本身没有运算功能,但它是协助算术逻辑单元 ALU 完成各种算术逻辑运算的关键部件之一。它有两个功能:运算前寄存第一操作数,是 ALU 的一个操作数的输入端;运算后,存放 ALU 的运算结算。它既是操作数寄存器又是结果寄存器。累加器电路实际是一个有并行输入/输出能力的移位寄存器,其位数等于微处理器的数据字的字长,如 8 位的 μP,累加器 A 就由 8 位触发器组成。

(2)暂存器 TMP(Temporary):是用来暂存从内部数据总线送来的、来自寄存器或存储器单元的另一操作数,是 ALU 的另一个操作数的输入端,它只是一个内部工作寄存器,不能由使用者用程序控制。

(3)算术逻辑单元 ALU(Arithmatic Logic Unit):是运算器的核心部件。其功能是在控制命令的作用下,完成各种算术(加、减、乘、除)、逻辑(与、或、异或、取反)运算和其他一些操作。它以累加器 A 的内容为第一操作数,以暂存器 TMP 的内容为第二操作数,有时还包括由标志寄存器

F送来的进位C。操作结果S送回累加器。与此同时，也把表示操作结果的一些特征送标志寄存器F保存。

(4)标志寄存器F(Flag)或称状态码寄存器：标志寄存器是用来保存ALU操作结果的特征状态的，如运算结果有无进位、是否为零等。不同的微处理器所表示的特征不完全相同，但都可以作为控制程序转移的判断条件。

下面以两个数15H和37H为例来说明运算器的工作情况，如图1-10所示。设累加器A中的数为15H，寄存器B中的数为37H，当执行加法指令ADD A,B时，37H先被取入TMP中，然后在ALU中进行相加，相加结果4CH经内部数据总线送回累加器A。同时操作结果将引起F中相应特征位的变化。

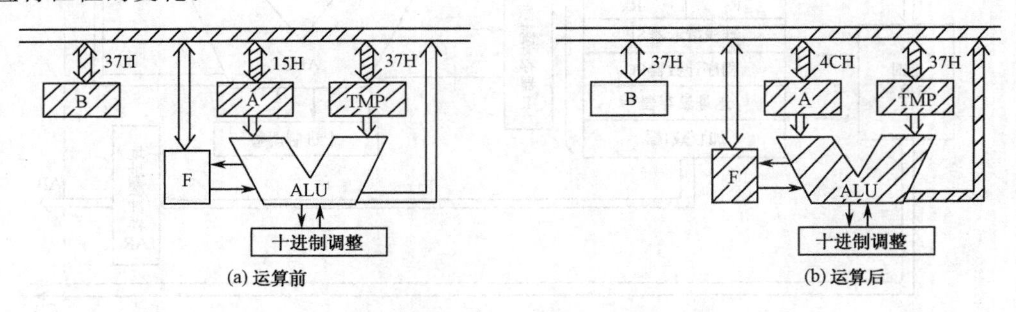

图1-10　两个数15H和37H的相加操作

3. 控制器

控制器是计算机系统发布操作命令的部件，犹如人脑的神经中枢一样，是计算机的指挥中心，它根据指令提供的信息实现对系统各部件(包括CPU内和CPU以外)操作的控制。例如计算机程序和原始数据的输入，CPU内部的信息处理，处理结果的输出，外部设备与主机之间的信息交换等，都是在控制器的控制之下实现的。

控制器由指令寄存器IR(Instruction Register)、指令译码器ID(Instruction Decoder)和定时控制电路(Timing and Control)组成。CPU根据程序计数器PC指定的地址，首先把指令的操作码从存储器取出来由数据总线DB输入到IR中寄存，然后由指令译码器ID进行译码产生相应操作的控制电位。每一种控制电位对应一种特定的操作(又称微操作)，最后通过定时和控制电路，在外部时钟Φ作用下，将ID形成的各种控制电位，按时间的先后顺序和节拍发出执行每一条指令所需要的控制信号，指挥系统对适当的部件，于适当的时间，去完成适当的操作，有条不紊地完成指令规定的任务。

4. 数据和地址缓冲器

数据和地址缓冲器简称总线缓冲器，是数据或地址信号的进出口，用来隔离微处理器的内部总线和外部总线，并提供附加的驱动能力。数据总线缓冲器是双向三态缓冲器，地址总线缓冲器是单向(输出)三态缓冲器。

1.6.3　存储器的内部结构

存储器是存放程序和数据的装置。半导体存储器的内部通常由存储单元阵列、地址寄存器、地址译码器和数据缓冲器以及控制电路5部分组成。

每个存储单元有一个唯一的编址，它可以按字编址，也可以按字节编址。在按字编址时，每个存储单元能存储的二进制信息的长度即为CPU的字长；在按字节编址时，每个存储单元能存储的二进制信息的长度为8位即一个字节。在微计算机中，通常按字节编址来组织存储器。图

1-11 示出按字节编址的存储器内部结构。

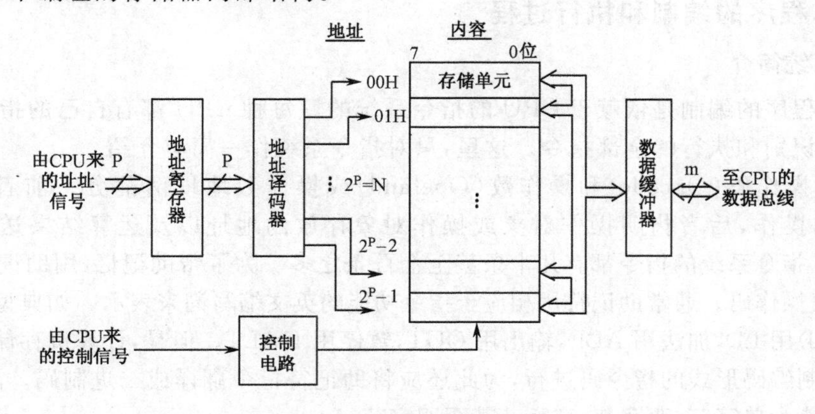

图 1-11　存储器内部结构图

当对指定的存储单元进行读或写(统称为访问,Access)时,应该首先将存储器单元的地址(P位二进制数)送入地址寄存器,然后由地址译码器译码,从 $N=2^P$ 个存储单元中选择指定的那个存储单元,并在 CPU 发来的控制信号 $\overline{RD}$(读)或 $\overline{WR}$(写)的控制下,将其中存放的数码(m 位)读出到数据缓冲器再输出,或者将由数据缓冲器输入的 m 位数码写入到所指定的存储单元中。前者称为读存储器操作,后者则称为写存储器操作。

1. 读操作

读操作之前,存储单元中已经存放有内容(指令代码或操作数)。例如,图 1-12(a)中执行读操作,可把地址 00H 单元中存放的指令代码 00111110_B(即 3EH)读到 CPU 的指令寄存器,也可把另一地址 01H 单元中存放的操作数 00010101_B(即 15H)读到 CPU 的数据寄存器 A。

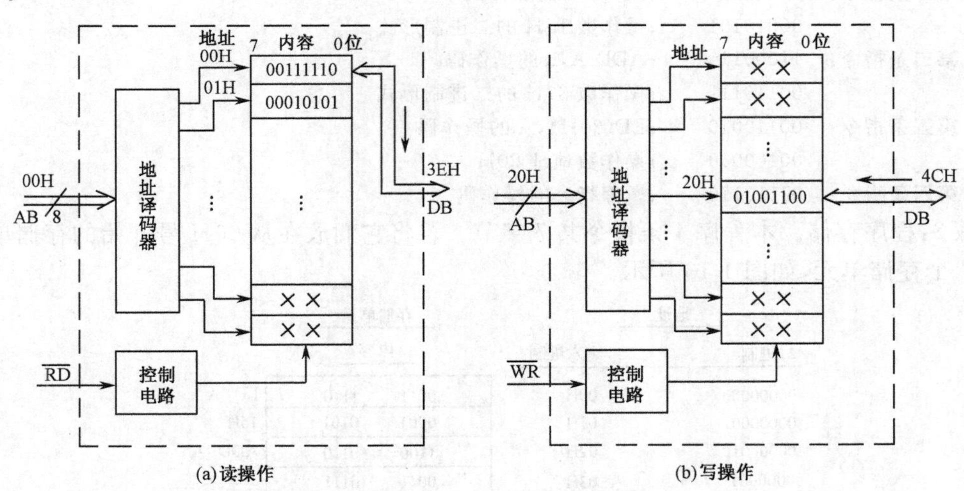

图 1-12　存储器操作示意图

2. 写操作

写操作是把 CPU 中某数据寄存器的内容存入某指定的存储单元。例如,图 1-12(b)中的写操作是把累加器 A 的内容 4CH 通过 DB 总线存入 20H 单元。

读/写操作是在执行程序时进行的。下面我们将以一个极简单的例子来说明程序的编制和执行过程,借以了解微计算机的程序存储和程序控制的工作原理。

1.6.4 简单程序的编制和执行过程

1. 指令系统简介

汇编语言程序的编制是依赖于CPU的指令系统的。每种CPU都有自己的指令系统，它包括计算机所能识别和执行的全部指令。这里，只对指令系统作一简单介绍。

指令包括操作码(Opcode)和操作数(Operand)或操作数地址两部分。前者指定指令执行什么类型的操作，后者指明操作对象或操作对象存放的地址以及运算结果送往何处。

每种CPU指令系统的指令都有几十条甚至上百条之多。为了帮助记忆，用助记符(Mnemonic Symbol)来代表操作码。通常助记符用相应于指令功能的英文缩写词来表示。如典型微处理器中，数的传送(Load)用LD，加法用ADD，输出用OUT，暂停用HALT。但是，计算机存储、识别和执行都只能按二进制编码形式的指令码进行，为此还应将助记符指令翻译成二进制码。翻译得到的二进制指令码可能为单字节、双字节、三字节甚至四字节。

2. 程序的编制

题目：要求计算机执行15H加37H，结果存到20H单元。

步骤1：首先根据CPU的指令系统，用其中合适的指令完成题目任务的要求。这里，可写出完成两数相加的助记符形式表示的程序如下：

```
LD A,15H            ;将被加数取入累加器A
ADD A,37H           ;累加器内容和加数相加，结果在A中
LD(20H),A           ;将A中内容送到20H单元存放
HALT                ;停机
```

步骤2：将助记符形式的程序翻译成二进制码形式表示的程序(即机器代码Machine Code)。这一步由查指令表完成。

```
第一条指令：  00111110    ;LD A,n的操作码
              00010101    ;操作数15H的二进制形式
第二条指令：  11000110    ;ADD A,n的操作码
              00110111    ;操作数37H的二进制形式
第三条指令：  00110010    ;LD(20H),A的操作码
              00100000    ;操作数地址20H
第四条指令：  01110110    ;暂停指令的操作码
```

步骤3：程序存储。本程序4条指令共7字节。若将它们放在从00H号开始的存储单元中，共需要7个存储单元，如图1-13所示。

地址：二进制	地址：十六进制	存储单元内容	
00000000	00H	0011 1110	LD A
00000001	01H	0001 0101	15H
00000010	02H	1100 0110	ADD A
00000011	03H	0011 0111	37H
00000100	04H	0011 0010	LD(20H),A
00000101	05H	0010 0000	20H
00000110	06H	0111 0110	HALT
⋮	⋮	⋮	
00100000	20H	0100 1100	存结果

图1-13 机器码程序在存储器中的存放

3. 程序执行过程

程序通常是按顺序执行的。执行时,应先给程序计数器 PC 赋以第一条指令的地址,这里为 00H,接着开始取第一条指令,执行第一条指令;再取第二条指令,执行第二条指令,……直至遇到暂停指令为止,这个过程可概括为:

取指 1	执行 1	取指 2	执行 2	……	暂停

(1)取指令 1 过程

① CPU 将 PC 的内容 00H 送至地址缓冲寄存器 AR。

② 当 PC 内容送入 AR 后,PC 内容自动加 1,变为 01H。

③ AR 将 00H 地址信号通过地址总线送至存储器,经地址译码器译码,选中 00H 单元。

④ CPU 经控制总线发出"读"命令到存储器。

⑤ 所选中的 00H 单元的内容 3EH 读到数据总线 DB 上。

⑥ 读出的内容经数据总线送至 CPU 数据缓冲寄存器 DR。

⑦ 因是取指令阶段,读出的必定为操作码,故 DR 将它送至指令寄存器 IR,经指令译码器 ID 译码后,发出执行这条指令所需要的各种控制命令。该过程见图 1-14。

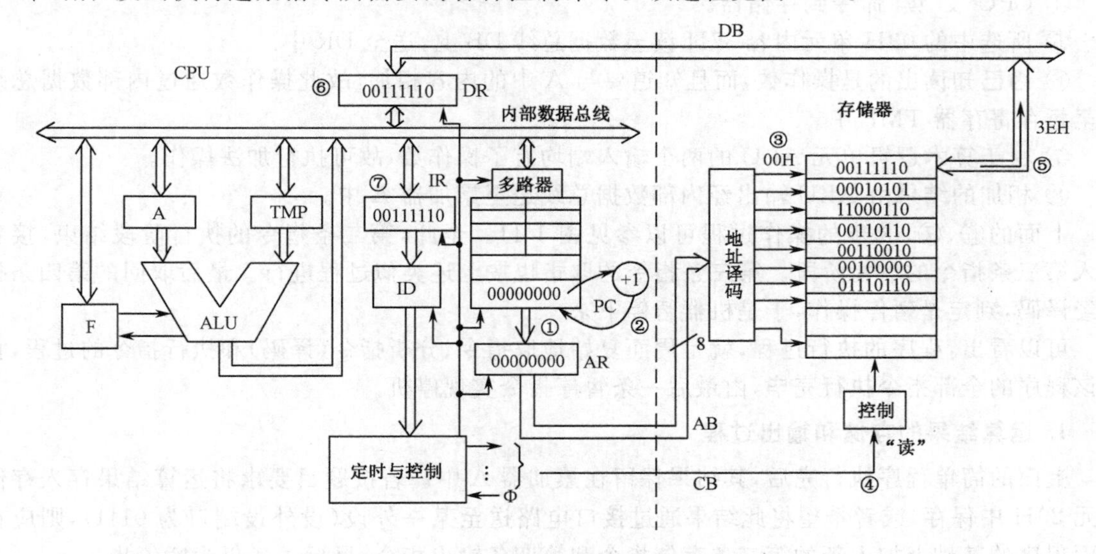

图 1-14 取第一条指令操作示意图

指令经译码后,判定是一条取操作数送累加器 A 的指令。操作数放在第二字节,因此,执行第一条指令,即取出第二字节中的操作数。

(2)执行指令 1 的过程

① CPU 把 PC 的内容 01H 送至 AR。

② 当 PC 内容送至 AR 后,PC 内容自动加 1,变为 02H。

③ AR 将地址信号 01H 通过地址总线送到存储器,经地址译码后选中 01H 单元。

④ CPU 经控制总线发出"读"命令到存储器。

⑤ 所选中的 01H 单元内容 15H 读到数据总线 DB 上。

⑥ 通过 DB 总线,把读出的操作数 15H 送到 DR。

⑦ 因已知读出的是操作数,且指令要求送到累加器 A,故由 DR 通过内部数据总线送入 A 中。此过程读者可以仿照图 1-15 拟出。至此,第一条指令执行完毕,接着进入第二条指令的取指阶段。

(3)取指令 2 的过程

① 把 PC 的内容 02H 送到 AR。

② 当 PC 的内容送入 AR 后,PC 自动加 1,变为 03H。

③ AR 经地址总线把地址信号 02H 送至存储器,经地址译码后,选中相应的 02H 单元。

④ CPU 发"读"命令到存储器。

⑤ 所选中的 02H 单元内容 C6H 通过数据总线送到 DR。

⑥ 因是取指阶段,读出的必为操作码,故 DR 将它送至指令寄存器 IR,经指令译码器 ID 译码后,识别出这是一条加法指令。将 A 的内容作为第一操作数,第二操作数在指令第二字节中,因此执行第二条指令的第一步必须取出指令第二字节中的操作数。然后在算术逻辑单元 ALU 中相加,最后把结果送回累加器 A 中。

(4)执行指令 2 的过程

① 把 PC 的内容 03H 送至 AR。

② 当 PC 的内容送至 AR 后 PC 自动加 1,变为 04H。

③ AR 通过地址总线把地址号 03H 送至存储器,经地址译码后选中 03H 单元。

④ CPU 发"读"命令到存储器。

⑤ 所选中的 03H 单元内容 37H 读至数据总线 DB 上,送至 DR 中。

⑥ 因已知读出的是操作数,而且知道要与 A 中的内容相加,故此操作数通过内部数据总线送至暂存寄存器 TMP 中。

⑦ 由于算术逻辑单元 ALU 的两个输入端均有了操作数,故可执行加法操作。

⑧ 相加的结果由 ALU 输出经内部数据总线送至累加器 A 中。

上面的⑥、⑦、⑧步的操作过程可以参见图 1-11。至此,第二条指令的执行阶段结束,接着转入第三条指令的取指阶段。第三条指令的取指也按上述类似过程进行。最后取回的第四条指令经译码,判定是暂停操作,于是机器暂停下来。

可以看出,程序的执行过程,就是周而复始地取指令、分析指令(译码)和执行指令的过程,直至该程序的全部指令执行完毕,由最后一条暂停指令实现停机。

4. 运算结果的存储和输出过程

上面的简单程序执行完后,其结果保留在累加器 A 中。若按题目要求将运算结果存入存储单元 20H 中保存,或者希望将此结果通过接口电路送至某一外设(设外设端口为 01H),则应在前面程序的基础上加入新的第三条存储指令和第四条输出指令,最后一条仍为暂停指令。

```
        LD A,15H
        ADD A,37H
第三条: LD(20H),A        ;将累加器 A 中的结果存入 20H 单元
第四条: OUT(01H),A       ;将结果输出到 01H 号外设端口
        HALT
```

地址	内容	
⋮	⋮	
04H	00110010	LD(20H),A
05H	00100000	
06H	11010011	OUT(01H),A
07H	00000001	
08H	01110110	HALT

图 1-15　新加入指令的存储

新加入的指令经翻译成二进码后,依次接着第二条指令存放在存储器中,如图 1-15 所示。

新加入的第三条指令的取指过程与前面指令的取指过程类似。当把 04H 单元的指令码 32H 译码后,识别出这是一条存数指令,存数的地址放在第二字节,因此执行这条指令首先需要取出第二字节的操作数地址,这和指令 1 的操作执行过程类似。但不同的是:第一条指令执行时取回的是操作数 15H,放入累加器 A;而第三条指令执行时取回的是操作数地址 20H,当被取回

并放到DR⑥后，接着执行的操作是把DR的内容传到地址缓冲寄存器AR⑦，再由AR把20H地址发至存储器，经地址译码后选中20H单元⑧，CPU发来"写"命令⑨，累加器A中的内容4CH经内部数据总线送至数据缓冲寄存器DR输出到DB总线上，接着就写入到存储单元20H⑩。写入操作过程如图1-16所示。

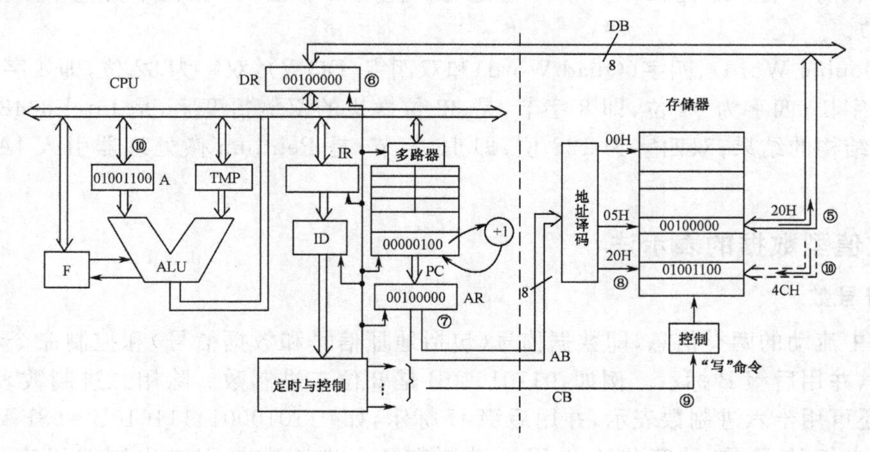

图1-16　执行第三条指令的写入操作示意图

第三条指令的执行操作分为两部分：前面部分为读操作，即将05H单元中的操作数地址20H读入后并放到AR中(见图1-16的⑤、⑥、⑦)。后面部分为写入操作，即将A中内容写入到20H单元(见图1-16中的⑧、⑨、⑩)。

新加入的第四条指令的取指和执行与第三条类似，但不同的是：取回的指令D3H经译码后知道是一条输出指令，因而执行时前面部分的读操作读回的是外设端口地址01H(而不是存储器地址)，于是接着把累加器中的内容4CH写入到端口上去。

综上所述：计算机的工作过程，实质上就是在程序控制下，自动地、逐条地从存储器中取指令，分析指令，执行指令，再取下一条指令，周而复始执行指令序列的过程，这就是冯·诺依曼的程序存储和程序控制的计算机的基本原理。

1.7　IA-32结构的数据类型

1.7.1　计算机中的数据

根据国际标准化组织(ISO)对数据的定义认为：通常意义下，数字、文字、图形、图像，活动图像(视频)和声音等都可认为是数据。对计算机而言，是不能直接处理以上数据的，而必须采用特殊的表达形式一这就是二进制编码形式，才能由计算机进行计算，转换、存储、排序、传送、通信等处理。

在计算机中，通常又将这些处理的数据分为数值型数据和非数值型数据。数值型数据是指日常生活中经常接触到的数字数据，主要用来表示数量的大小，进行计算；而其他的文字、图形、图像、视频图像和声音都统称为非数值型数据。非数值型数据多数来自多种媒体。因此，现代计算机已不仅是一种计算工具，而是能够交互式综合处理多种不同媒体信息的多媒体计算机。

1.7.2　常用的名词术语

在IA-32结构的微计算机中用二进制表达数据时，常用的名词术语如下。

位(Bit)：指一个二进制位，是计算机中信息表示的最小单位。

字节(Byte):指相邻的8个二进制位。计算机中存储器单元的容量(内容)用字节表示。

字(Word)和字长:字是计算机内部进行数据传递、处理的基本单位。通常它与计算机内部的寄存器、运算器、数据总线宽度相一致;字长是指一个字所包含的二进制位的位数。常见的微计算机的字长有8位、16位、32位和64位之分。但是目前在PC微机中常把一个字定义为16位,即2字节。

双字(Double Word)、四字(Quad Word)和双四字(DQW):双字为32位,即4字节,是32位微计算机的字长;四字为64位,即8字节,是32位微机的双倍精度字,是Intel 80486微处理器引入IA-32结构的结果;双四字为128位,即16字节,是Pentium微处理器引入IA-32结构的结果。

1.7.3 数值型数据的表示法

1. 无符号数

计算机中流动的两类信息,即数据信号(包括地址信号和数据信号)和控制命令都是用二进制数表示的,并用后缀B标示。例如,01101000B是8位二进制数。除用二进制数表示外,在数位较多时,还可用十六进制数表示,并用后缀H标示,如0110100011111010B=68FAH。

为照顾人们的习惯,计算机中也用十进制数。十进制数是用二进制编码表示的,例如,8421BCD码。每位十进制数用4位二进制数表示,逢10进1。例如,6829的8421BCD为0110 1000 0010 1001。

2. 带符号数

计算机处理的数据除无符号整数外,还有带符号数。带符号数中的符号也用二进制数表示。最高位(MSB)表示数的符号:"0"表示正号,"1"表示负号。通常称这种数码化了的带符号数为机器数。机器数可用不同的码制来表示。常用的有原码、补码和反码。微计算机和多数计算机一样,常采用补码表示法。补码的定义为:

$$[x]_{补}=\begin{cases}x & (x\geqslant 0)\\ 2^n+x=2^n-|x| & (x<0)\end{cases}$$

其中,2^n称为模数,故补码又称2补码,又因为$2^n=(2^n-1)+1$,而(2^n-1)为n个1,因此$(2^n-1)-|x|$称为1的补码(即反码)。这样,求正数补码,就采用符号-绝对值表示;求负数补码,可先写出该负数对应的正数的补码,然后,将其按位取反(即0变1,1变0),最后,在末位加1。

【例1-1】 机器字长为8位,求$[+105]_{补}$和$[-105]_{补}$。

$[+105]_{补}=\boxed{0}\ 110,1001=69H$

按位求反:1001,0110

末位+1:1001,0111

即$[-105]_{补}=1001,0111=97H$。

【例1-2】 若机器字长为16位,求$[+105]_{补}$和$[-105]_{补}$。

这里介绍一种符号扩展法用来将8位补码数扩展为16位补码数,具体做法是:把8位机器数的符号位扩展到高8位上去;同理,符号扩展法也可用来将8位补码数扩展为32位补码数,如下所示。

数值	8位补码数	16位补码数	32位补码数
+105	01101001	0000 0000 0110 1001=0069H	0000 0069H
−105	10010111	1111 1111 1001 0111=FF97H	FFFF FF97H

反过来,已知补码,求所代表的真值时,对正数补码求真值,用按位计数法即可;而对负数补

码求真值，则根据 $|x| = 2^n - [x]_{补} = (2^n - 1 - [x]_{补}) + 1$，即利用按位变反加 1 即可。

在机器里，为了扩大数的范围，可用两个或多个机器字来表示一个机器数，这种数称为双字长的双倍精度数或多字长的多倍精度数。

8 位机器数和 IA-32 结构中带符号整数的编码（这里，用 16 进制数表示）及数的范围分别如表 1-2 和表 1-3 所示。

表 1-2　8 位数表示法的对照表

8 位二进制数码组合	十六进制数	无符号数	原码	补码	反码
00000000	00H	0	+0	+0	+0
00000001	01H	1	+1	+1	+1
00000010	02H	2	+2	+2	+2
⋮	⋮	⋮	⋮	⋮	⋮
01111100	7CH	124	+124	+124	+124
01111101	7DH	125	+125	+125	+125
01111110	7EH	126	+126	+126	+126
01111111	7FH	127	+127	+127	+127
10000000	80H	128	−0	−128	−127
10000001	81H	129	−1	−127	−126
10000010	82H	130	−2	−126	−125
⋮	⋮	⋮	⋮	⋮	⋮
11111100	FCH	252	−124	−4	−3
11111101	FDH	253	−125	−3	−2
11111110	FEH	254	−126	−2	−1
11111111	FFH	255	−127	−1	−0

表 1-3　IA-32 结构的带符号整数编码

数的类别	二进制数码组合		十六进制数表示的 2 的补码			
	符号位 (MSB)	数值位 (n−1)位	字节整数 (n=8)	字整数 (n=16)	双字整数 (n=32)	4 字整数 (n=64)
正数 大	0	11⋯11	7FH	7FFFH	7FFF FFFFH	7FFF FFFF FFFF FFFFH
↑	0	11⋯10	7EH	7FFEH	7FFF FFFEH	7FFF FFFF FFFF FFFEH
		⋮	⋮	⋮	⋮	⋮
小	0	00⋯01	01H	0001H	0000 0001H	0000 0000 0000 0001H
零	0	00⋯00	00H	0000H	0000 0000H	0000 0000 0000 0000H
负数 大	1	11⋯11	FFH	FFFFH	FFFF FFFFH	FFFF FFFF FFFF FFFFH
↑	1	11⋯10	FEH	FFFEH	FFFF FFFEH	FFFF FFFF FFFF FFFEH
		⋮	⋮	⋮	⋮	⋮
小	1	00⋯01	81H	8001H	8000 0001H	8000 0000 0000 0001H
	1	00⋯00	80H	8000H	8000 0000H	8000 0000 0000 0000H
数的范围			−128～+127	−32768～+32767	$-(2^{31})\sim+(2^{31}-1)$	$-(2^{63})\sim+(2^{63}-1)$

1.7.4　非数值型数据的表示法

1. 字符的表示法

计算机中除了处理数值信号外，还需要处理字符或字符串信息。例如，计算机和外设的键盘、打印机、显示器之间的通信都是采用字符方式输入、输出的。英文字符在机器中也是二进制数，但这种二进制数是按特定规则编码表示的。微计算机中普遍采用美国信息交换标准代码 ASCII(American Standard Code for Information Interchange)，包括英文字母的大小写、数字、专用字符（如+，−，*，/，空格等）以及非打印的控制符号（如换行 LF，回车 CR，换码 ESC 等）共计 128 种编码。这种代码用 1 字节表示，其中低 7 位为 ASCII 码，最高位置为 0。ASCII 字符表如表 1-4 所示。

表 1-4 ASCII 字符表(7 位码)

LSD $b_3b_2b_1b_0$		MSD $b_6b_5b_4$ 0 000	1 001	2 010	3 011	4 100	5 101	6 110	7 111
0	0000	NUL	DLE	SP	0	@	P	、	p
1	0001	SOH	DC1	!	1	A	Q	a	q
2	0010	STX	DC2	”	2	B	R	b	r
3	0011	ETX	DC3	#	3	C	S	c	s
4	0100	EOT	DC4	$	4	D	T	d	t
5	0101	ENQ	NAK	%	5	E	U	e	u
6	0110	ACK	SYN	&	6	F	V	f	v
7	0111	BEL	ETB	’	7	G	W	g	w
8	1000	BS	CAN	(	8	H	X	h	x
9	1001	HT	EM	)	9	I	Y	i	y
A	1010	LF	SUB	*	:	J	Z	j	z
B	1011	VT	ESC	+	;	K	[	k	{
C	1100	FF	FS	,	<	L	\	l	|
D	1101	CR	GS	—	=	M	]	m	}
E	1110	SO	RS	.	>	N	↑	n	～
F	1111	SI	US	/	?	O	←	o	DEL

注:表中二进制代码按顺序 $b_6b_5b_4b_3b_2b_1b_0$ 排列。

NUL	空	HT	横向列表	DC1	设备控制 1	SUB	减
SOH	标题开始	LF	换行	DC2	设备控制 2	ESC	换码
STX	正文结束	VT	垂直列表	DC3	设备控制 3	FS	文字分隔符
ETX	本文结束	FF	走纸控制	DC4	设备控制 4	GS	组分隔符
EOT	传输结果	CR	回车	NAK	否定	RS	记录分隔符
ENQ	询问	SO	移位输出	SYN	空转同步	US	单元分隔符
ACK	承认	SI	移位输入	ETB	信息组传送结束	SP	空格
BEL	报警符	DLE	数据链换码	CAN	作废	DEL	作废
BS	退一格			EM	纸尽		

汉字字符采用我国 1981 年公布的“国家标准信息交换用汉字编码基本字符集(GB2312—1980)”。该标准规定一个汉字用 2 字节进行编码,即可编出 256×256 种＝65536 码。为区分汉字编码和 ASCII 码,用每字节的最高位来区分。这就是所谓双 7 位汉字编码,可编出 128×128＝16384 码,称为汉字交换码(也叫国标码)。国标码的双字节最高位用“1”表示,ASCII 码则用“0”表示。

2. 图形、图像、声音的表示

计算机中除能处理数值,字符外,还能处理图形、图像和声音等各种信息,这类计算机称为多媒体计算机。

在多媒体计算机中所处理的多媒体信息也是采用二进制编码来表示的。处理时,首先需将图、像、声各种模拟量(如声音的波形、图像像素坐标、颜色等)经过采样,量化和编码转换成数字信息,这一过程称为模/数转换。由于这一过程得到的数字化信息非常大,为节省存储空间,提高处理速度,往往需要进行压缩后再存储到计算机中。经过计算机处理过的数字化信息又需要还原(解压缩),即经过数/模转换为模拟信息的声音、图像或通过扬声器播放声音,或通过显示器显示画面、图像。

1.7.5 基本数据类型

1. 基本数据类型

IA-32 结构的基本数据类型是指字节、字、双字、四字和双四字,如图 1-17 所示。

2. 基本数据类型在内存储器中的存放顺序

图 1-18 示出 IA-32 结构中基本数据类型作为操作数在内存储器中的字节存放顺序。每种

数据类型的低字节为 N，它存放在最低地址单元中。最低地址也就是最低字节数的地址。

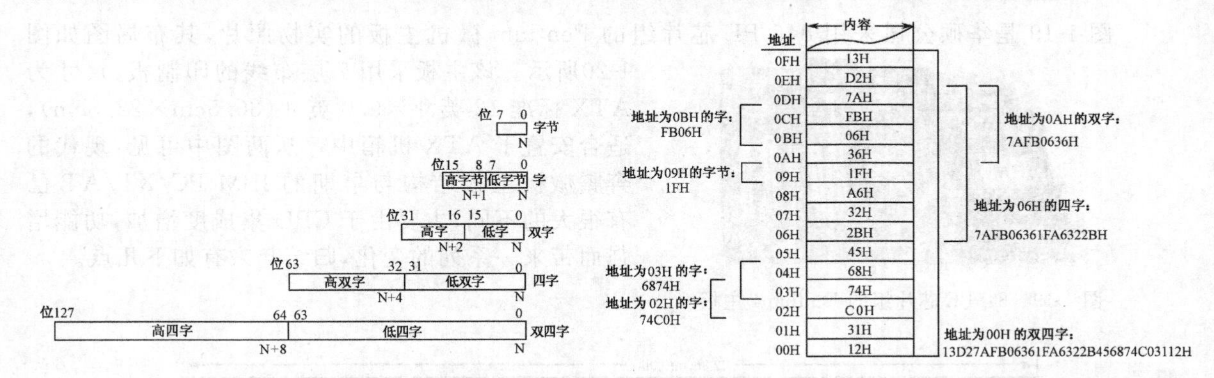

图 1-17　IA-32 结构的基本数据类型结构　　图 1-18　基本数据类型在内存中的字节存放顺序示意图

1.8　现代微计算机印象

现代微计算机是指 CPU 为 Pentium 或多核处理器的微机。现代微机琳琅满目，外形五花八门，如台式计算机、笔记本电脑、一体化微机、平板式微机等，均可称为 PC(Personal Computer)微机。本节选择台式 PC 微机为例，从外看到里，以对现代微机建立初步印象。同时，也通过对这些系统主板的介绍，能认识到微机系统基本组成原理是万变不离其宗的。微处理器和微计算机虽在不断升级换代，但计算机本身的体系结构，基本工作原理并没有改变，也借此说明本书主干内容被选中的原因。

PC 微机的硬件系统由主机箱(含电源)、系统主板、光盘驱动器、软盘驱动器、显示器、鼠标和键盘等基本部件构成。其他外设可根据用户需要进行配置。软件则根据 CPU 的性能和需要进行配置和进行设计。

(1)主机箱：台式微机的主机箱有立式和卧式两种。微机的主板及其相连的各种硬件设备都安装在里面(外置调制解调器由接插件连接，放在机箱外)。现代微机，由于 CPU 和显示器适配卡的工作速度越来越高，本身都带有散热片及风扇，因此机箱前、后面板都有开孔，以形成对流。

(2)前面板：这是人们启停计算机的操作面板，常配有如下指示灯和按键。

电源开关(POWER)：与电源指示灯配套，用一个 LED 发光二极管指示电源状态。打开电源时呈绿色。

复位键(RESET)：无指示灯。

光驱指示灯：一般为绿色 LED，灯亮时表示正在操作光盘。

机箱面板通常安装有光盘驱动器。Pentium 及多核处理器微机还提供了数量不等的前置的 USB(Universal Serial Bus)端口、音频输出口、红外线数据接收器(IrDA)等。

(3)电源：微机都采用开关电源，重量轻，性能稳定，通常选用 250W 电源。PⅡ以后的微机都采用 ATX(AT eXtension)标准电源，其最核心的变化是增加了 3.3V 输出和提供软件关闭微机的功能，即开机时按面板上的电源开关，关闭时靠软件关机，不需要再按电源开关。

1.8.1　Pentium 微计算机

当 Intel 公司 2000 年 11 月推出 Pentium4 微处理器芯片后，各 IT 厂商如 IBM、DEC、Compaq、HP、联想等相继组建了“Intel inside Pentium4”微计算机，而华硕、徽星、梅捷、技嘉、精英、光达、泰坦等公司生产了 Pentium4 主板，以后又生产了 Pentium 及多核处理器兼容的主板，供 IT 厂商和个人组建各种规格的兼容机。主板厂商的产品一般都有几种规格。不同规格的主板在性能、质量和兼容性方面都有所不同。这样，市场上便有各种名牌机、品牌机和兼容机之分。

1. 主板结构与组成

图 1-19 是华硕公司采用 845 PE 芯片组的 Pentium 微机主板的实物照片，其布局图如图 1-20所示。该主板采用 7 层布线的印制板，尺寸为 ATX 标准 12 英寸×9.0 英寸(30.5cm×22.8cm)，适合安置于 ATX 机箱中。从两图中可见：现代的奔腾微机主板结构与早期的 IBM PC/XT/AT 已有很大的不同，主要由于 CPU 集成度增加，功能增强而带来一系列的变化，归结起来有如下几点。

图 1-19　845PE 芯片组的 Pentium4 主板

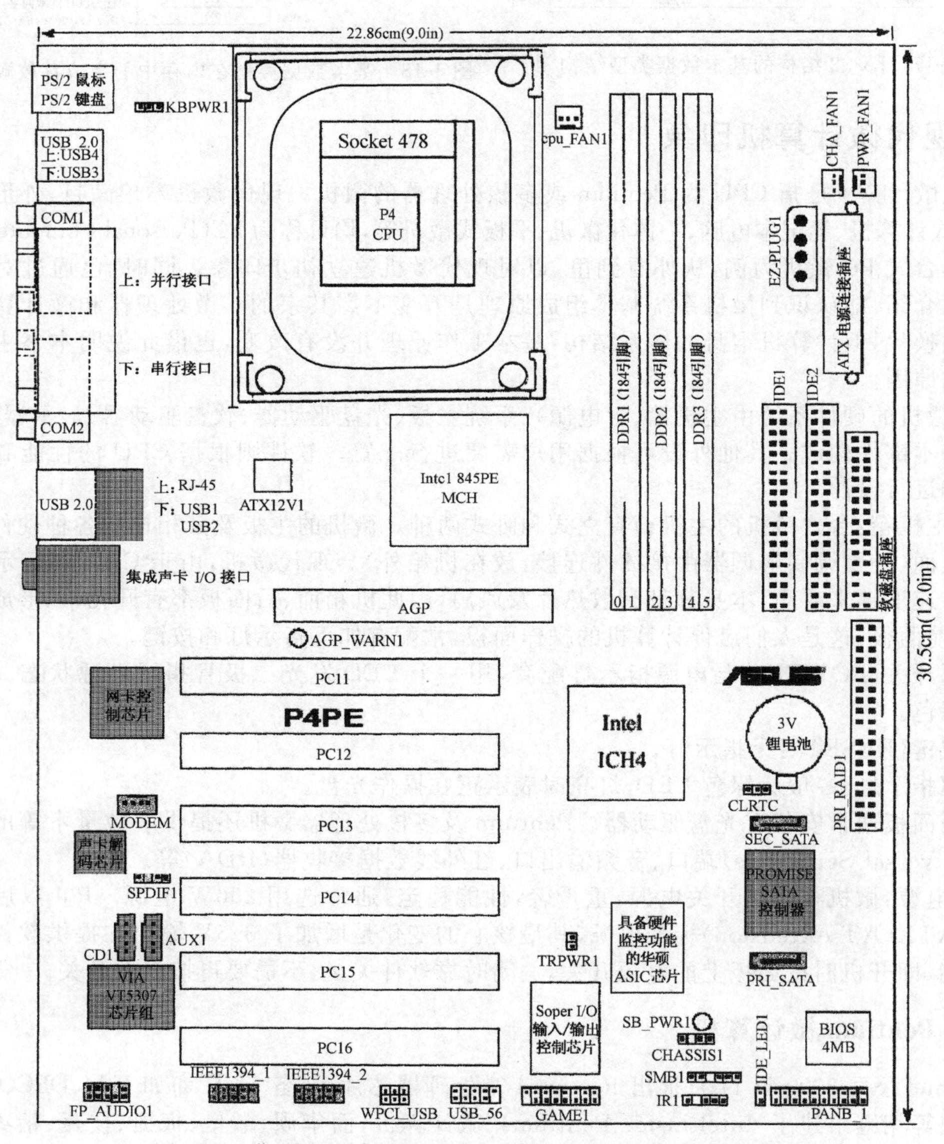

图 1-20　华硕公司采用 845PE 芯片组的 Pentium4 主板布局图

(1)CPU 及其插座:Pentium4 CPU 是 478 管脚的 BGA 封装,如图 1-21 所示。使用 Socket 4 78 插座是 ZIF(Zero Insertion Force)插座。由于 P4 CPU 集成度高、频率高、发热量大,因此,在上面紧贴着带散热片的风扇。为降低功耗,CPU 采用较低的+3.3V或更低电压供电。

图 1-21　Intel 公司的 P4 微处理器

Pentium4 CPU 是不包括在主板购置的另外购件。该主板支持 1.4GHz～2.53GH 或更高频率的 Pentium 4/Celeron 处理器。

(2)BIOS 和 CMOS RAM 芯片

BIOS 采用 Flash ROM,具有闪速和电可擦写的功能。用户通过运行加载 BIOS 软件按照提示说明可以方便地更新 BIOS 的内容。但注意,BIOS 程序对主板是有针对性的,随其主板采用的芯片组不同而不同,因此不能随便更换,否则机器不能工作。该主板的 BIOS 支持即插即用(Plug & play),可以自动侦测主板上的外围设备和扩展卡,具有 Crash Free BIOS(刷不死技术),即当升级 BIOS 失败或者由于病毒侵害无法开机时,Crash Free BIOS 允许用户使用软盘恢复 BIOS 数据,具有 C. P. R(超不死技术),即当超频失败后,重新启动系统,BIOS 能自动恢复默认设定。不同厂家或用不同芯片组的主板,其 BIOS ROM 容量不同。例如,华硕 P4PE 主板在采用 Intel 82845PE(GMCH)和 Intel 82801DA(ICH4)芯片组配置下,BIOS ROM 为 4MB Flash ROM,华硕 P4533-VM 主板在采用 845G 芯片配置下,其 Flash ROM 为 2MB。

CMOS RAM 芯片用做微机的实时时钟,提供系统日期、时间,提供保存系统用户口令以及系统的硬件配置参数,如硬盘规格、显示器接口类型、键盘及其他硬件的设置。BIOS 引导微机启动时必须从 CMOS RAM 中读取若干数据,以设定开机的初始状态。CMOS RAM 芯片由实时时钟电路和 CMOS 低功耗静态 RAM 组成,其中的数据即使在关机状态下也不能丢失,否则会造成日期、时间的错误和软、硬磁盘工作的失效。CMOS RAM 靠主板上的充电电池(3V 锂电池)提供电源。

(3)内存储器插槽

P4 微计算机主板上一般有 3 个 184 引脚的 DDR DIMM 插槽,可支持最高为 2GB PC2700/PC2100/PC1600 的 non Ecc 的 DDR 内存。实际安装 32MB～256MB 即可。这比理论上允许的 64GB 内存容量要小得多,但比早期的 IBM PC/XT/AT 大多了,这对运行大块的程序、减少主存与慢速的外存之间数据的往复倒换、提高运行速度是有好处的。

(4)芯片组(Chip set)

芯片组实际上是指除 CPU 之外的系统控制逻辑电路,代替了早期 IBM PC/XT/AT 微机主板上大量的中小规模集成电路和接口芯片,如并行接口芯片 8255A、串行接口芯片 8250、定时/计数器芯片 8253/8254、中断控制器 8259 和 DMA 控制器等分立芯片,并根据 CPU 集成度增加,功能扩大的需要将以上芯片进行集成并扩大其功能,以提高可靠性,降低功耗。目前世界上最大的 CPU 制造厂商 Intel 公司和 AMD 公司根据本公司 Pentium4 CPU 的型号,也推出了与之相配的芯片组(集成芯片组)。这些芯片组通常由两块芯片组组成。

图 1-20 中的 Pentium4 主板中的 Intel 845PE MCH(Memory Controller Hub)靠近 CPU,又称为北桥,担任着管理 CPU、高速缓存 Cache、主存储器和 PCI 总线间的信息传送等功能,其功耗较大,带有散热片或风扇;主板中的 Intel ICH4(第四代 I/O Controller Hub)又称为南桥,其作用是对所有的 I/O 接口和中断请求进行管理,对 DMA 传输的控制,负责系统的定时与计数等,即兼有 8255,8250,8259,8237 和 8254 等分立接口芯片的功能及支持 USB(通用串行总线)的功能。不同厂家或同一厂家不同型号的 Pentium4 CPU 都有与其配套的芯片组,名称也各异,在购置主板与自行配置 Pentium4 CPU 时应引起注意,否则会造成一些不兼容现象的发生。

这里指出：南桥中兼有的 8255,8250,8259,8237 和 8254 等接口芯片将在本教材中一一讲述其基本性能、内部结构，工作方式及其应用。

(5)产生各种时钟频率的电路

自第一台微机诞生以来，其主板上均采用一个 14.318MHz(美国 NTSC 彩色电视副载波频率的 4 倍)晶振作为基准频率发生器，由芯片组和控制电路产生出主板、CPU 及外部设备所需要的各种时钟信号。

主板上的时钟发生器，输入 14.318MHz 的基准频率后，将产生 5 种频率，即 System 时钟、CPU 时钟(或 FSB 时钟)、USB 时钟、Super I/O 时钟和 PCI 时钟。其中 FSB 时钟又输入到芯片组的北桥芯片中，产生 SDRAM 和 AGP 需要的两种时钟信号，共计 7 种时钟信号。

① System 时钟：与基准频率 14.318MHz 相同，频率固定不变。供主板上需要该频率的芯片或设备使用。

② CPU 时钟：又称外部频率或 FSB，是 CPU 的输入频率。常用的有 66MHz,75MHz,83MHz,100MHz,133MHz,150MHz 等。Intel 公司正式支持的外部频率有 60MHz,66MHz,100MHz,133MHz 等几种。P4 主板上的 CPU 时钟频率更高。在采用 Intel 845PE 芯片组的主板上，系统总线的频率可达到 533MHz 或 400MHz(即 133MHz×4 或 100MHz×4)。

CPU 的工作频率(即主频)由 FSB 乘上一个倍频系数而得。倍频系数一般为 1.5～10，由 CPU 内部的一个专用寄存器来保存。当系统初始化时，BIOS 与芯片组互相配合，完成对时钟发生器和 CPU 倍频系数的设置。

③ USB 时钟：用于驱动 USB(Universal Serial Bus)总线，频率固定为 48MHz。

④ SDRAM 时钟：用于驱动 SDRAM(Synchronous Dynamic Random Access Memory)内存的，一般频率等于 FSB。

⑤ Super I/O 时钟：供一些输入/输出设备使用，频率固定为 24MHz。

⑥ PCI 时钟：用于驱动 PCI(Peripheral Component Interconnect)总线。插入 PCI 总线槽中的声卡、显示卡、网卡等外部设备都使用这个时钟信号。当 FSB 小于 100MHz 时，PCI 时钟频率一般为 FSB 的 1/2；当大于、等于 100MHz 时，则为 FSB 的 1/3。

⑦ AGP 时钟：用于驱动 AGP(Accelerated Graphics Port)总线。当 FSB 小于 100MHz 时，该频率一般等于 FSB；而当 FSB 大于、等于 100MHz 时，则为 FSB 的 2/3。

(6)总线扩展槽

一般有 3～6 个 PCI 插槽(图 1-20 的 Pentium4 主板有 6 个 PCI 插槽)和 1 个 AGP 插槽。AGP 插槽是高速图形卡的专用槽。有的 P4 主板上还集成有显示卡插槽，则此槽留作备用。

(7)串行接口

该接口有两个 9 针 D 型插座(按 PC99 标准规定串行接口颜色是蓝绿色)，是主板的通信接口(COM1 和 COM2)，从相当于有串行接口 8250 功能的芯片组 ICH4 引出。

(8)并行接口

并行接口有 1 个 25 针的 D 型插座，颜色为酒红色。从相当于有并行接口 8255 功能的芯片组 ICH4 引出，供主板连接并行设备，如行式打印机使用。

(9)其他插座

① 软磁盘驱动器插座：该插座有 34 针，最多可接两个软盘驱动器。

② IDE 插座：该插座有 40 针，在 P4 主板上常备有 2～4 个 IDE 插座，供接入 IDE 设备的硬盘驱动器和光盘驱动器使用。

③ USB 插座：该插座有 4 针，常配有 4～6 个 USB 2.0 插座，其中有 2～4 个从机箱后面板

引出，有2个从机箱的前面板引出，供连接外部接备，如数码相机、扫描仪、MP3播放机、调制解调器、打印机等设备使用。

④ PS/2鼠标接口：1个6针圆形插孔（绿色），直接接小口鼠标。如果使用大口鼠标，则需用标准的PS/2转接线转接。

⑤ PS/2键盘接口：1个6针小圆形插孔（紫色），直接接小口键盘。如果使用大口键盘。则需用标准的PS/2转接线转接。

⑥ 集成声卡插孔：若主板上有集成声卡，还带有3个插孔：Mic，麦克风输入插孔；Line Out，音频输出插孔，用耳机输出声音时直接接Line Out；用音箱放声时，Line Out接音箱的输入端；Line In，线路输入插孔，当声卡在录音或混声时，作为外部音频信号的输入口。

⑦ CNR插槽：该插槽只有1个，允许插入CNR(Communication Network Riser)接口卡。

⑧ IEEE 1394接口：2个9针插座（选件），可提供100～1000Mb/s的高带宽数据传输，适合于高端设备，如数码摄像机、高速网卡及海量存储设备等。

2. Pentium4微机的系统软件

Pentium4微机可配置Windows98/2000/XP及Windows NT等系统软件。这是因为：一方面它们利用了近年来发展的硬件和软件的新技术，可支持USB接口、IEEE1394标准、AGP图形接口、DVD、多显示器、FAT32文件系统，实现真正的Web集成，支持电源管理使计算机自动处于休闲状态以节省能源；另一方面，从应用角度，可支持文字处理、各种工具软件、多媒体网络通信以及支持运行各种应用软件、数据库管理系统以及各种虚拟世界的应用软件。

为不抛弃IA-32结构中的老用户，Windows支持MS-DOS环境下应用程序的运行并提供绝对的兼容性。随着Windows版本升级，所提供的MS-DOS也随之升级。

1.8.2 多核处理器微计算机

图1-22为一种多核处理器微计算机的主板技嘉GA-Z77P-D3的配置图，可知该主板上的系统芯片数量更加减少，仅采用2-3片高集成度的多功能芯片，不仅使主板更加微型化，而且因为板上连线的减少，系统出错的概率也大大降低。与Pentium主板相比，归结起来有以下几方面的变化：

① CPU及其插座：CPU可支持有1155个触点的LGA1155插座的第三代22纳米及第二代酷睿处理器：Intel Core i7处理器/Intel Core i5处理器/Intel i3处理器/Intel Pentium处理器/Intel Celeron处理器。Intel Core i7和Intel Core i5内建有4个高性能64位的处理器核和高达8MB的L3高速缓存，支持第三代Intel Core在需要的时候自动超频。多核处理器正面和背面如图1-23所示。

② 芯片组：主板上只有一片Intel Z77高速芯片组，不仅代替了Pentium主板上的芯片组南桥和北桥的功能，而且提升了许多功能，如支持多核处理器、能建立UEFI 3D BIOS图形化环境、可支持第三代PCI Express显卡接口、可支持2-way Cross FireX多重显示技术、集成HDMI显示接口、MSATA固态硬盘插槽和8声道108信噪比保真音效芯片并支持高质量兰光播放格式，以及支持USB 3.0、SATA 3.0和USD 3.0的加速技术等功能。

③ 采用双实体BIOS：可为计算机提供BIOS防护，能自动修复因跳电所造成的BIOS损坏或更新的失败。

④ 总线带宽变宽：该主板上增加了两个带宽比PCI总线更宽的PCI EX16和PCI EX4总线插槽。显卡安装在PCI EX16插槽中可发挥它的最大性能。

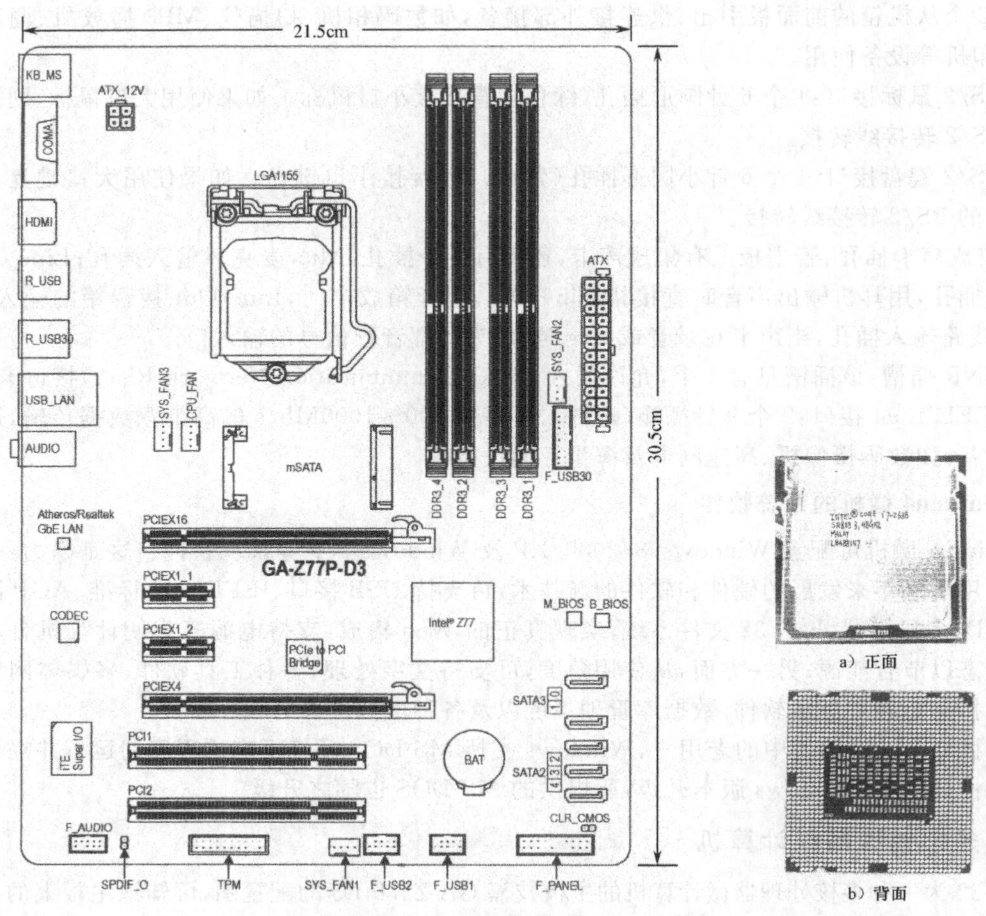

图 1-22　一种多核处理器的主板配置图　　图 1-23　Intel core i7 处理器的正面和背面

1.9　用汇编语言程序 C/C++开通自行设计的微处理器系统

微处理器系统以其采用大规模集成电路组建系统带来的体积小、重量轻、功耗小和可靠性高等诸多特点，已广泛用于各种电子设备、仪器仪表、智能终端，数控系统和家用电器。在这些应用中，基于 CPU 指令系统的汇编语言程序以其实时能力强，又是一种可直接控制、检测系统硬件的高效语言往往获得首选。

通过本章的概述，我们可以看出，通过本课程的学习，就可以在自己的专业应用中，采用下列不同层次的应用模式来建造自己的微处理器系统。

① 以微机系统的组成原理和汇编语言程序设计为基础，配合 C/C++自行设计专用微处理器系统。硬件的主要工作是选用性能合适的 CPU 作为系统的核心，配以恰当数量的 RAM、ROM 和 I/O 接口电路，根据各芯片的外部(引脚)特性，进行电路设计和安装。软件的主要工作是用汇编语言编写程序，经调试变为可执行的机器语言的目标程序后，固化在 ROM 中，以控制系统的运行。

② 选用 OEM(Original Equipment Manufacturer)的单板机或微机主板，并利用其扩展槽将自行设计的硬件板或购置的其他的 OEM 板(如 A/D，D/A)插入其中，构成一个新的专用系统。和前一种模式比较，硬件工作可省去许多，而只需专心开发 OEM 单板或主板上不具备的硬件系统和进行程序设计。例如，在很多主、从系统的构建中，主机系统往往选购功能强大一些的微机主板，从机系统则自行设计以满足专用目的。选用同一体系结构中的单片机或下档 CPU 构建专用系统，以便达到主、从系统并行处理，并通过并行处理协议协调运行。例如，可选 IA-32 结构

中的上档微计算机系统作为主机系统，而选下档 CPU 的微处理器系统作为从机系统。这样，可大大缩短开发周期。

③ 直接选用功能较强和配套好的通用微机系统。通用微机系统在信息化时代有着广阔的应用前景，除在开发和运行各种应用软件、数据库管理系统、联网实现分布式运算和处理之外，还可作为以上两种模式的开发系统，在 DOS 的支持下进行汇编语言程序设计，在工具软件的支持下完成硬件系统的设计。

习　题　1

1-1　解释和区别下列名词术语。

1. 微处理器 MP，微计算机 MC，微处理器系统 MPS，片上系统 SoC，多核处理器。
2. 单片微处理器和单片微计算机。
3. 硬件和软件。
4. 系统软件、中间件和应用软件。
5. 位、字节、字和双字。
6. 正逻辑和负逻辑。
7. RAM 和 ROM。
8. I/O 接口和 I/O 设备。
9. 芯片总线、片总线、内总线和外总线。
10. 机器语言、汇编语言和高级语言。
11. 汇编语言程序和汇编程序。
12. 汇编和手编。
13. 监控程序和操作系统。

1-2　IA-32 结构的微处理器得到广泛应用的关键因素有哪些？

1-3　画出典型的微处理器系统的结构框图，说明各组成部分的作用。

1-4　试比较微计算机和一般电子计算机结构上的异同处。

1-5　试述微计算机应用层次的灵活性，概括说明各应用层次应做的工作。

1-6　将下列十进制数转换为二进制数、十六进制数和 BCD 数。

(1)124.625　　(2)217.125　　(3)635.05

(4)45279.25　　(5)86.0625　　(6)268.875

1-7　用 16 位二进制数表示出下列十进制数的原码、反码和补码。

(1)＋128　　(2)－128　　(3)＋15279

(4)－5　　(5)＋784　　(6)－253

1-8　求下列用补码表示的机器数的真值。

(1)01011001　　(2)11011001　　(3)01110001

(4)11110011　　(5)00011101　　(6)10011001

1-9　写出下列字母、符号的 ASCII 码。

(1) B　(2) H　(3) SP(空格)　(4) 5　(5) $　(6) CR(回车符)　(7) LF(换行符)

1-10　试绘出以下十六进制数在内存中存放顺序的示意图。设存放地址均为 00H。

(1) F7H　(2) 03BAH　(3) C804326BH　(4) 1122334455667788H

1-11　试说明 Pentium4 微计算机主板上的芯片组北桥和南桥的主要功能。

1-12　试说明多核处理器微计算机主板与 P4 微计算机主板比较产生的变化。

第2章　IA-32结构微处理器及其体系结构

微处理器CPU是组成微计算机或微处理器系统的核心，是一种包含运算器和控制器电路在内的大规模集成电路，除执行算术、逻辑运算和信息处理外，还担负着控制整个计算机系统使其能自动协调地完成系统操作，因此CPU的性能、体系结构就决定了整个系统的功能。CPU及其总线结构又是进行系统硬件连接及软件设计的支柱。

Intel推出的系列CPU产品在微处理器领域一直占主导地位，尽管现在使用的CPU结构与功能同早期的IA-32相比已发生很大变化，但从基本概念与结构来看，仍是IA-32结构微处理器技术的延续与提升。

2.1　微处理器的主要性能指标

微处理器的性能指标基本上确定了由其组成的微计算机的功能。由于微处理器的性能不断增强，对其评价的性能指标也发生着变化，但归结起来，主要性能指标如下所述。

1. 字长

微处理器的字长是指它在交换、加工和存放信息时，其信息位的最基本的长度，由它决定了一次传送的二进制数的位数，如有4位、8位、16位、32位和64位等。字长决定着计算机的运算能力和运算精度。字长越长，一个字所能表示的数据精度就越高，在完成同样精度的运算时，数据处理速度就越快。例如，一个16位的数，8位微处理器需要进行两次传送处理，而16位微处理器只需一次。

字长由微处理器对外数据通路的数据总线条数决定。同时，字长又确定了微处理器内部结构中的通用寄存器、运算器、内部缓冲器的位数。一般情况下，CPU的内部数据通道和外部数据总线宽度是一致的，但现代的CPU为提高内部运算能力，加宽了内部数据通道的宽度，使得内部字长和对外数据总线宽度不一致。

2. 指令数

指令是计算机完成某种操作的命令。一台微计算机可以有几十到几百种指令。一台微计算机完成的操作种类越多，即指令数越多，表示该机的功能越强。在IA-32结构的微处理器中，8086/8088的指令数是个基础数，后面推出的微处理器就在此基础上进行扩充，而成为8086/8088指令系统的母集。

3. 运算速度

运算速度是计算机完成任务的时间指标。计算机完成一个具体任务所需的一组指令称为程序。执行程序所花的时间就是完成该任务的时间。花时越短，运算速度越高。但是，微处理器的各种指令的执行时间是不一样的。为了统一衡量的标准，选用了实现同一种操作的指令，即寄存器加法指令作为基本指令，它的执行时间就定义为基本指令执行时间，用微秒(μs)表示，也可用每秒能执行多少条基本指令来表示。目前，微计算机速度一般可达数百万条指令/秒(MIPS)。基本指令执行时间由CPU的时钟周期(主频的倒数)及所用时钟周期数决定。因此，现代CPU的运算速度又以主频的大小来衡量。例如，P4微处理器2002年11月发布的主频为3.06GHz，比之2000年首次发布的1.5GHz又提速一倍多。

4. 访存空间

访存空间是指由微处理器构建系统所能访问的存储单元数(或称存储容量)。此单元数是由传送地址信息的地址总线的条数决定的。例如,8086 CPU 有 20 条地址线,所能编出的地址码有 $2^{20}=1048576$ 种,即由它区分的存储单元就有 1048576 个。计算机中常用字节、页面、KB、MB、GB、TB 等单位来表示存储容量。每个存储单元的二进制位容量用字节表示,即 1 字节(Byte)=8 位(bit),而 1 页面=256(2^8)B(字节),1KB≈1024(2^{10})B,1MB≈1024K(2^{20})B,1GB≈1024M(2^{30})B,1TB≈1024G(2^{40})B。

5. 高速缓存大小

主存储器通常由大规模 MOS 电路构成,其工作速度要比 CPU 慢一个数量级。当运行程序时,CPU 要频繁地访问内存,从中读取指令代码和交换数据,从而对 CPU 速度形成瓶颈,特别是对现代微处理器,这种现象更为突出。为缓解这种瓶颈就需要在 CPU 与主存储器之间建立高速缓存(Cache)。自 80486 CPU 之后,已把 Cache 集成进 CPU 内部,形成多级 Cache 结构,并用 L1 表示第一级,用 L2 表示第二级。高速缓存器的大小对 CPU 的运算速度也有很大的影响,特别对执行浮点运算和多媒体功能更为显著。

6. 虚拟存储空间

虚拟存储空间是通过硬件和软件的综合来扩大用户可用存储空间,它是在内存储器和外存储器(磁盘、光盘)之间增加一定的硬件和软件支持,使两者形成一个有机整体,支持运行比实际配置的内存容量大得多的大任务程序。程序预先放在外存储器中,在操作系统的统一管理和调度下,按照某种置换算法依次调入内存储器由 CPU 执行。这样,CPU 看到的是一个速度接近内存却具有外存容量的假想存储器,称为虚拟存储器。具有保护模式的 80286 以上的 CPU 均支持虚拟存储空间。一般虚拟存储空间远大于实地址访存空间。

7. 是否能构成多处理器系统

若微处理器具有协处理器接口,则可构成多处理器系统。这样,可将主处理器 CPU 的某些任务,如浮点数据运算、输入/输出由协处理器去完成,从而使整个系统功能上百倍地增加。在 16 位微处理器之前的 CPU 不具有本性能。现代微处理器则把协处理器集成到 CPU 的芯片中。

8. 工艺形式及其他

采用不同工艺形式制造的微处理器,其性能的差别,对使用环境的要求以及其他的控制功能(包括中断、等待、保持和复原等)、封装形式、所用电源电压、功耗等方面的性能在自行设计选用时也是应注意的指标。

表 2-1 列出了 IA-32 结构微处理器家族产品的主要性能,以便在选用时进行比较。

IA-32 结构的系列微处理器在当今应用中已占据主流。本章将选其作为学习的内容。本书将从整体出发,从具体入手,以 8086 为切入点,从功能扩展的角度,以补充的方式来学习后续的 80x86 及 Pentium 微处理器。这种安排是因为:一方面,8086 的指令系统是本结构 CPU 指令系统的基本部分,具有向上兼容性;另一方面,从表 2-1 可见,对于组成微计算机的诸多接口芯片,从 80486 微计算机开始,已经又进一步把它们集成在两块芯片组(Chipset)中,因此无论是作为讲解组成原理、系统连接还是自行设计系统,选用分立的接口芯片都要比集成芯片组来得直观,易于理解和实用。

表 2-1　IA-32 结构微处理器家族产品的主要性能对照表

指标/性能	Inter CPU	8086	8088	80286	80386	80486	Pentium	Pentium Pro	Pentium Ⅱ	Pentium Ⅲ	Pentium 4
字长（位）	外部数据通道	16	8	16	32	32	64	64	64	64	64
	内部数据通道	16	16	16	32	64	128 或 256				
指令数（条）		133	同 8086	为 8086 母集	为 80286 母集	为 80386 母集	为 80486 母集	为 80486 母集	为 80486 母集	为 80486 母集	为 80486 母集
时钟频率		5～10 MHz	4.77 MHz	6,8,10,16,20 MHz	16,20,33,40 MHz	25～100 MHz	60～166 MHz	150,166,180,200 MHz	266,450,500 MHz	450,500,800 MHz	1.4～3.06 GHz
运算速度		0.6,0.3 μs	0.63 μs	0.3～0.1 μs	3～10 MIPS	15～25 MIPS	110～150 MIPS				
寄存器宽度（位）		GP:16	GP:16	GP:16	GP:32	GP:32 FPU:80	GP:32 FPU:80	GP:32 FPU:80	GP:32 FPU:80 MMX:64	GP:32 FPU:80 MMX:64 XMM:128	GP:32 FPU:80 MMX:64 XMM:128
内含或捆绑的 Cache		无	无	无	无	L1:8KB	L1:16KB	L1:16KB L2:256KB 或 512KB	L1:32KB L2:256KB 或 512KB	L1:32KB L2:512KB	L1:8KB L2:256KB Execution Trace Cache. 12Kμop
访存空间 地址宽度（位）		1MB (20)	1MB (20)	16MB (24)	4GB (32)	4GB (32)	4GB (32)	64GB (36)	64GB (36)	64GB (36)	64GB (36)
虚拟存储空间		无	无	1GB	64TB	256TB					
I/O 寻址空间		64KB	64KB	64KB	64KB	64KB	64KB	64KB	64KB	64KB	64KB
外围芯片	时钟发生器	8284A	8284A	82284	82384	82384					
	总线收/发器	8286/8287	LS245	ALS245 +LS646							
	总线控制器	8288	8288	82288							
	中断控制器	8259A	8259A	8259A							
	DMAC	8237A-5	8237A-5	8237A-5 （2 片）							
	定时/计数器	8253/8254	8253A-5	8254-2	芯片组 82350/82350DT 系列		芯片组 430 系列	芯片组 440 系列	芯片组 440 系列	芯片组 810 系列	芯片组 845 系列
	串行 I/O	8250A	8250	NS16450 8273							
	并行 I/O	8255A-5	8255A-5	8255A							
	DRAM 控制器	8207/8208	LS245	128K× 1DRAM 或 41256/TTL							
数值协处理器		8087	8087	80287	80387	80387 （在 CPU 中）	在 CPU 中	在 CPU 中	在 CPU 中	在 CPU 中	在 CPU 中
工艺		HMOS	HMOS	CHMOS	CHMOS	CHMOS	CHMOS	CHMOS	BICMOS	BICMOS	BICMOS
引脚数		40	40	68	132	168	321	321	370	370	478
插座		DIP40	DIP40	Lead Less A 型 JEDEL	Lead Less A 型 JEDEL	Lead Less A 型 JEDEL	ZIF Socket 7	ZIF Socket 7	ZIF Slot 1	ZIF Socket 370	ZIF Socket 478
电压（V）		+5	+5	+5	+5	+5	+3.3	+3.3	+2.0	+2.0	+1.7

2.2 8086 微处理器

2.2.1 8086 的内部结构

8086 CPU 内部由两个独立的工作部件，即执行部件(EU，Execution Unit)和总线接口部件(BIU，Bus Interface Unit)构成，其内部结构框图如图 2-1 所示，左半部为 EU，右半部为 BIU。

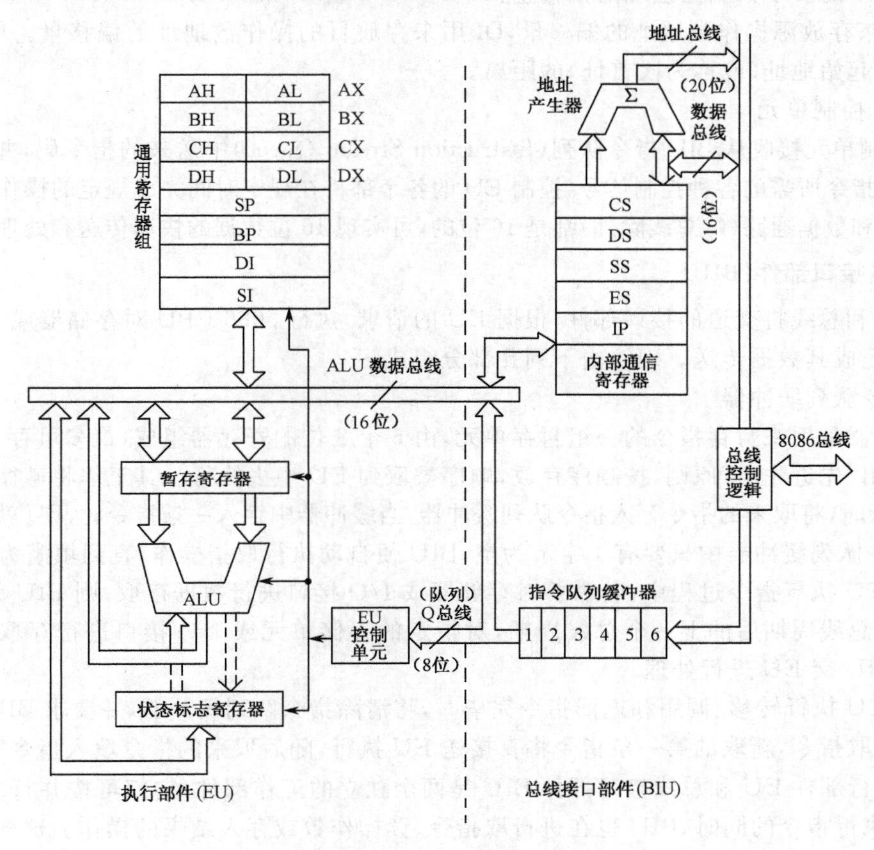

图 2-1 8086 CPU 内部结构框图

1. 执行部件(EU)

EU 只负责执行指令，而不与外部总线打交道。EU 执行的指令从 BIU 的指令队列缓冲器取得，执行指令所得结果或执行指令所需的数据由 EU 向 BIU 发出请求，由 BIU 向存储器或外部设备存入或读取。EU 包含下列三大部分。

(1)运算器

运算器由下列部分组成，负责所有运算。除此之外，通用寄存器也将协助其工作。

① 16 位算术逻辑单元 ALU(Arithmetic Logic Unit)，其核心是一个二进制加法器，完成两方面的任务：

- 进行所有的算术/逻辑运算。
- 按指令寻址方式计算寻址单元 16 位的偏移地址 EA(Effect Address)，并将此 EA 送到 BIU 中形成一个 20 位的实际地址 PA(Physical Address)，以对 1MB 的存储空间寻址。

② 16 位的状态标志寄存器 F(Flag)，用来存放反映 ALU 运算结果的特征状态，或存放一些控制标志。

③ 暂存寄存器，协助 ALU 完成各种运算，对参加运算的数据进行暂存。

(2)通用寄存器组

通用寄存器组包括 8 个 16 位的寄存器，其中 AX，BX，CX，DX 为数据寄存器，既可以寄存 16 位数据，也可分成两半，分别寄存 8 位数据；SP(Stack Pointer)为堆栈指针，用于堆栈操作时，确定堆栈在内存中的位置，给出栈顶的偏移量(Offset)；BP(Base Pointer)为基址指针，用来存放位于堆栈段中的一个数据区基址的偏移量；SI(Source Index)和 DI(Destination Index)为变址寄存器，SI 用来存放源操作数地址的偏移量，DI 用来存放目的操作数地址的偏移量。所谓偏移量是相对于段起始地址(或称为段首址)的距离。

(3)EU 控制单元

EU 控制单元接收从 BIU 指令队列(Instruction Stream Queue)中送来的指令码，并经过译码，形成完成该指令所需的各种控制信号，控制 EU 的各个部件在规定时间完成规定的操作。EU 中所有的寄存器和数据通路(Q 总线除外)都是 16 位的，可实现 16 位数据的快速传送和处理。

2. 总线接口部件(BIU)

BIU 是和总线打交道的接口部件，根据 EU 的请求，执行 8086 CPU 对存储器或 I/O 接口的总线操作，完成其数据传送。BIU 由下列几部分组成。

(1)指令队列缓冲器

该缓冲器是用来暂存指令的一组暂存单元，由 6 个 8 位的寄存器组成，最多可存入 6 字节的指令码，采用"先进先出"原则，按顺序存放，顺序被取到 EU 中去执行。其工作将遵循以下原则。

① 取指时，将取来的指令存入指令队列缓冲器，当缓冲器中存入一条指令时，EU 就开始执行。

② 指令队列缓冲器中只要有 1 字节为空，BIU 便自动执行取指操作，直到填满为止。

③ 在 EU 执行指令过程中，若需要对存储器或 I/O 接口进行数据存取，则 BIU 将在执行完现行取指的总线周期后的下一个总线周期，对指定的存储单元或 I/O 接口进行存取操作，交换的数据经 BIU 交 EU 进行处理。

④ 当 EU 执行转移、调用和返回指令完毕时，将清除指令队列缓冲器，并要求 BIU 从新的地址重新开始取指令，新取的第一条指令将直接送 EU 执行，随后取来的指令填入指令队列。

由于执行部件 EU 和总线接口部件 BIU 是两个独立的工作部件，它们可按并行方式重叠操作，在 EU 执行指令的同时，BIU 也在进行取指令、读操作数或存入结果的操作。这样，提高了整个系统的执行速度，充分利用总线实现最大限度的信息传输。与 8 位微处理器相比，这是一个很大的改进。

(2)16 位指令指针寄存器 IP(Instruction Pointer)

其功能与 8 位微处理器的程序计数器 PC 功能相似。但由于 8086 取指令和执行指令同时进行，因此 Intel 公司改用指令指针 IP 这一名称代替 8 位机的程序计数器 PC 的称法。IP 中总是保存着 EU 要执行的下一条指令的偏移地址，而不像 8 位机的 PC 总是保存下一条取指令的地址。IP 不能直接由程序进行存取，但可以进行修改，其修改发生在下列情况下：

① 程序运行中自动修正，使之指向要执行的下条指令的偏移地址。

② 转移、调用、中断和返回指令能改变 IP 的值，并将原 IP 值入栈保存，或由堆栈恢复原值。

(3)地址产生器和段寄存器

由于存放地址信号的 IP 和通用寄存器都只有 16 位，其编址范围只能达到 64K，只为 8086 访存空间 1M 范围中的一个段，因此必须设置产生 20 位实际地址 PA 的机构，8086 采用了地址产生器Σ。

段寄存器是用来存放每种段的首地址的。8086 有 4 个段寄存器：代码段 CS(Code Segment)寄存器，数据段 DS(Data Segment)寄存器，堆栈段 SS(Stack Segment)寄存器和附加段 ES(Extra Segment)寄存器，分别用来存放代码段首址、数据段首址、堆栈段首址和附加段首址。图 2-2 示出实际地址 PA 产生的过程。例如，要产生执行指令的 PA，就将 IP 中的 16 位指令指针与代码段寄存器 CS 左移 4 位后的内容在地址产生器∑中相加。又例如，要产生某一操作数的 PA，则应该首先由 ALU 计算出该操作数的 16 位偏移地址 EA，然后在∑中与数据段寄存器 DS 左移 4 位后的内容相加。其余两个段——堆栈段和附加段中数据的 PA 也由同样的方法产生。概括起来，PA 的计算公式为

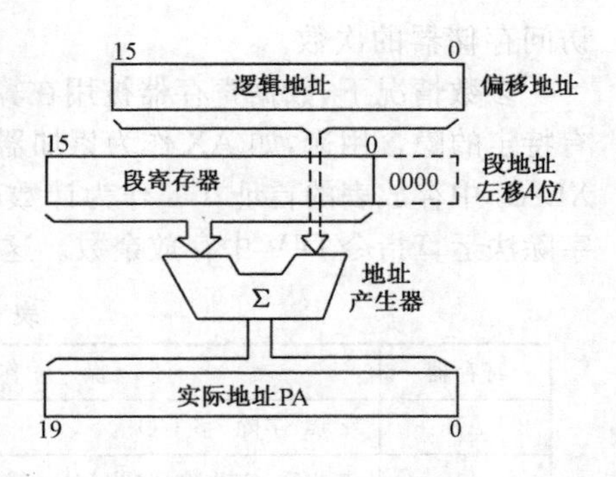

图 2-2　实际地址 PA 的产生过程

$$PA=(段首址*16)+偏移地址$$

其中的偏移地址和段首址又都称为逻辑地址。

(4)总线控制逻辑

8086 的引脚线比较紧张，只分配 20 条总线用来传送 16 位数据信号 $D_0 \sim D_{15}$、20 位地址信号 $A_0 \sim A_{19}$ 和 4 位状态信号 $S_3 \sim S_6$，这就必须采用分时传送。总线控制逻辑的功能，就是根据指令进行操作，用逻辑控制的方法实现上述信号的分时共用总线。分时传送的情况可参见本章 2.2.7 节总线操作时序。

2.2.2　8086 的寄存器结构

在了解 8086 CPU 的内部结构以后，可以仿照第 1 章的典型微处理器来分析 8086 执行指令的过程。但是，对从事微计算机应用来说，在了解内部结构的基础上，更应掌握从中提取出的一种更简化的结构。这种结构中只包含信息寄存的空间，即程序中出现的寄存器。这种简化结构又称为可编程的寄存器结构，或程序设计的概念模型。

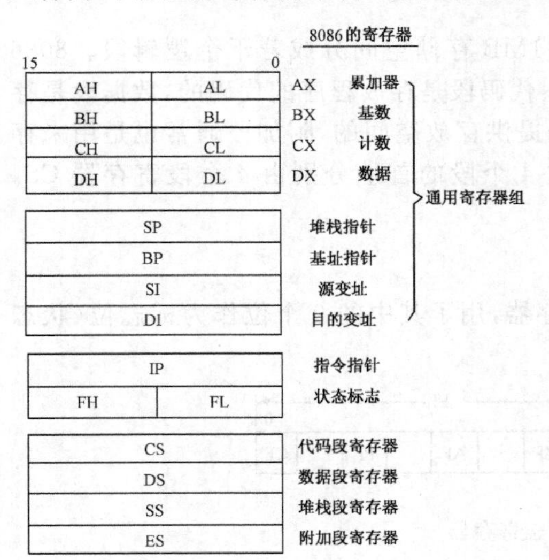

图 2-3　8086 的寄存器结构

图 2-3 为 8086 CPU 的寄存器结构，包括 13 个 16 位的寄存器和 1 个 16 位的状态标志寄存器。这里，着重指出每个寄存器的用途，以便在指令中更恰当地使用它们。

寄存器按功能可分为以下几组。

1. 通用寄存器组

8086 CPU 中设置了较多的通用寄存器，是一种面向寄存器的体系结构，操作数据可以直接存放在这些寄存器中，因而可减少访问存储器的次数，使用寄存器的指令长度也较短。这样，既提高了数据处理速度，也减小指令存放的内存空间。

8086 的通用寄存器分为以下两组。

(1)数据寄存器

数据寄存器是指 EU 中的 4 个 16 位寄存器：AX,BX,CX 和 DX，一般用来存放 16 位的数据，又可分成高字节 H 和低字节 L，即 AH,BH,CH,DH 和 AL,BL,CL,DL 两组，用于存放 8 位的数据。它们均可独立寻址，独立地出现在指令中。数据寄存器主要用来存放操作数或中间结果，以减少

访问存储器的次数。

多数情况下，数据寄存器被用在算术或逻辑运算指令中进行算术逻辑运算。在有些指令中，则有特定的隐含用途，如AX作为累加器(Accumulator)；BX作为基址(Base)寄存器，在查表转换指令XLAT中存放表的首址；CX作为计数(Count)寄存器，控制循环；DX作为数据(Data)寄存器，如在字除法运算指令DIV中存放余数。这些寄存器在指令中的隐含使用归纳如表2-2所示。

表2-2　数据寄存器的隐含使用

寄存器	操　作	寄存器	操　作
AX	字乘、字除、字I/O	CL	多位移位和循环移位
AL	字节乘、字节除、字节I/O、查表转换、十进制运算	DX	字乘、字除、间接I/O
AH	字节乘、字节除	SP	堆栈操作
BX	查表转换	SI	数据串操作
CX	数据串操作、循环控制	DI	数据串操作

(2)指针和变址寄存器

8086有SP、BP两个指针寄存器和SI、DI两个变址寄存器。一般用来存放地址的偏移量，且被送到BIU的地址产生器Σ中与段寄存器内容的16倍数相加，产生20位的实际地址PA。

SP和BP都用来指示位于当前堆栈段中数据的偏移地址，但它们在使用上又有区别。SP指示入栈指令(PUSH)和出栈指令(POP)操作时栈顶的偏移地址，故称为堆栈指针寄存器；BP指示存放于堆栈段中的一个数据区基址的偏移地址，故称为基址指针寄存器。

SI和DI用来存放当前数据段中数据的偏移地址。SI中存放源操作数地址的偏移量，故称为源变址寄存器；DI中存放目的操作数地址的偏移量，故称为目的变址寄存器。例如，用于数据串操作指令中，被处理的源数据串的偏移地址放入SI，而处理后得到的结果数据串的偏移地址则放入DI。

2. 段寄存器

段寄存器用来存放段首地址，因而可把8086的1MB存储空间分成若干个逻辑段。8086 CPU运行一汇编语言程序，通常需要用到4个现行段：代码段是存放程序的代码的，数据段是存放程序当前使用的数据的，堆栈段是为入栈、出栈数据提供存放空间的，附加段通常也是用来存放数据的，其典型用法是存放处理后的结果数据。这4个段的首址分别由4个段寄存器CS，DS，SS和ES来存放。它们都是16位的寄存器。

3. 状态标志寄存器F

8086 CPU的状态标志寄存器F是一个16位寄存器，用了其中的9个位作为标志位（状态标志位为6个，控制标志位为3个），如图2-4所示。

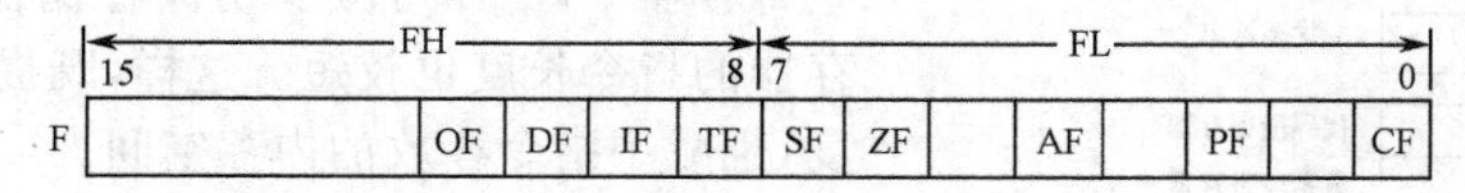

图2-4　8086的状态标志寄存器

(1)状态标志位

状态标志位用来反映EU执行算术或逻辑运算后其结果的状态，共6个状态标志。

① 进位标志CF(Carry Flag)：若CF=1，则表示结果的最高位上产生了一个进位或借位；若CF=0，则无进位或借位产生。

② 辅助进位标志 AF(Auxiliary Carry Flag):当 AF=1,表示结果的低 4 位产生了一个进位或借位;若 AF=0,则无此进位或借位。

③ 溢出标志 OF(Overflow Flag):当 OF=1,表示带符号数在算术运算后产生了算术溢出;若 OF=0,则无溢出。

④ 零标志 ZF(Zero Flag):当 ZF=1,表示运算结果为零;若 ZF=0,则结果不为零。

⑤ 符号标志 SF(Sign Flag):当 SF=1,表示带符号数的运算结果为负数,即结果的最高位为 1;若 SF=0,则结果为正数,最高位为 0。

⑥ 奇偶标志 PF(Parity Flag):当 PF=1,表示运算结果中有偶数个 1;若 PF=0,则结果中有奇数个 1。

(2)控制标志位

控制标志位是用来控制 CPU 操作的,由指令设置或清除,有以下 3 个控制标志。

① 方向标志 DF(Direction Flag):用来控制数据串操作指令的步进方向。用 STD 指令将 DF 置 1 后,数据串指令将以地址的递减顺序对数据串进行处理;若用 CLD 指令清除 DF,则数据串指令将以地址的递增顺序对数据串进行处理。

② 中断允许标志 IF(Interrupt Enable Flag):若用指令 STI 将 IF 置 1,则 8086 CPU 开启中断,即允许接受外部从 INTR 引脚发来的中断请求;若用指令 CLI 将 IF 清除,则表示关中断,不能接受经 INTR 发来的中断请求。必须注意,IF 的设置不影响非屏蔽中断 NMI 请求,也不影响 CPU 响应内部产生的中断请求。

③ 陷阱标志 TF(Trap Flag):8086 为使程序调试方便设置了 TP。若置 TP 为 1,则 8086 进入单步工作状态。在这种方式下,每执行完一条指令,就自动地产生一个内部中断,转去执行一个中断服务程序,将每条指令执行后 CPU 内部寄存器的情况显示出来,以便检查程序;反之,当 TF 被清除,8086 仍正常地执行程序。

标志位的状态可用调试程序 DEBUG 将它们显示出来,所表示的符号如表 2-3 所示。

表 2-3 FLAGS 中标志位的状态表示符号

标志	为 1 的符号	为 0 的符号
OF	OV	NV
DF	DN	UP
IF	EI	DI
SF	NG	PL
ZF	ZR	NZ
AF	AC	NA
PF	PE	PO
CF	CY	NC

4. 指令指针寄存器 IP

IP 是一个 16 位的寄存器,存放 EU 要执行的下一条指令的偏移地址。当 BIU 从代码段取出指令字节后,IP 自动加 1,又指向下一条指令的偏移地址,以实现对代码段指令的跟踪。IP 的内容仅当执行转移类指令时才会由转移地址改变。

2.2.3 8086 的引脚特性

8086 CPU 的外壳仍采用 8 位微处理器所用的 40 条引脚的双列直插(DIP)封装,如图 2-5 所示。由于 16 位的 CPU 的数据总线增加到 16 条,地址总线增加到 20 条,因此必须分时复用一些引脚,表示为 AD_0~AD_{15}。还有一些引脚将根据 8086 工作的方式不同,体现不同的功能,功能的转换由 33 号引脚(MN/$\overline{MX}$)进行控制。当 MN/$\overline{MX}$=1(高电平)时,8086 工作于最小方式 MN,24~31 号引脚直接提供 8086 的控制总线信号,如图中括号外的信号;当 MN/$\overline{MX}$=0 时,24~31 号引脚提供的信号如图中括号内所示,这些信号还需经外接的 8228 总线控制器转换,才能提供给系统作为控制总线信号使用。

8086 的引脚按其特性分为以下 5 类。

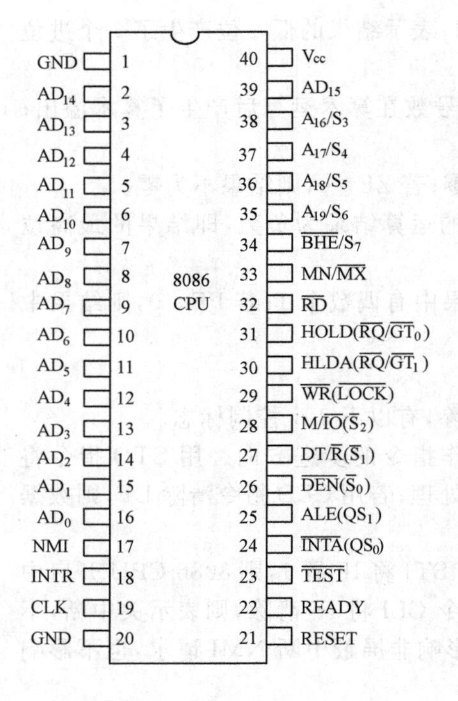

图 2-5　8086 CPU 芯片引脚特性

1. 地址/数据总线(AD_{15}～AD_0 双向、三态)

这是地址和数据信号复用的一类总线。每当访问存储器或 I/O 接口时，首先用来发地址信号，然后用来传输数据。因此，先发的地址信号应由外接的地址锁存器锁存下来，才能保证使用的需要。当进行存储器直接存取(DMA)时，这类总线处于浮空状态。

2. 地址/状态总线(A_{19}/S_6，A_{18}/S_5，A_{17}/S_4，A_{16}/S_3 输出、三态)

A_{19}～A_{16}是地址信号的高 4 位，和 A_{15}～A_0 一样，也是应该首先发出的；S_6～S_3 是状态信号，可在输出地址信号之后输出，因此，这 4 条总线也可采取分时复用。A_{19}～A_{16} 在访问存储器时才有用，也需由外接地址锁存器进行锁存后，向系统提供 20 位地址信号，而访问 I/O 接口时，则不使用，即 A_{19}～A_{16}＝0。4 位状态信号有不同的用途：①S_4，S_3 用来指示当前使用哪一个段寄存器：00 指示在使用 ES，01 指示在使用 SS；10 指示在使用 CS；11 指示在使用 DS。②S_5 用来指示中断允许标志 IF 的状态。③S_6 始终保持低电平。

当进行 DMA 时，这类总线进入浮空状态。

3. 控制总线

以下 8 条控制线不论 8086 工作在最大或是最小方式下，都是存在的。

(1)$\overline{BHE}/S_7$

高 8 位数据总线允许/状态线(输出，三态)。这是分时复用线。在访问存储器或 I/O 接口的总线周期中，首先输出$\overline{BHE}$控制信号，用以对以字节组织的存储器或 I/O 接口实现高位或低位字节的选择；然后输出状态信号 S_7。S_7 为备用状态信号，其内容不固定。

(2)$\overline{RD}$

读控制信号(输出，三态，低电平有效)。当$\overline{RD}$＝0 时，表示 8086 CPU 执行存储器读操作或 I/O 读操作；DMA 时，浮空。

(3)READY

准备就绪信号(输入，高电平有效)。该信号是由所访问的存储器或 I/O 接口发来的响应信号。当 READY 为高电平时，表示内存或 I/O 设备准备就绪，马上可进行一次数据传输。在每个总线周期中 CPU 都要对 READY 信号进行采样，若检测到为无效的低电平时，将自动插入等待状态 T_W，直到 READY 变为高电平后才进行数据传输，结束该次总线周期。

(4)$\overline{TEST}$

测试信号(输入，低电平有效)。该信号和等待指令 WAIT 结合起来使用。在 CPU 执行 WAIT 指令时，进入空转的等待状态；每隔 5 个时钟周期对$\overline{TEST}$引脚进行一次测试。当 8086 的$\overline{TEST}$信号为有效电平时，等待状态结束，继续往下执行 WAIT 后面的指令。等待期中允许外部中断，中断返回后到 WAIT 指令的下一条命令。

(5)INTR

可屏蔽中断请求信号(输入，高电平有效)。当 INTR 引脚出现高电平时，表示外设提出了中断请求，8086 在每一个指令周期的最后一个状态去采样此信号。若已发来此信号，而且 CPU 的中断允许标志 IF=1(开中断),则 CPU 就会在结束当前指令后,响应此中断请求,转去执行一个中断服务程序;相反,虽已发来此请求,但 IF=0(关中断),则 CPU 不会响应中断,表示外设中断请求被屏蔽掉了。

(6)NMI

非屏蔽中断请求信号(输入,上升沿有效)与 INTR 有两点不同:

① 该请求信号是一个上升沿触发信号,而不是高电平信号。

② 只要此请求信号来到,不管 IF 是否为 1,CPU 都会在执行完当前指令后,进入规定中断类型号的非屏蔽中断处理程序。

(7)RESET

复位信号(输入,高电平有效)用来对 CPU 进行复位操作。8086 CPU 要求复位信号至少维持 4 个时钟周期的高电平才有效。复位信号有效后,CPU 结束当前操作,并将 CPU 内部寄存器 F,IP,DS,SS,ES 及指令队列缓冲器清零,而将 CS 设置为 FFFFH。当复位信号变为低电平时,CPU 便从 FFFF0H 开始执行程序,执行系统的启动操作。

(8)CLK

时钟脉冲(输入)。8086 CPU 要求时钟脉冲的占空比为 1/3,即 1/3 周期为高电平,2/3 周期为低电平。通常,8086 的时钟信号由外接的时钟发生器 8284A 提供。

4. 电源和地址

电源线 V_{CC} 接入的电压为+5V±10%;8086 有两条地线 GND,均应接地。

5. 其他控制线

8086 CPU 的 24~31 号引脚也是一些控制信号线,但它们的定义将根据 8086 的工作方式(最小工作模式或最大工作模式)来确定,将在本章 2.2.5 节介绍。

2.2.4 8086 的时钟和总线周期概念

8086 CPU 由外接的一片时钟发生器 8284A 提供主频为 5MHz 的时钟信号。在时钟控制下,一步步顺序地执行指令,因此时钟周期是 CPU 执行指令的时间刻度。在执行指令过程中,凡需访问存储器或访问 I/O 接口的操作都统一交给 BIU 的外部总线完成,每次访问称为一个总线周期。若执行数据输出,则称为“写”总线周期;若执行数据输入,则称为“读”总线周期。

前面 2.2.1 节和 2.2.2 节涉及的是信息流通途径和存放的空间概念,本节涉及的则是信息处理的时间概念。

1. 8284A 时钟信号发生器

8284A 是 Intel 公司专为 8086 设计的时钟发生器,产生 8086 所需的系统时钟信号(即主频),用石英晶体或某一 TTL 脉冲发生器作为振荡源,除提供频率恒定的时钟信号外,还要对外界输入的“准备就绪”信号 RDY 和复位信号 RES 进行同步。8284A 的引脚特性及其与 8086/8088 CPU 的连接如图 2-6 所示。外界的 RDY 输入 8284A,经时钟的下降沿同步后,输出 READY 信号作为 8086 的“准备就绪”信号;同样,外界的复位信号 $\overline{RES}$ 输入 8284A,经整形并由时钟的下降沿同步后,输出 RESET 信号作为 8086 的复位信号(其宽度不得小于 4 个时钟周期)。外界的 RDY 和 $\overline{RES}$ 可以在任何时候发出,但送到 CPU 去的都是经过时钟同步了的信号。

8284A 根据使用振荡源的不同,有两种不同的连接方法。

(1)用脉冲发生器做振荡源时,只要将该发生器的输出端与 8284A 的 EFI 端相连即可。

(2)更常用的方法是采用晶体振荡器作为振荡源,这时需将晶体振荡器的两端接到 8284A 的 X_1 和 X_2 上。

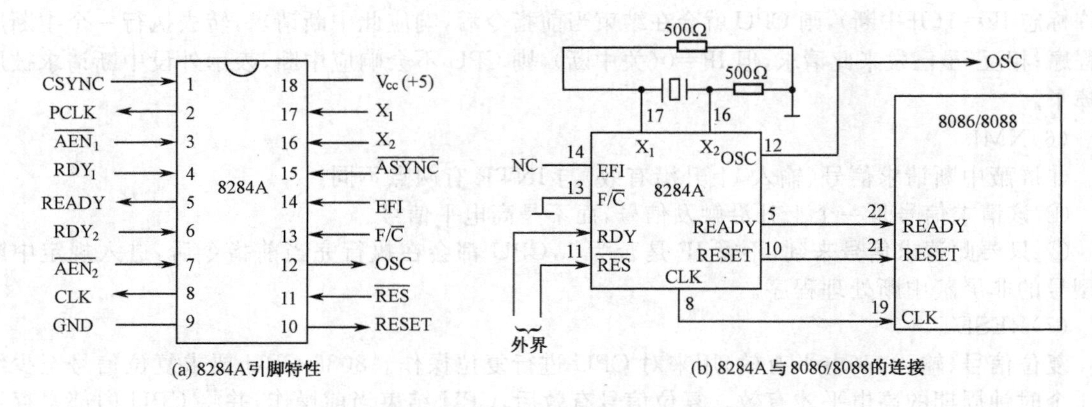

图 2-6　8284A 及其与 8086/8088 的连接

如果用前一种方法，则必须将 F/$\overline{C}$ 接高电平，而用后一种方法，则必须将 F/$\overline{C}$ 接地。不管用哪种方法，8284A 输出的时钟 CLK 的频率均为振荡源频率的 1/3，而振荡源本身的频率经 8284A 驱动后，由 OSC 端输出，可供系统使用。

2. 总线周期

CPU 访问(读或写)一次存储器或 I/O 接口所花的时间，称为一个总线周期。8086 的一个最基本的总线周期由 4 个时钟周期组成。时钟周期是 CPU 的基本时间计量单位，由主频决定。例如，8086 的主频为 5MHz，一个时钟周期就是 200ns。一个时钟周期又称为一个状态 T，因此一个基本总线周期就由 T_1，T_2，T_3，T_4 组成。图 2-7 为典型的 BIU 总线周期波形图。在 T_1 状态，CPU 首先将应访问的存储单元或 I/O 端口的地址送到总线上；在 T_2～T_4 状态，若是"写"总线周期，则 CPU 把输出数据送到总线上；若是"读"总线周期，则 CPU 在 T_3 到 T_4 期间从总线上输入数据，T_2 状态时总线浮空，以便 CPU 有个缓冲时间把输出地址的写方式转换为输入数据的读方式。这就是总线 AD_0～AD_{15} 和 A_{16}/S_3～A_{19}/S_6 在总线周期的不同状态下传送不同信号用的分时复用总线的方法。在表示 CPU 总线周期波形图时，对于由两条或两条以上的线组成的一组总线的波形(如地址总线、数据总线等)，使用交叉变化的双线表示，这是因为在每个状态下，有的线可能为低电平，有的线则可能为高电平。这里还需要指出两点：

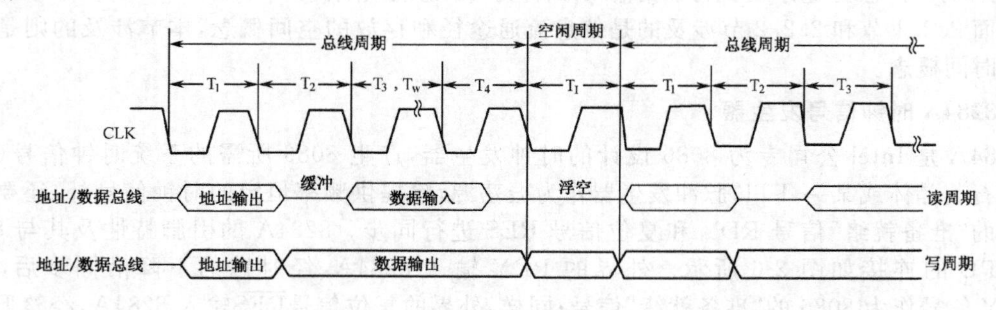

图 2-7　典型的 BIU 总线周期波形图

(1)当与 CPU 相连的存储器或外设速度跟不上 CPU 的访问速度时，就会由存储器或外设通过 READY 控制线，在 T_3 状态开始之前向 CPU 发一个 READY 无效信号，表示传送的数据未准备就绪，于是 CPU 将在 T_3 之后插入一个或多个附加的时钟周期 T_W(即等待状态)。在 T_W 状态，总线上的信息情况维持 T_3 状态的信息情况。当存储器或外设准备就绪时，就向 READY 线上发出有效信号，CPU 接到此信号，自动脱离 T_W 而进入 T_4 状态。

(2)总线周期只用于 CPU 和存储器或 I/O 接口之间传送数据和供取指令填充指令队列。

如果在一个总线周期之后，不立即执行下一个总线周期，那么系统总线就处于空闲状态，即执行空闲(Idle)周期 T_I。在 T_I 中，可以包含 1 个时钟周期或多个时钟周期。这期间，在总线的高 4 位上 CPU 仍然保持前一个总线周期的状态信息；而在总线低 16 位上，则视前一个总线周期是写周期还是读周期来确定。若是写周期，则总线低 16 位上继续保持数据信息；若是读周期，则 CPU 将使低 16 位处于浮空状态。

2.2.5 8086 的工作模式

8086 CPU 有两种工作模式：最小工作模式和最大工作模式，以尽可能适应各种应用场合的需要。

1. 最小工作模式及 8282、8286 的应用

(1)最小工作模式

当把 8086 的 33 脚 MN/$\overline{MX}$接向＋5V 时，就处于最小工作模式。所谓最小工作模式，就是系统中只有一个微处理器 8086，所有的总线控制信号都直接由 8086 产生，系统中总线控制逻辑电路被减到最少。最小工作模式适合于较小规模的应用，其系统结构如图 2-8 所示，这与 8 位微处理器系统类似，总线上的芯片可根据用户需要接入。图中的 8284A 为时钟发生器，外接晶体的基本振荡频率为 15MHz，经三分频后，作为 CPU 的系统时钟 CLK。

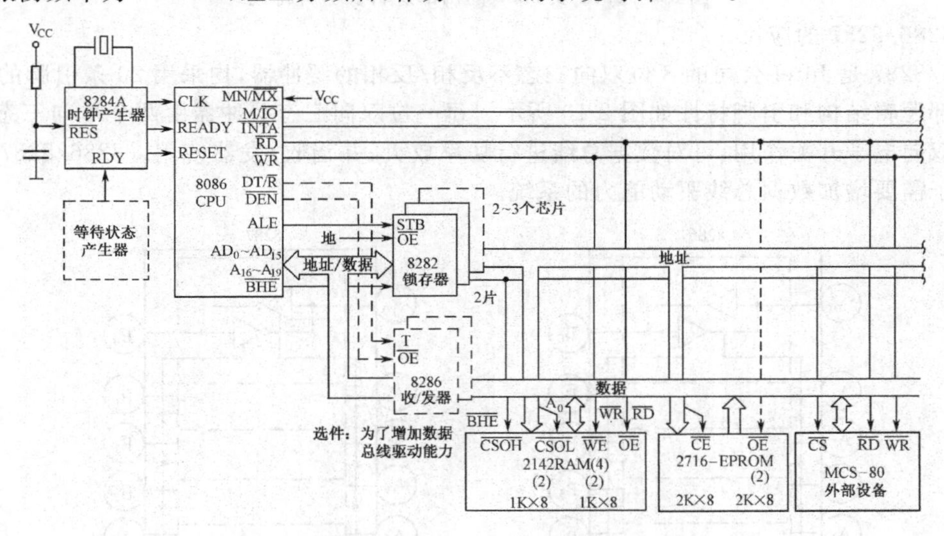

图 2-8　8086 最小工作模式典型系统结构

(2)8282/8283 的应用

8282/8283 是 Intel 公司的 8 位带锁存器的单向三态不反相/反相的缓冲器，用来锁存 8086 访问存储器和 I/O 接口时于 T_1 状态发出的地址信号。经 8282 锁存后的地址信号可以在整个周期保持不变，为外部提供稳定的地址信号。

8282/8283 均采用 20 条引脚的 DIP 封装，其内部逻辑结构和引脚特性如图 2-9 所示。$\overline{OE}$为三态控制信号，低电平有效。STB 为锁存选通信号，高电平有效。接入系统时，以 8086 的 ALE (地址锁存允许信号)作为 STB。ALE 信号在每个总线周期一开始就有效，使 8086 的地址信号被锁存下来，并传至输出端，作为系统地址总线，供存储器芯片和 I/O 接口芯片连接。在不带 DMA 控制器的 8086 单处理器系统中，可将$\overline{OE}$接地，保持常有效，而当$\overline{OE}$为高电平时，8282 的输出端则处于高阻状态。

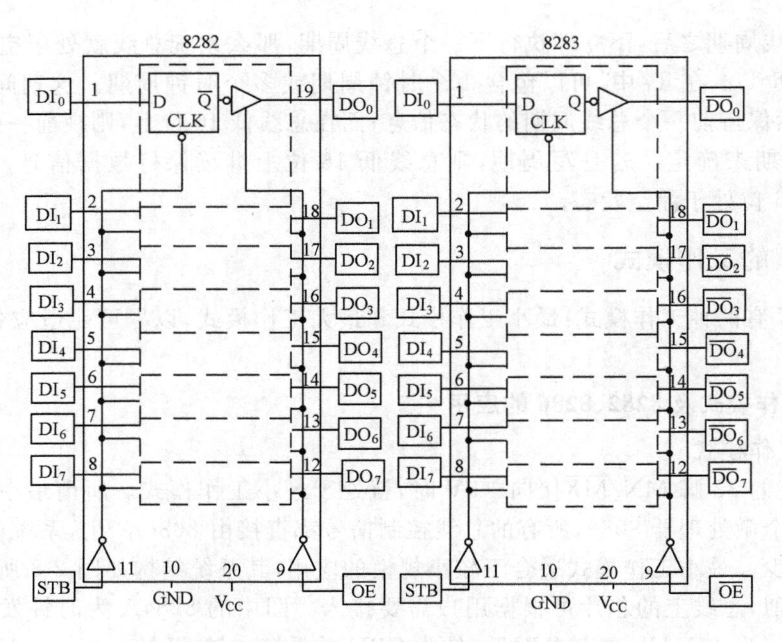

图 2-9　8282 及 8283 的内部逻辑及引脚特性

(3)8286/8287 的应用

8286/8287 是 Intel 公司的 8 位双向三态不反相/反相的缓冲器，均采用 20 条引脚的 DIP 封装，其内部逻辑结构和引脚特性如图 2-10 所示。每一位双向三态缓冲器由两个单向三态缓冲器构成，起双向电子开关作用，可对数据总线进行功率放大，并当收/发器使用。8286/8287 可作为选件，用于需要增加数据总线驱动能力的系统。

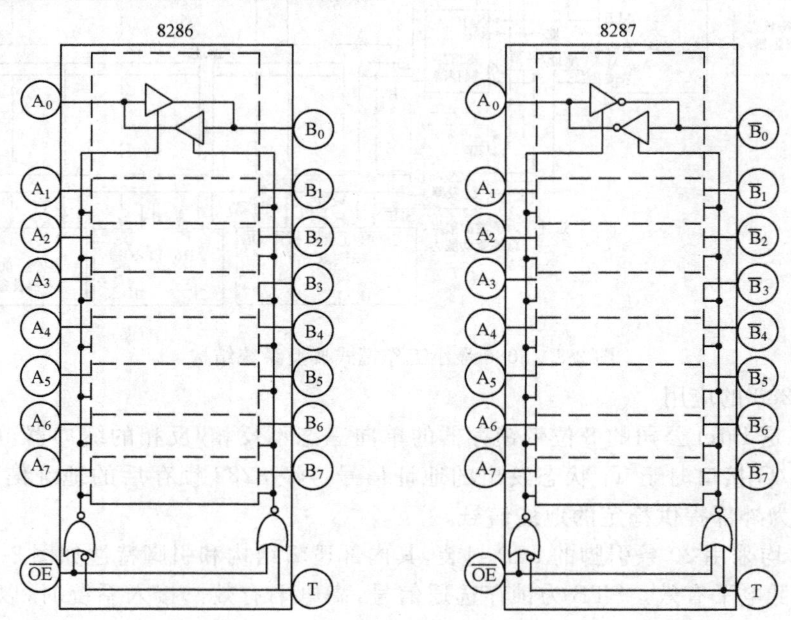

图 2-10　8286 及 8287 的内部逻辑及引脚特性

$\overline{OE}$和 T 是该缓冲器的三态控制信号，经过两个或非门产生对正向及反向缓冲器的门控信号。$\overline{OE}$为允许输出控制信号，低电平有效；T 为传送方向控制信号，高电平有效。当$\overline{OE}$无效时，不管 T 是否有效，数据在两个方向上都不能传输；只有当$\overline{OE}$=0 时，若 T=1，则数据从 A 流向 B，若 T=0，数据则由 B 流向 A。8286/8287 接入系统时，用 8086 的 DEN（数据有效）信号作为$\overline{OE}$，用 DT/$\overline{R}$（数据发/收）信号作为 T。

（4）最小工作模式下 24～31 号引脚功能的定义

① M/$\overline{IO}$（Memory/Input and Output）存储器/输入和输出控制信号（输出，三态）：此信号被接至存储器芯片和接口芯片的$\overline{CS}$片选端，用于区分 CPU 当前是访问存储器还是访问接口。若为高电平，则表示 CPU 和存储器进行数据交换；若为低电平，则表示 CPU 和输入/输出设备进行数据交换；当 DMA 时，此线被置为浮空。

② $\overline{WR}$写控制信号（输出，低电平有效，三态）：当 CPU 执行对存储器或对 I/O 的写操作时，此信号有效。有效时间为写周期中的 T_2，T_3 和 T_W，在 DMA 时，此线被置为浮空。

③ HOLD（HOLD Request）总线保持请求信号（输入，高电平有效）：是由系统中的其他总线主控部件（如 DMA 控制器）向 CPU 发来的请求占用总线的控制信号。当 CPU 收到此信号时，若 CPU 允许让出总线，就在当前总线周期完成时，于 T_4 状态或空闲状态 T_I 的下一状态从 HLDA 线上发出一个应答信号作为 HOLD 请求的响应，同时，CPU 使具有三态功能的所有地址/数据总线和控制总线处于浮空，其时序如图 2-11 所示。当总线请求部件收到 HLDA 后，获得对总线的控制权。从这时开始，HOLD 和 HLDA 都保持高电平（有效）。当请求部件完成对总线的占用后（如 DMA 完成），将把 HOLD 信号变为低电平（无效），CPU 收到后，也将 HLDA 变为低电平（无效），至此，CPU 又恢复对地址/数据总线和控制总线的控制权。

④ HLDA（HOLD Acknowledge）总线保持应答信号（输出，高电平有效）：这是与 HOLD 配合使用的，由 CPU 向总线请求部件发回的一种响应联络信号。

⑤ $\overline{INTA}$（Interrupt Acknowledge）中断响应信号（输出，低电平有效）：是和中断请求信号 INTR 配合使用的一对信号。此信号是在 CPU 收到外部中断源发来的 INTR 后，且当中断允许标志 IF=1，则会在一条指令执行完毕的当前总线周期和下一个总线周期中，从$\overline{INTA}$引脚上往外设接口各发一个负脉冲，以作为对外设中断请求发回的响应。这两个负脉冲都将从每个总线周期的 T_2 维持到 T_4 状态的开始。如图 2-12 所示，第 1 个负脉冲通知外设接口（如中断控制器），它发出的中断请求已经得到允许；第 2 个负脉冲期间，由外设接口往数据总线上送中断类型码 n，使 CPU 能获得有关中断响应的有关信息。

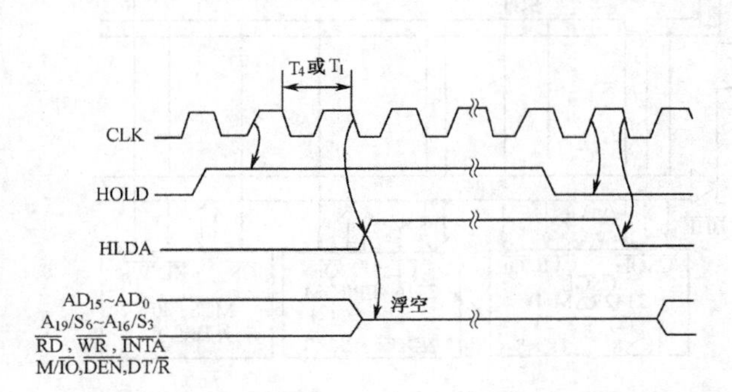

图 2-11　总线保持请求/保持响应时序（最小模式）

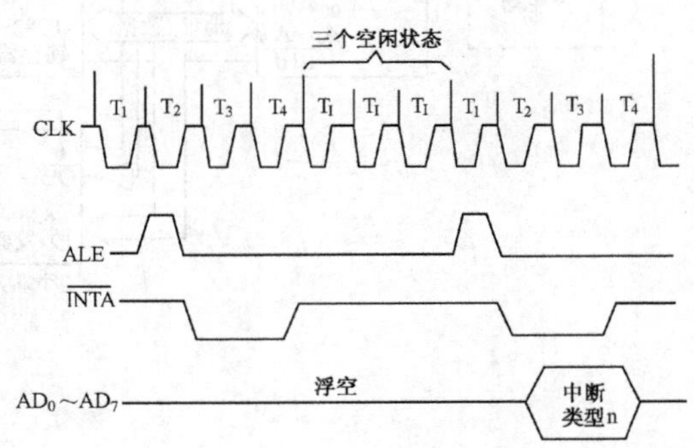

图 2-12　8086 的中断响应信号及时序

⑥ ALE（Address Latch Enable）地址锁存允许信号（输出，高电平有效）：在任何一个总线周期的 T_1 状态，ALE 输出有效电平，以表示当前在地址/数据复用总线上输出的是地址信号。该信号提供给地址锁存器 8282/8283 作为地址锁存信号，对地址进行锁存。要注意，此信号线不能被浮空。

⑦ $\overline{DEN}$（Data Enable）数据允许信号（输出，低电平有效，三态）：这是 8086 提供给数据总线

收发器 8286/8287 的三态控制信号，接至其$\overline{OE}$端。此信号在每个访问存储器或 I/O 的周期或中断响应周期有效；在 DMA 时，被置为浮空。

⑧ DT/$\overline{R}$(Data Transmit/Receive)数据收/发控制信号（输出，三态）：在使用 8286/8287 作为数据总线收发器时，该信号用来控制 8286/8287 的数据传送方向。若 DT/$\overline{R}$为高电平，则进行数据发送，否则进行数据接收。在 DMA 时，被置为浮空。

2. 最大工作模式及 8288 的应用

(1)最大工作模式

当把 8086 的 33 脚 MN/$\overline{MX}$接地时，系统就处于最大工作模式。用于中型或大型规模的 8086 系统中。最大工作模式系统的显著特点是可包含两个或两个以上的处理器，其中必有一个为主处理器 8086，其他的称为协处理器，用来协助主处理器承担某方面的工作，使主处理器的性能得到横向提升。8086 系列的协处理器常用的有两种：一种是专用于数值运算的处理器 8087，它能实现多种类型的数值操作，如高精度整数和浮点运算、超越函数（如三角函数、对数函数等）的运算。用硬件完成运算比通常用软件方法完成运算将大幅提高系统数值的运算速度；另一种是专用于输入/输出处理的协处理器 8089，有一套专用于输入/输出操作的指令系统，直接供输入/输出设备使用，使 8086 从这类繁杂的工作中解脱出来，明显地提高主处理器的效率。

8086 最大工作模式的典型系统结构如图 2-13 所示，与最小工作模式比较，一是增加了总线控制器 8288，使总线控制功能和驱动能力得到增强，二是 8286 收发器为必选件，以适应系统组件增加对数据总线提出的功率要求。如果典型系统中加入总线仲裁器 8289，就可构成一个多处理器系统，如图 2-14 所示。

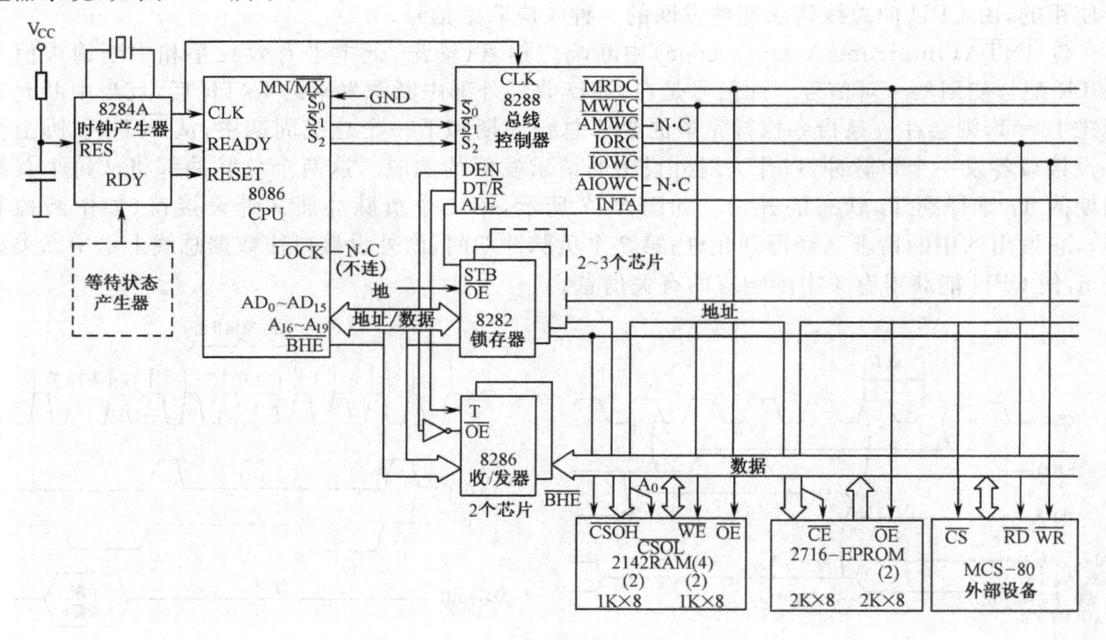

图 2-13　8086 最大工作模式典型系统结构

最大工作模式下，许多总线控制信号是通过总线控制器 8288 产生的，而不是由 8086 CPU 直接提供。这样，8086 在最小工作模式下对 24～31 号引脚定义的控制功能就需重新定义，改为支持多处理器系统所用。

(2)最大工作模式下 24～31 号引脚功能的定义

最大工作模式下，对 24～31 号引脚定义的功能已示于图 2-5 的括号中，包括下述控制信号：

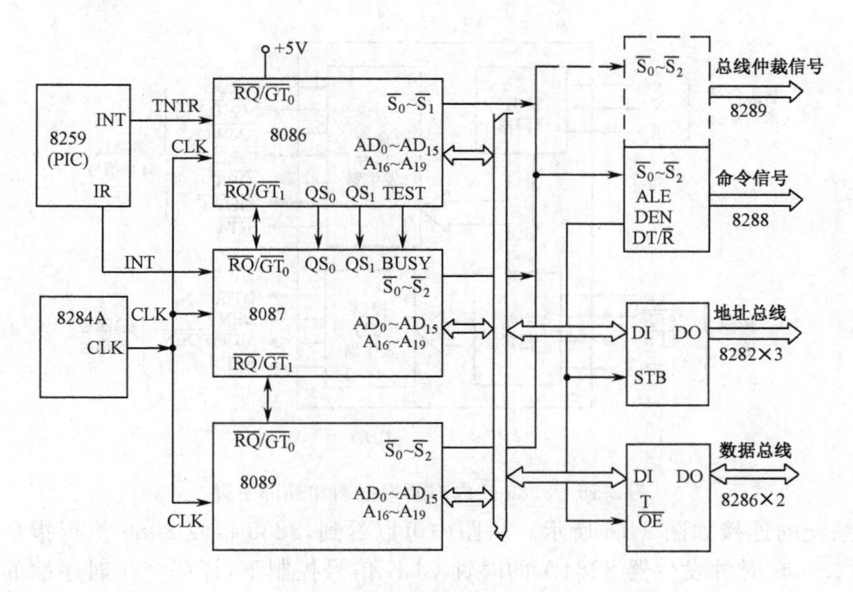

图 2-14 多处理器系统

① $\overline{S_2}$,$\overline{S_1}$,$\overline{S_0}$(Bus Cycle Status)总线周期的状态信号(输出,三态):用来指示 CPU 总线周期的操作类型,并送到 8288 总线控制器,产生对应于各种总线周期的控制命令如表 2-4 所示。

表 2-4 $\overline{S_0}$~$\overline{S_2}$与总线周期,8288 的控制命令

$\overline{S_2}$	$\overline{S_1}$	$\overline{S_0}$	总线周期	8288 控制命令
0	0	0	INTA 周期	$\overline{INTA}$
0	0	1	I/O 读周期	$\overline{IORC}$
0	1	0	I/O 写周期	$\overline{IOWC}$,$\overline{AIOWC}$
0	1	1	暂停	无
1	0	0	取指令周期	$\overline{MRDC}$
1	0	1	读存储器周期	$\overline{MRDC}$
1	1	0	写存储器周期	$\overline{MWTC}$,$\overline{AMWC}$
1	1	1	无源状态	无

② QS_1,QS_0(Instruction Queue Status)指令队列状态信号(输出,高电平有效):这两个信号组合起来提供了前一个时钟周期(指总线周期的前一个状态)中指令队列的状态,以便于外部对 8086 BIU 中的指令队列的动作跟踪。QS_1,QS_0 的代码组合分别为 00,01,10 和 11,所对应的指令队列为:无操作、从队列缓冲器取出指令的第一字节、队列为空和从队列缓冲器中取出第二字节以后部分。

③ $\overline{RQ}/\overline{GT_1}$,$\overline{RQ}/\overline{GT_0}$(Request/Grant)总线请求输入/总线请求允许输出信号(双向,低电平有效):在图 2-14 的多处理器系统中,当 8086 使用总线,其$\overline{RQ}/\overline{GT}$为高电平;这时,若协处理器 8087 或 8089 要使用总线,就由它们的$\overline{RQ}/\overline{GT}$线输出低电平(请求);经 8086 检测,且当总线处于允许状态,则 8086 的$\overline{RQ}/\overline{GT}$输出低电平作为允许信号(允许),再经 8087 或 8089 检测出此信号,对总线进行使用;待使用完毕,将$\overline{RQ}/\overline{GT}$线变为低电平(释放),8086 在检测到该信号时,又恢复对总线的使用。

④ $\overline{LOCK}$总线封锁信号(输出,三态,低电平有效):当此信号线上输出有效电平时,表示 CPU 独占总线,封锁其他总线主部件占用总线。$\overline{LOCK}$信号由指令前缀 LOCK 产生,LOCK 前缀后面的一条指令执行完后,便撤销了$\overline{LOCK}$信号(为避免多个处理器使用共有资源产生冲突而设置的)。此外,在 8086 的 2 个中断响应脉冲之间,LOCK 信号也自动有效,以防其他总线主部件在中断响应过程中占有总线而使一个完整的中断响应过程被间断。在 DMA 下,LOCK 引脚处于浮空。

(3)总线控制器 8288

8288 是 20 条引脚的 DIP 芯片,采用 TTL 工艺,其内部原理框图及外部引脚如图 2-15 所示。

8288 的引脚信号分为 3 组:输入信号(含状态和控制信号)、命令输出信号、输出的总线控制信号。

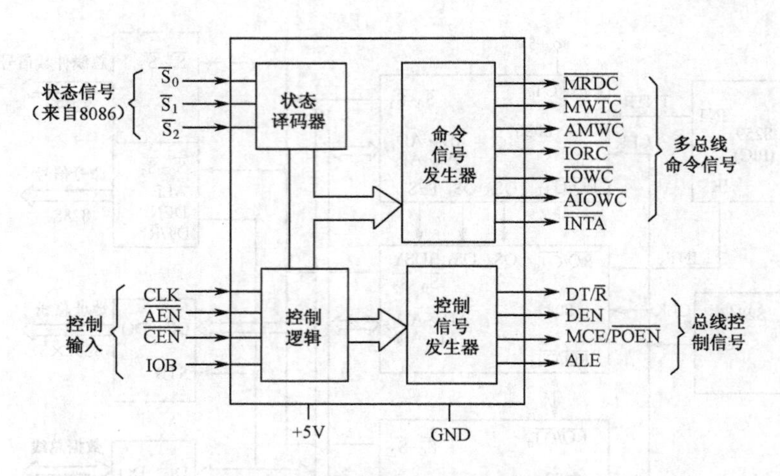

图 2-15　8288 的内部原理框图和外部引脚

8288 与系统的连接如图 2-16 所示。从图中可以看到，8288 接收 8086 执行指令时产生的状态信号 $\overline{S_2}$、$\overline{S_1}$、$\overline{S_0}$，在时钟发生器 8284A 的时钟 CLK 信号控制下，译码产生时序性的各种总线控制信号和命令信号，同时，也增强这些信号对总线的驱动能力。尽管最大方式一般用于多处理器系统，然而，在一些单处理器系统中，由于此优点，也使用了 8288。

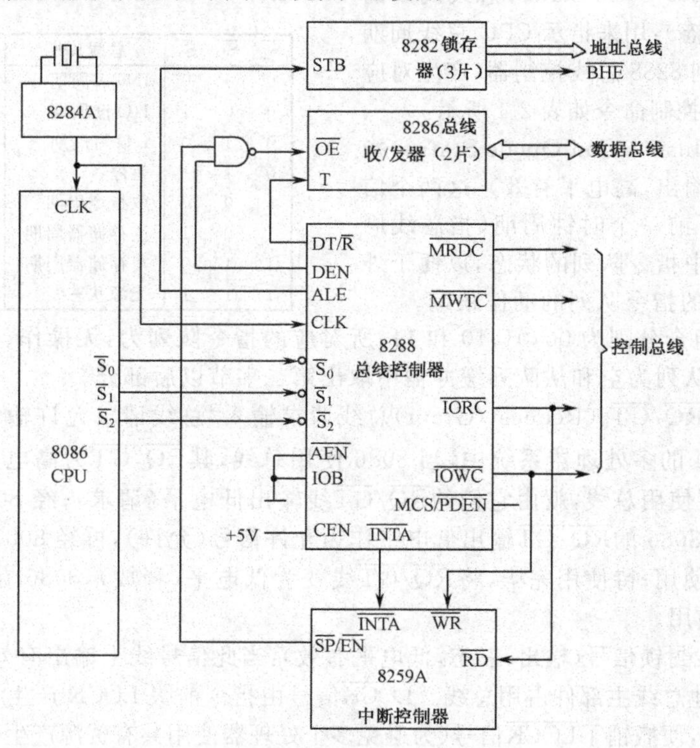

图 2-16　8288 总线控制器与系统的连接

8288 的 IOB(I/O 总线工作方式)信号是用来决定其本身工作方式的，即：

① 当 IOB 接地时，8288 工作在适合于单处理器工作的方式。这时 IBM PC/XT 微机为一般情况下设置的状态。此时，要求 $\overline{\text{AEN}}$(Address Enable)接地（有效），CEN(Command Enable)接 +5V（有效），这种方式下的输出端 MCE/$\overline{\text{PDEN}}$(Master Cascade Enable/Peripheral Data Enable)输出为 MCE（主模块允许）信号。

② 当 IOB 接+5V 时，且 CEN 也接+5V(有效)，8288 将适合工作于多处理器的系统中。这种方式下，MCE/$\overline{PDEN}$引脚输出的是$\overline{PDEN}$(外部设备数据允许)信号，此信号用做 8286 收/发器的开启信号，使局部总线和系统总线接通。

8288 根据 $\overline{S}_2$，$\overline{S}_1$，$\overline{S}_0$ 状态信号译码后，产生以下控制信号和命令：

〈1〉ALE 地址锁存信号：和最小模式下的 ALE 含义相同，也是送给地址锁存器 8282 作为选通信号 STB。

〈2〉DEN 数据允许信号和 DT/$\overline{R}$ 数据收/发信号：送到 8286 总线收/发器分别控制总线收/发器的开启和控制数据的传输方向。这两个信号和最小模式下的$\overline{DEN}$和 DT/$\overline{R}$ 含义相同，但是，这里的 DEN 和最小方式的$\overline{DEN}$电平相反。

〈3〉$\overline{INTA}$中断响应信号，与最小模式下的$\overline{INTA}$含义相同。

〈4〉$\overline{MRDC}$(Memory ReaD Command)，$\overline{MWTC}$(Memory WriTe Command)和$\overline{IORC}$(I/O Read Command)，$\overline{IOWC}$(I/O Write Command)存储器和 I/O 接口读/写控制信号：分别用来控制存储器和 I/O 接口的读/写，均为低电平有效，都在相应总线周期的中间部分输出。显然，在任何一种总线周期内，只要这 4 个命令信号中有一个输出，就可控制一个部件的读/写操作。这些信号相当于最小模式下，由 8086 直接产生的$\overline{RD}$、$\overline{WR}$和 M/$\overline{IO}$配合作用的效果。

〈5〉$\overline{AIOWC}$(Advanced I/O Write Command)和 $\overline{AMWC}$(Advanced Memory Write Command)，超前写 I/O 命令和超前写内存命令：其功能与$\overline{IOWC}$，$\overline{MWTC}$相同，只是将超前一个时钟周期发出，用来控制速度较慢的外设或存储器芯片时，将得到一个额外的时钟周期去执行写操作。

2.2.6 8086 的总线操作时序

8086 CPU 执行访问存储器或访问 I/O 接口的指令，或装填指令队列，都需要执行一个总线周期，进行总线操作。从前面已知，一个基本总线周期包含 4 个状态 T_1，T_2，T_3，T_4。当存储器或 I/O 设备的速度较慢时，要通过 8284A 时钟发生器发出 READY=0(未准备就绪)信号，CPU 则在 T_3 开始时对 READY 进行采样。当采到“未准备就绪”信号时，就会在 T_3 之后插入 1 个或多个等待状态 T_W。

CPU 在每个状态中都安排了具体的操作，如由总线发地址、状态或控制信号，由总线收/发数据信号等。总线操作按数据信号传输方向可分为总线读操作和总线写操作。前者指 CPU 从存储器或 I/O 接口读取数据，后者指 CPU 把数据写入到存储器或 I/O 接口。读/写操作又与 8086 CPU 工作模式有关。现以 8086 的最小模式为例，分析总线读/写的操作时序。

1. 8086 最小模式下的总线读操作时序

图 2-17 为 8086 CPU 从存储器或 I/O 接口读取数据的操作时序。

(1)T_1 状态

① CPU 根据执行的是访问存储器还是访问 I/O 接口的指令，首先在 M/$\overline{IO}$线上发有效电平。若为高电平，则表示从存储器读；若为低电平，则表示从 I/O 端口读。此信号将持续整个总线周期。

② 从地址/数据复用线 AD_{15}～AD_0 和地址/状态复用线 A_{19}/S_6～A_{16}/S_3 发存储器单元地址(20 位)或发 I/O 端口地址(16 位)信号。这类信号只持续 T_1 状态，因此必须进行锁存，以供整个总线周期使用。

③ 为了锁存地址信号，CPU 于 T_1 状态，从 ALE 引脚上输出一个正脉冲作为 8282 地址锁存器的地址锁存信号。在 ALE 的下降沿到来之前，M/$\overline{IO}$和地址信号均已有效。因此，8282 可

用 ALE 信号的下降沿对地址进行锁存。

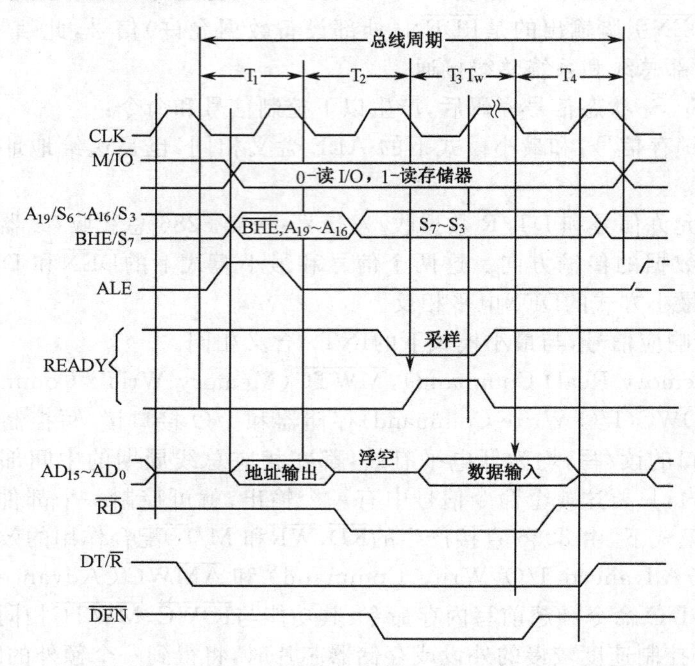

图 2-17　8086 总线读操作时序(最小模式)

④ 为了实现对存储体的高位字节库(即奇地址库)的寻址，CPU 在 T_1 状态通过$\overline{BHE}/S_7$ 引脚发$\overline{BHE}$有效信号(低电平)。$\overline{BHE}$和地址信号 A_0 分别用来对奇、偶地址库进行寻址(详见本章 2.2.7 节存储器组织)。

⑤ 为了控制数据总线的传输方向，发 DT/$\overline{R}$=0 信号，以控制数据总线收/发器 8286 处于接收数据状态。

(2)T_2 状态

① 总线上输出的地址信号消失，此时，$AD_{15}\sim AD_0$ 进入浮空状态，作为一个缓冲期以便将总线传输方向由输出地址转为读入数据。

② $A_{19}/S_6\sim A_{16}/S_3$ 及$\overline{BHE}/S_7$ 线开始输出状态信号 $S_7\sim S_3$，并持续到 T_4 状态。其中的 S_7 未赋实际意义。

③ $\overline{DEN}$信号变为低电平(有效)，用来开放总线收/发器 8286。这样，就可以使 8286 提前于 T_3 状态(即数据总线上出现输入数据前)获得开放，$\overline{DEN}$有效信号维持到 T_4 的中期结束。

④ $\overline{RD}$信号变为低电平(有效)。此信号被接到系统中所有存储器和 I/O 接口芯片，用来开放数据输出缓冲器，以便将数据送上数据总线。

⑤ DT/$\overline{R}$ 继续保持低电平，维持 8286 为接收数据状态。

(3)T_3 状态

经过 T_1，T_2 后，存储器单元或 I/O 接口把数据送上数据总线 $AD_{15}\sim AD_0$，供 CPU 读取。

(4)T_W 等待状态

当系统中所用的存储器或外设的工作速度较慢，不能在基本总线周期规定的 4 个状态完成读操作时，它们将通过 8284 时钟发生器给 CPU 发一个 READY 为无效的信号。CPU 在 T_3 的前沿(下降沿)采样 READY。当采到的 READY=0(未准备就绪)时，就会在 T_3 和 T_4 之间插入等待状态 T_W。T_W 可以为 1 个或多个状态。以后，CPU 在每个 T_W 的前沿(下降沿)去采样

READY，直至采到 READY=1(表示“已准备就绪”)时，才在本 T_W 结束时，脱离 T_W 而进入 T_4 状态。在最后一个 T_W，数据已出现在数据总线上，因此，这时的总线操作和基本总线周期中 T_3 状态下的一样。而在这之前的 T_W 状态，虽然所有 CPU 控制信号状态已和 T_3 状态下的一样，但终因 READY 沿未有效，仍不能使数据信号送上数据总线。

(5)T_4 状态

在 T_4 状态和前一状态交界的下降沿处，CPU 对数据总线上的数据进行采样，完成读取数据的操作。

归结起来：在总线读操作周期中，8086 于 T_1 从分时复用的地址/数据线 AD 和地址/状态线上输出地址；T_2 时使 AD 线浮空，并输出 $\overline{RD}$，$\overline{DEN}$；在 T_3，T_4 时，外界将欲读入的数据送至 AD 线上；在 T_4 的前沿，将此数据读入 CPU。

2. 8086 最小模式下的总线写操作时序

图 2-18 示出 8086 CPU 对存储器或 I/O 接口写入数据的写操作时序。与读操作一样，基本写操作周期也包含 4 个状态：T_1，T_2，T_3 和 T_4。当存储器芯片或外设速度较慢时，在 T_3 和 T_4 之间插入 1 个或多个 T_W。

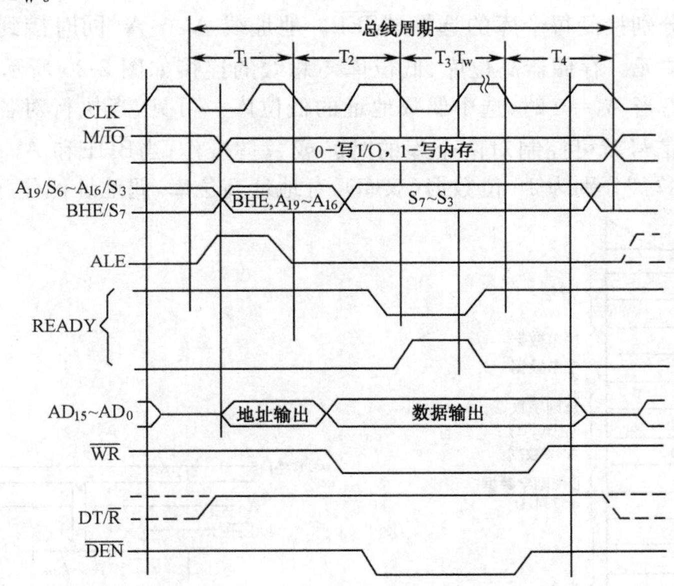

图 2-18　8086 总线写操作时序(最小工作模式)

在总线写操作周期中，8086 于 T_1 将地址信号送至地址/数据复用总线 AD 上，并于 T_2 开始直到 T_4，将数据信号输出到 AD 线上，等到存储器或 I/O 接口芯片上的输入数据缓冲器被打开，便将 AD 线上输出的数据写入到存储器单元或 I/O 端口。存储器或 I/O 端口的输入数据缓冲器是利用在 T_2 状态由 CPU 发出的写控制信号 $\overline{WR}$ 打开的。

总线的写周期和读周期比较，有以下不同：

① 写周期下，AD 线上因输出的地址和输出的数据为同一方向，因此 T_2 时不再需要像读周期时要维持一个状态的浮空以作为缓冲。

② 对存储器或 I/O 接口芯片发的控制信号是 $\overline{WR}$，而不是 $\overline{RD}$(但它们出现的时间类似，都从 T_2 开始)。

③ 在 DT/$\overline{R}$ 引脚上发出的是高电平的数据发送控制信号 DT，而不是 $\overline{DR}$；DT 被送到 8286 总线收/发器控制数据输出方向。

2.2.7 存储器组织

1. 存储器的标准结构

存储器通常按字节组织排列成一个个单元，每个单元用一个唯一的地址码表示，这就是存储器的标准结构。若存放的数据为 8 位的字节数据，则将它们按顺序进行存放；若存放的数据为 16 位的字数据，则将字的高位字节存于高地址单元，低位字节存于低地址单元；若存放的数据为 32 位的双字（这通常是指地址指针数据），则将地址指针的偏移量（字）存于低地址的字单元中，将地址指针的段基址（字）存于高地址的字单元中，其存放的示意图如图 2-19 所示。还要注意：存放字时，其低位字节可从奇数地址开始，也可从偶数地址开始；前一种存储方式称为非规则存放（这样存放的字为非规则字），后一种方式为规则存放（这样存放的字为规则字）。对规则字的存取可在一个总线周期完成，对非规则字的存取则需两个总线周期才能完成。

8086 CPU 在组织 1MB 的存储器时，其空间实际上被分成两个 512KB 的存储体，或称存储库，分别叫做高位库和低位库。高位库与 8086 数据总线中的 $D_{15}\sim D_8$ 相连，库中每个单元的地址均为奇数；低位库与数据总线中的 $D_7\sim D_0$ 相连，库中每个单元的地址均为偶数。地址线 A_0 和控制线 $\overline{BHE}$ 用于库的选择，分别接到每个库的选择端 $\overline{SEL}$。地址线 $A_{19}\sim A_1$ 同时接到两个库的存储芯片上，以寻址每个存储单元。存储器高位库、低位库与总线的连接如图 2-20 所示。当 $\overline{BHE}=0$ 时，选中奇数地址的高位库；当 $A_0=0$ 时，选中偶数地址的低位库。可见，当执行对各种数据寻址的指令时发出的 $\overline{BHE}$ 和 A_0 信号就可控制对两个库的“读”或“写”操作；当 $\overline{BHE}$ 和 A_0 分别为 00，01，10 和 11 时，实现的“读”或“写”分别为 16 位数据（双库），奇地址高位库，偶地址低位库，不传送。

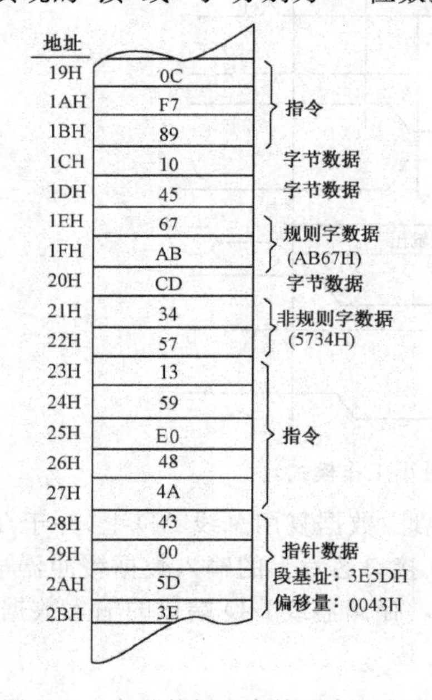

图 2-19　各种数据在存储器中的存放

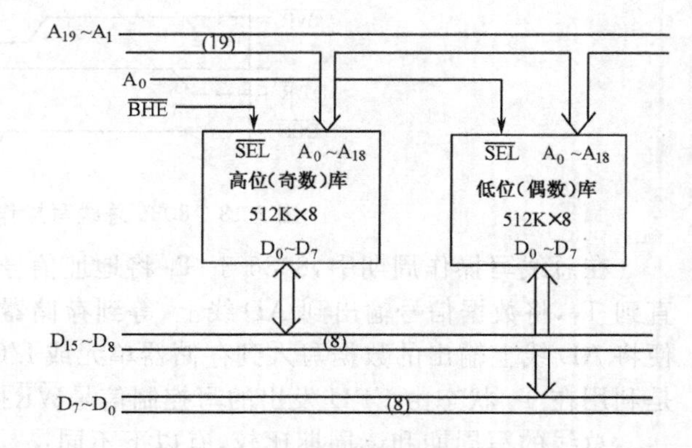

图 2-20　8086 存储器高、低位库与总线的连接

2. 存储器分段

8086 用 20 位地址信号，寻址 1MB 的内存空间，每个单元的实际地址 PA 需用 5 位十六进制数表示。但 CPU 内部存放地址信息的一些寄存器，如指令指针 IP、堆栈指针 SP、基址指针 BP、变址寄存器 SI，DI 和段寄存器 CS，DS，ES，SS 等都只有 16 位，显然不能存放 PA 而直接寻址 1MB 空间。为此，在 16 位或 16 位以上的微处理器中引入存储器分段的概念。

分段就是把 1MB 空间分为若干逻辑段，每段最多可含 64KB 的连续存储单元。每个段的首地址是一个能被 16 整除的数(即最后 4 位为 0)，首址是用软件设置的。

运行一个程序所用的具体存储空间可以为一个逻辑段，也可为多个逻辑段。段和段之间可以是连续的、断开的、部分重叠的或完全重叠的，如图 2-21 所示。

存储器采用分段编址方法进行组织，带来的好处如下。

① 指令中只涉及 16 位的地址(段首址或在段中的偏移量)，缩短了指令长度，从而提高了执行程序的速度。

② 尽管存储空间多达 1MB，但程序执行过程中不需要在 1MB 的大空间中去寻址，多数情况下只需在一个较小的段中运行。

③ 多数指令的运行都不涉及段寄存器的值，而只涉及 16 位的偏移量，为此，分段组织存储也为程序的浮动装配创造了条件。

④ 程序设计者不用为程序装配在何处而去修改指令，统一由操作系统去管理就行了。

3. 实际地址和逻辑地址

实际地址，或称物理地址，是指 CPU 和存储器进行数据交换时使用的地址。对 8086 来说，是用 20 位二进制数或 5 位十六进制数表示的地址码，是唯一能代表存储空间每个单元的地址。

逻辑地址是指产生实际地址用到的两个地址分量：段首址和偏移量，它们都是用无符号的 16 位二进制数或 4 位十六进制数表示的地址代码。

指令中不能使用实际地址，只使用逻辑地址。由逻辑地址产生和计算实际地址的过程和公式已示于本章 2.2.1 节。注意：一个存储单元只有唯一编码的实际地址，而一个实际地址可对应多个逻辑地址，如图 2-22 所示。如图中某一实际地址 11245H，可以从两部分重叠的段中得到：在段首址为 1123H 的段中，其偏移量为 15H；在段首址为 1124H 的段中，其偏移地址为 05H。这两组逻辑地址可表示为：1123H ∶ 0015H 和 1124H ∶ 0005H。

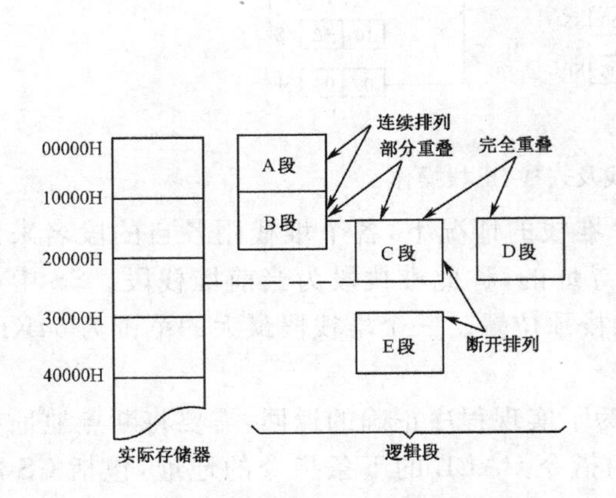

图 2-21 实际存储器中段的位置

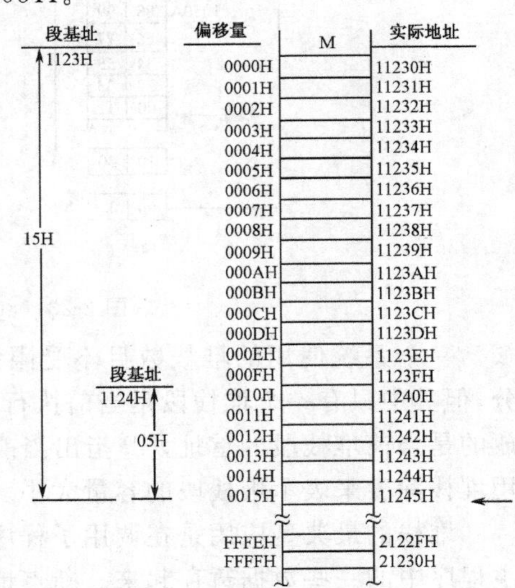

图 2-22 一个实际地址可对应多个逻辑地址

段首址来源于 4 个段寄存器，偏移地址来源于 SP，BP，SI，DI，IP 和计算出的有效地址。寻址时到底使用哪个段寄存器与哪个偏移地址存放寄存器搭配(表 2-5 所示的逻辑地址源就示出了这种搭配关系)，由 8086 的 BIU 部件根据执行操作的种类和应取得的数据类型确定。

表 2-5 逻辑地址源

存储器操作涉及的类型	正常使用的段基址	可使用的段基址	偏移地址
取指令	CS	无	IP
堆栈操作	SS	无	SP
变量(下面情况除外)	DS	CS,ES,SS	有效地址
源数据串	DS	CS,ES,SS	SI
目的数据串	ES	无	DI
作为基址寄存器使用的 BP	SS	CS,DS,ES	有效地址

4. 堆栈

一般的微机系统都需要设立堆栈来暂存一批数值数据或地址数据,为此,要在内存储器中特别划分出一段存储区。在该存储区中,存取数据按"后进先出"的原则进行。

8086 由于采用了存储器分段,为了表示这特别划分出来的存储区,使用了一种称为堆栈段的段来表示。堆栈段中存取数据的地址由堆栈段寄存器 SS 和堆栈指针 SP 来规定。SS 中存放堆栈段的首地址,SP 中存放栈顶的地址,此地址表示栈顶离段首址的偏移量,存取数据都在栈顶进行。堆栈段的示意图如图 2-23(a)所示。

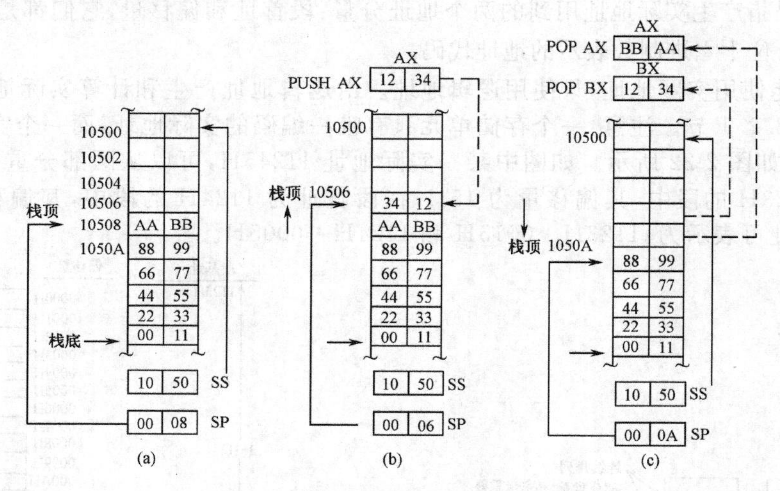

图 2-23 8086 系统的堆栈及入栈、出栈操作

一个系统使用的堆栈数目不受限制,在有多个堆栈的情况下,各个堆栈用各自的段名来区分,但其中只有一个堆栈段是当前执行程序可直接寻址的,称此堆栈段为当前堆栈段。SS 中存放的是当前堆栈段的首址,SP 指出当前堆栈段中的栈顶位置。一个堆栈段最大的范围为 64KB。用堆栈深度来表示堆栈段的容量大小。

堆栈的最典型应用是在调用子程序的程序中,为了实现程序正确的返回,需要将断点地址和主程序中的一些数据暂存起来。断点地址是指调用指令 CALL 的下条指令的地址,包括 CS 的值和 IP 的值。它们是在执行 CALL 时自动被存入堆栈的。主程序中的一些数据是指运行子程序时可能要被覆盖的一些 CPU 内部寄存器的数据,这些数据需要用专门的入栈操作指令 PUSH 推入堆栈暂存,而子程序执行完毕,又应该用出栈指令 POP 将它们弹回原来的地方,并按"先进后出"的原则编排出栈指令顺序(可参考第 3 章例 3-2)。最后,子程序执行到返回指令 RET 时,自动将入栈的断点地址返送回 IP 和 CS 中,根据 IP 具备的程序跟踪功能,又回到主程序的断点地址继续执行后续程序。

8086 的堆栈操作有两种：入栈操作 PUSH 和出栈操作 POP，均为 16 位的字操作，而且都在栈顶进行。栈顶是由堆栈指针 SP 所指的"实"栈顶。所谓"实"栈顶，是以最后推入堆栈信息所在的单元为栈顶，如图 2-23(a)所示的 10508H 单元。图 2-23(b)为入栈操作，在执行入栈指令 PUSH AX 时，先修改堆栈指针 SP，完成(SP)－2→(SP)后，才能将 AX 的内容推入。推入时，先推高 8 位 AH 入栈，完成(AH→((SP＋1))＝(10507H)，然后推低 8 位 AL 入栈，完成(AL)→((SP))＝(10506H)。入栈完成后，因(SP)＝10506H 而指向新的栈顶。图 2-23(c)示出出栈操作 POP BX 和 POP AX。在执行第 1 条 POP BX 指令时，先将位于栈顶上的两个单元的内容弹出到 BX，具体执行的操作可分为如下 3 步。

第 1 步：将栈顶内容，即((SP))＝(10506H)→BL(低位)。

第 2 步：将((SP)＋1)＝(10507H)→BH(高位)。

第 3 步：修改指针，即(SP)＋2→(SP)，此时的(SP)＝10508H 也指向一个新的栈顶。

接着执行第 2 条出栈指令 POP AX，其操作类同于 POP BX，只是最后修改指针(SP)＋2→(SP)的结果，使(SP)＝1050AH，又指向一个新的栈顶。

5. 专用的和保留的存储单元

Intel 公司为保证与未来产品的兼容性，规定在存储区的最低地址区和最高地址区留出一些单元供 CPU 作为某些特殊功能专用，或为将来开发软件、硬件产品而保留。其中：

① 00000H～0007FH(共 128B)用于中断，以存放中断向量表。

② FFFF0H～FFFFFH(共 16B)用于系统复位启动。

IBM 遵照这种规定，在 IBM PC/XT 这种最通用的 8086 系统中也做了相应规定：

① 00000H～003FFH(共 1KB)用来存放中断向量表，该表上列出了每个中断处理子程序的入口地址。一个入口地址占 4 字节，前 2 字节中存放入口的偏移地址(IP 值)，后 2 字节中存放入口的段首址(CS 值)。因此，1KB 区域可以存放 256 个中断处理程序的入口地址。对一个具体的机器系统而言，256 级中断是用不完的，空着的可供用户扩展功能时使用。当系统启动引导完成，这个区域的中断向量表就建立起来了。

② B0000H～B0FFFH(共 4KB)是单色显示器的视频缓冲区，存放单色显示器当前屏幕显示字符所对应的 ASCII 码及其属性。

③ B8000H～BBFFFH(共 16KB)是彩色显示器的视频缓冲区，存放彩色显示器当前屏幕像素点所对应的代码。

④ FFFF0H～FFFFFH(共 16B)用于系统复位启动，一般存放一条无条件转移指令，使系统在上电或复位时，自动转到系统的初始化程序，这个区域被包含在系统的 ROM 范围内，在 ROM 中驻留着系统的基本 I/O 系统程序 BIOS。

由于有了专用的和保留的存储单元的规定，使用 Intel 公司 CPU 的 IBM PC/XT 及各类兼容微机都具有较好的兼容性。

6. 单模块程序的 4 个现行段

为了使存储器分段及其在汇编语言程序中的具体实现尽早结合，下面列举了一个具有 4 个现行段的单模块汇编语言程序框架的实例。

【例 2-1】 程序功能：完成 5＋2＝7 的运算，将结果存入数据区中的 SUM 单元，并在屏幕上显示出来。此例的重点在于了解运行一个程序所需的 4 个现行段(代码段、数据段、堆栈段和附加段)在程序中如何表示出来。这里，设前 3 个段是相互分开的，而附加段与数据段完全重叠。每个段都标有段名，用伪指令 SEGMENT/ENDS 来定义，每个段不超过 64KB，由 DOS 操作系统给它们分配存储地址。

源程序框架及其4个现行段编排如下。注:程序中每一行的编号是为进行下面的解释加入的,在实际输入程序时不应该输入。

```
1 ;SAMPLE      PROGRAM FOR ADD AND DISPLAYING SUM TO THE SCREEN
;..................................................................
2  DATA        SEGMENT                              ;数据段
3  AUGEND      DB  05H
4  ADDEND      DB  02H
5  SUM         DB  ?
6  DATA        ENDS
;..................................................................
7  STACK       SEGMENT PARA STACK 'STACK'           ;堆栈段
8              DB  64  DUP(?)
9  STACK       ENDS
;..................................................................
10 CODE        SEGMENT                              ;代码段
;..................................................................
11             ASSUME  CS:CODE,DS:DATA,SS:STACK,ES:DATA
12 START       PROC  FAR
13             PUSH  DS                             ;保存返回地址
14             MOV   AX,0
15             PUSH  AX
16             MOV   AX,DATA                        ;初始化DS,ES
17             MOV   DS,AX
18             MOV   ES,AX
;..................................................................
19             MOV   AL,AUGEND                      ;完成05H+02H的程序正文
20             ADD   AL,ADDEND
21             MOV   SUM,AL                         ;存结果
;..................................................................
22             ADD   AL,30H                         ;将结果变为ASCII码
23             MOV   DL,AL                          ;显示结果
24             MOV   AH,02H
25             INT   21H
;..................................................................
26             RET                                  ;返回DOS
27 START       ENDP
;..................................................................
28 CODE        ENDS
;..................................................................
29             END   START                          ;汇编结束
```

第1行为程序的注释,用“;”开头,为非执行部分。2~6行为数据段,该段内设置有运行本程序所需的被加数AUGEND,加数ADDEND,还保留有一个存结果的单元SUM,它们均用伪操作指令DB进行定义。本段的段名为DATA,第2行和第6行是段定义语句,分别定义段的开始和终结。7~9行为堆栈段,段名为STACK,第7行和第9行分别定义该段的开始和终结,该段中用DB定义了一个深度为64字节的堆栈区。10~28行为代码段,该段段名为CODE,第10行和第28行分别定义该段的开始和终结。代码段中用“;”开始的汉字部分为注释(也可用英文注释),用它来说明一条或几条指令的作用;第12行为过程(Procedure)的说明语句PROC,过程有NEAR(近)过程和RAR(远)过程之分。这里为FAR过程,它是DOS下面的一个远过程。第

12 行和第 27 行分别表示过程的开始和结束，第 26 行的 RET 是返回语句，本例中应返回到 DOS。第 11 行 ASSUME 也是一个说明语句，由它设定运行该程序时所需的 4 个现行段是什么段名，其中的 ES 和 DS 用相同段名，表示这两个段完全重叠。第 19～21 行是完成 5＋2 运算并存储结果的部分，是本程序的正文部分。运算结果 7 是一位十进制数，可用第 22 行指令将其变为 ASCII 码后，由第 23～第 25 行的一个中断调用 INT 21H 的 02H 功能交由屏幕显示出来。第 19～25 行是本模块的程序段，它随应完成的功能不同而不同。第 13～18 行对不同功能的程序段都是需要的，是不能改变的部分，通常称为程序的内务操作，这是保证程序能正确运行，并返回操作系统而不被死锁的必须部分。内务操作又包含两部分：第 13～15 行是保存返回地址（其原理将在第 4 章中讲述）所用的 3 条固定语句，第 16～第 18 行是对数据段和附加段进行初始化，即把 DOS 给每个段分配的首地址（段名的地址）填入相应的段寄存器 DS、ES 中，对除 CS 以外的用到的现行段均需填入。第 2～6 行的数据段和第 7～9 行的堆栈段随程序段的功能不同，应用的情况也不同。最后指出，本例所示的单模块程序结构是汇编语言源程序结构框架之一，可供学习指令系统一章时仿照使用。

还要说明，这种程序结构，只要在程序段中没有调用指令或没有中断发生，堆栈段被默认也是可行的；这里的附加段也可以不设置。不设置的段就不在 ASSUME 语句中出现，也不对相应的段寄存器进行初始化装填。

2.2.8　8086 I/O 端口组织

1. I/O 端口

8086 CPU 和外部设备之间是通过 I/O 接口芯片作为界面进行联系的，达到在其间传输信息的目的。每个 I/O 接口芯片上可有一个至几个端口。一个 n 位的端口实际上是存取数据的一个 n 位的寄存器。在系统设计时，要为每个端口分配一个地址，称为端口地址或端口号。每个端口号和存储器单元地址一样，应具有唯一性。

2. I/O 端口编址方式

一般来说，I/O 端口有存储器映象编址和独立编址两种方式。

（1）存储器映象编址的 I/O

在这种编址方式下，将 I/O 端口地址置于存储器空间，和存储单元统一编址。因此，存储器的各种寻址方式都可用来寻址端口。这样，对端口的访问非常灵活，而且 I/O 接口与 CPU 的连接方法和存储器芯片与 CPU 的连接方法类似。但这种方法的缺点是端口占用了一部分存储器空间，而且端口地址的位数和存储器单元地址位数一样，比独立编址的 I/O 端口地址长，因而访问速度较慢。Motorola 系列的 CPU 采用了这种 I/O 端口的编址方法。

（2）独立编址的 I/O

凡是设有专门输入指令 IN 和输出指令 OUT 的 CPU 对 I/O 端口都进行独立编址。8086 CPU 采用了这种编址方法。它使用 20 条地址总线中的 A_{15}～A_0（16 条）地址线对端口地址进行编址，因此，最多可访问的 I/O 端口可有 64K 个 8 位端口或 32K 个 16 位端口，任何两个相邻的 8 位端口可以组成一个 16 位端口。和访问存储器一样，对奇数地址的 16 位端口的访问，要进行两次才能完成。端口的寻址不分段，因而不用段寄存器。8086 的端口地址仍为 20 位，高 4 位总是为 0。

3. 保留的 I/O 端口

在 8086 的 64KB 的 I/O 空间中，F8H～FFH 这 8 个地址是 Intel 公司保留使用的，用户不能占用，否则将影响用户系统与 Intel 公司产品的兼容性。

2.3 80286 微处理器

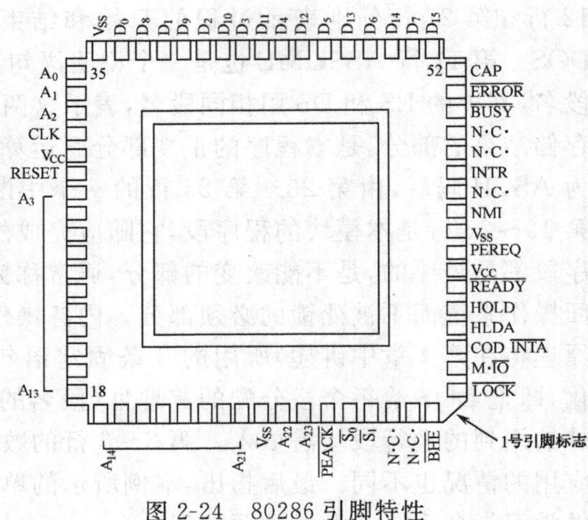

图 2-24 80286 引脚特性

80286 微处理器是 8086 微处理器的高级型号，由于它们的数据总线宽度均为 16 位，通常称 80286 微处理器为超级 16 位微处理器。8086 微处理器芯片采用 40 脚的 DIP 封装，而 80286 微处理器芯片采用 68 脚的四列直插式封装，80286 引脚特性如图 2-24 所示。

2.3.1 80286 的主要性能

① 具有独立的 16 位数据总线 $D_0 \sim D_{15}$ 和独立的 24 位地址总线 $A_0 \sim A_{23}$。注意：同 8086 比较，芯片引脚的数据、地址线未复用。

② 具有实模式和保护模式两种存储器工作模式。在实模式中（又称为实地址方式），只用 $A_0 \sim A_{19}$ 这 20 条地址线寻址 1MB 存储空间，实际上与 8086 相同；而在保护模式中（又称为保护虚地址方式），$A_0 \sim A_{23}$ 这 24 条地址线可寻址 16MB 存储空间。

③ 芯片内部总线和寄存器均为 16 位。

④ 由于硬件功能增强，指令系统在 8086/8088 基础上又增加了执行环境操作类指令和保护模式类指令。

2.3.2 80286 的内部结构

80286 微处理器的内部结构方框图如图 2-25 所示。与 8086 比较，80286 可分为 4 个部分，即执行部件 EU(Execution Unit)、地址部件 AU(Address Unit)、指令部件 IU(Instruction Unit)和总线部件 BU(Bus Unit)。80286 微处理器的 4 个部件并行工作，构成取指、译码、执行重叠进行的流水线工作方式。提高了数据吞吐率，加快了速度。由于内部具有存储器管理和存储器保护功能，可适应多任务的需要。例如，主频为 10MHz 的 80286 与主频为 5MHz 的 8086 比较，主频仅提高了 1 倍，但处理数据的速度提高了 6 倍。由于 80286 微处理器比 8086 微处理器的综合性能高，20 世纪 80 年代末至 90 年代初，PC/286 微机已代替 PC/XT 微机得到了广泛的应用。

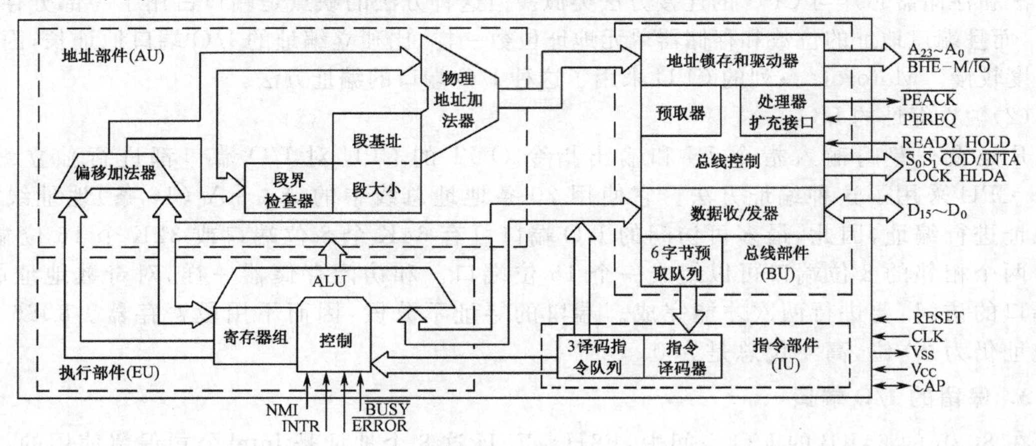

图 2-25 80286 微处理器的内部结构方框图

2.3.3 80286 的寄存器结构

80286 的寄存器结构在 8086 的寄存器结构基础上进行了扩展和增加，在 80286 的状态寄存器 FLAGS 中增加了 3 个位的定义（8086 的 16 位状态寄存器 F 中仅定义了 9 位），并新增加了 1 个 16 位的机器状态字寄存器 MSW（Machine State Word）。标志字和机器状态字寄存器的位定义如图 2-26 所示。

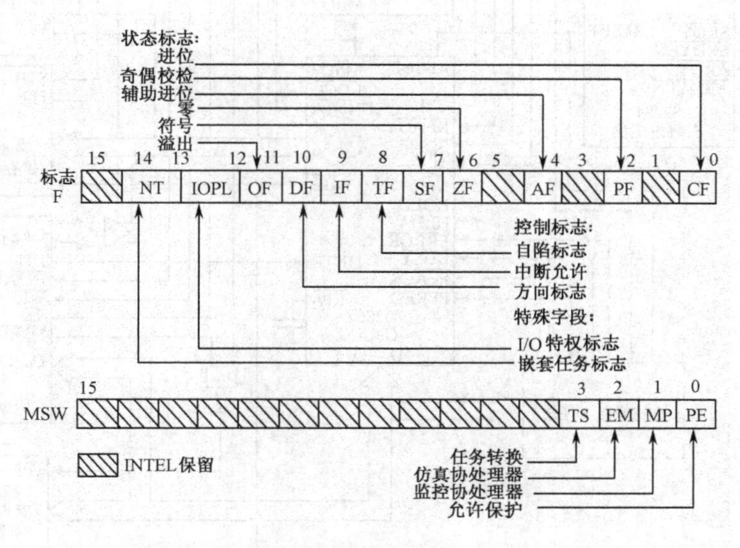

图 2-26 标志字和机器状态字寄存器中位的定义

1. 状态寄存器 FLAGS 中新增加了 3 个位的定义

第 13、12 位为 IOPL（Input Output Privilege Level），称为 I/O 特权标志位，由 00～11 的 4 种组合确定 I/O 操作的特权级。该标志只适用于保护模式。

第 14 位为 NT（Nest Task），称为嵌套任务标志位，若 NT＝1，则表示当前执行的任务嵌套于另一任务中，否则为 0。该标志只适用于保护模式。

2. 机器状态字（MSW）寄存器中位的定义

在 16 位的机器状态字寄存器中，只使用了低 4 位，高 12 位保留。

允许标志（PE）：若 PE＝1，则 80286 转换成保护模式。系统复位后，PE＝0，则 286 工作于实模式；PE 只能通过系统复位重新启动微处理器的方法来清除。

监控协处理器标志（MP）：若 MP＝1，则系统中有数学协处理器（Math Co-processor）存在，否则数学协处理器不存在。

仿真协处理器标志（EM）：若 EM＝1，表示采用软件仿真数学协处理器的功能，这时系统不能使用协处理器的操作码；若 EM＝0，表示没有采用软件仿真数学协处理器的功能。

任务转换标志（TS）：由硬件置位，由软件复位。当一个任务转换完成后，TS 标志自动置 1。

2.3.4 80286 的系统结构

用 80286 微处理器构成的系统结构带有一整套的支持芯片（见表 2-1），允许系统在较广的范围内进行灵活配置。80286 微处理器系统的基本结构如图 2-27 所示。

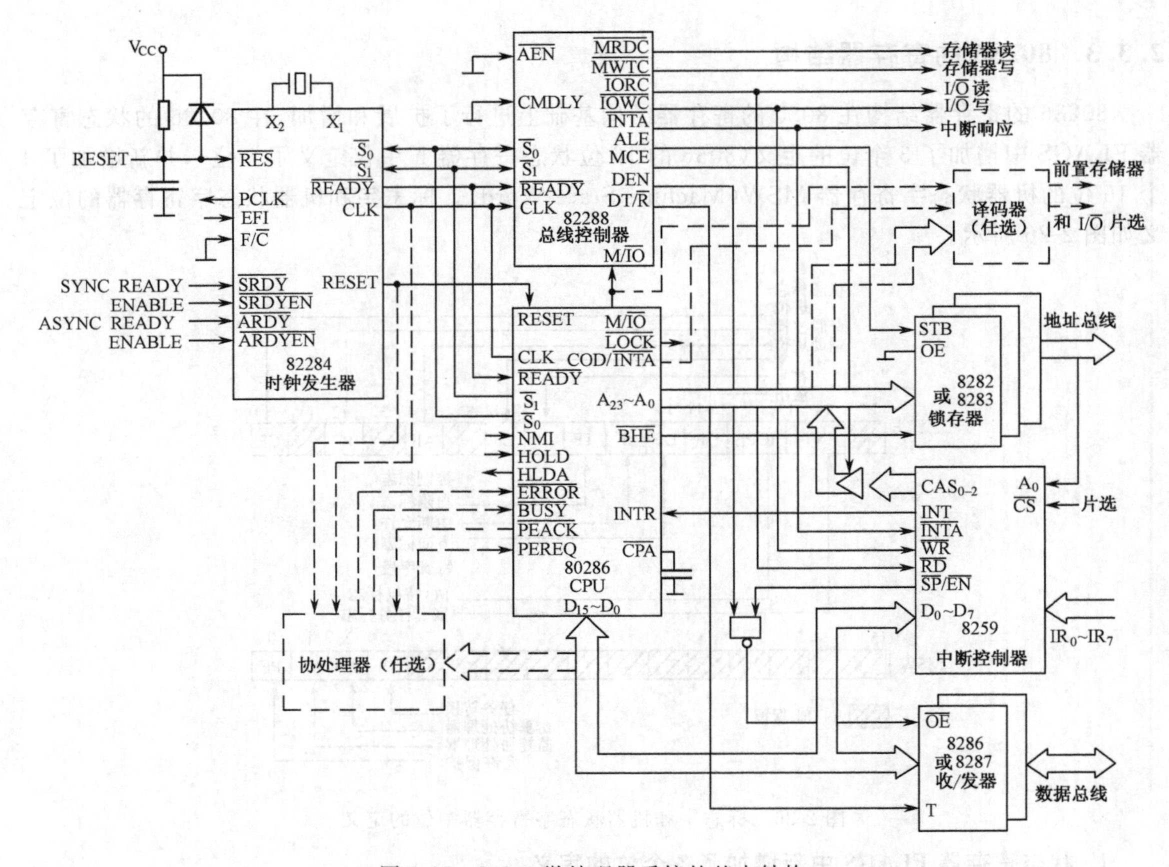

图 2-27　80286 微处理器系统的基本结构

2.4　80386 微处理器

在 16 位微处理器 80286 的基础上，Intel 公司于 1985 年推出 32 位微处理器 80386 及更高性能的 32 位微处理器 80486。32 位微处理器体现了体系结构的重要进步，即从 16 位体系结构过渡到 32 位体系结构；由于其性价比高而受到广泛的应用，由 80386/80486 微处理器组成的微机系统的主要性能指标已超过许多中、小型计算机系统。

80386 微处理器在增大字长的同时增加了许多功能和附加特征，下面将分几方面进行介绍。

2.4.1　80386 的主要性能

① 具有 32 条数据总线和内部数据通路，其中寄存器、ALU 和内部总线都是 32 位，可以处理 8 位、16 位和 32 位数据类型。具有 32 条地址总线，能提供 32 位的指令寻址能力，可寻址 4GB 的物理存储空间。

② 具有实模式、保护模式和虚拟 8086 三种工作模式。在实模式下，80386 只能运行在有限资源的情况下，内存最大寻址空间 1MB，性能相当于一个高速的 8086 CPU；在保护模式下，80386 具有段页式存储管理功能，可寻址 4GB 的物理存储空间；在虚拟 8086 模式下，支持保护机制和分页存储管理，与 8086 兼容，可寻址 1MB 存储空间。

③ 具有指令流水线结构、片内地址转换的高速缓冲存储器等硬件，大大提高了指令的执行速度和 CPU 的工作效率。

2.4.2 80386的内部结构

80386微处理器内部结构框图如图2-28所示。芯片主要由三大部件组成：总线接口部件(BIU)、中央处理部件(CPU)、存储器管理部件(MMU)。三大部件又可分为6个并行工作的模块部件：总线接口部件、代码预取部件、指令译码部件、控制部件、指令执行部件、存储器管理部件。6个模块部件采用流水线作业结构，各行其能，并行工作，可同时处理多条指令，从而大大提高了程序的执行速度。

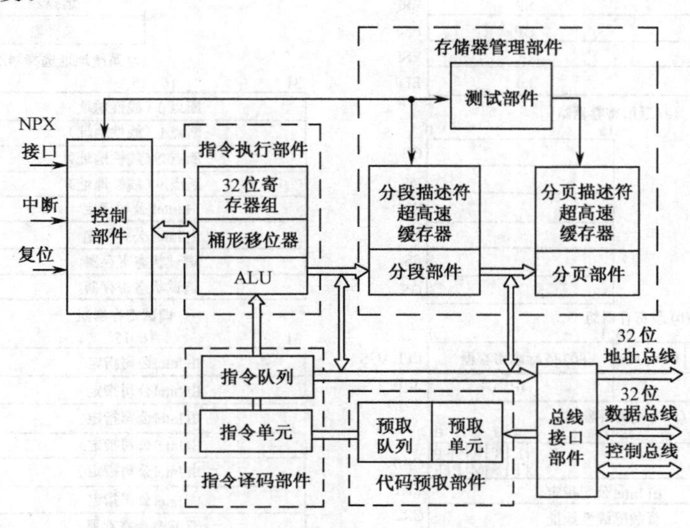

图2-28 80386微处理器内部结构框图

(1)总线接口部件(BIU)

通过数据总线、地址总线、控制总线完成与微处理器外部(存储器、I/O接口)的联系。包括访问存储器预取指令、存储器数据读/写、I/O端口数据读/写等操作控制功能。

(2)中央处理部件(CPU)

由代码预取部件、指令译码部件、控制部件、指令执行部件组成，各部件为并行工作。代码预取部件用于暂存从存储器中预取的指令代码，又称为预取指令队列。指令译码部件对预取指令队列中的指令进行译码，译码后又送入译码指令队列等待执行。该部件的特点是在预译码时若发现为转移指令，则提前通知总线接口部件去取目标地址中的指令代码并取代原预取指令队列中的顺序指令代码，从而提高效率。控制部件根据指令代码产生工作时序。指令执行部件完成指令代码的执行，包含1个32位的算术运算单元(ALU)，8个32位的通用寄存器，1个为快速乘、除运算服务的64位移位寄存器(桶形移位器)。

(3)存储器管理部件(MMU)

由分段部件和分页部件组成，存储器采用段、页式结构。页为定长结构，即每4KB为一页，程序或数据以页为单位存储。存储器按段组织，每段含若干页，段的最大容量可达4000MB。一个任务最多可含16K个段，故可为每个任务提供最大64TB的虚拟存储空间。存储结构中还采用了高速缓冲存储器(Cache)，加快了指令和数据的访问速度，在计算机系统中构成了高速缓冲存储器、内存储器、外存储器的三级存储体系。

2.4.3 80386的寄存器结构

80386微处理器的寄存器共有40个，其结构如图2-29所示。80386的寄存器分为7组：通用寄存器组、段寄存器组、专用寄存器组、控制寄存器组、系统地址寄存器组、调试寄存器组、测试寄存器组。通用寄存器组、段寄存器组和专用寄存器组称为基本寄存器，编程人员会经常使用这些寄存器，应该掌握。其余寄存器组称为系统寄存器，多用于对操作系统的调试，应该了解。

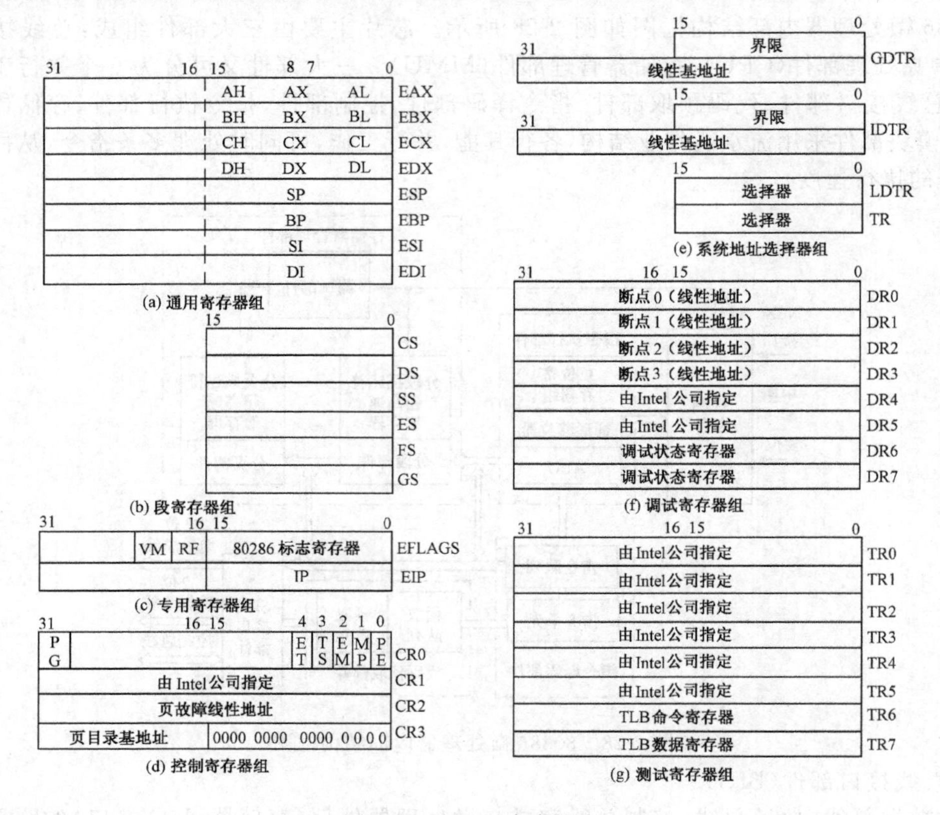

图 2-29 80386 寄存器组

1. 通用寄存器组

通用寄存器组由 8 个 32 位的寄存器组成，是 8086/8088 微处理器中 8 个 16 位通用寄存器的 32 位扩展。其中 EAX,EBX,ECX 和 EDX 这 4 个寄存器可 8 位使用(用寄存器名 AL,AH,BL,BH,CL,CH,DL 和 DH 表示)，也可 16 位使用(用寄存器名 AX,BX,CX 和 DX 表示)，还可 32 位使用(其寄存器名分别为:EAX,EBX,ECX 和 EDX)。80386 通用寄存器组如图 2-29(a)所示。

2. 段寄存器组

段寄存器组由 6 个 16 位的选择器寄存器组组成。选择器寄存器组是 8086/8088 微处理器中 4 个 16 位段寄存器的数量扩展。原来的两个数据段、附加寄存器 DS 和 ES 扩展为 4 个数据段寄存器 DS,ES,FS 和 GS,在编程时可同时定义和使用这 4 个数据段，使程序设计更加灵活。保留了原来的代码段寄存器 CS 和堆栈段寄存器 SS。80386 段寄存器组如图 2-29(b)所示。

3. 专用寄存器组

专用寄存器组由 2 个 32 位的寄存器组成，是 8086/8088 微处理器中 16 位标志寄存器 FLAGS 和指令指针寄存器 IP 的 32 位扩展，称为 EFLAGS 和 EIP。32 位的指令指针寄存器 EIP 可工作于 16 位操作方式(用寄存器名 IP 表示)，也可工作于 32 位操作方式(用寄存器名 EIP 表示)。32 的标志寄存器 EFLAGS 中定义了 14 位有效，除与 8086/8088 微处理器中定义的 9 位(CF,PF,AF,ZF,SF,TF,IF,DF 和 OF)相同外，还定义了 5 位:I/O 特权标志位(IOPL)、嵌套标志位(NT)、恢复标志位(RF)、虚拟 8086 模式标志位(VM)、对齐检查标志位(AC)。80386

的指令指针寄存器 EIP 的结构图如图 2-29(c)所示。80386 的标志寄存器 EFLAGS 的位结构如图 2-30 所示。

31	…	17	16		14	13 12	11	10	9	8	7	6		4		2	0
	…	VM	RF		NT	IOPL	OF	DF	IF	TF	SF	ZF		AF		PF	CF

图 2-30　80386 的标志寄存器 EFLAGS

80386 新增标志位的功能及定义如下。

① I/O 特权标志位：IOPL＝00　特权级 0　　IOPL＝01　特权级 1
　　　　　　　　　IOPL＝10　特权级 2　　IOPL＝11　特权级 3

② 嵌套标志位：NT＝0　无嵌套　　NT＝1　当前任务嵌套于另一任务中

③ 恢复标志位：RF＝0　所有调试故障需排除
　　　　　　　RF＝1　所有调试故障被忽略

④ 模式标志位：VM＝0　工作于实地址方式
　　　　　　　VM＝1　工作于保护虚地址方式

4. 控制寄存器组

控制寄存器组由 4 个 32 位寄存器组成。80386 的控制寄存器组结构如图 2-29(d)所示。

(1)控制寄存器 CR0 的功能：目前仅用了最低 4 位作为机器状态字，各位定义如下。

① 允许保护位 PE(bo)：PE＝0　CPU 当前处于实地址方式
　　　　　　　　　　　PE＝1　CPU 当前已进入保护虚地址方式

② 任务切换位 TS(b_3)、仿真协处理器位 EM(b_2)、监控协处理器位 MP(b_1)为组合应用。

TS,EM,MP＝000　80386 处于实地址方式，当前最复位后的初始状态。

TS,EM,MP＝001　有协处理器 80387，不需要软件仿真。

TS,EM,MP＝010　无协处理器 80387，要求用软件仿真。

TS,EM,MP＝101　有协处理器，不需软件仿真，产生任务切换。

TS,EM,MP＝110　无协处理器，要求软件仿真，产生任务切换。

③ ET(b_4)：处理器扩展类型位，仅对 80386 有效，ET＝0，表示 80386 系统内使用 80287，否则是使用 80387 协处理器。

④ PG(b_{31})：分页允许位。PG＝1，允许片内分页单元工作，否则将禁止。

(2)控制寄存器 CR1 的功能：保留为将来开发的 Intel 微处理器用。

(3)控制寄存器 CR2 的功能：包含一个 32 位的线性地址，指向页故障地址。

(4)控制寄存器 CR3 的功能：包含页目录表的物理地址。

5. 系统地址寄存器组

系统地址寄存器组由 2 个 48 位的寄存器和 2 个 16 位的寄存器组成。80386 系统地址寄存器组结构如图 2-29(e)所示。系统地址寄存器组中各寄存器的功能如下：

① GDTR：存放全局描述符表的 32 位线性基地址和 16 位界限值。

② IDTR：存放中断描述符表的 32 位线性基地址和 16 位界限值。

③ LDTR：存放局部描述符表的 16 位段选择子。

④ TR：存放任务状态段表的 16 位段选择子。

6. 调试寄存器组

调试寄存器组由 8 个 32 位寄存器组成。80386 调试寄存器组结构图如图 2-29(f)所示。

80386 微处理器为程序员提供了供程序调试(DEBUG)的寄存器组。程序员在编程及调试过程中使用这些寄存器完成程序的调试。各寄存器的功能如下：

① DR0,DR1,DR3,DR3:用户设置的程序断点地址。

② DR7:用户设置的断点控制。

③ DR6:用户调试时的断点状态值。

④ DR4,DR5:保留寄存器。

7. 测试寄存器组

测试寄存器组由 8 个 32 位寄存器组成。80386 测试寄存器组结构如图 2-29(g)所示。

① TR0,TR1,TR2 和 TR3 为调试寄存器,各寄存器中包含了由微处理器指令产生的 32 位线性断点地址,供调试时使用。

② TR4 和 TR5 两个寄存器未用,为 Intel 公司预留。

③ TR6 和 TR7 为测试寄存器,用来测试转换后备缓冲区 TLB(Translation Look-aside Buffer)。TR6 为测试命令寄存器,用于对 TLB 进行测试。TR7 用于保存测试 TLB 后的结果。

2.4.4 80386 的数据处理

80386 微处理器的数据总线宽度为 32 位,即可同时并行处理 4 字节数据。在实际应用中可采用 8 位,16 位,32 位 3 种数据传输方式。内存储器按字节组织,每个存储单元仅含 8 位二进制数据。处理 8 位数据时仅访问 1 个地址单元,处理 16 位数据时要访问连续的 2 个地址单元,处理 32 位数据时要访问连续的 4 个地址单元。

1. 8086 微处理器对 8 位、16 位数据的处理

在 8086 微处理器中将内存储器分为奇数库和偶数库,用控制线$\overline{BHE}$和地址线 A_0 完成奇、偶库的选择从而实现对 8 位数据或 16 位数据的选择处理。

2. 80386 微处理器对 8 位、16 位、32 位数据的处理

在 80386 微处理器中将内存储器分为 0 库、1 库、2 库和 3 库,采用向芯片引脚$\overline{BS8}$和$\overline{BS16}$输入控制信号及最低两位地址线 A_1,A_0 完成库选择,从而实现对 8 位、16 位、32 位数据的选择处理。

2.5 80486 微处理器

80486 微处理器与 80386 微处理器相比较,在包含了 80386 的所有功能并在下述几方面得到提高和增加。

① 提高了主频:主频最高可达 100MHz。采用完整的精简指令集计算机的 RISC 内核,使常用指令执行时间仅需一个时钟周期,提高了运行速度和运行效率。

② 芯片内含浮点数值运算部件,由 80486 微处理器构成的计算机硬件电路更简单。

在 80486 以前的微处理器芯片,为了处理浮点数必须使用浮点数值协处理器芯片 80x87。表 2-6 列出了微处理器芯片和协处理器芯片的使用联系。

表 2-6 微处理器与协处理器的使用

微处理器	协处理器
8086	8087
80286	80287
80386	80387
80486SX	80487SX
80486DX	内置于 80486DX 中
Pentium	内置于 Pentium 中

③ 芯片包含 8KB 容量的高速缓冲存储器,可在一个时钟周期内完成常用指令的执行,加快了指令运行速度。

2.6 Pentium 系列微处理器

Pentium(普通奔腾)和 Pentium Pro(高能奔腾)微处理器是 Intel 公司继 80486DX 微处理器

后新开发的微处理器芯片组。最初又称 Pentium 微处理器为 80586,称 Pentium Pro 微处理器为 80686。Intel 公司对新推出的微处理器芯片已不用 80x86 的称谓,改用 Pentium 系列微处理器称谓。业界认为微处理器已进入奔腾时代。Pentium 微处理器对 80486 微处理器的体系结构进行了改进,并保证了软件上与 80486 微处理器的向上兼容,从此微机进入 Pentium 时代。

1. Pentium 微处理器

Pentium 微处理器的特点如下:

① 数据总线从 32 位增加到 64 位。

② 有更快的协处理器、双整型处理器以及分支预测逻辑。

③ 有更优化的高速缓存 Cache 结构。Cache 由两部分组成,8KB 的数据 Cache 和 8KB 的指令 Cache。

④ 有更快的指令处理速度,一个时钟周期可执行两条常用指令。

⑤ 增加了能完成多媒体信息处理的 MMX 指令。

2. Pentium Pro 微处理器

Pentium Pro 微处理器比 Pentium 微处理器的性能更好,除上述 Pentium 微处理器所具有的特点外,还具有如下特点:

① 除包含 16KB 的一级高速缓存(8KB 的数据 Cache 和 8KB 的指令 Cache)外,还包含 256KB 或 512KB 的二级高速缓存。

② 地址总线宽度为 36,寻址空间增大为 64GB。

3. PentiumⅡ微处理器

PentiumⅡ微处理器体系结构是 Pentium Pro 微处理器体系结构的扩展。加入了 MMX 技术,PentiumⅡ微处理器汇集了 Pentium Pro 和 MMX 的优点。

MMX(Multi-Media Extended)是 Intel 公司为提高微机的多媒体和通信处理能力而加入的一种新技术,是通过在 Pentium Pro 微处理器中增加 8 个 64 位寄存器和 57 条指令并且扩大了 Cache 容量来实现的。具有 MMX 技术的微处理器可以全面提高计算机的综合性能。主要体现在采用 SIMD(Single Instruction Multi Data)型指令,即用一条指令可以并行处理 8 个 8 位数据或 4 个 16 位数据或 2 个 32 位数据,加快了软件运行速度;拥有集和运算功能,有利于向量或矩阵的计算;拥有饱和运算功能,使运算数据溢出时保持为最大值而不必进行溢出处理,提高了数据处理能力。

PentiumⅡ微处理器将 Pentium Pro 体系结构中的内部 Cache 被移到 PentiumⅡ微处理器的外部。另一个较大的变化是,PentiumⅡ微处理器没有集成电路封装形式,变为插入印制电路板形式,在板上带有 Cache。这样微机的主板和微处理器可根据用户的需要分别选配,使微机的升级更方便。

Intel 公司从推出 PentiumⅡ微处理器开始,根据不同需要和价格将微处理器分为 3 个档次,即低价位微机用的赛扬微处理器(Celeron)、高性能微机用的奔腾微处理器(Pentium)和服务器用的至强微处理器(Xeon)。

Pentium Ⅱ微处理器核心包装在 SECC 上,具有可灵活设计的母板结构。一级数据和指令 Cache 均扩展为 16KB,二级 Cache 可扩展为 256KB、512KB、1MB。

4. Pentium Ⅲ微处理器

Pentium Ⅲ微处理器采用 0.25μm 工艺使微处理器芯片集成度更高,主频更快,各项性能更优。Pentium Ⅲ微处理器于 1999 年 2 月推出,初期芯片主频为 500MHz 左右,最高时,芯片主频可达 165GHz,总线频率为 100/133MHz。

为了提高 Pentium Ⅲ微处理器的整体性能,新增了 70 条与 MMX 技术有关的指令。这 70 条指令分为 3 组:第 1 组为 8 条连续内存数据优化处理指令,采用数据预取技术,减少 CPU 处理连续数据的中间环节,提高连续数据处理的效率;第 2 组为 50 条浮点运算指令,将原来每条指令仅处理 1 对浮点数据提高到每条指令能处理 4 对浮点数据,与 Pentium Ⅲ微处理器中新增的 8 个 128 位浮点寄存器配合,大大提高了浮点运算速度;第 3 组为 12 条多媒体处理指令,改进了多媒体处理算法,进一步提高了静止图像和视频处理的能力。

由于 Pentium Ⅲ微处理器处理能力的增强,尤其是多媒体处理能力的增强,因此人们使用 Pentium Ⅲ微处理器的微机上网时,有更清楚的图像、效果更好的视频和三维动画。

Pentium Ⅲ微处理器还有一个非常重要的特点,每个芯片有 128 位的独立 ID,即处理器序列号。若微机使用的是 Pentium Ⅲ微处理器,那么在网上浏览时,可根据 ID 识别该微机的合法身份,但暴露了该微机的秘密。所以,在有关机密的机构中不能用 Pentium Ⅲ微处理器的微机上网。

5. Pentium 4 微处理器

Pentium 4 微处理器是 2000 年 6 月 Intel 公司推出的微处理器。它采用 0.18μm 工艺,芯片内部集成了 4200 万只晶体管。主频从最初的 1GHz 到最新的 3.06GHz,计划最高可达 10GHz。总线频率为 100MHz/400MHz。在结构设计上,Pentium 4 微处理器有如下特点:

① 流水线由 14 级提高到 20 级,为设计更高主频的微处理器提供了技术准备。

② 采用高级动态执行引擎,为执行单元动态地提供执行指令,防止执行单元的停顿。例如,当必须从内存重新读取数据而造成执行单元停顿时,动态执行引擎就将不需要等待数据的指令先执行。特点是执行单元永远不闲,即提高了执行单元的效率。

③ 采用比 Pentium Ⅲ微处理器更快的高速缓存技术。

④ 进一步提高了指令执行速度。采用执行跟踪技术跟踪指令的执行,减少了由于分支预测失效而带来的指令恢复时间。

在 Pentium Ⅲ微处理器新增指令的基础上又新增加了多条双精度浮点运算指令和更强的多媒体处理指令。特别是满足和提高了 MPEG2/MPEG4 格式视频流的解码回放能力。

2.7 80x86/Pentium 系列微处理器工作模式

80x86/Pentium 系列微处理器的工作模式共有 4 种,如表 2-7 所示。

表 2-7 80x86/Pentium 的工作模式

工作模式 \ 微处理器	8086	80286	80386	80486	Pentium
实地址模式	√	√	√	√	√
保护模式		√	√	√	√
虚拟 8086 模式			√	√	√
系统存储器管理模式					√

不同的工作模式对存储器的管理方法不同,下面介绍这几种工作模式的特点。

1. 实地址模式

实地址模式又称为实模式。以 8086 为代表的 16 位微处理器只能工作于实地址模式,为了与 16 位微处理器兼容,32 位的微处理器也设置了实地址模式。32 位的微处理器工作在实地址模式下时,只相当于一个快速的 8086 CPU,基于 8086 的源程序代码可以直接在 32 位微处理器上运行,另外,还能有效使用 8086 所不支持的寻址方式、32 位寄存器和大部分 32 位微处理器才能支持的指令。

工作于实地址模式的微处理器具有如下特点：

① 寻址、存储器管理和中断机构都与 8086 一致。

② 默认操作数的长度是 16 位，但可超越访问 32 位的寄存器，并可使用 FS 和 GS 作为附加数据段的段基址进行寻址。

③ 只允许处理器寻址第一个 1MB 的存储器空间，32 位微处理器的 32 位地址只有低 20 位地址有效，采用分段方式访问存储空间，每段大小固定为 64KB。物理地址由段寄存器提供的 16 位段基址值左移 4 位加上段内偏移地址构成。

④ 存储器中地址为 FFFF0H～FFFFFH 为初始化专用区，00000H～003FFH 为中断向量专用区，这两个区域属于保留区，用户不能随意存取数据。

⑤ 只支持单任务工作方式

系统启动或复位后，32 位微处理器自动进入实地址模式。

2. 保护模式

保护模式又称为虚地址模式。是由 80286 芯片引入的，以实现虚拟存储管理，即在 CPU 结构内部设置存储器管理单元 MMU，以实现将外部存储器中由虚拟地址指定的程序映射到内存中由物理地址指定的同一程序。在 80286 中存储器管理采用段式存储管理机制可实现 16MB 的物理地址空间和 1GB 的虚拟地址空间的访问。80386 采用段页式存储管理机构，可提供 4GB 的物理地址空间和 64TB 的虚拟地址空间。关于虚拟存储器的管理模式将在第 5 章讲述。

计算机软件是由系统软件和应用软件构成，在实现其应用时，系统软件与各应用软件需要同时运行，为了保证各软件的相对独立性，需要对存储器采取相应的管理措施即保护机制。保护机制有两类，一类是多任务环境下的保护机制，是由软件和硬件相互配合，通过给每一任务分配不同的虚拟地址空间，使每一任务有各自不同的虚拟一物理地址映射，以实现不同任务之间的完全隔离。另一类是同一任务内的保护机制，即对任务设立特权级实现的，如图 2-31 所示。特权级分为 0～3 四级，数值最低的特权级最高。如特权级 1 的代码可以访问特权级 1 的数据及特权级 2、3 的代码和数据，但不能访问特权级 0 的代码和数据。

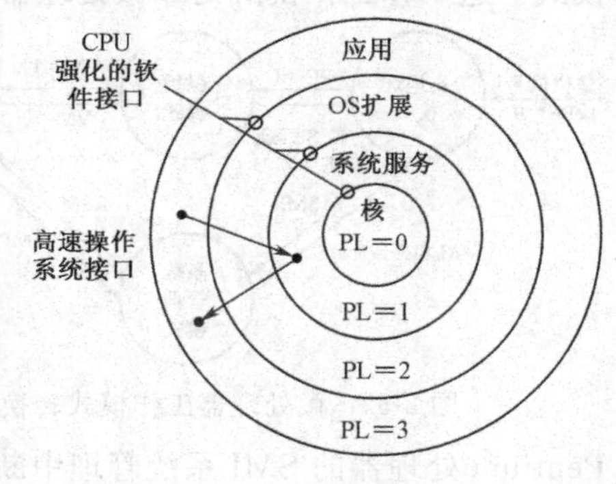

图 2-31　特权层结构

工作于保护模式的微处理器具有如下特点：

① 可以使用四级保护功能，实现程序间、程序与用户间、用户与操作系统间的隔离和保护，为多任务操作系统提供优化支持。

② 存储器可用物理地址空间、虚拟地址空间和线性地址空间（除 80286 外）三种方式描述，在保护模式下，寻址是通过描述符表的数据结构实现对主存单元的访问。

③ 在保护模式下，借助存储器管理部件 MMU 将外存空间有效地映射到内存，使用户编程时使用的存储空间大大超过实际物理地址空间。

3. 虚拟 8086 模式

根据前述，32 位的微处理器在实地址模式下不支持保护和多任务机制，但很多时候需要在多任务环境的保护模式下运行基于 8086 的程序。为了解决这一问题，32 位的微处理器从 80386 开始支持在保护和多任务的环境中直接运行基于 8086 编写的程序，这就是虚拟 8086 模式。

在虚拟 8086 模式下，32 位微处理器允许同时运行 8086 的操作系统和应用程序以及 32 位操作系统和应用程序，既能正确运行基于8086的源程序代码，又能有效利用保护模式的多种功能，因而具有更好的灵活性。

工作于虚拟8086的微处理器具有的特点如下：

① 存储器寻址空间1MB。

② 段寄存器及用法与实地址模式下完全相同。

③ 采用分页管理，可把虚拟8086模式下的1MB物理地址空间映射到32位微处理器的4GB物理空间的任意位置。

在虚拟8086模式下中，基于8086的程序可以在保护模式的操作系统下运行，可以使用保护模式下的存储管理机制、中断和异常处理机制以及多任务机制等为8086任务提供管理与何护。

4. 系统管理模式

系统管理模式是一个对所有Intel处理器都统一的标准体系结构特性。该模式为操作系统和核心程序提供节能管理和系统安全管理等机制。

进入系统管理模式后，处理器首先保存当前运行程序或任务的基本信息，然后切换到一个分开的地址空间，执行系统管理相关的程序，退出系统管理模式，处理器将恢复原来程序的状态。

处理器在系统管理模式下切换到的地址空间，称为系统管理RAM，其使用类似实地址的存储模型。

5. 工作模式间的转换

如前述，现代微处理器有4种工作模式：实地址模式、保护模式、虚拟8086模式和系统管理模式。这4种工作模式是靠微处理器的存储管理机制实现的。

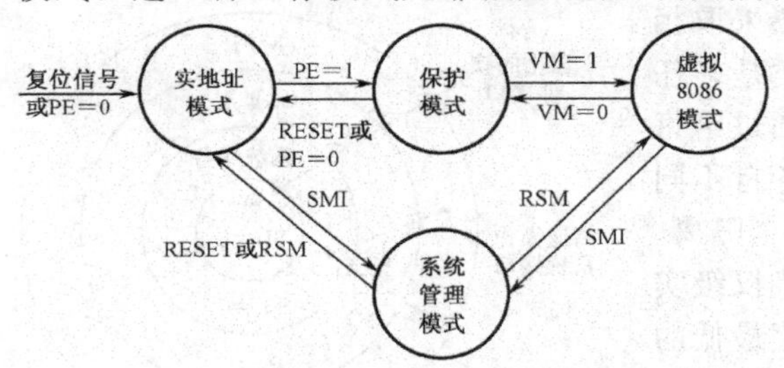

图2-32　微处理器工作模式转换图

微处理器的工作模式及其相互转换方法如图2-32所示。对系统复位或将CR0中的PE位变为逻辑0后，处理器进入实地址模式。通过给CR0寄存器中的PE位置1，微处理器将进入保护模式，在进行该操作前必须对其他方面做好初始化。通过将EFLAG寄存器中的VM位置为逻辑1就可由保护模式进入虚拟8086模式。若要进入系统存储器管理模式，则可使Pentium处理器的SMI系统管理中断输入信号有效。使用RSM指令可以从系统存储器管理模式中断返回到被中断程序的中断点处。

2.8　64位微处理器与多核微处理器

随着微型计算机的广泛应用，促进了网络时代、数字技术时代的到来，海量的信息需要存储、处理和交换。对微处理器性能提出了更高的要求，32位的微处理器已不能适应这一要求，微处理器已进入64位和多核时代。

2.8.1　64位微处理器

目前，Intel、AMD、IBM等公司已相继推出多种64位微处理器。这些微处理器的设计大都是基于IA-64和x86-64体系结构。下面分别介绍这两种体系结构的特点。

1. IA-64体系结构

由于IA-32体系结构制约了服务器性能的提高，1994年Intel与HP公司合作开发基于IA-64体系结构的微处理器，希望通过把HP在RISC领域的十年工作经验和超长指令字结合起来，在微处理器级上改进性能，以增加指令级上的并行性。IA-64 体系结构既不是 CISC 也不是 RISC 体系结构，而是吸收了 RISC 和 CISC 两者优势，采用 EPIC(Explicitly Parallel Instruction Computing 显性并行指令计算)技术的体系结构。如 Intel 公司于 2001 年推出的 64 位 Itanium 处理器及 2002 年又推出的 Itanium2 处理器，都是采用 IA-64 体系结构，其应用目标是高端服务器和工作站。

IA-64 体系结构的特点如下：

① 在并行机制中，编译器能够有效地组织代码，并使执行顺序更明确，以使处理器能够以更有效的方式执行指令。

② 为了解决分支问题，IA-64 指令集使用了分支预测技术，能够移走多余的分支，减少错误的预测。强化执行中的分支预测功能，能提高分支预测的命中率，从而使流水线顺畅执行。

③ 对于内存延时，IA-64 采用了动态执行技术，即在程序的运行过程中，当发现某个数据可能会被用到时，就将该数据提前取出并存入寄存器备用。

IA-64 引入了 64 位寻址和新的指令集，它还包含一个 IA-32 模式的指令集。IA-32 的应用程序可以在 IA-64 的 IA-32 系统环境下或 Itanium 系统环境的 IA-32 模式下运行，但不能使用 Itanium 系统提供的 64 位处理器的资源。IA-64 不是 IA-32 结构的 64 位扩展，两者是不兼容的。

2. x86-64 体系结构

为了与 IA-32 结构的 x86 系列微处理器兼容，AMD 公司推出了 x86-64 体系结构。该体系结构是与 x86 体系结构后向兼容的 64 位扩展。增加了 64 位寻址，扩展了寄存器资源，x86 体系结构的 16 位和 32 位应用程序和操作系统不需要修改就能在 x86-64 体系结构下运行。

2004 年 Intel 公司推出了扩展存储器 64 技术 EM64T(Extended Memory 64 Technology)，即 Intel64 体系结构，该架构的核心与 x86-64 基本相同。

Intel64 体系结构提供了 64 位线性地址空间，支持 40 位物理地址空间。在保护模式(含虚拟 8086 模式)、实地址模式和系统管理模式的基础上，又引入了一个新的 32 位的扩展工作模式(IA-32e)。IA-32e 有两种工作方式：兼容方式和 64 位方式。兼容方式允许 64 位操作系统无需修改可运行大多数 32 位和 16 位的软件。64 位方式允许 64 位操作系统运行存取 64 位地址空间的应用程序。

Intel64 新增加了 8 个 64 位的通用寄存器，并将原有寄存器扩展到 64 位。为 SIMD 多媒体指令新增了 8 个 XMM 寄存器。

2.8.2 多核微处理器

早期的 CPU 都是单核的，只有一个处理器核心。CPU 性能的提高主要通过提高主频和增大缓存来实现，前者会导致芯片功耗的提升，后者则会让芯片晶体管规模激增，造成芯片成本大幅提高。但这两种措施也只能小幅度地提升 CPU 性能。如果引入多核技术，则可以带来更强的并行处理能力、更高的计算密度，能在较低频率、较小缓存的条件下达到使 CPU 性能大幅提高的目的。

① Intel 公司 2005 年推出的 Pentium D 与 Pentium XE 双核处理器，仍采用 NetBurst 微处理器架构，具有两个 1MB 二级缓存，两个内核分核分别使用固定的一个二级缓存；两个内核共享相同的封装和芯片组接口，共享 800MHz 前端总线与内存连接；支持 EM64T 扩展技术；采用了 EIST 节能技术，使得处理器可根据应用程序选择所需要的运算能力，在性能和功耗间取得最理想的平衡点；通过降低工作频率来降低双核处理器的功耗，最高工作频率为 3.2GHz；引入了 Vanderpool 虚拟化技术、LaGrande 安全技术和 IAMT(Intel Active Management Technology)技术等。

② Intel 公司 2006 年推出的 Core Duo2(酷睿)双核处理器，基于新的 Intel Core 微体系结

构，该结构引入宽的动态执行核心、先进的智能Cache、智能存储器存取和先进的数字媒体增加技术等许多特性。该双核处理器主要面向台式、笔记本和工作站。

目前，台式和笔记本已广泛使用Intel酷睿2及酷睿i7四核处理器。

习 题 2

2-1 请将左边的术语和右边的含义联系起来，在括号中填入你选择的代号字母：

1. 字长 （ ） a. 指由8个二进制位组成的通用基本单元。
2. 字节 （ ） b. 是CPU执行指令的时间刻度。
3. 指令 （ ） c. μPS所能访问的存储单元数，与CPU地址总线条数有关。
4. 基本指令执行时间（ ） d. 唯一能代表存储空间每个字节单元的地址，用5位十六进制数表示。
5. 指令执行时间 （ ） e. CPU访问1次存储器或I/O操作所花的时间。
6. 时钟周期 （ ） f. 由段基址和偏移地址两部分组成，均用4位十六进制数表示。
7. 总线周期 （ ） g. 指寄存器执行加法指令所花的时间。
8. Cache （ ） h. 完成操作的命令。
9. 虚拟存储器 （ ） i. 指μP在交换，加工，存放信息时信息的最基本长度。
10. 访存空间 （ ） j. 各条指令执行所花的时间，不同指令，该值不一。
11. 实际地址 （ ） k. 为缓解CPU与主存储器间交换数据的速度瓶颈而建立的高速缓冲存储器。
12. 逻辑地址 （ ） l. CPU执行程序时看到的一个速度接近内存却具有外存容量的假想存储器。

2-2 下面列出计算机中常用的一些单位，试指出其用途和含义。

如页面用来表示存储容量的一种单位，1页面＝256字节或2^8B。

(1)MIPS (2)KB (3)MB (4)GB (5)TB

2-3 在下列各项中，选出8086的EU和BIU的组成部件，将所选部件的编号填写于后：

EU__

BIU__

1. 地址部件AU　　2. 段界检查器
3. ALU　　4. 20位地址产生器Σ
5. 24位物理地址加法器　　6. 指令队列
7. 状态标志寄存器　　8. 总线控制逻辑
9. 控制单元　　10. 段寄存器组
11. 指令指针　　12. 通用寄存器组

2-4 试将左边的标志和右边的功能联系起来。

要求：(1)在括号中填入右边功能的代号；(2)填写其类型(属状态标志者填S，属控制标志者填C)。(3)写出各标志为0时，表示的状态。

标志		类型	为0时表示的状态
1. SF（ ）	a. 陷阱标志		
2. CF（ ）	b. 符号标志		
3. AF（ ）	c. 溢出标志		
4. DF（ ）	d. 进位标志		
5. TF（ ）	e. 零标志		
6. OF（ ）	f. 奇偶标志		
7. PF（ ）	g. 中断标志		
8. IF（ ）	h. 辅助进位标志		
9. ZF（ ）	i. 方向标志		

2-5 试填写下列CPU中通用寄存器(GP)的宽度。

(1)8086（ ）　(2)8088（ ）　(3)80286（ ）

(4)80486（ ）　(5)Pentium（ ）　(6)Pentium Pro（ ）

(7)Pentium Ⅱ（ ）　(8)Pentium Ⅲ（ ）　(9)Pentium 4（ ）

2-6 试画出 8086/8088CPU 的寄存器结构，并说明它们的主要用途。

2-7 一个由 20 个字组成的数据区，其起始地址为 610AH：1CE7H。试写出该数据区首、末单元的实际地址 PA。

2-8 若程序段开始执行之前，(CS)＝97F0H，(IP)＝1B40H，试问该程序段启动执行指令的实际地址是什么？

2-9 若堆栈段寄存器(SS)＝3A50H，堆栈指针(SP)＝1500H，试问这时堆栈栈顶的实际地址是什么？

2-10 试将 8086 总线操作时序中各状态下的有效信号填写于下表中。

状态 总线操作类型	T_1	T_2	T_3	T_4
最小模式下总线存储器读操作	(1) (2)			
最小模式下总线存储器写操作				

2-11 将 8086 下列工作方式的特点填于表中。

特点 模式	MN/$\overline{MX}$引脚	处理器个数	总线控制信号的产生
最小模式			
最大模式			

2-12 有两个 16 位的字 31DAH，5E7FH，它们在 8086 系统存储器中的地址分别为 00130H 和 00134H，试画出它们的存储示意图。

2-13 有一 32 位的地址指针 67ABH：2D34H 存放在从 00230H 开始的存储器中，试画出它们的存放示意图。

2-14 将下列字符串的 ASCII 码依次存入从 00330H 开始的字节单元中，试画出它们存放的示意图。

U ␣ E ␣ S ␣ T ␣ C （；␣ 为空格符）

2-15 存储器中每一个段最多为 64KB，当某程序 routadf 运行后，用 DEBUG 命令显示出当前各寄存器的内容如下，要求：(1)画出此时存储器分段的示意图；(2)写出各状态标志的值。

```
B>C:debug routadf.exe
—r
AX=0000  BX=0000  CX=006D  DX=0000  SP=00C8  BP=0000  SI=0000  DI=0000
DS=11A7  ES=11A7  SS=21BE  CS=31B8  IP=0000  NV UP EI PL NZ NA PO NC
```

2-16 已知(SS)＝20A0H，(SP)＝0032H，欲将 (CS)＝0A5BH，(IP)＝0012H，(AX)＝0FF42H，(SI)＝537AH，(BL)＝5CH 依次推入堆栈保存。(1)试画出堆栈存放示意图；(2)写出入栈完毕时 SS 和 SP 的值。

2-17 在 8086 系统总线结构中：

(1)8284A 时钟产生器的作用是＿＿＿＿＿＿＿＿。

(2)8282/8283 地址锁存器的作用是＿＿＿＿＿＿＿＿。

(3)8286/8287 总线收发器的作用是＿＿＿＿＿＿＿＿。

(4)8288 总线控制器的作用是＿＿＿＿＿＿＿＿。

2-18 8086 寻址 I/O 端口时，使用＿＿＿＿＿＿条地址总线，可寻址＿＿＿＿＿＿个字端口，或＿＿＿＿＿＿个字节端口。

2-19 80286CPU 由＿＿＿＿＿＿，＿＿＿＿＿＿，＿＿＿＿＿＿，＿＿＿＿＿＿部件组成。

2-20 80286CPU 寄存器结构中比 8086 增加的部分有哪些？其主要用途何在？

2-21 列表填写 8086/8088 的存储器和 I/O 的保留空间及其用途。

8086/8088	保留空间	用途
存储器		
I/O		

2-22 微处理器 8086，80286，80386，80486，Pentium4 的数据总线宽度为多少？

2-23 微处理器 8086，80286，80386，80486，Pentium4 的地址总线宽度为多少？

2-24 试简述微处理器的 4 种工作模式。

第 3 章　80x86 Pentium 指令系统

从 Intel 微处理器技术的发展来看，自 8086 到 Pentium 形成了功能升级的产品系列。虽然这些 CPU 内部的微体系结构变化很大，但它们一直把 8086 的指令系统作为基本指令系统，后面产品只是在前面产品指令系统的基础上进行了一些扩充，成为 8086 的母集，以保护软件开发的投资。这就形成了 80x86/Pentium 向下兼容的指令系统。

以指令系统来划分微处理器，80x86 这类 CPU 的指令称为复杂指令集 CISC(Complex Instruction Set Computing)，另一类指令系统称为精简指令集 RISC(Reduced Instruction Set Computimg)。相对于 CISC 型 CPU，RISC 型 CPU 的指令种类少得多，可采用超标量和超流水级结构，大大增加了 CPU 并行处理能力。在同样钟频下，RISC 型 CPU 比 CISC 型 CPU 的性能要高得多。80x86/Pentium 指令系统为保持 Intel 系列微处理器的广泛应用而离不开 CISC 指令集，又考虑到 RISC 在设计和指令结构的优势，形成相互结合、以 RISC 为内核、以 CISC 为外围的处理器。Intel Pentium 系列就是典型的实例。

本章以 8086 指令系统为基础，从指令的基本格式、操作数的寻址方式、指令长度及指令执行时间等方面入手，讲述指令系统各类指令的功能、书写方法、应用及编写应用程序段。为了让读者尽快把编程与上机实践结合起来，本章的程序段可套用第 2 章的例 2-1 单模块程序的框架编写成一个完整的程序上机实验。上机实验可以在安装 MS-DOS 的"Intel inside"的微机器上进行。实验操作见附录 I。

3.1　指令的基本格式

指令的基本格式如图 3-1 所示，由如下两个字段(Field)构成。

Op-Code	Oprand
操作码	操作数或操作数地址

图 3-1　指令的基本格式

① 操作码(Op-Code)字段：指示计算机所要执行的操作类型，用一组二进制代码表示，在汇编语言中又用助记符(Memonic)代表。

② 操作数(Oprand)字段：指出指令执行操作所需的操作数。此字段中可以给出操作数本身，或者给出存放操作数的地址，或者给出操作数地址的计算方法。此字段通常有一个或两个操作数。只有一个操作数的指令称为单操作数指令，有两个操作数的指令称为双操作数指令。双操作数分别称为源操作数 src(source)和目的操作数 dst(destination)。在指令执行之前，src 和 dst 均为参加运算处理的两个操作数；指令执行之后，在 dst 中存放运算处理的结果。

80x86 指令格式如图 3-2 所示。其中，操作码字段为 1～2 字节，操作数字段为 0～4 字节。指令中的立即操作数 DATA 位于位移量 DISP 之后，均可为 8 位或 16 位，为 16 位时，低位在前，高位在后。若指令中只有 8 位位移量 $DISP_8$，80x86 在计算有效地址 EA 时自动用符号将其扩展成一个 16 位的双字节数，以保证计算不产生错误。

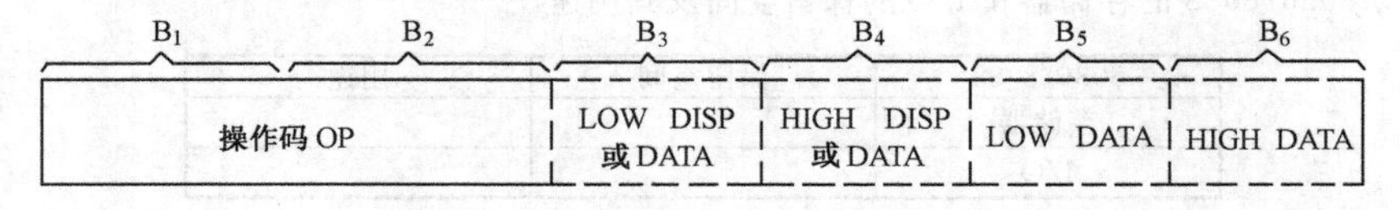

图 3-2　80x86 指令格式

若 B_3、B_4 有位移量，立即操作数就位于 B_5、B_6 中，否则就位于 B_3、B_4 中。总之，指令中缺少的项将由后面存在的项向前顶替，以减少指令长度。80x86 指令长度范围为 1～6 字节。具体长度可查附录A得到。

3.2 寻址方式

寻址方式是根据指令基本格式，由CPU具体给出的指令表达方法寻得其操作数来源。80x86的操作数可以隐含在操作码中，可以是操作数字段中的操作数本身，也可以存放在给出的操作数地址中，如寄存器、I/O端口或存储器。其中，对存储器地址应根据表达方式计算出其有效地址EA(Effect Address)。

1. 固定寻址(Inherent Addressing)

单操作数指令的操作是规定在CPU中某个固定的寄存器中进行的，这个寄存器又被隐含在操作码中。这种寻址方式的指令大多为单字节指令。例如，加减法的十进制调整指令，其操作总是固定在AL寄存器中进行；有的双操作数指令，其中有一个操作数地址也是固定的，如寄存器入栈和出栈指令，其中有一个操作数地址固定为堆栈的栈顶。

固定寻址指令中，固定操作数地址是被隐含的。这种指令的优点是执行速度快。

2. 立即数寻址(Immediate Addressing)

这种方式下的操作数直接放在指令的操作数字段中，作为指令的组成部分放在代码段中，随着指令一起取到指令队列。执行时，直接从指令队列中取出而不必执行总线周期。在IA-32结构中，立即数可以是8位(字节数)、16位(字数)或32位(双字数)。例如：

```
MOV  AL,C3H            ;执行后,(AL)=C3H
MOV  AX,2050H          ;执行后,(AX)=2050H,其中(AH)=20H,(AL)=50H
MOV  EAX,32002050H     ;执行后,(EAX)=32002050H,限用于80386以上的32位CPU
```

立即数只能作为源操作数，且因操作数是直接从指令中取得，不执行总线周期，所以这类指令执行速度快，主要用来给寄存器赋初值。

3. 寄存器寻址(Register Addressing)

其操作数位于CPU的内部寄存器(通用寄存器、段寄存器和标志寄存器)，指令中直接给出寄存器名。

①16位通用寄存器：AX,BX,CX,DX,SI,DI,SP和BP。

②8位通用寄存器：AL,BL,CL,DL及AH,BH,CH,DH。

③32位通用寄存器：EAX,EBX,ECX,EDX,ESI,EDI,ESP和EBP。

④16位段寄存器：CS,DS,SS,ES和FS,GS。

⑤16位和32位标志寄存器：Flag和EFlags。

一条指令中，寄存器可作为源操作数，也可作为目的操作数，或者两者都用寄存器寻址。例如：

```
INC  CX            ;执行后,(CX)←(CX)+1
MOV  DS,AX         ;执行后(DS)←(AX),并且(AX)不变
MOV  ESI,EAX       ;执行后(ESI)←(EAX),并且(EAX)不变
```

这类指令的执行均在CPU内部进行，不需要执行总线周期，因此执行速度快。

4. 存储器寻址(Memory Addressing)

用存储器寻址的指令，其操作数一般位于代码段之外的数据段、堆栈段、附加段的存储器中，指令中给出的是存储器单元的地址或产生存储器单元地址的信息。执行这类指令时，CPU首先根据操作数字段提供的地址信息，由执行部件EU计算出有效地址EA(EA是一个不带符号的16位数据，代表操作数离段首地址的距离，即相距的字节数目)，再由总线执行部件BIU根据公

式“PA＝(16×段首址)＋EA”计算出实际地址，执行总线周期访问存储器，取得操作数，最后执行指令规定的基本操作。

一条指令中只能有一个存储器操作数(源操作数或目的操作数)。存储器寻址方式有24种，其对应的EA计算方法和约定可使用的段示于表3-1中。

表3-1　存储器寻址方式的有效地址EA计算方法及约定使用段

寻址方式	EA	正常使用的段	可使用的段
直接寻址	nn	DS	CS,ES,SS
寄存器间接寻址	$\left\{\begin{matrix}(BX)\\(SI)\\(DI)\end{matrix}\right\}$	DS	CS,ES,SS
	(BP)	SS	CS,DS,SS
寄存器相对寻址	$\left\{\begin{matrix}(BX)\\(SI)\\(DI)\end{matrix}\right\}+\left\{\begin{matrix}DISP_8\\DISP_{16}\end{matrix}\right\}$	DS	CS,ES,SS
	$(BP)+\left\{\begin{matrix}DISP_8\\DISP_{16}\end{matrix}\right\}$	SS	CS,DS,ES
基址变址寻址	$(BX)+\left\{\begin{matrix}(SI)\\(DI)\end{matrix}\right\}$	DS	CS,ES,SS
	$(BP)+\left\{\begin{matrix}(SI)\\(DI)\end{matrix}\right\}$	SS	CS,DS,ES
相对基址加变址寻址	$(BX)+\left\{\begin{matrix}(SI)\\(DI)\end{matrix}\right\}+\left\{\begin{matrix}DISP_8\\DISP_{16}\end{matrix}\right\}$	DS	CS,ES,SS
	$(BP)+\left\{\begin{matrix}(SI)\\(DI)\end{matrix}\right\}+\left\{\begin{matrix}DISP_8\\DISP_{16}\end{matrix}\right\}$	SS	CD,DS,ES

① 正常使用段首址为约定使用，可使用的段首址为可超越段；写指令时，应在超越的段寄存器名前使用前缀，称为段超越前缀。

② 位移量(Displacement)$DISP_8$和$DISP_{16}$分别表示8位和16位的位移量，程序中一般用已赋值的标号表示。

存储器寻址方式按其EA计算方式不同可分为以下几种寻址方式。

(1)直接寻址(Direct Addressing)

该寻址方式下，操作数地址nn直接放在指令的B_3、B_4字节，作为寻址存储器的直接地址，通常以数据段寄存器DS的内容作为约定的段首址。直接寻址方式下，存储器的实际地址为PA＝16×(DS)＋[nn]，这里EA＝nn。直接地址nn应写在方括号之中。例如：

```
MOV   AL,[2000H]     ;nn=2000H,指令执行后,将DS段中偏移地址为2000H的字节单元的内
                     ;容传送到AL
MOV   AX,[2000H]     ;与上条指令不同,指令执行后将DS段中偏移地址为2000H和2001H的字
                     ;单元内容传送到AX,即低地址单元内容传AL,高地址单元内容传AH
```

若已知(DS)＝3000H，则直接寻址的源操作数的实际地址为PA＝(16×3000H)＋2000H＝32000H；若操作数地址位于数据段以外的其他段，则在操作数地址前使用前缀以表示段超越，写为：

```
MOV   AL,ES:[2000H] ;表示把附加段ES中偏移地址为2000H的字节单元的内容传送到AL中
```

(2)寄存器间接寻址(Register Indirect Addressing)

这种方式下，操作数的有效地址EA不直接放在指令中，而是通过基址寄存器BX、BP或变址寄存器SI、DI中的任一个寄存器的内容间接得到的，见表3-1。这4个寄存器称为间址寄存器。由4个间址寄存器内容确定的操作数分别约定在以下两个段中。

① 指令中指定BX、SI、DI为间址寄存器，则操作数约定在数据段中。这种情况下，将DS寄存器内容作为段首址，操作数的实际地址为：

$$PA=16\times(DS)+\begin{cases}(BX)\\(SI)\\(DI)\end{cases}$$

例如，对于 MOV AX,[SI]，若已知(DS)＝2000H，(SI)＝1000H，则 PA＝21000H。该指令执行后，把数据段中 21000H 和 21001H 两个相邻单元的内容传送到 AX。寄存器间接寻址的示意图如图 3-3 所示。

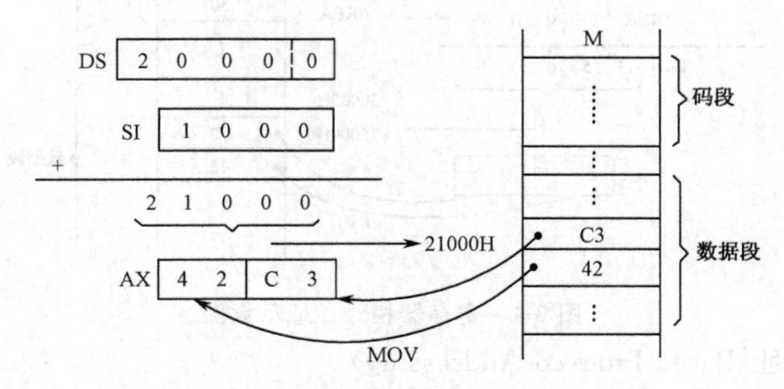

图 3-3　寄存器间接寻址示意图

② 指令中若指定 BP 为间址寄存器，则操作数约定在堆栈段中。这种情况下，将 SS 寄存器内容作为段首址，操作数的实际地址为 PA＝16×(SS)＋(BP)。

使用寄存器间接寻址方式时应注意：

① 在指令中也可指定段超越前缀，来取得其他段中的操作数，如 MOV AX,ES：[BX]。

② 寄存器间接寻址方式通常用来对一维数组或表格进行处理，这时只要改变间址寄存器 BX、BP、SI、DI 中的内容，用一条寄存器间接寻址指令就可对连续的存储单元进行存、取操作。

(3)寄存器相对寻址(Register Relative Addressing)

这种寻址方式下，指令中也要指定 BX、BP、SI、DI 的内容进行间址寻址，但与寄存器间接寻址不同，指令中还要指定 8 位位移量 $DISP_8$ 或 16 位位移量 $DISP_{16}$。

这种寻址方式下，操作数的实际地址为：

$$PA=16\times(DS)+\begin{cases}(BX)\\(SI)\\(DI)\end{cases}+\begin{cases}DISP_8\\DISP_{16}\end{cases}$$

$$PA=16\times(SS)+(BP)+\begin{cases}DISP_8\\DISP_{16}\end{cases}$$

寄存器相对寻址通常也用来访问数组中的元素，位移量定位于数组的起点，间址寄存器的值选择一个元素。与寄存器间接寻址一样，因数组中所有元素具有相同长度，只要改变间址寄存器内容，就可选择数组中的任何元素。例如：

```
MOV AX,AREA[SI]     ;这里的位移量用符号 AREA 代表的值表示
```

设(DS)＝3000H，(SI)＝2000H，AREA＝3000H，其寻址的示意图如图 3-4 所示。

采用寄存器相对寻址的指令，也可使用段超越前缀，例如：

```
MOV DL,DS:COUNT[BP]
```

BX、BP 称为基址寄存器，因此用它们进行寻址又叫基址寻址。SI、DI 称为变址寄存器，用它们进行寻址又叫变址寻址。在处理数组时，SI 用于源数组的变址寻址，DI 用于目的数组的变址寻址。例如：

```
MOV AX,ARRAY1[SI]
MOV ARRAY2[DI],AX
```

其中,ARRAY1 和 ARRAY2 为不相等的位移量。若以这两条语句配上改变 SI 和 DI 值的指令,构成循环,便可实现将源数组搬家到目的数组的目的。

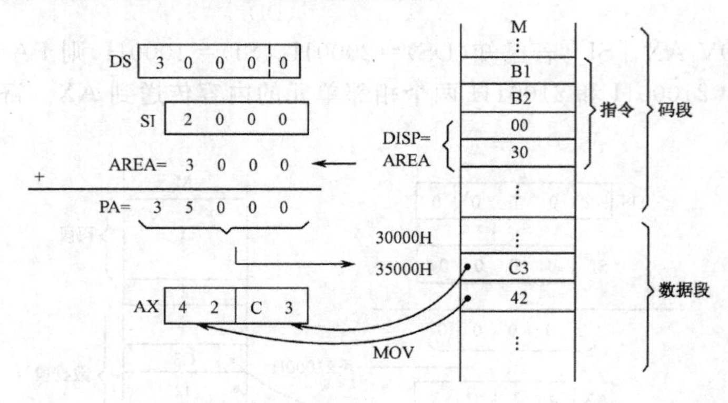

图 3-4 寄存器相对寻址示意图

(4)基址变址寻址(Based Indexed Addressing)

这种寻址方式下,存储器操作数的有效地址 EA 是指令指定的一个基址寄存器和一个变址寄存器的内容之和(见表 3-1)。这里有 4 种组合情况,根据基址是在 BX 还是在 BP 中,确定寻址操作是在数据段还是在堆栈段。对于前者,段寄存器使用 DS;对于后者,段寄存器使用 SS。基址变址寻址的操作数的实际地址为:

$$PA=16\times(DS)+(BX)+\begin{Bmatrix}(SI)\\(DI)\end{Bmatrix}$$

$$PA=16\times(SS)+(BP)+\begin{Bmatrix}(SI)\\(DI)\end{Bmatrix}$$

例如,MOV AX,[BX][SI],或写为 MOV AX,[BX+SI]。设(DS)=2000H,(BX)=0158H,(SI)=10A4H,则 EA=0158H+10A4H=11FCH,PA=20000H+11FCH=211FCH。

指令执行后,将把 211FCH 和 211FDH 两个相邻单元的内容传送到 AX,即(AL)=(211FCH),(AH)=(211FDH)。

基址变址寻址方式也可使用段超越前缀,如 MOV CL,ES:[BX][SI]。这种寻址方式同样适合数组或表格的处理,由于基址和变址寄存器中的内容都可以修改,在处理二维数组时特别方便。

(5)相对基址变址寻址(Relative Based Indexed Addressing)

在基址变址寻址的基础上,再指定 8 位位移量 $DISP_8$ 或 16 位位移量 $DISP_{16}$,就成为相对基址变址寻址。操作数的实际地址为:

$$PA=16\times(DS)+(BX)+\begin{Bmatrix}(SI)\\(DI)\end{Bmatrix}+\begin{Bmatrix}DISP_8\\DISP_{16}\end{Bmatrix}$$

$$PA=16\times(SS)+(BP)+\begin{Bmatrix}(SI)\\(DI)\end{Bmatrix}+\begin{Bmatrix}DISP_8\\DISP_{16}\end{Bmatrix}$$

例如:MOV AX,MASK [BX][SI],或写为 MOV AX,MASK[BX+SI],也可写为 MOV AX,[MASK+BX+SI]。设(DS)=3000H,(BX)=2000H,(SI)=1000H,MASK=1230H,则该指令中源操作数的实际地址为 PA=30000H+(2000H+1000H+1230H)=34230H。其寻址的示意图如图 3-5 所示。

这种寻址方式为访问堆栈中的数组提供了方便,可以在基址寄存器 BP 中存放堆栈顶的地址,用位移量表示栈顶到数组第一个元素的距离,变址寄存器则用来访问数组中的每个元素。相对基址加变址对堆栈数组的访问如图 3-6 所示。

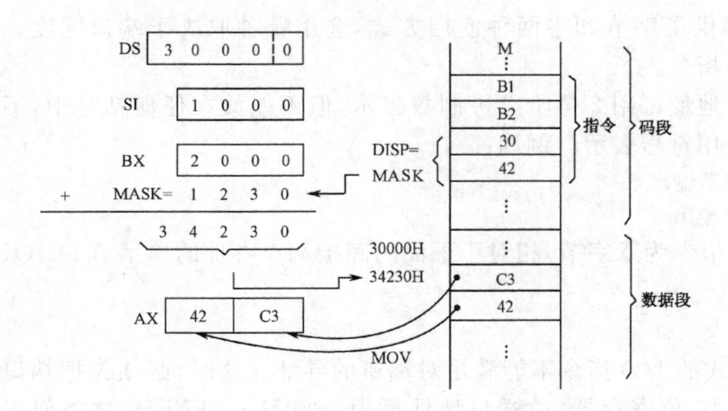

图 3-5　相对基址加变址寻址示意图

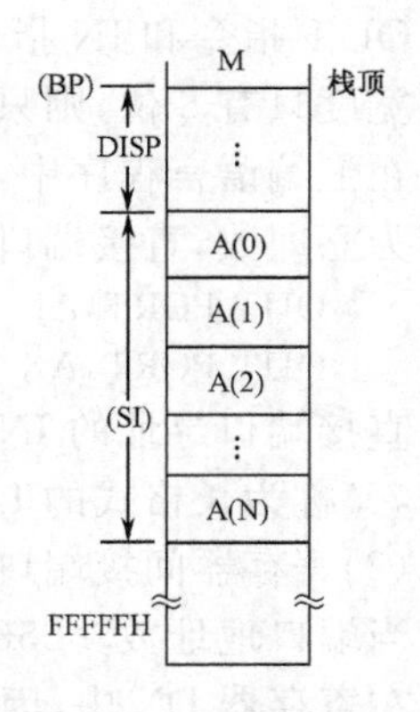

图 3-6　用相对基址加变址访问堆栈数组

(6)串寻址(String Addressing)

该寻址方式只用于数据串操作指令。在数据串操作指令中不能使用存储器寻址方式存取所使用的操作数,而是应用了一种隐含的变址寄存器寻址。当执行串操作指令时,用源变址寄存器SI指向源串的第一字节或字,用目的变址寄存器DI指向目的串的第一字节或字。在重复串操作中,CPU自动地调整SI和DI,以顺序地寻址字节串或字串操作数。例如:

```
MOV SB      ;隐含使用 SI 和 DI,分别指向源串和目的串,实现字节串的传送
MOV SW      ;隐含使用 SI 和 DI,分别指向源串和目的串,实现字串的传送
```

(7)32位操作数的存储器寻址

80386以上CPU除可用上述8位、16位操作数存储器寻址方式之外,还有32位操作数存储器寻址方式,与8086存储器寻址方式不同的是:① 可使用的段基地址寄存器除CS、DS、SS、ES外,还有FS和GS;② 有效地址EA的计算由下列公式确定:

EA =[基地址寄存器]+[(变址寄存器)×(比例系数)]+[位移量]

$$= \begin{bmatrix} EAX \\ EBX \\ ECX \\ EDX \\ ESP \\ EBP \\ ESI \\ EDI \end{bmatrix} + \begin{bmatrix} EAX \\ EBX \\ ECX \\ EDX \\ — \\ EBP \\ ESI \\ EDI \end{bmatrix} \times \begin{bmatrix} 2 \\ 4 \\ 8 \end{bmatrix} + \begin{bmatrix} 0 \\ 8\text{位} \\ 16\text{位} \\ 32\text{位} \end{bmatrix}$$

式中:基地址、变址和位移量都可用于任何组合的寻址方式中,且任一个都可以为空;比例系数2、4、8只用于变址时;位移量是一个常数,其范围为$-2^{31}\sim+2^{31}-1$(用2的补码表示),直接出现在指令中,称为直接寻址;ESP不能作为变址寄存器;当ESP和EBP作为基地址寄存器时,SS段是正常使用段(默认段),其他情况下DS为默认段。

5. I/O端口寻址

采用独立编址的I/O端口,可有64K字节端口或32K字端口,用专门的IN和OUT指令访问。I/O端口寻址只用于这两类指令。寻址方式有以下两种。

(1)直接端口寻址

用直接端口寻址的IN和OUT指令均为双字节指令,在第2字节B_2中存放端口的直接地址,因此直接端口寻址的端口数为0~255。例如:

```
IN AL,50H      ;将 50H 端口的字节数输入到 AL,这是字节输入指令
IN AX,60H      ;将 60H 和 61H 两个相邻端口的 16 位数据输入到 AX,这是字输入指令
```

OUT 指令和 IN 指令一样，提供了字节和字两种使用方式，选用哪种取决于端口宽度。若端口宽度只有 8 位，则只能用字节指令。

在汇编语言程序中，直接端口地址可用 2 位十六进制数表示，但不能放在任何括号中，不能理解为立即数；直接端口地址也可用符号表示。例如：

```
OUT PORT,AL        ;字节输出
OUT PORT,AX        ;字输出
```

直接端口寻址的 IN 和 OUT 指令为双字节，相对于下面的间接端口寻址的单字节 IN、OUT 指令，又称为长格式的 I/O 指令。

(2)寄存器间接端口寻址

当端口地址数≥256 时，长格式的 I/O 指令不能满足对端口的寻址。这时，必须先把端口地址放在寄存器 DX 中，因为 DX 为 16 位寄存器，故端口地址可为 0000H～FFFFH，这类似于存储器间接寻址，不同的是，间接寻址端口的寄存器只能使用 DX。寄存器间接寻址端口的 IN 和 OUT 指令均为单字节，故又称为短格式的 I/O 指令。例如：

```
MOV DX,383H        ;将端口地址 383H 放入 DX
OUT DX,AL          ;将(AL)输出到(DX)所指的端口中
```

又如：

```
MOV DX,380H        ;将端口地址 380H 放入 DX
IN AX,DX           ;从(DX)和(DX)+1 所指的两个端口输入一个字，低地址端口输入到 AL，
                   ;高地址端口输入到 AH
```

还有些个别指令(如转移类指令)用到的寻址方式将放在后面结合指令功能进行介绍。

3.3 指令执行时间

通常，一条指令的执行时间是指取指令和执行指令所花时间的总和。但在 80x86 CPU 中，其执行部件 EU 和总线接口部件 BIU 是并行工作的，BIU 可以预先把指令取到指令队列缓冲器存放，形成取指和执行的重叠。这样，在计算指令的执行时间时，就不把取指时间计算在内。

执行指令的时间，除了 EU 中的基本执行时间外，有些指令在执行过程中可能需多次访问内存，包括取操作数和存放操作结果等，都要执行总线的读写周期；在每次访问内存之前，需要计算有效地址 EA，计算 EA 所需的时间又由寻址方式决定，不同寻址方式下计算有效地址所需的时间如表 3-2 所示。不同功能的指令，其基本执行时间也不相同，这里将一些常用类指令的基本执行时间列举在表 3-3 中，其余指令的执行时间可参见附录 A“时钟周期数”栏中的第 1 项数据。同一类指令，因寻址方式不同，访问存储器次数不一，因而执行时间也不同。这里仅列出加法指令 ADD 的情况，如表 3-4 所示，表中“时钟周期数”栏中的第 2 项“EA”为计算有效地址所需时间。以上所有时间均用时钟周期数来计量。

表 3-2 计算有效地址所需时间

寻址方式	时钟周期数
直接	6
寄存器间接	5
寄存器相对间接位移量	9
基址变址	7～8
相对基址变址寻址	11～12

表 3-3 指令的基本执行时间举例

指令	寻址方式	时钟周期数
传送 MOV	寄存器，寄存器	2
加法 ADD	寄存器，寄存器	3
减法 SUB	寄存器，寄存器	3
整数乘法 IMUL	16 位寄存器	128～154
整数除法 IDIV	16 位寄存器	165～184
逻辑运算	寄存器，寄存器	3
移位	寄存器移 1 位	2
调用	(段内)	19
无条件转移	直接	15
条件转移	(不满足条件)	4
	(满足条件)	16

表 3-4　加法指令 ADD 的执行时间和指令长度

操作数寻址方式	时钟周期数	访问存储器的次数	指令长度(B)
寄存器,寄存器	3	0	2
寄存器,存储器	9＋EA	1	2～4
存储器,寄存器	16＋EA	2	2～4
寄存器,立即数	4	0	3～4
存储器,立即数	17＋EA	2	3～6
累加器,立即数	4	0	2～3

综上所述:执行一条指令所花的总时间＝基本执行时间＋计算 EA 的时间＋执行总线读写周期的时间(后两项对存储器操作数才有)。

除上面的因素外,还应注意字操作数在内存或在 I/O 端口的存放格式。8086 的数据总线是 16 位,因此 CPU 与存储器、I/O 端口之间传送数据时,在一个总线周期(基本总线周期为 4T)中可以传送 16 位数据,即一个字。但要做到这点是有条件的。

在第 2 章讨论存储器组织时,若存取的字操作数是从偶地址开始存放的规则字,则存取可在 1 个总线周期完成;若存取的字操作数是从奇地址开始的非规则字,则存取需 2 个总线周期才能完成。因此,这种情况下,每访问一次内存,便需多加一个总线周期的时间。如果存取的是字节操作数,而这个字节数是在偶地址单元或偶数端口,那么在一个总线周期中,只有数据总线的低 8 位起传输作用,高 8 位则处于空闲状态。相反,若字节数是在奇地址单元或奇数端口,则在一个总线周期中只有数据总线高 8 位起传输作用,低 8 位处于空闲状态。8086 数据总线的这种传输特性如图 3-7 所示。

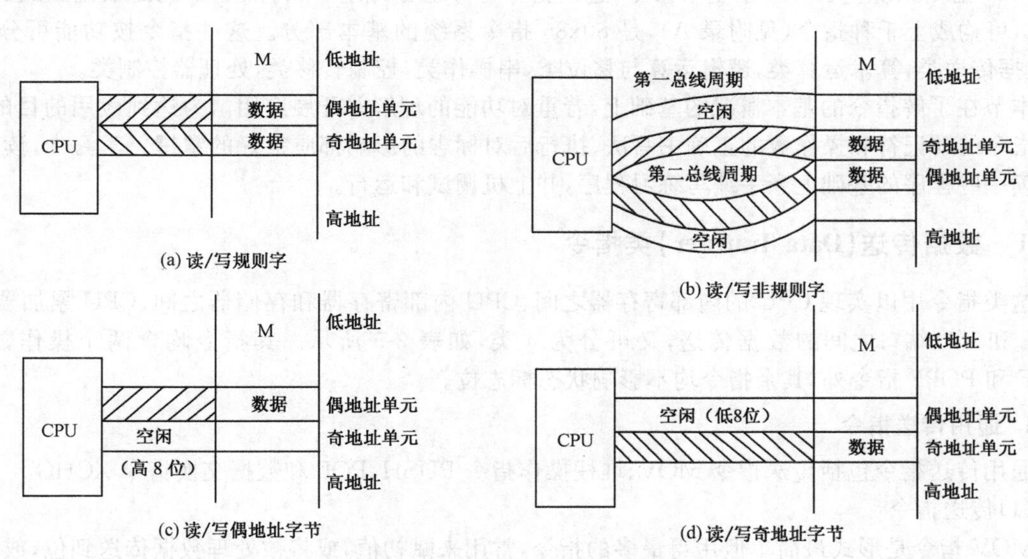

图 3-7　数据总线传输特性

【例 3-1】　设 8086 的时钟频率为 5MHz(即时钟周期为 0.2μs),试求 ADD 指令在各种寻址方式下,指令的执行时间 t。

解:根据表 3-4 可知:

(1)两操作数为寄存器、寄存器,结果也放在寄存器的情况下,对于字操作数或字节操作数均花 3 个时钟周期,即 $t=3\times0.2=0.6\mu s$。

(2)两操作数为寄存器、存储器(用相对基址加变址寻址),结果存在寄存器,这时需访问一次内存。对于字节操作或对规则字操作，所需时间用时钟数为 $t=9+EA=9+12=21(T)$。第1项“9”为这种寻址方式下指令基本运算和基本操作时间，第2项为计算 EA 的时间，则 $t=21\times 0.2=4.2\mu s$。

对于非规则字的操作，则应在上面的时间上再加上一个总线周期时间($4T$)，即 $t=(21+4)T=5.0\mu s$。

(3)两个操作数为存储器(用基址变址寻址)、寄存器，结果存入存储器，这时需访问两次内存。

对于字节操作或对规则字操作，指令的执行时间为 $t=16+EA=16+8=24(T)=4.8\mu s$。第1项“16”为这种寻址方式下指令基本运算和基本操作时间，第2项为计算 EA 的时间。

对于非规则字操作，指令执行时间应在上面的时间上再加2个总线周期，即 $t=(16+8+4+4)T=32T=6.4\mu s$。

其他两种寻址方式下 ADD 的执行时间，请读者练习计算。

可以看出，对于同一 ADD 指令，因寻址方式不同，执行指令的时间相差甚远，这是指令的时间指标概念。从表 3-4 还可以看到，同一类指令使用不同的寻址方式，其指令的长度也不一样，即占有的内存的字节数相差也很大。这是指令的空间指标的概念。两者合起来就是指令的时空指标。指令是程序的基本组成单元，当要求程序有较高的时空利用率时，就要求程序设计者不仅要研究程序的算法、数据结构，还要研究指令与寻址方式的选用，才能编写出理想的程序。

3.4 8086 指令系统

8086 指令系统包含 133 条基本指令，这些指令与寻址方式组合，再加上不同的数据形式(字节或字)，可构成上千种指令(见附录 A)，是 80x86 指令系统的基本部分。这些指令按功能可分为 6 类：数据传送类，算术运算类，逻辑运算与移位类，串操作类，控制转移类，处理器控制类。

本节在了解指令的基本概况的基础上，着重对功能的理解并开展应用。为达到应用的目的，对每条指令的助记符和操作数的正确书写法、执行后对标志的影响都应很好的掌握。学习中，读者应在阅读一些程序的基础上亲手编写练习程序，并上机调试和运行。

3.4.1 数据传送(Data Transfer)类指令

这类指令用以实现 CPU 的内部寄存器之间、CPU 内部寄存器和存储器之间、CPU 累加器 AX 或 AL 和 I/O 端口之间的数据传送，又可分为 4 类，如表 3-5 所示。其指令均含两个操作数，除 SAHF 和 POPF 指令外，其余指令均不影响状态标志位。

1. 通用传送指令

通用传送指令包括传送指令 MOV、堆栈操作指令 PUSH、POP 和数据交换指令 XCHG。

(1)传送指令

MOV 指令是形式最简单但用得最多的指令，常用来赋初值，或将被处理数据传送到位，或对数据进行暂存等。指令格式：

```
MOV dst,src                ;(dst)←(src)
```

源(source)操作数 src 和目的(destination)操作数 dst 均可采用多种寻址方式，其传送关系如图 3-8 所示，可知 MOV 指令有 6 种格式。

① CPU 通用寄存器之间传送(r/r)。例如：

```
MOV   CL,AL                ;将 AL 中的 8 位数据传到 CL
MOV   SI,AX                ;将 AX 中的 16 位数据传到 SI
```

表 3-5　数据传送类指令

类	名　称	助记符指令	操作数类型	操 作 说 明
通用传送	Move	MOV dst,src	B,W	将源 src 中的内容传送到目的 dst
		MOV dst,im	B,W	将立即数 im(n 或 nn)传送到 dst
		MOV dst,seg	W	将段寄存器 seg(CS,DS,ES,SS 之一)传送到 dst
		MOV seg,src	W	将源 src 中的内容传送到段寄存器
	Exchange	XCHG dst,reg	B,W	交换 dst 和寄存器 reg 间的内容
	Push	PUSH src	W	将 src 推入堆栈
		PUSH seg	W	将段寄存器推入堆栈
	Pop	Pop dst	W	堆栈弹出到 dst
		Pop seg	W	堆栈弹出到段寄存器
累加器专用传送(输入/输出)	In	IN AL,n	B	AL←(n)
		IN AX,n	W	AX←(n+1)(n)
		IN AL,DX	B	AL←(DX)
		IN AX,DX	W	AX←(DX+1)(DX)
	Out	OUT,AL	B	AL→(n)
		OUT n,AX	W	AX→(n+1)(n)
		OUT DX,AL	B	AL→(DX)
		OUT DX,AX	W	AX→(DX+1)(DX)
	Translate-Table	XLAT	B	AL←(BX+AL)
地址-目标传送	Load Effection Address	LEA r,src	—	r←ADR(src)
	Load Pointer into DS	LDS r,src	DW	r←(EA),DS←(EA+2)
	Load Pointer into ES	LES r,src	DW	r←(EA),ES←(EA+2)
标志寄存器传送	Load AH from Flags	LAHF	B	AH←F
	Store AH into Flags	SAHF	B	AH→F,AF,CF,PF,SF 和 ZF 均受影响
	Push Flags	PUSHF	W	(SP)←F,且 SP←SP—2
	Pop Flags	POPF	W	F←(SP),且 SP←SP+2,所有标志均受影响

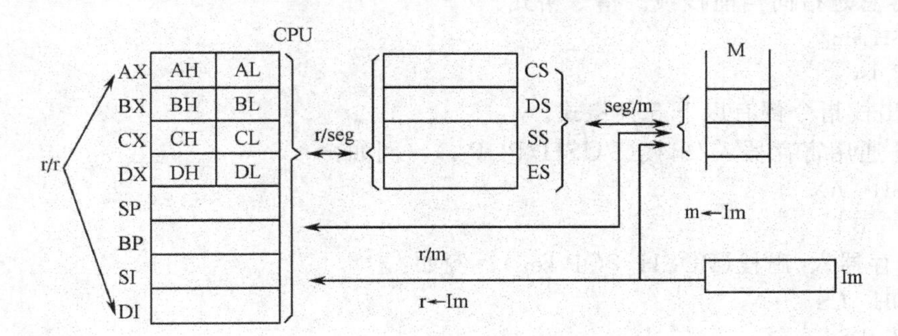

图 3-8　数据传送关系图

② 通用寄存器和段寄存器之间(r/seg)。例如:

```
MOV   DS,AX          ;将 AX 中的 16 位数据传到 DS
MOV   AX,ES          ;将 ES 中的 16 位数据传到 AX
```

③ 通用寄存器和存储单元之间(r/m)。例如:

```
MOV   AL,[BX]        ;将[BX]所指存储单元的内容传到 AL
MOV   [DI],AX        ;将 AX 中的 16 位数据传到(DI)和(DI)+1 所指的两个相邻存储单元中
```

④ 段寄存器和存储单元之间(seg/m),例如:

```
MOV   DS,[2000H]     ;将 2000H 和 2001H 两存储单元中的内容传到 DS
MOV   [BX][SI],CS    ;将 CS 内容传到(BX)+(SI)和(BX)+(SI)+1 所指的两个存储单元中
```

⑤ 立即数到通用寄存器(r←Im),例如:

```
MOV   SP,2000H              ;将 2000H 送 SP,即给 SP 赋初值
```

⑥ 立即数到存储单元(m←Im),例如:

```
MOV   WORD PTR[SI],4501H    ;将立即数 4501H 送(SI)所指的字单元
```

对于 MOV 指令的使用,有以下几点必须注意。

① MOV 指令可以传 8 位数据,也可以传 16 位数据,这决定于寄存器是 8 位还是 16 位,或立即数是 8 位还是 16 位。下面的用法是错误的:

```
MOV   ES,AL
MOV   CL,4321H
```

② MOV 指令中,dst 和 src 两操作数中必用一个寄存器,不允许用 MOV 实现两存储单元间的传送。需要时可借助通用寄存器为桥梁,即:

```
MOV   AL,[SI]               ;通过 AL 实现(SI)和(DI)所指的两存储单元间的 8 位数据传送
MOV   [DI],AL
```

③ 不能用 CS 和 IP 作为目的操作数,也就是说,这两个寄存器的内容不能随意改变。

④ 不允许在段寄存器之间直接传送数据,如 MOV DS,ES 是错误的。

⑤ 不允许用立即数作目的操作数。

⑥ 不能向段寄存器送立即数。要对段寄存器初始化赋值,也要通过 CPU 的通用寄存器。例如:

```
MOV   AX,DATA               ;将数据段首地址 DATA 通过 AX 填入 DS 中
MOV   DS,AX
```

(2)堆栈操作指令

堆栈只有一个出入口,并用堆栈指针(SP)来指示。SP 的内容任何时候都指向当前的栈顶。因此,入栈指令 PUSH 和出栈指令 POP 的操作,首先是在当前栈顶进行,随后及时修改指针,保证 SP 的内容总是指向当前栈顶。指令格式:

```
PUSH src
POP dst
```

入栈和出栈指令都有以下 3 种格式。

① CPU 通用寄存器入/出栈(PUSH/POP r)。例如:

```
PUSH   AX
POP   BX
```

② 段寄存器入/出栈(PUSH/POP seg)。例如:

```
PUSH   CS
POP   DS
```

③ 存储器单元入/出栈(PUSH/POP m)。例如:

```
PUSH   [BX+DI]
POP     [2000H]
```

入栈和出栈指令用于程序保存或恢复数据,或用于转子或中断时保护现场和恢复现场。这类指令格式简单,但使用时有如下几点必须注意:

① 堆栈操作指令中有一个操作数是隐含的,该操作数就是由 SP 的内容指示的栈顶存储单元。

② 8086 堆栈都是字操作,不允许对字节操作,因此 PUSH AL 是错误的。

③ 每执行一条入栈指令,(SP)自动减 2,入栈时,高位数先入栈;执行弹出时,正好相反,每弹出一个字,(SP)自动加 2。

④ CS寄存器的数据可以入栈，但不能随意弹出一个数据到CS。

⑤ 在使用堆栈操作保存多个寄存器内容和恢复多个寄存器时，要按“先进后出”的原则来编写入栈和出栈指令顺序。

【例3-2】 有一主程序调用一子程序，子程序中将用到AX、BX、CX和DX。为了使主程序中这些寄存器的内容不被破坏，在进入子程序时应进行入栈保护；子程序执行完后，再出栈恢复原来的数据。保护和恢复应按“先进后出、后进先出”的原则安排指令。子程序中的保护现场和恢复现场的程序段如下：

```
SUBROUT    PROC  NEAR             ;定义过程
           PUSHF                  ;保护现场
           PUSH  AX
           PUSH  BX
           PUSH  CX
           PUSH  DX
           ⋮(子程序主体)
           POP   DX               ;恢复现场
           POP   CX
           POP   BX
           POP   AX
           POPF
           RET                    ;返回
SUBROUT    ENDP                   ;过程结束
```

(3)交换(Exchange)指令

指令格式：

```
XCHG  OPR1,OPR2
```

执行操作：(OPR1)⟷(OPR2)。交换指令可实现CPU内部寄存器之间，或内部寄存器与存储器单元之间内容(字节或字)的交换。例如：

```
XCHG  AL,BL              ;(AL)与(BL)间进行字节交换
XCHG  BX,CX              ;(BX)与(CX)间进行字交换
XCHG  [2200H],DX         ;(DX)与(2200H),(2201H)两单元间的字交换
```

使用时应注意：① OPR1和OPR2不能同时为存储器操作数；②任一个操作数都不能使用段寄存器，也不能使用立即数。

2. 累加器专用传送指令

8086与其他微处理器一样，可将累加器作为数据传输的核心。8086指令系统中的输入/输出指令和换码指令专门通过累加器来执行专用传送指令。

(1)输入/输出(I/O)指令

I/O指令按长度可分为长格式和短格式。

输入指令：

```
长格式：IN  AL,PORT      ;将PORT端口字节数据输入到AL
        IN  AX,PORT      ;将PORT和PORT+1两端口的内容输入到AX,其
                         ;中PORT内容输入到AL,PORT+1内容输入到AH
短格式：IN AL,DX         ;从(DX)所指的端口中输入1字节数据到AL
        IN  AX,DX        ;从(DX)和(DX)+1所指的两个端口输入1个字到AX,低地址端口的
                         ;值输入到AL,高地址端口的值输入到AH
```

输出指令：

```
长格式：OUT   PORT,AL        ;将 AL 中的 1 字节数据输出到 PORT 端口
        OUT   PORT,AX        ;将 AX 中的字数据输出到 PORT 和 PORT+1 两端口,AL 中的输出
                             ;到 PORT,AH 中的输出到 PORT+1
短格式：OUT   DX,AL          ;将 AL 中的字节输出到(DX)所指的端口
        OUT   DX,AX          ;将 AL 中低位字节输出到(DX)所指端口,将 AH 中的高位字节输出
                             ;到(DX)+1 所指的端口
```

使用 I/O 指令时应注意：

① 这类指令只能用累加器做 I/O 过程机构,不能用其他寄存器。

② 长格式的 I/O 指令的端口范围为 0～FFH,这对规模较小的 8086 微机(如单板机)就够用了。而在一些功能较强的微机系统,如 IBM PC/XT、AT 机,既用了 0～FFH 范围的端口,也用了大于 FFH 的端口。前者分配给主板上的接口使用,后者分配给插槽上扩展的接口使用。

③ 运行有 I/O 指令的程序时,若无硬件端口的支持,机器将出现死锁。

④ 在使用短格式 I/O 指令时,应先将端口地址赋给 DX 寄存器,而且只能赋给 DX。

【例 3-3】 欲将 12 位 A/D 变换器所得数字量输入。这时,A/D 变换器应使用一个字端口,设为 2F0H。输入数据的程序段为：

```
MOV  DX,02F0H
IN   AX,DX
```

(2)换码(Translate-Table)指令

```
指令格式：  XLAT                   ;(AL)←((BX)+(AL))
或          XLAT   TABLE-NAME
```

换码指令根据累加器 AL 中的一个值(码)去查内存表格(Table),将查得的值送到 AL 中。XLAT 指令一般用来实现码制间的翻译转换,故又称为查表转换指令。

使用 XLAT 指令之前,应先将表格的首地址送入 BX 寄存器,将待查的值(码)放入 AL 中,用它来表示表中某一项与表首址的距离。执行时,将(BX)和(AL)的值相加得到一个地址,最后将该地址单元中的值取到 AL 中,这就是查表转换的结果。

换码指令对一些无规律代码间的转换非常方便：如 LED 显示器所用的十六进制数(或十进制数)到七段码的转换,光码盘所用的十进制到格雷码的转换,通信系统用到的十进制数到五中取二码的转换等。

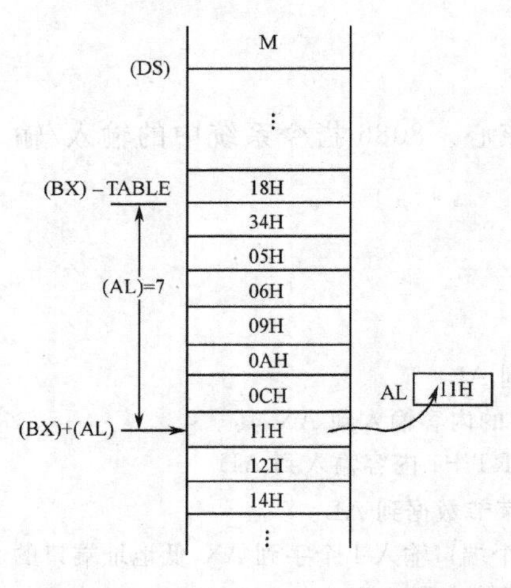

图 3-9 用 XLAT 查表示意图

【例 3-4】 数字 0～9 对应的格雷码分别为：18H,34H,05H,06H,09H,0AH,0CH,11H,12H,14H。依次放在内存以 TABLE 开始的区域,当# 10 端口输入 1 位十进制数码时,要求 CPU 将其转换为相应的格雷码再输出给该端口。源程序段如下：

```
MOV    BX,TABLE     ;BX 指向 TABLE 的首址
IN     AL,10        ;从端口 0AH 输入待查值
XLAT   TABLE        ;查表转换
OUT    10,AL        ;查表结果输出到 0AH 端口
```

若# 10 端口输入值为 7,则查表转换后输出值为 11H。查表转换的示意图如图 3-9 所示。

3. 地址——目标传送指令

8086 的地址——目标传送指令是用来对寻址机构进行控制的。这类指令传送到 16 位目标寄存器中的是存储器操

作数的地址，而不是它的内容。这类指令有 3 条：

(1)有效地址送寄存器(Load Effective Address)指令

指令格式： LEA r,src   ;(r)←src 的 EA

该指令常用来设置一个 16 位的寄存器 r 作为地址指针。例如：

```
LEA  BX,[BP+SI]        ;执行后,BX 中为(BP)+(SI)所指存储单元的 EA
LEA  SP,[0502H]        ;执行后,使堆栈指针(SP)=0502H
```

【例 3-5】 将数据段中从 AREA1 开始存放的 100 字节搬到附加段中以 AREA2 为首址的区域中。这里，假设用 SI 和 DI 寄存器分别作为 AREA1 区和 AREA2 区的指针，指向起始地址，程序采用重复传送 1 字节数的循环结构实现。实现 100 字节数搬家的程序段如下：

```
        LEA     SI,AREA1        ;SI 指向 AREA1
        LEA     DI,AREA2        ;DI 指向 AREA2
        MOV     CX,100          ;CX 放计数初值
AGAIN:  MOV     AL,[SI]
        MOV     [DI],AL         ;传送一个字节数
        INC     SI
        INC     DI              ;修改指针
        DEC     CX              ;计数
        JNZ     AGAIN           ;计数值不为 0,循环
        ⋮
```

(2)指针送寄存器和 DS(Load Pointer into DS)的指令

指令格式： LDS r,src   ;(r)←src 的(EA),(DS)←src 的(EA+2)

该指令完成一个 32 位地址指针的传送。地址指针包括段地址和偏移量两部分。指令把源操作数 src 指定的 4 字节地址指针传送到两个目标寄存器。其中，地址指针的前 2 字节传到某一寄存器 r，后 2 字节传到 DS 中。该指令常指定 SI 作为寄存器 r。例如：

```
LDS  SI,[2130H]
```

在指令执行前，设(DS)=3000H，在 DS 段中，有效地址 EA 为 2130H～2133H 的 4 字节中存放的地址指针，如图 3-10 所示，指令执行后的结果为：(SI)=3C1FH，(DS)=2000H。

(3)指针送寄存器和 ES(Load Pointer into ES)的指令

指令格式： LES r,src   ;(r)←src 的(EA),(ES)←src 的(EA+2)

该指令与 LDS r,src 功能类似，不同的只是用 ES 代替 DS，并且通常指定 DI 作为寄存器 r。

使用 LDS 和 LES 指令时应注意：① 寄存器 r 不能使用段寄存器；② src 一定是存储器操作数，其寻址方式可以是 24 种方式中的任一种。

【例 3-6】 设某程序在调用子程序 ROUT 之前，在堆栈顶部存放着一个字符串的首地址。要求在执行程序 ROUT 时，将该字符串首地址取到 ES 和 DI，然后调用字符串显示子程序 DISP 进行显示。调用子程序 ROUT 前后的堆栈状况如图 3-11 所示。其程序段为：

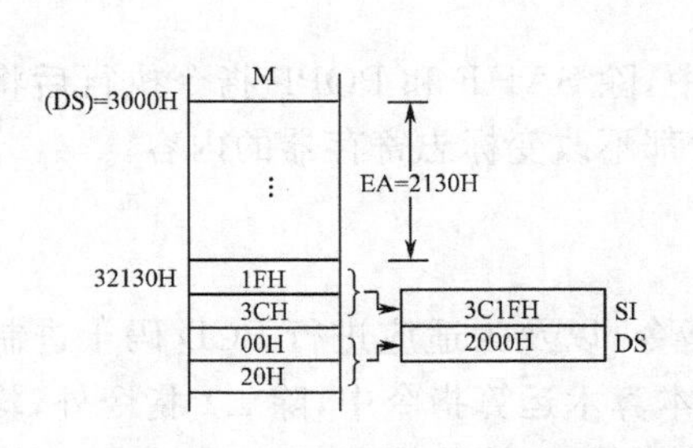

图 3-10 LDS SI,[2130H]指令操作示意图

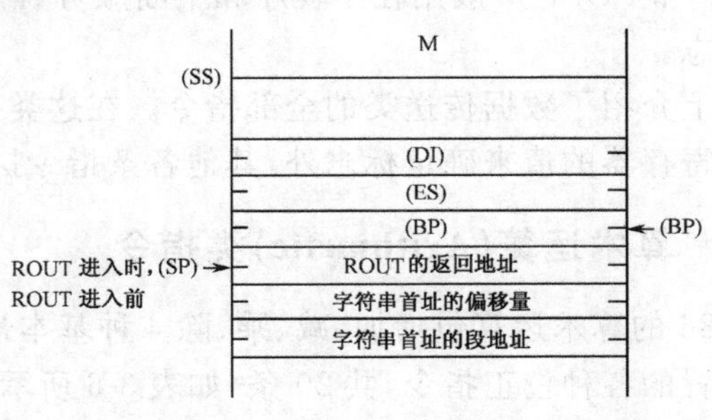

图 3-11 调用 ROUT 前后的堆栈状况

```
ROUT:  PUSH    BP            ;保存 BP
       MOV     BP,SP         ;保存当前栈顶到 BP 中
       PUSH    ES            ;保护现场
       PUSH    DI
       LES     DI,[BP+4]     ;取堆栈中字符串首址到 ES 和 DI 中
       CALL    DISP          ;调显示子程序
       ⋮       (后续处理)
       POP     DI            ;恢复现场
       POP     ES
       POP     BP
       RET                   ;返回
```

4. 标志传送指令

8086 可通过标志传送指令读出当前标志寄存器中各状态位的内容，也可以对各状态位设置新的值。这类指令有 4 条，均为单字节指令。源操作数和目的操作数都隐含在操作码中。

(1)读取标志指令(Load AH from Flags)

指令格式： LAHF

指令执行后，将 8086 的 16 位标志寄存器的低 8 位取到 AH 中。LAHF 指令的操作如图 3-12 所示。

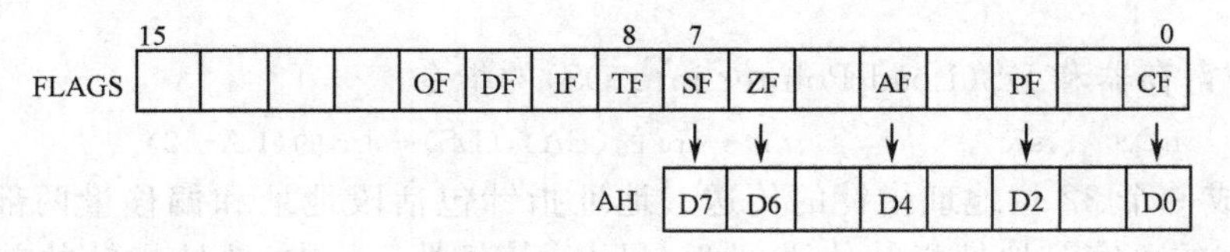

图 3-12 LAHF 指令的操作示意图

(2)设置标志指令(Store AH into Flags)

指令格式： SAHF

SAHF 指令和 LAHF 指令的操作正好相反。它将 AH 寄存器的内容传送到标志寄存器的低 8 位，以对状态标志 SF、ZF、AF、PF 和 CF 进行设置。

(3)标志寄存器的入栈 PUSH flags 和出栈 POP flags 指令

指令格式： PUSHF

POPF

PUSHF 指令将标志寄存器内容推入堆栈顶部，同时修改堆栈指针：(SP)←(SP)－2。该指令执行后，标志寄存器内容不变。POPF 指令的功能正好相反，执行时将堆栈顶部的一个字弹出到标志寄存器，同时修改堆栈指针：(SP)←(SP)＋2，该指令执行后，将改变标志寄存器内容。PUSHF 和 POPF 一般用在子程序和中断服务程序的首尾，用来保存主程序的标志和恢复主程序的标志。

以上介绍了数据传送类的全部指令。在这类指令中，除 SAHF 和 POPF 指令执行后将由装入标志寄存器的值来确定标志外，其他各条指令执行后都不改变标志寄存器的内容。

3.4.2 算术运算(Arithmetic)类指令

8086 的算术运算包括加、减、乘、除 4 种基本运算指令，以及为适应进行 BCD 码十进制数运算而设置的各种校正指令，共 20 条，如表 3-6 所示。基本算术运算指令中，除±1 指令外，均为双操作数指令。双操作数指令的两个操作数除源操作数可为立即数的情况外，必须有一个操作数

在寄存器中，单操作数指令不允许使用立即数方式。

表 3-6 算术运算指令

类	名称	助记符指令	操作数类型	操作说明
加法	Add	add dst,src	B,W	dst←dst＋src
		add dst,im	B,W	dst←dst＋im
	Add with carry	adc dst,src	B,W	dst←dst＋src＋CF
		adc dst im	B,W	dst←dst＋im＋CF
	Increment	inc r	B	r←r＋1
		inc src	B,W	src←src＋1
	ASCII Adjust for Addition	aaa	B	对非组合十进制数相加结果，当(AL&0FH)>9 或 AF=1 时，进行＋6 调整
	Decimal Adjust for Addition	daa	B	对组合十进制数相加结果，当(AL&0FH)>9 或 AF=1 或 AL>9FH 时，进行＋6 调整
减法	Subtract	sub dst,src	B,W	dst←dst－src
		sub dst,im	B,W	dst←dst－im
	Subtract with Borrow	sbb dst,src	B,W	dst←dst－src－CF
		sub dst,im	B,W	dst←dst－im－CF
	Decrement	dec r	B,W	r←r－1
		dec src	B,W	src←src－1
	Negate	neg src	B,W	src←src 的 2 补码
	Compare	cmp dst,src	B,W	dst－src，只影响标志位
		cmp dst,im	B,W	dst－im，只影响标志位
	ASCII Adjust for sub	aas	B	与 AAA 类似，只不过用于减法调整
	Decimal Adjust for subtraction	das	B	与 DAA 类似，只不过用于减法调整
乘法	Multiply,unsigned	mul src	B	AX←AL * src(无符号数)
		mul src	W	DX,AX←AX * src(无符号数)
	Integer Multiply,signed	imul src	B	AX←AL * src(带符号数)
		imul src	W	DX,AX←AX * src(带符号数)
	ASCII Adjust for Multiply	aam	B	对非组合十进制数相乘结果进行调整
除法	Division,unsigned	div src	B	AL←AX/src(无符号数) AH←余数
		div src	W	AX←DX,AX/src(无符号数) DX←余数
	Integer Division,signed	idiv src	B	与 div 类似，不同的是对带符号数进行运算
		idiv src	W	
	ASCII Adjust for Division	aad	B	对非组合十进制数除法进行调整
	Convert Byte to word	cbw	B	将 AL 中的字节按符号扩展成 AX 中的字
	Convert Word to Double Word	cwd	B	AX 中的字按符号扩展成 DX,AX 中的双字

算术运算指令涉及的操作数有两种：无符号数和带符号数。

无符号数把所有的数位都当成数值位，如 8 位无符号数表示的范围为 0～255(或 0～FFH)，16 位无符号数表示的范围为 0～65535(或 0～FFFFH)。带符号数的最高位作为符号位："0"表示"＋"，"1"表示"－"。微计算机中的带符号数通常用补码表示，这样 8 位带符号数表示的范围为－128～＋127(或 80H～7FH)；16 位带符号数表示的范围为－32768～＋32767(或 8000H～7FFFH)。

无符号数和带符号数如何进行加、减、乘、除运算？是否可以采用相同的指令进行？对该问题的回答是：加法和减法可以采用同一套指令，乘法和除法则不能采用同一套指令。但是，无符号数和带符号数进行加、减运算能够采用同一套指令也是有条件的。其条件有两个：其一，要求参加加法或减法运算的两个操作数(被加数和加数或被减数和减数)必须同为无符号数或同为带符号数；其二，检测无符号数或带符号数的运算结果是否发生溢出时，要用不同的状态标志。对无符号数发生溢出只出现在两数相加的情况。两数相加，当最高数值位有进位时表示溢出，用CF＝1表示，CF＝0时无溢出。带符号数的加减法运算是否溢出可利用溢出标志OF进行检测判断。OF＝0，无溢出，OF＝1，溢出。

无符号数运算结果溢出是在其结果超出了最大表示范围的唯一原因下发生的。溢出也就是产生进位，这不叫出错。在多字节数的相加过程中，正是利用溢出的CF来传递低位字节向高位字节的进位的。而带符号数运算产生溢出就不同了，一当发生溢出，就表示运算结果出错。

算术运算指令涉及的操作数从表示的进制来讲，可以是二进制数或十六进制数，也可以是BCD码表示的十进制数。因为1位BCD码用4位二进位表示，所以操作数为BCD码十进制数时是不带符号的十进制数。十进制数在机器中仍以二进制规则进行运算，因此要加校正指令进行调整，才能得到正确的十进制结果。8086专门设有对BCD码运算进行调整的各种指令。

8086算术运算指令可用的BCD码有两种：一种叫组合的BCD码(Packed BCD)，即1字节表示2位BCD码；另一种叫非组合的BCD码(Unpacked BCD)，即1字节只用低4位来表示1位BCD码，高4位为0(无意义)。

算术运算指令有以下特点：

① 在加、减、乘、除基本运算指令中，除±1指令外，都具有两个操作数；

② 算术运算指令执行后，除＋1指令INC不影响CF标志外，其余指令对CF、OF、ZF、SF、PF和AF 6位标志均可产生影响。由这6位状态标志反映的操作结果性质如下：

- 当无符号数运算产生溢出时，CF＝1。
- 当带符号数运算产生溢出时，OF＝1。
- 当运算结果为零时，ZF＝1。
- 当运算结果为负时，SF＝1。
- 当运算结果中有偶数个1时，PF＝1。
- 当操作数为BCD码，半字节间出现进位时，AF＝1。

下面分别介绍算术运算的4种基本运算指令。

1. 加法类指令(ADD)

加法类指令有5条，其中3条为基本加法指令，2条为加法的十进制调整指令。

(1)加法指令 ADD dst,src

ADD指令用来对源操作数src和目的操作数dst的字或字节数进行相加，结果放在目的操作数的地方。指令执行后，对各状态标志OF、SF、ZF、AF、PF和CF均可产生影响。

【例3-7】 ADD AX,0F0F0H，设指令执行前，(AX)＝5463H，执行后，得到结果(AX)＝4553H，且CF＝1，ZF＝0，SF＝0，OF＝0。

```
      (AX)=0101  0100  0110  0011
 +      Im=1111  0000  1111  0000
 ---------------------------------
         1←0100, 0101, 0101, 0011→AX
         CF
```

ADD指令中的dst和src还可使用多种寻址方式，例如：

```
ADD  DI,SI              ;寄存器，寄存器寻址，结果放在寄存器中
ADD  AX,[BX+2000H]      ;寄存器，存储器寻址，结果放在寄存器中
ADD  [BX+DI],CX         ;存储器，寄存器寻址，结果放在存储器中
ADD  AL,5FH             ;寄存器，立即数寻址，结果放在寄存器中
ADD  [BP],3AH           ;存储器(堆栈段中)，立即数寻址，结果放在存储器中
```

(2)带进位位的加法指令 ADC dst src

ADC 指令与 ADD 指令的功能基本相似，区别在于，ADC 在完成 2 个字或 2 字节数相加的同时，还要将进位标志 CF 的值加入其和中，因此 ADC 指令将用于 2 个多倍精度字的非最低字或非最低字节的相加，如 ADC AX,DX 的运算为(AX)←(AX)+(DX)+(CF)。

【例 3-8】 现有两个 32 位的双倍精度字 1234FEDCH 和 11228765H，分别存于从 1000H 和 2000H 开始的数据段的存储单元中，低位在前，高位在后。要求相加之后所得的和放在 1000H 开始的存储单元中。

双倍精度字相加可分为两段进行，先对低位字相加，后对高位字相加。实现对此双倍精度字相加的程序段如下：

```
MOV   SI,1000H        ;设源指针指向 1000H
MOV   AX,[SI]         ;将第 1 个数的低位字取入 AX
MOV   DI,2000H        ;设目的指针指向 2000H
ADD   AX,[DI]         ;低位字相加
MOV   [SI],AX         ;存低位字相加之和
MOV   AX,[SI+2]       ;将第 1 个数的高位字取入 AX
ADC   AX,[DI+2]       ;两高位字连同进位相加
MOV   [SI+2],AX       ;存高位字相加之和
```

地址	M
(DS)	⋮
SI→1000H	DCH(41H)
	FEH(86H)
	34H(57H)
	12H(23H)
	⋮
(DI)→2000H	65H
	87H
	22H
	11H

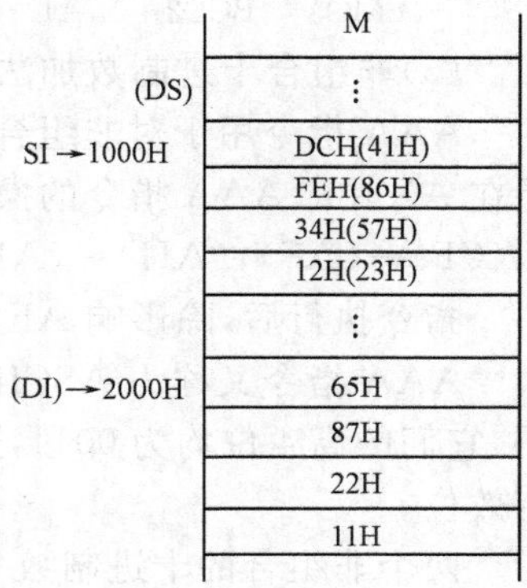

图 3-13 双倍精度字相加程序执行前后的数据状况

程序执行前后，数据段中的数据状况如图 3-13 所示。从 1000H 单元开始的括号中的数为相加之和，即 23578641H。

(3)加 1 指令 INC src

INC 指令只有一个操作数 src。src 可为寄存器或存储器单元，但不能为立即数。指令对 src 中内容增 1，所以又叫增量指令。该指令在循环结构程序中常用来修改指针或循环计数。例如：

```
INC  CX               ;将 CX 的内容加 1 后再送回 CX 中
INC  BYTE  PTR[BX+100H]
                      ;将(BX)+100H 所指的字节单元内容加 1 后，送回此单元，BYTE PTR 为运
                      ;算符，见第 4 章的 4.2 节
```

注意，INC 指令只影响 OF、SF、ZF 和 PF，不影响 CF，因此不能用 INC 指令进行循环计数来控制循环的结束。

(4)组合十进制加法调整指令 DAA

DAA 指令用于对组合 BCD 码相加的结果进行调整，使结果仍为组合的 BCD 码。

微处理器中，运算的核心是二进制加法器。当 BCD 码不超过 9 时遵循逢二进一的原则，大于 9 时，将遵循逢十进一的原则。因此，二进制数 1010，1011，1100，1101，1110 和 1111 对 BCD 数都是非法码，必须进行调整。DAA 指令应紧跟在加法指令之后，执行时先对相加结果进行测试，若结果的低 4 位(或高 4 位)的值大于 9(非法码)或大于 15(即产生进位 CF 或辅助进位 AF)，DAA 自动对低 4 位(或高 4 位)的结果进行加 6 调整。调整在 AL 中进行，因此加法运算后，必须把结果放在 AL 中。DAA 指令执行后，将影响除 OF 外的其他标志。

例如，两个十进制数 89+75 的正确结果应为 164，可是二进制相加运算后的结果为 FEH，为此应由 DAA 指令进行以下调整：

```
     89=1000  1001
+    75=0111  0101
-------------------
        1111  1110   =FEH  ;高、低 4 位均为非法码，应分别进行加 6 调整
+       0110  0110
-------------------
     1←0110  0100    =164
```

【例 3-9】 欲对两个十进制数 2964 和 4758 进行相加，分别存放在数据段以 BCD1 和 BCD2 开始的单元中，低位在前，高位在后。结果放入以 BCD3 开始的单元。

这里采用直接寻址，程序段如下：

```
MOV   AL,BCD1
ADD   AL,BCD2                    ;加低位字节
DAA                              ;十进制调整
MOV   BCD3,AL                    ;存低位字节之和
ADC   AL,BCD1+1
ADC   AL,BCD2+1                  ;加高位字节连同进位
DAA                              ;十进制调整
MOV   BCD3+1,AL                  ;存高位字节之和
```

(5)非组合十进制数加法调整指令 AAA

AAA 指令用于对非组合 BCD 码相加结果进行调整，调整操作仍在 AL 中进行，调整后的结果在 AX 中。AAA 指令的操作如下：若(AL)&0FH>9 或 AF=1，则(AL)←(AL)+6，(AF)←1，(CF)←(AF)，(AH)←(AH)+1，(AL)←(AL)&0FH(& 为逻辑与)。

指令执行后，除影响 AF 和 CF 标志外，其余标志均无定义。

AAA 指令又称为 ASCII 加法调整指令。因为数字 0～9 的 ASCII 码是一种非组合的 BCD 码，它们的高 4 位均为 0011，这对 BCD 码可视为无意义，低 4 位正好是 BCD 表示的十进制数，为有效位。

两个非组合的十进制数 06+07 的结果应为非组合的十进制数 0103，下面就其操作过程来说明 AAA 指令的作用。

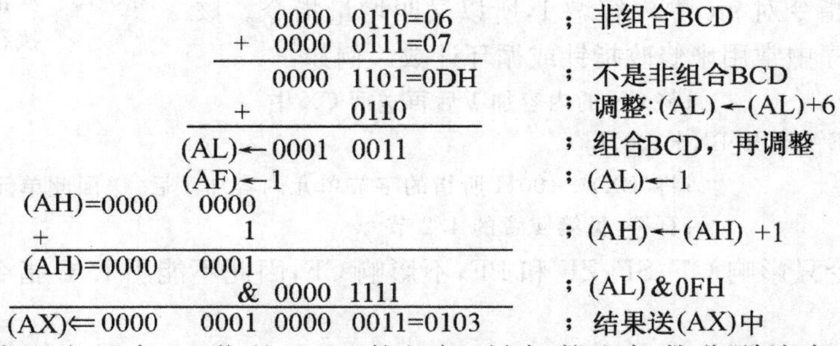

【例 3-10】 将两个具有 16 位的 BCD 数相加，被加数和加数分别放在从 FIRST 和 SECOND 开始的存储单元中，结果放在 THIRD 开始的单元中。

16 位 BCD 数有 8 字节长，不再像前面的双倍精度数用顺序相加的办法，因为太烦琐。这里采用循环结构，每循环一遍，对 1 字节的 BCD 相加，相加之后立即进行 DAA 调整；共循环 8 次，采用 ADC 带进位加，最低字节相加时可预先设置 CF 为 0(用 CLC 指令清进位)。程序段如下：

```
        MOV   BX,OFFSET  FIRST     ;指向被加数
        MOV   SI,OFFSET  SECOND    ;指向加数
        MOV   DI,OFFSET  THIRD     ;指向和
        MOV   CX,8                 ;设置计数初值
        CLC                        ;清进位位
AGN:    MOV   AL,[BX]
        ADC   AL,[SI]              ;加上 1 字节
        DAA                        ;调整
        MOV   [DI],AL              ;存结果
        INC   BX
        INC   SI                   ;修改指针
```

```
        INC   DI
        DEC   CX                 ;计数
        JNZ   AGN                ;未完,循环
        INT   27H                ;完,返回
```

2. 减法类指令(Subtract)

减法类指令共 7 条,其中 5 条为基本减法指令,2 条为十进制减法调整指令。

(1)减法指令 SUB dst,src

SUB 指令用来完成 2 个字或 2 字节的相减,结果放在目的操作数中。例如:

```
SUB   AX,BX                  ;AX 中的内容减去 BX 中的内容,结果放在 AX 中
SUB   SI,[DI+100H]           ;SI 的内容减去(DI)+100H 和(DI)+101H 所指的两单元中的内
                             ;容,结果放在 SI 中
SUB   AL,30H                 ;AL 中的内容减去立即数 30H,结果放在 AL 中
SUB   WORD PTR[DI],1000H     ;(DI)所指的字单元中的 16 位数减去立即数 1000H,结果放在字
                             ;单元中
SUB   [BP+2],CL              ;将 SS 段中的(BP)+2 所指单元的内容减去 CL 的内容,结果放
                             ;在堆栈的该单元中
```

(2)带借位的减法指令 SBB dst,src

SBB 指令与 SUB 指令功能基本类似,区别在于,SBB 在完成 2 个字或 2 字节相减的同时,还要将较低位字或较低位字节相减时借走的借位 CF 减去。例如,SBB AX,2010H 的运算为(AX)←(AX)－2010H－(CF)。因此,SBB 指令可用在两个多倍数精度数的非最低字或非最低字节的相减。

(3)减 1 指令 DEC src

减 1 指令只有 1 个操作数 src。与 INC 指令类似,src 可为寄存器或存储单元,不能为立即数。该指令用于实现 src 中的内容减 1,又叫减量指令。该指令在循环结构程序中常用来修改指针(反向移动指针)和循环计数。例如:

```
DEC   CX                    ;CX 内容减 1 后,送回 CX
DEC   BYTE PTR[DI+2]        ;将(DI)+2 所指字节单元内容减 1 后,送回该单元
```

需要注意的是,DEC 指令与 INC 指令一样,执行后对 CF 不产生影响。

(4)求补指令 NEG src

NEG 指令将 src 中的内容求 2 的补码后,再送回 src 中。因求 2 的补码相当于(src)←0－(src),所以 NEG 指令执行的操作也是减法操作。0－(src)相当于 FFH－(src)＋1(字节操作数)或 FFFFH－(src)＋1(字操作数),即将 src 内容变反加 1。例如,(AL)＝13H,执行 NEG AL 指令后,(AL)＝0EDH,(AL)＝0AFH;执行 NEG AL 后,则(AL)＝51H。

在求 I m－r(或 m)时,用 SUB 100,AL 是错误的,但可用下面的指令实现。

```
NEG AL                  ;0－(AL)
ADD AL,100              ;0－(AL)＋100＝100－(AL)
```

使用 NEG 指令时应注意:

① NEG 指令执行后,对 OF、SF、ZF、AF、PF 和 CF 均产生影响。但是对 CF 的影响总是使(CF)为 1,这是因为 0 减某操作数,必然产生借位,只有当操作数为 0 时,(CF)才为 0。

② 操作数的值为－128(即 80H)或－32768(即 8000H)时,执行 NEG 指令后,结果无变化,即送回的值仍为 80H 或 8000H。

(5)比较指令 CMP dst src

CMP 指令和 SUB 指令类似,也执行两操作数相减,但相减结果不送回 dst 中,其结果只影

响标志位 OF、SF、ZF、PF 和 CF。换句话说，由受影响的标志位状态便可判断两操作数比较的结果。下面以两操作数 A 和 B 相比较来说明其结果。

① 若两数相等(不管是无符号数或带符号数)，则 ZF=1，否则 ZF=0。

② 若两数不相等，则应区分两数是无符号数还是带符号数。

- A 和 B 均为无符号数：两个无符号数相减，CF 就是借位标志。若 CF=0，表示 A−B 无借位，则 A>B；否则有借位，则 A<B。
- A 和 B 均为带符号数，判断两个带符号数的大小，应由符号标志 SF 和溢出标志综合进行判断。若 SF XOR OF=1，表示 A<B，否则 A>B。

表 3-7　状态标志反映的两数关系

两数比较结果 A−B		CF	ZF	SF	OF
1. A=B(Equal)		0	1	0	0
2. 无符号数	A<B (Below)	1	0	—	—
	A>B (Above)	0	0	—	—
3. 带符号数	A>B (Greater)	— —	0 0	0 1	0 1
	A<B (Less)	— —	0 0	0 1	1 0

无符号数和带符号数进行比较，其状态标志反映的两数大小关系，如表 3-7 所示。

CMP 比较指令对各状态标志位的影响给 8086 指令系统分别提供了判断无符号数大小的条件转移指令和判断带符号数大小的条件转移指令。这两组条件转移指令所判断的依据是有差别的，前者依据 CF 和 ZF 进行判断，后者则依据 ZF 和 OF，SF 的关系来判断。例如，要判断 A<B，若 A、B 为无符号数，则所用条件是 CF=1，相应的条件转移指令为 JB Target；若 A、B 为带符号数，则所用条件是 SF XOR OF=1，相应的条件转移指令为 JL Target。

(6)组合十进制数减法调整指令 DAS

DAS 指令用于对组合 BCD 码相减的结果进行调整，紧跟在减法指令之后。调整后的结果仍为组合的 BCD 码。DAS 与 DAA 作用相似，不同的是，DAS 对结果要进行−6 的调整。该指令执行后，对 AF、CF、PF、SF 和 ZF 均产生影响，但 OF 没有意义。

(7)非组合十进制数减法调整指令 AAS

AAS 指令用于对非组合 BCD 码相减的结果进行调整，紧跟在减法指令之后，调整后的结果仍为非组合的 BCD 码。AAS 对减法结果的调整和 AAA 对加法结果的调整作用相似，但有两点不同：① AAA 指令中的(AL)←(AL)+6 操作对应 AAS，则应改为(AL)←(AL)−6；② AAA 指令中的(AH)←(AH)+1 操作对应 AAS，则应改为(AH)←(AH)−1。

AAS 指令执行后，只影响 AF、CF 标志，而 OF、PF、SF 和 ZF 都没有意义。

读者可用 08−03 作为例子，仿照 AAA 指令的操作过程分析 AAS 执行后的结果，应在 AL 中得到 05。

3. 乘法类指令(Multiplication)

乘法类指令共有 3 条，其中 2 条为基本乘法指令，包括对无符号数和带符号数相乘的指令，另 1 条是非组合 BCD 码相乘调整指令。

两个 8 位数相乘，其乘积是一个 16 位的数；两个 16 位数相乘，其乘积是 32 位的数。

乘法指令中有两个操作数，其中一个隐含固定在 AL 或 AX 中。若是字节数相乘，则被乘数总是先放入 AL 中，所得乘积在 AX 中；若是字相乘，则被乘数总是先放入 AX 中，乘积在 DX 和 AX 两个 16 位的寄存器中，且 DX 为积的高 16 位，AX 为积的低 16 位。

(1)无符号数的乘法指令 MUL src

MUL 指令中的乘数 src 可以是寄存器或存储器单元中的 8 位或 16 位的无符号数，被乘数固定放在 AL 或 AX 中，也是无符号数。例如：

```
MUL  BL                ;AL 中和 BL 中的 8 位数相乘，乘积在 AX 中
```

```
MUL   CX                 ;AX 中和 CX 中的 16 位数相乘,乘积在 DX 和 AX 中
MUL   BYTE PTR[DI]       ;AL 中和(DI)所指的单元中的 8 位数相乘,乘积在 AX 中
MUL   WORD PTR[SI]       ;AX 中和[SI]所指的字单元中的 16 位数相乘,结果在 DX 和 AX 中
```

(2)带符号数的乘法指令 IMUL src

IMUL 指令和 MUL 指令在功能和格式上类似,只是要求两个乘数都必须为带符号数。例如:

```
IMUL  CL                 ;AL 和 CL 的 8 位带符号数相乘,结果在 AX 中
IMUL  AX                 ;AX 中的 16 位带符号数自乘,结果在 DX 和 AX 中
IMUL  BYTE PTR[BX]       ;AL 中和(BX)所指的存储单元中的 8 位带符号数相乘,结果在 AX 中
IMUL  WORD PTR[DI]       ;AX 中和(DI)所指的字单元中的 16 位带符号数相乘,乘积在 DX,AX 中
```

乘法指令 MUL 和 IMUL 执行后,将对 CF 和 OF 产生影响,但是此时的 AF、PF、SF 和 ZF 不确定(无意义)。

(3)非组合十进制数乘法调整指令 AAM

对十进制数进行乘法运算,要求乘数和被乘数都是非组合的 BCD 码。AAM 指令用于对 8 位的非组合 BCD 码的乘积(AX 的内容)进行调整。调整后的结果仍为一个正确的非组合 BCD 码,放回 AX 中。AAM 紧跟在乘法指令之后,因为总是把 BCD 码当成无符号数看待,所以对非组合 BCD 码相乘是用 MUL 指令,而不是用 IMUL 指令。AAM 指令的操作如下:

(AH)←(AL)/0AH

(AL)←(AL)%0AH　　(%为取余操作符)

且对 PF、SF、ZF 产生影响,对 OF、AF 和 CF 无意义。例如,对于 03×06=0108,则

```
                         00000011
                     ×   00000110
(AX)←00000000 00010010=0012H          ;不是非组合的 BCD 码,需进行如下调整
① (AL)÷0AH=00010010-00001010         ;商:(AH)←1
② 余数:00001000→AL
```

结果:(AX)=00000001　00001000=0108。

【例 3-11】 实现 08×09=0702 的程序段如下:

```
MOV   AL,08
MOV   BL,09
MUL   BL                          ;(AL)×(BL)→(AX)
AAM                               ;结果:(AX)=0702
```

组合 BCD 码相乘后,对所得结果无法调整,因为 8086 指令系统没有提供对组合 BCD 码乘法的调整指令。因此,对组合 BCD 码相乘,可以采用累加的算法。

4. 除法类指令(Division)

除法类指令共有 5 条,其中 2 条是分别对无符号数和带符号数进行除法运算的指令,1 条是对非组合 BCD 码除法进行十进制调整的指令,另 2 条是用于对带符号数长度进行扩展的指令。

8086 执行除法运算时,规定被除数必须为除数的双倍字长,即除数为 8 位时,被除数应为 16 位;而除数为 16 位时,被除数应为 32 位。

除法指令有两个操作数,其中被除数固定放在 AX 中(除数为 8 位时)或 DX、AX 中(除数为 16 位时)。在使用除法指令前,需用 MOV 指令将被除数传送到位。

(1)无符号数除法指令 DIV src

当用 DIV 指令进行无符号数的字/字节相除时,所得的商和余数均为无符号数,分别放在 AL 和 AH 中,若进行无符号数的双字/字相除时,所得的商和余数也是无符号数,则分别放在 AX 和 DX 中。例如:

```
DIV  CL                ;实现(AX)/(CL),所得商在AL中,余数在AH中
DIV  WORD PTR[DI]      ;实现DX和AX中的32位数被(DI)和(DI)+1所指的两单元中的16位
                       ;数相除,商在AX中,余数在DX中
```

(2)带符号数的除法指令IDIV src

IDIV指令用于两个带符号数相除,其功能和对操作数长度的要求与DIV指令类似,本指令执行时,将被除数、除数都作为带符号数,其相除操作和DIV是不相同的。例如:

```
IDIV  CX               ;将(DX)和(AX)中的32位数除以(CX)中的16位数,商在AX中,余数
                       ;在DX中
IDIV  BYTE PTR[DI]     ;将(AX)中的16位数除以(DI)所指单元中的8位数,商在AL中,余数在
                       ;AH中
```

使用除法指令,需注意以下几点:

① 除法运算后,标志位AF、ZF、OF、SF、PF和CF都是不确定的(无意义)。

② 用IDIV指令时,若为双字/字,则商的范围为－32768～＋32767;若为字/字节,则商的范围为－128～＋127,如果超出范围,则8086 CPU将其除数作为0的情况处理,即产生0号除法错中断(详见本章3.5节的中断指令),而不是用溢出标志OF＝1表示。

③ 对带符号数进行除法运算时,如(－30)/(＋7)可以得商为－4,余数为－2,也可得商为－5,余数为＋5。这两种结果都正确。但8086指令规定:余数的符号和被除数相同,因此前者是正确的。

④ 当被除数只有8位而除数也为8位时,必须先将此8位被除数放入AL中,并用符号扩展法将符号扩展到AH中而变成16位长的数。同样,当被除数只有16位而除数也为16位时,必须先将此16位被除数放在AX中,并用符号扩展法将符号扩展到DX中而变成32位长的数。若不进行扩展,除法将发生错误。扩展使用专门的扩展指令为CBW、CWD。

(3)非组合十进制除法调整指令AAD

对十进制数进行除法运算时和乘法一样,要求除数、被除数都用非组合的BCD码,否则不能进行调整。特别注意:除法调整指令AAD应放在除法指令之前,先将AX中的非组合BCD码的被除数调整为二进制数(仍放在AX中),再进行相除,以使除法得到的商和余数也是非组合的BCD码。AAD的操作为:

```
(AL)←(AH)*0AH+(AL)
(AH)←0
```

【例3-12】 要实现0103÷06＝02余01,程序如下:

```
MOV  AX,0103           ;取被除数
MOV  BL,06             ;取除数
AAD                    ;调整为:(AX)=000DH
DIV  BL                ;相除,得商(AL)=02,余数(AH)=1
```

(4)将字节扩展成字的指令CBW

CBW指令用于带符号数的扩展,其功能是将AL寄存器中的符号位扩展到AH中,从而使AL中的8位数扩展成为AX中的16位数。例如,若(AL)＜80H(为正数),执行CBW后,(AH)＝0;若(AL)≥80H(为负数),执行CBW后,(AH)＝FFH。

遇到两个带符号的字节数相除时,应先执行CBW指令,产生一个双倍字节长度的被除数,否则不能正确执行除法操作。CBW执行后,不影响标志位。

(5)将字扩展成双字的指令CWD

CWD指令和CBW一样,用于带符号数扩展,其功能是将AX寄存器中的符号位扩展到DX中,从而得到(DX)、(AX)组成的32位双字。例如,若(AX)＜8000H(正数),执行CWD后,(DX)＝0;若(AX)≥8000H(负数),执行CWD后,则(DX)＝FFFFH。

遇到两个带符号数的字相除时，应先执行 CWD 指令，产生一个双倍字长度的被除数，否则不能正确执行除法操作。CWD 执行后，也不影响标志位。

【例 3-13】 编写 45ABH÷2132H 的程序段。设被除数、除数分别按低字节在前，高字节在后依次存放在数据段中，其起始地址为 BUFFER，并在其后保留 4 字节，以存放商和余数。该程序段如下：

```
MOV  BX,OFFSET BUFFER
MOV  AX,[BX]
CWD                                 ;对被除数先进行符号扩展
IDIV  2 [BX]
MOV  4 [BX],AX
MOV  6 [BX],DX
```

若相除的两数为无符号数，则被除数扩展应使用指令 MOV DX,0。

【例 3-14】 算术运算指令的综合应用。试计算(W−(X∗Y+Z−220))/X，设 W、X、Y、Z 均为 16 位的带符号数，分别存放在数据段的 W、X、Y、Z 变量单元中。要求将计算结果的商存入 AX，余数存入 DX，或者存放到 RESULT 单元开始的数据区中。完整的汇编语言程序如下：

```
DATA     SEGMENT                    ;数据段
W        DW  －304
X        DW  10
Y        DW  －12
Z        DW  20
RESULT   DW2 DUP(?)
DATA     ENDS
;……………………………………………………………………………………………………
CODE     SEGMENT                    ;代码段
         ASSUME CS:CODE,DS:DATA
START:   MOV AX,DATA                ;初始化 DS
         MOV DS,AX
;……………………………………………………………………………………………………
         MOV AX,X                   ;X×Y
         IMUL Y
         MOV CX,AX                  ;乘积暂存 BX,CX
         MOV BX,DX
         MOV AX,Z                   ;将 Z 带符号扩展
         CWD
         ADD CX,AX                  ;与 X×Y 相加
         ADC BX,DX
         SUB CX,220                 ;(X×Y+Z)－220,结果在(BX)和(CX)中
         SBB BX,0
         MOV AX,W                   ;取 W→AX,并扩展成双字
         CWD
         SUB AX,CX                  ;实现 W－(X×Y+Z－220)
         SBB DX,BX                  ;结果在(DX),(AX)中
         IDIV X                     ;最后除以 X,结果,商在(AX),余数在(DX)中
         MOV RESULT,AX              ;存结果到数据区
         MOV RESULT+2,DX
;……………………………………………………………………………………………………
         MOV AH,4CH                 ;返回 DOS
```

```
        INT 21H
CODE    ENDS
;---------------------------------------------------------------------------
        END START          ;汇编结束
```

3.4.3 逻辑运算与移位(Logic and Shift)类指令

8086 指令系统提供了对 8 位数和 16 位数的逻辑运算与移位指令,由布尔型指令、移位指令和循环移位指令 3 类组成,共 13 条,如表 3-8 所示。

表 3-8 逻辑运算与移位指令

类	名称	助记符指令	操作数类型	操作说明
布尔型	And	and dst,src	B,W	dst←dst and src } 影响 SF,ZF,PF
		and dst,im	B,W	dst←dst and im } 但 OF,CF 置 0,AF 无意义
	OR	or dst,src	B,W	dst←dst or src } 影响 SF,ZF,PF
		or dst,im	B,W	dst←dst or im } 但 OF,CF 置 0,AF 无意义
	Exclusive OR	xor,dst,src	B,W	dst←dst xor src } 影响 SF,ZF,PF
		xor dst,im	B,W	dst←dst xor im } 但 OF,CF 置 0,AF 无意义
	Test,or Logical Compare	test r,src	B,W	r and src,只影响状态标志,且清除 CF 和 OF
		test r,im	B,W	r and im,其余同上
	Not,or form 1′s Complement	not src	B,W	src←src 的 1 补码,对标志不影响
移位	Shift Logical/Arithmetic Left	shl/sal src,1	B,W	src 逻辑/算术左移一位,填 0,CF,OF,PF,SF,ZF 受影响
		shl/sal src,CL	B,W	src 逻辑/算术左移 CL 位,填 0,余同上,操作如图 3-15 所示
	Shift Logical Right	shr Src,1	B,W	src 逻辑右移 1 位,填 0
		shr src,CL	B,W	src 逻辑右移 CL 位,填 0
	Shift Arithmetic Right	sar src,1	B,W	src 算术右移 1 位,填符号
		sar src,CL	B,W	src 算术右移 CL 位,填符号
循环移位	Rotate Left	rol src,1	B,W	操作如图 3-15 所示
		rol src,CL	B,W	
	Rotate Right	ror src,1	B,W	
		ror src,CL	B,W	
	Rotate left though carry	rcl src,1	B,W	
		rcl src,CL	B,W	
	Rotate Right though carry	rcr src,1	B,W	
		rcr src,CL	B,W	

1. 布尔型指令

8086 的布尔型逻辑运算指令包括 AND(与)、OR(或)、XOR(异或)、NOT(非)和 TEST(测试)5 条指令。NOT 指令为单操作数指令,且不允许使用立即数。其余 4 条均为双操作数指令,其操作数除源操作数可为立即数外,在两个操作数中至少有一个为寄存器,另一个则可使用任意寻址方式。对标志的影响情况是:NOT 不影响标志位,其他 4 条指令将使 CF 和 OF 置 0,AF 无意义,ZF、SF 和 PF 则根据运算结果进行设置。

每条指令除可完成对 8 位数或 16 位数指定的布尔运算外,在程序设计中还有专门用途。

AND OR 和 XOR 指令的使用形式很相似,例如:

```
AND   AL,0FH        ;(AL)和 0FH 相与,结果在 AL 中
AND   DX,[BX+SI]    ;DX 中的 16 位数与(BX)+(SI)所指的字单元内容相与,结果送回 DX
```

```
OR      AX,00F0H              ;AX 的内容与 00F0H 相或,结果送 AX
OR      BYTE PTR[BX],80H      ;(BX)所指字节单元的内容与 80H 相或,结果送该存储单元
XOR     CX,CX                 ;CX 的内容本身进行异或,结果是对 CX 清零
XOR     AX,1000H              ;AX 的内容与 1000H 异或,结果送 AX
```

这些指令对处理操作数的某些位很有用,如可屏蔽某些位、使某些位置 1、测试某些位等。

用 AND 指令可对指定位或指定的一些位进行屏蔽(清零)。例如,AND AL,0FH 可将 AL 中的高 4 位清零,这里的 0FH 称为屏蔽字。屏蔽字中的 0 对应于需要清 0 的高 4 位。

用 OR 指令可对一些指定位置 1。例如,OR AL,80H 可将 AL 中的最高位置 1。

用 XOR 指令可以比较两个操作数是否相同。例如,XOR AL,3CH,若执行后 ZF=1,说明(AL)=3CH,否则不等于 3CH。用 XOR 指令与全 1 的立即数进行异或,可将指定的数据变反。例如,XOR AL,0FFH,若指令执行前(AL)=3AH,其操作为:

```
           (AL)=0011 1010
XOR         FFH=1111 1111
----------------------------
                 1100 0101= C5H→(AL)
```

执行后,(AL)=C5H 是执行前的(AL)的反码。

特别需要指出:AND AX,AX;OR AX,AX;XOR AX,AX 都可以用来清除 CF,影响 SF、ZF 和 PF。其中,XOR AX,AX 在清除 CF 和影响 SF、ZF、PF 的同时,也清除 AX 自己;而 AND AX,AX 和 OR AX,AX 执行后,不改变操作数。但因影响了 SF、PF 和 ZF,可用来检查数据的符号、奇偶性和判断数据是否为零。

TEST 指令和 AND 指令类似,都是执行同样的逻辑与操作,但 TEST 指令不送回操作结果,仅仅影响标志位。例如:

```
TEST    AL,80H        ;测 AL 的最高位 D7 是否为 1,若是,ZF=0,否则 ZF=1
TEST    [BX],01H      ;测(BX)所指存储单元的最低位 D0 是否为 1,若是,ZF=0,否则 ZF=1
```

NOT 指令只有一个操作数。执行后,求得操作数的反码后再送回,因此操作数不能为立即数。例如:

```
NOT     BX                    ;(BX)变反码,结果送回 BX 中
NOT     BYTE PTR[1000H]       ;将 1000H 单元中内容变反码后,送回 1000H 单元
```

例如,指令 NOT AX 和 INC AX 的作用相当于 NEG AX,即求 AX 的补码。

TEST 指令一般用来检测指定位是 0 还是 1。这个指定位往往对应一个物理量。例如,用 TEST AL,80H 可检测 AL 中的内容是正数还是负数,执行后,若 ZF=1,为正数;否则为负数。用 TEST AL,01H 可检测 AL 中内容是奇数还是偶数。TEST 指令用在 8086 CPU 和 I/O 设备交换数据的程序中,可检测 I/O 设备的状态,这时可先将 I/O 接口电路的状态寄存器内容通过 IN 指令取到累加器 AL 或 AX 中,再用 TEST 指令检查指定状态位的状态,当状态符合要求,便可进行输入/输出了。

【例 3-15】 数据段中有一个由 4 个 8 位数据组成的数组 ARRAY,其中有正数,也有负数,试求出该数组中各元素的绝对值,并存入以 RESULT 为起始的地址单元中。程序段如下:

```
;------------------------------------------------------------
          LEA     BX,ARRAY        ;指向源操作数
          LEA     DI,RESULT       ;指向目的操作数
          MOV     CL,4            ;设计数初值
AGAIN:    MOV     AL,[BX]         ;取一字节到 AL
          TEST    AL,80H          ;符号位为 1?
          JZ      NEXT
          NEG     AL              ;是,变补
```

```
NEXT:   MOV   [DI],AL        ;送结果
        INC   BX
        INC   DI
        DEC   CL
        JNZ   AGAIN          ;直到检查完毕
;..................................................
```

2. 移位类指令

8086指令系统中有4条移位指令,即算术左、右移指令SAL、SAR和逻辑左、右移指令SHL、SHR,其功能是用来实现对寄存器或存储单元中的8位或16位数据的移位,操作示意图如图3-14所示。

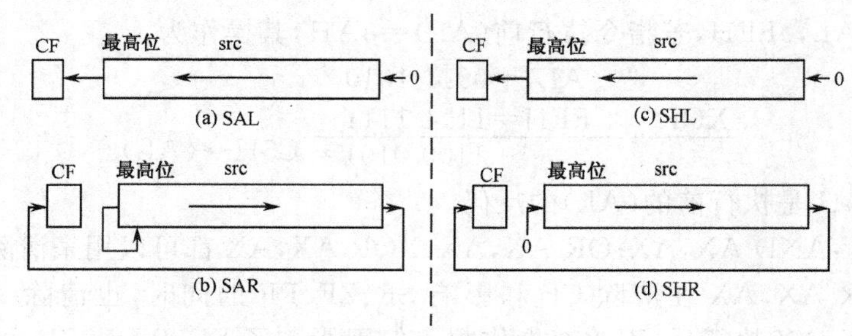

图3-14 移位指令操作示意图

由图3-14可见:逻辑移位指令SHL、SHR用于无符号数的移位,左移时最低位补0,右移时最高位补0。算术移位指令SAL、SAR用于对带符号数的移位,左移时,最低位补0;右移时,最高位的符号在右移的同时被保持。

这里还可以看到:SHL和SAL的功能完全一样,因为对一个无符号数乘以2和对一个带符号数乘以2没有区别,每移一次,最低位补0,最高位移入CF。在左移位数为1的情况下,移位后,如果最高位和CF不同,则溢出标志OF=1,这对带符号数可由此判断移位前后的符号位不同;反之,若移位后的最高位和CF相同,则OF=0,这表示移位前后符号位没有改变。

SHR和SAR的功能不同。SHR执行时最高位补0,因为它是对无符号数移位,而SAR执行时最高位保持不变,因为它是对带符号数移位,应保持符号不变。

SAL、SHL、SAR和SHR指令的形式是相似的。下面以SAL指令为例,其形式有:执行1次移动1位的和执行1次移动n位的两种。n则需预先送入CL寄存器中,例如:

```
SAL  DX,1       ;将DX中的内容左移一位,最低位补0
SAL  AL,CL      ;将AL中的内容左移n位,n是CL的内容,如(CL)=4,则左移4位
SAL  AX,CL      ;将AX中的内容左移n位,n是CL的内容
```

左移1位可实现乘2运算,右移1位可实现除2运算,其余依此类推。用左、右移位指令实现乘、除一个系数(20以内)比用乘、除法指令实现所需的时间要短得多。

【例3-16】 用移位指令实现快速乘法,求$y=10\times x=(2\times x)+(8\times x)$。

解:本题可用乘法指令实现,但所花时间长;若用移位和寄存器加指令实现,则使执行时间减少很多,实现快速相乘,其程序段如下:

```
SAL   AL,1      ;x*2
MOV   BL,AL     ;暂存于BL
SAL   AL,1      ;x*4
SAL   AL,1      ;x*8
ADD   AL,BL     ;(x*2)+(x*8)
```

上述5条指令可查附录A,共花$20T$(时钟周期),这比乘法指令执行时间短得多。

3. 循环移位指令

8086 指令系统中有 4 条循环移位指令，即不含进位的循环左、右移指令（又称小循环）ROL，ROR 和含进位的循环左、右移位指令（又称大循环）RCL、RCR，可实现对寄存器或存储单元中的 8 位或 16 位数据的循环移位，其操作示意图如图 3-15 所示。

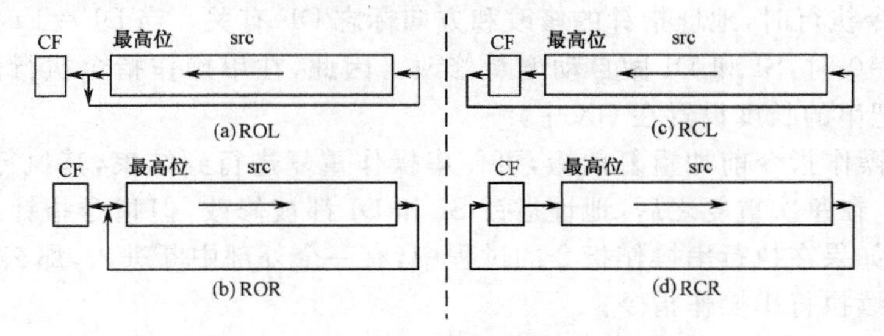

图 3-15　循环移位指令操作示意图

循环移位指令，执行 1 次可移动 1 位，也可以执行 1 次移动 n 位，n 仍然需预先放入 CL 寄存器中。这 4 条循环移位指令的形式类似，下面以 ROR 为例：

```
ROR  AX,1                  ;AX 中内容不含进位右移 1 位
ROR  BYTE PTR[DI],CL       ;(CL)=8,则(DI)所指内存的内容不含进位右移 8 位(使数据还原)
```

循环移位指令可用来检测寄存器或存储单元中含 1 或含 0 的个数，因为用小循环指令循环 8 次，数据又还原了。通过每次移位对 CF 进行检测，就可计算出 1 或 0 的个数；大循环指令只要循环 9 次，数据也还原了。

大循环指令与移位指令联合使用，可实现多倍精度数的左移和右移。

【例 3-17】 欲实现存于通用寄存器 AX 和 DX 的 32 位数的联合左移(乘 2)。使用的指令如下：

```
SAL  AX,1
RCL  DX,1
```

同理，要实现存于连续两个存储单元中的 32 位数据乘 2，使用的指令如下：

```
SAL  FIRST-WORD,1
RCL  SECOND-WORD,1
```

3.4.4　串操作(String Manipulation)类指令

串操作类指令是用一条指令实现对一串字符或数据的操作，共 6 条指令，其中 5 条为基本串操作指令，另 1 条为重复前缀。当把重复前缀加在每条基本串操作指令之前时，可实现重复串操作。串操作指令如表 3-9 所示。

表 3-9　串操作指令

名　称	助记符指令	操作数类型	操 作 说 明
Move byte String or Word String	MOVS/MOVSB/MOVSW dst,src	B,W	dst←src,对标志无影响 若 DF=0,SI←SI+DELTA,DI←DI+DELTA, 否则 SI←SI−DELTA,DI←DI−DELTA (为字节串,DELTA=1;为字串时,DELTA=2)
Compare Byte String or Word String	CMPS/CMPSB/CMPSW dst,src	B,W	dst−src,结果影响 AF、CF、OF、PF、SF、ZF(其余同上)
Scan Byte String or Word String	SCAS/SCASB/SCASW dst	B,W	AL 或 AX−dst,结果影响 AF、CF、OF、PF、SF、ZF(dst 的变化同上)
Load Byte String or Word String	LODS/LODSB/LODSW src	B,W	AL 或 AX←src,对标志无影响(src 的变化同上)
Store Byte String or Word String	STOS/STOSB/STOSW dst	B,W	dst←AL 或 AX,对标志无影响(dst 的变化同上)
Repeat string operation	REP/REPZ/REPE/ REPNE/REPNZ	串操作的重复次数由 CX 给定,当 CX 达到给定值时,停止重复	

串操作指令有如下特点。

① 可以对字节串进行操作,也可对字串进行操作。

② 所有串操作指令都用SI对DS段中的源操作数进行间接寻址,而用DI对ES段中的目的操作数进行间接寻址。串操作指令是唯一的一类源操作数和目的操作数都是存储单元的指令。

③ 串操作指令执行时,地址指针的修改和方向标志DF有关。当DF=1时,SI和DI做自动减量修改;当DF=0时,SI和DI做自动增量修改。因此,在串操作指令执行前,需对SI、DI和DF进行设置,且把串的长度设置在CX中。

④ 通过在串操作指令前加重复前缀,可使串操作重复进行到结束,其执行过程相当于一个循环程序的运行。在每次重复之后,地址指针SI和DI都被修改,但指令指针IP仍保持指向前缀的地址。因此,如果在执行串操作指令的过程中,有一个外部中断进入,那么,在完成中断处理以后,将返回去继续执行串操作指令。

串操作指令是一类高效率的操作指令,合理选用对程序的优化很有好处。串操作使用的寄存器和状态标志如下所示:

SI	源字符串变址(偏移量)寄存器
DI	目标字符串变址(偏移量)寄存器
CX	重复操作次数计数器
AL/AX	SCAS的扫描值;LODS的目的;STOS的源
DF	等于0,使SI、DI自动加1(或加2);等于1,使SI、DI自动减1(或减2)
ZF	扫描/比较串操作的终止标志

1. 重复前缀REP/REPZ/REPE/REPNZ/REPNE

重复前缀共有5种,这种指令不能单独使用,只能加在串操作指令之前,用来控制跟在其后的基本串操作指令,使之重复执行,重复前缀不影响标志。

(1)REP为重复前缀,执行的操作如下。

① 若(CX)=0,则退出REP,否则往下执行。

② (CX)←(CX)-1。

③ 执行后跟的串操作指令。

④ 重复①~③。

REP前缀常与MOVS和STOS串操作指令配用,表示串未处理完时重复。

REPE/REPZ为相等时(ZF=1)重复前缀:与REP相比,除满足(CX)=0的条件可结束串操作外,还增加ZF=0的条件。本前缀与CMPS和SCANS串操作指令配用,表示只有当两数相等(ZF=1)方可继续比较;若两数不相等(ZF=0),则可提前结束串操作。

REPNE/REPNZ为不相等时(ZF=0)重复前缀。本前缀与CMPS和SCANS指令配用,除结束串操作的条件为(CX)=0或ZF=1外,其他操作与REPE完全相同。也就是说,只有两数不相等ZF=0,才可继续进行比较,而遇到两数相等或(CX)=0,均可结束串操作。

2. 串传送指令(Move String)MOVSB/MOVSW

该指令把位于DS段的由SI所指向的存储单元中的字节或字传送到位于ES段由DI所指向的存储单元中,并修改SI和DI,以指向串中的下一个元素。例如:

```
MOVSB              ;用于字节串传送,SI和DI内容±1
MOVSW              ;用于字串传送,SI和DI内容±2
MOVS  dst,src      ;用于字串或字节串操作,具体由dst,src的数据类型属性确定
```

【例3-18】 将例3-5的100个字从AREA1传送到AREA2,改用串传送指令实现。程序段如下:

```
MOV    SI,OFFSET AREA1
```

```
          MOV     DI,OFFSET AREA2
          MOV     CX,100
AGAIN:    MOVS    AREA2,AREA1
          DEC     CX
          JNZ     AGAIN
```

若采用重复前缀,用一条指令便可完成 100 个数据的传送。此时串长度必须放在 CX 中。

```
          MOV     SI,OFFSET  AREA1
          MOV     DI,OFFSET  AREA2
          MOV     CX,100
REP       MOVS    AREA2,AREA1   ;重复传送直到(CX)=0 为止
```

3. 串比较指令(Compare String)CMPSB/CMPSW

该指令把 DS 段中由 SI 所指向的存储单元中的字节或字与 ES 段中由 DI 所指向的存储单元中的字节或字进行比较(相减),但不送回结果,影响 OF、SF、ZF、AF、PF 和 CF,并在比较之后,自动修改地址指针。例如:

```
CMPSB                         ;比较两字节串,SI 和 DI 内容±1
CMPSW                         ;比较两字串,SI 和 DI 内容±2
CMPS   dst,src                ;比较两字节串或字串,具体由 dst,src 的数据类型属性决定
```

【例 3-19】 比较 DS 段和 ES 段中的两个字节串。它们分别放在 DS 段中从 FLAGS 和 ES 段中从 STATUS 开始的单元中。设串长度=5,试比较它们是否一样。若不一样,找出出现不一样时的位置,并记入 DS 段中的 POINT 单元,程序段如下:

```
;..........................................................................
          LEA     SI,FLAGS              ;SI 指向源串
          LEA     DI,STAUS              ;DI 指向目的串
          MOV     CX,0005               ;设计数器初值为 5
          CLD                           ;增址比较
          REPE    CMPSB                 ;重复比较
          JNE     FOUND
SAME:     RET                           ;否则,相同
FOUND:    INC     CX                    ;退回一字节
          MOV     WORD  PTR  POINT,CX   ;存结果
          JMP     SAME
;..........................................................................
```

4. 串搜索指令(SCAN String)SCASB/SCASW

该指令把 AL(或 AX)中的内容与由(DI)所指的附加段 ES 中的一个字节(或字)进行比较,结果不送回,只影响 OF、SF、ZF、AF、PF 和 CF,并在比较之后,自动修改地址指针。

【例 3-20】 AL 中存放收到的键盘命令(字符),而在 DS 段从 COMMAND 开始的 16 个单元中存放有"01234567…DEF"共 16 个数字命令对应的 ASCII 码表示的命令串。应用 REPNZ SCASB 指令,在 DS 中的命令串中搜寻,若键盘命令与其中一个相同,则显示,否则进行出错处理。该程序段如下:

```
;..........................................................................
          MOV AH,01H                    ;键盘输入命令字节到 AL 并显示
          INT   21H
          MOV   DI,OFFSET COMMAND       ;DI 指向 DS 段中的命令字符
          CLD                           ;增址搜索
          MOV   CX,10H                  ;设计数值
```

```
        REPNZ   SCASB                      ;重复搜索
        JNZ   ERROR                        ;未找到,转出错处理
        MOV   AH,02H                       ;找到,显示该命令
        MOV   DL,AL
        INT   21H
ERROR:  RET
;.................................................................
```

5. 存字符串指令(Store String)STOSB/STOSW

该指令是把AL(或AX)中的数据存到ES段由DI所指的内存单元中,并且自动修改地址指针(DI)←(DI)+1(或2)。STOSB/STOSW可以与REP前缀配用,实现在一内存单元中填入某一相同的数。

【例3-21】 欲将ES段中从0400H开始的256个单元清0。程序段如下:

```
;.................................................................
        LEA   DI,[0400H]                   ;DI指向存储目的首址
        MOV   CX,0080H                     ;设计数值为128个字
        CLD                                ;增址存储
        XOR   AX,AX                        ;(AX)=0
        REP   STOSW                        ;将0重复存入256个字节单元中
;.................................................................
```

6. 取字符串指令(Load String)LODSB/LODSW

该指令用来把DS段中由SI所指的存储单元的内容取到AL(或AX)中。因为AL或AX中的内容会被后一次取入的字符所覆盖,因此LODSB/LODSW指令不能加重复前缀,否则会导致AL或AX中只能得到字符串中的最后一个字节或字。实际使用时,LODSB/LODSW指令一般用在循环处理的程序中。

【例3-22】 设内存中有一字符串,起始地址为BLOCK,其中有正数和负数,欲将它们分开存放,正数放于以PLUS为首址的存储区,负数放于以MINUS为首址的存储区。

为解决此问题,可设SI为源字节串指针,DI和BX分别为正、负数的目的区指针,使用LODS指令,将源串中的字节数据取入AL中,检查其符号位,若为正数,用STOSB指令存入正数存储区;若为负数,则应先将DI与BX交换,再用STOSB送负数到负数存储区;用CX控制循环次数。

完成该功能的完整汇编语言程序如下:

```
        DATA     SEGMENT                   ;数据段
        BLOCK    DB  -1,5,7,-3,8,18,-4,-2,48,32
        COUNT    EQU $ -BLOCK
        PLUS     DB  COUNT DUP(?)
        MINUS    DB  COUNT DUP(?)
        DATA     ENDS
;.................................................................
        CODE     SEGMENT                   ;代码段
        MAIN     PROC  FAR
                 ASSUME  CS:CODE,DS:DATA,ES:DATA
        START:   PUSH  DS                  ;保护返回地址
                 SUB  AX,AX
                 PUSH  AX
                 MOV  AX,DATA              ;初始化DS,ES
```

```
        MOV  DS,AX
        MOV  ES,AX
;...............................................................
INIT:   MOV  SI,OFFSET BLOCK       ;指向数据区
        MOV  DI,OFFSET PLUS        ;指向正数缓冲区
        MOV  BX,OFFSET MINUS       ;指向负数缓冲区
        MOV  CX,COUNT              ;设计数器
GOON:   LODSB
        TEST  AL,80H               ;是负数?
        JNZ  MINS                  ;是,转移
PLS:    STOSB                      ;否,存正数
        JMP  AGAIN
MINS:   XCHG  BX,DI
        STOSB                      ;存负数
        XCHG  BX,DI
AGAIN:  DEC  CX
        JNZ  GOON
        RET                        ;返回 DOS
;...............................................................
MAIN    ENDP
CODE    ENDS
        END  START                 ;汇编结束
```

3.4.5 控制转移(Control Jump)类指令

控制转移类指令的功能是改变程序执行顺序。8086 的指令执行顺序由代码段寄存器 CS 和指令指针 IP 的内容确定。CS 和 IP 结合起来,给出下条指令在存储器的位置。多数情况下,要执行的下一条指令已从存储器中取出,预先存于 8086 CPU 的指令队列中等待执行。正常情况下,CPU 执行完一条指令后,自动接着执行下一条指令。程序转移指令用来改变程序的正常执行顺序,这种改变是通过改变 IP 和 CS 内容来实现的。若程序发生转移,原存放在 CPU 指令队列中的指令就被废弃。BIU 将根据新 IP 和 CS 值,从存储区中取出一条新的指令直接送到 EU 中去执行,再逐条读取指令,重新填入到指令队列中。

8086 的控制转移类指令可分为 4 类:无条件转移、调用、返回类指令,条件转移类指令,循环控制类指令和中断类指令。除中断类指令外,其他各类指令均不影响标志位。

控制转移类指令中关于转移地址的寻址与前面讲述的操作数寻址不同,为此,讲述控制转移指令的时候,以无条件转移指令为例先分析与转移地址有关的寻址。

1. 无条件转移(Jump)、调用(CALL)、返回(RETURN)类指令

JMP 和 CALL 指令都是通过改变 CS 和 IP 值来改变程序执行顺序的。不同的是,CALL 指令要先将 IP 和 CS 的当前值压栈保存,以备返回时使用;返回指令 RET 则将 CALL 指令压栈保存的值弹回到 CS 和 IP 中,实现正确返回。CALL 和 RET 指令必须成对使用。

8086 的转移、调用和返回指令根据转移地址在段内或段外,又分为段内转移和段间转移。8086 宏汇编程序 MASM-86 定义段内转移的目标为“NEAR”类,称为近转移,定义段间转移目标为“FAR”类,称为远转移。段内转移只需改变 IP 的值;段间转移不但要改变 IP 的值,还要给出一个新的码段值给 CS,使之成为当前码段;段内转移指令码短,执行速度快,在程序设计时大量使用。

段内和段间的转移指令寻址方法有两种：直接寻址和间接寻址。

(1)无条件转移指令(JMP)

① 段内直接寻址(Intrasegment Direct Addressing)

用这种寻址方式的转移指令，直接给出一个相对位移量，这样有效转移地址 IP(即 EA)为 IP 的当前内容加 8 位或 16 位的位移量，即 $EA=(IP)_{目的} \leftarrow (IP)_{源}+位移量\ e$。因为位移量 e 是相对 IP 的值来计算的，所以段内直接寻址又称为相对寻址。

段内直接寻址方式既可用在无条件转移指令中，也可用在条件转移指令中，但是在条件转移指令中只能用 8 位的位移量。

段内直接寻址的无条件转移指令的格式如下：

```
JMP NEAR PTR TAGET   ;转移目标的位移量为 16 位的带符号数，范围－32768～＋32767，(IP)←
                     ;(IP)＋16 位位移量，形成段内近(NEAR)转移。其中，NEAR PTR 为
                     ;综合运算符。请参见 4.2.3 节
JMP SHORT OBJECT     ;转移目标的位移量为 8 位的带符号数，范围－128～＋127，此时(IP)←
                     ;(IP)＋8 位位移量，形成段内短(SHORT)转移。其中，SHORT 为运算符
```

【例 3-23】 在例 3-19 的程序中有两条无条件转移指令 JNZ 和 JMP，试计算这两条指令的位移量 e。已知这两条转移指令转移前和转移后的 IP 的值分别如下所示：

```
    机器语言程序                        汇编语言程序
    地址         机器码
    ⋮                                    ⋮
    13BA:001B    F3                      REPZ
    13BA:001C    A6                      CMPSB
┌── 13BA:001D    75 01                   JNZ     0020    ①
│┌→ 13BA:001F    CB            SAME:     RET
│└→ 13BA:0020    41            FOUND:    INC     CX
│   13BA:0021    890E0600                MOV     [0006],CX
└── 13BA:0025    EB F8                   JMP     001F    ②
                                         ⋮
```

解：

JNZ 0020 指令的位移量 $e=(IP)_{目的}-((IP)_{源}+2)=0020H-(001DH+2)=01H$。这里的 2 为该指令的长度(字节数)。位移量为正，属正向转移。

JMP 001F 指令的位移量 $e=(IP)_{目的}-((IP)_{源}+2)=001FH-(0025H+2)=-8H$。负数取补码，位移量为 F8H，位移量为负，属反向转移。

用这类寻址的转移指令，由于指令中只给出相对于 IP 当前值的相对位移量，因此能实现在内存区的浮动。

② 段内间接寻址(Intrasegment Indirect Addressing)

这种寻址方式下，有效的转移地址 EA 是一个寄存器或者一个存储单元的内容，并以此内容取代 IP 指针的内容。这里的寄存器或存储单元的内容可以用操作数寻址方式中除立即数之外的任何一种寻址方式取得，即 EA＝相应的操作数寻址方式的 EA。例如：

```
JMP  BX                ;BX 中的 16 位数据为有效转移地址 EA
JMP  WORD  PTR[SI]     ;由[SI]所指的字单元中的 16 位内容为有效转移地
                       ;址 EA，WORD PTR 为运算符
```

现设(DS)＝2000H，(BX)＝1200H，(SI)＝5230H，存储单元(25230H)＝2450H，则 JMP BX 指令执行后，EA＝(IP)＝(BX)＝1200H；JMP WORD PTR[SI]指令执行后，EA＝(IP)＝(16×(DS)＋(SI))＝(20000H＋5230H)＝(25230H)＝2450H

③ 段间直接寻址

这种寻址方式下，指令中给出转移地址的段地址和段内偏移量。发生转移时，用前者取代当前CS中的内容，用后者取代当前IP中的内容，从而使程序从一个代码段转移到另一个代码段。例如：

```
JMP  FAR  PTR  LABEL          ;LABEL为转移地址的符号，它是另一代码段中距段首址的偏移
                              ;量。FAR PTR为段间转移的运算符
```

④ 段间间接寻址(Intrasegment Indirect Addressing)

指令中将给出一个存储器地址，用该存储器地址所指的两个相继字单元的内容(32位)来取代当前的IP和CS的内容。例如：

```
JMP  DWORD  PTR[BX][SI]       ;用(BX)+(SI)所指的存储器字单元的内容取代(IP)。用(BX)
                              ;+(SI)+2所指的存储器字单元内容取代(CS)。DWORD PTR
                              ;为双字指针运算符
```

(2)调用指令CALL

调用指令是为程序设计实现模块化而准备的。程序设计时，往往把某些具有独立功能的程序编写成为独立的程序模块，又称其为子程序，可供一个或多个程序调用。8086汇编又称子程序为过程。CALL指令就是为调用程序调用过程(或称转子)而设立的。当子程序执行完后，应返回到调用程序中CALL指令的下一条语句。

子程序和调用程序可以在一个代码段内，也可不在一个代码段内，前者称为段内调用，后者称为段间调用。段内和段间调用均可用直接寻址或间接寻址。CALL指令的格式为：CALL dst

其操作分4步进行：

① (SP)←(SP)−2；((SP+1)，(SP))←(CS)。

② (CS)←SEG。

③ (SP)←(SP)−2；((SP)+1，(SP))←(IP)。

④ (IP)←dst。

若为段间调用，应完整执行完①～④步，即将下条指令的(CS)先入栈，再(IP)入栈，最后用转移地址的码段地址SEG取代(CS)，偏移量dst取代(IP)。若为段内调用，只需执行③、④两步。

CALL指令和JMP指令的区别在于，前者需要保存返回地址，即多执行①和③两步。

下面列出各种调用指令的格式：

```
CALL  1000H或CALL  NEAR  PTR  ROUT   ;段内直接调用。转移地址或在指令中直接给出，
                                     ;或在指令中给出调用的“近”过程名。NEAR PTR
                                     ;为段内调用运算符
CALL  BX                             ;段内间接调用，调用地址由(BX)给出
CALL  2500H:1400H或CALL FAR PTR SUBR ;段间直接调用，调用过程的段地址2500H和偏移
                                     ;量1400H或由指令直接给出，或用“远”过程名代替
CALL  DWORD  PTR[DI]                 ;段间间接调用，调用地址在[DI]所指的连续4个
                                     ;单元中，前2字节为偏移量IP，后2字节为段地址CS
```

(3)返回指令RET

格式： RET Optional-pop-value

RET指令放在子程序的末尾，当子程序功能完成后，由它返回调用程序。返回地址是执行CALL指令时入栈保存的。因此，RET指令的操作如下。

若为段内返回，执行①、②步。

① (IP)←((SP+1)，(SP))。

② (SP)←(SP)+2。

若为段间返回，还要继续③、④步。

③ (CS)←((SP+1),(SP))。

④ (SP)←(SP)+2。

【例 3-24】 有一过程 MY-PROG，属性为 NEAR；调用时使用的指令如下。

```
                MOV  SP,[01FEH]        ;设堆栈指针
                 ⋮
04F0            CALL  MY－PROG         ;调用子程序
04F3  NEXT:     MOV AX,BX              ;调用后返回于此
                 ⋮
0500  MY-PROG   PROC                   ;过程
0500            MOV CL,6               ;过程程序的第一条
                 ⋮
051E            RET                    ;返回
051F  MY-PROG   ENDP                   ;过程结束
```

试画出调用、返回指令执行前后堆栈、堆栈指针及 IP 的变化示意图。

解：过程调用对堆栈、堆栈指针及 IP 的影响如图 3-16 所示。

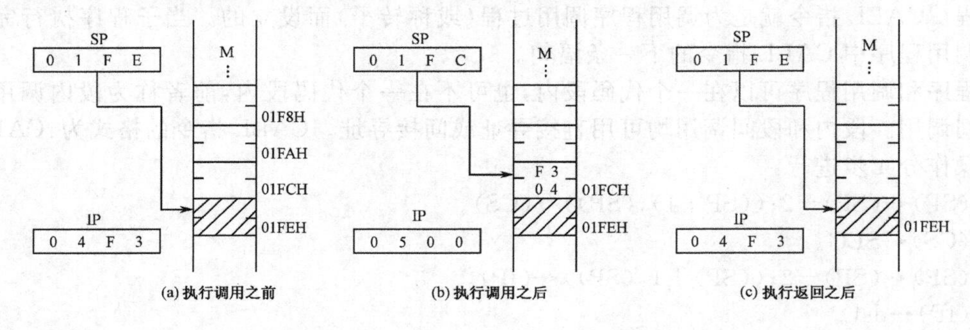

图 3-16 例 3-24 堆栈、SP 及 IP 变化示意图

段内返回和段间返回均用 RET 指令，其操作由与之配用的 CALL 指令中的过程名属性确定是段内返回还是段间返回。

RET 指令还可带立即数 n，如 RET 4。该指令允许在返回地址出栈后，继续修改堆栈指针，将立即数 4 加到 SP 中，即(SP)←(SP)+4。这一特性可用来冲掉在执行 CALL 指令之前推入堆栈的一些数据。注意，n 一定为偶数。带立即数的返回指令 RET n 一般用在这样的情况：调用程序为某个子程序提供一定的参数或参数的地址。在进入子程序前，调用程序将这些参数或参数地址先压栈，通过堆栈传递给子程序。子程序运行过程中，使用了这些参数或参数地址，子程序返回时，这些参数或参数地址已经没有在堆栈中保留的必要。因而，可在返回指令中带上立即数 n，使得在返回的同时，将堆栈指针自动移动 n 字节，以冲掉那些已经无用的参数或参数地址占用的空间。

2. 条件转移指令

指令格式：JCC Target

条件转移指令 JCC Target 是根据 8086 CPU 中的状态标志位的状态或这些标志位间的逻辑关系作为转移条件 CC，以决定是否发生转移。若条件 CC 成立，转移到所给出的转移目标 target；若不成立，程序将顺序执行。8086 的条件转移指令共 19 条，如表 3-10 所示。条件转移指令功能如图 3-17 所示。

表 3-10 条件转移指令

序号	名 称	助记符	条件 CC	意义(如……,则转移)
1	Jump if above,or if not below nor equal	ja/jnbe	CF 或 ZF=0	高于/不低于也不等于
2	Jump if above or equal,or if not below	jae/jnb	CF=0	高于或等于/不低于
3	Jump if below,or if not above nor equal	jb/jnae	CF=1	低于/不高于也不等于
4	Jump if Carry	jc	CF=1	有进位
5	Jump if below or equal,or if not above	jbe/jna	CF 或 ZF=1	低于或等于/不高于
6	Jump if equal,or if Zero	je/jz	ZF=1	等于/为零
7	Jump if greater,or if not less nor equal	jg/jnle	(SF 异或 OF)或 ZF=0	大于/不小于也不等于
8	Jump if greater or equal,or if not less	jge/jnl	SF 异或 OF=0	大于或等于/不小于
9	Jump on less,or on not greater nor equal	JL/JNGE	SF 异或 OF=1	小于/不大于也不等于
10	Jump if less or equal,if not greater	jle/jng	(SF 异或 OF)或 ZF=1	小于或等于/不大于
11	Jump if no carry	jnc	CF=0	无进位
12	Jump if not equal,or if not Zero	jne/jnz	ZF=0	不等于/不为零
13	Jump on not overflow	jno	OF=0	无溢出
14	Jump on no parity,or if parity odd	jnp/jpo	PF=0	无奇偶/奇偶位为奇
15	Jump on not sign,if Positive	jns	SF=0	无符号,或为正
16	Jump on overflow	jo	OF=1	有溢出
17	Jump on parity,or if parity even	jp/jpe	PF=1	有奇偶/奇偶位为偶
18	Jump on sign	js	SF=1	有符号
19	Jump if CX is Zero	jcxz	CX=0	(CX)为零

注:高于和低于指的是两个无符号数之间的关系;大于和小于指的是两个带符号数之间的关系。

条件转移指令均为双字节指令,第 1 字节为操作码,第 2 字节是相对转移目标的地址,即转移指令本身的偏移量与目标地址的偏移量之差,范围为 −128～+127 之间。因此条件转移只能发生在当前代码段中,是一种短转移。当需要超出短转移所能转移的范围时,可通过两条转移指令来实现,即用一条条件转移指令,首先转移到跟在后面的一条无条件转移指令,再由无条件转移指令实现在整个地址空间的转移。

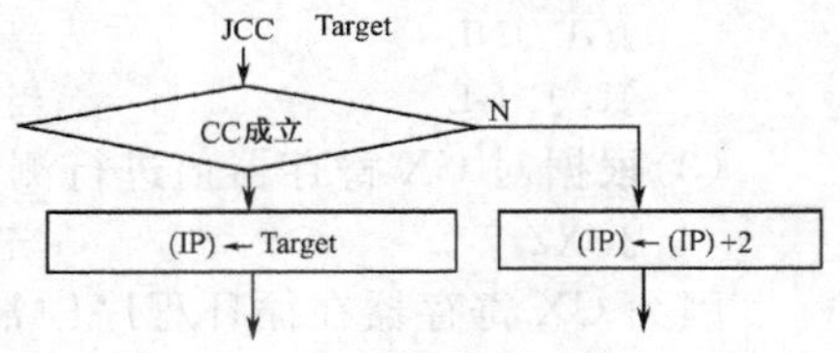

图 3-17 条件转移指令功能

由于条件转移指令都采用段内相对寻址,使用这类指令的程序,易于实现在内存中的浮动。条件转移指令执行后,均不影响条件码。条件转移指令按所依据的条件可分为 3 组。

(1)根据单个标志为条件进行测试,CF、ZF、SF、PF、OF 分别作为测试的状态标志,故这组指令共 10 条。

① 测试 CF: JB/JNAE/JC ;当 CF=1 转移
JNB/JAE/JNC ;当 CF=0 转移

用于判断无符号数的大小。

② 测试 ZF: JE/JZ ;当 ZF=1 转移
JNE/JNZ ;当 ZF=0 转移

用于测无符号数或带符号数是否相等。

③ 测试 SF: JS ;当 SF=1 转移
JNS ;当 SF=0 转移

用于测试数据为正或为负。

④ 测试 PF: JP/JPE ;当 PF=1 转移
JNP/JPO ;当 PF=0 转移

用于测试操作结果的低 8 位中含“1”个数为偶性,还是奇性。

⑤ 测试 OF: JO ;当 OF=1 转移
JNO ;当 OF=0 转移

用来判断带符号数的运算结果是否产生溢出。

【例 3-25】 根据加法运算的结果进行不同的处理。若结果为 0，停止，否则继续。

解：这是一种分支结构。实现这种两分支的程序段可以有两种形式：

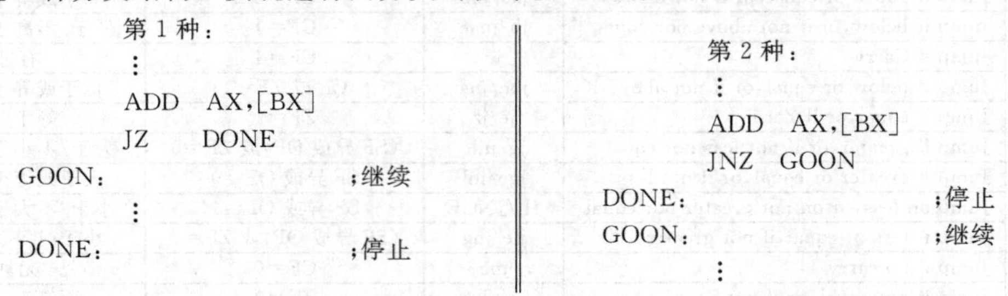

第 1 种：

```
        ⋮
        ADD   AX,[BX]
        JZ    DONE
GOON:               ;继续
        ⋮
DONE:               ;停止
```

第 2 种：

```
        ⋮
        ADD   AX,[BX]
        JNZ   GOON
DONE:               ;停止
GOON:               ;继续
        ⋮
```

(2)根据标志间的组合条件进行测试。根据表 3-7 反映两数关系的状态标志，对无符号数由 CF 或 ZF 反映；对带符号数，则由 SF、OF 和 ZF 反映。因此，根据用途可有下列几种。

① 判断无符号数大小：

```
JA/JNBE          ;当 CF 或 ZF=0 转移
JNA/JBE          ;当 CF 或 ZF=1 转移
```

② 判断带符号数大小：

```
JG/JNLE          ;当(SF 异或 OF)或 ZF=0 转移
JLE/JNG          ;当(SF 异或 OF)或 ZF=1 转移
JGE/JNL          ;当(SF 异或 OF)=0 转移
JL/JNGE          ;当(SF 异或 OF)=1 转移
```

(3)根据对 CX 寄存器值进行测试作为转移的依据：

```
JCXZ             ;当(CX)=0,转移
```

因为 CX 寄存器在循环程序中常用做计数器，所以这条指令可以根据 CX 内容被修改后是否为零而产生两分支。

【例 3-26】 数据段中从 2000H 开始的区域中存放着由 100 个无符号数组成的数据块 BUFFER，试找出其中的最大者，并放入 MAX 单元。

解：处理数据块可设 BX 作为指针，指向 2000H 单元(即 BUFFER 之值)，用寄存器间接寻址实现两个单元的比较，比较次数为 100－1＝99 次。指针指向数据块的起始单元，取前个元素 A 到 AL，并与后一个元素 B 比较，若 A＞B，保留前个元素在 AL 中，否则改取后一个元素到 AL。其程序段如下：

```
;-----------------------------------------------------------------
GETMAX:  MOV   BX,OFFSET  BUFFER         ;BX 指向 2000H 单元
         MOV   CX,COUNT－1               ;CX 作为计数器
         MOV   AL,[BX]                   ;取前个元素到 AL
GOON:    INC   BX                        ;指向后个元素
         CMP   AL,[BX]                   ;两数比较
         JAE   BIGER                     ;前元素＞后元素,转移
EXCH:    MOV   AL,[BX]                   ;否则,取后元素到 AL
BIGER:   DEC   CX                        ;计数
         JNZ   GOON                      ;未比较完,继续
         MOV   BYTE  PTR  MAX,AL         ;结束,存最大数
         RET                             ;返回
;-----------------------------------------------------------------
```

若将本例改为带符号数的数据块，需找出其中的最大值，则把 JAE BIGER 改为 JGE BIGER

即可。读者还可考虑，若要找出无符号数据块或带符号数据块中的最小值，这条指令又该用什么指令。

3. 循环控制指令

循环控制指令可方便地实现程序有规律的循环。循环控制指令必须以 CX 作为计数器，控制循环次数，与条件转移指令一样，所控制的目的地址为－128～＋127，即短转移指令。执行之后，对标志位无影响。循环控制指令共 3 条。

(1)LOOP 指令

指令格式： LOOP SHORT-Label

指令执行时，使(CX)减 1。(CX)≠0 时，循环，执行(IP)←(IP)＋8 位的位移量(符号扩展到 16 位)；否则，退出循环，执行下一条指令。一条 LOOP 指令相当于下面两条指令的作用：

```
DEC  CX
JNZ  GOON
```

这样，例 3-26 程序中可用 LOOP GOON 代替上述两条指令。

例如，用下面两条指令构成的循环是最简单的延时子程序：

```
        MOV   CX  CONT          ;(CX)为循环次数 CONT
AGAIN:  LOOP  AGAIN             ;循环
          ⋮
```

LOOP 指令执行循环时用 9 个时钟周期，退出时用 5 个时钟周期。因此，根据需要的延时时间，可计算出常数 CONT 之值应该为多少。

(2)LOOPZ/LOOPE 指令

指令格式： LOOPZ/LOOPE SHORT-Label

指令执行时，使(CX)减 1，当(CX)≠0 且 ZF＝1 时，循环，使(IP)←(IP)＋8 位的位移量(符号扩展到 16 位)；否则(CX)＝0，或者 ZF＝0 均可退出循环。注意，(CX)＝0 时不会影响标志 ZF，换句话说，ZF 是否为 1，是受前面其他指令执行结果影响的。

【例 3-27】 欲找出字节数组 ARRAY 中的第 1 个非零项，并将序号存入 NO 单元。设 ARRAY 由 8 个元素组成，使用 LOOPZ 指令，若未出现非零项，则返回。

程序段如下：

```
;..........................................................................
          MOV   CX,8
          MOV   SI,-1                   ;数组元素序号从 0 开始，先设为-1
NEXT:     INC   SI
          CMP   BYTE  PTR[SI],0         ;该元素=0?
          LOOPZ  NEXT                   ;是 0，且(CX)≠0，循环
          JNZ   ORENTRY                 ;找到第 1 个非零元素，转移
ALLZ:     RET                           ;整个数组为 0，退出
ORENTRY:  INC   CX                      ;退回 1 个序号
          MOV   WORD  PTR  NO,CX        ;存序号
          JMP   ALLZ
;..........................................................................
```

(3)LOOPNZ/LOOPNE 指令

指令格式： LOOPNZ/LOOPNE SHORT-Label

执行时，使(CX)减 1，当(CX)≠0 且 ZF＝0 时，循环，使(IP)←(IP)＋8 位的位移量(符号扩展到 16 位)；当(CX)＝0，或者 ZF＝1 时，退出循环。这时紧接着用 JNZ 或 JZ 指令来判断是在什么情况下退出循环的。注意，ZF 标志不受(CX)减 1 的影响，ZF 是否为 1 由前面其他指令执

行结果影响。

【例 3-28】 当计算两个字节数组 ARRAY1 和 ARRAY2 之和时，若遇到两个数组中的项同时为 0，即停止计算，并在 NO 单元中记下非零数组的长度。

设两个数组长度均为 8，使用 LOOPNZ 指令。其程序段如下：

```
;..............................................................................
            MOV   AL,0                        ;清和
            MOV   SI,-1                       ;设指针
            MOV   CX,8                        ;设计数值
NONZERO:    INC     SI
            MOV   AL,ARRAY1[SI]               ;取被加数
            ADD   AL,ARRAY2[SI]               ;相加
            MOV   SUM[SI],AL                  ;存和
            LOOPNZ  NONZERO                   ;不为 0,循环
            JZ   ORENTRY
ZERO:       RET                               ;为 0,退出
ORENTRY:    INC  CX
            MOV   WORD  PTR  NO,CX            ;存序号
            JMP   ZERO
;..............................................................................
```

说明：本类指令中的中断指令和中断返回指令将在 3.5 节中专门讲述。

3.4.6 处理器控制(Processor Control)类指令

8086 的处理器类指令如表 3-11 所示，包括状态标志操作指令、与外部事件同步的指令及空操作指令，都是无操作数指令。除状态标志操作指令外，均不影响状态标志。

表 3-11 处理器控制指令

类	名　称	助记符指令	功　能
状态标志位操作	Clear Carry Flag	CLC	CF←0
	Complement Carry F.	CMC	CF←$\overline{CF}$
	Set Carry F.	STC	CF←1
	Clear Direction F.	CLD	DF←0
	Set Direction F.	STD	DF←1
	Clear Interrupt F.	CLI	IF←0
	Set Interrupt F.	STI	IF←1
外部同步	Halt	HLT	暂停，等待中断或复位
	Wait	WAIT	当引脚$\overline{TEST}$=1，等待外部中断，否则顺序执行
	Escape	ESC OPC,src	使协处理器可以从 8086 指令流中获取操作码
	Lock	LOCK	总线封锁前缀
空操作	No Operation	NOP	空操作

(1)状态标志位操作指令

状态标志位操作指令是根据需要，对进位标志 CF、方向标志 DF 和中断标志进行设置的一组指令。例如，CLD、STD 用来控制串操作指令执行时，SI 和 DI 是增量还是减量；CLI、CSI 控制 CPU 是否响应可屏蔽中断引脚上发来的外部中断请求，CLI(IF=0)是禁止 CPU 响应，STI(IF=1)则允许 CPU 响应(见第 6 章)。

(2)外部同步指令

外部同步指令中的 ESC 和 LOCK 都用于 8086 的最大方式中，分别用来处理和协处理器及多处理器间的同步关系。

执行 ESC 指令时，协处理器可监视系统总线，并能取得这个操作码 OPC。当 ESC 指令中的源操作数 src 是一个寄存器(如 ESC 20，AL)时，主处理器没有操作；若 src 是一个存储器操作数(如 ESC 6，ARRAY[SI])，则主处理器要从存储器将其取出，并使协处理获得此数。

LOCK 是一个单字节的前缀，可放在任何指令的前面，执行时，使引脚 LOCK＝0(有效)。在多处理器具有共享资源的系统中，LOCK 可用来实现对共享资源的存取控制，即通过对标志位进行测试，进行交互封锁。根据标志位状态，在 LOCK 有效期间，禁止其他总线控制器对系统总线进行存取。当存储器和寄存器进行信息交换时，LOCK 前缀指令非常有用。

HLT 暂停指令可使机器暂停工作，使处理器处于停机状态，以便等待一次外部中断的到来。中断结束后，退出暂停继续执行后续程序。除中断外，对系统进行复位操作时，也可使 CPU 退出暂停状态。

WAIT 等待指令使处理器处于空转状态，也可用来等待外部中断发生，但中断结束后仍返回 WAIT 指令继续等待。

(3)空操作指令 NOP

该指令不执行任何操作，其机器码占 1 字节单元，在调试程序时往往用这种指令占一定数量的存储单元，以便在正式运行时，用其他指令取代。该指令用 3 个时钟周期，又可在延时程序中凑时间。

3.5 中断类指令

当微计算机系统在运行程序期间，遇到某些特殊情况，需要 CPU 停止执行当前的程序时，就产生断点，转去执行一组专门的例行程序，这个过程称为中断(Interrupt)。这种例行程序又称为中断服务程序。在中断服务程序的末尾需要设置一条返回指令，叫做中断返回指令(Interrupt RETurn)。引起中断的一些特殊情况被称为中断源(中断源将在第 6 章讲述)。

1. 中断及中断返回指令

(1)中断指令 INT n

中断指令为双字节指令，n 为中断类型号(Type)，占 1 字节，因此可有 0～255 的共 256 级中断。CPU 根据此类型号 n，从位于内存实际地址 00000H～003FFH 区中的中断向量表找到中断服务程序的首地址，每个类型号包含 4 字节的中断向量。中断向量就是中断服务程序的入口地址。将中断类型号 n ×4 就得到中断向量的存放地址。由此地址开始，前 2 个单元中存放着中断服务程序入口地址的偏移量，即(IP)，后 2 个单元中存放着中断服务程序入口地址的段首址，即(CS)。80x86/Pentium 的中断向量表是在完成 DOS 引导后，装入内存的。其结构如图 3-18 所示。

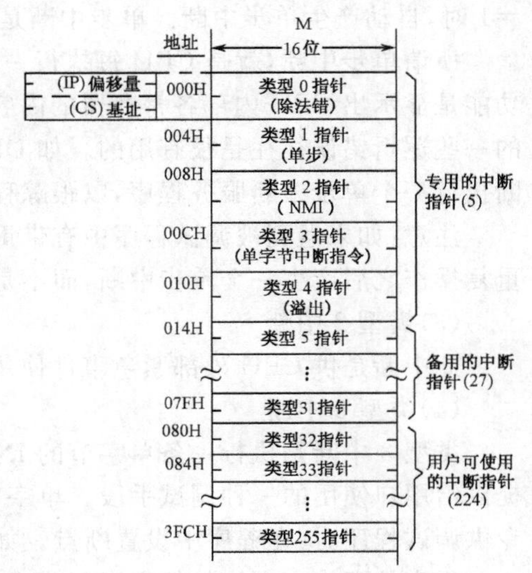

图 3-18 80x86/Pentium 中断向量表

INT n 指令的操作如下：

① (SP)←(SP)－2
   ((SP)＋1，(SP))←(F)　　;(F)入栈

② (TF)←0
   (IF)←0

③ (SP)←(SP)－2　　;码段(CS)入栈
   ((SP)＋1，(SP))←(CS)

④ (CS)←(n×4＋2)　　;取入口地址的段首址

⑤ (SP)←(SP)−2

((SP)+1,(SP))←(IP)　　;(IP)入栈

⑥ (IP)←(n×4)　　;取入口地址偏移量

【例 3-29】 以 INT 21H 为例,说明指令操作步骤。

指令执行时,先将标志寄存器(F)入栈,然后清标志 TF 和 IF,阻止 CPU 进入陷阱(单步)中断,再保护断点,将断点处下一条指令的地址入栈,即(CS)和(IP)入栈,最后计算向量地址:21H*4=84H,查出向量表 84H～87H 这 4 个单元中依次存放的内容:AE,01,C8,09。接着执行(IP)←01AEH,(CS)←09C8H。最后,CPU 将转到 09C8H:01AEH 单元去执行中断服务程序。

(2)中断返回指令 IRET(Interrupt RETurn)

2RET 指令用在任何一种中断服务程序的末尾,以退出中断,并返回到中断断点处的下一条指令。IRET 指令的操作如下:

(IP)←((SP)+1,(SP))
　　(SP)←(SP)+2
(CS)←((SP)+1,(SP))
　　(SP)←(SP)+2
(F)←((SP)+1,(SP))
　　(SP)←(SP)+2

2. 专用中断

从图 3-18 的中断向量表可以看到:类型 0～类型 4 中断属 80x86/Pentium 的专用中断。

(1)类型 0 中断

该类型被称为除数为 0 的中断。每当算术运算过程中遇到除数为 0,或对带符号数进行除法运算时,所得的商超出规定的范围(双字/字的范围为−32768～+32767,字/字节的范围为−128～+127),CPU 会自动产生类型 0 中断,转入相应的中断服务程序。该中断服务程序一般由操作系统安排。因此,类型 0 中断没有相应的中断指令,也不会由外部硬件引起。

(2)类型 1 中断

该中断又被称为单步中断,与类型 0 中断一样,既没有相应的中断指令,也不会由外部硬件引起。CPU 进入单步中断的唯一依据是标志寄存器中的陷阱标志 TF=1。当 CPU 测试到 TF=1 时,自动产生单步中断。单步中断是提供给用户使用的一种调试手段。

所谓单步中断,就是 CPU 每执行一条指令,就进入一次单步中断服务程序。此服务程序的功能是显示出 CPU 内部各寄存器的内容,或提示一些附加信息。因此,用它来检查用户程序中的一些逻辑错误往往是很有用的。如 DEBUG 中的跟踪命令 T,就是将 TF 置为 1,产生单步中断执行一个单步中断服务程序,以跟踪程序的具体执行过程,找出程序的问题所在。

注意:如果遇到被调试程序中有带重复前缀的串操作指令,则在单步操作状态下,将在每次重复操作之后产生一个单步中断,而不是在整个串操作指令结束以后才进入单步中断。

(3)类型 2 中断

此中断是供 CPU 外部紧急事件使用的非屏蔽中断 NMI(详见第 6 章中断系统)。

(4)类型 3 中断

类型 3 中断是执行一条单字节的 INT 指令引起的,又称为断点中断,与单步中断一样,也是提供给用户使用的一种调试手段。单字节的 INT 指令能方便地插入到被调试程序的任何地方,专供调试程序时,在程序中设置断点。如何设置断点?

程序员可将一个较长的程序划分为多个程序段。每个段都完成一定的功能,在每个段的结束点用中断指令 INT 去代替用户程序中的原有指令,同时把原有指令妥善保存起来。这样,当

程序运行到这点时,就由 INT 指令产生断点,使 CPU 转到类型 3 的中断服务程序,显示 CPU 内部各寄存器的内容,并给出一些提示信息,供程序员判断在断点以前的用户程序运行是否能达到预期的结果。

(5)类型 4 中断

该中断又被称为溢出中断,是在程序中设置一条 INTO 指令实现的。INTO 指令为单字节指令。

INTO 指令总是跟在带符号数进行加、减运算的指令后面。这样,当加减运算使 OF=1 时,就执行 INTO 溢出中断,进入溢出中断服务程序,由它给出出错信息。若加减运算不出现溢出,OF=0 时,执行 INTO 指令的结果,也进入该中断服务程序,但此时仅仅对标志进行测试后,就返回被中断的程序,继续执行,对程序不会产生什么影响。注意,下面框架结构的程序不是以 FAR 过程出现的。

```
END  MAIN
```

3.6 80286 扩充的指令

80286 是超级 16 位 CPU,不仅具有 8086 的实地址操作模式,还增加了保护虚地址操作模式。其指令系统在包含 8086 全部指令的基础上进行了以下 3 方面的扩充。

3.6.1 对 8086 某些指令功能的扩充

1. PUSH 指令

增加一种操作数为一个字的立即数 i m16。其指令格式如下:

```
PUSH  i m16
```

2. IMUL 带符号整数乘法指令

在 8086 中,IMUL 指令只写出一个操作数 reg 或 mem,另一个操作数隐含为 AL 或 AX。80286 将其扩展为 2 个操作数或 3 个操作数。

(1)IMUL reg16,i m16

该指令将 16 位带符号立即数与 16 位通用寄存器之值相乘。乘积的低 16 位放寄存器中,范围为-32768~+32767。乘积为 16 位带符号数。如果溢出,超出部分被丢掉,且置 CF=OF=1,否则 CF=OF=0。

(2) IMUL reg16,mem16,i m16

该指令将 16 位的带符号立即数与 16 位存储器操作数相乘,乘积的低 16 位放寄存器中,范围为-32768~+32767。乘积为 16 位带符号数。如果溢出,超出部分被丢掉,且置 CF=OF=1,否则 CF=OF=0。

3. 移位类指令的 7 条指令

其移位或循环次数允许用立即数 i m8。8086 的这类指令的移位或循环次数的立即数只允许为 1,即 src,1。80286 允许把移位次数(1~31)直接写到原来 1 的位置。例如:

```
SAR  DX,8
RCL  [BX],21
```

3.6.2 通用扩充指令

通用扩充指令适合在实地址方式和保护虚地址方式下使用。

1. 数据传送类

(1)PUSHA 通用寄存器入栈指令

指令格式： PUSHA

该指令将各通用寄存器按固定顺序 AX、CX、DX、BX、SP、BP、SI、DI 入栈。

(2)POPA 通用寄存器出栈指令

指令格式： POPA

该指令将当前堆栈指针 SP 所指顶部的内容依次弹出到固定顺序的通用寄存器 DI、SI、BP、SP、BX、DX、CX、AX。

2. 串操作类

(1)INSB/INSW 字节/字符串的输入指令

指令格式：INSB/INSW 或 INS dst-str,DX

该指令把 DX 间接寻址端口中的 1 字节/1 字的数据送入由 EX：DI 所指的目标串 dst-str 中，同时根据 DF 之值自动修改 DI 指针，增(减)1 或 2。注意，目标串所在段的段寄存器不能超越。

(2)OUTSB/OUTSW 字节/字串的输出指令

指令格式： OUTSB/OUTSW 或 OUTS DX,src-str

该指令把由 DS：SI 所指的源串 1 字节/1 字的数据输出到由 DX 间接寻址的端口，同时根据 DF 之值自动修改 SI 指针，增(减)1 或 2。注意，源串所在段的段寄存器不能超越。

3. 高级指令类

高级指令类是为使用高级语言的编辑程序和解释程序的程序员所提供的，共 3 条。

(1)ENTER 指令：用于为过程入口格式化堆栈

指令格式： ENTER im16,im8

指令中第一操作数指定了堆栈中要保留多少字节，第二操作数指定了嵌套级。

(2)LEAVE 指令：用于为过程退出恢复堆栈

指令格式： LEAVE

指令将撤销保留的栈空间字节，使 SP 指针恢复。

(3)BOUND 指令：边界检查指令

指令格式： BOUND reg16,mem16

指令中目的操作数 reg16 之值若满足条件(mem16)≤(reg16)≤(mem16＋2)，则认为检查结果合法，否则认为越界，将自动引起中断类型码为 5 的异常，在实地址模式下，将重复打印屏幕，而在保护虚地址模式下，则进入 5 号异常处理。

例如，该指令中假定的上、下边界值(即数组的起始和结束地址)依次存放在 ARRAY 相邻存储单元中。检查 BX 中之值是否在规定的边界范围内，其程序段为：

```
ARRAY  DW  0000H,0063H          ;定义数组下界 0 及上界 99(63H)
NUMB   DW  0019H
           ⋮
           MOV BX,NUMB;         ;BX 中为被测边界值 25(19H)
           BOUND BX,ARRAY       ;检查被测边界是否在规定的边界范围内
           ⋮
```

3.6.3 保护模式下的新增指令

这类指令仅用在保护模式。80286 在开机或复位之后，首先进入实地址模式。如果要进入保护模式，就需要对各系统表和寄存器进行初始化，包括建立全局/中断描述符表 GDT/IDT、任务状态段

TSS、设置 GDTR 和 CR0 等。一当切换进入保护模式后，系统仅需重新对 CS、SS、DS、ES 及任务状态段寄存器 TR 等进行设置。80286 为保护模式新增了一套完成以上任务的系统控制类指令，如表 3-12 所示。

表 3-12　80286 CPU 保护模式系统控制类指令

类型	助记符指令	指令操作	指令功能
描述符表操作类	LAR　reg16，reg16/mem16	reg16←reg16/mem16	将 reg16/mem16 中选择符指示的访问权装入目标 reg16 的高字节，低字节置 0
	LSL reg16，reg16/mem16	reg16←reg16/mem16	将 reg16/mem16 中选择符指示的描述符的段界限装入目标 reg16 中
	LGDT mem48	GDTR←mem48	将 6 字节的 mem48 装入全局描述符表寄存器
	LGDT mem48	mem48←GDTR	将全局描述符表寄存器存入 6 字节的 mem48
	LIDT mem48	IDTR←mem48	将 6 字节的 mem48 装入中断描述符表寄存器
	SIDT mem48	mem48←IDTR	将中断描述符表寄存器存入 6 字节的 mem48
	LLDT reg16/mem16	LDTR←reg16/mem16	将 reg16/mem16 装入局部描述符表寄存器
	SLDT reg16/mem16	reg16/mem16←LDTR	将局部描述符表寄存器存入 reg16/mem16
任务切换指令类	LAR reg16/mem16	TR←reg16/mem16	将 reg16/mem16 装入任务状态段寄存器
	STR reg16/mem16	reg16/mem16←TR	将任务状态段寄存内容存入 reg16/mem16
	LMSW reg16/mem16	MSW←reg16/mem16	将 reg16/mem16 装入机器状态字 MSW（CR_0 的低 16 位）
	SMSW reg16/mem16	reg16/mem16←MSW	将机器状态字 MSW 存入 reg16/mem16
	VERR reg16/mem16		验证当前特权级是否对 reg16/mem16 中的段选择符所指定的段进行读操作，是则 ZF=1
	VERW reg16/mem16		验证当前特权级是否对 reg16/mem16 中的段选择符所指定的段进行写操作，是则 ZF=1
	ARPL reg16/mem16，reg16		使目标操作数指定的段选择符的请求特权级 RPL 与源操作数的 RPL 匹配
	CLTS		清除机器状态字 MSW（CR_0 的低 16 位）中的任务切换标志位

3.7　80386 扩充的指令

80386 是全 32 位的 CPU，数据总线扩展为 32 条，地址总线也增加至 32 条，还增加了段寄存器 FS 和 GS。其指令系统在包含 80286 全部指令的基础上，进行了以下 3 方面的扩充。

3.7.1　对 80286 工作范围扩大的指令和功能

（1）增加段操作指令

```
PUSH FS        POP FS
PUSH GS        POP GS
```

（2）增加装入段寄存器指令

```
LFS reg,mem             ;将 mem 中存放的 4 字节偏移地址送 16/32 位 reg
LGS reg,mem             ;段地址送 FS/GS
```

(3)乘法指令 MUL、IMUL 的乘数和除法指令 DIV、IDIV 的除数都扩充为 32 位，相应地，乘法运算的乘积和除法运算的被除数长度可扩展为 64 位。

(4)增加 JECXZ 指令，若 ECX 寄存器为 0，则转移。

(5)指令操作数的扩充：立即数、寄存器操作数和存储器操作数都可扩充进行 32 位的双字操作。

(6)条件转移指令跳转范围的扩充：短转移指令可从原来的－128～＋127 扩展到－32768～＋32767。

(7)增加双字串的串操作指令：将所有串操作直接扩充(指令后面加 D)至 32 位。

```
MOVSD        ;双字串传送指令
CMPSD        ;双字串比较指令
SCASD        ;双字串搜索指令
STOSD        ;双字串存储指令
LODSD        ;双字串取指令
```

3.7.2 实地址模式下的扩充指令

(1)累加器符号扩展指令

① CWDE：将 AX 进行符号扩展成 EAX 中的双字。

② CDQ：将 EAX 进行符号扩展成 64 位后，存放在 EDX：EAX 中。

(2)带(无)符号数扩展并传送指令

① MOVSX　dst，src

若指令的两操作数长度相等，仅执行传送操作；若 dst 长度为 src 的两倍，则将 src 按符号扩展成与 dst 的长度一致后，再进行传送操作。

② MOVZX　dst，src

该指令与 MOVSX　dst，src 不同的是将 src 的高位按零扩展，其余操作相同。

【例 3-35】 设 AX＝0000，问执行下列指令后 AX＝？

```
MOV    BX,0F0H
MOVSX  AX,BL
```

结果：AX＝FFF0H。

【例 3-36】 设 AX＝FFF0H，问执行下列指令后 AX＝？

```
MOV    BX,0F0H
MOVZX  AX,BL
```

结果：AX＝00F0H。

(3)双精度数向左/向右移位指令。这些指令允许有 3 个操作数。第 1 个操作数为目的操作数，第 2 个操作数执行后保持不变，第 3 个操作数规定移位的次数。指令格式如下：

```
SHLD/SHRD    reg16/mem16,reg,i m8/CL
SHLD/SHRD    reg32/mem32,reg32,im8/CL
```

【例 3-37】 执行下列指令后，问 AX＝?，BX＝?

```
MOV   AX,0000
MOV   BX,8124H
SHLD  AX,BX,8
```

结果：AX＝0081H，BX＝8124H

(4)位测试/置 1/置 0/求反指令：对 dst 的 16 位或 32 位的 reg/mem 中某个规定的位进行指定的操作，即测试/置 1/置 0/求反。执行时，应首先把由源操作数指定的位的状态放入进位标志 CF 中，然后再对该位进行指定操作。指令格式如下：

BT/BTS/BTR/BTC　reg/mem,规定的位

【例 3-38】 设数据段 DS 中存放有下列数据，顺序执行这类指令后，求 CF 和原存储单元中的数。

DS:0200　00　02　FF　FD …

① 执行位测试指令 BT dst,src 后：

```
MOV   AX,0009H                    ;规定要测试的位
BT   [0200H],AX
```

结果：CF＝1，DS:0200　00　02　FF　FD …

② 执行位置 1 指令 BTS dst,src 后：

```
MOV   AX,0009H
BTS   [0202H],AX
```

结果：CF＝0，DS:0202　FF　FF

③ 执行位置 0 指令 BTR dst,src 后：

```
MOV   AX,0009H
BTR   [0202H],AX
```

结果：CF＝1，　DS:0202　FF　FD

④ 执行位求反指令 BTC　dst,src 后：

```
MOV      AX,0009H
BTC      [0200H],AX
BTC      [0200H],AX
```

执行第①条 BTC 指令后：

CF＝1，　DS:0200　00　00

执行第 2 条 BTC 指令后：

CF＝0，　DS:0200　00　02

(5)向前/向后位扫描指令 BSF/BSR：对 16 位或 32 位的源操作数 src(reg/men)向前(从右→左)/向后(从左→右)扫描，找出第 1 个为 1 的位，把此位的下标放入目的寄存器(reg)。下标起算标准是：最右位为 0，最左位为 15 或 31。若源操作数为全零，则零标志 ZF 置 1，且目的寄存器(reg)为不确定；相反，若找到为 1 的位，则 ZF 置 0。指令格式如下：

```
BSF   reg,src   或   BSF/BSR     reg16,reg16/mem16
BSR   reg,src   或   BSF/BSR     reg32,reg32/mem32
```

【例 3-39】 设数据段 DS 中有下列数据，执行位扫描指令后，指出目的寄存器 reg 中的结果。

DS:0200　08　02 …

① 执行向前位扫描指令 BSF reg,src 后：

```
MOV AX,0000
BSF AX,[0200H]
```

结果：AX＝0003H

② 执行向后位扫描指令 BSR reg,src 后：

```
MOV AX,0000
BSR AX,[0200H]
```

结果：AX＝0009H

(6)位串插入指令 IBTS：将源寄存器低序位子串插入到另一寄存器或存储单元。指令格式如下：

IBTS　基址，偏移量，长度，源

即　　IBTS reg/mem,(E)AX,CL,reg

其中，基址是位串的基地址；偏移量是指要插入的子串起始位的偏移量（16 位的 AX 或 32 位的 EAX）；长度是指子串的长度，由 CL 寄存器给出，源寄存器是被插入值的寄存器。例如：

IBTS　BX，AX，CL，CX

（7）析取位串指令 XBTS：析取一个位串存到指定寄存器内，向右对齐，并把高序位置 0，有 4 个操作数。指令格式如下：

XBTS　目的，基址，偏移量，长度

即　XBTS　reg，reg/mem，(E)AX，CL

（8）条件设置字节指令 SETcc：根据 80386 EFlags 中 16 个条件 cc 中任何一个为设置条件。若满足，就把指定的操作数字节（单字节通用寄存器或内存单元）置 1，否则置为 0。这类指令包含以下指令：

SETO	溢出	SETNS	符号位未置位
SETNO	不溢出	SETP	奇偶校验位置位
SETB	低于（无符号）	SETPE	校验为偶
SETNAE	不高于或等于	SETNP	奇偶校验位未置位
SETNB	不低于	SETPO	校验为奇
SETAE	高于或等于（无符号）	SETL	小于（带符号）
SETE	相等	SETNGE	不大于或等于
SETZ	全零位置位	SETNE	不相等
SETNZ	不等于零	SETNL	不小于
SETBE	低于或等于	SETGE	大于或等于
SETNA	不高于	SETLE	小于或等于
SETNBE	不低于或等于	SETNG	不大于
SETA	高于	SETLE	不大于或等于
SETS	符号位置位	SETG	大于（带符号）

例如，设初始时 AX＝0001H，ZF＝1，执行下面指令后得到 AX＝0000。

SETNZ　AL

此时若再执行指令：

SETZ AL

得到 AX＝00FFH。

3.7.3　保护模式下的特权指令

（1）控制寄存器 CRn 的写入与读出指令。指令格式如下：

```
MOV   CRn,src
MOV   dst,CRn
```

该指令全使用 32 位操作数。控制寄存器 CRn 只定义使用 CR0、CR2 和 CR3。CR1 由 Intel 公司指定使用。

（2）调试寄存器 DRn 的写入与读出指令。指令格式如下：

```
MOV   DRn,reg
MOV   reg,DRn
```

该指令全使用 32 位操作数。

（3）测试寄存器 TRn（均为 32 位）的写入和读出指令。指令格式如下：

```
MOV   TRn,reg
MOV   reg,TRn
```

以上特权指令只能在特权级 0 执行，否则将引起保护异常。

3.8 80486 扩充的指令

80486 是超级 32 位 CPU，其芯片内包含一片 80386、一片 80387 浮点运算协处理器及 8KB 高速缓存 Cache。因此，其指令系统除包括 80386 的全部指令外，还新增了一些功能扩大的指令、浮点数运算指令和管理 Cache 的指令。本书对浮点数运算指令不做介绍。

3.8.1 新增指令

(1)交换和相加指令 XADD (Exchange and ADD)

指令格式： XADD dst,src;SYC←dst,dst←dst+SYC

该指令影响 CF。目的操作数 dst 可以是 8 位、16 位或 32 位的 reg/mem；源操作数 src 可以是 8 位、16 位或 32 位的 reg。指令先将 dst 操作数装入 src，并对 dst 和原来的 src 进行相加，其和存于 dst 中。结果对 CF 产生影响。

(2)比较和交换指令 CMPXCHG(Compare and Exchange)

指令格式： CMPXCHG dst,src

该指令的 dst 和 src 同 XADD 指令。指令将累加器(AL,AX 或 EAX)与 dst 进行比较。若两者相等，则把 src 装入到 dst，且 ZF=1；否则，把 dst 装入累加器，且 ZF=0。

(3)字节交换指令 BSWAP(Byte SWAP)

指令格式： BSWAP reg

该指令中的 reg 是一个 32 位的寄存器。指令对 reg 中的 4 字节次序进行颠倒。具体操作是，先将最高字节与最低字节交换，再将中间两个字节交换。该指令的执行不影响标志位。

例如，初始时 EAX=11223344H，执行下一条指令 BSWAP EAX 后，EAX=44332211H。

3.8.2 管理 Cache 的有关指令

由于 80486 CPU 芯片内含 Cache，因此在控制寄存器 CR0 中比 80386 CPU 增加 WP(写保护)位、NW(不准写)位、CD(Cache 不使能)位，在 CR3 中新增加 PWT(页面准写)位、PCD(禁止页面 Cache)位，新增设了测试寄存器 TR3、TR4、TR5。

(1)清洗 Cache 指令 INVD (Invalidate Data Cache)：清洗 80486 的内部 Cache，并发布一个特殊总线周期，指示外部 Cache 也应清洗。在 Cache 中的数据无效。

(2)写回和清洗 Cache 指令 WBIHVD (Write-Back and Invalidate Cache)：清洗内部 Cache，并产生一个特殊总线周期，指示把外部 Cache 的内容写回存储器，再产生一个特殊总线周期，指示清洗外部 Cache。

(3)清洗 TLB 项指令 INVLPG (Invalidate TLB Entry)：使 TLB 中的一个表项无效。若 TLB 内的该项目是映射到存储器操作数地址的有效的项目，则该项标志为无效。

3.9 Pentium 系列 CPU 扩充的指令

Pentium 系列 CPU 主要包括：Pentium，Pentium Pro，Pentium MMX 和 Pentium4。作为现代 CPU 的主流体系结构，其指令系统主要增强了多媒体、图形图像和 Internet 的处理能力。

Pentium CPU 的指令系统包含了 80486 的全部指令，还对以下指令进行了扩充。

(1)比较和交换 8 字节数据指令 CMPXCHG8B(Compare and Exchange 8 Byte)

指令格式： CMPXCHG8B reg,mem64

该指令把 EDX:EAX 中的 64 位数(EDX 放高 32 位，EAX 放低 32 位)与 mem64 中的 64 位数进行比较，若相等，则将 ZF 置 1；否则，将 mem64 中的 64 位数送入 EDX:EAX 中，且将 ZF 置 0。

(2)读 CPU 标识指令 CPUID (CPU IDentification):Pentium CPU 执行该指令后,把有关 CPU 型号等系列信息返回到 EAX 内。

(3)读时间标志计数器指令 RDTSC (ReaD from Time Stamp Counter):在 Pentium CPU 中有一个 64 位的时间标志计数器 TSC。在每个时钟周期,它自动加 1。该指令执行后,将把 TSC 中的时间值传送到 EDX:EAX 中。

(4)读专用模式寄存器指令 RDMSR (ReaD from Model-Special Register):将由 ECX 指定的 CPU 中的一个 64 位专用模式寄存器 MSR 的值传送到 EDX:EAX 中。

(5)写入专用模式寄存器指令 WRMSR (WRite to Model-Special Register):与 RDMSR 指令的功能相反,是将 EDX:EAX 中的值复制到由 ECX 指定的 CPU 中的一个 64 位专用模式寄存器中。

(6)从系统管理模式恢复处理器的状态指令 RSM (Resume from System Management mode):使 Pentium CPU 从进入系统管理模式时存储的处理器状态恢复。

1. Pentium Pro CPU 新增指令

Pentium Pro CPU 除包括了 Pentium CPU 的全部指令外,还增加了 3 条实用指令。MASM 6.12 开始支持 Pentium Pro 的指令系统。

(1)条件传送指令

CMOVcc reg,reg/mem ;若条件 cc(同 SET 指令中的 CC)成立,则 reg←reg/mem,否则不传送

该指令主要是为了替代制约流水线执行效率,以减少程序开支,配合 Pentium Pro CPU 结构上采用的动态执行技术来提高 CPU 的效率。

(2)读性能监控计数器指令 RDPMC

在 Pentium Pro CPU 中有两个 40 位的性能监控计数器 PMC,用于记录指令译码个数、中断次数、高速缓存命中率等事件。本指令为系统程序开发人员提供分析程序执行的一些有关细节用。

(3)无定义指令 UD2

本指令执行后产生一个无效操作码,用于测试无效码异常处理程序。

2. Pentium MMX CPU 新增指令

Pentium MMX CPU 在 Pentium 指令系统的基础上增加了多媒体扩展(MuliMedia eXtension) MMX 指令集。这是 Intel 公司在推出 Pentium MMX CPU 时公布的一项针对多媒体数据特点的增强技术。本指令集包含 7 类共 57 条多媒体处理的专用指令,如表 3-13 所示。

表 3-13 MMX 指令集

类型	助记符指令		指令功能
数据传送(2 条)	movd	mm, reg/mem32	将 32 位数据从寄存器/内存中移入或移出 MMX 寄存器 mm
	movd	reg/mem32, mm	
	movq	mm, reg/mem64	将 64 位数据从寄存器/内存中移入或移出 MMX 寄存器 mm
	movq	reg/mem64, mm	
算术运算(17 条)	paddb/psubb	mm, mm/mem64	按组合型字节(B)/字/(W)/双字(D)数据进行加法/减法运算,各独立单位不产生进位
	paddw/psubw	mm, mm/mem64	
	paddd/psubd	mm, mm/mem64	
	paddsb/psubsb	mm, mm/mem64	带符号的组合型字节/字数据进行饱和加法/减法运算
	paddsw/psubsw	mm, mm/mem64	
	paddusb/psubusb	mm, mm/mem64	无符号的组合型字节/字数据进行饱和加法/减法运算
	paddusw/psubusw	mm, mm/mem64	
	pmulhw/pmullw	mm, mm/mem64	对应的 4 个字分别相乘后取 4 个乘积高/低 16 位,结果为 4 个字
	pmaddwd	mm, mm/mem64	对应的 4 个字分别相乘后将结果两两相加,操作结果为 2 个双字

续表

类型	助记符指令		指令功能
比较操作（6条）	pcmpequb/pcmpgtb	mm，mm/mem64	对组合型字节/字/双字数据做等于/大于比较，比较结果为‘真’或‘假’的逻辑值
	pcmpequw/pcmpgtw	mm，mm/mem64	
	pcmpequd/pcmpgtd	mm，mm/mem64	
逻辑运算（4条）	pand/pandn/por/pxor	mm，mm/mem64	按位进行与/与非/或/异或操作
移位指令（18条）	psllw/pslld/psllq	mm,mm/mem64/imm8	将目标操作数以字/双字/4字为单位逻辑左/右移，移位次数由源操作数指定
	psrlw/psrld/psrlq	mm,mm/mem64/imm8	
	psraw/psrad/psraq	mm,mm/mem64/imm8	将目标操作数以字/双字/4字为单位算数右移，移位次数由源操作数指定
转换指令（9条）	packuswb	mm，mm/mem64	无符号组合型字压缩成组合型字节
	packsswb/ packssdw	mm，mm/mem64	带符号组合型字/双字压缩成组合型字节/字
	punpckhbw/punpckhwd	mm，mm/mem64	把源与目标操作数的非组合型高位字节/字/双字，重新交叉组合成字/双字/4字
	punpckhdq	mm，mm/mem64	
	punpcklbw/punpcklwd	mm，mm/mem64	把源与目标操作数的非组合型低位字节/字/双字，重新交叉组合成字/双字/4字
	punpckldq	mm，mm/mem64	
MMX状态管理（1条）	emms		清除MMX状态，使后续浮点指令可以使用浮点寄存器

注：mm指1个64位MMX寄存器MM7—MM0；B—组合型字节；W—组合型字；D—组合型双字；Q—组合型4字，饱合运算的含义，当运算结果发生溢出时，其结果就用最大值（加法）或最小值（减法）代替。

从表3-13中可知，除传送和清除指令外，MMX指令集的助记符指令均以P开头，表示其处理的数据皆为组合（Packed）型整数，即MMX指令处理的一个64位数据是由多个8位、16位、32位的整数数据组合而成的。组合型（Packed）整数可参见3.4.2节的算术运算指令。

多媒体数据的每个采样点由多个数据组成，而且均呈现出某种对称性，如音频信号中的左、右两个声道，视频信号中的RGB三基色信号，三维（3D）图形处理中的X、Y、Z坐标数据等。

MMX技术的主要特点是提出了“单指令多数据SIMD（Single Instruction Multiple Data）”的概念，使得一条指令能够同时处理多个数据，即一条指令的操作数中包含有多个经过组合的组合型数据。这样，Pentium MMX CPU处理数据从之前的Pentium CPU一次处理一个数据的“单指令单数据”的指令系统，变成了一次处理一组数据的“单指令多数据的SIMD”指令系统，从而极大地提高了对多媒体数据处理的性能。

组合型整数数据又分为4种数据类型：

① 组合型字节（Packed Byte） ;8字节组合成一个64位数据

② 组合型字（Packed Word） ;4个字组合成一个64位数据

③ 组合型双字（Packed Double Word） ;2个双字组合成一个64位数据

④ 组合型4字（Packed Duad Word） ;1个64位数据

在Pentium MMX CPU中，使用8个64位的MMX寄存器以适应多数据的并行处理，分别用MM7～MM0来标志，与浮点运算单元FPU的8个80位寄存器共享，使用了其中的64位尾数部分。因此，MMX指令集与x87浮点运算指令是不能同时进行的，两者之间只能分时切换，这在需密集切换系统中，无疑会造成运行质量的下降。

3. Pentium Ⅱ/Ⅲ/4 CPU增加的指令

（1）Pentium Ⅱ 的指令集

Pentium Ⅱ 的指令集包括Pentium Pro指令集和MMX指令集。

(2)Pentium Ⅲ 的指令集

Pentium Ⅲ 的指令集除包含 Pentium Ⅱ 的指令集外，针对 MMX 技术只适应于整数型数据处理不能用于浮点处理，Intel 公司使用 MMX 指令的 SIMD 关键技术在 Pentium Ⅲ中增加了适应网络发展的数据流扩展 SSE(Streaming SIMD Extension)技术，新增 SSE 指令 70 条，使得浮点数据处理也具备了单指令多数据的能力。

SSE 技术为了解决与浮点处理单元 FPU 的冲突问题，增加了 8 个 128 位的 SIMD 浮点寄存器，用 XMM7～XMM0 来标志。每个寄存器可存放 4 个 32 位的单精度浮点数，同时处理的数据比 64 位的 MMX 翻了一番。SSE 可以同时对 4 个 32 位的浮点数操作，并避开了 MMX 中使用浮点寄存器的冲突。SSE 对于三维几何运算、动画处理、图像处理、音频/视频信号的编辑、合成、识别及解压缩处理的性能都有很明显的改善。

SSE 指令集的 70 条指令含以下 3 类：① 提高 3D 图形运算效率的 50 条单指令多数据的浮点运算指令；② 12 条 MMX 整数运算的增强指令；③ 8 条优化内存中连续数据流的传输指令。

(3)Pentium 4 的指令集

Intel 公司在 2000 年底推出的 Pentium 4 在 SSE 指令集的基础上又开发了第二代浮点多媒体处理的指令集 SSE2，扩展了双精度浮点数并行处理能力。

SSE2 指令集共 144 条，通过支持多种数据类型(如双字和 4 字)的算术运算，使最初的 SSE 指令功能得到增强，支持灵活且动态范围更广的计算功能。同时，随 MMX 技术引进的 SIMD 整数指令从 64 位扩展到 128 位，使 SIMD 整数类型操作的有效执行率成倍提高。而最具特色的是 SSE2 中增加了 64 位双精度浮点 SIMD 指令，允许以 SIMD 格式同时执行两个浮点操作，提供了对双倍精度操作的支持。另外，增加了对 Cache 的控制指令，使 SSE2 非常适于三维渲染、图形驱动、游戏和多媒体编码等应用。

2004 年 Intel 又推出新的 Pentium 4 CPU，其指令集在 SSE 中增加了 13 条指令，称为 SSE3 指令。SSE3 指令分为以下 3 类：① 10 条用于完善 MMX、SSE、SSE2 指令；② 1 条用于 x87 浮点处理单元编程中加速浮点数转换为整数；③ 2 条用于加速线程间的同步。

以后多年至今，Intel 在多媒体处理技术上继续发展，在 SSE3 基础上又扩展了 SSSE3 和 SSE4 产品。SSSE3(Supplement Streaming STMD Extension 3)是与多媒体关联的 16 条指令集，于 2006 年 7 月首次装载到 65 nm Core 2 DUO 处理器中，进一步增强了 CPU 对多媒体、图形、图像和 Internet 等处理能力。

SSE4 指令集被认为是 Intel CPU 自 2001 年以来最主要的指令集扩展。SSE4 含 2 个分支 SSE4.1 和 SSE4.2，共 54 条指令。SSE4.1 新增 47 条指令。SSE4.2 新增 7 条指令。

SSE4 可认为比之前面的指令集又有了性能的提升，包括：使浮点运算专门化的 6 条浮点型点积运算指令，支持单精度、双精度浮点运算及浮点产生操作，提升了 CPU 在图形、三维图像与游戏、视频编码与影音处理等方面的性能。

习 题 3

3-1 指令由________字段和________字段组成。8086 的指令长度在________范围。

3-2 分别指出下列指令中源操作数和目的操作数的寻址方式。若是存储器寻址，试用表达式表示出 EA＝？PA＝？例如：

MOV [DI],AX

源操作数：寄存器寻址。目的操作数：寄存器间接寻址，其 EA＝(DI)，PA＝((DS) * 16)＋(DI)。

(1)MOV SI,2100H　　(2)MOV CX,DISP[BX]

(3)MOV [SI],AX　　(4)ADC AX,[BX][SI]

(5)AND　AX,DX　　(6)MOV　AX,[BX+10H]

(7)MOV　AX,ES:[BX]　　(8)MOV　AX,[BX+SI+20H]

(9)MOV　[BP],CX　　(10)PUSH　DS

3-3　已知 8086 中一些寄存器的内容和一些存储单元的内容如图 3-19 所示，试指出下列各条指令执行后，AX 中的内容(即(AX)=?)。

(1)MOV　AX,2010H　　(2)MOV　AX,BX

(3)MOV　AX,[1200H]　　(4)MOV　AX,[BX]

(5)MOV　AX,1100H[BX]　　(6)MOV　AX,[BX][SI]

(7)MOV　AX,1100H[BX+SI]　　(8)LEA　AX,[SI]

3-4　已知(AX)=2040H,(DX)=380H,端口(PORT)=(80H)=1FH,(PORT+1)=45H,执行下列指令后，结果等于多少？

(1)OUT　DX,AL　　(2)OUT　DX,AX

(3)IN　AL,PORT　　(4)IN　AX,80H

(5)OUT　PORT1,AL　　(6)OUT　PORT1,AX

3-5　已知:(SS)=0A2F0H,(SP)=00C0H,(AX)=8B31H,(CX)=0F213H,试画出下列指令执行到位置 1 和位置 2 时堆栈区和 SP 指针内容的变化示意图，图中应标出存储单元的实际地址 PA。

```
PUSH  AX
PUSH  CX        ;位置 1
POPF            ;位置 2
```

3-6　识别下列指令的正确性，对错误指令，说明出错的原因。

(1)MOV　DS,100　　(2)MOV　[1000H],23H

(3)MOV　[1000H],[2000H]　　(4)MOV　DATA,1133H

(5)MOV　1020H DX　　(6)MOV　AX,[0100H+BX+BP]

(7)MOV　CS,AX　　(8)PUSH　AL

(9)PUSH　WORD PTR[SI]　　(10)IN　AL,[80H]

(11)OUT　CX,AL　　(12)IN　AX,380H

(13)MOV　CL,3300H　　(14)MOV　AX,2100H[BP]

(15)MOV　DS,ES　　(16)MOV　IP,2000H

(17)PUSH　CS　　(18)POP　CS

(19)LDS　CS,[BX]　　(20)MOV　GAMMA,CS

3-7　已知存储器数据段中的数据如图 3-20 所示。阅读下列的两个程序段后，回答：

CPU	
BX	0100H
SI	0002H
DS	3000H

地址	M
30100H	12H
30101H	34H
30102H	56H
30103H	78H
	⋮
31200H	2AH
31201H	4CH
31202H	B7H
31203H	65H

图 3-19

	M	
NUM1	48H	DS
	41H	
	16H	
	28H	
NUM2	58H	
	22H	
	52H	
	84H	
SUM		

图 3-20

(1)每个程序段的运行结果是什么?

(2)两个程序段各占多少字节的内存,执行时间是多少?

①
```
LEA   SI,NUM1
MOV   AX,[SI]
ADD   AX,4[SI]
MOV   8[SI],AX
ADD   SI,2
MOV   AX,[SI]
ADC   AX,4[SI]
MOV   8[SI],AX
```

②
```
MOV   AX,NUM1
ADD   AX,NUM2
MOV   SUM,AX
MOV   AX,NUM1+2
ADC   AX,NUM2+2
MOV   SUM+2,AX
```

3-8　已知数据如图 3-21 所示,数据是低位在前,按下列要求编写程序段:

(1)完成 NUM1 和 NUM2 的两个字数据相加,和存放在 NUM1 中。

(2)完成 NUM1 单元开始的连续 4 字节数据相加,和不超过 1 字节,放在 SUM 单元。

(3)完成 NUM1 单元开始的连续 8 字节数据相加,和为 16 位数,放在 SUM 和 SUM+1 两单元中(用循环)。

(4)完成 NUM1 和 NUM2 的双倍精度字数据相加,和放在 NUM2 开始的字单元中。

3-9　已知的 BCD 数如图 3-21 所示,低位在前,按下列要求编写计算 BCD 数据(为组合型 BCD)的程序段。

(1)完成从 NUM1 单元开始的连续 8 个组合型 BCD 数相加,和(超过 1 字节)放在 SUM 和 SUM+1 两单元中。

(2)完成 NUM1 单元和 NUM2 单元的两个 BCD 数相减,其差存入 SUM 单元,差和(CF)各为多少?

3-10　写出下列程序段完成的数学计算公式,并画出数据存放的示意图。

```
MOV   AX,X
MOV   DX,X+2
ADD   AX,Y
ADC   DX,Y+2
SUB   AX,Z
SBB   DX,Z+2
MOV   W,AX
MOV   W+2,DX
```

3-11　已知数据如图 3-21 所示,低位在前,按下列要求编写程序段:

(1)NUM1 和 MUM2 两个数据相乘(均为无符号数),乘积放在 SUM 开始的单元中。

(2)NUM1 和 NUM2 两个字数据相乘(均为带符号数),乘积放在 SUM 开始的单元中。

(3)NUM1 单元的字节数据除以 13(均为无符号数),商和余数依次放入 SUM 开始的两个字节单元中。

(4)NUM1 字单元的字数据除以 NUM2 字单元的字,商和余数依次放入 SUM 开始的两个字单元中。

3-12　编写 ALPHA 地址 4 字节的 ASCII 码串'8765'与 BEDA 地址的 1 字节的 ASCII 数'3'相乘的程序段。

3-13　已知(AL)=0C4H,DATA 单元中内容为 5AH,写出下列每条指令单独执行后的结果。

(1)AND　AL,DATA　　(2)OR　AL,DATA

(3)XOR　AL,DATA　　(4)NOT　DATA

(5)AND　AL,0FH　　(6)OR　AL,01H

(7)XOR　AL,0FFH　　(8)TEST AL,80H

3-14　用移位循环指令,编写完成以下功能的程序段(结果放回原处)

(1)将无符号数 83D 分别乘 2 和除 2。

(2)将带符号数-47D 分别乘 2 和除 2。

(3)将图 3-21 中 NUM1 双字乘 2,除 2。

(4)将图 3-21 中从 NUM1 开始的 4 个字乘 2。

3-15　编写完成以下功能的程序段,并指出运行后,其标志 CF,ZF,SF 和 OF 的状态是什么?

(1)BCD 数 58-32。　　(2)无符号数 3AH-3AH。

(3)带符号数 79-(-57)。　　(4)带符号数-13+(42)。

3-16　用循环移位指令实现下列功能,设(AX)=0C3H,则

(1)设(CL)＝8,移位前、后 AX 内容不变。
(2)设(CL)＝9,移位前、后 AX 内容不变。
(3)将 AX 中高 4 位和低 4 位交换位置。
(4)将 AX 中高 4 位放到低 4 位上,而高 4 位置 0。

3-17 写出下列程序段执行后的结果:(AL)＝?(DL)＝?完成的是什么功能?

```
MOV     CL,4
MOV     AL,87
MOV     DL,AL
AND     AL,0FH
OR      AL,30H
SHR     DL,CL
OR      DL,30H
```

3-18 用乘法指令和用传送、移位、相加指令分别实现 y＝10x 的运算,设 x＝12H,分别编写这两个程序段。

3-19 写出下面指令序列完成的数学计算是什么?

```
MOV     CL,3
SHL     AX,CL
SHL     BL,CL
SHL     CX,CL
SHL     DH,CL
```

3-20 写出能代替下列重复串操作指令完成同样功能的指令序列。

(1)REP　MOVSW　　　　(2)REP　CMPSB
(3)REP　SCASB　　　　(3)REP　LODSW
(5)REP　STOSB

3-21 欲将数据段中自 AREA1 中的 100 个字数据搬到附加段中以 AREA2 开始的区中,用下面 3 种传送指令编写程序段:

(1)用 MOV 指令　　(2)用基本串传送指令　　(3)用重复串传送指令

3-22 假定在数据段中已知字符串和未知字符串的定义如下:

```
STRING1  DB'MESSAGE  AND  PROCCESS.'
STRING2  DB 20 DUP(?)
```

用串操作指令编写完成下列功能的程序段(设 DS 和 ES 重叠):

(1)从左到右把 STRING1 中字符串搬到 STRING2 中。
(2)从右到左把 STRING1 中字符串搬到 STRING2 中。
(3)搜索 STRING1 字符串中是否有空格。如有,记下第一个空格的地址,并放入 BX 中。
(4)比较 STRING1 和 STRING2 字符串是否相同。

3-23 下面两条短转移指令的转移地址 ADDR1 和 ADDR2 分别是多少(用十六进制表示)?

(1)0220 EB 0A　JMP ADDR1
(2)0230 EB F7　JMP ADDR2

3-24 NEAR JMP,SHORT JMP,LOOP 和条件转移指令的转移范围是多少?

3-25 设 AX 和 CX 中的内容为无符号数,BX 和 DX 中的内容为带符号数,试用 CMP 指令和条件转移指令实现以下判断:

(1)若(AX)超过(CX),则转至 BIGER。
(2)若(BX)＞(DX),则转至 BIGER。
(3)若(CX)低于(AX),则转至 LESS
(4)若(DX)＜(BX),则转至 LESS
(5)若(AX)＝(CX),则转至 EQUAL

3-26 有以下的调用嵌套,试画出下列各项调用或返回时的堆栈状态示意图。

(1)MAIN 调用 NEAR 的 SUBA 过程(返回的偏移地址为 0500H)。
(2)SUBA 调用 NEAR 的 SUBB 过程(返回的偏移地址为 0810H)。
(3)SUBB 调用 FAR 的 SUBC 过程(返回的段地址为 A310H,偏移地址为 0400H)。
(4)从 SUBC 返回 SUBB。

(5)SUBB调用NEAR的SUBD过程(返回的偏移地址为0C00H)。
(6)从SUBD返回SUBB。
(7)从SUBB返回SUBA。
(8)从SUBA返回MAIN。

3-27 试编写一个程序段,能完成下列数学表达式的功能。

$$Y=\begin{cases}-1 & (X\leqslant -1)\\ 0 & (-1<X<1)\\ 1 & (X\geqslant 1)\end{cases}$$

3-28 8086的中断机构中共允许____级中断,其专用中断有____________个,分别为______。

3-29 试比较转移指令,调用指令和中断指令操作的异同处。

3-30 用DOS系统功能调用编写一个程序,能将3-17题中的结果在屏幕上显示出来。

3-31 要求同3-30,但要求屏幕显示的结果是高位在左,低位在右。其格式为:RESULT:87。

3-32 用DOS系统中断调用,编写一个显示主功能菜单的汇编语言程序,设主功能菜单格式如下。

```
****MAIN MENU****
*      1. PROG 1      *
*      2. PROG 2      *
*      3. PROG 3      *
*      4. RETURN      *
*****************
please input your selection:
```

3-33 试写出80386/80486 CPU执行下列指令后,AX=?,BX=?

(1)	(2)
MOV AX,0000	MOV AX,0000
MOV BX,1234H	MOV BX,1234H
SHLD AX,BX,8	MOV CL,0CH
	SHRD AX,BX,CL

3-34 试写出80386/80486 CPU执行下列指令后,标志CF=?

```
MOV   EAX,96ABDC86H
BT    EAX,14H
```

3.35 试解释MMX,它首先从哪种CPU中开始使用?

3.36 试解释SIMP,它首先从哪种CPU中开始使用?

3.37 试解释SSE,它首先从哪种CPU中开始使用?

第4章 汇编语言程序设计

以指令系统为基础，用助记符指令表达的汇编语言程序以其能直接作用于微计算机的各组成硬件，且最具实时性特点，因而广泛应用于以微计算机为核心的各种控制中心和实时测控设备。本章重点讨论汇编语言程序的结构、规范、伪指令功能、应用及基本的程序设计方法，同时对汇编语言程序的上机过程进行介绍。

4.1 汇编语言和汇编程序

汇编语言(Assembly Language)是一种面向CPU指令系统的程序设计语言。用汇编语言编写的程序称为汇编语言程序或汇编语言源程序。汇编语言程序比较直观、易懂，便于交流和维护，但不能被计算机直接识别和运行，必须借助于系统通用软件(汇编程序)的翻译或借助于手工查表翻译，将汇编语言程序变成机器代码程序即目标程序(Object Program)才能运行。用汇编程序翻译汇编语言程序的过程称为汇编。

如前所述，汇编程序(Assembler)与汇编语言程序是两个不同的概念。汇编程序是用来将汇编语言程序翻译为机器代码的系统(工具)程序。汇编语言程序是用户根据实际需求自行用助记符指令编写的程序。汇编程序以汇编语言程序作为其输入，并由此产生两种输出文件，即目标程序文件和源程序列表文件，如图4-1所示。前者经连接定位后可由机器执行，后者将列出源程序，目标程序的机器代码及符号表，供编程者查阅。

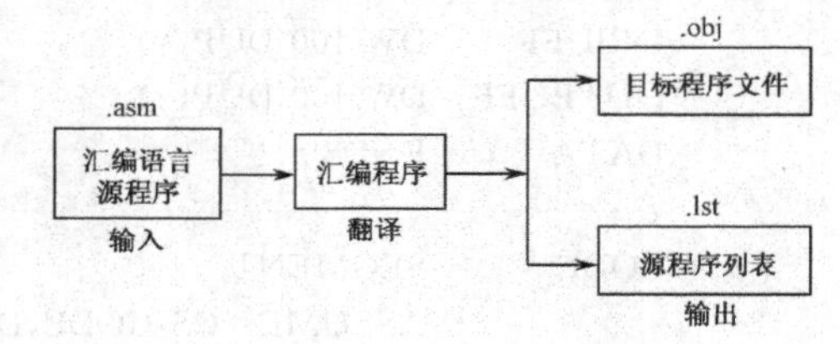

图4-1 汇编程序功能示意图

1. 汇编程序的种类

根据汇编程序完成翻译汇编语言程序的具体方法以及功能范围的不同，可将其大致分类如下：

(1)自汇编程序和交叉汇编程序

自汇编程序用本类机器的汇编语言编写，并以目标文件形式存储，运行时驻留于存储器中，所以又称为驻留汇编。由自汇编程序汇编产生的目标程序只能在本机内执行。

交叉汇编程序能够为其他类型机器翻译汇编语言程序。运行交叉汇编的机器一般是有丰富软件支持和高速外围设备的大型计算机。

(2)基本汇编、小汇编和宏汇编

汇编程序按其功能范围又可分为基本汇编(Assembler)、小汇编(Mini-Assembler)和宏汇编(Macro-Assembler)。

基本汇编能够汇编相应指令系统提供的指令语句和少量伪指令语句。小汇编是能力有限的一种汇编程序，对于指令语句中的符号地址都不能翻译，因此它的使用范围有限。宏汇编能够对包含宏指令及大量伪指令的汇编语言程序进行汇编，相对而言，其功能最强。

(3)一次扫描和两次扫描的汇编

按汇编实现的方法，汇编又可分为一次扫描和两次扫描汇编。一次扫描的汇编程序只对源程序进行一次处理就完成了对源程序的翻译，而两次扫描的汇编程序则要对源程序进行两遍处理才能完成汇编。目前,大多数微机的汇编程序为两次扫描。

2. MASM 宏汇编程序

MASM 是常用于 8086/8088、80286、80386、80486 及 Pentium 等 CPU 的微机上的一种宏汇编程序。它支持多模块的程序设计,由 MASM 汇编生成的目标程序可以直接与其他模块的汇编语言程序的目标程序相连接,也可直接与其他高级语言程序的目标程序模块相连接。

随着 IA-32 结构新型微处理器的出现,MASM 宏汇编程序的版本也不断升级,低版本不支持较高级微处理器的新指令。例如,MASM 5.0 从 8086 可支持到 80286,80386,MASM 5.11、MASM 6.11 从 8086 可支持到 80486 和 Pentium CPU。

本章将介绍支持 80x86 系列微处理器的 MASM 宏汇编程序,它是由美国 Microsoft 公司开发的应用较广的宏汇编程序。

4.2 MASM 宏汇编语言程序的规范

4.2.1 一个简单的汇编语言程序

这里首先给出一个简单的 8086 汇编语言源程序实例(将 100 个字的数据块从输入缓冲区搬到输出缓冲区),以从宏观上了解汇编语言程序的分段结构,语句构成及规范。

```
DATA      SEGMENT
INBUFF    DW 100 DUP(?)                      ;输入缓冲区
OUTBUFF   DW 100 DUP(?)                      ;输出缓冲区
DATA      ENDS
;----------------------------------------------------------
CODE      SEGMENT
          ASSUME  CS:CODE,DS:DATA,ES:DATA
STAR      PROC  FAR
          PUSH  DS
          MOV   AX,0
          PUSH  AX                           ;保存返回地址
          MOV   AX,DATA
          MOV   DS,AX                        ;设置 DS
          MOV   ES,AX                        ;设置 ES
;----------------------------------------------------------
INIT:     MOV   SI,OFFSET INBUFF             ;设置输入缓冲区指针
          LEA   DI,OUTBUFF                   ;设置输出缓冲区指针
          MOV   CX,100                       ;块长度送 CX
          REP  MOVS   OUTBUFF,INBUFF         ;块搬移
;----------------------------------------------------------
STAR      ENDP
CODE      ENDS
;----------------------------------------------------------
          END  STAR                          ;汇编结束。
```

4.2.2 分段结构

由上面的实例程序可以看出:

①与 CPU 对内存空间的分段管理对应,汇编语言源程序也是分段编写的。每个段有一个

名字，并以段定义伪指令 SEGMENT 开始，以段结束伪指令 ENDS 结束。开始和结束伪指令的名字必须相同。

② 一个源程序由若干个段组成。源程序以 END 语句作为结束。为便于阅读，段间可用分号“;”开头的虚线相隔。

③ 每个段由若干条语句组成。每条语句应按规范编写。

4.2.3 语句的构成与规范

1. 语句类型

MASM 宏汇编语言程序由以下 3 种语句组成。

① 指令语句：以 80x86 指令系统的助记符指令为基础构成，经汇编后将产生相对应的机器代码而构成目标程序，供机器执行。

② 伪指令语句：为汇编程序和连接程序提供一些必要控制信息的、由伪指令构成的管理性语句，其对应的伪操作是在汇编过程中完成的，汇编后不产生机器代码。

③ 宏指令语句：编程者根据需要，按宏指令定义规则，自行将一组反复出现的指令集中定义为一条“宏(MACRO)”指令。经定义的宏指令可代替被定义的一组指令，从而使源程序的书写变得简洁，经汇编后，再还原为这一组指令对应的目标代码。因此，宏指令只节省源程序篇幅，不节省目标代码。宏指令语句只能用于有宏汇编能力的宏汇编程序 MASM。

2. 语句的构成与规范

汇编语言程序的每个语句由以下 4 个域(Feild)组成：

[名字]　操作符　操作数　[;注释]

其中，带[]的名字和注释域为任选项。各域之间至少用一个空格相隔。

(1)名字域

名字由字母开头的字符串组成，其长度不超过 31 个字符。名字中可以使用的字符有字母(A～Z，a～z)、数字(0～9)、专用字符(?，.，@，－，$)。在指令语句和伪指令语句中，名字域的最大区别是：指令语句中的名字之后跟冒号，而伪指令语句中的名字之后不跟冒号。例如：

```
LAB:  MOV   AX,BX      ;指令语句,LAB 后跟冒号
X     DB    20H        ;伪指令语句,X 后不跟冒号
```

(2)操作符域

操作符可以是指令、伪指令或宏指令的助记符。指令及伪指令助记符由汇编语言系统规定，宏指令助记符由编程者定义时设定。

(3)操作数域

操作数域可有一个或两个操作数。若有两个操作数，则用逗号将其分隔。

操作数的形式有：常数、寄存器名、标号、变量和表达式。

① 常数

常数是没有属性的纯数。80x86 宏汇编允许的常数有：

- 二进制常数：以字母 B 结尾，如 10010010B。
- 十进制常数：如 1532。
- 十六进制常数：以字母 H 结尾，由数字 0～9 和字母 A～F 组成，如 3A2FH、0B751H。注意，以字母开头的十六进制数应冠以“0”开头，否则会被误认为是以字母开头的标识符。
- 八进制常数：以字母 Q 结尾，由数字 0～7 组成，如 37Q、25Q。
- 串常数：用单引号括起来的字符串，由每个字符的 ASCII 码值构成串常数。例如，'256'，其值为 323536H，而不是 256；'AB23'，其值为 41423233H。

• 允许使用十进制浮点数和十六进制实数。

② 标号和变量

标号和变量统称为存储器操作数。

标号是指令语句的名字域，可作为 JMP 和 CALL 指令的转向目的操作数。标号可以认为是其指令语句的符号地址。

变量通常是指存放在某些存储单元中的数据，这些数据可被程序改变。对变量的访问是通过变量名来实现的。因此，变量名被认为是变量的符号地址。变量名一般由定义变量的伪指令语句确定。

③ 表达式及运算符

表达式由常数、寄存器名、标号、变量与一些运算符组合而成。

80x86 宏汇编支持的运算有算术运算符、逻辑运算符、关系运算符、分析运算符和综合运算符共 5 种，如表 4-1 所示。

表 4-1　80x86 汇编语言中的运算符

算术运算符	逻辑运算符	关系运算符	分析运算符	综合运算符
+(加法)	AND(与)	EQ(相等)	SEG(求段基址)	PTR
-(减法)	OR(或)	NE(不相等)	OFFSET(求偏移量)	段属性前缀
*(乘法)	XOR(异或)	LT(小于)	TYPE(求变量的类型)	THIS
/(除法)	NOT(非)	GT(大于)	SIZE(求字节数)	SHORT
MOD(求余)		LE(小于或等于)	LENGTH(求变量长度)	HIGH
SHL(左移)		GE(大于或等于)		LOW
SHR(右移)				

〈1〉算术运算符

算术运算符完成整数的算术运算，结果也是整数。

表 4-1 给出的 7 种算术运算符的使用实例见例 4-1。应特别注意的是，当运算对象为两个地址操作数时，要求两个地址在同一段内，且只有进行加、减运算才有实际意义。

【例 4-1】 这是一个程序的片断，用于说明一些算术运算符的使用方法。

```
DATA    SEGMENT
VR      DB  1,3,5,6
DATA    ENDS
CODE    SEGMENT
        ⋮
        MOV   AH,VR+2               ;将 VR+2 单元的内容 5 送 AH
        MOV   AL,3*10-20            ;将表达式 3×10-20 的值送 AL
        AOV   BH,10 MOD 3           ;将表达式 10 MOD 3 的值送 BH
        MOV   BL,01010B  SHL 4      ;将二进制数 01010B 左移 4 次后送 BL
        ⋮
```

〈2〉逻辑运算符

逻辑运算符不同于逻辑运算指令。前者在源程序被汇编（翻译）时完成运算，而后者在程序执行时完成运算。

逻辑运算符对其操作数进行按位运算，且要求操作数为数值表达式。

【例 4-2】 逻辑运算符应用举例。求下述语句执行后的结果。

解：下述各条语句执行后，目的操作数中得到的结果如注释所示。

```
MOV   AX,0F00FH AND 253BH          ;AX=200BH
MOV   AX,0F00FH OR 253BH           ;AX=F53FH
MOV   AX,0F00FH XOR 253BH          ;AX=D534H
MOV   AX,NOT  253BH                ;AX=DAC4H
```

〈3〉关系运算符

表 4-1 给出了 6 种关系运算符。关系运算的对象是两个性质相同的操作数,其运算结果只有两种可能:关系成立或不成立。当关系成立时,运算结果为全 1,否则为全 0。

【例 4-3】 关系运算符的使用实例。求下述语句执行后的结果。

解:下列语句执行后,得到结果如注释所示。

```
MOV   AL,3 EQ 2                    ;AL=00H
MOV   AX,3 NE 2                    ;AX=FFFFH
MOV   AL,3 LT 2                    ;AL=00H
MOV   BX,3 LE 2                    ;BX=0000H
MOV   BH,3 GT 2                    ;BH=FFH
MOV   BL,3 GE 2                    ;BL=FFH
```

〈4〉分析运算符

存储器地址操作数(变量和标号)具有段、偏移量及类型 3 种属性。分析运算符用来分离出一个存储器地址操作数的这 3 种属性,并以数值方式表达出来。

段属性标志该存储器操作数所归属的段,用段基址来具体表示。

偏移量属性标志该存储器操作数距段基址的距离(字节数),用偏移地址来表示。

类型属性对于变量和标号意义不同。对于变量,该属性由定义变量的伪指令 DB、DW、DD、QW、DQW 等确定,分别为字节型(BYTE)、字型(WORD)、双字型(DWORD)、四字型(Quad-word)和双四字型(DQWord)。对于标号,该属性表示该标号是段内引用标号还是段外引用标号,分别称为 NEAR 型和 FAR 型。

表 4-1 给出的 5 个分析运算符,前 3 个用于求存储器地址操作数的 3 个属性,后 2 个用来求变量的字节数和长度。其中,对于 TYPE 运算的结果,80x86 宏汇编有如表 4-2 所示的规定。

【例 4-4】 分析运算符应用举例。求下述各语句执行后的结果。

解:下面定义的数据段 DATA,假设段地址从 40000H 开始,利用分析运算符可进行如下运算。

```
DATA     SEGMENT
V1       DB   2AH,3FH
V2       DW   2A3FH,3040H
V3       DD   12345678H,12ABCDEFH
V4       DW   20 DUP(1)
DATA     ENDS
```

表 4-2 存储器操作数的类型值

存储器操作数	类型值
字节数据(DB 定义)	1
字型数据(DW 定义)	2
双字数据(DD 定义)	4
NEAR 指令单元	−1
FAR 指令单元	−2

```
① MOV   AX,SEG   V1           ;AX=4000H
  MOV   BX,SEG   V2           ;BX=4000H
  MOV   CX,SEG   V3           ;CX=4000H
```

变量 V1、V2 和 V3 同属一段,故它们的段基址相同。

```
② MOV   AX,OFFSET   V1        ;AX=0
  MOV   BX,OFFSET   V2        ;BX=2
  MOV   CX,OFFSET   V3        ;CX=6
```

变量 V1、V2 和 V3 的偏移地址分别为 0、2 和 6。

```
③ MOV   AX,TYPE   V1          ;AX=1
```

```
MOV   BX,TYPE  V2          ;BX=2
MOV   CX,TYPE  V3          ;CX=4
```

对照表 4-2,变量 V1,V2 和 V3 的类型值分别为 1、2 和 4。

④ LENGTH 和 SIZE 运算符仅对数组变量有意义。所谓数组变量,是由 DUP(DUPLICATION 的缩写)定义的变量。例如:

```
    V4     DW     20 DUP(1)
```

V4 为一数组变量,包含 20 个字元素,每个元素的初始值为 1,则

```
MOV   AX,LENGTH V4         ;AX=20
MOV   BX,SIZE V4           ;BX=40
```

在这种情况下

```
SIZE x=TYPE x * LENGTH x
```

上式仅对 x 为 DUP 定义且 DUP 后括号内为单项数据时成立。

而:
```
MOV   AH,LENGTH   V1       ;AH=1
MOV   AL,SIZE   V1         ;AL=1
MOV   BH,LENGTH   V2       ;BH=1
MOV   BL,SIZE   V2         ;BL=2
MOV   CH,LENGTH   V3       ;CH=1
MOV   CL,SIZE   V3         ;CL=4
```

对于形如 V1、V2 和 V3 格式定义的变量,运算符 LENGTH 和 SIZE 只对 DB、DW 和 DD 定义的多项逗号分开的数据项的第 1 项有效。

〈5〉综合运算符

这类运算为存储器地址操作数临时指定一个新的属性,而忽略当前原有的属性,因此又称为属性修改运算符。

80x86 宏汇编支持 6 个综合运算符:PTR、THIS、段属性前缀、SHORT、HIGH 和 LOW。本书限于篇幅只介绍 PTR 和 THIS。

PTR 运算符的格式为:

类型　PTR　存储器地址表达式

类型可取 BYTE、WORD、DWORD、NEAR 或 FAR。

存储器地址表达式可采用任一合法的地址表达式。

PTR 将其左边的类型指定给其右边的地址。因而该地址除原有类型外,又临时具有一个由 PTR 指定的新类型。对于一个存储器地址操作数,其段、偏移量及类型三要素之一有所改变,便构成另一新的存储器地址操作数。因此,PTR 运算符在一已知的存储器地址操作数的基础上生成一个段基址和偏移量均不变,只是类型改变的一个新的存储器地址操作数。例如,对于例 4-4 定义的变量 V1,可在其基础上定义为另一变量 V11。

```
V11   EQU   WORD   PTR   V1
```

其结果是 V11 的段基址和偏移量与 V1 相同,只是类型不同,V1 是 BYTE 型,而 V11 是 WORD 型。

THIS 运算符功能与 PTR 类似,由它所生成的新的存储器地址操作数的段和偏移量部分与目前所能分配的下一个存储单元的段和偏移量相同,但类型由 THIS 指定,格式为:

THIS　类型

例如:

```
V11   EQU   THIS   WORD
V1    DB    20H,30H
```

结果是,变量 V11 与 V1 具有相同的段和偏移量,V11 是 WORD 型变量,V1 是 BYTE 型变量。

以上对常用运算符进行了讨论,请对照表 4-1 进行总结。

表 4-3 中给出了各运算符的优先级。

(4)注释域

80x86 宏汇编语言的每条语句都可以有以分号“;”开头的注释部分。汇编程序在翻译源程序时,不处理分号以后的部分,因此,注释的写法是随意的,可按需要来写。一般用注释来说明程序的功能、分段,以便于阅读和理解。

表 4-3 运算符的优先级

优先级别	运算符
	(…),[…],〈…〉,.,LENGTH,WIDTH,SIZE,MASK,记录字段名
	PTR,OFFSET,SEG,TYPE,THIS,CS:,DS:,ES:,SS:
	HIGH,LOW
高	*,/,MOD,SHL,SHR
↑	+,-
低	EQ,NE,LT,LE,GT,GE
	NOT
	AND
	OR,XOR
	SHORT

注:表中同格的各运算符具有相同的优先级,按它们在表达式中出现的顺序,从左至右地进行运算。

4.3 汇编语言伪指令

伪指令的作用是对汇编语言源程序进行管理,在汇编过程中由汇编程序进行处理,汇编后不产生目标代码。汇编语言的伪指令较多,这里仅介绍 8086 汇编语言中常用的几种伪指令,其他伪指令请参见附录 B。

4.3.1 常用伪指令

1. 处理器方式伪指令

由于现代微型计算机 CPU 的指令系统是在 8086 基础上扩充和增加的,高一级的 CPU 总是兼容下一级 CPU 的全部指令。因此,在编写汇编源程序时首先要声明使用的是哪种 CPU 的指令系统。处理器伪指令的作用就是设置 CPU 指令系统类型。

处理器方式伪指令语句格式:

·处理器名称

一般情况下,该伪指令置于整个汇编语言源程序的开头,用以设定源程序的指令系统类型。例如:

```
-8086    ;告诉汇编程序只汇编源程序中的 8086 指令,若源程序中有其他指令系统中的指令,则将
         ;提示出错
-486     ;告诉汇编程序汇编 80286 实地址方式的指令。
-486P    ;设置 80486 的保护方式,汇编 80486 所有的指令。
```

在汇编语言源程序中若没有处理器伪指令语句,则默认源程序采用 8086 指令系统。

2. 数据定义伪指令

数据定义伪指令有 DB,DW,DD,DQ 和 DT,可为程序分配指定数目的存储单元,并根据实际情况进行初始化。

伪指令语句格式如下:

[变量名] DB/DW/DD/DQ/DT 〈数据项表〉 [;注释]

变量名和注释部分为任选项,数据项表由逗号分隔的表达式组成。

DB:定义字节(BYTE)变量,数据项表中每数据项占 1 字节。

DW:定义字(WORD)变量,每数据项占 1 个字,即 2 字节。

DD:定义双字(DWORD)变量,每数据项占 4 字节,即 1 个双字单元。

DQ:定义四字(QWORD)变量,每数据项占 8 字节。

DT:定义十字节(TBYTE)变量,每数据项占 10 字节。

【例 4-5】 试说明伪指令 DB/DW/DD/DQ 的用法。

解:下列数据段定义和分配了一些存储单元,其实际分配图如图 4-2 所示。

```
DATA      SEGMENT
DBYTE     DB   10,10H                 ;定义两个字节
DWORD0    DW   100,100H               ;定义两个字
DDWORD    DD   12345678H              ;定义一个双字
DQWORD    DQ   1234567890ABCDEFH      ;定义一个四字
DBYTES    DB   'AB'                   ;定义两个字节
DWORDS    DW   'AB'                   ;定义一个字
DWORD1    DW   OFFSET DWORD0          ;定义 DWOR0 的偏移量
DDWORD1   DD   DDWORD                 ;定义 DDWORD 的偏移量及段基址
DATA      ENDS
```

【例 4-6】 重复操作符 DUP 的应用

解:DUP 常用在数据定义伪指令中,其使用的格式为:

[变量名] DB/DW/DD/DQ/DT 〈表达式〉DUP(表达式)

DUP 左边的表达式表示重复的次数,右边圆括号中的表达式表示要重复的内容。此括号中的表达式可以是:① 一个问号?,表示不置初值,为随机值;② 一个数据项表,将相应单元初始化。

下面的数据段表示了 DUP 的用法,其相应的存储单元分配情况如图 4-3 所示。

```
DATA      SEGMENT
ARRAY1    DB        2 DUP(0,1,?)
ARRAY2    DW        100 DUP(?)
ARRAY3    DB        20DUP(0,1,4 DUP(2),5)
DATA      ENDS
```

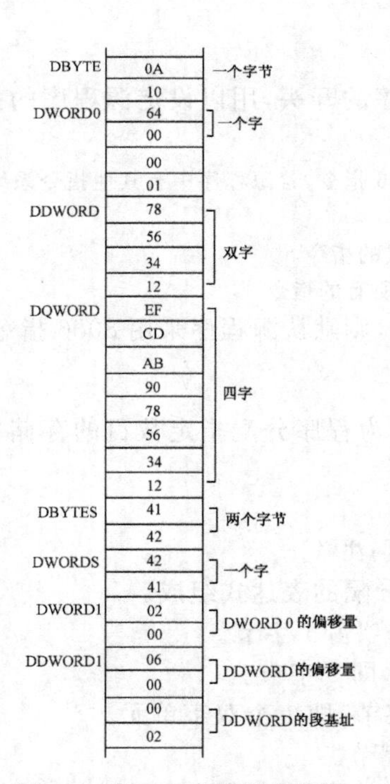

图 4-2 例 4-5 存储器分配图

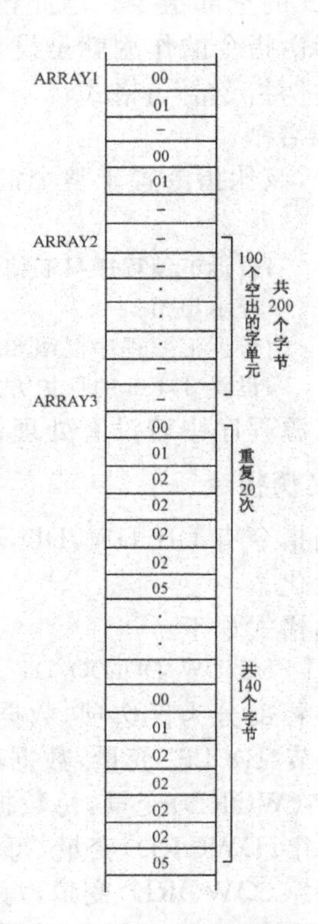

图 4-3 例 4-6 存储器分配图

3. 符号定义伪指令 EQU 和＝

等值伪指令 EQU 和等号伪指令＝的语句格式如下：

```
符号名  EQU/＝表达式
```

其中：表达式可以是一个常数，一个可以求出常数值的表达式，一个寄存器名或一个指令助记符。

EQU 和＝的作用是把该指令右边表达式的数值或符号等价地赋给它左边的符号。例如：

```
CN      EQU   100              ;符号 CN 等价为 100
CN1     EQU   CN+100           ;符号 CN1 等价为表达式 CN+100
C       EQU   CX               ;符号 C 等价为寄存器名 CX
M       EQU   MOV              ;MOV 助记符可以由 M 代替
B       EQU   DS:[BP+20]       ;地址表达式 DS:[BP+20]可由符号 B 代替
```

有了以上定义后，下列语句有效：

```
M       C,CN                   ;等效为 MOV CX,100
M       BX,B                   ;等效为 MOV BX,DS:[BP+20]
```

EQU 不允许对同一符号重复定义。而对于需要在程序中各处不断改变其意义的符号，应用＝伪指令定义。例如：

```
CN      EQU   100
CN      EQU   200              ;此定义错误
```

这里对第二个 CN 的定义是错误的，正确的定义应使用＝，即

```
CN=100
CN=200                         ;此定义正确
```

因此，以第二次对 CN 的定义为准，CN 与 200 等价。

值得注意的是，EQU 和＝伪指令仅仅是对程序中某些符号进行等价说明，并不实际分配存储单元，因此用 EQU 和＝定义的符号不占存储单元。

4. 段定义伪指令 SEGMENT/ENDS

由前面已知，80x86 汇编语言程序是分段编写的，每段均由 SEGMENT 和 ENDS 开始和结束。一般的格式如下：

```
段名  SEGMENT    [定位类型][组合类型]['类别']
      〈段内语句序列〉
段名  ENDS
```

① 段名：编程者给该段取的名字。定位类型、组合类型及类别是赋予该段的属性，缺省时，使用 80x86 宏汇编给定的缺省值。

② 定位类型：规定了对该段的起始边界地址的要求，可以有以下 4 种选择。

- PAGE：段起始地址为一页(PAGE)的开始，即××××××××××××0000 0000，低 8 位为 0。
- PARA：段起始地址为一节(PARAGRAPH)的开始，即×××× ×××× ×××× ××××0000，低 4 位为 0。
- WORD：段起始地址为一规则字的开始，即偶地址开始，×××× ×××× ×××× ×××× ×××0，最低位为 0。
- BYTE：段起始地址为任意值，即从任何字节开始都行。

若定位类型项缺省，系统默认为 PARA。

③ 组合类型：表示该段与程序中其他段的关系，可以有 6 种选择。

- NONE：该段独立，与其他段无关。

- PUBLIC：该段可与其他同名同类别的段相邻地连接在一起，共同拥有一个段基址。
- STACK：与 PUBLIC 相同，但作为堆栈段处理。
- COMMON：该段可能与其他同名同类别的段发生覆盖，共同拥有一个段基址，段的长度取决于最长的 COMMON 段。
- AT 表达式：该段应放在 AT 后的表达式值(16 位)所指定的段地址上。这种方式不能用于代码段。
- MEMORY：该段位于被连接在一起的其他所有段之上。

若组合类型项缺省，系统默认为 NONE。

④ 类别：由编程者赋予该段的与段名不同的另一种名字信息。程序中所有类别相同的段将被组成一个段组，该段组以它们共同的类别作为名字。常使用的类别有'STACK'，'CODE'，'DATA'等。

5. 段寻址伪指令 ASSUME

该伪指令用来设定程序中定义的各段名与段寄存器之间的关系。格式为：

```
ASSUME  段寄存器名:段名[,段寄存器名:段名,…]
```

段寄存器名为 CS、DS、ES 和 SS 之一，段名为程序中由 SEGMENT 定义的段名。

ASSUME 伪指令的作用是告诉汇编程序，将某个段寄存器设置为某个逻辑段的段首址。当汇编程序汇编某逻辑段时，即可利用相应的段寄存器寻址该逻辑段中的指令或数据。这里需要说明的是，ASSUME 伪指令只是告诉汇编程序有关段寄存器与逻辑段的关系，但没有给段寄存器赋初值。段首址的装入需要在程序中通过给段寄存器赋值的指令来完成。其中，代码段寄存器 CS 不能由用户赋初值。例如：

```
CODE  SEGMET
      ASSUME CS:CODE,DS:DATA
      MOV   AX,DATA
      MOV   DS,AX
      …
CODE ENDS
```

其中，代码段寄存器 CS 中的段首址是由系统在初始化时自动设置。数据段寄存器 DS 中的段地址值是在程序执行 MOV AX,DATA 和 MOV DS,AX 这两条语句后装入的。

6. 过程定义伪指令 PROC/ENDP

汇编语言中的子程序是以过程的形式出现的，子程序的调用即过程的调用。定义过程伪指令语句的格式如下：

```
过程名    PROC      [NEAR]/FAR
          〈过程中的语句序列〉
          RET
          [〈过程中的语句序列〉]
过程名    ENDP
```

过程名由编程者任取。

NEAR(缺省值)或 FAR 是过程的类型，为 NEAR 型时，可以不写。

RET 为过程返回主程序的出口语句。尽管源程序语序中 RET 的位置可放在中间或结尾，但每个过程最后执行的语句应为 RET，否则会出错。

过程定义伪指令 PROC 和 ENDP 必须成对出现，才能定义一个完整的过程。

7. 程序计数器 $

当字符 $ 独立出现在表达式中时，它的值为程序下一个所能分配的存储单元的偏移地址。

例如：

```
DATA    SEGMENT
A1      DB  10H,20H,30H        ;定义 3 字节
C       EQU $－A1              ;符号 C 与表达式 $－A1 等价
DATA    ENDS
```

其中，表达式 $－A1 的值为程序下一个所能分配的偏移地址 03H 减去 A1 的偏移地址 00H，所以 $－A1＝03H－00H＝03H。

8. 定位伪指令 ORG

ORG 伪指令用来指定某条语句或某个变量的偏移地址。

指令格式： ORG 数值表达式

ORG 后的数值表达式的值将作为下一条指令语句或变量的偏移地址，例如：

```
DATA    SEGMENT
        ORG       2
VAR1    DB        2,3,4
        ORG       $＋3
VAR2    DW        1234H
DATA    ENDS
```

VAR1 和 VAR2 在存储器中的分布情况如图 4-4 所示。

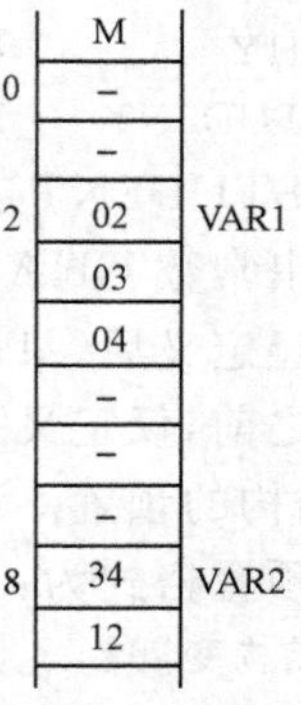

图 4-4 VAR1 和 VAR2 分布图

9. 段模式选择伪指令

在 MASM 5.0 以上版本的宏汇编程序中，支持完整的段定义伪指令，其格式如下：

```
Segname  SEGMENT  [align][Combine][use]['class']
             ⋮
         〈Statement〉
             ⋮
Segname  ENDS
```

与前面的段定义伪指令比较，选择项中有[use]类型，此项即为段模式选择伪指令，用来指定段字大小(Segment Word size)。USE 类型有以下两种选择。

① USE16：16 位段模式。在这种模式下，地址偏移量为 16 位，段内最大寻址空间为 64KB。在 8086、80286 中只有这种模式，且为省缺值。

② USE32：32 位段模式。在这种模式下，地址偏移量为 32 位，段内最大寻址空间为 4GB。在 80386、80486 及 Pentium 中有 16 位和 32 位段模式可供选择。对于指定为使用 80386、80486 和 Pentium 处理器指令后，要特别注意选用合适的段字大小，在 DOS 环境下为 16 位段模式。因而在完整段定义伪指令中，要将 USE 类型指定为 16 位，即用 USE16 说明，否则会工作在 32 位段模式下。

4.3.2 结构型伪指令

1. 结构

结构(Structure)是 80x86 宏汇编支持的一种数据结构。一个结构由多个相互关联的字段组成，每个字段可能包括多个存储单元。

使用结构需要经过必要的步骤，即结构的定义、结构的预置和结构的引用。

(1)结构的定义

定义结构由伪指令 STRUC 和 ENDS 开始和结束。其格式如下：

```
结构名  STRUC
        〈数据定义语句序列〉
结构名  ENDS
```

结构名由编程者自取。数据定义语句序列用于定义组成结构的各字段。例如，将一个学生的姓名、学号及3门课程的成绩定义为一个名为STUDENT的结构：

```
STUDENT     STRUC
NA          DB  'CHAN'
NO          DB  ?
ENG         DB  ?
MAT         DB  ?
PHY         DB  ?
STUDENT     ENDS
```

结构STUDENT有NA、NO、ENG、MAT和PHY等5个字段。NA字段包含4字节，初始化为字符串常数'CHAN'；其他字段各包含一个未初始化的字节。整个结构由8字节构成。

结构经定义后，只是通知汇编程序存在有这样的数据结构，并不实际分配存储单元。因此在使用结构之前，仅定义是不够的，还必须通过预置结构来实现存储单元的分配。

(2)结构的预置

结构预置格式为：

```
结构变量名    结构名  〈字段值表〉
```

结构变量名是程序中具体使用的结构型变量名，结构名是预置前已定义过的结构名。

字段值表用来对结构变量中相应字段置初值。若某字段的初值与定义这种结构时给出的初值相等，则用逗号空出相应位置。

对于前面定义的STUDENT结构，可预置如下结构变量：

```
S1  STUDENT  〈'WANG',10,72,85,90〉
S2  STUDENT  〈       ,21,80,83,76〉
S3  STUDENT  〈'L1'   ,20,56,78,80〉
```

S1、S2及S3均为STUDENT结构变量，其初值在尖括号中给出。各字段值间用逗号分隔。S2的NA字段空出，意味着该字段值为STUDENT定义时的初值'CHAN'。

若不在预置语句中放入初值，而在程序运行时置入数据，则也应预置结构变量，这种情况下可采用如下形式：

```
S1   STUDENT 〈 〉
S2   STUDENT 〈 〉
S3   STUDENT 〈 〉
```

或者：

```
S    STUDENT   3   DUP(〈 〉)
```

(3)结构的引用

若在程序中引用结构变量，则与其他变量一样，直接使用结构变量名。若要引用结构变量中的某一字段，则采用如下格式：

```
结构变量名.结构字段名
```

或者，先将结构变量的起始地址的偏移量送某个地址寄存器，再用如下格式引用字段：

```
[地址寄存器].结构字段名
```

例如，若要引用结构变量S1中的MAT字段，则下面两种形式都是正确的。

```
①     MOV   AL,S1.MAT
②     MOV   BX,OFFSET S1
```

```
MOV    AL,[BX].MAT
```

由此可见,对结构变量和字段的寻址非常方便、直观。

(4)结构应用举例——学生成绩管理

【例 4-7】 有3个学生的姓名、学号及英语成绩用结构的形式存入内存中,试编程对英语不及格的学生进行统计。

解:根据题意,先定义一个包括姓名、学号和英语成绩3个字段的结构,然后预置该结构。源程序如下:

```
          DATA      SEGMENT
STUDENT   STRUC                                   ;定义结构
          NAME1     DB  'ABCD'
          NO        DB  ?
          ENGLISH   DB  ?
STUDENT             ENDS
          S1        STUDENT〈'ZHAN',10,80〉       ;预置3个学生的结构
          S2        STUDENT〈'WANG',20,73〉
          S3        STUDENT〈'L1    ',23,56〉
          DATA      ENDS
;--------------------------------------------------------------------
CODE      SEGMENT
          ASSUME    CS:CODE,DS:DATA
START     PROC      FAR
          PUSH      DS                            ;保存返回地址
          MOV       AX,0
          PUSH      AX
;--------------------------------------------------------------------
          MOV       AX,DATA
          MOV       DS,AX                         ;给DS赋值
;--------------------------------------------------------------------
          MOV       CX,0
          MOV       DH,3
          MOV       BX,OFFSET S1                  ;BX指向S1的第1字节
BEGIN:    MOV       AL,[BX].ENGLISH               ;取ENGLISH字段
          CMP       AL,60
          JGE       NOCOUNT                       ;大于或等于60分,不计数
          INC       CX                            ;计数
NOCOUNT:  ADD       BX,6                          ;BX指向下一个结构
          DEC       DH
          JNZ       BEGIN
          RET                                     ;3个学生处理完毕后,返回DOS
START     ENDP
;--------------------------------------------------------------------
CODE      ENDS
;--------------------------------------------------------------------
          END       START                         ;汇编结束
```

2. 记录

记录(Record)是80x86宏汇编支持的另一种数据结构,用来定义和处理以位为计算单位的

信息组。一个记录可由1字节或2字节组成，字节中的某一位或某几位可被定义为一个字段，用于表达一种信息。

同结构一样，使用记录需经过定义、预置和引用3个步骤。

(1)记录的定义

使用伪指令RECORD进行记录的定义。其格式如下：

```
记录名    RECORD 〈字段名〉:宽度[=表达式][,…]
```

记录名由编程者自取。

字段名也是编程者自定义的，宽度是指该字段占据的二进制位数，方括号中的表达式是给该字段赋的初值，为任选项。

用逗号分隔对各字段的定义。

例如，将某位学生的简单情况用一个记录来描述，姓氏(NA)用3位二进码表示，性别(SEX)占1位，籍贯(AD)占3位，健康状况(STAU)占1位，一共8位。定义为：

```
STUDENT     RECODE  NA:3,SEX:1,AD:3,STAU:1
```

记录STUDENT占用1字节，将一个学生的简单情况浓缩其中，其字段分配情况如图4-5所示。图中各字段均未初始化，故用×表示。

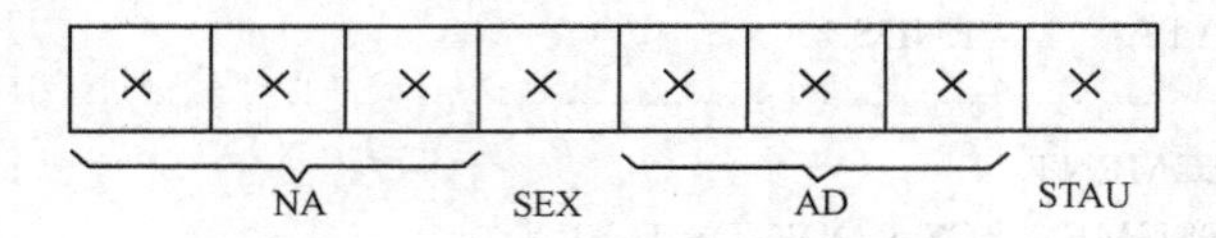

图4-5　记录STUDENT字段分配图

(2)记录的预置

预置语句为一些记录变量分配实际的存储空间。其格式如下：

```
记录变量名    记录名 〈字段值表〉
```

例如，对上面已定义过的记录STUDENT，可给该记录预置多个记录变量S1和S2。

```
S1  STUDENT  〈101B,1B,110B,1B〉
S2  STUDENT  〈111B,0B,101B,1B〉
```

S1和S2是两个STUDENT记录变量，其各字段的初值在预置语句的尖括号中给出，各字段间用逗号分隔开。

(3)记录运算符

①WIDTH运算符

WIDTH运算符求出记录或记录字段所占的位数。其格式如下：

```
WIDTH    记录名/记录字段名
```

例如，对于前面已定义过的STUDENT记录，用WIDTH运算符求出相应的位数。

```
MOV  AL,WIDTH  STUDENT     ;AL=8
MOV  AH,WIDTH  NA          ;AH=3
```

②MASK运算符

MASK运算符求出的结果标志一个记录字段在记录中占有哪几位。其格式如下：

```
MASK    记录字段名
```

例如，对于前面已定义过的STUDENT记录(见图4-5)，用MASK标识志各字段所占的位。

```
MOV  BL,MASK  NA           ;BL=11100000
MOV  BH,MASK  AD           ;BH=00001110
MOV  CL,MASK  SEX          ;CL=00010000
MOV  CH,MASK  STAU         ;CH=00000001
```

MASK运算的结果是一个8位或16位数，其中出现1的位置便是其运算对象占据的位置，其余各位则被屏蔽。

③移位值运算

当记录字段名作为一个独立的操作数出现在程序中时，并不直接代表该字段的值，而是表示该字段移位到该记录的最右边所需要的移位次数。

例如，对前面已定义过的记录 STUDENT，用记录字段名表示移到最右边所需的移位次数。

```
MOV   DL,NA                     ;DL=5
MOV   DH,AD                     ;DH=1
MOV   DH,STAU                   ;DH=0
MOV   DL,SEX                    ;DL=4
```

以上 3 种关于记录的运算符运算的优先级已在表 4-3 中给出，因此当它们与其他运算符混用时，应根据优先级顺序计算。例如：

```
MOV   AL,NOT   MASK NA          ;AL=00011111
MOV   AH,20H   SHL AD           ;AH=20 SHL 1=40H
```

SHL 运算为左移运算，移位次数由记录字段名 AD 给出，根据运算的优先级求得结果。

(4)记录及其字段的使用举例

【例 4-8】 已知 3 个学生的简要情况分别存放在记录变量 S1，S2 和 S3 中，试编程对其中的男生进行计数。

解：设记录中各字段安排如下：姓名 NA：3 位，性别 SEX：1 位，籍贯 AD：3 位，健康状态 STAU：1 位。源程序如下：

```
DATA      SEGMENT
          STUDENT   RECORD NA:3,SEX:1,AD:3,STAU:1  ;定义记录
          S1        STUDENT 〈111B,1B,101B,1B〉     ;预置 3 个学生的记录
          S2        STUDENT 〈001B,0B,100B,1B〉
          S3        STUDENT 〈100B 1B,101B,1B〉
DATA      ENDS
;.....................................................
CODE      SEGMENT
          ASSUME    CS:CODE,DS:DATA
START     PROC      FAR
          PUSH      DS
          MOV       AX,0
          PUSH      AX
          MOV       AX,DATA
          MOV       DS,AX
;.....................................................
          MOV       CL,3
          MOV       CH,0
          MOV       BX,OFFSET   S1                 ;BX 指向第 1 个记录
BEGIN:    MOV       AL,[BX]
          TEST      AL,MASK   SEX                  ;测试该记录的 SEX 字段
          JZ        COUNT                          ;SEX 字段为零(女),不计数
          INC       CH                             ;否则,计数
COUNT:    INC       BX                             ;指向下一个记录
          DEC       CL                             ;学生人数减 1
          JNZ       BEGIN                          ;3 个学生检查完毕,结束
          RET
```

```
START   ENDP
;.....................................................................
CODE    ENDS
;.....................................................................
        END     START                           ;汇编结束
```

4.3.3 与宏有关的伪指令

使用宏指令应按先定义后使用的步骤进行。

1. 宏指令的定义

编程者可以将一组重复使用的语句用宏定义伪指令定义成一条宏指令：

宏指令定义的语句格式如下：

```
宏指令名    MACRO  [〈形式参数1〉,〈形式参数2〉,…]
            〈语句组〉                    ;宏体
            ENDM
```

宏指令名由编程者任取。

形式参数意义同高级语言一样，在调用宏指令时用实参数来替代。宏指令也可以不设参数。

2. 宏指令的使用——宏调用

经定义的宏指令，可以在程序中像其他指令一样的直接使用。对于出现在程序中的宏指令，汇编程序在翻译时，按照其定义逐条还原为宏体中语句对应的机器代码。

使用宏指令时，需要将形式参数用一一对应的实参数替代。当实参数个数多于形式参数时，忽略多余的实参数；当实参数个数少于形式参数时，多余的形式参数设为空白，这是宏汇编语言的规定。

宏指令中的参数可以是常数、寄存器名、存储单元名、地址表达式以及指令的助记符或助记符的一部分。

下面的例子可以说明宏指令的定义及调用过程。

【例4-9】 把对某一寄存器的移位操作定义为一条宏指令，并在程序中使用它。

解：完成移位操作的宏指令可以灵活地设置一个或多个参数，或不设参数都行。下面给出几种定义方式：

① 不设参数。

```
SHIFT   MACRO
        MOV     CL.4
        SHL     AX,CL
        ENDM
```

宏指令SHIFT将AX左移4次。

② 设一个参数，将移位次数设为参数CN。

```
SHIFT   MACRO   CN
        MOV     CL,CN
        SHL     AX,CL
        ENDM
```

因此，可有：

```
SHIFT   5                               ;将AX左移5次
SHIFT   4                               ;将AX左移4次
```

用实参数5和4替代形式参数CN，完成CN次移位。

③ 设 2 个参数，将移位次数和被移位的寄存器都设为可替代的参数。

```
SHIFT   MACRO   CN,R
        MOV     CL,CN
        SHL     R,CL
        ENDM
```

因此，可有：

```
SHIFT   4,AX                    ;将 AX 左移 4 次
SHIFT   2,BX                    ;将 BX 左移 2 次
SHIFT   5,DH                    ;将 DH 左移 5 次
```

④ 设 3 个参数，将移位次数、移位方向及被移位的对象均设为参数。

```
SHIFT   MACRO   CN,R,SD
        MOV     CL,CN
        S & SD  R,CL
        ENDM
```

当参数为助记符的一部分时，用 & 将参数标注出来，以便替换。因此，可有：

```
SHIFT   4,AX,HL ;将 AX 左移 4 次
SHIFT   7,BX,HR ;将 BX 右移 7 次
```

下面的程序说明如何在一个完整的程序中使用宏指令，源程序如下：

```
SHIFT   MACRO   R,CN            ;宏指定定义
        MOV     CL,CN
        SHL     R,CL
        ENDM
;..........................................................
DATA    SEGMENT
X       DB      08H
DATA    ENDS
;..........................................................
CODE    SEGMENT
        ASSUME  CS:CODE,DS:DATA
MAIN    PROC    FAR
        PUSH    DS
        MOV     AX,0
        PUSH    AX
        MOV     AX,DATA
        MOV     DS,AX
;..........................................................
        MOV     BX,OFFSET X
        MOV     AL,[BX]
        SHIFT   AL,4
        RET
MAIN    ENDP
CODE    ENDS
;..........................................................
        END     MAIN            ;汇编结束
```

3. 取消宏指令的伪指令 PURGE

宏指令一经定义，就在整个程序中有效。若宏指令名与指令或伪指令助记符相同，则宏指令优

先级更高，同名指令或伪指令失效。因此一般情况下，均不使用指令及伪指令助记符作为宏指令名。若万不得已出现了这种情况，也应在一定时候取消宏指令，使失效的指令或伪指令恢复功能。

取消宏指令伪指令 PURGE 格式如下：

PURGE　　〈宏指令名 1〉，〈宏指令名 2〉，…

宏指令名 1、宏指令名 2 等是需要被取消的宏指令名。执行此伪指令后，这些宏指令便失效，不能再被调用了。

4.4　系统调用功能

系统调用是指用户程序可以调用 DOS(Disk Operation System)和 BIOS(Basic Input Output System)为用户提供的系统服务程序。

DOS 负责管理系统的所有软硬件资源，其中包含大量的可供用户调用的服务程序，完成设备的管理及磁盘文件的管理。

BIOS 主要负责解决硬件的即时需求，其中包括系统测试程序、系统初始化引导程序及外部设备的服务程序，这些程序固化在 ROM 芯片中，机器通电后用户就可调用。

DOS 在较高层次上为用户提供了很多的 I/O 程序，不需要用户对硬件有太多了解。BIOS 则是在较低层次上为用户提供了若干 I/O 程序，要求用户必须熟悉微机硬件。若 DOS 和 BIOS 提供的功能相同，用户应选用 DOS 调用。若要求运行效率高，则应选用 BIOS 调用。BIOS 的某些功能是 DOS 不具备的。DOS 和 BIOS 调用可以用于多种语言，本书只介绍汇编语言中 DOS 和 BIOS 的调用方法。

4.4.1　DOS 功能调用

8086 指令系统中有一个软中断指令 INT n，每执行一条软中断指令，就调用一个相应的中断服务程序。当 n＝05H～1FH 时，调用 BIOS 中的服务程序，当 n＝20H～3FH 时，调用 DOS 中的服务程序。其中，INT 21H 是 DOS 系统功能调用，提供了近 90 个子功能的中断服务程序，这些子功能的编号称为功能号。

DOS 功能调用方法：置功能号给 AH→置入口参数→执行 INT 21H→分析出口参数。

1. 返回 DOS(功能号 4CH)

功能：使用户程序执行完后返回 DOS 提示符状态。例如：

```
MOV   AH,4CH
INT   21H
```

2. 键盘输入并回显(功能号 01H)

功能：等待接收用户从键盘输入一个字符，送入 AL 寄存器中，并在屏幕上显示输入的字符。例如：

```
…
AGN:     MOV AH,01H      ;等待输入一个字符,当输入字符后送 AL
         INT 21H
         CMP AL,'R'      ;输入字符为'R',转到 RIGHT 语句处
         JE RIGHT
         CMP AL,'E'      ;输入字符为'E',转到 ERROR 语句处
         JE ERROR
         JMP AGN         ;输入其他字符,转到 AGN 语句处,继续等待输入字符
RIGHT:   …
```

```
ERROR:  ...
```

3. 键盘输入无回显(功能号 08H)

功能:等待用户从键盘上输入一个字符,送入 AL 寄存器,屏幕上不显示该字符。例如:

```
MOV  AH,08H
INT   21H
```

功能 1 和 8 都可以从键盘接收输入的一个字符,程序中常利用这个功能调用来回答程序中的提示信息,或选择菜单中的可选项以执行不同的程序段。也可利用功能 8 的不回显特性,输入需要保密的信息。

4. 字符串输入(0AH)

功能:接收用户从键盘输入的字符串存到内存的输入缓冲区中。

该功能要求在用户程序中先定义一个输入缓冲区,由 DS:DX 给出输入缓冲区的首地址。输入缓冲区的第 1 字节为用户定义的最大输入字符数(小于 255),若用户输入的字符数(包括回车符)大于此数,则机器响铃,且光标不再右移,直到输入回车符为止,后面输入的多余字符丢失。若用户输入的字符数小于给定的最大字符数,缓冲区其余部分填 0。第 2 字节存放实际输入的字符数(不包含回车符),由 DOS 系统自动填入。从第 3 字节开始存放输入的字符串。例如:

```
DATA    SEGMENT
        INBUFSIZE  DB  20
        CHALEN  DB ?
        CHARTXT  DB 20 DUP(?)
DATA    ENDS
CODE    SEGMENT
        ...
        MOV  DX,OFFSET INBUFSIZE
        MOV  AH,0AH
        INT  21H
        ...
```

5. 显示输出(功能号 02H)

功能:在显示器上显示输出一个字符。

调用该功能前需要将待输出字符的 ASCII 码存入 DL 寄存器中。例如,要显示输出字符 X,则程序段如下:

```
MOV  AH,02H
MOV   DL,'X'
INT  21H
```

6. 打印机输出(功能号 05H)

功能:在打印机上输出一个字符。

与功能 2 类似,先将要输出字符的 ACSII 码送 DL 寄存器中。例如,打印输出字符 B:

```
MOV  AH,05H
MOV  DL,'B'
INT   21H
```

7. 字符串输出(功能号 09H)

功能:将内存中存储的字符串输出显示。

调用该功能前,需将存放在内存中的字符串以'$'作为结束标志,并将字符串的首地址存放在 DS:DX 中。执行该功能调用时,显示器将连续显示字符串中的每个字符,直到遇到'$'字符为止(不显示'$'字符)。若要求在显示字符串后自动回车换行,则需要在'$'字符前加上 0DH (回车符 ASCII 码)和 0AH(换行符 ASCII 码)。例如:

```
                  DATA     SETMENT
                  CHRTXT   DB 'THANK YOU!',0DH,0AH,'$'
                  DATA     ENDS
                  CODE     SEGMENT
     ASSUME CS:   CODE,DS:DATA
     START:       MOV      AX,DATA
                  MOV      DS,AX
                  MOV      DX,OFFSET CHRTXT
                  MOV      AH,09H
                  INT      21H
                  MOV      AH,4CH
                  INT      21H
                  CODE     ENDS
                  END      START
```

下面举例说明解如何调用 DOS 功能子程序实现人机对话。

【例 4-10】 试编写完整的汇编语言程序,利用 09H 和 0AH 系统功能调用,实现人机对话。

解:人机对话的程序如下:

```
DATA    SEGMENT
        BUF         DB    81
                    DB    ?
                    DB    81 DUP(?)
        MESG        DB'WHAT IS YOUR NAME?',0AH,0DH
                    DB '$'
DATA    ENDS
;..................................................................
STACK               SEGMENT PARA STACK 'STACK'
        DB          100 DUP(?)
STACK               ENDS
;..................................................................
CODE    SEGMENT
        ASSUME      CS:CODE,DA:DATA,SS:STACK
START   PROC        FAR
        PUSH        DS
        MOV         AX,0
        PUSH        AX
        MOV         AX,DATA
        MOV         DS,AX
;..................................................................
DISP:   MOV         DX,OFFSET MESG        ;显示提问信息
        MOV         AH,09H
        INT         21H
KEYBI:  MOV         DX,OFFSET BUF         ;接收键盘的回答信息(输入的最后一个字符为'$')
        MOV         AH,0AH
        INT         21H
LF:     MOV         DL,0AH                ;换行
```

```
        MOV     AL,02H
        INT     21H
DIST:   MOV     DX,OFFSET BUF+2     ;显示输入的回答信息
        MOV     AH,09H
        INT     21H
        RET     ;返回 DOS
;............................................................
START   ENDP
CODE    ENDS
        END     START
```

4.4.2 BIOS 功能调用

前面介绍的 DOS 功能调用利用 INT 21H 中断指令可实现键盘输入和显示输出，但不能控制视频显示，并且只能在 DOS 环境下使用。BIOS 功能调用保存在系统和视频 BIOS ROM 中，可以直接控制 I/O 设备，不受操作系统的约束。因此，BIOS 功能调用可以很方便地控制视频显示，包括：设置显示方式，设置光标大小和位置，设置调色板号，显示字符和图形等。BIOS 功能调用的方法与 DOS 功能调用类似：首先将功能号送 AH，并给出入口参数，然后写出调用指令。这里主要介绍 BIOS 的显示功能调用 INT 10H 及应用。

1. 设置显示方式(功能号 00H)

功能：设置显示方式。

BIOS 可设置多种显示方式，调用该功能前要先将显示方式号存入 AL 寄存器中。下面列举几种显示方式并进行介绍。

显示方式号	显示方式
040 列×25 行	黑白文本方式
140 列×25 行	彩色文本方式
280 列×25 行	黑白文本方式
380 列×25 行	彩色文本方式
4320 列×200 行	黑白图形方式
5320 列×200 行	彩色图形方式
6640 列×200 行	黑白图形方式
7 单显 80 列×25 行	黑白文本方式

文本方式下，在屏幕上显示字符，字符在屏幕上的显示位置用行、列坐标表示。如 40×25 文本方式下，行号为 0～24，列号为 0～39，屏幕左上角行号为 0、列号为 0。

图形方形下，用屏幕上的点(称为像素)表示图形，像素在屏幕上的位置也用行、列坐标表示。如分辨率为 320×200 像素的图形方式下，行号为 0～199，列号为 0～319。

例如，将屏幕设置成 40×25 彩色文本方式：

```
MOV  AH,00H
MOV  AL,1
INT  10H
```

2. 设置光标大小(功能号 01H)

功能：可根据需要来设置光标大小。

需预先对 CX 寄存器初始化，将表示光标大小的值存入 CX 中。光标起始行值放入 CH 的低 4 位，结束行值放入 CL 的低 4 位。光标的隐含显示方式是宽度为 2 列的闪烁的下划线。例

如,将光标设置成一个闪烁的方块:

```
MOV   AH,01H
MOV   CH,0
MOV   CL,10
INT   10H
```

3. 设置光标位置(功能号 02H)

功能:用于在屏幕上将光标定位。

需先确定光标所在的页号和行、列号。页号(通常取 0)存入 BH,行号存入 DH,列号存入 DL 中。例如,将光标定位在第 5 行第 8 列:

```
MOV   BH,0
MOV   DH,5
MOV   DL,8
MOV   AH,02H
INT   10H
```

4. 字符显示(功能号 09H,0AH)

功能:在当前光标处显示一个字符。

需要预先将被显示字符的 ASCII 码放入 AL 寄存器中,显示属性放入 BL 寄存器中,页号放入 BH 寄存器,显示的重复次数送 CX 寄存器。INT 10H 的 9、10 号功能都可以显示字符,9 号功能用户可以定义显示字符的属性,10 号功能是按以前规定的属性显示。例如:

```
MOV    AH,02H
MOV    BH,0
MOV    DH,20
MOV    DL,10
INT    10H                    ;光标定位在第 20 行第 10 列
MOV    AL,'X,'
MOV    CX,5
MOV    BH,0
MOV    BL,07H                 ;显示属性:黑底白字
MOV    AH,9
INT    10H
```

5. 图形显示

功能:在屏幕上显示图形。

(1)设置图形方式显示的背景和彩色组(功能号 0BH)

彩色调色板 ID 存入 BH(取值 0 或 1)中,与 ID 配套使用的颜色值放入 BL 中。当 BH=0 时,在图形方式下,设置整个屏幕的背景色;在字符方式下,设置屏幕外边框的颜色。当 BH=1 时,在图形方式下,设置调色板。例如:

```
MOV   AH,0
MOV   AL,5
INT   10H                 ;设置显示方式
MOV   AH,0BH
MOV   BH,0
MOV   BL,2
INT   10H                 ;设置屏幕的背景色为绿色
```

(2)写像素(功能号0CH)

像素的行号放入DX,列号放入CX,像素颜色值存入AL中。

图形方式下,若要在屏幕上显示构成图形的像素点,程序步骤如下:① 设置图形工作方式(00H功能);② 设置屏幕的背景色(0B功能);③ 设置像素点的调色板(0B功能);④ 在指定的坐标位置上显示像素点(0CH功能)。

4.5 汇编语言程序设计方法

当一个微处理器应用系统的总体设计完成之后,硬件和软件的任务和规模也就确定下来了,在选用汇编语言程序开通自行设计的硬件系统,着手进行汇编语言程序设计之前,首先要写出系统定义及其说明,其内容如下:① 系统功能及组成结构;② CPU型号及主频;③ 内存储器类型、容量及地址分配(详见第5章);④ 输入/输出接口器件及端口地址分配(详见第6章)。这些都将作为汇编语言程序设计的依据和基础。

1. 汇编语言程序的设计步骤

一般来讲,设计一个汇编语言程序需要以下几个步骤。

(1)首先需要仔细分析要解决的问题,建立数学模型或整理出若干规律,并在此基础上总结出合理的算法。

(2)将解题算法的步骤用流程图表示出来。画图时,把算法从粗到细地进行具体化,直到每个流程框都可较容易地编程为止。

(3)编制程序又称为编码。编码就是根据程序流程图逐句编写源程序。采用80x86汇编语言编程时,必须采用分段结构,按程序用途划分为几个段,如数据段、堆栈段、代码段,在每个段内正确写入所需的伪指令语句和指令性语句,注意选用好关键指令。

编制汇编语言程序时必须考虑以下3个问题。

① 根据应用系统选用的CPU型号确定使用的指令组。80x86的指令系统具有很好的向上兼容性,如按8086指令编写的程序可以不做任何修改就可以在其后继的80286、80386、80486和Pentium上运行。同样,用80286指令编写的程序可以在后继的80386、80486和Pentium上运行。在这种应用环境中,后继的微处理器也只不过是一个快速的8086或80286,并没有发挥它们自身的特点。

80286、80386、80486和Pentium微处理器结合自身的结构特点,既可在支持先前处理器指令情况下扩展了一些指令的功能,又增加了一些新的指令,只有在允许使用该处理器的这些指令的情况下,才能充分发挥其功能。因此,应使用处理器指定伪指令示出可使用哪种微处理器的指令。

② 合理分配存储单元。程序中要处理的数据、运行所得的中间结果以及最终结果都放在数据段指定的存储单元中。为了编程方便,需要给这些单元赋予一个名字如变量名。编程时必须注意以下几类单元的使用:

- 常数单元:存放程序使用的常量,不能随意更改它们,以便程序能多次重复运行。
- 数据单元:存放程序要处理的数据,除非题目要求修改它们,否则会影响程序的重复执行。
- 结果单元:程序预留来存放程序运行的中间结果和最终结果的,它们中的内容在程序运行中是经常改变的。

③ 合理分配寄存器。程序中绝大多数指令都要用到CPU的寄存器,而且有的指令隐含使用特定的寄存器,但CPU的寄存器数目有限,编程时应合理分配;又由于寄存器寻址速度快于存储单元,因此程序(特别是循环程序)的中间结果应尽可能分配寄存器来存放。

(4)上机调试程序。在完成源程序的编制后,就需要对程序进行上机调试,以检查程序是否正确、是否能满足题目的要求。一般选用 80x86 为 CPU 的 PC,在 DOS 环境下进行。上机调试程序的过程一般需以下几步:

① 用编辑程序,在其环境下输入编好的源程序,然后在盘上生成一个扩展名为 .asm 的文件。

② 用宏汇编程序 MASM,将扩展名为 .asm 的源程序汇编成目标代码程序,即在盘上生成扩展名为 .obj 的文件。汇编过程出现错误(其出错信息提示见附录 G),应回到编辑程序进行修改,修改后重新汇编直到无错出现。

③ 用连接程序 LINK,将扩展名为 .obj 的目标程序连接装配成可执行文件,即在盘上生成扩展名为 .exe 的文件。

④ 用调试程序 DEBUG,调试扩展名为 .exe 的文件,以发现程序中逻辑上的错误并进行排除。DEBUG 的使用见附录 H。

源程序语法上和格式上的错误由汇编和连接程序发现,并回到编辑程序进行修改。

2. 模块化程序设计

对于一个较小的问题,一个流程图可表述问题的全貌,并可细化到每个流程框都可较容易编程为止。然而,对于一个应用系统、一个大的程序设计任务,一个流程图很难细微地表达程序的全部内涵,这就需要采用自顶向下逐步细化的方法,将大任务按功能又分成几大模块,以各模块为单位再进行下一步的细分,形成下一层次的模块。这便是模块化程序设计方法。

在模块化程序设计中,要求同级模块之间,上下级模块之间不存在直接的语句级的跳转,即不能用转移语句在模块间跳转;模块之间的调用采用子程序调用方式;模块之间的数据交流采用的是入口参数和出口参数的交流方式;模块内部尽量使用局部变量,增强各模块的独立性,以利于分工协作。

模块化程序设计是当今程序设计的主流方法。具体体现在编制程序上,每个模块以子程序的形式出现,主模块(即主程序)通过调用子模块来组成大任务的程序结构。因此,模块化结构程序结构简单,层次明了,符合规模化生产的组织。

下面用一个简单的例子来说明模块的划分、层次结构及模块的说明。

【例 4-11】 对完成峰值-均值滤波算法程序划分模块。

解:峰值-均值滤波算法如下:

$$\widetilde{X}=\frac{1}{n-2}\left[\sum_{i=1}^{n}X_i-\max(X_i)-\min(X_i)\right] \quad (n\geqslant 3)$$

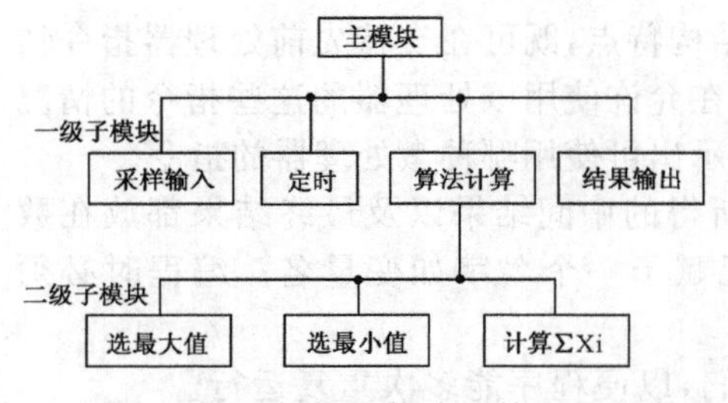

图 4-6 实现峰值-均值滤波算法的层次图

其中,n 为采样次数,X_i 为 i 次采样值(8 位),$\widetilde{X}$——滤波结果。

根据以上算法知,为得到正确的 $\widetilde{X}$ 必须对数据进行定时、采样、按算法进行计算,最后输出运算结果。按上述四项任务分别设置 4 个一级子模块;根据算法计算的需要再细分建立二级子模块并由一个主模块进行总控。其模块层次如图 4-6 所示。其中主要模块说明如下。

(1)主模块

名称:MAIN

功能:完成峰值-均值滤波算法的总控,并确定采样次数 n。

调用情况:下设 4 个一级子模块。

(2)采样输入子模块

名称:INPUT

入口参数:将 A/D 转换器采样的数据定时地通过端口 300H 输入到数据段中 SAMPLE 数

组存放，作为公共区，并定时刷新。

出口参数：SAMPLE 存储数据，可供算法计算的各二级模块使用。

功能：完成数据采样及存储。

(3)定时子模块

名称：DELAY

入口参数：定时时间常数。

出口参数：产生时间间隔。

功能：作为采样间隔的定时。

(4)算法计算子模块

名称：CALCULATE

功能：完成峰值-均值滤波算法的计算。

入口参数：接收下一级子模块的运算结果：最大值，最小值，采样值总和。

出口参数：计算结果放入数据区 RESULT 单元。

调用情况：下设 3 个二级子模块。

(5)选最大值的二级子模块

名称：MAXA

功能：选最大值。

入口参数：从公共数据区取 SAMPLE 数组。

出口参数：最大值放入数据区的 max 单元。

⋮

⋮

完成模块划分阶段任务后，就可编写程序了。编写程序应该按一定的结构，讲究技巧，选好关键语句。

4.6 汇编语言程序的基本结构及基本程序设计

4.6.1 程序的基本结构

在 20 世纪 70 年代初，由 Boehm 和 Jacobi 提出并证明了结构定理，即任何程序都可以由 3 种基本结构构成结构化程序。这 3 种结构是顺序结构、条件结构（即分支结构）和循环结构。每个结构只有一个入口和一个出口，3 种结构的任意组合和嵌套就构成了结构化的程序。

这 3 种基本结构又可归纳为 5 种基本的逻辑结构，如图 4-7 所示。菱形框表示条件判断，有一个入口和两种可能的出口，即条件满足和不满足各有一个出口。矩形框为处理框，有一个入口，一个出口，框内可以是一条语句，或一个语句系列，也可用任一种基本结构取代，还可以是一个子程序调用或是一次宏调用。实际上，子程序和宏指令也是采用基本结构组成的模块。图中的(a)为顺序结构，(b)和(c)为条件结构，(d)和(e)为循环结构。

子程序和宏指令虽不是一种基本结构，但它们都是程序设计时常用的方法和技巧。在应用系统的软件中，通常把一些通用的功能编写成子程序或宏指令，构成一个子程序库，是实现模块化程序设计的重要技巧。

4.6.2 顺序结构与简单程序设计

顺序结构的程序，指令逐条依次被执行，指令指针 IP 内容为线性增加。实现这种结构的指令有传送类、运算类和移位类。因此，顺序结构的程序只能完成简单的功能，例如，计算表达式的值、顺序查表等。

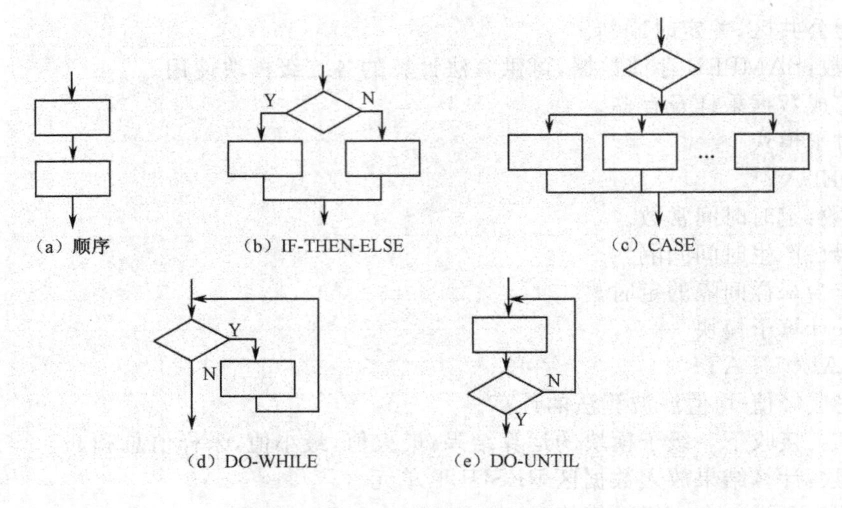

图 4-7　5 种基本逻辑结构

1. 表达式程序

【例 4-12】 编程计算 $z=(x^2-3y)/2$。设 x,y 为单字节正整数，结果 z 用 2 字节来存放。

解：本题采用顺序结构。程序框图如 4-8 所示。源程序如下：

```
DATA    SEGMENT
        X           DB  25
        Y           DB  32
        Z           DW  ?
DATA    ENDS
;.........................................................;
CODE    SEGMENT
        ASSUME      CS:CODE,DS:DATA
EXPRE   PROC        FAR
START:  PUSH        DS          ;保护返回地址
        SUB         AX,AX
        PUSH        AX
        MOV         AX,DATA     ;初始化 DS
        MOV         DS,AX
;.........................................................;
        MOV         AL,X
        MUL         AL          ;X²
        MOV         BL,Y
        ADD         BL,BL
        ADD         BL,Y        ;3Y
        SUB         AX,BX       ;X²-3Y
        SHR         AX,1        ;(X²-3Y)/2
        MOV         Z,AX        ;存结果
;.........................................................;
        RET                     ;返回 DOS
EXPRE   ENDP
CODE    ENDS
END     START                   ;汇编结束
```

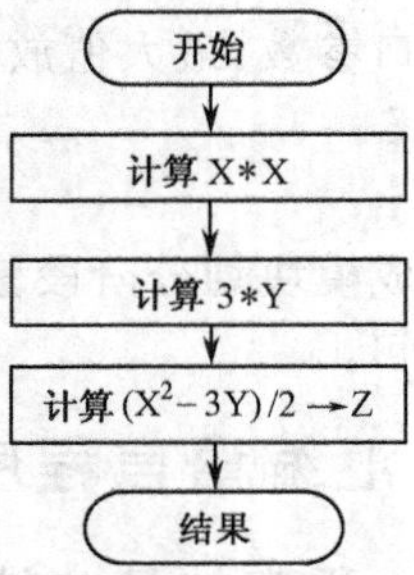

开始

计算 X*X

计算 3*Y

计算 $(X^2-3Y)/2 \rightarrow Z$

结果

图 4-8　例 4-13 源程序框图

2. 查表程序

对于汇编语言不支持的诸如平方函数、立方函数、方根函数、超越函数、三角函数等的直接调用以及解决一些输入与输出间无一定算法关系的有些代码的转换等问题都可用查表法解决。查表法使程序既简单，求解速度又快。

查表的关键在于组织表格，表格中应包含题目所有可能的值，且按顺序排列。这样就把需要做出判断或运算的任务简化为组织表格。查表操作就是利用表格首址加索引值得到结果所在地址。索引值通常就是被查的数值。

【例 4-13】 利用查表法求 $Y=X^3$。设 X 放在数据区 XVAL 单元，结果存入 YVAL 单元。立方表放在从 TABLE 开始的单元。

解：立方表按 $0^3,1^3,2^3,\cdots,6^3$ 顺序存放，设存放 X^3 表的单元地址为 TABLE+X。源程序如下：

```
DATA      SEGMENT
          TABLE  DB  0,1,8,27,64,125,216
          XVAL  DB  6
          YVAL  DB  ?
DATA      ENDS
STACK     SEGMENT PARA STACK 'STACK'
          DB     50  DUP(?)
STACK     ENDS
CODE      SEGMENT
          ASSUME  CS:CODE,DS:DATA,SS:STACK
START     PROC  FAR
          PUSH  DS                        ;保存返回地址
          MOV   AX,0
          PUSH  AX
          MOV   AX,DATA                   ;初始化 DS
          MOV   DS,AX
;......................................................
          MOV   BX,OFFSET TABLE           ;BX 指向表首址
          MOV   AH,0                      ;被查数作为索引值
          MOV   AL,XVAL
          ADD   BX,AX                     ;移动指针到查表位置
          MOV   AL,[BX]                   ;查表
          MOV   YVAL,AL                   ;存结果
;......................................................
          RET
START     ENDP
CODE      ENDS
          END   STARE
```

8086 指令系统提供的查表转换指令 XLAT，可用它代替以上程序中的 ADD BX,AX 和 MOV AL,[BX]两条指令的作用，还可取消 MOV AH,0 指令。

4.6.3 条件结构与分支程序设计

单纯由顺序结构构成的程序简单，但用途有限。实际应用的程序总是伴随有逻辑判断，根据处理过程中出现的不同条件决定程序的走向，即下一步做什么处理。逻辑判断有真、假(或是、

非)两种结果,程序也就有两种走向,这时程序就出现分支,构成分支结构程序。

程序中出现二选一的分支称为二路分支,三选一的分支称为三路分支,四选一、N选一统称为多路分支。实现分支的要素有两点:

① 使用能影响状态标志的指令,如算术逻辑运算类指令、移位指令和位测试指令等,将状态标志设置为能正确反映条件成立与否的状态。

② 使用条件转移类指令对状态位进行测试判断,确定程序如何转移,形成分支。

1. 两路分支

在程序中使用1条条件转移语句就可实现两路分支。

【例4-14】 比较两个数,选出其中大者存AL寄存器。其程序段如下:

```
        MOV   AL,[BX]              ;取前一个元素到AL
        INC   BX                   ;指向后一个元素
        CMP   AL,[BX]              ;两数比较
        JAE   BIGER                ;前一个元素≥后一个元素,转
EXCH:   MOV   AL,[BX]              ;否则,取后一个元素到AL
BIGER:
        ⋮
```

CMP AL,[BX]用来设置状态标志CF。JAE BIGER,当CF=0时,转移,否则顺序执行,把后一个元素取到AL中。

2. 三路分支

在程序中连续使用两条条件转移指令可实现三路分支。

【例4-15】 编程计算下列函数的值:

$$Y=\begin{cases}1 & (X>0)\\ 0 & (X=0)\\ -1 & (X<0)\end{cases}$$

X取值范围为$-128\sim+127$。

解:这是一个三分支的符号函数,用两条条件转移指令来实现。程序框图如图4-9所示。

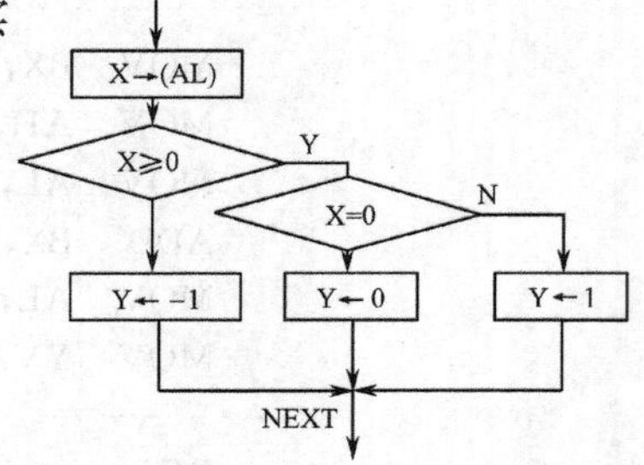

图4-9　例4-16程序框图

源程序如下:

```
DATA    SEGMENT
        X       DB   -3
        Y       DB   ?
DATA    ENDS
CODE    SEGMENT
        ASSUME  CS:CODE,DS:DATA
THREE   PROC  NEAR
START:  PUSH  DS
        XOR   AX,AX
        PUSH  AX
        MOV   AX,DATA
        MOV   DS,AX
;.........................................................
        MOV   AL,X
        CMP   AL,0
```

```
        JGE    BIGER
        MOV    AL,0FFH        ;X<0,-1送Y单元
        MOV    Y,AL
        JMP    NEXT
BIGER:  JE     EQUL
        MOV    AL,1
        MOV    Y,AL           ;X>0,1送Y单元
        JMP    NEXT
EQUL:   MOV    Y,AL           ;X=0,0送Y单元
NEXT:   RET
;……………………………………………………………………………………………………
THREE   ENDP
CODE    ENDS
        END    START
```

程序中,CMP AL,0 指令可用 SUB AL,AL 或 AND AL,AL 或 OR AL,AL 代替,效果也一样。

3. 多路分支

多路分支若采用多个条件转移指令实现,每个条件转移指令形成两路分支,N 个条件转移指令可以形成 $N+1$ 路分支。但是,实际处理多路分支问题时,采用 CASE 结构,其结构见图 4-7(c),实现 CASE 结构可以使用跳跃表法。例如菜单选择,其中每种选择就是执行一种功能子程序,就是一路分支,多种选择就有多种功能子程序对应,就是多路分支。将每个子程序的入口地址按顺序存放在一片连续的单元内,构成跳跃表,因跳跃表中是存放的一系列跳转地址,故又称为地址表。

【例 4-16】 用跳跃表法编一个十取一的多路分支程序。假设有 10 个例行程序,其入口地址分别为 R0,R1,R2,…,R9(均在一个段内),依次放在 ADRTAB 开始的地址表内,每个地址占 2 字节,低位字节在前,高位字节在后。当键盘选择输入 0~9 中任一数字 i(为该数的 ASCII)时,便可分支到相应的例行程序去执行。

解:程序中,首先应建立每个例行程序入口地址表。设地址表基地址为 ADRTAB。再按下式计算键盘输入数字 i 对应的查表地址:查表地址=表基地址+偏移量。偏移量为 2*i。例行程序的入口地址表和程序框图分别如图 4-10 和图 4-11 所示。

源程序如下:

```
DATA    SEGMENT
        ADRTAB  DW   R0,R1,R2,R3,R4,R5,R6,R7,R8,R9     ;入口地址表
        TEN     DB   ?
DATA    ENDS
STACK   SEGMENT   PARA   STACK   'STACK'
        DW   50 DUP(?)
STACK   ENDS
CODE    SEGMENT
        ASSUME   CS:CODE,DS:DATA,SS:STACK
MAIN    PROC   FAR
START:  PUSH   DS
        MOV    AX,0
        PUSH   AX
        MOV    AX,DATA
        MOV    DS,AX
```

```
;---------------------------------------------------------------
        MOV   AH,01                          ;从键盘输入 0～9 中的 1 个数 i
        INT   21H
COMPUT: MOV   AH,0                           ;2 * i
        AND   AL,0FH
        ADD   AL,AL
        MOV   BX,OFFSET ADRTAB               ;求表地址
        ADD   BX,AX
        MOV   AX,[BX]
        JMP   AX                             ;分支
;---------------------------------------------------------------
R0:     :                                    ;10 个例行程序
R1:     :
 :
R9:     :
        RET
MAIN    ENDP
CODE    ENDS
        END   START
```

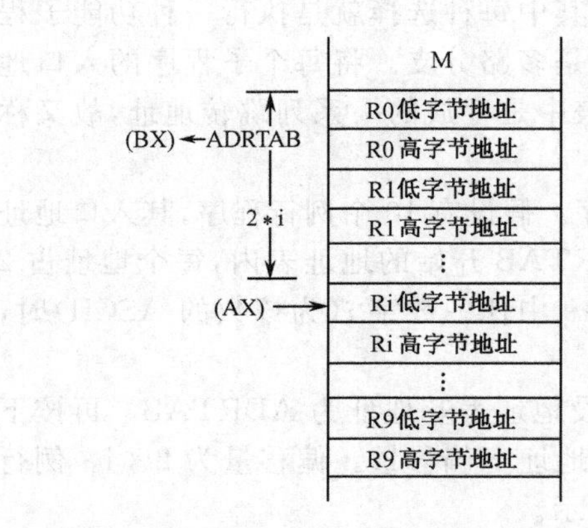

图 4-10　例行程序入口地址表

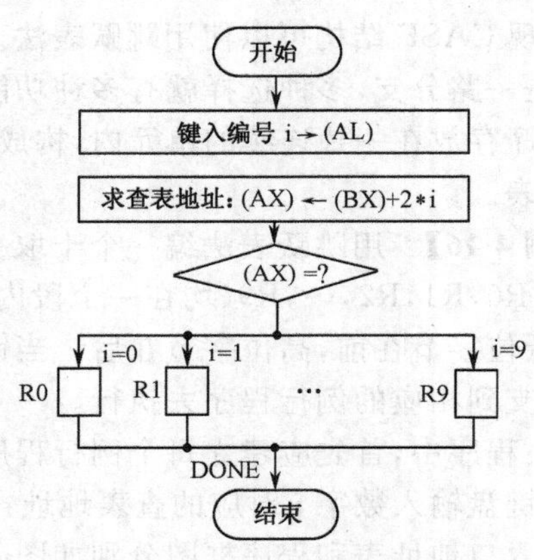

图 4-11　例 4-16 程序框图

4.6.4　循环结构与循环程序设计

1. 循环结构

循环结构将重复执行循环体中的语句，直到循环条件不成立。汇编语言中用程序控制类指令完成循环结构，既可节省内存，又可简化程序。这里先用一个典型的循环程序来说明其结构。

【例 4-17】　编程求 $S=\sum_{i=1}^{100} i$，并将 S 存入 SUM 单元。

解：这是一个典型的循环结构程序。循环体完成累加和计数，计满 100，循环结束。程序框图如图 4-12 所示。

源程序如下：

```
DATA    SEGMENT
        SUM   DW   ?
DATA    ENDS
CODE    SEGMENT
```

```
        ASSUME  CS:CODE,DS:DATA
;......................................................
START:  MOV   AX,DATA
        MOV   DS,AX          ;初始化 DS
;......................................................
        MOV   AX,0           ;和清零
        MOV   CX,100         ;设计数初值
AGAIN:  ADD   AX,CX          ;求和
        DEC   CX             ;计数
        JNZ   AGAIN
        MOV   SUM,AX         ;存和
;......................................................
        MOV   AH,4CH
        INT   21H            ;返回 DOS
;......................................................
CODE    ENDS
        END   START
```

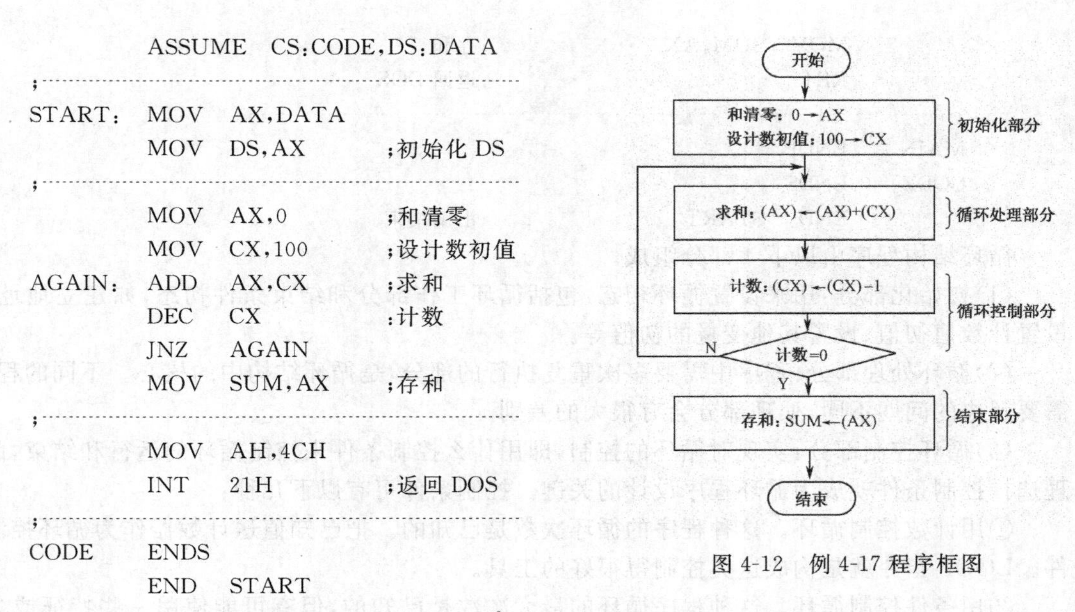

图 4-12　例 4-17 程序框图

【例 4-18】 求 10 个双字节数之和 S。$S=\sum_{i=0}^{9} X_i$，将和存入 SUM 单元，设和 $|S| \leqslant 32767$。

解：本例可在例 4-17 基础上扩展而成。参加累加的数据 X_i 从数据区逐个取来，因此程序中应设立地址指针 BX，并不断修改它。

源程序如下：

```
DATA    SEGMENT
        BLOCK   DW  0028H,0139H,1005H,2133H,00A5H
        DW  3010H,123CH,2AC5H,3300H,1122H
        COUNT   EQU   ($-BLOCK)/2
        SUM  DW   ?
DATA    ENDS
STACK   SEGMENT  PARA  STACK  'STACK'
        DW   50  DUP(?)
STACK   ENDS
CODE    SEGMENT
        ASSUME  CS:CODE,DS:DATA,SS:STACK
MAIN    PROC  FAR
START:  PUSH  DS
        MOV   AX,0                  ;保护返回地址
        PUSH  AX
        MOV   AX,DATA               ;初始化 DS
        MOV   DS,AX
;......................................................................
        MOV   AX,0                  ;和清零
        MOV   BX,OFFSET BLOCK       ;指向数组首址
        MOV   CX,COUNT              ;设计数初值
AGAIN;  ADD   AX,[BX]               ;加 1 个数
        INC   BX                    ;修改指针
        INC   BX
        DEC   CX                    ;计数
        JNZ   AGAIN                 ;循环相加
```

```
        MOV   SUM,AX              ;存和
        RET                       ;返回 DOS
;...........................................................
MAIN    ENDP
CODE    ENDS
        END   START               ;汇编结束
```

循环结构程序由以下 4 部分组成。

(1)初始化部分:用来设置循环初态,包括循环工作部分和结束条件初态,如建立地址指针、设置计数值初值、设置其他变量的初值等。

(2)循环处理部分:程序中需要多次重复执行的部分,是循环结构中的核心。不同的程序,因需要解决的问题不同,处理部分会有很大的差别。

(3)循环控制部分:实现对循环的控制,即用什么控制条件来控制循环的运行和结束,因此合理选择控制条件就成为循环程序设计的关键。控制条件可有以下几种:

①用计数控制循环。这种程序的循环次数是已知的。把已知值送计数器作为循环控制的条件。LOOP 指令就是构成这类控制得很好的工具。

②用条件控制循环。这种程序循环的最大次数是已知的,但有可能使用一些特征或条件来使循环提前结束。LOOPZ/LOOPE 和 LOOPNZ/LOOPNE 指令容易实现条件控制循环程序的设计。

循环处理部分和循环控制部分是循环程序的主体部分,又称为循环体。

(4)循环结束部分:这是对结果进行存储或输出的处理部分,有时已包含在循环体中。

2. 循环结构程序的基本结构形式

循环结构程序的基本结构形式有两种,如图 4-7 的(4)和(5)所示。

①"先执行,后判断"结构(DO-UNTIL):进入循环,先执行一次循环体后,再判断循环是否结束,因此这种结构至少要执行一次循环体。前面的例 4-17 和例 4-18 就属于这种结构。

② "先判断,后执行"结构(DO-WHILE):进入循环先判断循环结束的条件,再由判断结果确定是否执行或继续执行循环体。这种情况下,如果一进入循环就满足循环结束条件,那就一次也不执行循环体,即循环次数为零,因此又称为"可零迭代循环"。这种结构在很多情况下可缩短程序执行时间。

【例 4-19】 在内存的字单元 X 中有一个 16 位的二进制数。试编写一程序统计出 X 单元中含 1 的个数,并存入 RESULT 单元。

解:该程序最好采用"DO-WHILE"结构。若 X 单元中的数为全 0,则不必进行统计就结束循环,可缩短程序执行时间。设寄存器 CX 作为加 1 计数器,并把 X 单元的内容取到 AX 中。其程序框图如图 4-13 所示。

源程序如下:

```
DATA    SEGMENT
X       DW   31A0H
RESULT  DW   ?
DATA    ENDS
;..............................
CODE    SEGMENT
        ASSUME  CS:CODE,DS:DATA
START   PROC  FAR
        PUSH  DS
```

```
                XOR     AX,AX
                PUSH    AX
                MOV     AX,DATA
                MOV     DS,AX
;.......................................................
                MOV     CX,0          ;初始化 CX=0
                MOV     AX,X          ;取 X 到 AX
;.......................................................
AGAIN:          AND     AX,AX         ;X=0?
                JZ      EXIT          ;X=0,退出
                SHL     AX,1
                JNC     NEXT          ;(CF)=1?
                INC     CX            ;是,计数
NEXT:           JMP     AGAIN
;.......................................................
EXIT:           MOV     RESULT,CX     ;存结果
;.......................................................
                RET                   ;返回 DOS
START           ENDP
CODE            ENDS
;.......................................................
                END     START
```

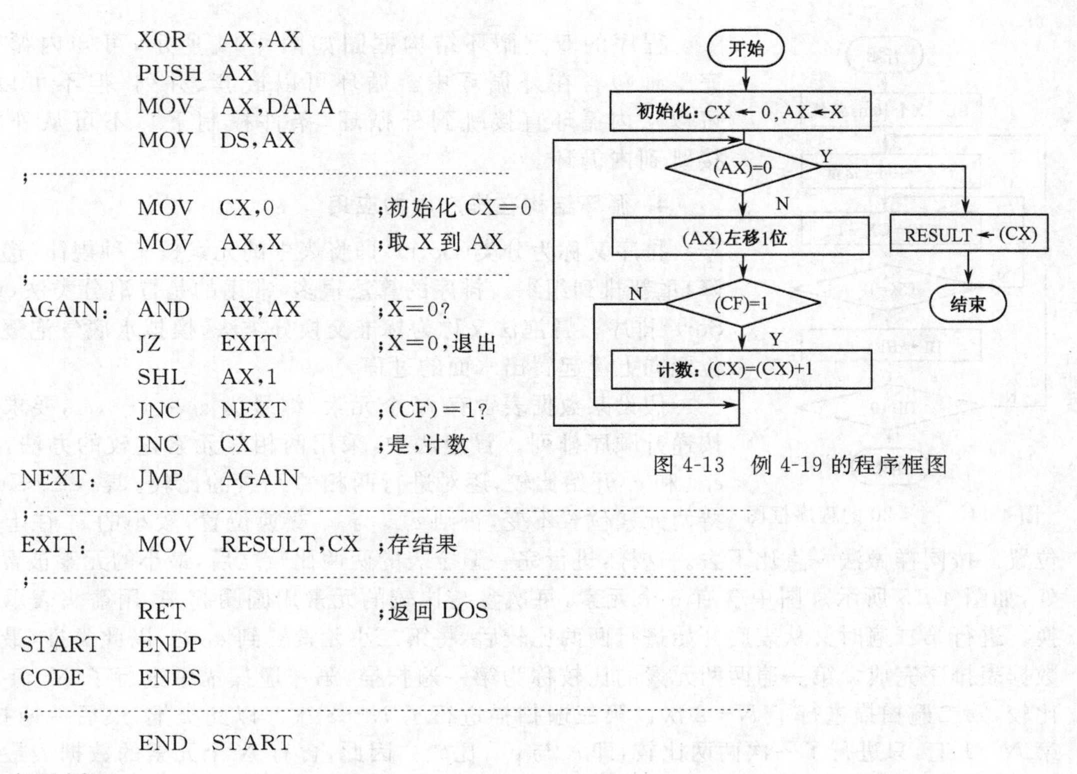

图 4-13　例 4-19 的程序框图

3. 多重循环

当循环体中的处理部分也是循环结构时,就构成循环套循环的双重循环。以此类推,可构成多重循环。

【例 4-20】 软件延时程序。利用每条指令执行的周期数来构成规定时间的延时。本例要求实现 1s 的延时。

解:采用双重循环完成。内循环构成基本延时单元 10ms,用寄存器 CX 控制循环次数;外循环用寄存器 BL 控制循环次数,完成(BL) * 10ms 的延时。本例设计成一个独立的子程序,可被任何源程序调用。

子程序段如下:

```
SOFTDLY      PROC                                   指令的周期数 T
             MOV     BL,100      ;延时 1 秒          4T
DELAY:       MOV     CX,2801     ;延时 10ms          4T
WAIT:        LOOP    WAIT                            (17/5)T
             DEC     BL                              2T
             JNZ     DELAY                           (16/4)T
             RET
SOFTDLY      ENDP
```

每条语句的注释部分给出了该指令执行时所花的时钟周期数 T。在 CPU 时钟为 4.77MHz 情况下,$T=\frac{1}{4.77\times 10^6}\approx 210\text{ns}$。这样,就可以分别计算出内循环的延时时间:$t_{内}=[17(n-1)+5+4]*T\approx 10\text{ms}$。

所以,$n=2801$(即内循环 CX 的控制次数),$t_{外}=(BL)*t_{内}+(BL)*18T=100*(t_{内}+18T)\approx 1\text{s}$。

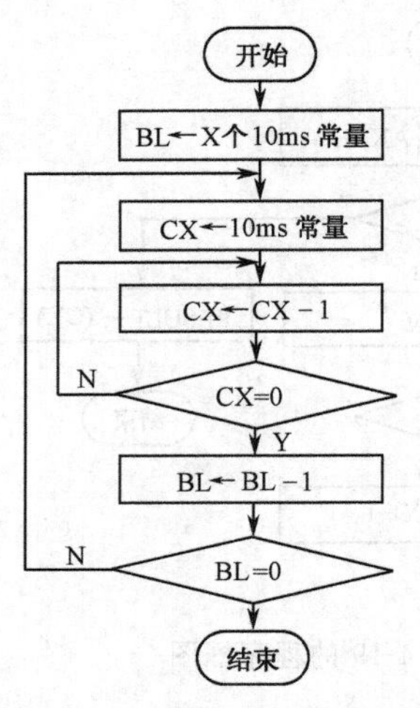

图 4-14　例 4-20 的程序框图

程序的双重循环结构框图如图 4-14 所示，可知内循环必须完整地包含在外循环中。循环可以嵌套、并列，但不可以交叉，可以从内循环直接跳到外循环（条件控制下），不可从外循环直接跳到内循环。

4. 循环结构在排序中的应用

排序又称为分类（Sort），即将表中的元素按某种规律（递升或递降）重新排列组织。排序的算法很多，常用的是冒泡分类法（Bubble-Sort）排序。冒泡法又称为标准交换分类法，模拟水底气泡逐个交换位置向上浮起冒出水面的过程。

假设某数据表含有 N 个元素，编号为 $e_1, e_2, \cdots, e_n$，要求分类后按递升顺序排列。冒泡法中，采用两相邻元素比较的办法，从表底 e_{j-1} 和 e_j 开始比较，逐对进行两相邻元素的比较。若 $e_{j-1} \leqslant e_j$，则保持两元素位置不变，否则 e_{j-1} 与 e_j 交换位置，较小的 e_j 往上冒一个位置。按同样做法一直比下去。这样，进行完一遍全表的两两比较之后，最小的元素被冒到了 e_1 处，如图 4-15 所示。图中含有 6 个元素，每次参与比较的元素用圆圈起来，用箭头表示需要交换。进行第二遍时又从表底开始进行两两比较后，将第二小元素冒到 e_2 处，以此类推，最后整个数据表排序完成。第一遍两两元素的比较称为第一遍扫描，第一遍扫描中进行了 $N-1$ 次两两比较，第二遍扫描进行了 $N-2$ 次。第三遍扫描进行了 $N-3$ 次。以此类推，最后一遍扫描，即第 $N-1$ 遍，只进行了一次两两比较，即 e_j 与 e_{j-1} 比较。因此，含有 N 个元素的数据表最多进行 $N-1$ 遍扫描就可完成排序。

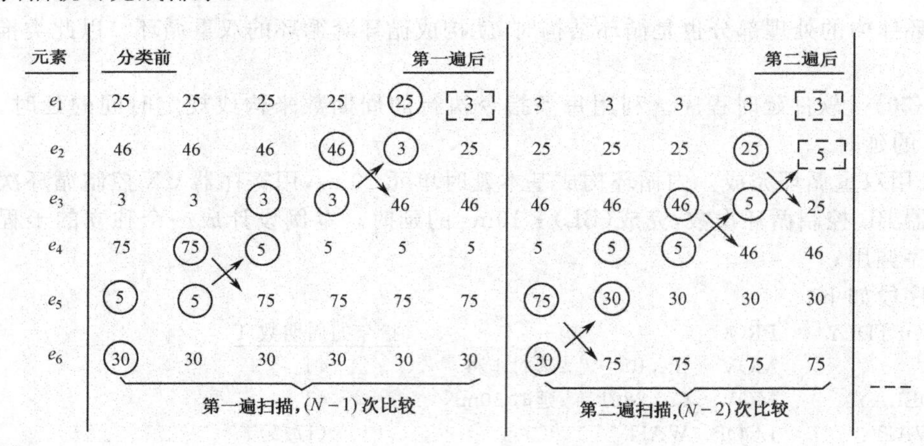

图 4-15　气泡排序过程示意图

但是，有些数据表可能经 $M(M<N-1)$ 遍扫描后就已经排列好了，如图 4-15 中经第三遍扫描便已排序好，这种情况下为提高程序运行效率，不必再扫描下去，为此可引入一个交换标志。若某遍扫描过程中发生了元素交换，则标志置为 -1，否则将标志置 0。每遍扫描之前均先检查该交换标志，若为 -1，则再扫描一遍，否则已排序完成，不需再扫描。

【例 4-21】 现有一个由 6 个元素（均为无符号字节数）组成的数组 ARRAY 存放在数据段中。试用冒泡法将该数组从小到大排序，排好序的数组仍放回原处。

解：程序中设置一交换标志为 -1，预置在寄存器 BL 中，即使数组 ARRAY 为已排好序数组，也要进行一遍扫描（实为检查）。程序用 SI 作为数组元素位置指针，初始指向表底元素。修改此指针 SI，调整两两比较的位置。程序结构为双重循环，内循环完成一遍扫描，其循环体为两两比较、交换位置及置交换标志－1；外循环控制扫描遍数，直到标志为0时为止。程序框图如图4-16所示。

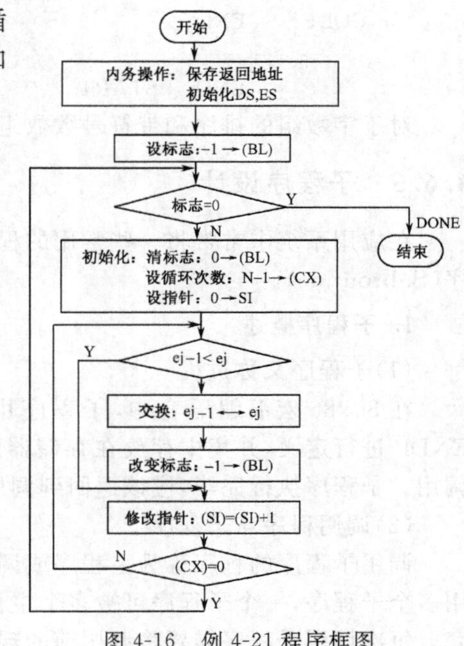

图4-16　例4-21程序框图

源程序如下：

```
        TITLE   BUBBLE_SORT
        ;
;------------------------------------------------------------
        SORTD   SEGMENT
        ARRAY   DB  25,46,3,75,5,30
        COUNT   EQU  $－ARRAY
        SORTD   ENDS
;
;------------------------------------------------------------
        STACK   SEGMENT  PARA  STACK  'STACK'
                DB  60 DUP(?)
        STACK   ENDS
;
;------------------------------------------------------------
        CODE    SEGMENT
                ASSUME  CS:CODE,DS:SORTD,ES:SORTD,SS:STACK
        SORT    PROC  FAR
        START:  PUSH  DS                    ;保存返回地址
                MOV   AX,0
                PUSH  AX
                MOV   AX,SORTD              ;初始化 DS,ES
                MOV   DS,AX
                MOV   ES,AX
;------------------------------------------------------------
                MOV   BL,0FFH               ;标志－1送 BL
        AGAIN0: CMP   BL,0
                JE    DONE                  ;标志为0,已排序好,退出
                XOR   BL,BL                 ;清 BL
                MOV   CX,COUNT              ;设循环次数
                DEC   CX
                MOV   SI,COUNT－1           ;指向表底
        AGAIN1: MOV   AL,ARRAY[SI]          ;两元素比较
                CMP   AL,ARRAY[SI－1]
                JAE   UNCH                  ;若 ej－1<ej,则不交换
        EXCH:   XCHG  ARRAY[SI－1],AL       ;否则,交换
                MOV   ARRAY[SI],AL
                MOV   BL,0FFH               ;置标志为－1
        UNCH:   DEC   SI                    ;修改指针
                LOOP  AGAIN1                ;计数不为0,循环
                JMP   AGAIN0
        DONE :  RET                         ;返回 DOS
        SORT    ENDP
;------------------------------------------------------------
```

```
CODE      ENDS
;........................................................................
          END    START             ;汇编结束
```

对于字数组的排序和带符号数数组的排序只要改变上述程序中的相应指令就可以了。

4.6.5 子程序设计

在应用系统中常常将一些常用的程序进行标准化,做成预制好的模块。这些模块就是子程序(Subroutine)。

1. 子程序概述

(1)子程序又称过程

在80x86宏汇编语言中,子程序用过程(Procedure)来描述,用过程定义伪指令PROC/ENDP进行定义,并集中存放在存储器的特定区域构成子程序库。需用时,用调用指令CALL调用。子程序执行完毕,应该返回到调用指令的下一条指令继续执行。

(2)调用程序与子程序

调用子程序的程序称为主程序或调用程序。一个主程序可以多次调用一个子程序,也可调用多个子程序,一个子程序可被多个主程序调用。子程序也可调用其下层子程序,形成子程序嵌套。每次调用子程序需要将调用前的现场压入堆栈保护,因此只要堆栈空间允许,嵌套层次不受限制。另外,子程序也可调用自己,称为子程序的递归调用。子程序设计方法是程序设计的重要技巧之一。

(3)保护现场与恢复现场

调用程序和子程序难免会使用CPU中相同的寄存器。为避免由此而使调用程序中寄存器内容受到破坏,应将子程序中也用到的那些寄存器数据用入栈指令PUSH reg压入堆栈保护,这称为保护现场。待子程序返回调用程序之前,又应将保护起来的寄存器数据用弹出指令POP reg,按堆栈存取数据操作的"后进先出"原则弹回到原来寄存器中,这叫恢复现场。

(4)子程序说明

一个程序员编写的子程序为能方便地提供给其他用户使用,在编写子程序的同时还要编写子程序调用方法说明,又称为子程序说明。用户根据其说明能顺利调用子程序,而不必逐条读懂子程序本身。子程序说明中应包含下列内容:① 子程序目的:包括子程序名称、功能和性能指标(如执行时间)等;② 子程序入口、出口参数;③ 所用寄存器和存储单元;④ 所调用的其他子程序;⑤ 调用实例(选用项)。

子程序说明用文字写成,每行应以";"开始。

【例4-22】 子程序说明实例。

解:子程序说明以注释形式写在子程序的开头。

```
;子程序DTOB:将两位组合BCD数转换成二进制数,执行时间:0.06ms
;入口参数:AL=待转换的BCD数
;出口参数:CL=转换得到的二进制数
;所用寄存器:BX
;调用方式:CALL   DTOB
```

此说明告诉用户在使用调用指令CALL DTOB之前,应将待转换的BCD数送入AL中;子程序执行完毕,将转换结果放入CL中,调用程序可从CL中去取;因子程序用到BX寄存器,若调用程序也用了BX,则应在调用前将BX入栈保护。

(5)参数传送方法

调用程序与子程序之间的参数传送通常有以下 4 种方法。

① 寄存器传送:将 CPU 寄存器作为传递媒体,完成处理数据和结果的传递,如例 4-20。这种方法因寄存器数目限制,只用于传递参数不多的情况。

② 堆栈传送:调用程序和子程序在同一堆栈中存放处理数据和结果,根据参数存取的需要,调节出栈、入栈顺序,达到传送参数的目的。

③ 公用数据区传送:与堆栈传送法类似,为调用程序和子程序开辟一公用数据区,按照预先约定的规则存取参数。

④ 参数表传送:调用程序在调用子程序之前,应事先建立一个参数表。参数表多建立在内存或外设端口中,由子程序按照规则去存取。

2. 子程序设计与调用实例

【例 4-23】 设计一个求累加和的子程序,并进行调用。设累加和是对任意字数组进行的。

解:本例采用公用数据区传送方法。设待求和数组为 ARY,可包含任意个字;子程序求得的累加和结果存入 SUM 及 SUM+1 两个单元。

源程序如下:

```
DATA      SEGMENT
          ARY   DW   3456H,8932H,5763H,7462H 0ABCH      ;任意个字
          COUNTEQU    $-ARY
          SUM   DW   ?,?
DATA      ENDS
;..............................................................
CODE      SEGMENT
          ASSUME CS:CODE,DS:DATA
MAIN      PROC  FAR
START:    PUSH  DS
          MOV   AX,0                     ;内务操作
          PUSH  AX
          MOV   AX,DATA
          MOV   DS,AX
          CALL  FAR   PTR   ROUTADD
          RET                            ;返回 DOS
MAIN      ENDP
;..............................................................
ROUTADD   PROC  FAR                      ;求累加和子程序
          PUSH  AX                       ;保护现场
          PUSH  CX
          PUSH  SI
          LEA   SI,ARY                   ;SI 指向 ARY 首址
          MOV   CX,COUNT/2               ;设计数初值
          XOR   AX,AX                    ;清和
          MOV   DX,AX
CACULS:   ADD   AX,[SI]
          JNC   COUPT
          INC   DX                       ;进位
COUPT:    ADD   SI,2                     ;修改指针
```

```
        LOOP  CACULS
;.....................................................................
        MOV   SUM,AX             ;存和
        MOV   SUM+2,DX
;.....................................................................
        POP   SI                 ;恢复现场
        POP   CX
        POP   AX
        RET
ROUTADD ENDP
CODE    ENDS
;.....................................................................
        END   START
```

因数组 ARY 可包含任意个字,程序中用程序计数器伪指令 $ 计算出其字节长度 $-ARY 赋给 COUNT,作为子程序循环相加的重复次数。注意:这里是进行字相加,因此送给 CX 的计数值应为 COUNT/2。求累加和子程序 ROUTADD 和调用程序 MAIN 在同一模块中,因此该子程序可直接访问模块的数据区。

若子程序和调用程序不在同一程序模块,则在调用程序应该用伪指令 PUBLIC 将 ARY、COUNT 和 SUM 这 3 个变量标识符定义为可供其他模块共用的外部标识符。语句格式如下:

```
PUBLIC  ARY,COUNT,SUM
```

与此对应,在含有子程序 ROUNTADD 的模块前应使用伪指令 EXTRN 语句给出外部标识符及类型属性:

```
EXTRN  ARY:WORD,COUNT:WORD,SUM:DWORD
```

3. 子程序嵌套与递归子程序

(1)子程序的嵌套

一个子程序也可作为调用程序去调用另一个子程序,称为子程序嵌套。嵌套的层次称为嵌套深度。只要堆栈空间允许,深度就不受限制。

【例 4-24】 试使用子程序嵌套结构设计一个程序,其功能是对被测试字中 1 的个数进行计数。设嵌套结构如图 4-17 所示。

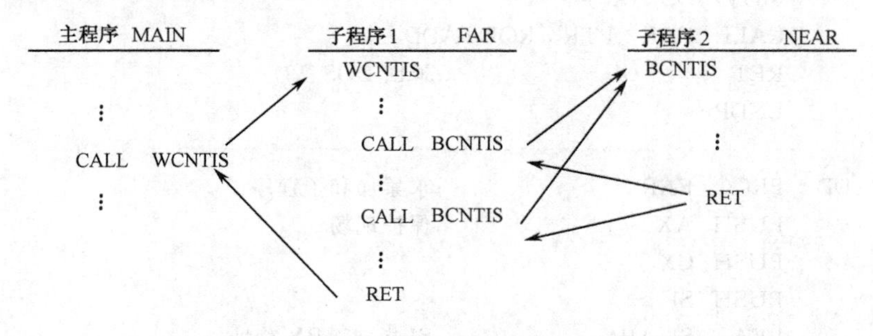

图 4-17　例 4-24 采用的子程序嵌套结构

解:被测试字 TWORD 被取入 AX 中。主程序 MAIN 调用子程序 WCNT1S 以计数 AX 中 1 的个数;WCNT1S 又调用两次计数字节中 1 的个数子程序 BCNT1S,最后结果在 CX 中。

源程序如下:

```
;源模块 1
PUBLIC    TWORD,MASKS                   ;可供外部使用的公共变量及数据
EXTRN     WCNTIS:FAR,OPSYS:FAR          ;用到的外部子程序及外部过程
```

```
;----------------------------------------------------------------------------
STACK       SEGMENT   STACK                     ;堆栈段
            DW  32  DUP(?)                      ;堆栈区
STKE        LABEL   WORD
STACK       ENDS
;----------------------------------------------------------------------------
MAIND       SEGMENT                             ;数据段
MASKS       DB  80H,40H,20H,10H,08H,04H,02H,01H       ;测试用的屏蔽字
TWORD       DW  27A9H                           ;被测试数
MAIND       ENDS
;----------------------------------------------------------------------------
MAINC       SEGMENT   PUBLIC                    ;主程序码段
            ASSUME  CS:MAINC,DS:MAIND,SS:STACK,ES:MAIND
MAIN:       MOV   AX,STACK                      ;推栈段寄存器初始化
            MOV   SS,AX
            MOV   SP,OFFSET STKE                ;堆栈指针初始化
            MOV   AX,MAIND                      ;数据段初始化
            MOV   DS,AX
            MOV   ES,AX                         ;附加段初始化
            CALL  FAR PTR WCNTIS                ;调用——计算 1 个数的外部子程序
            CALL  FAR PTR OPSYS                 ;调用返回操作系统的外部过程
MAINC       ENDS
            END  MAIN
;源模块 2
;----------------------------------------------------------------------------
;子程序目的:WCNTIS 是计算一个字中 1 的个数
;出      口:AX 中放该字的 1 的个数
;所调用子程序:调用 2 次,计算 1 字节中 1 的个数的子程序 BCNTIS,调用前将 AX 中的数分为
;             高、低两字节
;----------------------------------------------------------------------------
PUBLIC          WCNTIS ;可供外部使用的子程序
EXTRN           TWORD:WORD,MASKS:BYTE ;用到的外部变量及数据
;----------------------------------------------------------------------
STACK           SEGMENT   PARA   STACK   'STACK'
                DB    20  DUP(?)
STACK           ENDS
;----------------------------------------------------------------------------
CNTSEG          SEGMENT   PUBLIN ;子程序码段
                ASSUME  CS:CNTSEG,SS:STACK ;CS 被赋予新值
WCNTIS          PROC  FAR ;子程序 WCNTIS 开始
                MOV   AX,TWORD ;取入被测试数
                CALL  NEAR PTR BCNTIS ;计算 AL 中 1 的个数,结果在 CX 中
                PUSH  CX ;1 的个数入栈
                MOV   AL,AH
                CALL  NEAR PTR BCNTIS ;计算 AH 中 1 的个数
                POP   AX ;取出低字节 1 的个数
                ADD   AX,CX;;加上高字节 1 的个数
                RET ;返回
```

```
WCNTIS      ENDP ;子程序 WCNTIS 结束
;--------------------------------------------------------------------
BCNTIS      PROC   NEAR ;子程序 BCNTIS 开始
;--------------------------------------------------------------------
;子程序目的:计算字节中 1 的个数
;入口:字节数在 AL 中;出口:1 的个数在 CX 中
;--------------------------------------------------------------------
            MOV   CX,0 ;初始化
            MOV   SI,0 ;指向第 1 个屏蔽字
BLOOP:      TEST   AL,MASKS[SI];测试 1 位
            JZ   BNEXT ;为零,转移
            INC   CX ;为 1,计数加 1
BNEXT:      INC   SI ;指向下一位
            CMP   SI,8 ;测试完?
            JNE   BLOOP ;否,继续
            RET ;是,返回
BCNTIS      ENDP
;--------------------------------------------------------------------
CNTSEG      ENDS
            END
;--------------------------------------------------------------------
;源模块 3
PUBLIC      OPSYS ;可供外部使用的公共过程
CODE        SEGMENT   PUBLIC
            ASSUME   CS:CODE
OPSYS       PROC   FAR
            MOV   AH,4CH ;返回 DOS
            INT   21H
            RET
OPSYS       ENDP
CODE        ENDS
            END
;--------------------------------------------------------------------
```

本程序由 3 个模块共 6 个段组成,这 6 个段含 2 个堆栈段 STACK、1 个主程序数据段 MAIND 和 3 个代码段,即主模块代码段 MAINC 和 2 个子模块代码段 CNTSEG 和 CODE。堆栈段 STACK 由 2 个用覆盖方式 STACK 联系的段构成;主模块代码段 MAINC 中有 2 次对 FAR 过程的调用:第 1 次是对 CNTSEG 段中的 WCNTIS 子程序调用,实现计数 AX 中 1 的个数;第 2 次调用是对 CODE 段中的 OPSYS 子程序,以实现返回 DOS。这里的 OPSYS 是一个公共过程,可供多个代码段调用。在 CNTSEG 段中的子程序 WCNTIS 又 2 次调用 NEAR 过程 BCNTIS,每次调用实现对字节中 1 的个数的计数。

程序中用伪指令语句 STKE　LABEL WORD 说明 STKE 是一个变量,其类型为 WORD。此语句也可用一个等效语句

```
STKE   EQU   THIS   WORD
```

代替,也可用下列语句代替:

```
STKE   DW?
```

引入本语句的目的是为了在 MAINC 主程序段中对 SP 进行初始化。

汇编时，可分别对3个模块进行汇编得到各自的目的模块，然后用连接程序LINK将它们连接形成2个可执行模块。

(2)递归子程序

子程序嵌套情况下，如果一个子程序调用的子程序就是它本身，称这种调用为递归调用，这样的子程序称为递归子程序。递归子程序对应于数学上对函数的递归定义，往往能设计出效率较高的程序，完成较复杂的运算。

【例4-25】 编写计算$N!$的程序($N\geqslant 0$)。$N!=N*(N-1)*(N-2)*\cdots$其递归定义如下：

$$\begin{cases}0!=1\\ N!=N*(N-1)! \quad (N>0)\end{cases}$$

解：根据递归定义设计该程序。计算$N!$用子程序实现。由于$N!=N*(N-1)!$，所以求$(N-1)!$必须递归调用计算$N!$的子程序。因每次调用使用的参数不相同，递归子程序必须保证每次调用都不破坏以前调用时所用的参数和中间结果，所以一般要把每次调用的参数、寄存器内容以及所有的中间结果都存放入堆栈。对于一次调用所保存的信息称为一帧(Frame)。递归子程序是收敛的。因此子程序中还要设置基数$N=0$，当调用参数达到$N=0$时，由一条条件转移指令实现嵌套退出，并返回主程序。计算$N!$的程序框图如图4-18所示。本例设$N=3$，计算结果=6，在RESULT单元中。堆栈状态如图4-19所示。

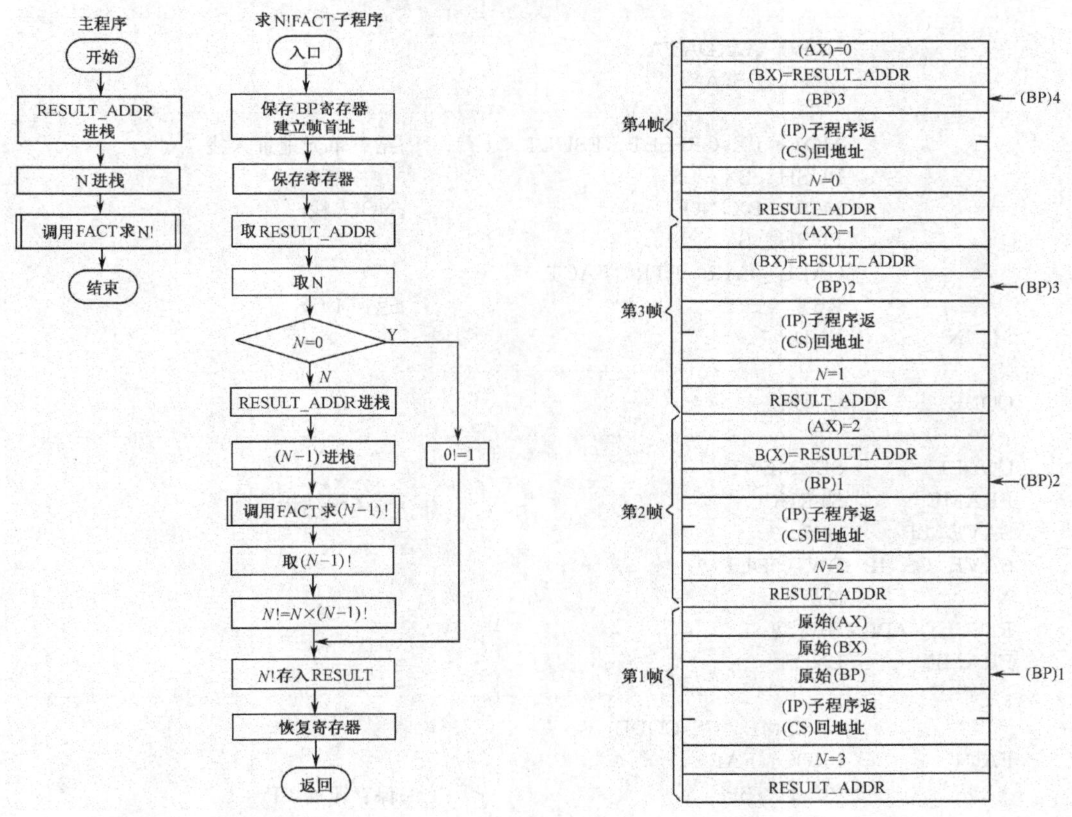

图4-18 计算$N!$的程序框图　　　图4-19 计算3!时的堆栈状态

源程序如下：

```
TITLE          CALCULATION OF N!
;..............................................................
DATA           SEGMENT
```

```
NO          DW   3
RESULT      DW   ?
DATA        ENDS
;---------------------------------------------------------------------------
STACK       SEGMENT   PARA   STACK  'STACK'
            DW   128 DUP(0)
TOS         LABEL   WORD
STACK       ENDS
;---------------------------------------------------------------------------
CODE        SEGMENT
   MAIN     PROC   FAR
            ASSUME   CS:CODE,DS:DATA,SS:STACK
   START:   MOV   AX,STACK
            MOV   SS,AX
            MOV   SP,OFFSET TOS
;---------------------------------------------------------------------------
            PUSH  DS
            SUB   AX,AX
            PUSH  AX
;---------------------------------------------------------------------------
            MOV   AX,DATA
            MOV   DS,AX
;---------------------------------------------------------------------------
            MOV   BX,OFFSET RESULT                ;结果单元地址入栈
            PUSH  BX
            MOV   BX,NO                           ;NO 入栈
            PUSH  BX
            CALL  FAR  PTR  FACT
            RET                                   ;返回 DOS
MAIN        ENDP
;---------------------------------------------------------------------------
CODE        ENDS
;---------------------------------------------------------------------------
CODE1       SEGMENT
FRAME       STRUC                                 ;定义帧结构
SAVE_BP     DW   ?
SAVE_CS_IP  DW   2DUP(?)
N           DW   ?
RESULT_ADDRDW   ?
FRAME       ENDS
;---------------------------------------------------------------------------
            ASSUME   CS:CODE1
FACT        PROC   FAR
            PUSH  BP                              ;保存原始 BP
            MOV   BP,SP                           ;BP 指向帧结构
            PUSH  BX                              ;保护现场
            PUSH  AX
            MOV   BX,[BP].RESULT_ADDR             ;取结果单元地址到 BX
            MOV   AX,[BP].N                       ;取 N 到 AX
            CMP   AX,0                            ;N=0?
```

```
        JE   DONE                           ;是,结束
;------------------------------------------------------------------
        PUSH   BX                           ;为下次调用将结果单元地址入栈
        DEC  AX                             ;为下次调用将 N-1 入栈
        PUSH   AX
        CALL   FAR   PTR   FACT             ;递归调用
        MOV   BX,[BP].RESULT_ADDR
        MOV   AX,[BX]                       ;(AX)=N*RESULT
        MUL   [BP].N
        JMP   SHORT RETURN
DONE:   MOV AX,1                            ;N=0 时,(AX)=1
RETURN: MOV [BX],AX                         ;RESULT=(AX)
        POP   AX
        POP   BX
        POP   BP
        RET 4                               ;返回主函数,并恢复堆栈
FACT    ENDP
;------------------------------------------------------------------
CODE1   ENDS
;------------------------------------------------------------------
        END   START                         ;汇编结束
```

程序执行过程中,阶乘子程序 FACT 不断调用自己,每调用一次,将 $N-1$ 及有关信息入栈构成一帧。设 $N=3$ 的情况下,其堆栈状态如图 4-19 所示,直到 $N=0$ 为止,子程序返回,每退出一帧计算一次中间结果。程序运行完毕,堆栈恢复原状,从结果单元 RESULT 中得到计算结果 6。

程序中采用了伪指令 STRUC 定义每帧的结构,从而使结构清晰,避免了计算参数地址时可能出现的错误,这是一种好的处理方法。

4.7 汇编语言与 C/C++的混合编程

汇编语言是面向机器的语言,用汇编语言开发的程序运行速度快,占用内存空间小,可直接针对硬件编写控制程序等。但用汇编语言编程,要求编程者必须熟悉机器的内部结构及有关硬件知识。并且,不同系列的机器有不同的汇编语言,缺乏通用性,可移植性差。而高级语言是面向用户的语言,编程容易。高级语言的编程者只需重点关注算法,不必熟悉机器的内部结构和工作原理,因此在实际软件开发中,高级语言应用更广泛。

在实际应用系统的软件开发中大多数程序采用高级语言编程,而对运行速度有很高要求、执行次数多或需要直接访问硬件(对硬件初始化)的部分则用汇编语言编程。在实际的程序设计中,通常采用高级语言调用/嵌入汇编语言子程序,或用汇编语言调用/嵌入高级语言子程序的方式编程,这种编程方式称为混合编程。

混合编程中的关键问题是要建立不同语言之间的接口,即为不同格式的语言间提供有效的通信方式,以实现不同语言间的程序模块可以相互调用、变量值可以相互传送。

C/C++既具有高级语言的特点,又具有低级语言的特征,具有功能强大、使用灵活、可移植性好、应用范围广等特点,既适合编写应用程序,也适合编写系统程序。

不同的高级语言与汇编语言的混合编程所采用的方法是不相同的。本书主要介绍汇编语言与 C/C++混合编程的问题,该混合编程的方式有两种:嵌入汇编和模块连接。

4.7.1 C/C++嵌入汇编语言的方式

对于嵌入汇编，C/C++语言编译系统（如 Turbo C，Borland C++，Microsoft C/C++，Visual C++等）提供了嵌入式汇编功能，允许在 C/C++源程序中直接插入汇编语言指令。嵌入式汇编语言指令可以直接访问 C/C++语言程序中定义的常量、变量、函数，而不需考虑二者间的接口问题。这种方式可以提高程序设计的效率。

1. 嵌入汇编语句的格式

① _ASM 操作码 操作数 <；或换行符>

其中，操作码是处理器指令或若干伪指令；操作数是操作码可接受的数据，可以是指令允许的立即数、寄存器名、还可以是 C 程序中的常量、变量和标号。内嵌的汇编语句可以用分号"；"结束，也可以用换行符结束；一行中可以有多个汇编语句，相互间用分号分隔，但不能跨行书写。这里注意，语句后的分号不是汇编注释的开始，若要对语句注释，应使用 C 的注释语句为/ * 注释内容 * /。

【例 4-26】 计算两个整数之和，其中数据处理部分用汇编程序完成。

```
#include<stdio.h>
void main()
{
    short int x,y;
    scanf("%d%d",&x,&y);
    _asm mov ax,x
    _asm add ax,y
    _asm mov x,ax
    printf("%d\n",x);
}
```

② _ASM｛ 汇编程序段 ｝

对于例 4-27 可用如下形式表示：

```
#include<stdio.h>
void main()
{
    short int x,y;
    scanf("%d%d",&x,&y);
    _asm{
        mov ax,x
        add ax,y
        mov x,ax
    }
    printf("%d\n",x);
}
```

2. 汇编语句访问 C 语言的数据

内嵌的汇编语句除了可以使用指令允许的立即数、寄存器名外，还可以使用 C/C++程序中的标识符，包括变量、常量、标号、函数名、寄存器变量、函数参数等，C 编译程序自动将它们转换成相应汇编语言指令的操作数，并在标识符名前加下划线。一般来说，只要汇编指令能够使用存储器操作数（地址操作数），就可以采用一个 C/C++语言程序中的符号。同样，只要汇编语句可以用寄存器作为合法的操作数，就可以使用一个寄存器变量。

【例 4-27】 用嵌入汇编方式写一个 max 函数实现求两个数中的较大值,写出完整的 C 源程序。

源程序如下:

```
#include<stdio.h>
void main()
{
    short int x,y;
    x=5;
    y=8;
    printf("%d"\n",max(x,y));
}
int max(short int var1,short int var2)
{   short int c;
    _asm {
          mov ax,var1
          cmp ax,var2
          jge maxexit
          mov ax,var2
          maxexit:mov c,ax
    }
    return(c);
}
```

在 C 语言程序中使用嵌入式汇编语句时,需注意如下几点:

① 通用寄存器的使用。在 C 语言嵌入式汇编中可以任意使用 AX、BX、CX、DX 寄存器以及其 8 位形式。

② 转移指令标号。嵌入式汇编语句中,可以使用无条件转移、条件转移和循环指令,但只能在一个函数内转移,转移的目标必须是 C 语言程序的标号。

③ C 语言结构体成员的引用。C 语言中定义的结构体变量,在嵌入式汇编指令中可以引用结构体变量的成员。例如:

```
struct data
{   int a;
    int b;
    int c;
}x;
int calculation()
{   …
    _asm mov ax,x.a
    _asm mov di,offset x
    _asm mov bx,[di].b
    …
}
```

4.7.2 模块连接方式

模块连接方式,是不同编程语言之间混合编程常用的方法。将各种语言的程序分别编写成源程序,利用各自的开发环境,将源程序编译成.obj 文件,然后将所有的.obj 文件连接在一起,最终生成.exe可执行文件。

采用模块连接方式进行混合编程时,为保证不同语言的模块文件能够正确连接,必须对不同语言的接口、参数传递、返回值处理及寄存器的使用、变量的引用等进行约定，以保证连接程序能得到必要的信息。

1. 混合编程的约定规则

为保证各目标代码模块文件连接正确，在分别编写C程序和汇编程序时，必须遵循一些共同的约定规则：命名约定、声明约定、寄存器使用约定、存储模式约定以及参数传递约定。

(1)命名约定

C/C++程序可以调用汇编语言的子程序、过程、函数及汇编语言中定义的变量，汇编语言也可以调用C/C++程序中的函数和定义的变量。由于C编译后的目标文件会自动在函数名和变量名等标识符前面加下画线"_"。所以要被C语言程序调用的汇编语言源程序中，所有标识符前都要加下画线"_"。

(2)声明公用函数名和变量名

对C/C++程序和汇编语言程序使用的公用函数和变量应该进行声明，并且标识符应该一致。注意：C/C++对标识符区分字母大小写，而汇编不区分大小写。

在C/C++程序中，对所要调用的函数、变量等用extern说明，其说明语句格式如下：

```
extern 函数类型　函数名(参数类型表)；
extern 变量类型　 变量名；
```

其中，函数类型和变量类型是C语言中函数、变量中所允许的任意类型，当函数类型缺省时，默认为int型。例如：

```
extern   int MAXLNT,LASTMAX,LASTMIN;
extern   void MAX(void );
```

经说明后，这些外部变量、函数可在C程序中直接使用，函数的参数在传递过程中要求参数个数、类型、顺序要一一对应。

汇编语言程序的标识符(子程序名和变量名)为了能在其他模块可见，让C语言程序能够调用它，必须用public操作符定义它们。例如：

```
PUBLIC _MAX
PUBLIC _MAXLNT, _LASTMAX, _LASTMIN
```

(3)寄存器使用约定

汇编语言程序中要使用寄存器存储数据，在调用它的C/C++程序中也要用到一些寄存器，因而需要对寄存器进行保护和恢复。

对于BP、SP、DS、CS和SS，汇编语言子程序如果要使用它们，并且有可能改变它们的值，Turbo C要求进行保护。这些寄存器经保护后，可以利用，但退出前必须加以恢复。

寄存器AX、BX、CX、DX和ES，在汇编语言子程序中通常可以任意使用。其中的AX和DX寄存器承担了传递返回值的任务。标志寄存器也可以任意改变。

指针寄存器SI和DI比较特殊，因为Turbo C将它们作为寄存器变量。如果C程序启用了寄存器变量，则汇编语言子程序使用SI和DI前必须保护，退出前恢复。如果C程序没有启用寄存器变量，则汇编语言子程序不必保护SI和DI。Turbo C编译程序提供了一个编译选择项-r，可以禁止C编译程序使用寄存器变量。建议总是保护SI和DI。

④存储模式

存储模式处理程序、数据、堆栈在主存中的分配和存取，决定代码和数据的默认指针类型，例如，段寄存器CS、DS、SS、ES的设置就与所采用的存储模式有关。存储模式在C/C++语言中也称为编译模式或主存模式。Turbo C提供了6种存储模式：微型模式(Tiny)、小型模式(Small)、紧凑模式(Compact)、中型模式(Medium)、大型模式(Large)和巨型模式(Huge)。它们与汇编程序相应的存储模式一样。

为了使汇编语言程序与 Turbo C 语言程序连接到一起，对于汇编语言简化段定义格式来说，两者必须具有相同的存储模式。汇编语言程序采用.model 伪指令，Turbo C 利用 TCC 选项-m 指定各自的存储模式。相同的存储模式将自动产生相互兼容的调用和返回类型；同时，汇编程序的段定义伪指令.CODE、.DATA 等也将产生与 Turbo C 相兼容的段名称和属性。

连接前，C/C++语言与汇编语言程序都有各自的代码段、数据段，连接后，它们的代码段、数据段就合二为一或者彼此相关。应当说明的是，被连接的多个目标模块中应当有一个并且只有一个起始模块。也就是说，某个 C 语言程序中应有 main()函数，汇编语言程序不用定义起始执行点。由于公用一个堆栈段，混合编程时通常汇编语言程序无须设置堆栈。

2. 混合编程的参数传递

(1)参数传递

C/C++程序调用汇编语言子程序时，参数的传递是通过堆栈实现的。C/C++程序调用汇编语言子程序之前，先将参数压入堆栈，参数入栈的顺序是从右到左。即参数入栈的顺序与实参表中参数的排列顺序相反。汇编语言子程序要获取 C/C++程序传递来的参数时，使用 BP 寄存器作为基址寄存器，用 BP 加上不同的偏移量存取栈中的数据。由于通常 C/C++程序与其调用的子程序用一个堆栈，因此在汇编语言子程序中开始必须执行两条指令，即：

```
PUSH BP
MOV BP,SP
```

(2)返回值的传递

被调用的汇编语言子程序有值返回调用它的 C/C++程序时，返回值是通过 AX 和 DX 寄存器进行传递的。若返回值小于或等于 16 位，则通过 AX 寄存器返回；若返回值是 32 位，则通过 AX 返回低 16 位值，DX 返回高 16 位值；如果返回值超过 32 位，则将返回值存放在静态变量存储区，用 AX 寄存器存放指向这个存储区的偏移地址。

【例 4-28】 试编写一个用 C 调用实现求两个数中较大数的汇编子程序。

```
        /*C程序 file1.c*/
        extern int max(int,int); /*声明外部函数*/
        void main()
        {   int a,b;
            scanf("%d%d",&a,&b);
            prinft("%d\n",max(a,b));
        }
                                ;汇编语言子程序 file2.asm
        .model small,c
        public max              ;该过程可被外部函数调用
        .code
    max proc                    ;公用标识符 max 可以不加下划线
        push bp
        mov bp,sp
        mov ax,[bp+4]
        cmp ax,[bp+6]
        jge ok
        mov ax,[bp+6]
  ok:   pop bp
        ret
    max endp
        end
```

3. 汇编模块的编译和连接

对于例 4-29，编辑完成上述两个源程序文件之后，可以按如下步骤进行编译和连接。

(1)利用汇编程序编译汇编语言程序成为.obj 目标代码文件。例如：

```
ML /c file2.asm
```

它将生成 file2.obj 文件。

(2)利用 C/C++编译程序编译 C 语言程序成为.obj 目标代码文件。

```
TCC -c file1.c
```

其中，-c 参数表示只是编译、不连接，结果生成 file1.obj 文件。TCC 默认采用小型存储模式，若采用其他模式，要利用-m 选项；若 C 程序中有#include 包含文件行，则需加-l 选项。

(3)利用连接程序将各目标代码文件连接在一起，得到.exe 可执行文件。例如：

```
TLINK lib\c0s file1 file2,file.exe,,lib\cs
```

注意：直接使用 Turbo C 的连接程序 TLINK 进行连接时，用户必须指定要连接的与存储模式一致的初始化模块和函数库文件，并且初始化模块必须是第一个文件。上例中，lib\c0s 和 lib\cs 就是在 lib 目录下小型存储模式的初始化模块 c0s.obj 和函数库 cs.lib。

4. 汇编语言程序对 C 语言程序的调用

汇编语言程序调用 C 语言函数的情况不经常使用，但可以实现。下面简单说明这种混合编程的方法。

前面介绍的混合编程的各种约定在这种情况下仍然必须遵循。为了使 C/C++函数对汇编语言程序可见，汇编语言程序需要对所调用的 C 语言函数、变量用关键字 extern 进行说明，形式如下：

```
extern            被调用函数名:函数属性
extern            变量名:变量属性
```

其中，函数属性可以是 NEAR 或 FAR。如果 C/C++的存储模式为微型、小型和紧凑模式，则汇编语言程序需要将 C/C++函数说明为 NEAR 属性；如果 C 采用中型、大型、巨型存储模式，则汇编语言程序需说明为 FAR 属性。

变量属性是 BYTE、WORD、DWORD、QWORD 和 TBYTE，它们的大小分别是 1Byte、2Byte、4Byte、8Byte、10Byte。例如，在 C 语言程序中有如下说明：

```
int a,x[5];;
char c;
float b ;;
```

汇编语言程序中，说明如下：

```
extern i:word,x:word,c:byte,b:dword
```

若汇编语言程序以无参数的形式调用一个 C/C++语言函数，那么，在 C/C++语言程序中对此函数进行定义时，函数后面应该跟一个空括号。

如果把参数传递给 C/C++语言函数，一般利用堆栈进行传送。例如，汇编语言程序把参数 A、B、C 依次传送给 C 函数的 3 个形式参数 X、Y、Z。若压栈顺序为 C、B、A，则 C 语言函数的参数表的顺序必须为 X、Y、Z。

若汇编语言子程序以传值方式向 C/C++语言函数传送数据，则 C/C++语言函数可用基本类型对参数进行说明。若汇编语言子程序以传地址方式向 C 语言函数传送数据，则 C 语言函数应该使用指针类型对参数进行说明。

若 C 函数向汇编语言程序送返回值，则 C/C++语言函数体必须用 RETURN 返回。返回值的传递约定同前所述，即如果返回值是一个字，则送给 AX；如果为 32 位，则低 16 位在 AX 中、高16位在DX中；更多的数据则利用DX:AX返回指针。若没有返回值，可以不使用RETURN。

习 题 4

4-1 汇编语言程序设计的几个步骤是：____________。

4-2 计算下列表达式的值（设 A1=50，B1=20，G1=2）。

(1)A1 * 100+B1　　(5)(A1+3) * (B1 MOD G1)

(2)A1 MOD G1+B1　　(6)A1 GE G1

(3)(A1+2) * B1-2　　(7)B1 AND 7

(4)B1/3 MOD 5　　(8)B1 SHL 2+G1 SHR 1

4-3 已知数据段定义如下，设该段从03000H开始：

```
DSEG    SEGMENT
        ARRAY1      DB   2 DUP (0,1,?)
        ARRAY2      DW   100 DUP(?)
        FHZ         EQU  20H
        ARRAY3      DB   10 DUP(0,1,4DUP(2),5)
DSEG    ENDS
```

试用分析运算符 OFFSET，LENGTH，SIZE，SEG TYPE 求出 ARRAY1，ARRAY2，ARRAY3 的段、偏移量和类型，以及它们的 LENGTH 和 SIZE。

4-4 试用示意图来说明下列变量在存储器中的分配情况。

```
VAR1  DW 9
VAR2  DW 4 DUP(?),2
CONT  EQU 2
VAR3  DD CONT DUP(?)
VAR4  DB 2 DUP(?,CONT DUP(0),'AB')
```

4-5 以下语句汇编后，变量 CON1、CON2 和 CON3 的内容分别是多少？

```
N1=10
N2=5
N3=3
CON1  DB (N1 AND N2 OR N3)GE 0FH
CON2  DW (N2 AND N1 XOR N3)LE 0FH
CON3  DB (N1 MOD N3)LT(N2 SHR 1)
```

4-6 设有一个已定义的数据段如下：

```
DATA  SEGMENT
[                    ]
VAR1  DB          ?.?
VAR2  DB          ?.?
ADR   DW          VAR1,VAR2
DATA  ENDS
```

若要使 ADR+2 的字单元中存放内容为"0022H"，上述空白处应填入什么语句？

4-7 下述程序段执行后，寄存器 CX，SI 的内容是多少？

```
ARRY  DW   20   DUP(5)
      ⋮
      XOR   AX,AX
      MOV   CX,LENGTH   ARRY
      MOV   SI,SIZE   ARRY-TYPE   ARRY
```

4-8 试定义一个结构，应包括一个学生的下列信息：姓名、学号及 3 门课程的成绩。然后给出 3 条结构预置语句，将 3 个学生的情况送入 3 个结构变量中。

4-9 试定义一条宏指令，可以实现任一数据块的传送（假设无地址重叠），源地址、目的地址和块长度作为参数处理。

4-10 设 VAR1 和 VAR2 为字变量，LAB 为标号，试指出下列指令的错误，并改正之。

```
(1)ADD   VAR1,VAR2          (4)JNZ   VAR1
(2)SUB   AL,VAR1            (5)JMP   NEAR   LAB
(3)JMP   LAB[SI]            (6)MOV   AL,VAR2
```

4-11 已知数据定义如下，问 L1 和 L2 等于多少？

```
B1   DB   1,2,3,'123'
B2   DB   0
L1   EQU   1$-B1
L2   EQU   B2-B1
```

4-12 对于下列数据定义，指出以下指令的错误。

```
A1   DB?
A2   DB   10
K1   EQU   1024
(1)MOV   K1,AX
(2)MOV   A1,AX
(3)MOV   BX,A1
   MOV   [BX],1000
(4)CMP   A1,A2
(5)K1   EQU   2048
```

4-13 试编程计算 $Z=5X+3Y+10$。已知 X、Y 均放在数据段，其值由编程者自定。结果 Z 仍放数据段。

4-14 用查表法将键盘输入的任一个十进制数翻译为 5 中取 2 码（即 5 位中有 2 个 1，3 个 0），从端口 3F8H 发送出去。十进制数与 5 中取 2 码的对应关系如下：

十进数	0	1	2	3	4	5	6	7	8	9
五中取二码	11000	00011	00101	00110	01001	01010	01100	10001	10010	10100

4-15 用查表法将存于数据段中的一个有序的十六进制数串（范围 0～FH）翻译成 ASCII 码表，仍放于数据段中。

4-16 试编写一程序，把 X 和 Y 中的大者存入 BIG 单元，若 X＝Y，则把其中之一存入 BIG 单元。

4-17 试编写一程序，比较两个字符串 STRING1 和 STRING2 所含字符是否完全相同，若相同，显示“MATCH”，否则显示“NO MATCH”。

4-18 设数据段中有 3 个变量单元 A、B 和 C 中存放有 3 个数，若 3 个数都不为 0，则求出此 3 个数之和存入 SUM 单元；若有一个为 0，则将其他两个单元也清零，请编写此程序。

4-19 假设已编制好 5 个乐曲程序，它们的入口地址（含段首址和偏移地址）存放在数据段中的跳跃表 MUSICTAB 中。试编写一个管理程序，其功能是：根据键盘输入的乐曲编号 00～04 转到所点乐曲的入口，执行此乐曲程序。

4-20 编制一个能循环显示 4 条新闻标题的控制程序。每条新闻标题为 NEW_1、NEW2、NEW_3、NEW_4，其入口地址表 NEWTAB　DW　NEW_1，NEW_2，NEW_3，NEW_4 均放在数据区中。

4-21 在数据段中存有一字符串（不超过 80 个字符），以回车符 CR 结束。编一程序统计此字符串的长度，并将它存入数据区 LENTH 单元，也显示在屏幕上。

4-22 试用串操作指令将数据区一个数组 BLOCK（均为字节数）中的奇数和偶数分开存放。

4-23 编一个程序，其功能是将一个字数组 ARRAY 中的正数和负数分开存放于以 PLUS 和 MINUS 开始的单元中，并在屏幕上显示出正数和负数的个数。设该数组长度放在数组的第一个字单元中。

4-24 现有一组无序的字：25，46，3，75，－5，30。要求对它们进行排序，其算法框图如图4-20所示。试编写完成此功能的程序。

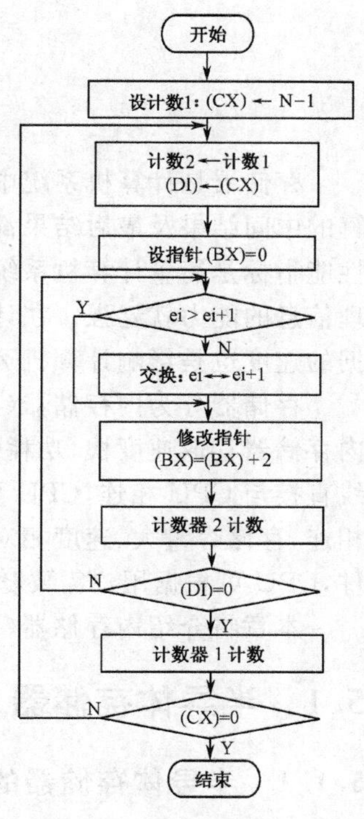

图 4-20　题 4-24 图

4-25 编写一程序求级数 $1^2+2^2+3^2+\cdots$ 的前几项和刚大于1000的项数 n。

4-26 数据区中有一段英文字符串ENGLISH。试编写一个程序，查对单词SUN在该字符串中出现的次数，并按后面的格式显示其出现次数："SUN：××××"。（英文字符串自设。）

4-27 数据区中存放着一字节数组BLOCK（其个数为任意），均为组合的十进制数。试编写一程序求该数组之和，并存入SUM单元（和小于1字节）。

4-28 有两个长度为8字节的BCD数，试编写一程序求此二数之和。和放入被加数单元（和的长度不变）。

4-29 试编一个程序，对字变量ONE和TWO进行比较，若相等，则调用子程序ALLSAME显示'0'，否则调用子程序NOTSAME显示"1"。子程序ALLSAME和NOTSAME也自行编写。并写出它们的说明文件。

4-30 编制演奏下列乐曲的程序。

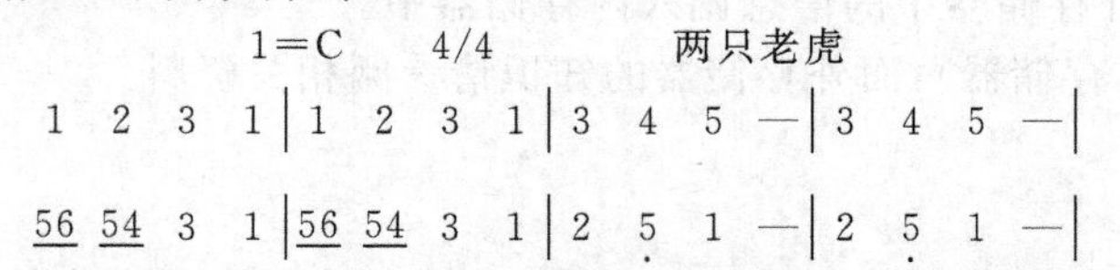

4-31 选择几个方块图形构成你喜欢的图形，并让此图形在屏幕的中心上循环移动。

第5章　主存储器

存储器是计算机系统中实现信息记忆的部件。用户输入到计算机中的程序、数据、运算器运算的中间结果及最后结果都存放在存储器中，存储器是计算机系统的重要组成部件。存储器的性能指标是衡量计算机系统的重要指标之一。存储器容量越大，能存放的信息就越多，计算机处理信息的能力就越强。在计算机系统中，CPU 与存储器间不断地交换信息，因此存储器存取数据的速度也是影响计算机运行速度的重要因素。

存储器分为内存储器(主要由半导体存储器构成)和外存储器(主要由磁、光存储材料构成)。内存储器存取速度快、功耗低、集成度高，可满足 CPU 的读写速度要求。内存储器通过系统总线直接与 CPU 相连，CPU 可以直接访问，因此内存储器又称为主存储器。通过接口电路与系统相连，存储容量大、速度相对较慢的存储器称为外存储器。外存储器可用于存储程序和数据文件，CPU 可根据用户需要随时将外存储器中的信息调入内存储器中。

本章将介绍内存储器(半导体存储器)，而外存储器的知识请参阅相关资料。

5.1　半导体存储器

5.1.1　半导体存储器的分类

半导体存储器的分类方法很多，这里将列出几种常用的分类方法。

① 按存储器的读写功能分类：读写存储器 RWM(Read/Write Memory)，只读存储器 ROM (Read Only Memory)。

② 按照数据存取方式分类：直接存取存储器 DAM(Direct Access Memory)，顺序存取存储器 SAM(Sequential Access Memory)，随机存取存储器 RAM(Random Access Memory)。

③ 按器件原理分类：双极性 TTL 器件存储器：相对速度快，功耗大，集成度低，单极性 MOS 器件存储器：相对速度低，功耗小，集成度高。

④ 按存储原理分类：随机存取存储器 RAM (Random Access Memory，一种易失性存储器，掉电时将丢失数据)，只读存储器 ROM(Read Only Memory，一种非易失性存储器，掉电后将保持数据)。

⑤ 按数据传送方式分类：① 并行存储器(存取时为多位同时传送，相对速度快)；串行存储器(存取时，一位一位地串行传送，相对速度慢)。

半导体存储器的分类如图 5-1 所示。

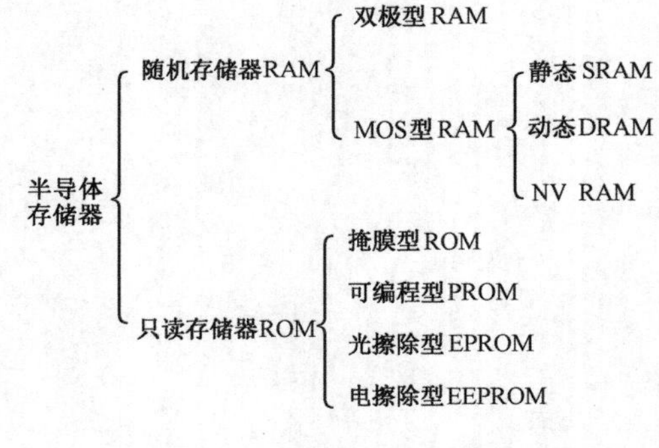

图 5-1　半导体存储器的分类

5.1.2　半导体存储器的性能指标

1. 存储容量

半导体存储器芯片的存储容量表示一个存储器芯片上能存储多少个用二进制表示的信息位数。如果一个存储器芯片上有 N 个存储单元，每个单元可存放 M 位二进制数，则该芯片的存储容量用 $N\times M$ 表示。

存储容量的表示方法有两种：根据存储的二进制位（bit）确定和根据存储的二进制字节（Byte）确定。若用存储位表示，则在存储容量数据后跟后缀 b；若用存储字节表示，则在存储容量数据后跟后缀 B。例如，某半导体存储器芯片的容量定义为 $N\times M=256\times 8$，即该芯片中有 256 个存储单元，每个单元中可存 8 个二进制位，即用存储位表示的存储容量为 2048b，用存储字节表示的存储容量为 256B。

存储容量的计量单位（一般用字节表示）有字节 B(Byte)、千字节 KB(Kilo Byte)、兆字节 MB(Mega Byte)、吉字节 GB(Giga Byte) 等。各计量单位间的换算公式为：1B＝8bit，1KB＝1024B，1MB＝1024KB，1GB＝1024MB，1TB＝1024GB。

2. 存取时间

存取时间是指向存储器单元写入数据及从存储器单元读出数据所需的时间。其单位通常用 ns 表示。存取时间越短说明存储器与 CPU 交换信息的速度越快。在组建计算机系统时，一定要注意 CPU 主频和存储器芯片存取时间的配合，以充分发挥系统的性能。当 CPU 读写快而存储器存取慢时，为了保证数据的正确读写，常在读周期或写周期中加入等待周期 T_W，故增加了读写周期数，加入等待周期 T_W 的数量由控制线 READY 确定。

存储器芯片手册中一般会给出典型存取时间或最大存取时间。一般在存储器芯片型号后给出时间参数。例如，2732A-20 和 2732A-25 表示同一芯片型号 2732A 有两种不同的存取时间，2732A-20 的存取时间是 200ns，而 2732A-25 的存取时间是 250ns。

3. 功耗

功耗一般有两种定义方法：存储器单元的功耗，单位为 μW/单元；存储器芯片的功耗，单位为 mW/芯片。功耗是存储器的重要指标，不仅表示存储器芯片的功耗，还确定了计算机系统中的散热问题。一般应选用低功耗的存储器芯片。

存储器芯片手册中一般给出了芯片的工作功耗和维持功耗。

4. 工作电源

存储器芯片的供电电压根据芯片的类型选择，芯片手册中将给出供电电压。一般 TTL 型存储器芯片的供电电压标准为＋5V，MOS 型存储器芯片的供电电压为＋3V～＋18V。

存取时间和功耗两项指标的乘积称为速度-功率乘积，是一项重要的综合指标。

5.1.3 半导体存储器的特点

1. 随机存取存储器 RAM 的特点

RAM 存储单元中的信息可根据需要随时写入或者读出，但当 RAM 芯片掉电时，存储单元中的信息将会消失，因此又称 RAM 为易失性存储器。在计算机系统中常用 RAM 存放暂时性的输入、输出数据、中间运算结果、用户程序等，也常用来与外存储器交换信息并作为堆栈存储区用。RAM 存储器按器件原理可分为双极型和 MOS 型两类。

（1）双极型 RAM

双极型 RAM 的数据存取速度快，计算机中多用于高速缓存(Cache)。但由于它的功耗较大，集成度较低，相对成本较高，主存储器一般不用它。双极型 RAM 的类型主要有：① TTL(晶体管—晶体管逻辑）型存储器；② ECL(射极耦合逻辑）型存储器；③ I^2L(集成注入逻辑）型存储器。

（2）MOS 型 RAM

MOS 型 RAM 的制造工艺较简单，集成度高，功耗低，相对价格便宜，计算机中多用于内存。但由于它的数据存取速度相对较慢，不宜用于高速缓存。MOS 型 RAM 的类型主要有：① 静态 MOS 型 RAM；② 动态 MOS 型 RAM；③ 不挥发型 RAM(Non Volatile RAM)。

不挥发型 RAM 同 ROM 一样,掉电后信息不会丢失,又同 RAM 一样,可随机地写入或者读出数据,在掌上电脑(PDA) 中应用广泛,如 Flash 存储器,我们称它为快速闪烁存储器。

2. 只读存储器 ROM 的特点

ROM 存储单元中的信息可一次写入多次读出。当 ROM 存储器芯片掉电时,存储单元中的信息不会消失,因此又称其为非易失性存储器。在计算机系统中常用 ROM 存放固定的程序和数据,如系统监控程序。在单片微机系统中,ROM 还用于存放用户程序和固定数据。ROM 存储器按写入信息的方式有如下几种。

① 掩模 ROM(Masked ROM):在芯片制造时用固定的掩模进行编程。芯片单元中的信息已固定,用户不能修改。多用于大批量定型产品的生产,成本较低。

② 一次性编程 ROM(One-Time Programmable ROM):在芯片制造时并未写入信息。用户可根据需要向芯片单元写入信息。但仅允许写入一次,不能改写。多用于小批量产品的生产,成本也较低。

③ 可擦除可编程 EP ROM(Erasable Programmable ROM):在芯片制造时也并未写入信息。用户也可根据需要向芯片单元写入信息。若用户需要改写存储单元中的数据,需先用紫外线光照射即擦除原有信息,再重新向芯片写入新数据。

④ 电擦除可编程 EEP ROM(Electrically Erasable Programmable ROM):其本原理与光擦除型 ROM 类似,不同的是,用电擦除而不是用光擦除,并且擦除时间短。

5.2 随机存取存储器 RAM

随机存取存储器 RAM 又称为读写存储器,基本存储单元按矩阵形式排列构成存储体,采用重合选择法对存储单元进行寻址,即由 X(行) 和 Y(列) 地址译码器的输出线(行选择线和列选择线)重合寻址确定所选存储单元。由 4096 个存储单元构成的存储器芯片的电路如图 5-2 所示。按存储单元的不同构造,随机存取存储器 RAM 又分为静态 RAM(SRAM) 和动态 RAM(DRAM) 两类。

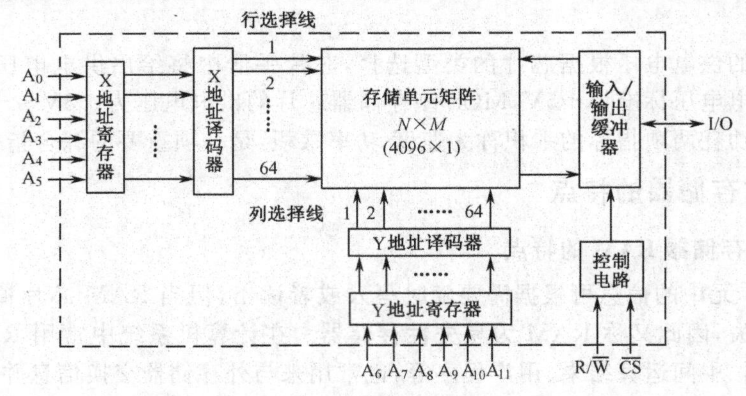

图 5-2 存储器芯片的电路示意图

5.2.1 静态存储器 SRAM

静态 SRAM 的基本存储单元由 6 个 MOS 管组成触发器构成,如图 5-3 所示。每个存储单元可以存放二进制的 1bit 信息。只要不掉电,所存储的信息就不会丢失。静态 RAM 工作稳定,使用方便,不需外加刷新电路。由于每个存储单元由 6 个 MOS 管组成,芯片集成度不会太高,这也是静态 RAM 的最大不足。

根据 SRAM 的不同规格型号,它的单片容量有很多种,如早期常用的有 2101(256×4)、2102(1024×1)、2114(1024×4)、4118(1024×8)。随着芯片制造工艺的提高,SRAM 的单片容量也越来越大,现在常用的有 6116(2K×8)、6264(8K×8)、62256(32K×8)等。下面以 6264 为例介绍 SRAM 芯片的使用特点。

1. 6264 SRAM 的引脚特性

6264SRAM 为 28 脚的 DIP 封装。引脚定义如图 5-4 所示。它由如下 4 部分构成。

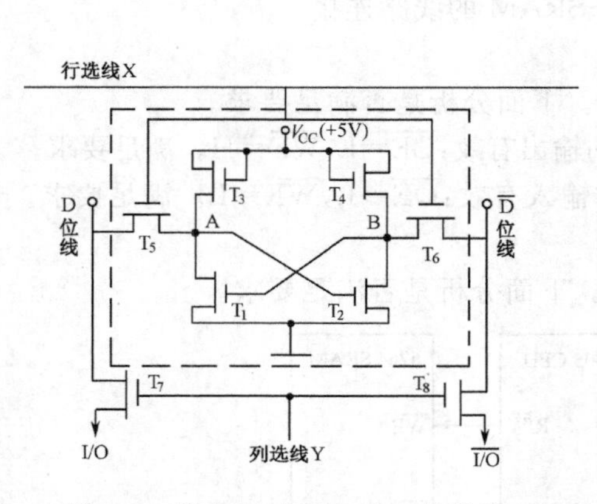

图 5-3　静态 SRAM 的基本存储单元

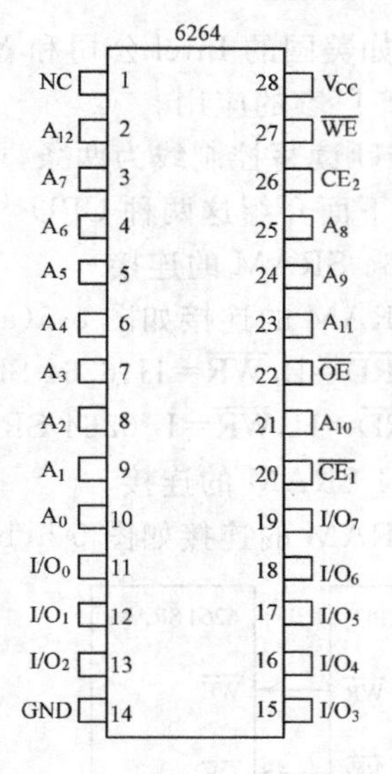

A_0~A_{12}	地址线
I/O_0~I/O_7	双向数据线
$\overline{CE_1}$	片选线1
CE_2	片选线2
$\overline{WE}$	写允许线
$\overline{OE}$	读允许线

图 5-4　6264 SRAM 引脚图

(1) 地址线 A_0~A_{12},共 13 条,可寻址 8K 个存储单元(2^{13})。

(2) 数据线 I/O_0~I/O_7,共 8 条,经数据线可对所寻址存储单元进行数据的读写。

(3) 控制线$\overline{CE_1}$、CE_2、$\overline{OE}$、$\overline{WE}$。

① $\overline{CE_1}$:6264 SRAM 芯片片选控制线,低有效。

② CE_2:6264 SRAM 芯片片选控制线,高有效。

6264SRAM 采用两条片选控制线,可为不同的设计需要服务。若设计需要用高电平控制片选,则将控制线$\overline{CE_1}$接地,片选控制信号从控制线 CE_2 输入。若设计需要用低电平控制片选,则将控制线 CE_2 接 V_{CC},片选控制信号从控制线$\overline{CE_1}$输入。

③ $\overline{OE}$:从 6264SRAM 芯片存储单元中读数据控制。

④ $\overline{WE}$:向 6264SRAM 芯片存储单元中写数据控制。

在对所寻址存储单元进行读写控制时,控制线$\overline{OE}$和$\overline{WE}$具有组合特点(将在下面讲述)。

(4) 电源线 V_{CC},GND。

2. 6264 SRAM 的读写控制

表 5-1 为 6264 SRAM 的控制逻辑表(不同的存储器芯片控制逻辑表有所不同,使用时必须查阅),尤其要注意读写控制线$\overline{OE}$和$\overline{WE}$的组合应用及其逻辑电平的关系。

表 5-1　6264 SRAM 的控制逻辑

$\overline{WE}$	$\overline{CE_1}$	CE_2	$\overline{OE}$	方式	I/O_0~I/O_7
×	H	×	×	未选中(掉电)	高阻
×	×	L	×	未选中(掉电)	高阻
H	L	H	H	输出禁止	高阻
H	L	H	L	读	OUT
L	L	H	H	写	IN
L	L	H	L	写	IN

从表 5-1 中可知，当片选控制有效时，若$\overline{WE}$=H 且$\overline{OE}$=H，则数据线 $I/O_0 \sim I/O_7$ 为高阻态；当片选控制有效时，若$\overline{WE}$=H 且$\overline{OE}$=L，则 $I/O_0 \sim I/O_7$ 输出，即读有效；当片选控制有效时，若$\overline{WE}$=L 且$\overline{OE}$=H 或 L，则 $I/O_0 \sim I/O_7$ 输入，即写有效。

3. 6264 SRAM 与 CPU 的连接

CPU 生产厂家很多，如美国的 Intel 公司和 Motorola 公司。存储器生产厂家生产的存储器芯片应能满足各 CPU 生产厂家的应用。

Intel 公司的 8086 CPU 读写控制线为两条，即$\overline{RD}$和$\overline{WR}$。Motorola 公司的 6805 CPU 读写控制线为一条，即 R/$\overline{W}$。下面介绍这两种 CPU 与 6264 SRAM 的线路连接。

(1) 8086 CPU 与 6264 SRAM 的连接

8086 CPU 与 6264 SRAM 的连接如图 5-5(a) 所示。下面分析是否满足要求。

8086 CPU 的读有效：$\overline{RD}$=L，$\overline{WR}$=H；6264 SRAM 的输出有效：$\overline{OE}$=L，$\overline{WE}$=H。满足要求。

8086 CPU 的写有效：$\overline{RD}$=H，$\overline{WR}$=L；6264 SRAM 的输入有效：$\overline{OE}$=L，$\overline{WE}$=L。满足要求。

(2)6805 CPU 与 6264 SRAM 的连接

6805 CPU 与 6264 SRAM 的连接如图 5-5(b)所示。下面分析是否满足要求。

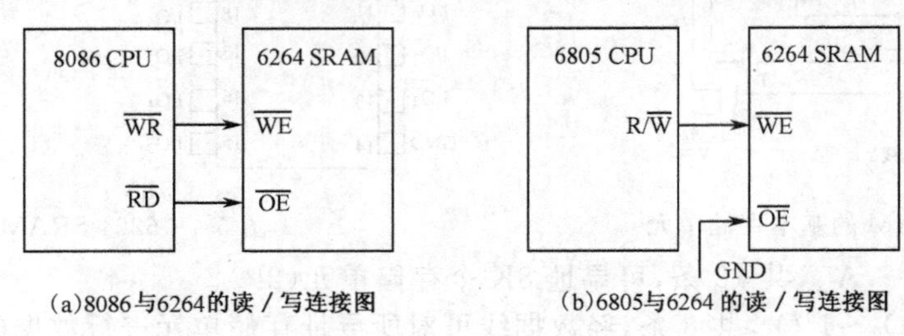

图 5-5　CPU 与 6264 SRAM 的连接

6805 CPU 的读有效：R/$\overline{W}$=H；6264 SRAM 的输出有效：$\overline{OE}$=L，$\overline{WE}$=H。满足要求。

6805 CPU 的写有效：R/$\overline{W}$=L；6264 SRAM 的输入有效：$\overline{OE}$=H，$\overline{WE}$=L。满足要求。

5.2.2　动态存储器 DRAM

动态存储器 DRAM 的基本存储单元如图 5-6 所示，每个存储单元可以存放二进制的 1bit 信息。RDAM 由一个 MOS 管加一个电容器组成，只要电容上的电荷不损失，所存储的信息就不会丢失。但电容器上的电荷必然会损失，动态 DRAM 在使用时必须定时向电容器充电补充其损失的电荷。由于每个存储单元只由一个 MOS 管加一个电容器组成，因此芯片集成度很高、功耗低。这是 DRAM 的最大优点。DRAM 芯片本身不具有向电容器充电的刷新功能，需外加刷新逻辑电路，这也是它的最大缺点。

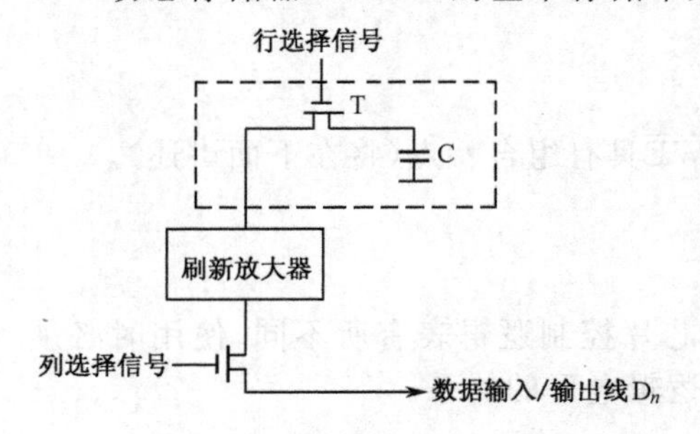

图 5-6　动态 DRAM 的基本存储单元

根据 DRAM 的不同规格型号，其单片容量规格有很多种，如早期常用的 2104A(4096×1)、2116(16K×1)、2164(64K×1)、6256(256K×1)。随着芯片制造工艺的提高，DRAM 的单片容量也越来越大，如 HM5116100(16M×1)、HM5116160(1M×16) 等。下面以 2164 为例介绍 SRAM 芯片的使用特点。虽然 2164 在微机中已不用，高端 DRAM 的原理与之相同。

1. 2164DRAM 引脚特性

2164DRAM 为 16 脚的 DIP 封装。引脚定义如图 5-7(a) 所示。它由 3 部分组成。

① 地址线 $A_0 \sim A_7$，共 8 条。4164 DRAM 内部有 64K 个基本存储单元，需要 16 条地址线寻址。而 2164 DRAM 芯片仅提供了 8 条地址线，这 8 条地址线采用分时复用的方法获得寻址所需的 16 条地址线。

② 数据线 Q(数据存 D_{IN}) 和 D(数据取 D_{OUT})，共 2 条。2164 DRAM 每个存储单元仅存储 1 位二进制信息，为何要使用输出 D_{OUT} 和输入 D_{IN} 2 条数据线将在数据读写控制分析时给予解释。

③ 控制线 $\overline{WE}$、$\overline{CAS}$、$\overline{RAS}$，共 3 条，功能如下：① $\overline{WE}$ 写数据允许，低电平有效；② $\overline{RAS}$ 行地址选通，低电平有效；③ $\overline{CAS}$ 列地址选通，低电平有效。

2. 2164 DRAM 的内部结构图

2164 DRAM 的内部结构如图 5-7(b) 所示。各部分的功能如下所述。

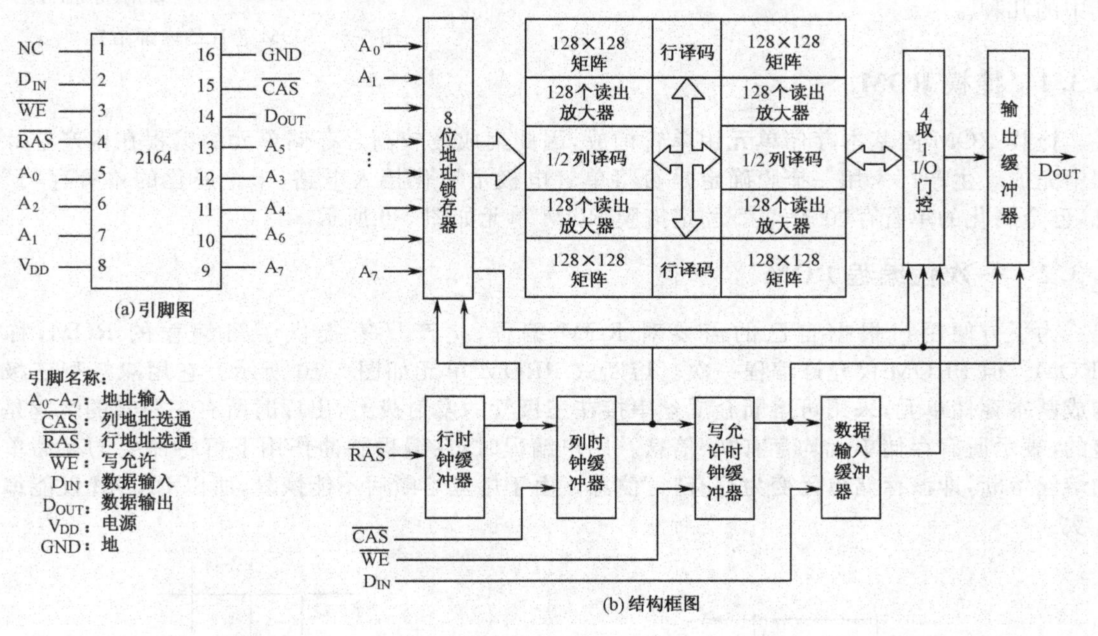

图 5-7　2164 DRAM 的框图

① 16 位地址信息的送入。2164 DRAM 所需的 16 位地址信息在行地址选通控制线 $\overline{RAS}$ 的控制下传送高 8 位地址信息，在列地址选通控制线 $\overline{CAS}$ 的控制下传送低 8 位地址信息，16 位地址信息分两次(高 8 位和低 8 位) 送入。

② 内部基本存储单元的组织。64K 个基本存储单元由 4 个 128×128 的存储矩阵构成。每个 128×128 的存储矩阵有 7 条行地址和 7 条列地址选择。7 条行地址 $RA_0 \sim RA_6$ 经译码产生 128 条行选线，7 条列地址 $CA_0 \sim CA_6$ 经译码产生 128 条列选线，行、列选线共同选中存储单元。行地址 RA_7 和列地址 CA_7 经译码产生 4 选 1 的 I/O 门控信号，确定 4 个 128×128 的存储矩阵中的 1 个矩阵有效。

③ 基本存储单元的读写控制。在存储单元选择好后，由控制线 $\overline{WE}$ 完成数据的读写控制。当 $\overline{WE}$＝H(高电平)时，选中存储单元中的数据经输出线 D_{OUT}(经输出缓冲器) 输出。当 $\overline{WE}$＝L(低电平)时，数据经输入线 D_{IN}(经输入缓冲器) 输入到选中的存储单元中。

④ 2164DRAM 的刷新控制。2164DRAM 的刷新周期是 2ms。刷新期间，$\overline{RAS}$ 有效，$\overline{CAS}$ 无

效，即每次刷新 1 行（4×128 个存储单元）。64K 个存储单元的刷新需 128 次，每次刷新时间为 2ms/128＝15.6μs。刷新电路可使用专用的刷新控制器芯片，如 8203。在 PC/XT 机中是应用定时器 8253 产生 15.12μs 的定时信号，用 DMA 控制器 8237A 产生刷新时序。

5.3 只读存储器 ROM

只读存储器 ROM 芯片与 RAM 芯片类似，主要由地址寄存器、地址译码器、基本存储单元矩阵、输出缓冲器和控制逻辑组成。ROM 芯片的内部结构如图 5-8 所示。ROM 的基本存储单元可由二极管、双极型晶体管或 MOS 晶体管构成。ROM 芯片种类很多，下面介绍其中的几种。

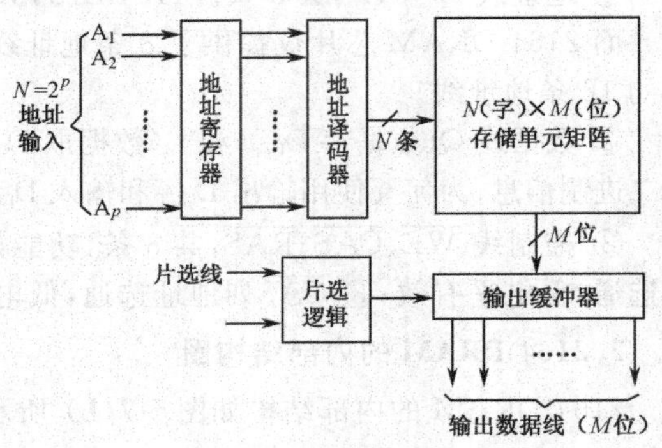

图 5-8 ROM 芯片的内部结构

5.3.1 掩模 ROM

掩膜 ROM 的基本存储单元用单管构成，因此集成度较高。存储单元的编程在生产芯片过程中完成。生产厂家用一掩膜确定是否将单管电极金属化接入电路，未金属化的单管存“1”信息，已金属化的单管存“0”信息。固定掩膜 ROM 单元如图 5-9 所示。

5.3.2 一次性编程 ROM

为了方便用户根据自己的需要对 ROM 编程，生产厂家提供了可编程的 ROM，称为 PROM。但 PROM 仅允许编程一次。熔断式 PROM 单元如图 5-10 所示。它用双极型三极管构成基本存储单元，采用可熔断金属丝串接在三极管的发射极上，出厂时所有三极管的熔丝是完整的，表示所有存储单元均存有“0”信息。用户编程时，在编程脉冲作用下可将需要的存储单元的熔丝熔断，即该存储单元变为存有“1”信息。由于熔丝熔断后不能恢复，所以 PROM 仅能编程一次。

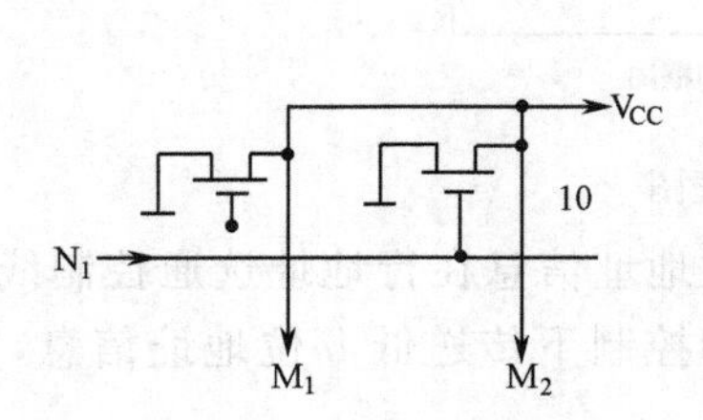

图 5-9 固定掩膜 ROM 单元

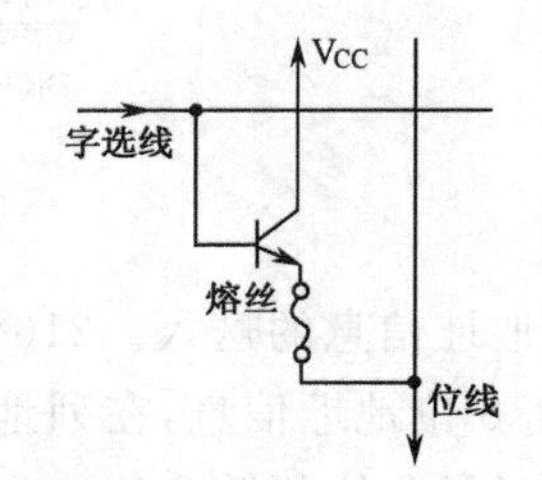

图 5-10 熔断式 PROM 单元

5.3.3 可擦除可编程 EPROM

在产品开发过程中需要经常修改程序，选用可多次编程的 ROM 是必需的。

1. 工作原理

① 基本存储单元结构：N 沟道浮栅 MOS 存储单元如图 5-11 所示，是 EPROM 基本存储单元的一种结构图，由浮栅雪崩注入的 MOS 器件（Floating-gate Avalanche-injection MOS，FAMOS）构成，有 P 沟道和 N 沟道两种，图中所示为 N 沟道。N 沟道是在 P 型衬底上做成两个高浓度的 N^+ 区，形成 MOS 管的源极 S 和漏极 D。除浮栅外，还在其上面叠加了一个控制栅 G，故

又称为叠栅注入 MOS 管(Stacked-gate Injection MOS,SIMOS)。

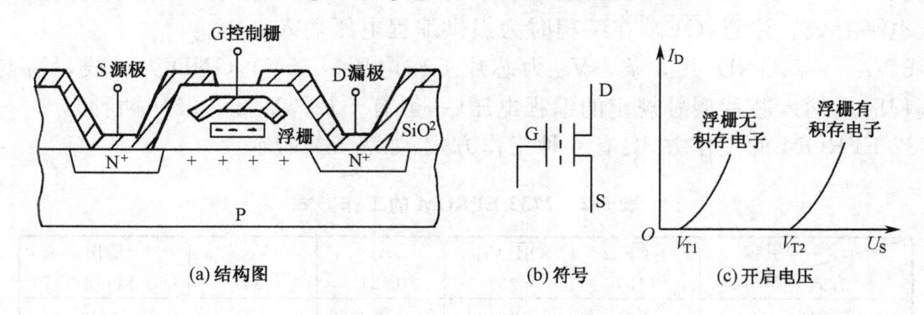

图 5-11　N 沟道浮栅 MOS 存储单元

② 编程原理:EPROM 出厂时所有基本存储单元均存有"1"信息。编程时,若要对某存储单元写入"0"信息,应在源、漏极间加上足够高的正压(一般有+12.5V 和+25V 两种编程电压),加上编程脉冲,使漏衬击穿,这样大量电子积聚在浮栅上。同理,在 SiO_2 层下感应出空穴薄层。这个带正电的沟道使 NMOS 管开启更加困难,或者说它的开启电压更高了。这时在控制栅 G 上加上正常电压该管也不能导通,相当于在该存储单元写入了"0"信息。

③ 擦除方法:由上述编程原理可知,要向存储单元写入"0"信息,就应使该存储单元的浮栅带有大量的电子,即负电荷。要向存储单元写入"1"信息,就需要将浮栅中的电子驱逐使之返回基片。完成这一工作的方法是用紫外线对芯片石英窗口进行一定时间的照射,用高能光子将浮栅上的电子驱逐。由于紫外线是对芯片的整个石英窗进行照射,所以一次擦除将使芯片的所有存储单元均恢复初始值,即写入"1"信息。为了防止编程后的 EPROM 意外被擦除,编程后的 EPROM 应在石英窗口上贴上遮光胶纸。

2. EPROM 常用芯片举例

EPROM 芯片型号有多种,如 2716(2K×8)、2732(4K×8)、2764(8K×8)、27128(16K×8)、27256(32K×8) 等,基本工作原理都一样,下面以 2732 芯片为例介绍 EPROM 的性能和应用。

① 2732 EPROM 的引脚特性:2732 EPROM 以 HNMOS-E(高速 NMOS 硅栅) 工艺制造,芯片有 24 条引脚,双列直插式 DIP 封装。其引脚及内部结构如图 5-12 所示。

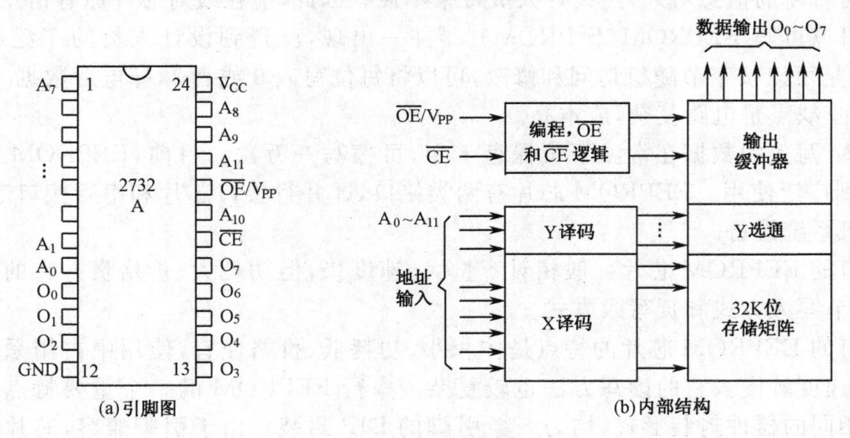

图 5-12　2732 EPROM 的引脚图和内部结构图

地址线 $A_0 \sim A_{11}$,共 12 条,可寻址 4K(2^{12}) 个存储单元。

数据线 $O_0 \sim O_7$,共 8 条,每个存储单元可存二进制信息 8 位,即 2732 EPROM 的存储容量为 4KB。

控制线$\overline{CE}$、$\overline{OE}$，共 2 条。$\overline{CE}$为片选控制线，低电平有效。$\overline{OE}$为芯片编程后存储单元信息读控制线，低电平有效。注意，$\overline{OE}$端在编程时为提供编程电压输入。

电源线 V_{CC}、V_{PP}、GND，共 3 条。V_{CC}为芯片工作电压(+5V)，GND 为地线，V_{PP}与$\overline{OE}$共用引脚，在编程时应输入芯片型号规定的编程电压(一般有+12.5V 和+25V 两种)。

② 2732 EPROM 的工作方式：有 6 种工作方式，如表 5-2 所示。

表 5-2　2732 EPROM 的工作方式

方式＼引脚	$\overline{CE}$ (18)	$\overline{OE}/V_{PP}$ (20)	A_9 (22)	V_{CC} (24)	输出 (9～11,13～17)
读	V_{IL}	V_{IL}	×	+5V	D_{OUT}
输出禁止	V_{IL}	V_{IH}	×	+5V	高阻
待机	V_{IH}	×	×	+5V	高阻
编程	V_{IL}	V_{PP}	×	+5V	D_{IN}
编程禁止	V_{IH}	V_{PP}	×	+5V	高阻
读标识码	V_{IL}	V_{IL}	V_H	+5V	标识码

③ EPROM 在产品开发中的应用步骤如下：

- 将汇编语言源程序经汇编程序汇编为机器代码文件。
- 用写入器将机器代码文件的数据写入 EPROM 芯片。
- 将 EPROM 芯片装入计算机系统运行。
- 若程序有问题，取出芯片用紫外线擦除器清除 EPROM 芯片数据。
- 重复上述过程，完成程序设计功能。

为了方便应用开发，应使用仿真器对计算机系统进行联机仿真。完成程序设计功能后，再用写入器将机器代码文件的数据写入 EPROM 芯片，并将 EPROM 芯片装入计算机系统运行，完成应用系统设计。

5.3.4　电擦除可编程 EEPROM

由于 EPROM 在写入时，需从电路板上取下芯片，选用紫外线对芯片原有信息进行光擦除，然后用写入器将新的信息写入，给设计人员带来不便。因此，能在线对芯片原有信息擦除后写入新信息的电可擦可写 EEPROM(E^2PROM) 器件一出现，就得到设计人员的广泛应用。EEPROM 的特点是可以按字节随机访问和修改，可以将每位写入 0 或者 1，掉电后数据不丢失，具有较高的可靠性，缺点是电路复杂，成本高。

EEPROM 写入的数据在常温下可保存十年，可擦写一万次。目前，EEPROM 已全面代替 EPROM，得到广泛使用。EEPROM 芯片有两类接口，即并行接口芯片和串行接口芯片，可用于不同的计算机系统设备。

并行接口的 EEPROM 芯片一般相对容量大、速度快，但功耗大、价格贵。它的读写方法简单，可选择字节写入方式和页写入方式。

串行接口的 EEPROM 芯片的特点是体积小、功耗低、价格便宜，使用中占用系统的信号线较少，但工作速度较慢。它的读写方法也较复杂。串行 EEPROM 的一个重要特点是不同容量的芯片具有相同的器件封装形式，均为 8 条引脚的 DIP 封装。由于引脚兼容，芯片容量的升级很方便。

(1) 并行 EEPROM 芯片举例

芯片型号为 EEPROM 28C64，芯片容量为 8K×8，制造工艺为 CMOS，芯片封装为 DIP28。芯片引脚图如图 5-13(a) 所示。其中地址线为 A_0～A_{12}，数据线为 D_0～D_7，片选线为$\overline{CE}$(低有效)，写数据允许线为$\overline{WE}$(低有效)，输出数据允许线为$\overline{OE}$(低有效)，写数据结束状态线为RDY(低时为写数据持续，高时为写数据结束)，单电源供电。

(2) 串行EEPROM芯片举例

芯片型号为EEPROM 24C64，芯片容量为8K×8，制造工艺为CMOS，芯片封装为DIP8，芯片引脚图如图5-13(b) 所示。其中，A_0、A_1、A_2为片选或页面选择地址输入，SCL为串行时钟端，用于数据输入/输出的同步，SDA为串行数据的输入/输出，WP为写保护，当该引脚接V_{CC}时，芯片具有数据保护功能。

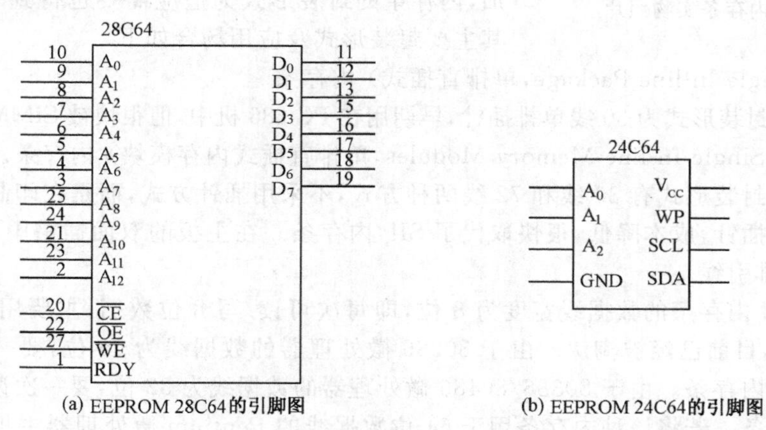

图5-13 EEPROM的引脚图

5.3.5 快擦写存储器Flash

快擦写存储器FLASH又称为闪存，既具备EEPROM断电不丢失数据的性能，又具备RAM可以快速读取数据的特性。早期嵌入式系统一直使用EPROM或EEPROM作为其存储设备，近年来FLASH已全面替代了EPROM在嵌入式系统中的地位。

目前，FLASH主要有两种：NOR型FLASH和NAND型FLASH。NOR型FLASH的数据线和地址线是分开的，可以实现同RAM一样的随机寻址功能，能够按字节寻址，随机读取其中的任何一字节，因此可以直接运行装载在NOR型FLASH里面的代码。NAND型FLASH数据线和地址线复用，不能利用地址线随机寻址。NAND FLASH的存储单元采用串行结构，存储单元的读写以页和块为单位来进行(一页包含若干字节，若干页则组成块，NAND的存储块为8KB～32KB)，这种结构最大的优点在于容量可以做得很大。现在超过512MB容量的NAND型产品相当普遍，NAND型闪存的成本较低，有利于大规模普及。NAND型被广泛用于移动存储、数码相机、MP3等新兴数字设备中。

在嵌入式系统中，NOR型FLASH存储容量小、读取速度快，多用来存储操作系统引导代码等重要信息，而大容量的NAND型FLASH则用于存放文件和内核。

5.4 现代微计算机系统主存的扩充与内存条

CPU通过总线对主存(内存)寻址，实现对主存中信息的存取。80286以前的微机中主存采用多片DIP(双列直插式)封装的存储芯片组成，将芯片直接固化在主板上，容量不超过1MB。这对于当时PC机所运行的工作程序来说，这种内存的性能以及容量完合可以满足系统需要。但随着微处理器的飞速发展，CPU对内存性能提出了更高的要求，需要对主存进行扩充，提高其存取速度，扩大其存储容量。为了扩充主存，可将多片存储芯片

图 5-14　内存条实物照片

焊到事先设计好的一小条印制电路板上，构成内存条（见图 5-14），并在主板上预留内存插槽（见第 1 章的图 1-20），将内存条插入内存插槽构成计算机内存储器系统。

1. 内存条的几种封装形式

从采用 80286 微处理器芯片到目前采用多核微处理器芯片的微机，由于存储容量增大及处理数据位数的增加，内存条的封装形式为适应需要也得到了迅速的发展。其主要封装形式及应用场合如下。

(1) SIP(Single In-line Package，单排直插式) 内存条

该内存条的封装形式为 30 线单排插针，早期用在 PC 286 机中，但很快被 SIMM 内存条取代。

(2) SIMM(Single In-line Memory Modules，单排直插式内存模块) 内存条。

该内存条的封装形式有 30 线和 72 线两种方式，不采用插针方式，而是在印制板上做成双面引脚。由于不用插针，成本降低，很快取代了 SIP 内存条。在主板的双面插槽中，对应引脚是连通的，实际为单排引线。

30 线 SIMM 内存条的数据线宽度为 8 位，即每次可读/写 8 位数据，主要用于早期的 286/386/486 主板中，目前已经被淘汰。由于 80286 微处理器的数据线为 16 位，要一次读/写 16 位数据就需用 2 条内存条。由于 80386/80486 微处理器的数据线为 32 位，要一次读/写 32 位数据就需用 4 条内存条。若将该种内存条用于 64 位数据线的 Pentium 微处理器主板上，要一次读/写 64 位数据就需用 8 条内存条，显然 30 线 SIMM 封装形式已不适合较高档微机的应用。

72 线 SIMM 内存条的数据线宽度为 32 位，即每次可读/写 32 位数据，主要用于后期的 486 主板及早期的 Pentium 主板中。由于 80486 微处理器的数据线为 32 位，故可用一条 72 线 SIMM 内存条组成内存储器系统。而 Pentium 微处理器的数据线为 64 位，需用两条 72 线 SIMM 内存条组成内存储器系统。

(3) DIMM(Double In-line Memory Modules，双列直插式内存模块) 内存条

DIMM 内存条是较新型的内存组织方式。因其引脚分布在印制板的两面，所以印制板的两面引脚均可传送信号，称为双列直插式内存条。该内存条每面有 84 条引脚，双面共计有 168 条引脚，被称为 168 线内存条。DIMM 内存条的数据宽度为 64 位，用于 Pentium 主板中。由于该内存条的性价比高，是目前微机中应用最广泛的内存条。

2. 内存条中所用的存储器芯片类型

内存条中所用的存储器芯片均为动态 DRAM。随着存储器芯片生产工艺的进步以及微处理器对存储器存取速度的要求，用于内存条的存储器芯片类型也较多，表 5-3 列出了主要存储器芯片类型的参数。

表 5-3　主板速度与存储器芯片类型间的关系

主板速度	微处理器速度	DRAM 类型	DRAM 速度	应用时间
5MHz～66MHz	5MHz～200MHz	FPM DRAM EDO DRAM	5MHz～16MHz	1981 年～1996 年
66MHz	200MHz～600MHz	PC66 SDRAM	66MHz	1997 年～2000 年
100MHz	500MHz 以上	PC100SDRAM	100MHz	1998 年～2000 年
133MHz	600MHz 以上	PC133SDRAM	133MHz	1999 年～2002 年

(1) FPMDRAM(Fast Page Mode DRAM，快速页模式 DRAM)

PC 机最早所用的 DRAM 为页模式动态随机存储器，即 PMDRAM(Page Mode DRAM)，

然后使用 FPMDRAM。计算机中大量的数据是连续存放的,若相邻数据的行地址相同,则存储器的控制器就不需要传行地址,而仅传列地址。这样就提高了寻址效率,CPU 能用较少的时钟周期读出较多的数据。

(2) EDODRAM(Extended Data Output DRAM,扩展数据输出 DRAM)

EDODRAM 是在 FPMDRAM 基础上加以改进的存储器控制技术,可以在输出一个数据的过程中就准备下一个数据的输出。它在读/写一个地址单元的同时启动下一个连续地址单元的读/写周期,节省了重选地址时间,提高了存储总线的速率。由 FPMDRAM 芯片和 EDODRAM 芯片组装的内存条多为 72 线 SIMM 封装,工作电压为 5V。

(3) SDRAM(Synchronous DRAM,同步 DRAM)

FPMDRAM 和 EDODRAM 均属于非同步存取的存储器,即它们的工作速度未与系统时钟同步,速度不会超过 66MHz。随着微处理器主频的不断提高,其外频已远远超过 66MHz。对存储器芯片的要求是能处理 66MHz 以上的总线速度。SDRAM 和 CPU 共享一个时钟周期,用相同的速度同步工作,支持 66MHz 以上总线速度而不必插入等待周期。随着 Pentium 芯片组的速度提高,对 SDRAM 的速度要求更高。Intel 公司于 1998 年制定了 PC100 规范,严格定义了 PC100SDRAM 的技术要求及兼容性标准,同时对主板的设计制造进行了严格的规定。不久又制定了 PC133 规范,要求 SDRAM 工作在 133MHz。SDRAM 是最有前途的存储器芯片,由于其性价比高,由它组装的内存条被广泛使用,并受到普遍欢迎。目前,SDRAM 普遍采用 168 线的 DIMM 封装,工作电压为 3.3V。

(4) 高速存储器新技术

在微机历史的前 15 年,存储器芯片的发展缓慢。1981 年至 1996 年,微处理器主频从 4.7MHz 增加到 200MHz,存储器芯片的读取速度仅从 5MHz 增加到 16MHz。1998 年开发出 SDRAM,2000 年速度更快的 SDRAM 芯片陆续问世,并成为内存条的主流存储器芯片,如 DDR DRAM、SLDRAM、RDRAM 等存储器芯片。随着微处理器主频的进一步提高,存储器芯片也将为适应 CPU 的需要而发展。

5.5 主存储器系统设计

设计一个计算机系统,除微处理器芯片的选择外,存储器系统的设计非常重要。如何选用半导体存储器芯片构成主(内)存储器系统,如何接入计算机系统,是系统硬件设计的重要环节。

5.5.1 主存储器芯片的选择

主存储器包括 RAM 和 ROM,设计时首先根据需要、用途和性价比选用合适的存储器芯片类型和容量,然后应根据 CPU 读写周期对速度的要求,确定所选存储器芯片类型是否满足速度要求。

在一些专用领域,如在检测、控制、仪器仪表、家用电器、智能终端等设备中,计算机系统程序往往是固定不变的,故程序应固化在 ROM 中。当设备加电启用时,就可在 ROM 中固化的程序控制下完成所具有的功能。在专用设备的计算机系统程序的研制阶段应选择可多次擦除的 ROM 类型,如 EEPROM。当程序设计满足需要,产品定型后,为降低成本可将定型后的程序送往存储器芯片生产厂制成 ROM。为了满足定型产品的功能提升,往往需要对原有程序进行必要的修改。目前,广泛采用在线升级程序的方法,常选用 EEPROM 或者 Flash 芯片完成这一升级任务。

在专用设备中,计算机系统在控制运行中会产生一些数据,这些数据应存放在 RAM 中。计算机系统需要多少容量的 ROM 和 RAM 可根据不同设备的需要而定,这取决于程序的复杂程度和数据的多少。存储容量的选择在存储器系统设计中很重要,少了达不到系统要求,多了将增加产品成本。

1. 存储器芯片类型的选择

在对存储器容量需要较小的专用设备中，应选用静态 RAM 芯片。这样可节省刷新电路，使专用设备中的计算机系统硬件设计更简单。而在对存储器容量需要较大的系统中，应选用集成度较高的动态 RAM 芯片，虽然需要刷新电路并且硬件设计较复杂，但可减少芯片数量和体积，并且降低成本。如微机就使用动态 RAM 构成主存储器系统。

2. 存储器芯片容量的选择

不同型号的存储器芯片容量不同，价格不同，应根据计算机系统对存储容量的需要合理地选择存储器芯片。其原则是应用较少数量的芯片构成存储器系统，并考虑总成本和硬件设计的简单性。

3. 存储器芯片速度的选择

一般来说，存储器芯片存取速度越快价格越高，应根据 CPU 读写速度选择合理的存储芯片的存取速度，既保证系统的可靠运行，又提高了系统的性价比。

4. 存储器芯片功耗的选择

由于存储器芯片制造的材料和工艺不同，芯片的功耗也不同。一般来说，相同指标的芯片，功耗越小价格越高，所以功耗的选择应根据计算机系统的应用条件，设备的散热环境等因素来决定。例如，较大型的设备散热环境好，使用交流电供电，对芯片功耗无严格要求，可选用成本较低功耗较高的芯片。而对一些特殊的设备由于用电池供电，体积较小，为保证使用时间长和发热较少，应选用功耗较小的芯片，如手持式设备、笔记本电脑、机载通信设备等。

5.5.2 计算机系统中存储器的地址分配

选择好计算机系统的主存储器容量和 RAM、ROM 芯片数量后，就应该为各存储器芯片分配存储地址空间。使用不同微处理器的计算机系统对 RAM、ROM 的存储地址空间的分配有不同的要求。例如，使用 8088 CPU 的 PC/XT 微机的存储器地址分配如图 5-15 所示。

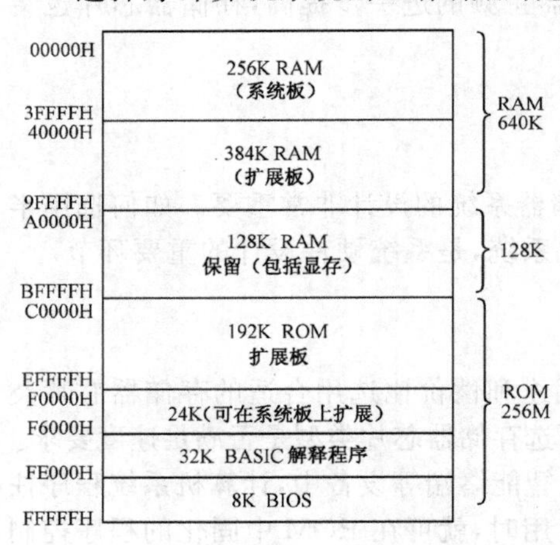

图 5-15　PC/XT 微机存储器地址分配

8088 CPU 有 20 条地址线，可寻址最大存储器地址空间为 1MB。由于上电复位时代码段寄存器 CS 的初值为 FFFFH，指令指针寄存器 IP 的初值为 0000H。程序的第 1 条指令应从地址 FFFF0H 处开始执行。第 1 条指令为无条件转移指令，将指令指针 IP 转换到系统 BIOS 开始处。存放系统 BIOS 的存储器为 ROM，其分配的存储器地址应在高地址端。地址分配范围为 FE000H～FFFFFH，有 8KB 的存储量；存放中断服务程序入口地址的 RAM 地址分配范围为 00000H～003FFH，有 1KB 的存储量，必须在最低端的存储器地址区。

用户程序使用的 RAM 地址分配范围为 40000H～9FFFFH，约有 640KB 的存储量；显示缓存的 RAM 地址分配范围为 A0000H～BFFFFH，有 128KB 的存储量。

从图 5-15 中可知，主存储器的总容量小于 CPU 可最大的寻址空间。系统的主存储器容量已使用较多，仅可少量的扩展。

5.5.3 存储器芯片与CPU的连接

在计算机系统中,CPU对主存储器进行读/写操作是由执行访问主存储器的一条指令来实现的。存储器芯片与CPU的连接应注意下面几点。

1. 地址线、数据线、控制线的连接

存储器芯片与CPU的连接就是地址线、数据线、控制线(三总线)的连接。当CPU执行一条访问主存储器的指令时,首先CPU经地址总线向存储器发出要访问存储器单元的地址信息,确定某地址单元有效。接着,根据CPU是对地址单元进行读操作还是写操作的指令功能,CPU经控制总线向存储器发出控制信息。最后,CPU与存储器某地址单元间经数据总线交换数据信息。

2. 总线的负载能力

由于主存储器系统由多片ROM和RAM芯片组成。每片芯片均接在总线上,若芯片数量较多,必然会增大总线的负担,所以要求总线应具有较大的负载能力。硬件系统中一般应在CPU与总线间接入总线驱动器,来提高总线的负载能力。常用的总线驱动器有单向8位缓冲器74LS244、双向8位缓冲器74LS245、8位锁存器74LS373等。

3. 存储器芯片与CPU的速度匹配

CPU的取指令周期和存储器的读写周期都有固定的时序。CPU根据固定时序所需时间对存储器 芯片提出速度要求。若存储器芯片的速度不能满足CPU的读写时间要求,则将在时序的T_3和T_4间插入多个等待状态T_W。存储器芯片的速度影响了CPU的运行效率。

从存储器芯片上的标记可以识别芯片的速度。例如,2732A-30的存取速度为300ns,2732A-25的存取速度为250ns,2732A-20的存取速度为200ns。

5.5.4 存储器芯片的地址译码及应用

存储器芯片与CPU通过地址总线连接时,需要主存储器系统对每个存储器芯片的地址范围进行分配,实现在某一时刻仅能唯一地选中某一片存储器芯片及唯一地选中该芯片中的某一存储单元。我们称选中存储器芯片为"片选",称选中存储器芯片片内存储单元为"字选"。字选由存储器芯片内部的译码电路来完成,片选应根据主存储器系统对每个存储器芯片的地址范围的分配,由硬件设计人员来确定。CPU的地址线可分为两部分:片内地址线和片选地址线。片内地址线根据存储器芯片的存储单元数量确定。例如,静态RAM芯片6116有2048个存储单元,需要11条地址线($2^{11}=2048$)完成芯片内所有单元的寻址。若CPU的地址线为A_0~A_{15},共16条,则片内地址线为A_0~A_{10}。

片选地址线是除片内地址线外的其余地址线,如上面的A_{11}~A_{15}可用做片选地址线。

用片选地址线完成存储器芯片片选的设计方法有:线选法、部分译码法和全译码法。

1. 线选法及应用

用片选地址线中的某一条作为某一存储器芯片的片选控制。这种片选方法简单,不需要另外的硬件,但在多片存储器芯片构成的主存储器系统中,会造成芯片间的地址不连续。

【例5-1】 图5-16为CPU和1KBROM芯片(1024×8)、1KBRAM芯片(1024×8)组成的主存储器系统,试用线选法完成存储器芯片的片选控制,分析各存储器芯片的地址空间分配(注:该CPU的数据总线为8位,地址总线为16位,图中未画出控制总线)。

(1)片内地址线

1KB ROM和1KB RAM的片内地址线均为10条,即地址线A_0~A_9。

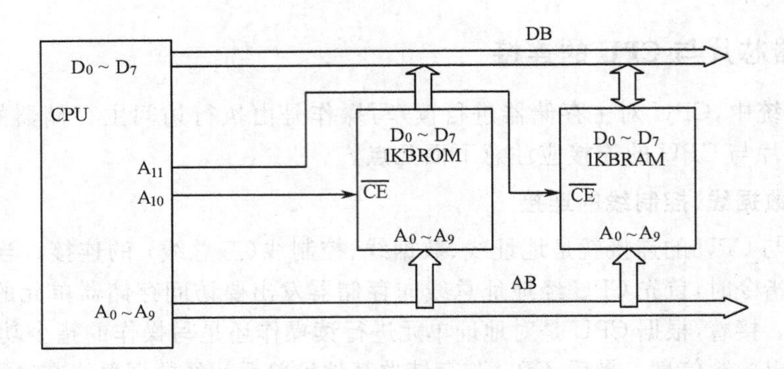

图 5-16　CPU 和 1KBROM、1KBRAM 的线选法控制

(2)片选地址线

在 6 条地址线 $A_{10} \sim A_{15}$ 可作片选线,用 A_{10} 控制 1KB ROM 的片选端$\overline{CE}$,低有效。用 A_{11} 控制 1 KBRAM 的片选端$\overline{CE}$,低有效。$A_{12} \sim A_{15}$ 未用。

(3)1KB ROM 的地址空间分配

1KB ROM 的地址空间分配如下：

A_{15}	A_{14}	A_{13}	A_{12}	A_{11}	A_{10}	A_9	A_8	A_7	A_6	A_5	A_4	A_3	A_2	A_1	A_0
×	×	×	×	1	0	0	0	0	0	0	0	0	0	0	0
×	×	×	×	1	0	1	1	1	1	1	1	1	1	1	1

地址空间分配＝××××100000000000B～××××101111111111B。

若 $A_{15} \sim A_{12}$ 为 0000B,则地址空间分配＝0800H～0BFFH。

(4)1KB RAM 的地址空间分配

1KB RAM 的地址空间分配如下：

A_{15}	A_{14}	A_{13}	A_{12}	A_{11}	A_{10}	A_9	A_8	A_7	A_6	A_5	A_4	A_3	A_2	A_1	A_0
×	×	×	×	0	1	0	0	0	0	0	0	0	0	0	0
×	×	×	×	0	1	1	1	1	1	1	1	1	1	1	1

地址空间分配＝××××010000000000B～××××011111111111B。

若 $A_{15} \sim A_{12}$ 为 0000B,则地址空间分配为 0400H～07FFH。

(5)分析

① 已用片选地址线分析。由于 CPU 在某一时刻仅能选中一片芯片,若选中 1KB ROM,则 $A_{11}=1$,$A_{10}=0$。若选中 1KB RAM,则 $A_{11}=0$、$A_{10}=1$。

② 存储单元的重叠地址数分析。由于片选地址线中有 $A_{12} \sim A_{15}$ 未用,当它们的值从 0000B～1111B 变化时,每个存储单元的重叠地址数为 16 个(2^4)。

③ 芯片间地址连续性分析。1KB ROM 的地址空间为 0800H～0BFFH,1KB RAM 的地址空间为 0400H～07FFH。芯片间地址不连续。

2. 部分译码法及应用

部分译码法是将片选地址线中的一部分作为译码器的输入,译码器的输出作为某一存储器芯片的片选控制。此方法可保证存储器芯片的地址连续,但一个存储单元会对应多个地址,即地址重叠。若有 n 条片选地址线未参加译码,则每个存储单元有 $2n$ 个重叠地址。

【例 5-2】 图 5-17 是一个用 CPU 和 1KB ROM(1024×8) 芯片、1KB RAM(1024×8) 芯片组成的主存储器系统,试用部分译码法完成存储器芯片的片选控制。分析各存储器芯片的地址空间分配(注:该 CPU 的数据总线为 8 位,地址总线为 16 位,图中未画出控制总线)。

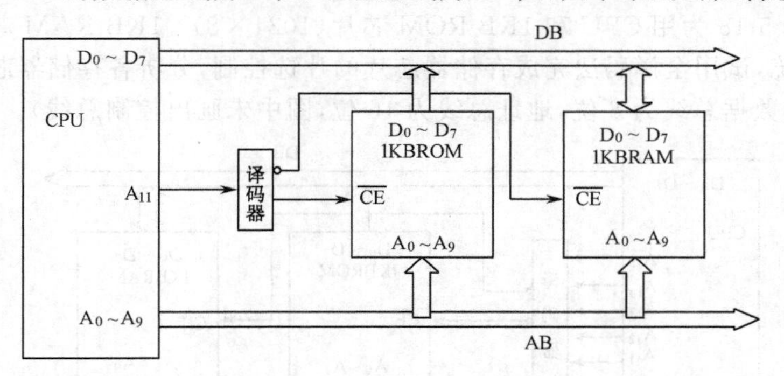

图 5-17 1KBROM 和 1KBRAM 的部分译码法控制

(1)片内地址线

1KB ROM 和 1KB RAM 的片内地址线均为 10 条,即地址线 $A_0 \sim A_9$。

(2)片选地址线

6 条片选地址线 $A_{10} \sim A_{15}$ 中,用 A_{11} 经译码器控制 1KB ROM 的片选端$\overline{CE}$和 1KB RAM 的片选端$\overline{CE}$。当 A_{11} 为低时,控制 1KB ROM 的$\overline{CE}$,低有效。当 A_{11} 为高时,控制 1KB RAM 的$\overline{CE}$,低有效。A_{10}、$A_{12} \sim A_{15}$ 未用。

(3)1KB ROM 的地址空间分配

该地址空间分配如下:

A_{15}	A_{14}	A_{13}	A_{12}	A_{11}	A_{10}	A_9	A_8	A_7	A_6	A_5	A_4	A_3	A_2	A_1	A_0
×	×	×	×	0	×	0	0	0	0	0	0	0	0	0	0
×	×	×	×	0	×	1	1	1	1	1	1	1	1	1	1

地址空间分配=××××0×0000000000B~××××0×1111111111B。

若 $A_{15} \sim A_{12}$,A_{10} 为 00000B,则地址空间分配为 0000H~03FFH。

(4)1KB RAM 的地址空间分配

该地址空间分配如下:

A_{15}	A_{14}	A_{13}	A_{12}	A_{11}	A_{10}	A_9	A_8	A_7	A_6	A_5	A_4	A_3	A_2	A_1	A_0
×	×	×	×	1	×	0	0	0	0	0	0	0	0	0	0
×	×	×	×	1	×	1	1	1	1	1	1	1	1	1	1

地址空间分配=××××1×0000000000B~××××1×1111111111B。

若 $A_{15} \sim A_{12}$,A_{10} 为 00000B,则地址空间分配为 0800H~0BFFH。

(5)分析

① 已用片选地址线分析。仅用片选地址线 A_{11} 经译码器完成对 1KB ROM 和 1KB RAM 的片选端$\overline{CE}$的控制。译码器的特点可保证 CPU 在某一时刻仅能选中一片芯片。

② 存储单元的重叠地址数分析。由于片选地址线中有 A_{10}、$A_{12} \sim A_{15}$ 未用,当它们的值从 00000B~11111B 变化时,每个存储单元的重叠地址数为 32 个(2^5)。

③ 芯片间地址连续性分析。1KB ROM 的地址空间为 0000H~03FFH,1KB RAM 的地址空间为 0800H~0BFFH。芯片间地址是不连续的。若用法选地址线 A_{10} 经译码器产生存储器芯片的片选编$\overline{CE}$的控制,则芯片间地址是连续的,请读者自行分析。

3. 全译码法及应用

全译码法是将所有片选地址线作为译码器的输入,译码器的输出作为某一存储器芯片的片选控制。这样可保证每个存储单元的地址是唯一的，便于主存储器的扩展。

【例 5-3】 图 5-18 为用 CPU 和 1KB ROM 芯片（1024×8）、1KB RAM 芯片（1024×8）组成的主存储器系统，试用全译码法完成存储器芯片的片选控制，分析各存储器芯片的地址空间分配（注：该 CPU 的数据总线为 8 位，地址总线为 16 位，图中未画出控制总线）。

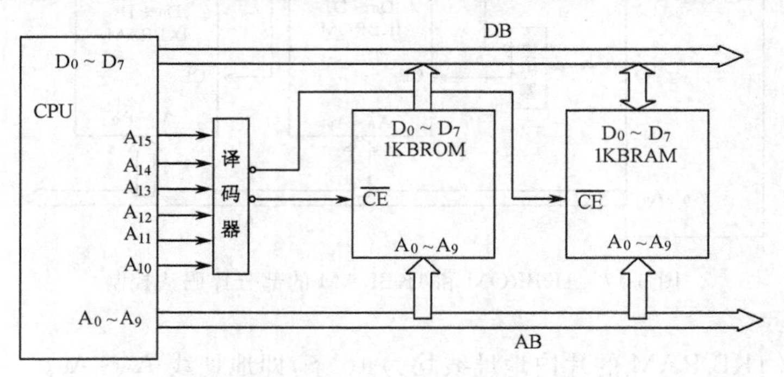

图 5-18 1KB ROM 和 1KB RAM 的全译码法控制

(1)片内地址线

1KB ROM 和 1KB RAM 的片内地址线均为 10 条，即地址线 $A_0\sim A_9$。

(2)片选地址线

6 条片选地址线 $A_{10}\sim A_{15}$ 全部经译码器控制 1KB ROM 的片选端 $\overline{CE}$ 和 1KB RAM 的片选端 $\overline{CE}$。当 $A_{15}\sim A_{10}$＝100000B 时，控制 1KB ROM 的 $\overline{CE}$，低有效。当 $A_{15}\sim A_{10}$＝100001B 时，控制 1KB RAM 的 $\overline{CE}$，低有效。

(3)1KB ROM 的地址空间分配

该地址空间分配如下：

A_{15}	A_{14}	A_{13}	A_{12}	A_{11}	A_{10}	A_9	A_8	A_7	A_6	A_5	A_4	A_3	A_2	A_1	A_0
1	0	0	0	0	0	0	0	0	0	0	0	0	0	0	0
1	0	0	0	0	0	1	1	1	1	1	1	1	1	1	1

地址空间分配为 1000000000000000B～1000001111111111B＝8000H～83FFH。

(4)1KB RAM 的地址空间分配

该地址空间分配如下：

A_{15}	A_{14}	A_{13}	A_{12}	A_{11}	A_{10}	A_9	A_8	A_7	A_6	A_5	A_4	A_3	A_2	A_1	A_0
1	0	0	0	0	1	0	0	0	0	0	0	0	0	0	0
1	0	0	0	0	1	1	1	1	1	1	1	1	1	1	1

地址空间分配为 1000010000000000B～1000011111111111B＝8400H～87FFH。

(5)分析

① 已用片选地址线分析。用全部片选地址线 $A_{10}\sim A_{15}$，经译码器完成对 1KB ROM 和 1KB RAM 的片选端 $\overline{CE}$ 的控制。译码器的特点可保证 CPU 在某一时刻仅选中一片芯片。

② 存储单元的重叠地址数分析。由于片选地址线 $A_{10}\sim A_{15}$ 已全部使用，每个存储单元的地址是唯一的，无重叠地址。

③ 芯片间地址连续性分析。1KB ROM 的地址空间为 8000H～83FFH，1KB RAM 的地址空间为 8400H～87FFH。芯片间地址是连续的。6 条片选地址线经译码可产生 64 个译码输出，可控制 64 片 1KB 的存储器芯片，完成 64KB 的主存储器系统的组织。因此，全译码法可扩展主存储器系统。

4. 3-8 译码器芯片 74LS138 在存储器芯片组织中的应用

在主存储器系统设计中，通常使用专用译码器芯片来完成对存储器芯片的组织，确定各存储器芯片的地址空间。一般常用的译码器芯片有 74LS139(2-4 译码器)、74LS138(3-8 译码器)、74LS154(4-16 译码器)。下面介绍 3-8 译码器芯片 74LS138 的参数及其在主存储器系统中的应用。

(1)74LS138 译码器的引线及逻辑符号

74LS138 的引脚及逻辑符号如图 5-19 所示，有 16 条引线，其中：

- 3 条译码输入引线 A、B、C，用于片选地址线的输入。
- 3 条芯片允许引线 G1、$\overline{G2A}$、$\overline{G2B}$，当 G1＝H，$\overline{G2A}$＝L，$\overline{G2B}$＝L 时，74LS138 工作有效。
- 8 条译码输出引线 $\overline{Y_0}$～$\overline{Y_7}$，当 74LS138 工作有效时，在输入引线 A、B、C 的控制下，$\overline{Y_0}$～$\overline{Y_7}$ 中仅有 1 条引线输出为低电平，其余引线输出为高电平。

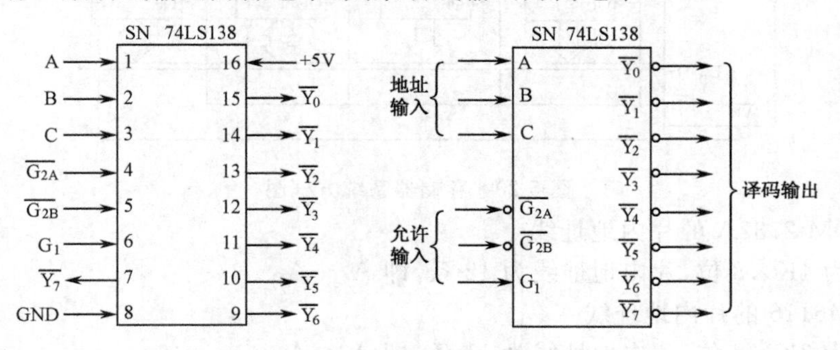

图 5-19　74LS138 的引脚及逻辑符号图

(2)74LS138 译码器的真值表

74LS138 译码器的真值如表 5-4 所示，表中上半部分为允许输入有效时，译码输入/输出真值表。从表中可知，不同的译码输入值，对应的译码输出中仅有 1 位为低电平输出，其余均为高电平输出。下半部分为允许输入无效时，无论译码输入怎样变化，译码输出 $\overline{Y_0}$～$\overline{Y_7}$ 均为高电平输出。

表 5-4　74LS138 译码器真值表

地址输入			允许输入			输出							
C	B	A	$\overline{G_{2A}}$	$\overline{G_{2B}}$	G_1	$\overline{Y_0}$	$\overline{Y_1}$	$\overline{Y_2}$	$\overline{Y_3}$	$\overline{Y_4}$	$\overline{Y_5}$	$\overline{Y_6}$	$\overline{Y_7}$
L	L	L	L	L	H	L	H	H	H	H	H	H	H
L	L	H	L	L	H	H	L	H	H	H	H	H	H
L	H	L	L	L	H	H	H	L	H	H	H	H	H
L	H	H	L	L	H	H	H	H	L	H	H	H	H
H	L	L	L	L	H	H	H	H	H	L	H	H	H
H	L	H	L	L	H	H	H	H	H	H	L	H	H
H	H	L	L	L	H	H	H	H	H	H	H	L	H
H	H	H	L	L	H	H	H	H	H	H	H	H	L
×	×	×	L	L	L	H	H	H	H	H	H	H	H
×	×	×	H	L	L	H	H	H	H	H	H	H	H
×	×	×	L	H	L	H	H	H	H	H	H	H	H
×	×	×	H	H	L	H	H	H	H	H	H	H	H
×	×	×	H	L	H	H	H	H	H	H	H	H	H
×	×	×	L	H	H	H	H	H	H	H	H	H	H
×	×	×	H	H	H	H	H	H	H	H	H	H	H

(3)74LS138 译码器的应用举例

【例 5-4】　用全译码法设计一个 12KB 的主存储器系统。其低 8KB 为 EPROM，选用两片 4K×8 位的 2732A 芯片。高 4KB 为 SRAM，选用两片 2K×8 位的 6116 芯片。主存储器系统的地址范围为 0000H～2FFFH。

解：由 CPU、EPROM 2732A、SRAM 6116、74LS138 译码器和门电路构成的主存储器系统方框图如图 5-20 所示。

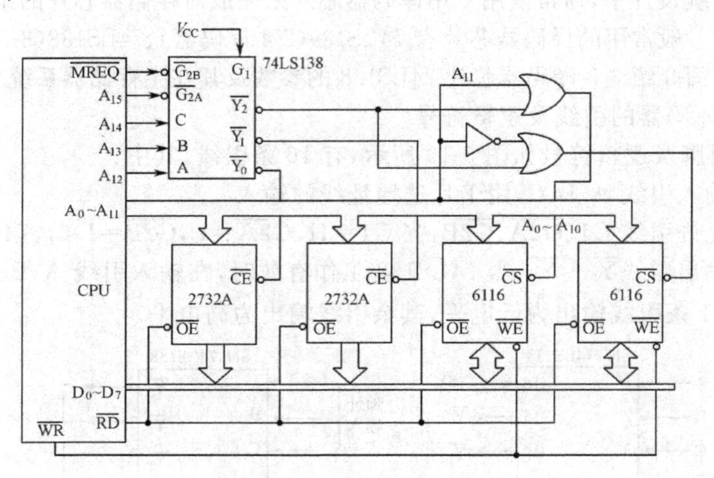

图 5-20　存储器系统方框图

(1) EPROM 2732A 的片内地址线

存储容量为 4K×8 位，片内地址线为 12 条，即 A_0～A_{11}。

(2) SRAM6116 的片内地址线

存储容量为 2K×8 位，片内地址线为 11 条，即 A_0～A_{10}。

(3) 74LS138 译码器输出对存储器芯片的片选端控制

为保证主存储器系统的地址范围为 0000H～2FFFH。第 1 片 2732A 的片选端$\overline{CE}$由$\overline{Y_0}$控制，第 2 片 2732A 的片选端$\overline{CE}$由$\overline{Y_1}$控制，两片 6116 的片选端$\overline{CS}$由$\overline{Y_2}$经门电路后分别控制。译码输入端 A，B，C 接片选地址线 A_{12}，A_{13}，A_{14}。片选地址线 A_{15} 用于控制 74LS138 的允许端$\overline{G_{2A}}$，低有效。允许端$\overline{G_{2B}}$由 CPU 的存储器及 I/O 选择线$\overline{MREQ}$控制，低有效。允许端 G_1 直接接高电平。

(4) 第 1 片 2732A 的地址空间分配(见下表)

A_{15}	A_{14}	A_{13}	A_{12}	A_{11}	A_{10}	A_9	A_8	A_7	A_6	A_5	A_4	A_3	A_2	A_1	A_0
0	0	0	0	0	0	0	0	0	0	0	0	0	0	0	0
0	0	0	0	1	1	1	1	1	1	1	1	1	1	1	1

当 A_{15}=0，$A_{14}A_{13}A_{12}$=000 时，$\overline{Y_0}$=L，第 1 片 2732A 片选$\overline{CE}$有效。

地址范围为 0000000000000000B～0000111111111111B=0000H～0FFFH。

(5) 第 2 片 2732A 的地址空间分配(见下表)

A_{15}	A_{14}	A_{13}	A_{12}	A_{11}	A_{10}	A_9	A_8	A_7	A_6	A_5	A_4	A_3	A_2	A_1	A_0
0	0	0	1	0	0	0	0	0	0	0	0	0	0	0	0
0	0	0	1	1	1	1	1	1	1	1	1	1	1	1	1

当 A_{15}=0，$A_{14}A_{13}A_{12}$=001 时，$\overline{Y_1}$=L，第 2 片 2732A 片选$\overline{CE}$有效。

地址范围为 0001000000000000B～0001111111111111B=1000H～1FFFH。

(6) 第 1 片 6116 的地址空间分配(见下表)

A_{15}	A_{14}	A_{13}	A_{12}	A_{11}	A_{10}	A_9	A_8	A_7	A_6	A_5	A_4	A_3	A_2	A_1	A_0
0	0	1	0	0	0	0	0	0	0	0	0	0	0	0	0
0	0	1	0	0	1	1	1	1	1	1	1	1	1	1	1

当 $A_{15}=0, A_{14}A_{13}A_{12}=010$ 时，$\overline{Y_2}=L$，且 $A_{11}=0$ 时，第 1 片 6116 片选 $\overline{CS}$ 有效。

地址范围为 0010000000000000B～0010011111111111B＝2000H～27FFH。

(7) 第 2 片 6116 的地址空间分配(见下表)

A_{15}	A_{14}	A_{13}	A_{12}	A_{11}	A_{10}	A_9	A_8	A_7	A_6	A_5	A_4	A_3	A_2	A_1	A_0
0	0	1	0	1	0	0	0	0	0	0	0	0	0	0	0
0	0	1	0	1	1	1	1	1	1	1	1	1	1	1	1

当 $A_{15}=0, A_{14}A_{13}A_{12}=010$ 时，$\overline{Y_2}=L$，且 $A_{11}=1$ 时，第 2 片 6116 片选 $\overline{CS}$ 有效。

地址范围为 0010100000000000B～0010111111111111B＝2800H～2FFFH。

5. 小结

综上所述，存储器芯片与 CPU 的连接需从 DB、AB、CB 三总线方面进行考虑。

(1)数据总线的连接

根据 CPU 数据总线宽度和存储器芯片位线数考虑。若芯片位线数等于 CPU 数据总线宽度时，数据线应一一对应地连接。若位线数小于 CPU 数据总线宽度，应根据情况完成 CPU 数据总线与多片存储器芯片的数据线相连接。例如，某存储器芯片的存储单元中数据位为 4 位，而 CPU 的数据总线宽度为 8 位，连接时应使用两片存储器芯片并联，将 CPU 的低 4 位和高 4 位数据线分别与两片存储器芯片的数据线相连。

(2)地址总线的连接

CPU 的地址总线宽度确定内存储器系统的最大寻址范围。设计中的内存储器系统一般小于这个寻址范围。内存储器系统由多片存储器芯片组成，CPU 在某一时刻仅能访问其中一片的存储单位。当存储器芯片型号选定后，它的地址线数量就确定了。应将 CPU 地址总线中的低位地址线与存储器芯片的地址线相连，余下的 CPU 高位地线完成存储器芯片片选的选择。一般用于存储器芯片片选的方法有 3 种：线选法、部分译码法和全译码法。可根据不同应用系统的需要进行选择。

(3)控制总线的连接

应根据 CPU 和存储器芯片对控制线的要求来确定存储器芯片与控制总线的连接。一般有存储器或 I/O 选择的请求控制信号及存储器数据读、写控制信号。CPU 执行访问存储器的指令时，将经 CPU 的控制线向存储器芯片的相应控制端传送正确时序并完成读、写操作。

5.6 现代微机系统的内存结构

随着微机技术的发展，对微机存储系统整体性能的要求越来越高。要求存储系统容量要大，速度要快，成本要低。一般情况下这三者是互相矛盾的，如：半导体存储器存取速度快，但存储容量不大且价格高；而外存储器存储容量大，价格低，但存取速度慢。三项指标彼此制约，很难在同一个存储器中同时满足。另外，为了解决高速 CPU 与相对慢速的存储访问之间的矛盾，在现代微机系统中常采用几种不同类型的存储器，构成分级存储结构，利用各级存储器的特点采用相应的存储管理技术来提高微机系统的整体性能。

5.6.1 分级存储结构

现在主流的微机系统存储器都采用分级存储结构，如图 5-21 所示。可以看出，在分级存储结构中自上而下，存储容量越来越大，存取速度越来越慢，单位价格越来越低。

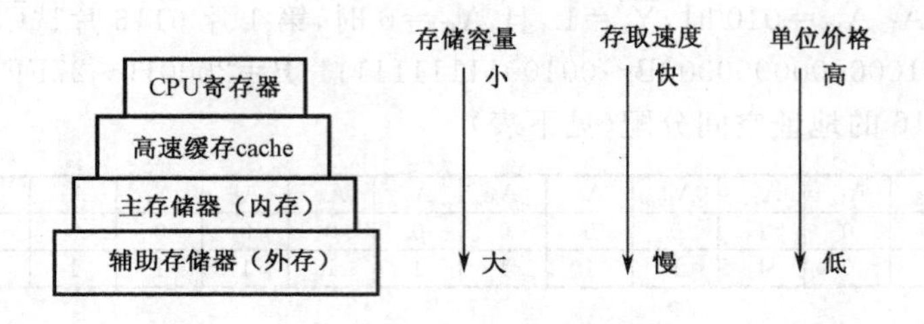

图 5-21　存储器分级存储结构

寄存器是位于 CPU 内部的存储单元，因此存取速度快。CPU 内设置寄存器的目的是为了尽可能减少访问存储器，以提高数据的存取速度。

高速缓存是高速度小容量的存储器，可以实现高速数据交换，由静态存储器 SRAM 构成，用于存储 CPU 比较频繁访问的指令和数据。

主存储器是由半导体存储器构成，用于存储微机当前需要运行的程序和数据。主存储器的存储容量比 cache 大，存取速度比 cache 慢。

辅助存储器是由光、磁材料构成，用于存储需要长时间保存的大量信息。辅助存储器存储容量最大。

微机采用分级存储结构的目的是为了提高存储系统的性价比，使存储系统的性能接近高速存储器，而价格和容量接近低速存储器。在分级存储结构中的 cache-主存和主存-辅存都是利用了程序运行时的局部性原理把最近常用的信息块从相对慢速而容量大的存储器调入相对高速而容量小的存储器。

5.6.2　高速缓存 cache

现代微机系统中，需要 CPU 运行的程序和数据都存放在主存储器中，由于构成主存储器的半导体器件的存取速度跟不上 CPU 的执行速度，为了解决这个问题，在分级存储结构中采用高速缓冲存储器 cache。

1. Cache 工作原理

通过对大量运行的程序进行分析发现，程序在执行时呈现出局部性规律，即在一段时间内整个程序的执行仅限于程序中的某一部分。程序中的某条指令一旦执行，则不久之后该指令可能再次被执行；如果某数据被访问，则不久之后该数据可能再次被访问。相应地，执行所访问的存储空间也局限于某个内存区域。即一旦程序访问了某个存储单元，则不久之后，其附近的存储单元也将被访问。

由于程序访问的局限性，可使用高速度小容量的高速缓冲存储器 cache 存储 CPU 当前要访问的信息，这样 CPU 可以只访问 cache，而不必访问慢速的主存，从而可以提高微机系统的运行速度。

微机刚开始工作时，cache 中没有存储程序代码和数据，当 CPU 访问主存时，从主存读取的程序代码或数据在写入 CPU 寄存器中的同时还要复制到 cache 的某行中，并且要在该行的“标记”栏记录该内容在主存中的地址。以后，CPU 每次读取存储器时，先到 cache 中去查找，若需要读取的信息在 cache 中存在，则可快速从 cache 中读取。如果 CPU 要读取的信息不在 cache 中，就必须到主存中去读取。要访问的代码或数据若已存在 cache 中，称为 cache“命中”，若不在 cache 中，称为 cache“不命中”。通常，为提高 cache 命中率，将主存中的程序代码或数据写入 cache 时，同时把与其相邻的程序代码或数据一起写入 cache 中，即从主存到 cache 是以数据块为单位进行信息传送的。

2. 地址映射

对于具有 n 位地址总线的主存，可寻址的存储单元数是 2^n 个，每个存储单元都有一个唯一的 n 位地址。由于主存与 cache 间的信息传送是以数据块为单位，在 cache 中存放一个数据块的单元称为一个 cache 行。假定数据块的大小为 M，cache 有 A 行，主存可划分为 $2^n/M=B$ 个数据块。由于 cache 的行数 A 远小于主存的数据块数 B，所以一个 cache 行不可能与主存中的某固定位置的数据块一一对应。为此，需要对 cache 中的行附加标记，用于记录存放在该行的数据块在主存中的地址信息。

主存与 cache 间进行信息传送时，需要采用“地址映射”的方法确定主存中的数据块与 cache 行之间的对应关系。地址映射的方式有三种：直接映射、全相关映射和组合相关映射。这里只介绍最简单的映射方法—直接映射。

直接映射是将某个主存数据块固定地映射到某个 cache 行。假定 cache 有 $m=2^w$ 行，每行包含 $k=2s$ 字节，则 cache 的总容量是 $m*k=2^w+s$ 字节。若主存容量是 N，将主存按 cache 容量大小划分为若干页，则可分成 $N/(m*k)=2^t$ 页。由此，得到主存的地址构成：$n=t+w+s$。cache 直接映射示意图如图 5-22 所示。

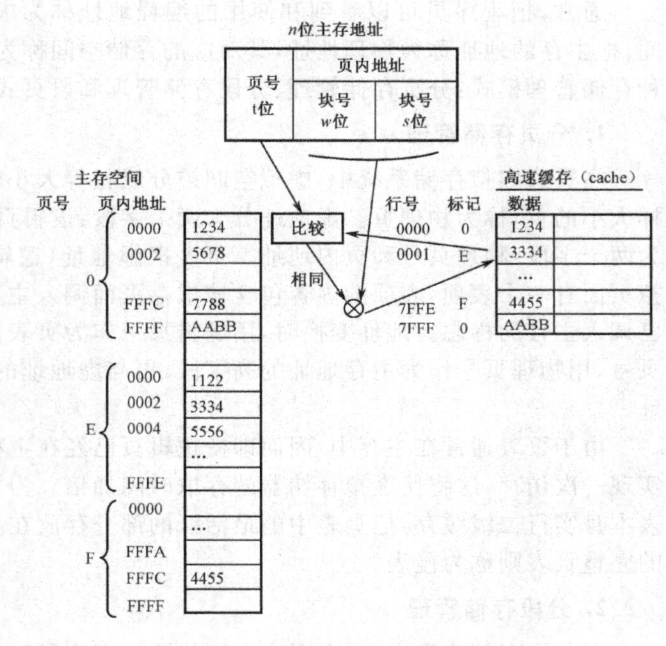

图 5-22　直接映射示意图

当 CPU 发送 n 位地址对存储器进行操作时，将其中的 w 位地址作为索引，查看对应的 cache 行的标记内容，然后将此标记内容与主存地址的高 t 位比较，如果两者相同，说明 cache 命中，可进一步用最低的 s 位区分各字节，可直接从 cache 中读取信息到 CPU 寄存器中。如果两者不相同，说明未命中，则直接用 n 位地址访问主存。

在微机系统中最初引入高速缓存时，只使用一个高速缓存。现在，高性能的微处理器普遍需要多个高速缓存。随着器件集成度的提高，在处理器芯片上可以集成两个高速缓存，分别存储指令和数据，这样能够减少处理器对外部总线的活动，加快执行时间，提高整个系统的性能，这种高速缓存称为内部 cache。另外，为了提高整个高速缓存系统的访问速度，进一步提高系统整体性能，在处理器与主存间还是要设一个高速缓存器，称为外部 cache。一般来说，外部 cache 比内部 cache 容量大很多。

5.6.3　虚拟存储器与段页结构

我们知道，主存的存储容量指标是衡量微机性能的重要指标，主存容量越大，微机处理信息的能力就越强。早期微机主存容量不大，为了满足用户对主存空间的需求，若单纯地扩大主存容量，成本高且利用率低，为此提出了虚拟存储器的概念，简单地说，就是利用辅助存储器来扩大主存储器的存储容量。通过软件、硬件结合，把主存和辅存统一成一个整体，解决大存储容量与高成本之间的矛盾。

从原理上看，尽管主存-辅存与 cache-主存是两个不同层次的存储体系，但它们有一个共同点：都是以存储器访问的局部性为基础，都是把程序划分成若干信息块，运行时都能将慢速的存储器向快速的存储器调度。这种调度采用的是地址映射方式和替换策略。主存-辅存和 cache-主存之间也不同：虽然两者都是以信息块为基本信息的传送单位，但 cache 存储器每块只有几十字节，而虚拟存储器每块却有几百 KB。CPU 访问 cache 的速度比访问主存快 5～10 倍，而虚拟存储器中主存的速度要比辅存快 100 倍以上。cache-主存间的调度全部由硬件实现，而虚拟存储器基本上由操作系统的存储器管理软件再辅助一些硬件（存储器管理部件 MMU）实现。这样，虚拟存储系统软件中程序运行时，MMU 会把辅存的程序分块调入内存，由 CPU 执行或调到 cache 中，用户感觉像是拥有一个容量很大的存储器空间，用户在编写程序时就不用考虑微机的实际内存容量了。这样的存储系统就称为虚拟存储器。

通常，把程序员可以看到和使用的编程地址称为虚拟地址，其对应的存储空间称为虚拟空间；把主存的地址称为物理地址，其对应的存储空间称为主存空间。对于虚拟存储器的管理有三种存储管理模式：分页存储管理、分段存储管理和段页式存储管理。

1. 分页存储管理

在页式虚拟存储系统中，虚拟空间被分成相等大小的页，称为逻辑页；主存空间也被分成同样大小的页，称为物理页。虚地址分为两个字段：逻辑页号和页内地址（偏移量）。实存地址也分为两个字段：物理页号和页内地址。页表把虚地址（逻辑地址）转换成物理地址。页表中每个虚拟页面有一个表项，表项的内容包含该虚存页面调入主存所在的物理页号和指示该虚拟页是否已调入主存的标志。地址变换时，用逻辑页号作为页表内的偏移地址索引页表找到对应的物理页号，用物理页号作为主存地址的高字段，再与虚地址的页内偏移量拼接，就构成完整的物理地址。

由于页表通常在主存中，因而即使逻辑页已经在主存中，也至少要访问两次物理存储器才能实现一次访存，这将使虚拟存储器的存取时间加倍。为了避免对主存访问次数的增多，可以对页表本身实行二级缓存，把页表中的最活跃的部分存放在高速存储器中，组成快表。保存在主存中的完整页表则称为慢表。

2. 分段存储管理

在分页存储管理中，一个页中有可能既有程序段又有数据段，一个子程序也可能跨在两个页面上，于是提出了分段存储管理。在分段存储管理系统中，以段为单位来分配主存。各段的长度不等，由实际段长决定。虚地址由段号和段内地址（偏移量）组成。虚地址到实主存地址的变换通过段表实现。每个程序设置一个段表，段表的每个表项对应一个段。每个表项至少包含下面三个字段：

① 有效位：指明该段是否已经调入主存。

② 段起址：指明在该段已经调入主存的情况下，该段在主存中的首地址。

③ 段长：记录该段的实际长度。设置段长字段的目的是为了保证访问某段的地址空间时，段内地址不会超出该段长度导致地址越界而破坏其他段。

段表可以存在辅存中，但一般是驻留在主存中。

3. 段页式存储管理

由于分段结构要求每段必须占据主存的连续区域，在装入一个段时有可能要移动已存在主存中的信息。为了解决这个问题，利用分页在存储管理中的长处及分段在逻辑上的优点，将两者结合形成段页式存储管理。系统将主存等分成多个相同大小的页。每个程序按逻辑结构分段，每段按主存页面大小分页，程序对主存的调入调出是按页面进行的，但可以按段实现共享和保护，兼备分页和分段管理的优点。在段页式虚拟存储系统中，每道程序是通过一个段表和一组页表来进行定位的。段表中的每个表项对应一个段，每个表项有一个指向该段的页表起始地址及该段的控制保护信息。由页表指明该段各页在主存中的位置以及是否已装入、已修改等状态信息。

习 题 5

5-1 简述 ROM 和 RAM 的区别。

5-2 简述 SRAM 和 DRAM 的区别。

5-3 简述 ROM，PROM，EPROM 和 EEPROM 的区别。

5-4 简述线选法、部分译码法和全译码法的区别。

5-5 简述译码器的作用。

5-6 简述 SRAM 芯片上$\overline{CE}$、$\overline{OE}$、$\overline{WE}$引脚的用途。

5-7 简述 DRAM 芯片上$\overline{CAS}$、$\overline{RAS}$引脚的用途。

5-8 若一些存储器芯片的地址线数量分别为 8、10、12、14。存储器芯片对应的存储单元个数为多少？

5-9 若用 2114 芯片（1024×4）组成 2KB RAM，需用多少片 2114？给定地址范围为 3000H～37FFH，地址线应如何连接？数据线如何连接？

5-10 CPU 中用 2 片 6116（2048×8）组成 4KB 的 RAM。用 CPU 的地址线 A_{13} 和 A_{14} 分别作为 2 片 6116 的片选控制（线选法），各片 6116 的地址范围为多少？（CPU 的地址总线宽度为 16。）

5-11 上题中仅用 A_{13} 经译码器完成 2 片 6116 的片选控制（部分译码法），各片 6116 的地址范围为多少？每个存储单元的重叠地址为多少个？

5-12 CPU 的存储器系统由一片 6264（8K×8 SRAM）和一片 2764（8K×8 EPROM）组成。6264 的地址范围为 8000H～9FFFH，2764 的地址范围为 0000H～1FFFH。画出用 74LS138 译码器的全译码法存储器系统电路（CPU 的地址总线宽度为 16）。

第6章　输入/输出和中断技术

输入/输出设备(统称为外部设备或外设)是微计算机系统的重要组成部分,但它们必须通过接口电路接入微计算机主机,才能完成输入/输出任务。本章就硬件接口电路和对接口电路进行控制的软件程序以及作为微机主板与外围设备进行高速、有效连接的系统总线等输入/输出技术进行详细介绍。

6.1　微机与外设之间的输入/输出接口

外设是一种种类繁多、信号类型复杂的设备。常用的输入设备有键盘、鼠标、纸带输入机、卡片输入机、A/D(模/数)转换器等,常用的输出设备有发光二极管LED、CRT终端、行式打印机、纸带穿孔机、D/A(数/模)转换器等。近年来,多媒体技术的应用与发展使声、像的输入/输出设备也成为微机的重要I/O设备。各种外设在其信号类型、数据格式、传输速率、传输方式等方面均有差异。例如,输入设备提供的信号可以是机械式、电子式、电动式、光电式或其他形式,可以是模拟量或数字量。数字量可以是二进制数、十进制数或ASCII码等,不同设备的输入速度相差也很大,如键盘以秒计,磁盘输入则以1Mb/s的速度传送。各种外设数据的传输方式也不相同,有串行和并行之分。因此,在微计算机主机与外设之间就必须设置一种电路,能使CPU和外设间的工作协调起来,达到信息交换的目的。这种电路是一种界面(Interface),被称为输入/输出接口电路。

6.1.1　接口电路中的信息

为了实现CPU与外设间的数据交换,在输入/输出接口电路中,通常传递的信息有以下3类。

1. 数据信息

数据信息是CPU与外设间交换的数据本身(通常为8位或16位),有以下3种形式。

① 数字量:常以8位或16位的二进制数或二进制的ASCII码形式传送,主要指由键盘、磁带机、磁盘、光盘等输入的信息,或主机送给打印机、显示器、绘图仪等外设的信息。

② 模拟量:模拟式的电压、电流及非电量。其中的非电量(如温度、湿度、压力、位移、流量、话音等现场模拟量)需经传感器转换成连续变化的电量。模拟式的电量经A/D转换器变成数字量才能送入微计算机。

③ 开关量:通常用于表示两种状态0或1,如表示光线的有/无(用于光码盘)、开关的通/断、电机的转/停、阀门的开/关等。

数据信息存放在数据寄存器中。

2. 状态信息

由于CPU与外设间传送数据的速度不一致,因此接口电路中设有一些状态信息来表示外设所处的状态,以便CPU了解当前能否进行数据交换。这就保证了外设与主机(CPU)在工作速度上相匹配。

输入设备常用Ready信号(高电平有效)表示准备就绪,若Ready信号为低,表示外设未把输入数据准备好,CPU就等待;输出设备常用$\overline{\text{BUSY}}$信号,高电平表示外设“忙”,不能接收CPU输出的数据,若$\overline{\text{BUSY}}$为低电平,则表示输出设备准备好接收输出的数据。

状态信息存放在状态寄存器中，其长度不定，可以是一个或多个二进制位。

3. 控制信息

控制信息是CPU发出的用来控制外设是否能进入数据交换工作状态的控制命令，如控制A/D转换器的启、停信号。

控制信息存放在控制寄存器中。

6.1.2 接口电路的组成

由于接口电路是CPU与外设间的一个界面，因此接口电路应能接收并执行CPU发来的控制命令，传递外设的状态及实现CPU和外设之间的数据传输等工作。接口电路的典型结构如图6-1所示。接口电路（图中虚线框部分）左侧与CPU相接，右侧与外设相接。接口电路中各部分的功能如下。

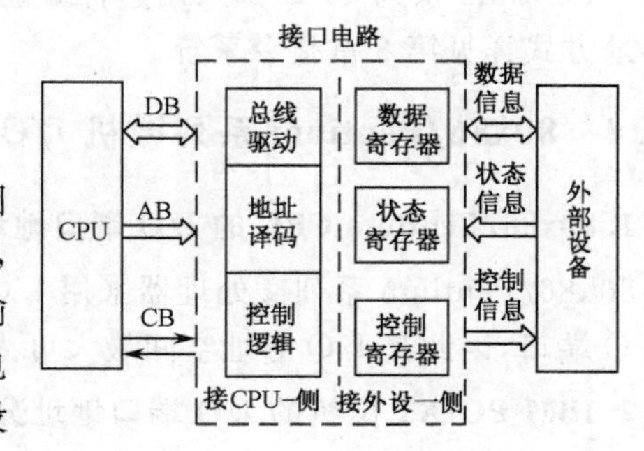

图6-1 接口电路的典型结构

1. 接向CPU部分的功能

① 总线驱动器：实现对CPU数据总线速度和驱动能力的匹配。

② 地址译码器：接收CPU地址总线信号，进行译码，实现对各寄存器（端口）的寻址。

③ 控制逻辑：接收CPU控制总线的读写等控制信号，以实现对各寄存器（端口）的读写操作和时序控制。

2. 接向外设部分的功能

① 数据寄存器（缓冲器）：包括数据输入寄存器和输出寄存器。前者用来暂时存放从外设送来的数据，以便CPU将它取走；后者用来存放CPU送往外设的数据，以便外设取走。

② 控制寄存器：其作用是接收并存放CPU发来的各种控制命令（或控制字）及其他信息。这些控制命令的作用包括设置接口的工作方式、工作速度、指定某些参数及功能等。控制寄存器一般只能写入。

③ 状态寄存器：保存外设的当前状态信息，如忙/闲状态、准备就绪状态等，以供CPU查询、判断。

以上3类寄存器均可由程序进行读或写，类似于存储器单元，所以又称其为可编程序的I/O端口，统称为端口（Port），通常由系统给它们各分配一个地址码，被称为端口地址。CPU访问外设就是通过寻址端口来实现的。

6.1.3 I/O端口的编址方式

微计算机给接口电路中的每个寄存器分配一个端口地址。因此，CPU在访问这些寄存器时，只需指明端口地址，而不需指明是哪个寄存器。这样，在输入/输出程序中只看到访问端口，而看不到寄存器。这也说明CPU的I/O操作就是对I/O端口的操作，而不是对I/O设备的直接操作。下面介绍I/O端口的两种编址方法。

1. 统一编址

统一编址方式又叫存储器映象方式，是从存储器空间划出一部分地址给I/O端口。I/O端口空间就是存储空间的一部分，把一个I/O端口看成一个存储单元。采用I/O和存储器统一编址的CPU，所有访问存储器单元的指令都可用来访问端口，而不需设置专门的输入/输出类指令。例如，Motorola公司的68系列、Apple系列微计算机就采用这种编址方式和访问方式。

2. I/O 端口单独编址

这种编址方式下，由于 I/O 端口和存储器单元各占一种空间，各自单独编址。因此，对于 I/O 端口，CPU 的指令系统中设置了专用的访问 I/O 端口的指令 IN 和 OUT。Intel 公司的 80x86/Pentium 系列 CPU 都采用这种编址方式和访问方式。关于输入/输出类指令 IN 和 OUT 及寻址方式详见第 3 章指令系统。

6.1.4 80x86/Pentium 系列微机 I/O 端口地址分配与地址译码

1. 80x86/Pentium CPU 的 I/O 端口地址范围

80x86/Pentium 系列微处理器采用 I/O 端口独立编址方式，使用地址总线中的低 16 位来寻址 I/O 端口，因此其 I/O 寻址空间最大可为 64KB 或 32KB。

2. IBM PC/XT 微机的 I/O 端口地址分配

(1) I/O 端口地址的选用原则

具体的 I/O 端口地址分配视不同的微机而不同，但必须遵循选用原则。

设计 I/O 接口电路，必然使用 I/O 端口地址。为了避免端口地址发生冲突，在选用 I/O 端口地址时应考虑以下原则：

① 凡是被系统配置所占用了的地址一律不能使用。

② 原则上，未被占用的地址用户可以选用，但对计算机厂家申明保留的地址不要使用，否则会发生 I/O 端口地址重叠和冲突，造成用户开发的产品与系统不兼容而失去普遍使用的价值。

(2) IBM PC/XT 的 I/O 端口地址分配

IBM PC/XT 及其兼容机使用低 10 位地址总线 A_0～A_9 寻址端口，因此其地址空间为 000H～3FFH，共 1024 个字节端口。这些端口地址的分配如下：

① 系统板上基本 I/O 设备的接口：占用前 512 个端口地址。

② I/O 通道扩展槽上常规外设接口：占用后 512 个端口地址。

③ 允许用户作为扩展功能模块用(插件板)：在后 512 个端口地址中的 300H～31FH 地址范围中选用。

表 6-1 列出了 IBM PC 微机系统 I/O 端口地址分配情况。表中“实用地址”栏中给出了相应接口被指令访问时的 I/O 端口地址。例如，DMA 控制器 8237A 编程时，需占用连续的 16 个端口地址，系统分配给它的地址是 000H～00FH。

但是，为了简化地址译码电路，IBM PC 微机主板采用了非全译码方式，即地址线 A_4 未参加译码，这样就出现了 010H～01FH 共 16 个映象地址。这 16 个映象地址也被 DMA 控制器占用，不能分配给其他接口使用。从表 6-1 可知，除已被占用的实际地址和映象地址外，系统保留了相当大的 I/O 地址空间供用户开发使用。

系统板接口芯片包括 DMA 控制器 8237A、中断控制器 8259A、定时器/计数器 8253A、并行接口 8255A-5、DMA 页面寄存器和 NMI 屏蔽寄存器等。这些接口芯片将在后面讲述。

表 6-1 中也给出了插在扩展槽中常规外设接口板分配的端口地址，如打印机接口、硬盘适配器接口、异步通信接口、同步 SDLC 通信接口等。给这类接口板分配的端口地址只是一种范围，还需经接口板上的译码器译码确定。

表 6-1　IBM PC 微机系统 I/O 端口地址分配

分类	实用地址(十六进制)	I/O 设备接口	映象地址($A_4=1$)
系统板	000～00F	DMA 控制器 8237A-5	010～01F
	020～021	中断控制器 8259A	022～03F
	040～043	定时器/计数器 8253A-5	044～05F
	060～063	并行外围接口 8255A-5	064～07F
	080～083	DMA 页面寄存器	084～09F
	0A×	NMI 屏蔽寄存器	0A1～0AF
	0C×～1FF	保留	
	0E0～0EF	保留	
I/O 通道(扩展槽)	200～20F	游戏接口	
	210～21F	扩展部件	
	220～24F	保留	
	270～27F	保留	
	2F0～2F7	保留	
	2F8～2FF	异步通信(COM2)	
	300～31F	试验板	
	320～32F	硬磁盘适配器	
	378～37F	并行打印机	
	380～38F	SDLC 同步通信	
	3A0～3AF	保留	
	3B0～3BF	单色显示/打印机适配器	
	3C0～3CF	保留	
	3D0～3DF	彩色/图形显示适配器	
	3E0～3EF	保留	
	3F0～3F7	软磁盘适配器	
	3F8～3FF	异步通信(COM1)	

(3) I/O 端口的地址译码

系统中每接入一个新的接口电路,首先要为它分配对应于内部可编程寄存器的 1 个或多个端口地址,这要由相应的地址译码电路来完成。端口地址译码电路和存储器地址译码电路相似,可以是单级的,也可以是多级的,可用组合逻辑电路实现,也可选用专用的译码器(如第 5 章述及的 74LS138)。地址译码电路常用高位地址信号译码产生接口芯片的片选信号$\overline{CS}$,而把低位地址信号直接接到接口芯片,作为端口地址选择用。

注意:8088 CPU 的 PC/XT 微机的控制信号 AEN,经反相后的$\overline{AEN}$作为译码电路的一个控制输入信号,这是任何 I/O 端口地址译码电路必须采用的,否则动态存储器的刷新操作会破坏有关 I/O 端口中的内容。

【例 6-1】 图 6-2 所示 IBM PC 微机系统板上,为多个接口芯片 DMA 控制器 8237A、中断控制器 8259A、定时器/计数器 8253A、并行接口 8255A-5、DMA 页面寄存器和 NMI 屏蔽寄存器等提供片选信号,以产生如表 6-1 所示的实用端口地址的译码电路。试写出该译码器各输出端为各接口芯片提供的实用端口的地址范围。

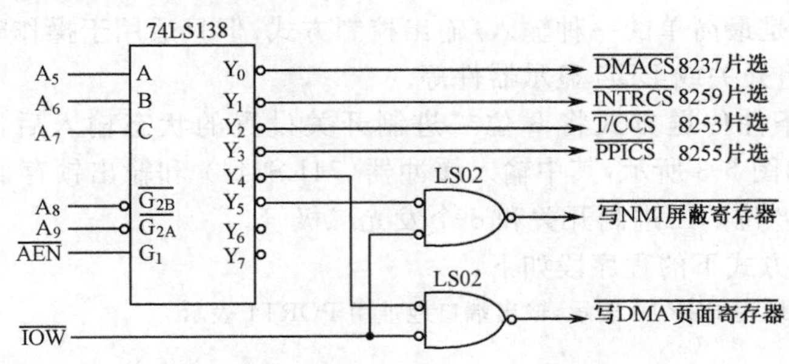

图 6-2　系统板上为各接口提供片选的译码电路

解:根据图 6-2 中 74LS138 译码器工作状态的需要,当控制信号 $G_1=1$,$\overline{G}_{2A}=0$,$\overline{G}_{2B}=0$ 时,被启动进行译码。当这些控制信号及输入端 C、B、A 分别接入如表 6-2 所示的地址信号时,其输出端 $\overline{Y}_0\sim\overline{Y}_7$ 所提供的实用地址范围见表 6-2。

表 6-2　74LS138 各输出端提供的实用地址范围

输入						输出（提供的片选信号）（十六进制）
G_1 / $\overline{AEN}$	$\overline{G}_{2A}$ / A_9	$\overline{G}_{2B}$ / A_8	C / A_7	B / A_6	A / A_5	
1	0	0	0	0	0	$\overline{Y}_0$=000H～01FH
			0	0	1	$\overline{Y}_1$=020H～03FH
			0	1	0	$\overline{Y}_2$=040H～05FH
			0	1	1	$\overline{Y}_3$=060H～07FH
			1	0	0	$\overline{Y}_4$=080H～09FH
			1	0	1	$\overline{Y}_5$=0A0H～0BFH
			1	1	0	$\overline{Y}_6$=0C0H～0DFH
			1	1	1	$\overline{Y}_7$=0E0H～0FFH

还需说明:地址总线的低 5 位 $A_4\sim A_0$ 应根据各接口芯片的需要,选择其中的 1～5 条接入,则得到表 6-1 所示的实用(端口)地址。

3. 80x86/Pentium 微机的 I/O 端口地址分配

对 CPU 为 80386 以上的高档微机,其系统板上已由集成芯片组(Chipset,详见第 2 章的表 2-1) 代替了 IBM PC 微机系统板上的这些专门功能的接口芯片的功能,且端口地址分配向下兼容。这里不再赘述。

6.2 输入/输出的控制方式

CPU 与外设之间数据交换的控制方式可归纳为 3 种:程序控制方式、中断控制方式和直接存储器存取(DMA)方式。

6.2.1 程序控制方式

程序控制方式就是依靠程序的控制来实现 CPU 和外设间的数据交换。程序控制方式又可分为无条件传送方式和程序查询方式。

1. 无条件传送方式

无条件传送方式又称为同步传送方式。其特点是靠程序控制 CPU 与外设之间实现同步而进行数据交换。其做法是在程序的恰当位置直接插入 I/O 指令,当程序执行到这些指令时,外设已做好进行数据交换的准备,并保证在当前指令执行时间内完成接收或发送数据的全过程。

无条件传送方式是最简单的一种输入/输出控制方式,但只适用于操作时间为已知且数据变化缓慢的外设,如一组开关或 LED 显示器件等。

【例 6-2】 用无条件传送方式将 8 位二进制开关设置的状态输入后,由 8 个发光二极管 LED 显示。其电路如图 6-3 所示,其中输入缓冲器(74LS244) 和输出锁存器(74LS373) 均为三态、8 位,它们分别接 8 位的二进制开关和 8 个发光二极管。

无条件传送工作方式下的程序段如下:

```
;设输入端口地址用 PORT0 表示,输出端口地址用 PORT1 表示
⋮
CALL   DELAY              ;等待输入同步
IN   AL,PORT0             ;从端口 0 输入 8 位开关的状态
```

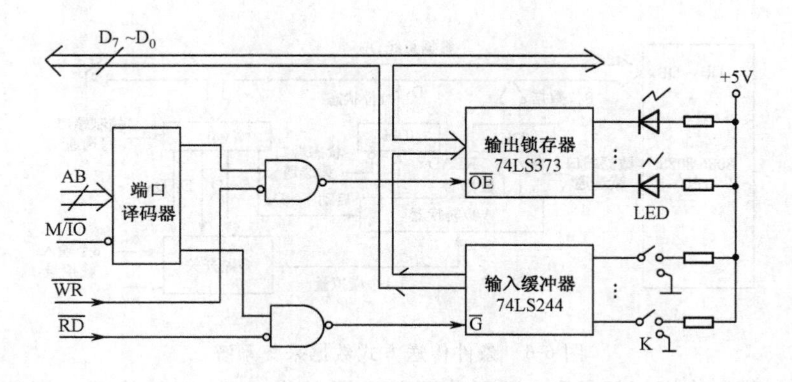

图 6-3　8 位二进制开关控制 LED 显示的接口电路

```
    ⋮
    CALL   DELAY1           ;等待输出同步
    OUT    PORT1,AL         ;从端口 1 输出,控制 LED 显示其状态
    ⋮
```

程序中的 DELAY 和 DELAY1 是用来实现同步的两个延时子程序。

2. 条件传送(即查询传送)方式

用无条件传送方式的硬件接口电路虽然最简单,但当外设的操作时间未知或与 CPU 不一致时,很难保证程序执行时 CPU 与外设交换数据的同步,而条件传送方式有效地解决了这一问题。条件传送方式的特点是,在执行 I/O 操作之前,首先用程序对外设的状态进行检测,只有当检测到所选择的外设已做好输入/输出准备而发来状态信息后,才能开始执行 I/O 操作。因此,硬件接口电路中需增设一个存储外设状态的状态寄存器。条件传送方式的输入接口电路如图 6-4 所示。

用条件传送方式进行数据交换的工作流程如图 6-5 所示。对输入设备,有效的状态信息为 READY(准备就绪);对输出外设,有效的状态信息为BUSY(不忙),均用 1 位二进制数表示。

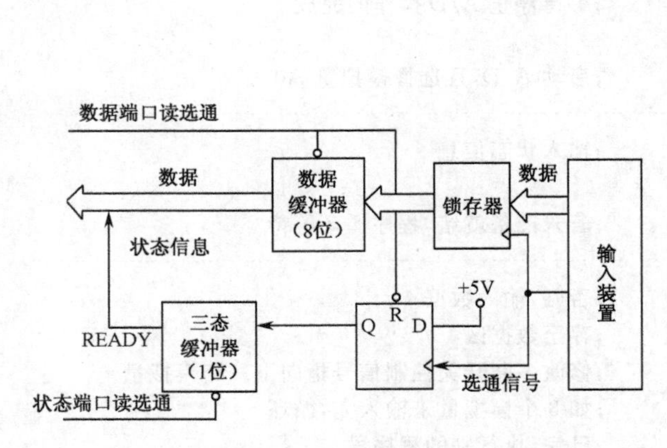

图 6-4　条件传送方式的输入接口电路

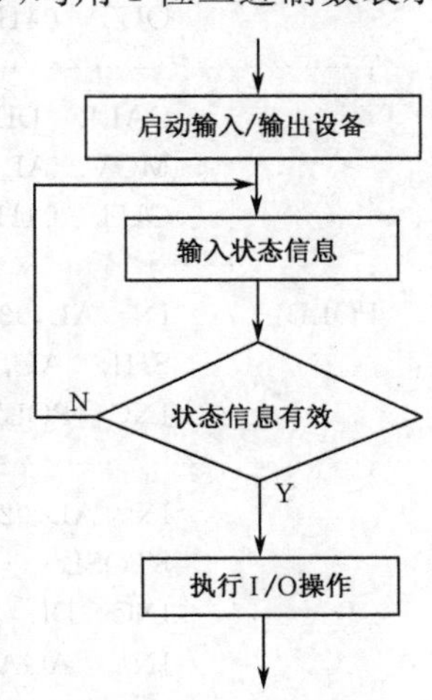

图 6-5　条件传递方式工作流程图

下面分别用实例说明条件传递方式输入、输出及多个外设的条件传送。

【例 6-3】 试用条件传送方式对 A/D 转换器的数据进行采集。其接口电路如图 6-6 所示。

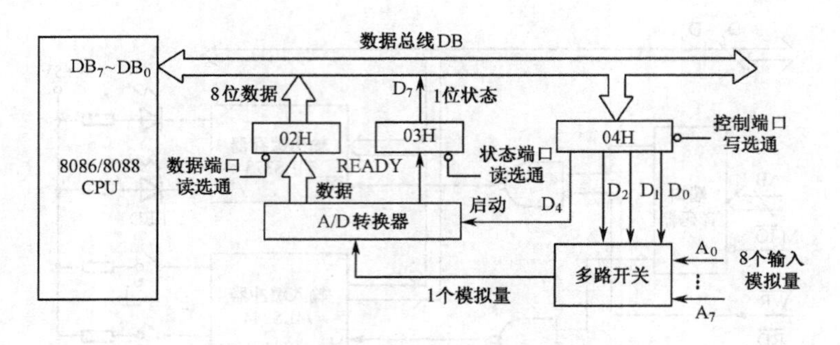

图 6-6 条件传送方式数据采集系统

解:图 6-6 中有 8 路模拟量输入,经多路开关选通后送入 A/D 转换器。多路开关受控制端口(04H)输出的 3 位二进制数 $D_2D_1D_0$ 的控制。$D_2D_1D_0$ 的 8 个二进制数分别对应选通 A_0～A_7 路中模拟量输入(每次只能选通一路),并送至 A/D 转换器。A/D 转换器同时受 04H 端口的控制位 D_4 的控制(启动或停止转换)。当 A/D 转换器完成转换时,一方面,由 READY 端向状态端口(03H)的 D_7 位送有效状态信息;另一方面,将数据信息送数据端口(02H)暂存。当 CPU 按如图 6-5 所示流程执行程序时,便将数据端口的数据采集送入 CPU,并存入微计算机的内存储器中。本数据采集接口电路需用 3 个端口,其端口分配如图 6-7 所示。

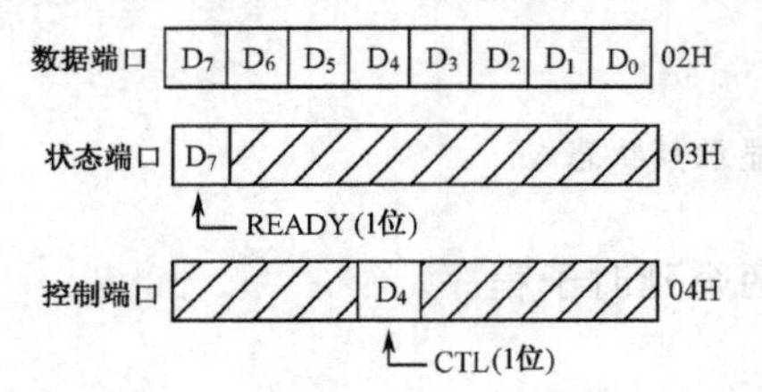

图 6-7 条件传送方式输入接口的端口分配

实现条件传递方式数据采集的程序段如下:

```
START:  MOV  DL,0F8H              ;设置启动 A/D 转换的信号
        MOV  DI,OFFSET DSTOR      ;输入数据缓冲区的地址偏移量→DI
;...........................................................
AGAIN:  MOV  AL,DL
        AND  AL,0EFH              ;使 D4=0
        OUT  04H,AL               ;停止 A/D 转换
;...........................................................
        CALL  DELAY               ;等待停止 A/D 操作的完成
        MOV  AL,DL
        OUT  04H,AL               ;启动 A/D,且选择模拟量 A0
;...........................................................
POLL:   IN   AL,03H               ;输入状态信息
        SHL  AL,1
        JNC  POLL                 ;若未准备就绪,程序循环等待
;...........................................................
        IN   AL,02H               ;否则,输入数据
        STOSB                     ;存至数据区
        INC  DL                   ;修改多路开关控制信号指向下一路模拟量
        JNE  AGAIN                ;如 8 个模拟量未输入完,循环
        ⋮                         ;已完,执行别的程序段
;...........................................................
DSTOR   DB  8 DUP(?)              ;数据区
```

【例 6-4】 试用查询方式将 CPU 的 AL 寄存器中的字符输出到并行打印机打印。

解:接口电路如图 6-8(a)所示,包含 3 个端口,其地址及位分配如图 6-8(b)所示。

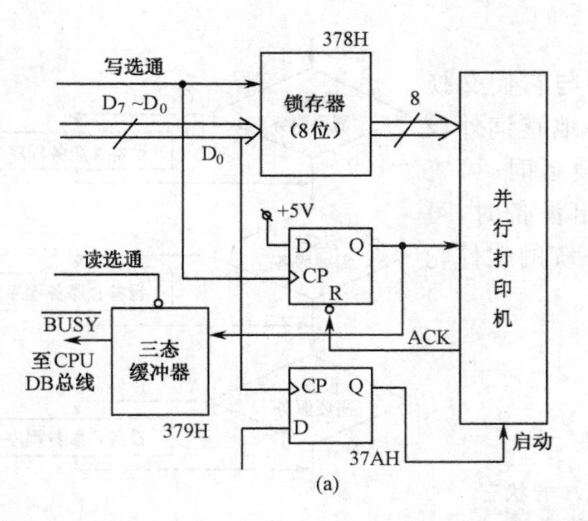

(a)

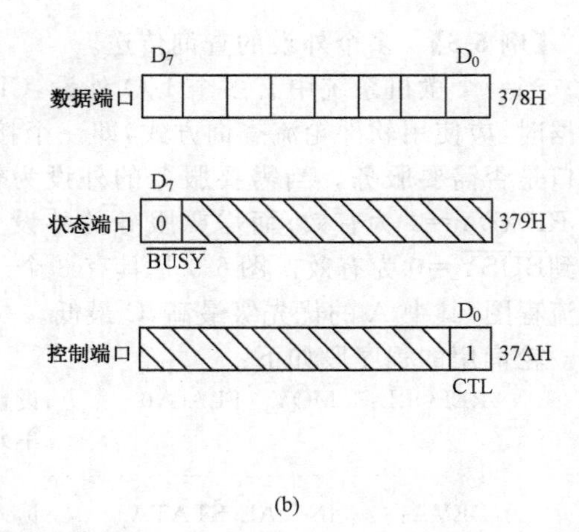

(b)

图 6-8　查询输出接口电路及端口分配图

图 6-8 中，CPU 向并行打印机输出打印的字符后，并行打印机发回一个 ACK(Acknowledge)信号，使 D 触发器复 0，$\overline{BUSY}$线变为 0。当 CPU 输入此状态信息后，知道外设"空闲"，于是执行输出指令 OUT。输出指令执行后，一方面，发出"写选通"信号，将输出数据锁存到 8 位锁存器中；另一方面，由"写选通"信号将 D 触发器置 1，由它通知外设输出数据已经准备好，可以执行输出操作，并且在数据由打印机输出之前一直保持为"1"，使$\overline{BUSY}$为"1"(无效，"忙")，以告知 CPU(通过读状态端口)外设"忙"，阻止 CPU 输出新的数据。

查询输出 AL 寄存器中字符的程序段如下：

```
PRINT     PROC  NEAR
          PUSH  AX
          PUSH  DX                   ;保护所用寄存器的内容
;..........................................................
;输出数据
          MOV   DX,378H              ;从数据端口 378H 输出要打印的字符
          OUT   DX,AL
;..........................................................
;查询打印机状态
          MOV   DX,379H              ;从状态端口 379H 读打印机状态
WAT:      IN    AL,DX
          TEST  AL,80H               ;检查"忙"位
          JNZ   WAT                  ;"忙",等待
;..........................................................
;选通打印机打印
          MOV   DX,37AH              ;从控制端口 37AH 输出控制信号 D0=1
          MOV   AL,01H
          OUT   DX,AL                ;启动打印机
;..........................................................
          MOV   AL,00H               ;使控制位 D0=0
          OUT   DX,AL                ;关打印机选通
;..........................................................
          POP   DX                   ;恢复寄存器内容
          POP   AX
          RET
PRINT     ENDP
```

【例 6-5】 多个外设的查询传送。

当一个微机系统中有多个I/O外设，CPU要与它们交换数据时，应使用软件轮流查询方式，即一个接一个地查询外设端口是否需要服务。当需要服务的外设为输入设备时，可查到READY＝1为有效；而需要服务的外设为输出设备时，可查到$\overline{\text{BUSY}}$＝0为有效。图6-9是具有3个外设系统的软件轮询流程图，其中A的优先级最高，C最低。

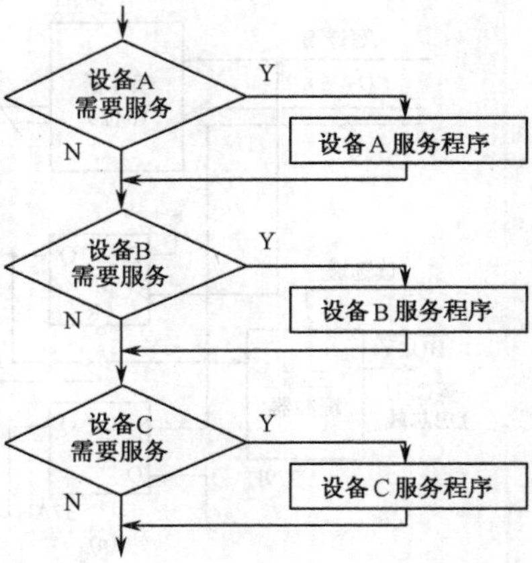

图 6-9　具有3个外设时CPU轮询流程图

轮询用的程序段如下：

```
REPOLL:  MOV   FLAG,0       ;设置标志
                            单元初值
;-------------------------------------------------
DEVA:    IN   AL,STATA      ;读入设备A的状态
         TEST   AL,20H      ;是否准备就绪
         JZ  DEVB           ;否，转DEVB
         CALL   PROCA       ;已准备就绪，调用PROCA(设备A服务程序)
         CMP   FLAG,1       ;如标志仍为0，继续对A服务
         JNZ  DEVA
;-------------------------------------------------
DEVB:    IN   AL,STATB      ;读入设备B的状态
         TEST   AL,20H      ;是否准备就绪
         JZ  DEVC           ;否，转DEVC
         CALL   PROCB       ;已准备就绪，调用PROCB(设备B服务程序)
         CMP   FLAG,1       ;如标志位仍为0，继续对B服务
         JNZ  DEVB
;-------------------------------------------------
DEVC:    IN   AL,STATC      ;读入设备C的状态
         TEST   AL,20H      ;是否准备就绪
         JZ  DOWN           ;否，转DOWN
         CALL   PROCC       ;已准备就绪，调用PROCC(设备C服务程序)
         CMP   FLAG,1       ;如标志位仍为0，继续对C服务
         JNZ  DEC
;-------------------------------------------------
DOWN:    ⋮
```

程序中的标号STATA、STATB、STATC分别表示外设接口A、B、C的状态寄存器。3个寄存器中均采用第5位作为有效状态标志。

条件传送方式的主要优点是能较好地协调外设与CPU之间的定时差异，传送可靠，且用于接口的硬件较节省。其主要缺点是CPU必须循环查询等待，不断检测外设的状态，直至外设为传送数据准备就绪为止。如此循环等待，CPU不能做其他事情，这不但浪费CPU的时间，降低了CPU的工作效率，而且在许多控制过程中是根本不允许的。

例如，用键盘进行输入，按每秒打入10个字符计算，那么计算机平均用100 000μs时间完成一个输入过程，而计算机真正用来从键盘输入一个字符的时间却只有10μs，这样用于测试状态和等待的时间为100 000－10＝99 990μs，换句话说，99.99％的时间被浪费掉了。

另外，如果一个系统有多个外设，使用查询方式工作时，由于CPU只能轮流对每个外设进行查询，而这些外设的速度往往并不相同，这时CPU显然不能很好满足各外设随机地对CPU提出的输入/输出的服务要求，因而不具备实时处理能力。可见，在实时系统以及多个外设的系统中，采用查询方式进行数据传送往往是不适宜的。

6.2.2 中断控制方式

为了提高 CPU 的效率和使系统具有实时性能，可以采用中断控制方式。

中断控制方式的特点是，外设具有申请 CPU 服务的主动权。当输入设备已将数据准备好，或者输出设备可以接收数据时，便可以向 CPU 发出中断请求，强迫 CPU 中断正在执行的程序而与外设进行一次数据传输。待输入操作或输出操作完成后，CPU 再恢复执行原来的程序。与查询工作方式不同的是，CPU 不是放弃工作主动去查询等待，而是被动响应，CPU 在两个输入或输出操作过程之间，可以去做别的处理。因此，采用中断传送，CPU 和外设是处在并行工作的状况，这样就大大提高了 CPU 的效率。图 6-10 给出了利用中断控制方式进行数据输入时所用接口电路的工作原理。

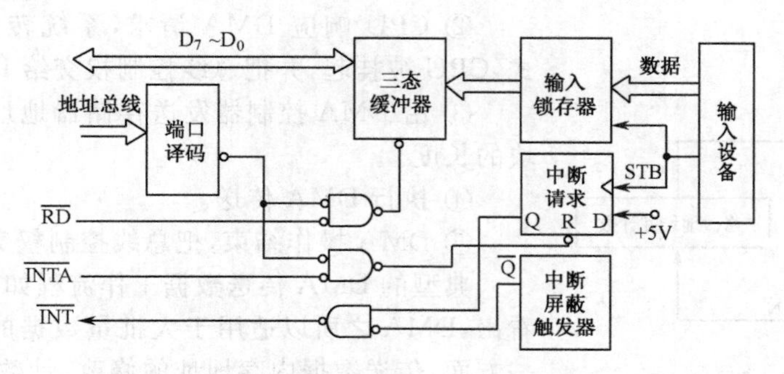

图 6-10 中断控制方式输入的接口电路

由图 6-10 可见，当外设准备好一个数据供输入时，便发选通信号 STB，从而将数据输入到接口的锁存器中，并使中断请求触发器置“1”。此时若中断屏蔽触发器的值为 1，则由控制电路产生送 CPU 的中断请求信号$\overline{INT}$。中断屏蔽触发器的状态为 1 还是为 0，决定了系统是否允许本接口发出中断请求$\overline{INT}$。

CPU 接收到中断请求后，如果 CPU 内部的中断允许触发器(8086 CPU 中为 IF 标志)状态为 1，则在当前指令被执行完后，响应中断，并由 CPU 发回中断响应信号$\overline{INTA}$，将中断请求触发器复位，准备接收下一次的选通信号。CPU 响应中断后，立即停止执行当前的程序，转去执行一个为外部设备的数据输入或输出服务程序，此程序称为中断处理子程序或中断服务程序。中断服务程序执行完后，CPU 又返回到刚才被中断的断点处，继续执行原来的程序。

对于一些慢速而且是随机地与计算机进行数据交换的外设，采用中断控制方式可以大大提高系统的工作效率。作为 CPU 的一个很重要的功能，中断控制方式的应用非常普遍，将在后面的 6.4 节进一步讲述。

6.2.3 直接存储器存取(DMA)控制方式

中断控制方式虽然具有很多优点，但对于传送数据量很大的高速外设，如磁盘控制器或高速数据采集器，就满足不了速度方面的要求。中断方式与查询方式一样，仍然通过 CPU 执行程序来实现数据传送。每进行一次传送，CPU 都必须执行一遍中断服务程序。每进入一次中断服务程序，CPU 都要保护断点和标志，这要花费 CPU 大量的处理时间。此外，在服务程序中，通常还需要保护寄存器和恢复寄存器的指令，这些指令又需花费 CPU 的时间。对 80x86 系列的 CPU 来说，内部结构中包含了总线接口部件 BIU 和执行部件 EU，它们是并行工作的，即 EU 在执行指令时，BIU 要把后面将执行的指令取到指令队列中缓存起来。但是，一旦转去执行中断服务程序，指令队列要被废除，EU 须等待 BIU 将中断服务程序中的指令取到指令队列中才能开始执行程序。同样，返回断点时，指令队列也要被废除，EU 又要等待 BIU 重新装入从断点开始的指令后才开始执行，这些过程也要花费时间。因此，中断方式下，这些附加的时间将影响传输速度的提高。另外，在查询方式和中断方式下，每进行一次传输只能完成一字节或一个字的传送，这对于传送数据量大的高速外设是不适用的，必须要将字节或字的传输方式改为数据块的传输方式，这就是 DMA 控制方式。

所谓 DMA 方式，就是直接存储器存取(Direct Memory Access)方式。在 DMA 方式下，外设通过 DMA 的专门接口电路 DMA 控制器，向 CPU 提出接管总线控制权的要求，CPU 在当前的总线周期结束后，响应 DMA 请求，把总线的控制权交给 DMA 控制器。于是在 DMA 控制器的管理下，外设与存储器直接进行数据交换，而不需 CPU 干预。这样可以大大提高数据传送速度。

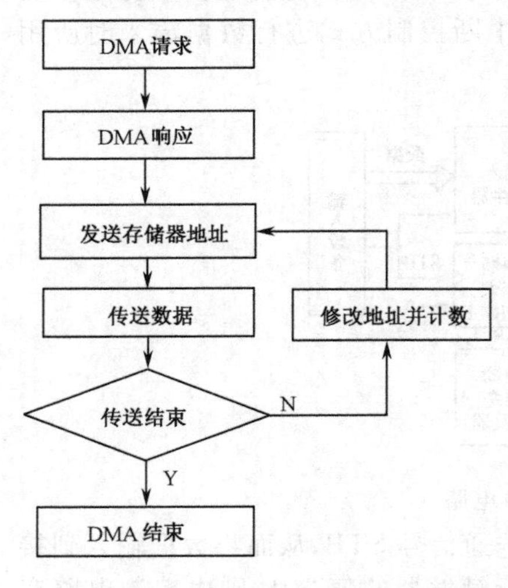

图 6-11　DMA 传送数据工作流程图

实现 DMA 传送的基本操作如下：

① 外设通过 DMA 控制器向 CPU 发出 DMA 请求。

② CPU 响应 DMA 请求，系统转变为 DMA 工作方式，CPU 被挂起，并把总线控制权交给 DMA 控制器。

③ 由 DMA 控制器发送存储器地址，并决定传送数据块的长度。

④ 执行 DMA 传送。

⑤ DMA 操作结束，把总线控制权交还 CPU。

典型的 DMA 传送数据工作流程如图 6-11 所示。可以看出，DMA 之所以适用于大批量数据的快速传送是因为：一方面，传送数据内存地址的修改、计数等均由 DMA 控制器完成(而不是 CPU 指令)；另一方面，CPU 放弃对总线的控制权，其现场不受影响，不需进行保护和恢复。6.3 节将详细介绍 Intel 公司的 8237A 可编程 DMA 控制器。

DMA 传送方式的优点是以增加系统硬件的复杂性和成本为代价的，因为与程序控制方式相比，DMA 是用硬件控制代替了软件控制。DMA 传送期间 CPU 被挂起，部分或完全失去对系统总线的控制，这可能影响 CPU 对中断请求的及时响应与处理。因此，一些小系统或对速度要求不高、数据传输量不大的系统，一般并不用 DMA 方式。

6.3　DMA 控制器 8237A 及应用

8237A 是具有 4 个可独立编程的 DMA 通道(0 通道、1 通道、2 通道和 3 通道)、40 脚双列直插式大规模集成芯片。经编程初始化后，可控制 1 个通道与 1 个外设以高达 1.6MB/s 的速度直接与存储器传送多达 64KB 的数据块。

6.3.1　8237A 的内部结构及与外部的连接

DMA 控制器作为总线中的一个模块，可以控制系统总线，作为总线主模块；又与其他接口一样，接受 CPU 对它的读写操作，作为总线从模块。8237A 的内部结构和外部引脚是与这两方面的工作情况相对应的。8237A 的内部结构及与外部的连接如图 6-12 所示。

8237A 内部包括 4 个独立的 DMA 通道。其中每个 DMA 通道包含 16 位的地址寄存器、16 位的字节计数器、一个 8 位的方式寄存器以及 1 位的请求触发器和屏蔽触发器，还有 4 个通道公用的 8 位控制器和 8 位状态寄存器。

1. 地址寄存器

地址寄存器由基地址寄存器和当前地址寄存器组成，一次 DMA 可传送的地址数为 2^{16}(64K)。

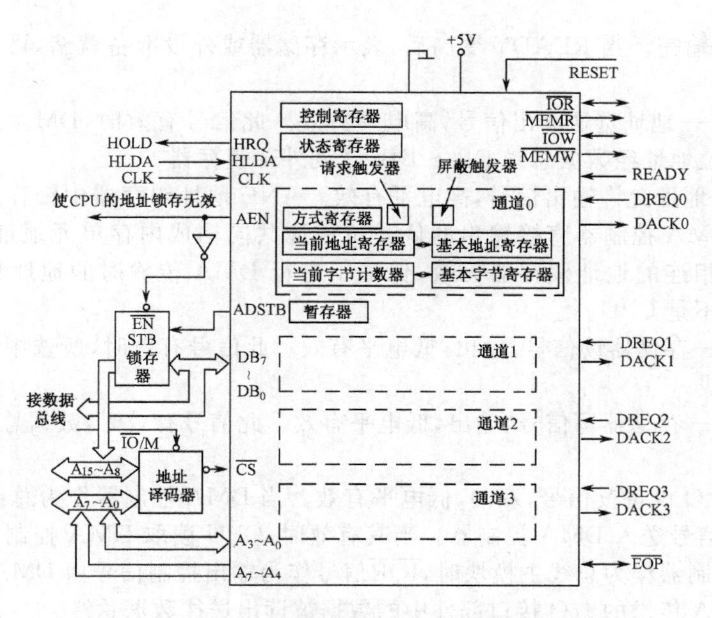

图 6-12 8237A 的内部结构及与外部的连接

基地址寄存器用于存放本通道 DMA 传输时的地址初值，在编程时由输出指令 OUT 设置，但不能被 CPU 读取。当前地址寄存器的初值在基地址寄存器初值被写入时一起写入，每进行一次 DMA 传输，自动加 1 或减 1。CPU 可以用输入指令 IN 分两次读出当前地址寄存器中的值，每次读 8 位。当前地址寄存器的值一旦计数到 0，将根据基地址寄存器的内容自动回到初值。

2. 字节计数器

字节计数器由基本字节寄存器和当前字节计数器组成，一次 DMA 传送的字节数为 64K。

基本字节寄存器用于存放 DMA 传送时字节数的初值，初值应比实际传送的字节数少 1。初值在编程时由输出指令 OUT 写入。当前字节计数器的初值在基本字节寄存器初值被写入时一同写入，每进行一次 DMA 传送，自动减 1，当其值由 0 减到 FFFFH 时，产生计数结束信号 $\overline{EOP}$。当前字节计数器的值可由 CPU 通过两条输入指令 IN 读取，每次读 8 位。

其他寄存器的功能将在后面结合工作方式和工作过程述及。

6.3.2 8237A 的引脚特性

8237A 的引脚如图 6-13 所示，共 40 条，其特性如下。

① CLK——时钟输入端，用来控制 8237A 内部操作定时和 DMA 数据传送速率。8237A 及其改进型 8237-4、8237A-5 的时钟频率分别为 3MHz、4MHz、5MHz。

② $\overline{CS}$——片选输入端，低电平有效。当 8237A 作为总线从模块时有效，作为主模块时无效，以防止 DMA 操作时芯片自己选自己。

③ RESET——复位输入端，高电平有效。芯片复位时，屏蔽触发器被置 1，其余寄存器均清 0。

④ READY——准备就绪信号输入端，当进行 DMA 传输的存储器或 I/O 设备速度较慢时，需要延长数据传输时间，使 READY 信号保持低，8237A 将自动在存储的读或写周期中插入

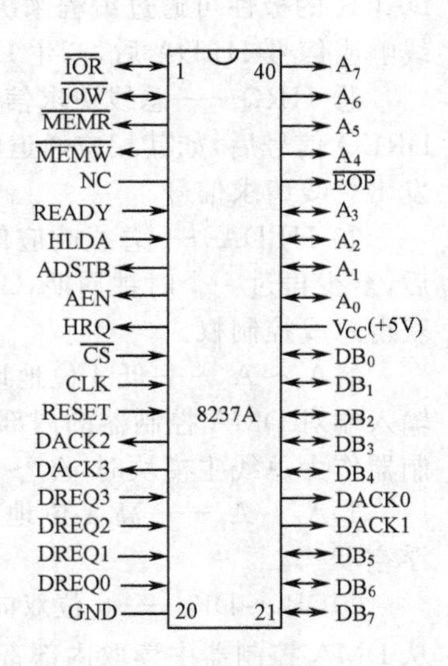

图 6-13 8237A 引脚特性

等待周期，直到传输完。当READY变高后，表示存储器或外设准备就绪，可以进行下一轮数据的传输。

⑤ ADSTB——地址选通输出信号，高电平有效。此信号有效时，DMA控制器的当前地址寄存器中的高8位地址经数据总线$DB_7 \sim DB_0$送到外部锁存器。

⑥ AEN——地址允许输出信号，高电平有效。ANE地址锁存器中锁存的高8位地址送到地址总线上，与DMA控制器直接输出的低8位地址共同构成内存单元地址的偏移量。同时，AEN使与CPU相连的地址锁存器无效，保证了进行DMA传输时的地址总线上的信号来自DMA控制器，而不是CPU。

⑦$\overline{MEMR}$——存储器读信号，输出，低电平有效。此信号有效时，所选中的存储器单元的内容被读到数据总线。

⑧$\overline{MEMW}$——存储器写信号，输出，低电平有效。此信号有效时，数据总线上的内容被写入选中的存储单元。

⑨$\overline{IOR}$——I/O设备读信号，双向，低电平有效。当DMA控制器作为总线从模块时，$\overline{IOR}$信号作为输入控制信号送入DMA控制器。当其有效时，CPU读取DMA控制器中的内部寄存器的值；当DMA控制器作为总线主模块时，$\overline{IOR}$信号作为输出控制信号由DMA控制器送出，当其有效时，进行DMA传送的I/O接口部件中的数据被读出送往数据总线。

⑩$\overline{IOW}$——I/O设备写信号，双向，低电平有效。当DMA控制器作为总线从模块时，$\overline{IOW}$的方向是送入DMA控制器，有效时，CPU对DMA控制器的内部寄存器进行设置；当DMA控制器作为总线主模块时，$\overline{IOW}$的方向是由DMA控制器输出，有效时，存储器中读出的数据由数据总线写入进行DMA传送的I/O设备中。

⑪ $\overline{EOP}$——DMA传输结束信号，双向，低电平有效。当DMA控制器的任一通道中的计数结束时，将从$\overline{EOP}$输出低电平，表示DMA传输结束；也可由外部向DMA控制器送$\overline{EOP}$信号，强迫DMA传输过程结束。这两种情况都使DMA控制器的内部寄存器复位。

⑫ DREQ0～DREQ3——DMA请求输入信号，每个DMA通道都有一个DREQ信号端。DREQ的极性可通过编程来决定（见控制寄存器的设置）。当外设的I/O接口要求进行DMA传输时，使DREQ有效，直到DMA控制器返回DMA响应信号DACK后，I/O接口才撤销DREQ请求。

⑬ DACK0～DACK3——DMA响应信号输出，每个DMA通道都有一个DACK信号端。DACK的极性可通过编程来决定（见控制寄存器的设置）。当DMA控制器获得CPU送来的总线响应信号HLDA后，产生DACK响应信号送到相应的外设接口。

⑭ HRQ——总线请求信号，输出，高电平有效。当DMA控制器接到外设的I/O接口的DREQ信号后，如其相应通道的屏蔽位为0，则DMA控制器的HRQ端输出有效电平，向CPU发出总线请求信号。

⑮ HLDA——总线响应信号，输入，高电平有效。当CPU接到DMA控制器的HRQ信号后，至少再过一个时钟周期，CPU才发出总线响应信号HLDA给DMA控制器，使DMA控制器获得总线控制权。

⑯$A_3 \sim A_0$——低4位地址线，双向信号。当DMA控制器作为总线从模块时，$A_3 \sim A_0$作为输入端对DMA控制器的内部寄存器进行寻址，CPU可以对DMA控制器进行编程；当DMA控制器作为总线主模块时，$A_3 \sim A_0$作为低4位地址输出线。

⑰$A_7 \sim A_4$——高4位地址线，输出，在进行DMA传输时提供高4位地址，其余时候呈浮空状态。

⑱$DB_7 \sim DB_0$——8位双向数据线。当DMA控制器作为总线从模块时，CPU使$\overline{IOR}$有效，从DMA控制器中读取内部寄存器的值送到$DB_7 \sim DB_0$，也可使$\overline{IOW}$有效，对DMA控制器的内部寄存器编程；当DMA控制器作为总线主模块时，$DB_7 \sim DB_0$输出当前地址寄存器中的高8位

地址，通过 ADSTB 信号锁存在锁存器中，与 $A_7 \sim A_0$ 输出的低 8 位地址一起构成 16 位地址。

6.3.3 8237A 的内部寄存器

8237A 内部寄存器除了前面已讲过的地址寄存器和字节计数器外，还有方式寄存器、控制寄存器、状态寄存器、请求寄存器和屏蔽寄存器等。

1. 方式寄存器

8237A 每个通道都有一个方式寄存器，控制本通道的工作方式选择。4 个通道的方式寄存器共用 1 个 I/O 端口地址。方式寄存器的格式如图 6-14 所示。每个通道都有 4 种工作方式可供选择，是通过对第 6、7 位进行设置而实现的。

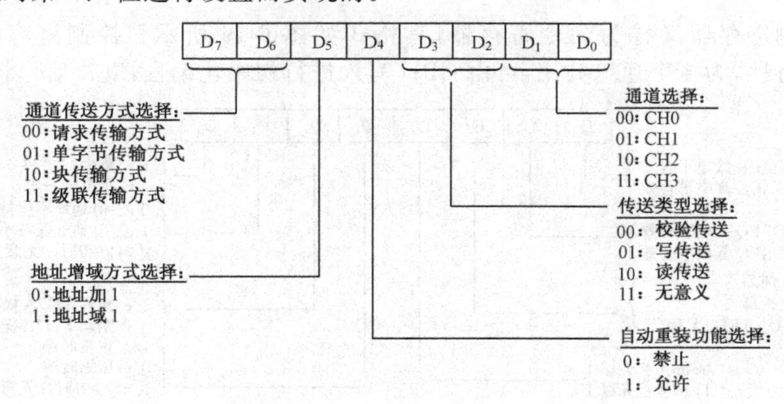

图 6-14 8237A 方式寄存器的格式

(1) 单字节传输方式

单字节传输方式下，每次 DREQ 有效，8237A 完成 1 字节的传送，并将当前字节计数器减 1，当前地址寄存器的值加 1 或减 1，之后 8237A 释放系统总线。这样，每个 DMA 总线周期后至少允许 1 个 CPU 总线周期。

(2) 块传输方式

在块传输方式下，8237A 一旦获得总线控制权，便以 DMA 方式传送整批数据，直到当前字节计数器减为 0，在$\overline{\text{EOP}}$端输出一个负脉冲或由外设 I/O 接口强行中断 DMA 过程往$\overline{\text{EOP}}$送入一个低电平脉冲时，8237A 才释放总线，结束传输。

(3) 请求传输方式

请求传输方式与块传输相似，只是 8237A 每传输 1 字节后，都要对 DREQ 端进行测试，如果 DREQ 有效，8237A 便传输整批数据，直到当前字节计数器减为 0，输出$\overline{\text{EOP}}$有效信号；如果测试到 DREQ 变为无效，暂停传输，交回总线控制权，但测试过程仍然继续；当测试到 DREQ 又变为有效时，就在原来基础上继续 DMA 传输。

(4) 级联传输方式

级联传输方式常用来扩展 DMA 通道。把几片 8237A 进行级联，构成主从式 DMA 系统。连接方法是把从片的 HRQ 端与 CPU 主片的 DREQ 端相连，从片的 HLDA 和主片的 DACK 端相连，主片的 HRO 和 HLDA 连接系统总线。两级 8237A 的级联如图 6-15 所示。5 片 8237A 构成两极 DMA 系统，得到 16 个 DMA 通道。级联时，主、从片的方式寄存器都要设置为级联传输方式。

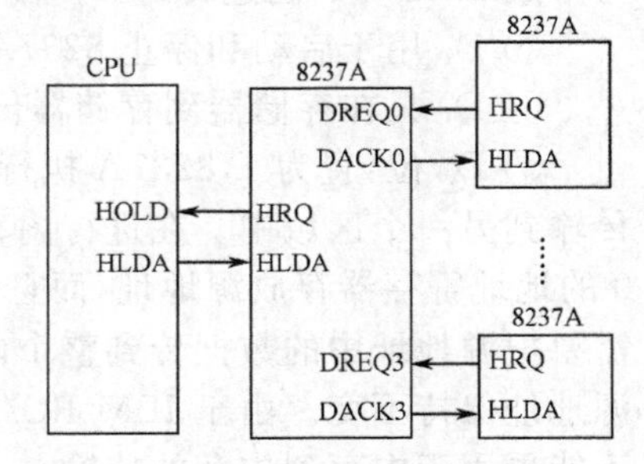

图 6-15 两级 8237A 的级联

从图 6-14 所示的方式寄存器格式可见：D_7D_6 用于设置工作方式；D_5 指出传送后当前地址寄存器的内容是+1 还是-1；D_4 为 1 时，使 DMA 控制器进行自动预置，即当计数值从 0 减为 FFFFH 期间，除使$\overline{EOP}$有效外，还将基本地址寄存器和基本字节计数器中的初值重新置入当前地址寄存器和当前字节计数器，使新的一次服务开始（在 IBM PC/XT 中，不间断地进行 DRAM 刷新的 DMA 通道 0 就工作在这种方式）；D_3D_2 用来设置数据传送类型（写传送、读传送和校验传送），写传送是由 I/O 接口往内存写入数据，读传送是将数据从存储器读出送至 I/O 接口，校验传送用来对读传送或写传送进行检验，并不传输数据，是一种虚拟传输，一般用于器件测试；D_1D_0 用来选择 DMA 通道。

2. 控制寄存器

8237A 控制寄存器又称为命令寄存器，其格式如图 6-16 所示。控制寄存器决定了整个 8237A 的总体特性，为 4 个通道共用，可由 CPU 写入进行初始化编程，复位信号将其清零。

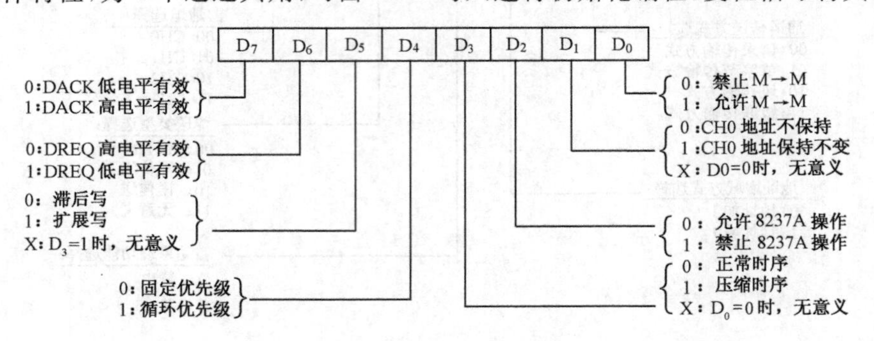

图 6-16　8237A 控制寄存器的格式

① D_7 和 D_6 分别用于确定 DACK 及 DREQ 信号的有效电平极性。这两位的设置决定于外设接口对 DACK 及 DREQ 信号极性的要求。

② D_5 用于扩展写信号，通常在外设速度较慢时使用。$D_5=1$ 时，$\overline{IOW}$和$\overline{MEMW}$被扩展到 2 个时钟周期。

③ D_4 用于 8237A 的优先级管理。8237A 有两种优先级管理方式：一种是固定优先级，即通道 0 的优先级最高，通道 3 的优先级最低；另一种是循环优先级，刚服务过的通道优先级变为最低，其他通道优先级相应改变，可保证每个通道有同样的机会得到服务。

④ D_3 用于选择 DMA 时序为正常时序还是压缩时序。在正常时序下，每个 DMA 周期包含 5 个时钟周期和可能存在的等待周期。压缩时序的每个 DMA 周期包含 2～3 个时钟周期，这样可形成 2Mb/s 的高速传送。

⑤ D_2 用于启动和停止 8237A 的操作。

⑥ D_1 只在存储器到存储器传输时起控制作用。

⑦ D_0 位：置为 1，8237A 执行的是内存到内存的传输，这样可把一个数据块从内存一个区域传输到另一个区域中。在进行内存至内存的传输时，要占用 DMA 通道 0 和 1，其中固定用通道 0 的地址寄存器存放源地址，而且通道 1 的地址寄存器和字节计数器存放目的地址和计数值；当需要把源地址中的数据传到整个内存区域时，须设 $D_1=1$，则在内存至内存的传输过程中，传输源地址保持不变。由于 IBM PC/XT 系统中的 8237A 的通道 0 已用于动态存储器的刷新，所以不能再用于内存到内存的传输。

3. 状态寄存器

状态寄存器格式如图 6-17 所示。它的低 4 位用来指出 4 个通道计数结束状态，为 1，表示计数结束。高 4 位用来表示当前 4 个通道是否有 DMA 请求，为 1，表示有请求。状态寄存器在系统中只能被读取。

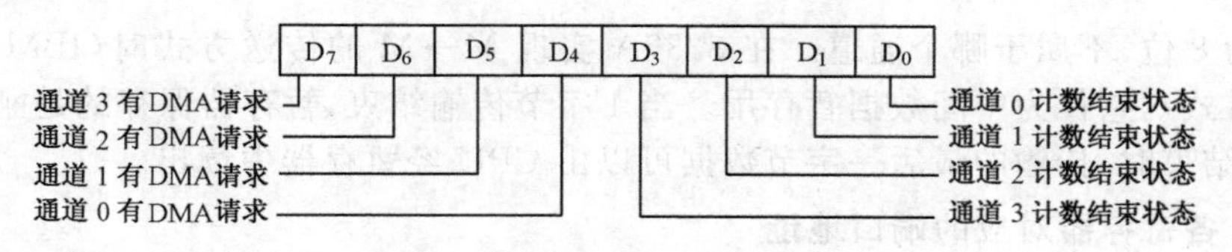

图 6-17 8237A 状态寄存器格式

4. 请求寄存器和屏蔽寄存器

从 8237A 内部结构图 6-12 可知，8237A 每个通道都配备有 1 位 DMA 请求触发器和 1 位 DMA 屏蔽触发器，分别用来设置 DMA 请求标志和屏蔽标志。在物理上，4 个请求触发器对应 1 个 DMA 请求寄存器，4 个屏蔽触发器对应 1 个屏蔽寄存器。

请求寄存器格式如图 6-18(a)所示，当某通道 DREQ 有效时，它的请求触发器置“1”；当得到响应后，请求触发器清“0”。

DMA 屏蔽标志通过往屏蔽寄存器中写入屏蔽字节来设置。屏蔽寄存器的格式如图 6-18(b)所示。当某通道的屏蔽字被置 1，那么该通道的 DREQ 请求就不会被响应，也不能参加优先权排队。

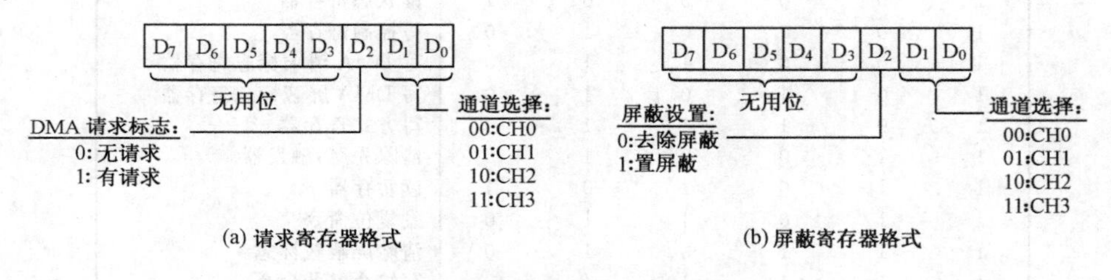

图 6-18 8237A 请求、屏蔽寄存器格式

5. 综合屏蔽标志寄存器

与屏蔽寄存器不同，综合屏蔽标志寄存器可同时提供对 4 个通道的屏蔽操作，用综合屏蔽命令来设置。综合屏蔽命令的格式如图 6-19 所示。其中 $D_0 \sim D_3$ 分别对应 CH0～CH3 通道的屏蔽标志。某一位置 1，就设置了该通道的屏蔽位。这样，用综合屏蔽命令可以一次完成对 4 个通道的屏蔽设置。

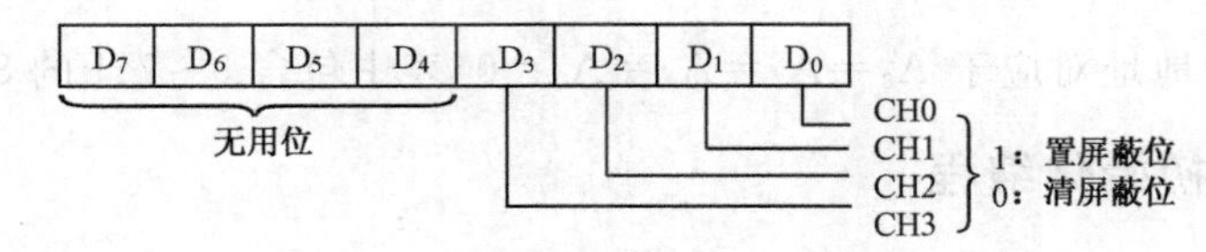

图 6-19 8237A 综合屏蔽命令格式

6. 复位命令和清除先/后触发器命令

复位命令也叫综合清除命令，其功能与 RESET 信号相同。

先/后触发器用来控制 DMA 通道中地址寄存器和字节计数器的初值设置。地址寄存器和字节计数器是 16 位的，而 8237A 的数据总线只有 8 位，所以这些寄存器要通过两次传输才能完成初值设置。先/后触发器就是用来控制两次传输秩序的。对先/后触发器清零后，CPU 往地址寄存器和字节计数器输出数据时，第 1 字节写入到低 8 位。然后先/后触发器自动置 1，第 2 字节由 CPU 输出时，就自动写入高 8 位，并且先/后触发器自动复位为 0。所以，为了保证能正确地设置初值，应事先清除先/后触发器。

7. 暂存器

暂存器为 8 位，不属于哪个通道。在 8237A 实现 M→M 的传送方式时(IBM PC/XT 不能工作于这种方式)，它作为中间数据暂存用。当 1 字节传输结束，暂存器保存的是刚传输的字节。所以，当传输结束时，传输的最后一字节数据可以由 CPU 经暂存器中读出。

8. 8237A 各寄存器对应的端口地址

表 6-3 是 8237A 有关信号和各种操作命令的对应关系。其中 A_3～A_0 给出了各寄存器对应的端口地址的低 4 位，表中包含了从 8～FH 的 8 个端口地址。注意，表中信号的其他组合无意义。

表 6-3 中未给出各通道地址寄存器和字节计数器对应的端口地址。实际上，8237A 规定 CPU 在访问它们时，基本地址寄存器和当前地址寄存器合用一个地址，基本字节寄存器和当前字节计数器合用一个地址。也就是说，CPU 对基本地址寄存器进行写操作时，当前地址寄存器也写入了同样数据；同样，CPU 对基本字节寄存器进行写操作时，当前字节计数器也写入了同样数据。确定它们的端口地址时，$A_3=0$，A_2、A_1 指出通道号，A_0 用来区分是地址寄存器还是字节计数器。表 6-4 是 8237A 各通道的地址寄存器和字节计数器的端口地址。

表 6-3 8237A 操作命令与有关信号的对应关系

A_3	A_2	A_1	A_0	$\overline{IOR}$	$\overline{IOW}$	命令
1	0	0	0	0	1	读状态寄存器
1	0	0	0	1	0	写控制寄存器
1	0	0	1	1	0	写 DMA 请求标志寄存器
1	0	1	0	1	0	写 DMA 屏蔽标志寄存器
1	0	1	1	1	0	写方式寄存器
1	1	0	0	1	0	清除先/后触发器
1	1	0	1	0	1	读暂存器
1	1	0	1	1	0	发复位命令
1	1	1	0	1	0	清除屏蔽蔽标志
1	1	1	1	1	0	写综合屏蔽命令

表 6-4 8237A 各通道的地址寄存器和字节计数器端口地址

DMA 通道	基本地址寄存器和当前地址寄存器	基本字节寄存器和当前字节计数器
通道 0	起始地址+0	起始地址+1
通道 1	起始地址+2	起始地址+3
通道 2	起始地址+4	起始地址+5
通道 3	起始地址+6	起始地址+7

表 6-4 中的起始地址对应于 $A_3=A_2=A_1=A_0=0$，表中包含 0～7H 的 8 个端口。

6.3.4 8237A 的初始化编程

8237A 的编程包括初始化编程和数据传输程序两部分。初始化编程时，应包括对 8237A 的通道、操作类型、传输方式、传输数据的地址和字节数等参数进行设置。

1. 初始化编程应注意事项

① 为确保软件初始化不受外界硬件信号的影响，初始化开始时，要向控制寄存器发送命令禁止 8237A 工作，或向屏蔽寄存器发送屏蔽命令，将要初始化的通道加以屏蔽。初始化完成后再允许芯片工作或清除屏蔽位。

② 对所有通道的工作方式寄存器都要进行设置。系统上电时，用硬件复位信号 RESET 或软件复位(全清)命令，使所有内部寄存器(除屏蔽寄存器要对各通道屏蔽位置位外)被清除。为使各通道在所有可能的情况下都正确操作，应保证用有效值对各通道的工作方式寄存器进行设置，即使对目前不使用的通道也应这样做。一般，对不使用的通道可用 40H、41H、42H 和 43H

写入 CH0～CH3 的工作方式寄存器，表示按单字节方式进行 DMA 校验操作。

③ 为了给存储器提供高位地址，初始化编程时，除了要向基本地址寄存器和当前地址寄存器装入低 16 位地址值之外，还应向页面地址寄存器写入高位地址值。

④ 应对 8237A 进行检测。通常，检测放在系统上电期间进行。只有检测通过后方可继续初始化，实现 DMA 方式的传送。检测是对所有通道的 16 位寄存器进行读/写测试，如果写入和读出结果相等，则判断芯片正确可用，否则视为致命性错误，让系统停机。

2. 初始化编程

【例 6-6】 对微机的 8237A 在初始化编程时，首先进行测试。设符号地址 DMA 为 8237A 端口地址的首址(00H)。测试程序对 CH0～CH3 这 4 个通道的 8 个 16 位寄存器先后写入全"1"，全"0"，再读出比较，看是否一致。若不一致，则出错，停机。

解： 检测前，应禁止 8237A 工作，测试程序段如下。

```
         ⋮
;…………检测前，禁止 8237A 工作……………………………………
         MOV   AL,04              ;送命令字，禁止 8237A 工作
         OUT   DMA+08H,AL         ;命令字送控制寄存器
         OUT   DMA+0DH,AL         ;全清
;…………做全"1"检测……………………………………………………
         MOV   AL,0FFH            ;全"1"→AL
LOOP1:   MOV   BL,AL              ;保存 AX 到 BX，以便比较
         MOV   BH,AL
         MOV   CX,8               ;循环测试 8 个寄存器
         MOV   DX,DMA             ;FFH 写入 CH0～CH3 通道的地址或字节数寄存器
LOOP2:   OUT   DX,AL              ;写入低 8 位
         OUT   DX,AL              ;再写入高 8 位
         MOV   AL,01H             ;读前，破坏原内容
         IN    AL,DX              ;读出刚写入的低 8 位
         MOV   AH,AL              ;保存到 AH
         IN    AL,DX              ;再读出写入的高 8 位
         CMP   BX,AX              ;比较
         JE    LOOP3              ;相等，转入下一寄存器
         HLT                      ;否则，出错，停机
LOOP3:   INC   DX                 ;指向下一寄存器
         LOOP2                    ;未完，继续
;…………做全"0"检测……………………………………………………
         INC AL                   ;已完，使 AL=0(FFH+1=00)
         JE LOOP1                 ;循环，再做全"0"检测
;…………检测通过，开始设置命令字……………………………………
         SUB   AL,AL              ;命令字为 00H：即设 DACK 为低电平，DREQ 为高电平，
         OUT   DMA+08H,AL         ;滞后写，固定优先级，正常时序，允许工作，禁止 CH0
                                  ;地址保持，禁止 M→M 传送。
;…………各通道工作方式寄存器设置……………………………………
         MOV   AL,40H             ;设 CH0 为单字节方式，DMA 校验
         OUT   DMA+0BH,AL
         MOV   AL,41H             ;CH1 方式字
         OUT   DMA+0BH,AL
         MOV   AL,42H             ;CH2 方式字
```

```
        OUT  DMA+0BH,AL
        MOV  AL,43H             ;CH3 方式字
        OUT  DMA+0BH,AL
          ⋮
```

此程序段中对 CH0～CH3 各通道方式寄存器的设置是把它们当成目前没有使用。若某通道已经使用,则应按使用要求来设置,并编入进行操作的程序。

6.3.5 8237A 应用举例

【例 6-7】 用 IBM PC/XT 微机系统中 BIOS 对 8237A 的编程来说明其应用。

在 IBM PC/XT 中的系统板上有一片 8237A。其通道 0 用于动态存储器的刷新,通道 2 和通道 3 分别用来进行软盘驱动器、硬盘驱动器与内存之间的数据传输;通道 1 提供给用户使用,例如可用来进行网络通信或进行高速数据采集等。系统采用固定优先级,即动态 RAM 刷新的通道 0 优先级最高,硬盘和内存数据传送的通道 3 优先级最低。4 个 DMA 请求信号中,只有 DREQ0 与系统板相连,DREQ1～DREQ3 都接到总线扩展槽的引脚上,其信号由对应的软盘接口板、硬盘接口板和网络接口板提供。同样,DMA 的应答信号中,DACK0 送往系统板,而 DACK1～DACK3 是送往扩展槽的。

解: 根据以上设计的需要,对 8237A 的初始化设置要点如下:

① 设定命令寄存器的命令字为 00H。其意义为禁止 M→M 传送、允许 8237A 操作、正常时序、固定优先级、滞后写、DREQ 高电平有效、DACK 低电平有效。

② 存储器起始地址为 00H。

③ 基本字节计数器初值为 FFFFH,即 64KB。

④ CH0 工作方式:读操作、自动预置、地址加 1、单字节传送。

⑤ CH1 工作方式:校验传送、禁止自动装入、地址加 1、单字节传送。

⑥ CH2(软磁盘)、CH3(硬磁盘)工作方式:与 CH1 相同。

在 IBM PC/XT 系统中,8237A 对应的端口地址为 0000H～000FH。用符号地址 DMA 代表其首地址 0000H。

对 8237A 的编程如下:

```
;初始化和测试程序段
        MOV   AL,04
        MOV   DX,DMA+8         ;DMA+8 为控制寄存器端口地址
        OUT   DX,AL            ;输出控制命令,关闭 8237A,使它不工作
;..................................................................
        MOV   AL,00
        MOV   DX,DMA+0DH       ;DMA+0DH 是复位命令端口号
        OUT   DX,AL            ;发复位清命令
;..................................................................
        MOV   DX,DMA           ;DMA 为通道 0 的地址寄存器对应端口号
        MOV   CX,0004
WRITE:  MOV   AL,0FFH
        OUT   DX,AL            ;写入地址低位,先/后触发器在复位时已清除
        OUT   DX,AL            ;写入地址高位,这样 16 位地址为 FFFFH
        INC   DX
        INC   DX               ;指向下一个通道
        LOOP  WRITE            ;使 4 个通道的地址寄存器中均为 FFFFH
;..................................................................
```

```
        MOV   DX,DMA+0BH       ;DMA+0BH 为方式寄存器的端口
        MOV   AL,58H
        OUT   DX,AL            ;对通道 0 进行方式选择,单字节读传输方式,
                               ;地址加 1 变化,无自动预置功能
        MOV   AL,41H
        OUT   DX,AL            ;对通道 1 设置,方式,单字节校验传输,地址加 1
                               ;变化,无自动预置功能
        MOV   AL,42H
        OUT   DX,AL            ;对通道 2 设置,方式同通道 1
        MOV   AL,43H
        OUT   DX,AL            ;对通道 3 设置,方式同通道 1
;-----------------------------------------------------------------
        MOV   DX,DMA+8         ;DMA+8 为控制寄存器的端口号
        MOV   AL,0
        OUT   DX,AL            ;对 8237A 设控制命令,DACK 和 DREQ 均为低电平
                               ;有效,固定优先级,启动工作
;-----------------------------------------------------------------
        MOV   DX,DMA+0AH       ;DMA+0AH 是屏蔽寄存器的端口号
        OUT   DX,AL            ;使通道 0 去屏蔽
        MOV   AL,01
        OUT   DX,AL            ;使通道 1 去屏蔽
        MOV   AL,02
        OUT   DX,AL            ;使通道 2 去屏蔽
        MOV   AL,03
        OUT   DX,AL            ;使通道 3 去屏蔽,此时,4 个通道开始工作,通道 0~3 为校
                               ;验传输,而校验传输是一种虚拟传输,不修改地址,也并不
                               ;真正传输数据,所以地址寄存器的值不变,只有通道 0 真
                               ;正进行传输
;-----------------------------------------------------------------
;下面的程序段对通道 1~3 的地址寄存器的值进行测试
;-----------------------------------------------------------------
        MOV   DX,DMA+2         ;DMA+2 是通道 1 的地址寄存器端口
        MOV   CX,0003
READ:   IN    AL,DX            ;读地址的低位字节
        MOV   AH,AL
        IN    AL,DX            ;读地址的高位字节
        CMP   AX,0FFFFH        ;比较读取的值和写入的值是否相等
        JNZ   HHH              ;若不等,则转 HHH
;-----------------------------------------------------------------
        INC   DX
        INC   DX               ;指向 1 个通道
        LOOP  READ             ;测下 1 个通道
        ⋮                      ;后续测试
HHH:    HLT                    ;若出错,则停机等待
```

【例 6-8】 利用 IBM PC/XT 系统板上的 8237A 的通道 1 进行高速数据采集。

图 6-20 是利用 IBM PC/X 系统板上的 8237A 的通道 1 进行高速数据采集接口原理框图,由此接口完成将 A/D 采集变换的数据高速存入存储器的直接传输。这里,通道 1 工作在请求传送方式,即只要 DREQ1 信号有效,DMA 就传输数据,当 DREQ1 失效就暂停,当前地址寄存器

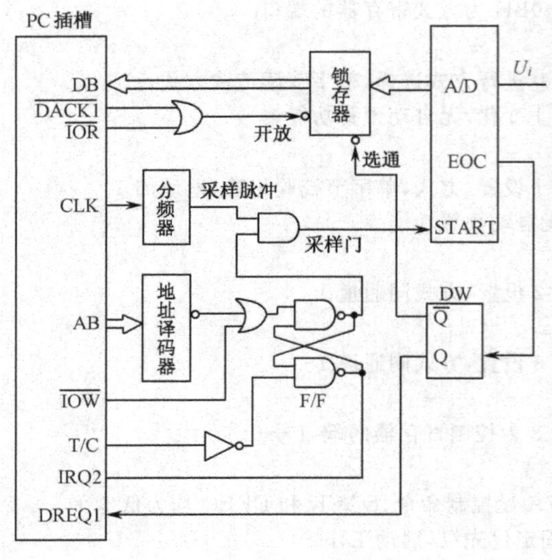

图 6-20 DMA 方式高速数据采集接口原理框图

和字节计数器的内容不改变，一旦 DREQ1 再次有效，又继续传输，直至预置的字节数全部传送完毕，由 8237A 发出结束信号 T/C 为止。

接口的具体工作过程为：启动 DMA 采集程序后，触发器 F/F 使采样门打开，于是每个采样时钟脉冲启动一次 A/D；A/D 的转换结束信号 EOC 又将触发单稳电路 DW，使 DREQ1 信号有效，请求 DMA 传输，待 8237A 发回的应答信号 DACK1 来到后，A/D 转换的结果被写入到计算机内存中，然后下一个采样脉冲又启动 A/D……如此反复进行，直至当前字节计数器减至 0 再减 1 至 FFFFH 时，发出结束信号 T/C，使 RS 触发器动作关闭采样门，切断采样脉冲。这样就完成了一组数据的采集。

由于一次 DMA 传送占用 4 个时钟周期，若系统时钟为 4.77MHz，则一个 DMA 周期为 0.84μs。当选用的 A/D 芯片转换时间为 3μs 时，采样频率可高达 200kHz。这样完成对 64KB 数据的采集仅需 0.33s。因此，可捕捉近 100kHz 的瞬态信号。

由于 PC/XT 的 BIOS 已对 8237A 进行了初始化，这里的数据采集程序的初始化不需再对 0000H～0007H 进行，而只对 0008H～000FH 进行初始化即可。这里仅需考虑以下几个问题：

① 选定传输通道，为 CH1。

② 设定传输的存储器地址为 2000H。

③ 设定传输的总字节长度为 64KB。

④ 规定传输方向是 I/O→M。

⑤ 根据设计要求，选定传输方式，即在单字节传输、成组传输或请求传输方式中选择一种。这里选择请求传输方式。

⑥ 设置 DMA 请求屏蔽字。

现设采集数据存放的实际地址为 20000H～2FFFFH。利用通道 1，以请求传输方式采集 64KB 数据的程序段如下（包括 3 部分）：

```
INTCH1: MOV   AL,05H        ;设置方式控制字
        OUT   0BH,AL
;----------------------------------------------------------
        MOV   AL,02H        ;设页面地址(83H 是 IBMPC/XT 机 DMA 的页面寄
        OUT   83H,AL        ;存器的端口地址)
;----------------------------------------------------------
        MOV   AL,00H        ;设基地址低 8 位
        OUT   02H,AL
;----------------------------------------------------------
        MOV   AL,00H        ;设基地址高 8 位
        OUT   02H,AL
;----------------------------------------------------------
        MOV   AX,0FFFFH     ;设总字节数
        OUT   03H,AL
        MOV   AL,AH
```

```
        OUT   03H,AL
;..............................................................
        MOV   AL,01H            ;使通道 1 去除屏蔽
        OUT   0AH,AL
;..............................................................
START:  MOV   DX,ADPORT         ;启动 A/D 端口进行采集
        OUT   DX,AL
;..............................................................
POLLTC: IN    AL,08H            ;查询状态寄存器的 D1 位
        TEST  AL,02H
        JZ    POLLTC            ;D1=0,未终止计数,否则完成 DMA 传送
        ⋮
```

当初始化完成,就由指令启动 A/D 工作,8237A 控制总线将 A/D 转换结果直接送至内存。紧接着用查询方式完成 DMA 的结束处理。08H 端口是 PC/XT 机中 DMA 的状态寄存器,由它反映 8237A 的 4 个通道当前的工作状态。D_1 位反映通道 1 是否收到终止传送信号;不断查询 D_1 位的状态,且查出 $D_1=1$ 时,就结束 DMA 的整个工作。

DMA 的结束处理还可以用中断方式来完成。在图 6-21 中,触发器的另一输入端还接入由 8237A 的 $\overline{EOP}$ 信号反相后的 T/C 信号,由它使中断请求 IRQ2 有效,执行下面的中断服务程序,也同样可完成 DMA 的结束处理。

```
INT:    MOV   AL,20H
        OUT   20H,AL
        IRET
```

用中断方式应注意在 DMA 初始化前,按 DOS 的要求编写设置中断向量等初始化程序。这部分内容将在后面介绍。

6.4 中断系统

中断控制是微计算机与外设之间交换数据常采用的一种方式。本节在进一步讲述中断方式优点的基础上,以 8086 CPU 为例,讲述中断机构、中断源、中断过程,以及如何设置中断向量表,以使 CPU 能正确地转去执行相应中断源的中断服务程序;还要了解 8086 的硬件中断 NMI 和 INTR 的区别,对多个外设使用 INTR 时中断优先级管理的 3 种方法进行介绍。专用芯片 8259A 是微机用来进行优先级管理的中断控制器,在介绍它内部结构、外部引脚连接、工作原理的基础上,重点讲解如何使用它。本节还将以对比方式介绍 80386、80486、Pentium的中断机构。

6.4.1 中断控制方式的优点

中断是为处理一些紧急发生的情况,使程序中断当前任务,将 CPU 的控制转向该紧急事件进行处理,并在处理完后,返回原程序的一种过程。因此,中断一方面是为了解决 CPU 与外设间速度方面存在差异而引入的控制方式之一,若用查询方式,则 CPU 将浪费很多时间去等待外设,而不能执行其他的程序。在各种微计算机系统中,常利用 CPU 的中断机构来处理与外部设备间的数据传送,以最少的响应时间和内部操作来处理所有外设的服务请求,使整个计算机系统的性能达到最佳。另一方面,中断也是处理来自内部异常故障的重要手段。因此,使用中断控制方式归纳起来主要有以下 3 方面的优点。

1. 分时操作

中断方式下,CPU 和外设可并行工作。当 CPU 启动外设后,就去执行主程序,完成其他工作,同时外设也在工作。当外设的状态满足要求时,发出进行数据交换的请求,CPU 中断主程

序，执行输入/输出的中断服务程序。服务完后，CPU恢复执行主程序，外设也继续工作。CPU可同时管理多个外设的工作，按外设轻重缓急要求，分时执行各自的服务程序，大大提高了CPU的利用率，也提高了输入/输出的速率。

2. 实时处理

在实时控制系统中，现场产生的各种参数、信息需要CPU及时处理时，可向CPU提出中断请求，CPU可立即响应(在中断标志为开放的情况)进行处理。

3. 故障处理

计算机运行过程中，如果出现事先未预料的情况或一些故障，如掉电、运算溢出、存储出错等，则可利用中断系统运行相应的服务程序自行处理，而不必停机或报告工作人员。

6.4.2 80x86/Pentium 的中断机构

80x86/Pentium 具有一个简单而灵活的中断系统，可以处理多达256种中断，既可用软件也可用硬件来启动中断。

1. 中断源

80x86/Pentium 的中断可来自CPU内部，也可来自CPU外部的接口芯片。图6-21是80x86/Pentium CPU的中断源。

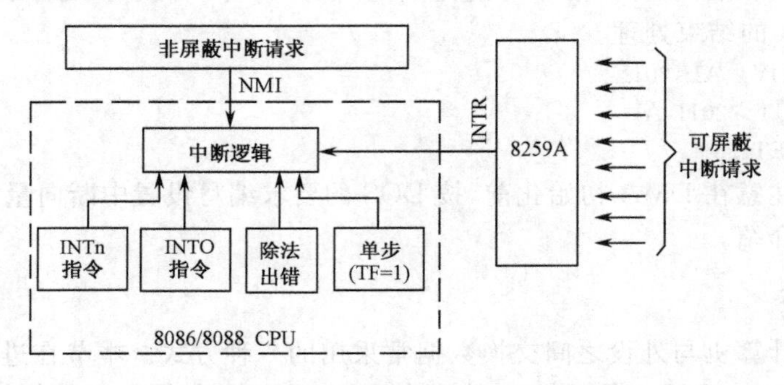

图6-21 8086/Pentium CPU的中断源

(1)外部中断

外部中断是由用户确定的硬件中断，又分为可屏蔽中断INTR和非屏蔽中断NMI。可屏蔽中断可用中断允许标志IF屏蔽，此类中断的请求信号通常是经可编程中断控制器8259A进行管理之后发出的，并由INTR引脚输入CPU。非屏蔽中断不能由IF加以屏蔽，其中断请求信号由NMI引脚输入CPU，只要有非屏蔽中断请求到达，CPU就进行响应，不能对它进行屏蔽，因此常用于对系统中发生的某种紧急事件进行处理。

(2)内部中断

内部中断是通过软件调用的中断，都是非屏蔽型的，包括单步中断、除法出错中断、溢出中断(INTO)和指令中断(INT n)。单步中断是为调试程序准备的；除法出错中断是在进行除法运算所得的商超出数表示范围时产生的，并给出相应的出错信号；溢出中断INTO是由溢出标志OF为1而启动的；指令中断INT n是由用户编程确定的。

(3)中断的优先权

当系统中有多个中断源时，可能出现两个或多个中断源同时申请中断的情况，中断逻辑将根据轻重缓急给每个中断源确定CPU对它响应的优先级别(优先权)。当有多个中断源同时申请中断时，CPU首先响应优先权最高的中断请求；在响应某一中断请求时又有更高级的中断请求到来，CPU将暂停目前的中断服务，转去对更高级的中断源进行服务，这称为中断嵌套。8086/

8088 系统的中断源优先级别由高到低的顺序为：除法错→INTn→INTO→NMI→INTR→单步。由于中断优先级别高的中断能够中断优先级别低的中断，在系统设计时，需将中断源按轻重缓急进行排队，安排最重要的为最高级别中断。

2. 中断过程

中断是一个过程，包括中断检测、中断响应及执行中断服务程序和中断返回。图 6-22 为 8086/8088 的中断处理流程。

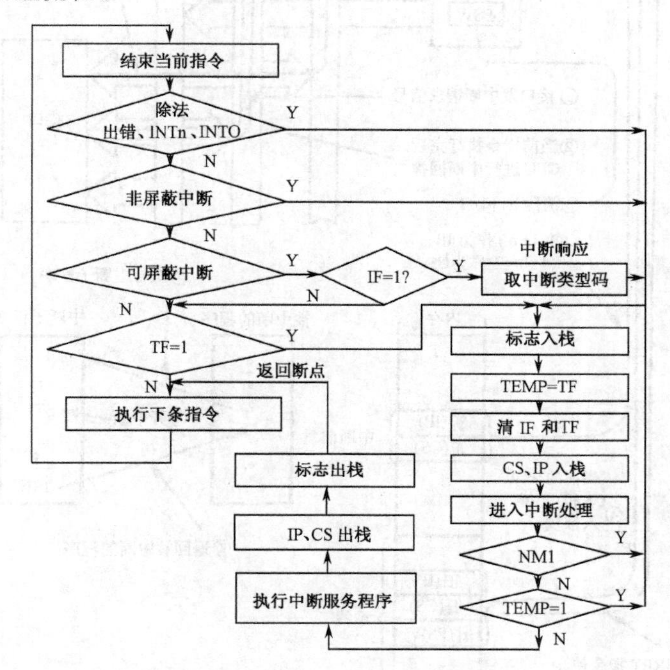

图 6-22　8086/8088 中断处理流程

由图 6-22 可见，CPU 在执行完当前指令后才响应中断请求，首先要判定中断申请的性质，按照中断优先级别的规定，顺序进行查询。当检测到为除法出错、INT n 或 INTO 中断或非屏蔽 NMI 中断时，立即转入相应的中断服务程序进行中断处理。如果是可屏蔽 INTR 中断请求，则需判定中断允许触发标志位 IF，当 IF＝1 时，允许中断，否则 CPU 对该中断请求不予响应。单步中断受 TF 单步中断标志控制，当 TF＝1 时，响应单步中断，否则不予响应。

当 CPU 响应中断后，即开始中断处理。为保证中断结束后，能正确地返回断点处执行下一条指令，首先应自动对断点进行保护操作，即将断点处的标志寄存器和 CS，IP 的值压入堆栈，同时清除中断标志 IF 和 TF，以关闭中断；接着根据中断类型号 n 计算出中断向量指针，找到中断服务程序的入口再执行中断服务程序。当中断服务完毕，应将保护在堆栈中的内容按“后进先出”原则弹回到相应的寄存器中，恢复中断时的状态，这一操作称为断点恢复。只有正确地恢复了断点，程序才能顺利地回到断点处，执行下一条指令。

可屏蔽中断的响应、执行与返回的过程如图 6-23 所示。

3. 中断向量表的设置方法

中断向量表用来存放中断服务程序入口地址的 CS 和 IP 值，是中断类型代码 n 和与此代码相对应的中断服务程序（过程）间的一个连接链，因而又称为中断指针表，见图 3-18 中。

8086/8088 对每种类型的中断都指定 0～255 范围中的一个类型号 n，并与一个中断服务程序相对应。当 CPU 处理中断时，需要把控制引导至相应中断服务程序入口地址。为了实现这

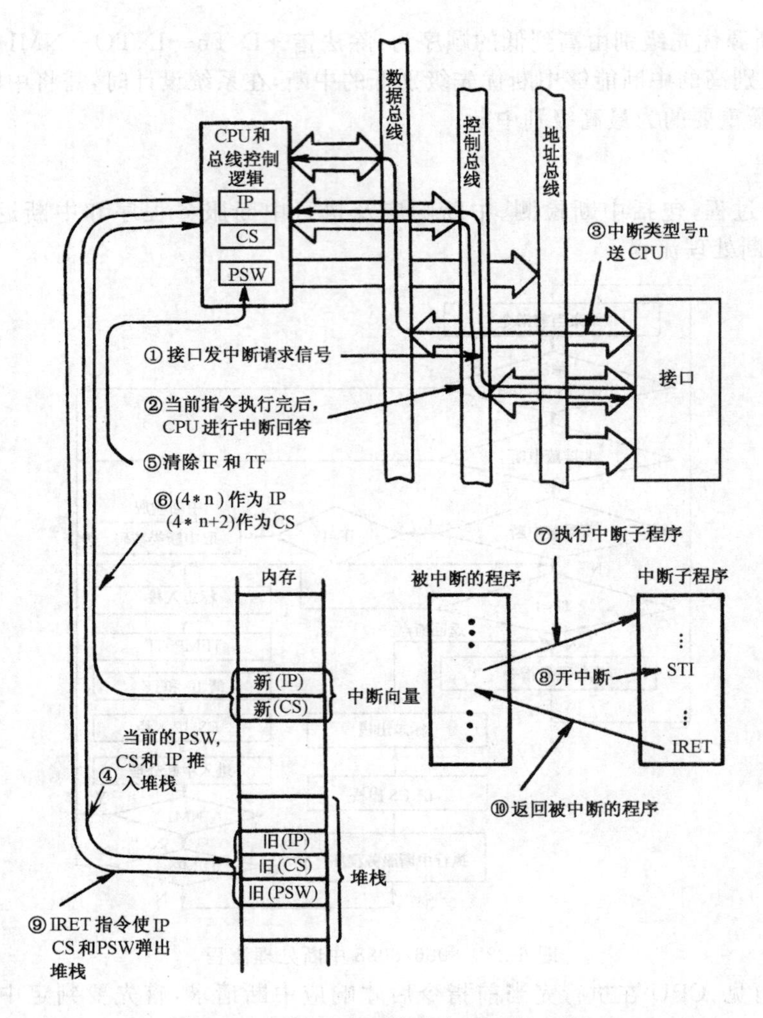

图 6-23　可屏蔽中断的响应、执行与返回

一引导，在存储器的低端划出 1KB 空间(000H～3FFH)存放中断向量表。这样就可把各中断类型号所对应的中断服务程序入口地址依次存放在中断向量表中，每个地址占 4 字节，低 2 字节存放中断服务程序入口的偏移地址 IP，高 2 字节存放中断服务程序入口的段基址 CS。当 CPU 调用类型号为 n 的中断服务程序时，首先把中断类型号 n 乘以 4，得到中断指针表的入口地址 4n，然后把此入口地址开始的 4 字节中的 2 个低字节内容装入指令指针寄存器 IP，即：

(IP)←(4n：4n+1)

再把 2 个高字节的内容装入代码段寄存器 CS，即：

(CS)←(4n+2：4n+3)

这样，就可把 CPU 引导至类型 n 中断服务程序的起点，开始中断处理过程。

中断向量表由 3 部分组成。类型号 0～4 为专用中断指针(0—除法出错，1—单步中断；2—NMI，3—断点中断，4—溢出中断)，占用 000H～013H 的 20 字节，它们的类型号和中断向量由制造厂家规定，用户不能修改。类型号 5～13 为保留中断指针，占用 013H～07FH 的 108 字节，这是 Intel 公司为将来的软件、硬件开发保留的中断指针，即使现有系统中未用到，但为了保持系统之间的兼容性，以及当前系统与未来系统的兼容性，用户不应使用。类型号 32～255 为用户使用的中断向量，占用 080H～3FFH 的 896 字节，这些中断类型号和中断向量可由用户任意指定。

中断向量表地址一览表可参见附录C。

用户在使用中断之前,必须采用一定的方法,将中断服务程序的入口地址设置在与类型号相对应的中断向量表中,完成中断向量表的设置。下面介绍中断向量表设置的3种方法。

① 在程序设计时定义一个起始地址为0的数据段,结构如下:

```
VDATA      SEGMENT    AT 00H
           ORG        n*4
VINTSUB    DW         noffset,nseg
           ⋮
VDATA      ENDS
```

其中:n为常数,是所分配的中断类型号,nseg和noffset分别表示中断服务程序入口的段地址值和段内偏移地址值。

这种方法的基本思想是借助DOS的装入程序,在经汇编、连接产生的可执行程序装入内存时,把服务程序的入口地址置入中断向量表。

② 在程序的初始化部分使用几条传送指令,把中断服务程序的入口地址置入中断向量表,结构如下:

```
VDATA     SEGMENT  AT  00H
          ORG  n*4
VINTSUB   DW  2  DUP(?)                ;保留4字节单元
          ⋮
VDATA     ENDS
ININT     SEGMENT
          ASSUME  CS:ININT,DS:VDATA
          MOV  AX,VDATA
          MOV  DS,AX                   ;初始化DS
          MOV  VINTSUB,noffset
          MOV  VINTSUB+2,nseg          ;设置中断向量表
          ⋮
ININT     ENDS
```

这种方法适用于把中断服务程序(包括初始化部分)固化在ROM中的情况,因为这时不能再借助DOS中的装入程序。

③ 借助DOS的功能调用INT 21H,把中断服务程序的入口地址置入中断向量表中。在执行该功能调用之前,应预置的参数如下:AH中置入功能号25H;AL中置入设置的中断类型号;DS:DX中置入中断服务程序的入口地址(包括段地址和偏移地址)。

按以上格式置入各参数后,执行指令INT 21H,就把中断服务程序的入口地址置入向量表内的适当位置了。

反过来,也可用INT 21H查出某中断类型号在中断向量表中设置好的中断服务程序入口地址。需预置的参数如下:AH中置入功能号35H;AL中置入中断类型号。这样,执行INT 21H后,ES和BX中分别是中断服务程序入口的段地址和偏移地址。

6.4.3 外部中断

外部中断是微机与外设交换信息的重要方法之一。外设可通过8086/8088 CPU的NMI和INTR两条引脚向CPU提出中断请求。外部中断通过接口的硬件产生,所以又称为硬件中断或硬中断。

1. NMI中断

NMI(Non Maskable Interrupt)是非屏蔽中断请求信号,高电平有效,边沿触发方式,对应于

中断类型号 2。NMI 请求信号不能用中断允许标志 IF 加以屏蔽禁止,一旦发生,就立即被 CPU 锁存起来。NMI 的优先权级别比 INTR 的优先级别高。一般系统中,非屏蔽中断请求信号是由某些检测电路发出的,而这些检测电路往往是用来监视电源电压、时钟等系统基本工作条件的。例如在不少系统中,当电源电压严重下降时,检测电路便发出 NMI 请求,这时 CPU 不管在进行什么处理,总是立即进入 NMI 中断服务程序。非屏蔽中断服务程序的功能通常是保护现场,如把 RAM 中的关键性数据存入磁盘,或通过程序接通一个备用电源等。

在 IBM PC/XT 机中,NMI 主要用来处理系统板上的 RAM 出现奇偶校验错,或 I/O 通道中的扩展选件板出现奇偶校验错,以及 8087 协处理器的异常中断请求。

2. INTR 中断

INTR(Interrupt Request)是可屏蔽中断请求信号,高电平有效,电平触发方式。INTR 请求信号可被中断允许标志 IF 屏蔽。设置 IF=0,从 INTR 引脚进入的中断请求将得不到响应,只有设置 IF=1 时,CPU 才会响应,并通过$\overline{\text{INTA}}$引脚往接口电路送两个脉冲作为应答信号。中断接口电路收到$\overline{\text{INTA}}$信号后,将中断向量送至数据总线,同时清除中断请求触发器的请求信号。CPU 根据中断向量找到中断服务程序入口,从而执行中断服务程序。

6.4.4 中断的优先权管理

在微机系统中,往往有很多外设需通过中断方式要求 CPU 进行处理,而且它们的轻重缓急各不相同,但 CPU 只有一条 INTR 引脚,这时就需要对中断的优先权进行管理。

通常,对中断优先级采用软件查询方式、菊花链法、专用芯片管理方式 3 种办法进行管理。

1. 软件查询方式

利用软件查询方式要借助一个简单的接口电路,如图 6-24(a)所示。假设现有 3 种外设 A、B、C,均采用中断方式与 CPU 交换数据,其中 A 的优先级最高,B 次之,C 最低。3 个外设的中断请求触发器组成一个中断请求寄存器,端口地址设为 20H,将这 3 个中断请求信号相“或”后接到 CPU 的 INTR 信号端。这样,任何一个外设都可向 CPU 发中断请求,CPU 响应中断请求进入中断服务程序。设计中断服务程序时,要在开始部分安排一段能区别优先级别的查询程序,其流程如图 6-24(b)所示。这样,外设 A、B、C 就具备了从高到低的优先级。

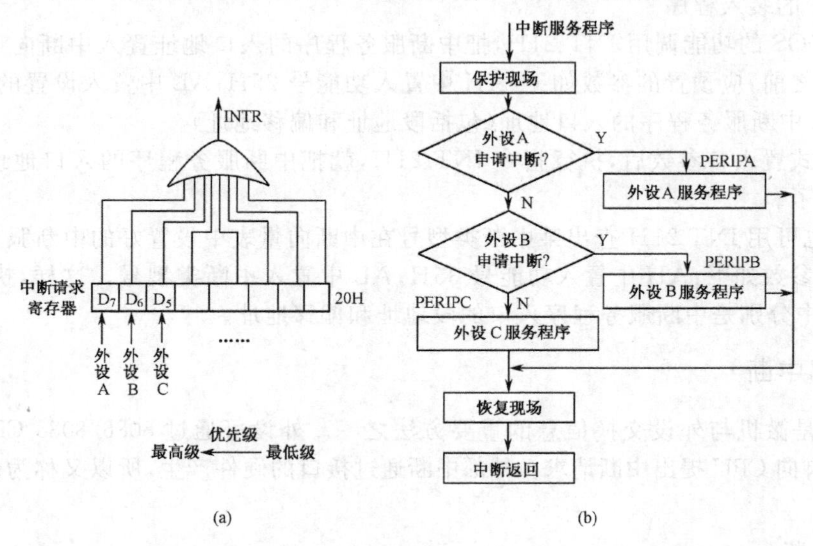

图 6-24 软件查询方式的接口电路和中断服务程序流程

对应于图 6-24(b)流程的中断服务程序如下：

```
INT_SER    PROC
           PUSH  AX          ;保护现场
           ⋮
           PUSH  DX
           IN    AL,20H      ;查询中断请求寄存器
           SAL   AL,1
           JC    PERIPA      ;D7=1,转外设 A 服务程序
           SAL   AL,1
           JC    PERIPB      ;D6=1,转外设 B 服务程序
PERIPC:    ……                ;否则,D5=1,执行外设 C 服务程序(程序略)
PERIPA:    ……                ;外设 A 服务程序(略)
PERIPB:    ……                ;外设 B 服务程序(略)
           CLI               ;关中断
           POP   DX          ;恢复现场
           ⋮
           POP   AX
           STI               ;开中断
           IRET              ;返回断点
INT_SER    ENDP
```

利用软件查询方式的优点是节省硬件，但在中断源较多时，必然有较长的查询程序段，这样由外设发中断请求信号到 CPU 转入相应的服务程序入口所花的时间也较长。

2. 菊花链法

菊花链法是一种获得中断优先级管理的简单硬件方法，其做法是在每个外设对应的接口上接一个逻辑电路，这些逻辑电路构成一个链，以控制中断回答信号的通路，称为菊花链。菊花链线路如图 6-25(a)所示，图(b)是菊花链上各中断逻辑电路的具体线路图。

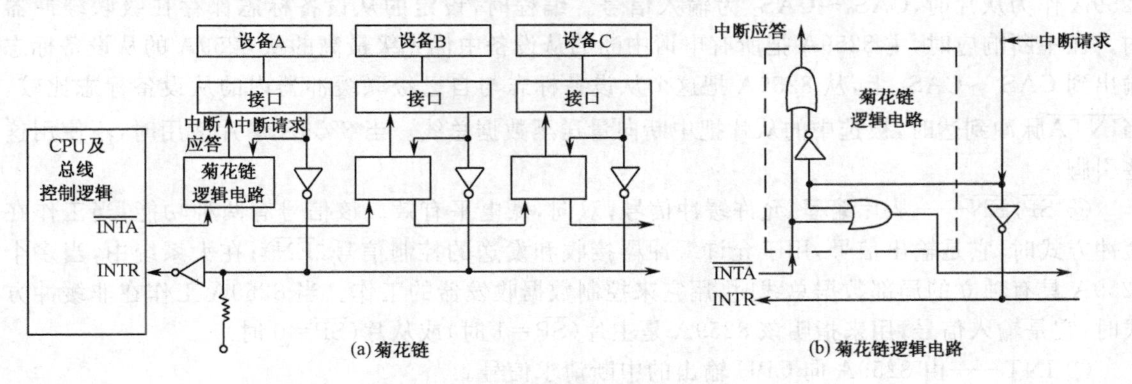

图 6-25　菊花链及其中断逻辑电路

由图 6-25 中可以看出，当有一个接口发出中断请求时，CPU 如果允许中断，就发回$\overline{INTA}$应答信号，如果优先级别较高的外设没有发中断请求信号，那么$\overline{INTA}$信号将在链路中原封不动地往后送至申请中断的接口，而且该接口的中断逻辑电路就对后面的中断逻辑实行阻塞，致使$\overline{INTA}$不再后传，当某一接口收到$\overline{INTA}$信号后，才撤除中断请求信号，否则一直保持中断请求。可以看出，在该电路中，越靠近 CPU 的接口优先级越高。

3. 专用芯片管理方式

这种方式是指采用专门的可编程中断优先级管理芯片来完成中断优先级的管理，是 IBM

PC 系列微机系统最常用的方法。Intel 公司的 8259A 就是这种专用芯片，又称为中断控制器。将它接在 CPU 与接口之间，CPU 的 INTR 脚和$\overline{INTA}$脚不再直接和接口相连，而是和中断控制器相连接；另一方面，各外设接口的中断请求信号并行地送到中断控制器，此管理电路为各中断请求信号分配优先级。下面将对 8259A 的工作原理及应用进行详细讲述。

6.5 可编程中断控制器 8259A

8259A 是双列直插式 28 脚的可编程中断控制芯片，用来管理输入到 CPU 的中断请求，实现优先权判决，提供中断向量、屏蔽中断输入等功能。它能直接管理 8 级中断，若采用级联方式，则不需附加外部电路，最多可用 9 片 8259A 构成双级机构管理 64 级中断。8259A 有多种工作方式，能适应各种系统要求，以便选取最佳中断方案。

6.5.1 8259A 的引脚特性

8259A 的引脚特性如图 6-26 所示，各引脚信号如下。

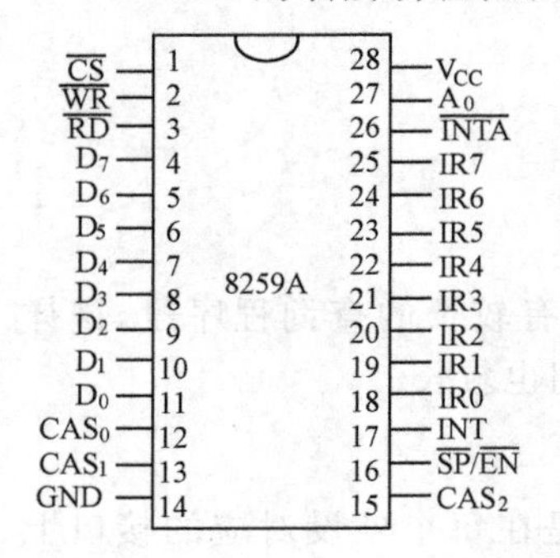

图 6-26 8259A 的引脚特性

① $\overline{CS}$——片选输入信号，低电平有效，通过地址译码电路接向 CPU 的地址总线，有效时可通过数据总线设置命令并对内部寄存器进行读出。当进入中断响应时序时，该引脚状态与进行的处理无关。

② $\overline{WR}$——写控制输入信号，与控制总线上的$\overline{IOW}$信号相连。

③ $\overline{RD}$——读控制输入信号，与控制总线上的$\overline{IOR}$信号相连。

④ D_0～D_7——双向数据线，CPU 与 8259A 间利用该数据总线传输数据及命令。

⑤ CAS_0～CAS_2——这 3 条信号线用来构成 8259A 的主从式级联控制结构。主从结构中，主、从片 8259A 的 CAS_0～CAS_2 全部对应相连。当 8259A 作为主片时，CAS_0～CAS_2 为输出信号；当 8259A 作为从片时，CAS_0～CAS_2 为输入信号。编程时，设定的从设备标志保存在级联缓冲器内。在中断响应时，主 8259A 把所有申请中断的从设备中优先级最高的从 8259A 的从设备标志输出到 CAS_0～CAS_2 上，从 8259A 把这个从设备标志与自己级联缓冲器内的从设备标志比较。当$\overline{INTA}$脉冲到达时，被选中的从片把中断向量送至数据总线。当 8259A 单片使用时，不使用这些引脚。

⑥ $\overline{SP}/\overline{EN}$——从片编程/允许缓冲信号，双向，低电平有效。该信号有两种功能：当工作在缓冲方式时，它是输出信号，用于允许缓冲器接收和发送的控制信号($\overline{EN}$)；在大系统中，当多个 8259A 具有独立的局部数据总线时，用它来控制数据收发器的工作。当 8259A 工作在非缓冲方式时，它是输入信号，用来指明该 8259A 是主片($\overline{SP}$=1 时)或从片($\overline{SP}$=0 时)。

⑦ INT——由 8259A 向 CPU 输出的中断请求信号。

⑧ IR0～IR7——8 个中断请求输入信号脚，接收外设接口来的中断请求。

⑨ $\overline{INTA}$——输入信号，接收 CPU 送来的中断响应信号$\overline{INTA}$。

⑩ A_0——地址选择信号，用来对 8259A 内部的两个可编程寄存器进行选择。

6.5.2 8259A 的内部结构及工作原理

1. 8259A 内部结构

8259A 的内部主要由 8 个基本部分组成。其内部逻辑如图 6-27 所示，各部分的主要功能如下。

① 数据总线缓冲器：8 位的双向三态缓冲器，8259A 通过它与 CPU 进行命令和数据的传输。

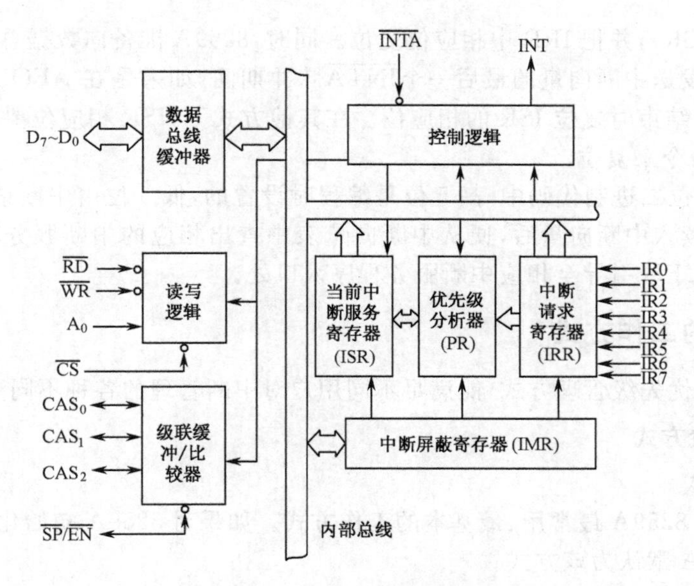

图 6-27 8259A 内部逻辑框图

② 读写逻辑:接收来自 CPU 的读写命令,完成规定的操作。操作过程由$\overline{CS}$、$\overline{A_0}$、$\overline{WR}$、$\overline{RD}$输入信号共同控制。在 CPU 写 8259A 时,它把写入数据送至相应的命令寄存器中(包括初始化命令字和操作命令字)。在 CPU 读 8259A 时,它控制相应的寄存器内容输出到数据总线。

③ 级联缓冲/比较器:当多片 8259A 采用主从结构级联时,该部件用来存放和比较系统中各 8259A 的主、从设备标志。与该部件相连的有级联信号 CAS_0~CAS_2 及双向功能信号$\overline{SP}/\overline{EN}$。

④ 中断请求寄存器(IRR):与接口的中断请求线相连,请求中断处理的外设通过 IR0~IR7 对 8259A 请求中断服务,并把中断请求保持在中断请求寄存器。

⑤ 中断屏蔽寄存器(IMR):通过软件设置 IMR 可对 8 级中断请求分别独立地加以禁止和允许,当此寄存器某位置"1"时,与之对应的中断请求被禁止。屏蔽优先权较高的中断请求,不影响优先级较低的中断请求。

⑥ 优先级分析器(PR):检查中断屏蔽寄存器(IMR)的状态,判别有无优先权更高的中断被接受,如无,则把中断请求寄存器 IRR 中优先权最高的中断请求送入当前中断服务寄存器(ISR),并向 CPU 输出中断请求信号 INT。

⑦ 当前中断服务寄存器(ISR):存放当前正在进行处理的中断级。ISR 的置位是在$\overline{INTA}$脉冲期间,由优先级分析器,根据 IRR 中各申请中断位的优先级别和 IMR 中屏蔽位的状态,选取允许中断的最高优先级请求位,选通到 ISR 中。当中断处理完毕,ISR 复位。

⑧ 控制逻辑:按初始化设置的工作方式控制 8259A 的全部工作。该电路可根据IRR 的内容和 PR 判断结果向 CPU 发中断请求信号 INT,并接受 CPU 发回的响应信号$\overline{INTA}$,使 8259A 进入中断服务状态。

2. 8259A 的工作原理

单片 8259A(作为主片)工作时,进入中断处理的过程如下:

① 当一条或多条中断请求线 IR0~IR7 变高时,设置相应的 IRR 位。

② 在 8259A 对中断优先权和中断屏蔽寄存器的状态进行判断之后,如某中断优先权最高且为允许中断状态,就向 CPU 发高电平信号 INT,请求中断服务。

③ CPU 响应中断时,送回应答信号$\overline{INTA}$脉冲。

④ 8259A 接到来自 CPU 的第一个$\overline{INTA}$脉冲时,把允许中断的最高优先级请求位置入当前

中断服务寄存器(ISR),并把 IRR 中相应位复位。同时,8259A 准备向数据总线发送中断向量。

⑤ 在 8259A 发送中断向量的最后一个$\overline{INTA}$脉冲期间,如果是在 AEOI(自动结束中断)方式下,在$\overline{INTA}$脉冲结束时复位 ISR 的相应位。在其他方式下,ISR 相应位要由中断服务程序结束时发出的 EOI 命令来复位。

中断向量的 8 位二进制代码中,高 5 位是编程时设置的,低 3 位由中断请求线 IR7～IR0 编码提供。当 CPU 读入中断向量后,便从中断向量表中查出相应的中断服务程序入口地址的存放单元,从而控制 CPU 引导至相应中断服务程序入口处。

6.5.3　8259A 的工作方式

8259A 有多种优先级管理方式,能满足不同用户对中断管理的各种不同要求。

1. 优先级设置方式

(1)全嵌套方式

全嵌套方式是 8259A 最常用、最基本的工作方式。如果对 8259A 初始化后没有设置其他优先级方式,则 8259A 默认为该方式。

在全嵌套方式中,8259A 的中断优先级从 IR0～IR7,IR0 优先级最高,IR7 优先级最低。当一个中断已被响应时,只有比它更高级优先级的中断请求才会被响应。

(2)特殊全嵌套方式

与全嵌套方式基本相同,但在特殊全嵌套方式中,当处理某一级中断时,如果再有同级的中断请求,8259A 也会给予响应,从而实现一种对同级中断请求的特殊嵌套。

特殊全嵌套方式一般用于 8259A 级联情况下,将主片编程为特殊全嵌套方式,而与它的中断请求输入相连的其他从片工作于各种优先级方式。这样,当来自一从片的中断请求正在处理时,来自另一从片的优先级相同的中断请求也可以得到响应进行嵌套。

(3)优先级自动循环方式

该方式一般用于系统中多个中断源优先级相等的场合。在这种方式下,优先级队列是变化的,一个外设得到中断响应后,它的优先级自动降为最低。

在一个采用优先级自动循环方式的工作系统中,其初始优先级队列规定由高到低为 IR0,IR1,…,IR7。如果这时 IR3 有中断请求,且被响应,当 IR3 的中断服务完毕,则优先级降为最低。这时系统的优先级队列自动循环为:IR4,IR5,IR6,IR7,IR0,IR1,IR2,IR3。

(4)优先级特殊循环方式

优先级特殊循环方式与优先级自动循环方式相比,只有一点不同,即在优先级特殊循环方式中,初始的最低优先级是由编程来确定的,从而优先级队列及最高优先级中断也由此而定。例如,程序确定 IR5 为最低优先级,则优先级队列为 IR6,IR7,IR0,IR1,…,IR5。

2. 屏蔽中断源方式

8259A 对中断的屏蔽有以下两种方式。

(1)普通屏蔽方式

在普通屏蔽方式中,8259A 的每个中断请求输入端都可通过与它对应的屏蔽位的设置来进行屏蔽,使该中断请求不能送到 CPU。

要解除对某中断的屏蔽,只需将屏蔽寄存器中的对应位清"0"即可。

(2)特殊屏蔽方式

特殊屏蔽方式主要用于中断服务程序中动态地改变系统的优先级结构。例如,在执行一中断服务程序的某一部分时,可能需要禁止优先级比本中断低的其他中断请求,而在执行另一部分时，又希望开放这些中断请求。

按普遍屏蔽方式，可以想到，只需用程序将中断屏蔽寄存器中本级中断的对应位置“1”，使本级中断受屏蔽，便可以开放较低级中断请求了。其实不然，因为中断被响应时，当前中断服务寄存器(ISR)中的对应位被置“1”，在中断服务程序没有发出中断结束命令 EOI 前，8259A 都会禁止所有优先级更低的中断请求。

特殊屏蔽方式的引入，解决了这一问题，当设置了特殊屏蔽方式后，对屏蔽寄存器某一位置“1”时，会同时使当前中断服务寄存器(ISR)中的对应位自动清 0。这样不但屏蔽了当前正在处理的这级中断，而且开放了其他较低级的中断请求。

由此可见，特殊屏蔽方式总是在中断服务程序中使用。

3. 中断结束(EOI)的处理方式

当一个中断请求得到响应时，8259A 在当前中断服务寄存器 ISR 中设置相应位；当一个中断服务程序结束时，必须将 ISR 中的相应位清 0，否则 8259A 的中断控制功能就会不正常。使 ISR 相应位清 0 的工作即为中断结束处理。8259A 有 3 种中断结束方式。

(1)中断自动结束方式

这是最简单的中断结束方式。在此方式下，系统一进入中断过程，当第 2 个中断响应脉冲 $\overline{INTA}$(见图 2-12)送到后，8259A 就自动将当前中断服务寄存器 ISR 中的对应位清 0。这样，尽管系统正在为某外设进行中断服务，但在 8259A 的 ISR 中却没有对应位指示。

中断自动结束方式的设置是在初始化时，使初始化命令字 ICW4 的 AEOI 位为 1 即可。

(2)普通中断结束方式

普通中断结束方式用在全嵌套方式下，当 CPU 向 8259A 发出中断结束命令时，8259A 将 ISR 中优先级最高的位复位(即当前正在进行的中断服务结束)。这种结束方式的设置很简单，只要在程序中往 8259A 的偶地址端口输出一个操作命令字 OCW2，并使 OCW2 中的 EOI＝1，SL＝0，R＝0 即可。

(3)特殊中断结束方式

特殊中断结束方式用于非全嵌套方式下。用这种结束方式时，在程序中要发一条特殊中断结束命令，指出当前中断服务寄存器 ISR 中的哪一位将被清除。实际上，也是通过往 8259A 的偶地址端口输出一个操作命令字 OCW2，使 OCW2 的 EOI＝1，SL＝1，且 R＝0，此时 OCW2 中的 L_2、L_1、L_0 就指出了究竟是对 ISR 中的哪一位进行清除。

另外，必须注意，在级联方式时，一般不用中断自动结束方式，而用非自动结束方式。不管是用普通中断结束方式，还是特殊中断结束方式，在中断服务程序结束时，都必须发两次中断结束命令，一次对主片，一次对从片。

4. 连接系统总线的方式

8259A 与系统总线的连接分为缓冲方式和非缓冲方式。

(1)缓冲方式

在多片 8259A 级联的大系统中，8259A 通过总线驱动器和数据总线相连，这就是缓冲方式。缓冲方式下，8259A 的$\overline{SP}/\overline{EN}$端与总线驱动器的允许端相连，$\overline{SP}/\overline{EN}$端输出的低电平可作为总线驱动器的启动信号。

(2)非缓冲方式

当系统中只有单片 8259A 或有几片 8259A 级联，但片数不太多时，一般将 8259A 直接与数据总线相连，这种方式称为非缓冲方式。这时 8259A 的$\overline{SP}/\overline{EN}$端作为输入端，在单片 8259A 系统中，$\overline{SP}/\overline{EN}$端接高电平；在多片系统中，主片的$\overline{SP}/\overline{EN}$端接高电平；从片的$\overline{SP}/\overline{EN}$端接低电平。

5. 引入中断请求的方式

8259A 在初始化设置时，必须指明中断请求信号是电平触发方式还是边沿触发方式，这种选择是通过初始化命令字 ICW1 来设置的。

(1)电平触发方式

8259A 工作于电平触发方式时，把中断请求输入端的高电平作为中断请求信号。

注意，当中断输入端出现一个中断请求并得到响应后，输入端必须及时撤除高电平，否则当 CPU 进入中断处理并开中断后可能引起不应有的第二次中断。

(2)边沿触发方式

边沿触发方式下，8259A 将中断请求输入端 IR 出现的上升沿作为中断请求信号，该中断请求得到触发后可以一直保持高电平。

(3)查询方式

8259A 也可以用查询方式来检查请求中断的设备。例如，当 CPU 内部的中断允许触发器被复位时，中断输入信号不起作用，那么对设备的服务就要通过软件查询来实现。

查询命令是在后面要讲的 OCW3 中的 P 位为 1 时发出的，8259A 接到查询命令后，把随后一次 CPU 读操作($\overline{CS}=0$，$\overline{RD}=0$)当做中断响应信号。如有中断请求，就把相应的 IS 位置位，并读该中断级别。从发出查询命令的写脉冲$\overline{WR}$开始到读出查询结果的读脉冲$\overline{RD}$，这段时间中断被冻结。

在查询读出期间，8259A 输出到数据总线上的查询字格式如下：

D_7	D_6	D_5	D_4	D_3	D_2	D_1	D_0
I	—	—	—	—	W_2	W_1	W_0

其中：I 为有无中断标志，有中断时 I=1，否则 I=0；$W_2 \sim W_0$ 为请求中断的最高优先级别的二进制码。

6.5.4 8259A 的级联

微计算机系统中以 1 片 8259A 与 CPU 相连。这片 8259A 又与下一层的多至 8 片的 8259A 相连，称为级联。与 CPU 相连的 8259A 称为主片，下一层的 8259A 均称为从片。8259A 的级联结构如图 6-28 所示。

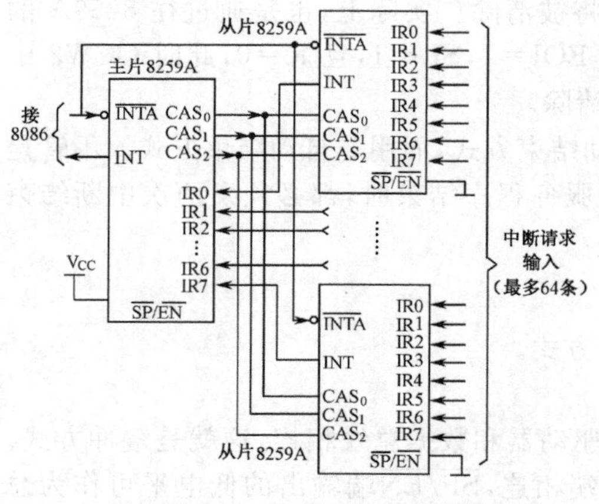

图 6-28 8259A 的级联结构

在级联结构中，从片的 INT 输出端接至主片的 IR 输入端，由主片的 INT 向 CPU 发中断请求；且所有 8259A 的 CAS_2、CAS_1、CAS_0 互连，主片为输出信号，从片为输入信号，这 3 条信号线的编码用于选择从片。级联系统中各 8259A 必须各自有一完整的初始化过程，以便设置各自的工作状态。在中断结束时，要发两次 EOI 命令，分别使主片和相应的从片执行中断结束命令。

若 8259A 初始化时没有设置为特殊全嵌套方式，则在初始化完成后进入一般的全嵌套方式工作。在此方式下，当从片的中断请求被 CPU 响应，进入中断服务时，主片的 ISR 被置位，这个从片就被屏蔽掉，来自同一 8259A 从片的较高优先级的中断请求就不能通过 8259A 向 CPU 申请中断。为避免这种欠缺，在级联环境下可采用特殊全嵌套方式。

特殊全嵌套方式有如下特点。

① 当某从片的中断请求进入服务时，主片的优先权控制逻辑不封锁这个从片，从而使来自从片的较高优先级 IR 的中断请求能够被主片识别，并向 CPU 发出中断请求信号 INT。

② 中断服务程序结束时，必须用软件检查被服务的中断是否是该从片中唯一的中断请求。操作过程为：先向从片发一个中断结束命令 EOI，清除已完成服务的 ISR 位；然后读出 ISR 内容，检查它是否为 0，如果为 0，表示该从片只有一个中断请求得到响应，则向主片发一 EOI 命令，清除与从片对应的 ISR 位；如果从片 ISR 不为 0，则不向主片发 EOI 命令。

6.5.5　8259A 的初始化命令字和操作命令字

8259A 是根据收到 CPU 的命令进行工作的。CPU 的命令字分两类：一类是初始化命令，称为初始化命令字(Initialization Command Word，ICW)。初始化命令字往往是在系统启动时，由初始化程序设置的。初始化命令字一旦设定，一般在系统工作过程中就不再改变。另一类是操作命令，称为操作命令字(Operation Command Word，OCW)。在初始化后，CPU 用 OCW 来控制 8259A 执行不同的操作，如中断屏蔽、中断结束、优先权循环和中断状态的读出和查询。OCW 可在初始化之后的任何时刻写入 8259A，并可多次设置。

CPU 对 8259A 写入命令字设置其工作状态，或由 CPU 对 8259A 表示状态的寄存器进行读出都与一般的 I/O 设备一样，是由 A_0、$\overline{RD}$、$\overline{WR}$和$\overline{CS}$等信号的组合来控制的，这实际上形成了 8259A 的输入/输出端口地址，见表 6-5。由表可见，CPU 用 A_0 寻址 8259A 的端口共 2 个，一个为偶地址，一个为奇地址，并设偶地址较低。

表 6-5　8259A I/O 地址分配

A_0	D_4	D_3	$\overline{RD}$	$\overline{WR}$	$\overline{CS}$	操　作
0			0	1	0	IRR、ISR 或中断状态→数据总线
1			0	1	0	IMR→数据总线
0	0	0	1	0	0	数据总线→OCW2
0	0	1	1	0	0	数据总线→OCW3
0	1	×	1	0	0	数据总线→ICW1
1	×	×	1	0	0	数据总线→ICW2，ICW3，ICW4，OCW1
×	×	×	1	1	0	数据总线→三态
×	×	×	×	×	1	数据总线→三态

1. 初始化命令字

8259A 有 4 个初始化命令字 ICW1～ICW4，用于对 8259A 的初始状态进行设置，ICW1 和 ICW2 适合于所有主、从 8259A；而 ICW3 和 ICW4 则是有选择的应用。各命令字的具体格式如下。

(1)ICW1(其格式如下)

A_0		D_7	D_6	D_5	D_4	D_3	D_2	D_1	D_0
0		—	—	—	1	LTIM	ADI	SNGL	IC_4

A_0＝0：表示必须写入偶地址中。

D_7～D_5：这几位在 8086/8088 系统中不用，可为任意值。

D_4：D_4＝1 和 A_0＝0 是 ICW1 的标志，表示当前操作的是 ICW1。

D_3(LTIM)：设定中断请求信号 IR 的触发方式。LTIM＝0，为边沿触发方式，LTIM＝1，为电平触发方式。

D_2(ADI)：在 8086/8088 系统中该位不用，可为任意值。

D_1(SNGL)：单片/级联方式指示。SNGL＝0，表示级联方式，这时在 ICW1、ICW2 后要跟

ICW3 设置级联工作状态；SNGL=1，表示系统只有一片 8259A，初始化过程中不需 ICW3。

D_0（IC_4）：指示初始化过程中是否使用 ICW4。在 8086/8088 系统中，IC_4 必须设定为 1，说明初始化程序中要用 ICW4。$IC_4=0$，表示 ICW4 所选全部功能都置为 0（如非缓冲方式，非 AEOI，8080/8085 方式等）。

除 ICW1 的 A_0 标志为 0 外，其余 ICW2～ICW4 的 A_0 标志均为 1，应写入到奇地址端口中。

(2)ICW2（其格式如下）

A_0
1

D_7	D_6	D_5	D_4	D_3	D_2	D_1	D_0
A_{15}/T_7	A_{14}/T_6	A_{13}/T_5	A_{12}/T_4	A_{11}/T_3	A_{10}	A_9	A_8

ICW2 是一个中断向量字节。在 8086/8088 系统下，它是中断类型码，编程时用 ICW2 设置中断类型码高 5 位 T_7～T_3（即 D_7～D_3），而 D_2～D_0 的值恒为零。

中断类型码的高 5 位就是 ICW2 的高 5 位，而低 3 位由引入中断请求的引脚 IR0～IR7 决定。例如，ICW2 为 20H，则 8259A 的 IR0～IR7 对应的 8 个中断类型码为 20H，21H，22H，23H，24H，25H，26H，27H。中断类型码的生成见表 6-6。

表 6-6　8086/8088 系统中的中断类型码的生成

IR 编码	中断类型码							
	D7	D_6	D_5	D_4	D_3	D_2	D_1	D_0
IR0	T_7	T_6	T_5	T_4	T_3	0	0	0
IR1	T_7	T_6	T_5	T_4	T_3	0	0	1
IR2	T_7	T_6	T_5	T_4	T_3	0	1	0
IR3	T_7	T_6	T_5	T_4	T_3	0	1	1
IR4	T_7	T_6	T_5	T_4	T_3	1	0	0
IR5	T_7	T_6	T_5	T_4	T_3	1	0	1
IR6	T_7	T_6	T_5	T_4	T_3	1	1	0
IR7	T_7	T_6	T_5	T_4	T_3	1	1	1

(3)ICW3

对 8259A 初始化时，是否需要 ICW3 取决于 ICW1 中的 SNGL 位的状态。SNGL=0 时，表示 8259A 工作于级联方式，需用 ICW3 设置 8259A 的状态。

对于主片 8259A（$\overline{SP}/\overline{EN}=1$，或 ICW4 中 BUF=1 和 M/S=1），ICW3 装入 8 位从设备标志。

主片 8259A 的 ICW3 格式如下：

A_0
1

D_7	D_6	D_5	D_4	D_3	D_2	D_1	D_0
S_7	S_6	S_5	S_4	S_3	S_2	S_1	S_0

S_7～S_0 分别对应主片 IR7～IR0 是否接有从片 8259A，为“1”表示接有从片 8259A，为“0”表示未接从片 8259A。例如，ICW3 为 32H(00110010B)表示主片 8259A 的 IR5、IR4、IR1 接有从片 8259A，其余脚没有接从片 8259A。

表 6-7　从设备标志的编码

ID_2	ID_1	ID_0	从设备标志
0	0	0	0
0	0	1	1
0	1	0	2
0	1	1	3
1	0	0	4
1	0	1	5
1	1	0	6
1	1	1	7

对于从片对 8259A（$\overline{SP}/\overline{EN}=0$，或 ICW4 中 BUF=1 和 M/S=0），ICW3 中的 D_2～D_0 位表示从设备标志代码，等于从片下 8259A 的 INT 端所连的主片 8259A 的 IR 编码，表 6-7 列出了从设备标志的编码。

从片 8259A 的 ICW3 格式如下：

A_0
1

D_7	D_6	D_5	D_4	D_3	D_2	D_1	D_0
—	—	—	—	—	ID_2	ID_1	ID_0

其中，D_7、D_6、D_4、D_3 在系统中不用，可为任意值。

(4)ICW4

ICW4 只有在 ICW1 中的 IC_4＝1 时才使用，其格式如下：

A_0
1

D_7	D_6	D_5	D_4	D_3	D_2	D_1	D_0
0	0	0	SFNM	BUF	M/S	AEOI	μPM

D_7～D_5：ICW4 的标识码，总为 0。

D_4(SFNM)：为 1 时，表示工作于特殊的全嵌套方式；为 0 时，表示工作于一般全嵌套方式。

D_3(BUF)：指示是否工作于缓冲方式，由此决定了 $\overline{SP}/\overline{EN}$的功能。BUF＝1 为缓冲方式，BUF＝0 则为非缓冲方式。

D_2(M/S)：表示缓冲方式下本片为主片还是从片。BUF＝1 时，若 M/S＝1，则本片为主片，若 M/S＝0，则本片为从片。BUF＝0 时，M/S 不起作用。

D_1(AEOI)：指定是否为自动中断结束方式。AEOI＝1，为自动中断结束方式；AEOI＝0，不用自动中断结束方式。

D_0(μPM)：指定 CPU 的类型。μPM＝0，表示 8080/8085 系统；μPM＝1，表示 8086/8088 系统。

2. 8259A 的初始化设置流程

8259A 进入正常工作之前，系统必须对每片 8259A 进行初始化设置。初始化是通过编程将初始化命令字按顺序写入 8259A 的端口实现的。8259A 的初始化流程如图 6-29 所示。

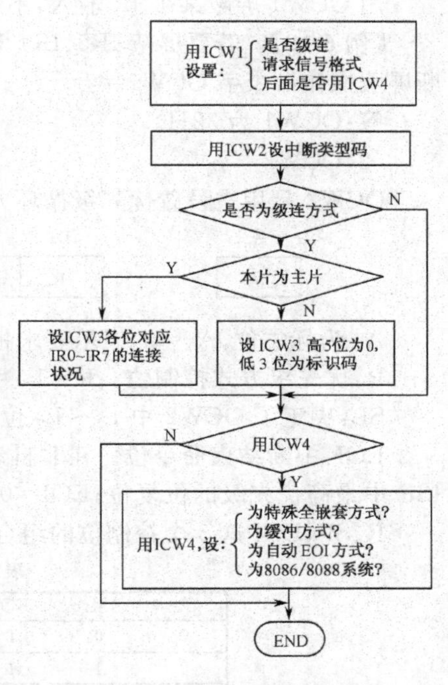

图 6-29　8259A 的初始化流程

【例 6-9】 以 IBM PC/XT 微机中使用的单片 8259A 为例，对其进行初始化设置。

在 IBM PC/XT 机中，8259A 的 ICW1 和 ICW4 的端口地址分别为 20H 和 21H。初始化设置的程序段如下：

```
    ⋮
MOV   AL,13H      ;设置 ICW1(中断请求信号采用边沿触发方式，单片 8259A，下面将设置 ICW4)
OUT   20H,AL
MOV   AL,18H      ;设置 ICW2(将中断类型码高 5 位指定为 00011)
OUT   21H  AL
MOV   AL,0DH      ;设置 ICW4(不用特殊全嵌套方式，不用中断自动结束方式，用缓冲方式，工作
                  ;于 8086/8088 系统)
OUT   21H,AL
```

3. 8259A 的操作命令字

对 8259A 用初始化命令字初始化后，就进入工作状态了，准备接受 IR 输入的中断请求信号。在 8259A 工作期间，可通过操作命令字(OCW)来使它按不同的方式操作。8259A 的操作命令字共 3 个，可独立使用。

(1) OCW1

OCW1 中断屏蔽操作命令字用来设置 8259A 的屏蔽中断操作，直接对中断屏蔽寄存器 IMR 的相应屏蔽位进行设置，其格式如下：

A_0
1

D_7	D_6	D_5	D_4	D_3	D_2	D_1	D_0
M_7	M_6	M_5	M_4	M_3	M_2	M_1	M_0

A_0＝1 为标志位，表示要求把 OCW1 写入 8259A 的奇地址端口。

M_7～M_0 分别对应 IR7～IR0，如某位 M＝1，将屏蔽相应的 IR 输入，禁止它产生中断输出信号 INT；M＝0，则清除屏蔽状态，允许对应的 IR 输入产生 INT 输出，请求 CPU 进行服务。

用 OCW1 屏蔽某个 IR 输入，不影响其他的 IR 输入。

【例 6-10】 若要屏蔽 IR5、IR4 和 IR1 引脚上的中断，而让其余中断得到允许。试确定其中断屏蔽操作命令字 OCW1＝？

答：OCW1 为 32H。

(2)OCW2

OCW2 是用来设置优先级循环方式和中断结束方式的操作命令字，其格式如下：

A_0
0

D_7	D_6	D_5	D_4	D_3	D_2	D_1	D_0
R	SL	EOI	0	0	L_2	L_1	L_0

A_0 为标志位，A_0＝0，表示要求把 OCW2 写入 8259A 的偶地址端口。

R：优先级方式控制位。R＝1，为循环优先级，R＝0，为固定优先级。

SL：决定了 OCW2 中 L_2～L_0 位是否有效，SL＝1，为有效；SL＝0，L_2～L_0 无效。

EOI：中断结束命令位。在非自动中断结束命令的情况下，EOI＝1，表示中断结束命令，它使 ISR 中最高优先级的位复位；EOI＝0，则不起作用。

R、SL、EOI 这 3 个控制位的组合格式所形成的命令和方式如表 6-8 所示。

表 6-8　OCW2 的组合控制格式

R	SL	EOI	功　能	
0	0	1	一般的 EOI 命令	中断结束
0	1	1	特殊的 EOI 命令	
1	0	1	循环优先级的一般 EOI 命令	自动循环
1	0	0	设置循环 AEOI 命令	
0	0	0	清除循环 AEOI 方式	
1	1	1	循环优先级的特殊 EOI	特殊循环
1	1	0	设置优先级命令	
0	1	0	无效	

L_2～L_0：SL＝1，用来指定 OCW2 选定的操作作用于哪一级 IR 码。L_2～L_0 的编码与起作用的 IR 级别对应，即 000，001，010，…，111 分别对应于 IR0，IR1，…，IR7。

【例 6-11】 若对某 8259A 的 OCW2 设置为 11000011B，试分析此操作命令字所确定的操作方式。

解：根据表 6-9，该命令字确定 8259A 为特殊循环优先级，且作用于 IR3 级中断。再根据特殊循环优先级方式，将 IR3 定为最低级。因此，系统中从高到低优先级为 IR4，IR5，IR6，IR7，IR0，IR1，IR2，IR3。

(3)OCW3

OCW3 有 3 方面的功能：① 控制 8259A 的中断屏蔽；② 设置中断查询方式；③ 设置读 8259A 内部寄存器命令。OCW3 的格式如下：

A_0
0

D_7	D_6	D_5	D_4	D_3	D_2	D_1	D_0
0	ESMM	SMM	0	1	P	RR	RIS

A_0 为标志位，$A_0=0$，表示要求把 OCW3 写入 8259A 的偶地址端口。

ESMM 为特殊的屏蔽方式允许位，SMM 为特殊屏蔽方式位。只有当 ESMM=1 时，才允许 SMM 位起作用。SMM=1，选择特殊屏蔽方式，SMM=0，则清除特殊屏蔽方式。例如，当 OCW3 中的 ESMM=SMM=1 时，只要 CPU 内部的 IF=1，系统就可以响应任何非屏蔽中断，使优先级规则完全不起作用。如果再发一个 OCW3，使 ESMM=1，SMM=0，系统又恢复原来设置的优先级方式。这往往用在中断服务程序中，动态地改变系统的优先级结构。

P 为查询方式位。P=1，将 8259A 置于中断查询方式，靠发送查询命令来获得外部设备的中断请求信息；P=0，处于非查询方式。OCW3 设置查询方式以后，随后执行一条输入指令，将 $\overline{RD}$ 脉冲信号送到 8259A，此读脉冲作为中断响应信号 $\overline{INTA}$，读出最高优先级的中断请求 IR 识别码。

RR 为读寄存器命令。RR=1，允许读 IRR 或 ISR 寄存器；RR=0，禁止读取。

RIS 为读 IRR 或 ISR 的选择位。RIS=1，允许读当前中断服务寄存器 ISR；RIS=0，允许读中断请求寄存器 IRR。

6.5.6 8259A 应用举例

【例 6-12】 在 IBM PC/XT 62 芯总线的 IRQ2 端输入一中断请求信号。该信号的中断源可由 62 芯总线 CLK 输出的时钟经 8253 定时/计数器产生，也可由一分频电路直接分频产生。每产生一次中断，要求 CPU 响应后在 CRT 上显示字符串"THIS IS A 8259A INTERRUPT!"，中断 10 次后，主机返回 DOS 状态，不再响应中断请求（8253 定时/计数器见第 8 章）。

解：已知 PC/XT 中 8259A 地址为偶地址 20H、奇地址 21H，并且使用系统的中断类型号为 0AH。

程序包括主程序和中断服务程序。程序流程如图 6-30 所示。

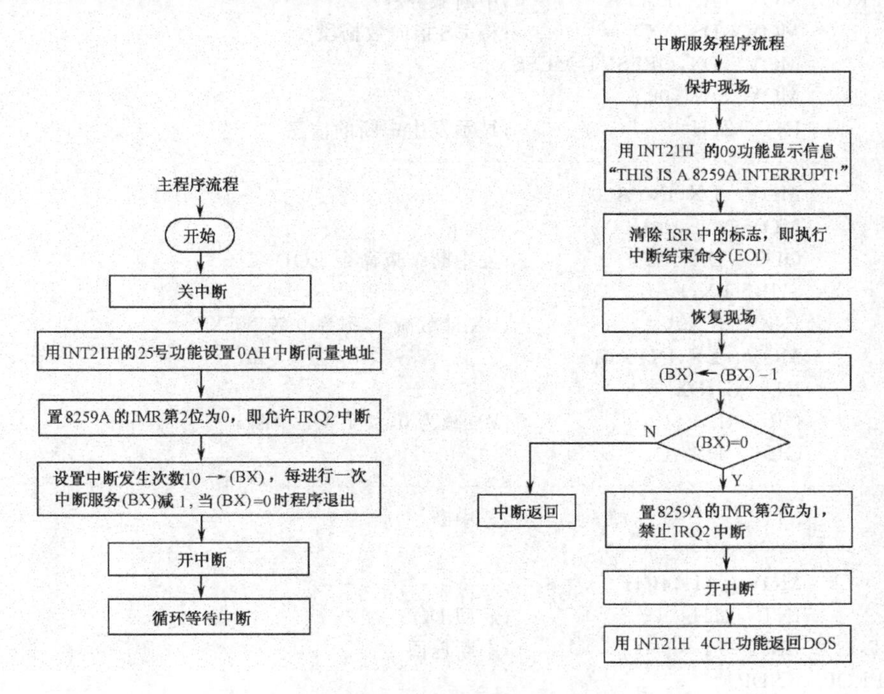

图 6-30 例 6-12 的程序流程

源程序如下：

```
INTA00    EQU  20H                ;PC/XT 系统中 8259A 的偶地址端口
INTA01    EQU  21H                ;PC/XT 系统中 8259A 的奇地址端口
DATA      SEGMENT
MESS      DB 'THIS IS A 8259A INTERRUPT!',0AH,0DH,'$'
DATA      ENDS
CODE      SEGMENT
          ASSUME  CS:CODE,DS:DATA
START:    MOV  AX,CS
          MOV  DS,AX              ;设置 DS 指向代码段
          MOV  DX,OFFSET,INT-PROC
          MOV  AX,250AH           ;设置 0AH 号中断向量
          INT  21H
;----------------------------------------------------------
          CLI                     ;关中断
;----------------------------------------------------------
          MOV  DX,INTA01
          IN  AL,DX               ;允许 IRQ2 中断
          AND  AL,0FBH
          OUT  DX,AL
;----------------------------------------------------------
          MOV  BX,10              ;设置中断次数为 10
          STI                     ;开中断
;----------------------------------------------------------
LL:       JMP  LL                 ;循环等待中断
;----------------------------------------------------------
INT-PROC: MOV  AX,DATA            ;中断服务程序
          MOV  DS,AX              ;将 DS 指向数据段
          MOV  DX,OFFSET MESS
          MOV  AH,09
          INT  21H                ;显示发生中断的信息
;----------------------------------------------------------
          MOV  DX,INTA00
          MOV  AL,20H
          OUT  DX,AL              ;发中断结束命令 EOI
          SUB  BX,1
          JNZ  NEXT               ;BX 计数减 1,不为 0 转 NEXT
          MOV  DX,INTA01
          IN  AL,DX
          OR  AL,04               ;BX 减为 0,关 IRQ2 中断
          OUT  DX,AL
;----------------------------------------------------------
          STI                     ;开中断
;----------------------------------------------------------
          MOV  AH,4CH
          INT  21H                ;返回 DOS
NEXT:     IRET                    ;中断返回
INT-PROC  ENDP
CODE      ENDS
          END  START              ;汇编结束
```

6.6 80x86/Pentium 微计算机的中断系统

6.6.1 IBM PC/XT 微计算机的中断系统

IBM PC/XT 微计算机的中断系统如图 6-31 所示，包括由 8088 CPU 的中断逻辑管理的内部中断和外部中断。外部中断又分为可屏蔽中断 INTR 和非屏蔽中断 NMI。其中内部中断已在前面述及，不再赘述。

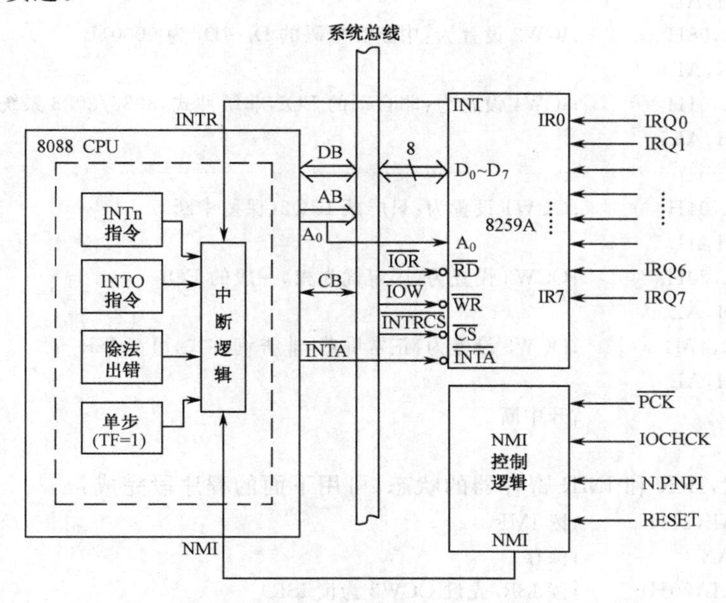

图 6-31 IBM PC/XT 的中断控制系统

1. 可屏蔽中断 INTR

IBM PC/XT 用单片 8259A 可接收来自外设的 8 个中断源 IRQ0～IRQ7 的请求，形成中断请求信号 INT，输出给 8088 CPU 的 INTR 引脚。可屏蔽中断源与 8259A 对应的 IR 编码及其优先级别见表 6-9。

表 6-9 IBM PC/XT 的可屏蔽中断源与对应的 IR 编码

IR 编码	外设的中断请求信号及对应的中断源	优先级别
IR0	IRQ0：电子时钟	0(最高级)
IR1	IRQ1：键盘中断	1
IR2	IRQ2：(保留)	2
IR3	IRQ3：异步通信(COM2)	3
IR4	IRQ4：异步通信(COM1)	4
IR5	IRQ5：硬磁盘	5
IR6	IRQ6：软磁盘	6
IR7	IRQ7：并行打抑机	7(最低级)

IBM PC/XT 微机为 INTR 分配的中断类型码为 08H～0FH(初始化命令字 ICW2 的 D_7～D_3 为 00001B，其产生方法见表 6-7)，分别对应 IR0～IR7。

图 6-31 中的 8259A 的 $\overline{RD}$ 和 $\overline{WR}$ 由系统控制总线的 $\overline{IOR}$(I/O 读)和 $\overline{IOW}$(I/O 写)信号提供；片选信号 $\overline{CS}$ 来自地址译码电路的中断地址线 $\overline{INTRCS}$；A_0 则直接与地址总线的 A_0 相连，决定了 8259A 的两个端口地址为 20H 和 21H。当任一个中断源有中断请求时，8259A 按程序设置好的

优先级别产生中断请求信号 INT 送至 8088 的 INTR 引脚，若 CPU 处于中断开放状态，就会在当前指令执行完后进入中断响应周期，CPU 向 8259A 发回 $\overline{INTA}$ 应答信号，促使 8259A 把中断类型码送至数据总线，开始中断服务。

8259A 的初始化编程和工作方式设置编程如下：

```
   ⋮
CLI                     ;关中断
MOV   AL,13H            ;ICW1 设置为:单片,边缘触发,需要 ICW4
OUT   20H,AL
MOV   AL,08H            ;ICW2 设置为:中断类型码的 D7～D3 为 00001B
OUT   21H,AL
MOV   AL,01H            ;ICW4 设置为:非自动的 EOI,非缓冲式,8086/8088 系统
OUT   21H,AL
;..............................................................
MOV   AL,04H            ;OCW1 设置为:只屏蔽 IRQ2(保留中断)
OUT   21H,AL
MOV   AL,20H            ;OCW2 设置为:固定优先权,一般的 EOI
OUT   20H,AL
MOV   AL,4BH            ;OCW3 设置为:正常屏蔽,非查询方式,可读 ISR
OUT   20H,AL
STI                     ;开中断
   ⋮
```

若要读出 ISR，IRR 和 IMR 寄存器的状态，可用下面的程序段完成：

```
IN       AL,21H         ;读 IMR
PUSH     AX             ;保存
IN       AL,20H         ;读 ISR(先设 OCW3 为读 ISR)
PUSH     AX             ;保存
MOV      AL,4AH         ;重写命令字 OCW3,读 IRR
OUT      20H,AL
IN       AL,20H         ;读 IRR
```

2. 非屏蔽中断 NMI

IBM PC/XT 的非屏蔽中断 NMI 来源于以下 3 方面，经 NMI 控制逻辑处理后向 8088CPU 发出 NMI 信号。

① 系统板上的数据存储器读/写时产生奇偶校验错误，发出的 $\overline{PCK}$ 信号。

② I/O 通道的扩展选件奇偶校验错发出的 IOCHCK 信号。

③ 协处理器 8087 产生异常发出的 N. P. NPI 异常中断信号。

系统一上电，复位信号 RESET 先将 NMI 控制逻辑的屏蔽触发器清 0，待系统自检完成开始正常工作之后，再开放 NMI 请求。此时，只要上述任一个非屏蔽请求信号出现有效电平，CPU 立即接收，用固定的 NMI 类型码 n=2 寻址中断向量，并在当前指令执行完后进入相应的中断服务。

6.6.2 80386/80486/Pentium 微计算机的中断系统

自 80286 开始引入虚地址模式后，IA-32 结构的高档 CPU 的中断机构就与 8086/8088 有了很大的不同。除实地址模式下的中断源和中断过程仍保持与 8086/8088 一致外，保护模式下的中断源除“中断”外，还有“异常”。对中断类型码的分配、中断和异常的处理采用新的机制进行。在 IA-32 结构的高档 CPU 中，80486 具有代表性，也同样适合于其他高档 CPU。现分析如下。

1. 80486 中断源

80486 的中断源分为中断和异常两大类。前者也叫外中断或硬中断，后者也叫内中断或软中断。

中断可分为可屏蔽中断 INTR 和非屏蔽中断 NMI，同 8086/8088。

异常可分为自陷、故障和终止。无论哪种异常，其中断类型码均由 CPU 自动产生。

① 自陷(Trap)：自陷是当执行可引起异常的指令之后，进行检测和处理，然后返回该指令的下一条去执行，而不是重新执行本指令。例如，执行中断指令 INT n 可能产生自陷。

② 故障(Fault)：故障是在引起异常的指令执行之前就被检测和处理的，即把“不具备正确执行指令的条件”变成“具备正确执行指令的条件”，并在中断服务结束后再执行该指令，如对除法指令给予了被除数为 0 的条件。

③ 终止(Aborts)：当无法确定引起异常的指令位置时，向 CPU 报告发生严重错误，只好停机终止。这类异常不能重新启动继续执行。例如，在进入第 1 号异常中断服务时又出现了第 2 号异常条件，从而引发了双重异常中断，其类型码既不是第 1 号的，又不是第 2 号的，再继续操作已无意义，只好停机。

2. 中断和异常的识别

80486 的中断和异常也有各自对应的中断类型码 n，以示识别。但实模式和保护模式下同一个 n 有不同的定义。80486 实模式下的中断类型码分配情况与 8086 相同，而保护模式下，80486 定义的中断类型码如表 6-10 所示，这时的 NMI 和各种异常的中断类型码占用了 00H～1FH 号，INTR 的类型码可以是 20H～0FF 范围内的任一个。读者可将表 6-10 与表 6-6 进行比较，80486 的范围要大得多。

表 6-10　80386/80486/Pentium CPU 定义的中断类型码(保护模式)

类型码	中断源	产生的说明	中断类型
00H	除法错	在执行除法指令时，除数为零而产生	Fault
01H	单步中断	标志寄存器中 TF 为 1 时，每执行完一条指令即产生	Trap 或 Fault
02H	NMI	在处理 NMI 引脚的有效输入信号时即产生	NMI
03H	断点中断	执行单字节指令 INT 时产生	Trap
04H	溢出中断	在执行单字节指令 INTO 时，如标志寄存器的 OF 位为 1 则产生，OF 位为 0 则不产生	Trap
05H	边界范围异常	执行 BOUND 指令，如果操作数超过数组的边界时发生	Fault
06H	操作码非法	遇到无定义的指令时产生	Fault
07H	无协处理器	执行到与协处理器有关的指令而无协处理器时产生	Fault
08H	双重故障	进入中断类型号为 10、11、12、13 的异常中断服务程序后，又出现了某种异常条件即产生	Abort
09H	协处理器越段	在执行到与协处理器有关的指令，该指令有多个字的操作数，其中某些字超越段范围而产生	Trap
0AH	无效 TSS	在任务切换时，因任务的 TSS 不正确而产生	Fault
0BH	段不在主存	要访问的段其描述符中的 P 位为 0(段不在主存)而产生	Fault
0CH	堆栈异常	访问堆栈越界或企图用不在主存的段作为堆栈段的操作而产生	Fault
0DH	一般保护异常	处理器检测出违反保护规则时而产生	Fault
0EH	页面故障	在页功能有效时，访问不在主存的页面而产生	Fault
0FH	(保留)		
10H	协处理器异常	浮点运算出错	Fault
11H	对准检查异常	字操作时访问奇地址，双字操作时访问非 4 的倍数的地址	Fault
12～1FH	(保留)		
20～0FFH	INTR		INTR
0～0FFH	自陷	可能由执行 INTn 产生	Trap

3. 80486/Pentium 中断与异常的处理过程

80486/Pentium 的中断与异常的处理过程与 8086 类似。

(1)当中断检测满足中断响应条件后,首先应取得中断类型码 n。不同的中断类型,取得 n 的方法不一样。

① 软中断:由执行 INT 指令引起的软中断,n 由指令直接给出。

② 其他异常和 NMI:n 由 CPU 自动产生。

③ INTR 中断:由中断控制器(8259A)在中断响应周期将 n 送上数据总线。

(2)保护现场、断点,并根据不同情况决定是否复位中断标志 IF。

(3)用 n 值作为索引,取得相应的中断服务程序入口,转而执行中断服务程序,结束后返回应返回的断点。

表 6-11 80486 中断和异常的响应顺序

响应顺序	中断或异常
5(最后)	INTR
4	NMI
3	调试 Fault
2	调试 Trap
1	中断指令 Trap
0(最先)	其他异常

如果中断和异常同时发生,80486/Pentium CPU 将按表 6-11 所示的固定顺序依次响应。

4. 80486 在各种模式下中断向量的索引方式

(1)实模式下的中断

80486/Pentium 在实模式下的中断处理与 8086 相同。它们具有同样的中断源和中断类型码分配方式,即在主存储器的最低端有 1KB 的中断向量表,共保存有 256 个中断服务程序的入口地址,以类型码 n 乘以 4 得到中断向量表指针,由此获得中断服务程序的入口地址。

(2)保护模式下的中断/异常

保护模式方式和实模式方式不同之处有以下两方面。

① 80486/Pentium 在保护模式下,欲从低端 RAM 的中断向量表取出中断向量时,应该用类型码 n 对中断描述符表 IDT 中的门描述符自动进行索引,由门描述符得到控制转移的目的地址。IDT 中有中断门、自陷门和任务门。每个门的描述占用 8 个连续字节,以 n*8 作为 IDT 的索引值,并以中断描述符表寄存器 IDTR 中的线性基址为 IDT 的基地址,两者相加得到 IDT 中某个门描述符的首址。门中存有中断/异常处理程序的代码段描述符的选择器及偏移量,以此作为新的指令指针,从而达到转移的目的。但 CPU 是否能正常执行中断服务,还与中断/异常的类型、索引到门的种类及描述符的特权级有关。原因是中断/异常的中断处理程序本身比用户程序有更高优先级,因此发生中断/异常时,将引起从用户特权级(3 级)向处理程序特权级的转移,中断/异常在得到响应之前还要进行保护性检查。

② 80486/Pentium 在保护模式下,中断/异常响应后,除了要在最高特权级的堆栈中保护现场、断点外,还要将错误码压入堆栈,而实模式则不存在错误码。保护模式下中断类型码为 0～07H,10H 的中断/异常也不存在错误码。

(3)虚拟 8086 模式下的中断/异常

虚拟 8086 模式实际是保护模式下虚拟 8086 运行的单一任务模式,本质上是保护模式的一个特例,因此其工作机制与保护模式大致相同,同时兼有实模式的特点。它们对中断/异常处理过程的主要差别在于:

① 保护现场时,不仅要将 EFLAGS 压栈,还要将其中的第 17 位 VM 清 0。因此,如果中断处理程序的堆栈为 16 位,也应按 32 位的操作长度来保存标志寄存器 EFLAGS。

② 入栈的内容要比保护模式多 20 字节,用于保存 5 个零扩展后的段寄存器 DS,ES,FS,GS 和 SS。

③ 虚拟 8086 模式自动工作在特权级 3,要求中断/异常的处理程序必须具有最高特权级 0。

如保护性检查时不满足此条件，将发生异常 0DH。

6.6.3 80386/80486/Pentium 微机的硬中断控制系统

1. 可屏蔽中断 INTR

在 80386/80486/Pentium 高档微机主板上的芯片组(Chipset)中采用了两片 8259A，以级联方式管理 16 级优先权中断。其中断源如表 6-12 所示。

表 6-12 386/486/Pentium 微机的可屏蔽中断源

中断源	分配情况(接主片的)	中断源	分配情况(接从片的)
IRQ0	定时器	IRQ8	实时时钟
IRQ1	键盘	IRQ9	指令 INT 0AH
IRQ2	接从片的 INT 信号	IRQ 10	(保留)
IRQ3	异步通信(COM2)	IRQ 11	(保留)
IRQ4	异步通信(COM1)	IRQ 12	(保留)
IRQ5	并口 2	IRQ 13	协处理器
IRQ6	软磁盘	IRQ 14	硬磁盘
IRQ7	并口 1	IRQ15	(保留)

主片 8259A 的两个端口地址与 IBM PC/XT 相同，为 20H 和 21H；而从片 8259A 的两个端口地址为 0A0H 和 0A1H。主片的 IR2 接从片的 INT 输出构成级联。

级联方式下的主从 8259A 需分别进行下列初始化编程和工作方式的设置编程。

(1)实模式下：80386/80486/Pentium CPU 的中断类型码分配与 8086 一致，对硬中断的响应也基本相同。

①主片 8259A 的初始化编程：对 20H 和 21H 写入的初始化命令字 ICW1～ICW4 应将主 8259A 的工作方式置为：80x86 方式、级联、需要 ICW4、优先级固定、中断类型码为 08H～0AH、上升沿触发、IR2 带从片、非缓冲方式、非自动结束中断、一般全嵌套方式。

```
    ⋮
CLI                       ;关总中断
MOV   AL,11H              ;ICW1 设置为：级联，边沿触发，需要 ICW4
OUT   20H,AL
MOV   AL,08H              ;ICW2 设置为：中断类型码的 D7～D3 为：00001
OUT   21H,AL
MOV   AL,04H              ;ICW3 设置为：IR2 接从片
OUT   21H,AL
MOV   AL,01H              ;ICW4 设置为：非自动 EOI，非缓冲，80x86 方式
OUT   21H,AL
    ⋮
```

② 从片 8259A 的初始化编程：与主片不同的是，从片接入的 IRQ8～IRQ15 对应的中断类型码应为 70H～77H，故 ICW2 的 $D_7 \sim D_3$ 位为 01110B，ICW2＝70H；从片的级联识别码为 02H，故 ICW3＝02H。ICW1 和 ICW4 同主片。

(2)保护模式下：由表 6-11 可见，80386/80486/Pentium 在保护模式下的 INTR 的中断类型码必须在 20H～0FFH 范围。因此，主、从片的初始化命令字 ICW2 应在 20H 以上，且各不相同。其余 ICW 可保持不变。

这里应注意以下两方面问题：

① 在两种模式下按以上工作方式的要求对主、从片 8259A 初始化编程后，如果无需屏蔽任一个中断源，也不需要修改工作方式，可不再写入操作命令字 OCW。80386/804386/Pentium CPU 将

在满足中断响应条件的前提下，按 IRQ0～IRQ15 逐次降低的固定优先级别处理 16 级 INTR 中断。

② 在正常屏蔽方式下，CPU 只能接收具有比被响应中断更高级别的中断请求，而同级和更低级别的中断则被屏蔽掉。例如，某个时刻，CPU 正在响应从片的 IR5(即 IRQ13)中断(见表 6-13)，而它的 IR0(即 IRQ8)又发出了新的中断请求。这种情况下，对从片来说，虽然 IRQ8 优先级高于 IRQ 13，但对主片来说，它们同是 IRQ2，具有同级优先权，后发的 IRQ8 必遭拒绝。为解决这类问题，只要把主片的正常屏蔽方式改为特殊屏蔽方式，即可接受除被 IMR 屏蔽掉的中断源以外的所有中断请求，而从片采用一般屏蔽方式。这样，上述 16 级中断源的优先级别按由高到低应该是：IRQ0，IRQ1，IRQ8～IRQ 15，IRQ3～IRQ7。

2. 非屏蔽中断 NMI

80386/80486/Pentium 微机的 NMI 来源于系统掉电、I/O 扩展槽上的数据出错、奇偶校验错误等信号。一旦出现这种情况，就表示系统可能失去控制或可靠性遭到破坏。80386/80486/Pentium CPU 为 NMI 分配的中断类型码和 8086 一致，同为 2，其优先级别高于 INTR。但是 NMI 的处理有以下特点：

① 80386/80486/Pentium 在处理 NMI 时，将 EFLAGS 中的中断标志位 IF 自动清除，即屏蔽INTR。

② CPU 内部每次只能保存一个 NMI 中断。如果在该 NMI 的响应过程中有另外一个 NMI 信号进入中断控制逻辑，CPU 将暂存新产生的 NMI 请求直至当前 NMI 处理完毕，这种方式称为“挂起”。

③ 80386/80486/Pentium 的 NMI 信号是上升沿有效，在变为高电平之前，NMI 必须至少持续 4 个时钟周期的低电平。

习　题　6

6-1　能否用主机不经接口直接与外设相接构成一个微计算机系统？为什么？

6-2　简述接口电路组成中的各部分的作用，并区分什么是接口，什么是端口。

6-3　说明 CPU 对 I/O 设备采用的两种不同编址方式的优缺点和访问 I/O 设备采用的指令有哪些。

6-4　说明 CPU 与 I/O 设备之间交换数据的控制方式有哪些。比较它们的优缺点。

6-5　试从存储器地址为 40000H 的存储单元开始输出 1KB 的数据给端口地址符号为 Outport 的外设中去，接着从端口地址符号为 Inport 的外设输入 2KB 数据给首地址为 40000H 的存储单元。请用无条件传输方式写出 8086/8088 指令系统的输入/输出程序(端口地址值自定)。

6-6　若有一台打印机，它输出数据的端口地址为 10H，状态端口地址为 20H，其 D_7 位为状态位。若 $D_7=0$，则表示打印数据缓冲区空，CPU 可向它输出新的数据。试编写一程序，从存储器 Buffer 区送 1KB 的数据给打印机，一次送一个数据(用查询方式传送)。

6-7　用查询方式编一个程序，能从键盘输入一个字符串，存放到内存中以 Buffer 开始的缓冲区(端口地址和状态标志自行设定)。

6-8　简述 8237A 的工作原理及初始化编程的步骤。

6-9　8237A 选择存储器到存储器的传送模式必须具备哪些条件？

6-10　8237A 只有 8 位数据线，为什么能完成 16 位数据的 DMA 传送？8237A 的地址线为什么是双向的？

6-11　DMA 控制器应具有哪些功能？

6-12　说明 8237A 单字节 DMA 传送数据的全过程，8237A 单字节 DMA 传送与数据块 DMA 传送有什么不同。

6-13　8237A 什么时候作为主模块工作，什么时候作为从模块工作？试说明在这两种工作模式下，各控制信号处于什么状态。

6-14　利用 IBM PC/XT 系统板上的 8237A 的通道 1，实现 DMA 方式传送数据。要求将存储在存储器缓冲区的数据，传送到I/O设备中。其电路如图6-32所示。

电路工作原理提示：锁存器74LS374的输入接到系统板I/O通道的数据线上，它的触发脉冲CLK由$\overline{DACK1}$和$\overline{IOR}$通过或门74LS32综合产生。因此，当CLK负跳变时，将数据总线D_7～D_0上的数据锁存入374。374的输出通过反相器74LS04驱动后，接到LED显示器上。当DREQ1＝1时，请求DMA服务。8237A进入DMA服务时，发出DACK1＝0的信号，在DMA读周期，8237A发出16位地址信息，页面寄存器送出高4位地址。选通存储器单元，8237A又发出$\overline{MEMR}$＝0的信号，将被访问的存储器单元的内容，送上数据总线并锁存于374中。当OE＝0时，将锁存于74LS374的数据送到LED上显示。

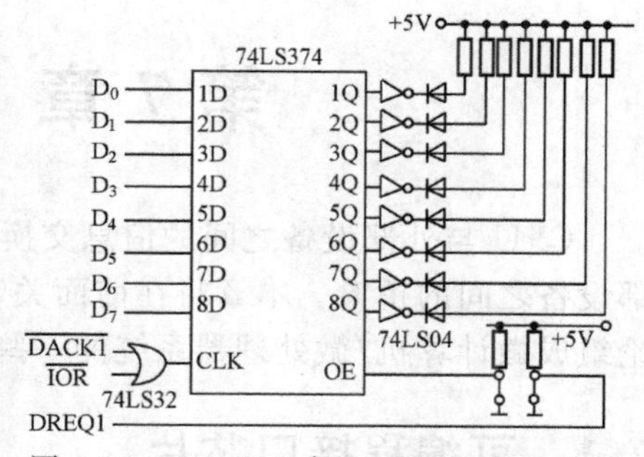

图6-32　74LS374与DMA和LED连接

6-15　什么是中断类型码、中断向量、中断向量表？在基于8086/8088的微机系统中，中断类型码和中断向量之间有什么关系？

6-16　什么是硬件中断和软件中断？在微机中，两者的处理过程有什么不同？

6-17　试叙述基于8086/8088的微机系统处理硬件中断的过程。

6-18　在微机中如何使用“用户中断”入口请求中断和进行编程？

6-19　8259A中断控制器的功能是什么？

6-20　试说明一般中断系统的组成和功能。

6-21　8086/8088系统的中断源分哪两大类？它们分别包括哪些中断？

6-22　8086/8088系统中断源的优先级别依次为________。

6-23　8086/8088中断向量表设置方法有哪3种？分别适用于哪些情况？

6-24　微计算机中断优先级管理的主要方法有____、____和____。8086/8088系统采用的是其中的____法。

6-25　若8086系统采用单片8259A中断控制器控制中断，中断类型码给定为20H，中断源的请求线与8259A的IR4相连，试问：对应中断源的中断向量表入口地址是什么？若中断服务程序入口地址为4FE24H，则对应该中断源的中断向量表内容是什么，如何定位？

6-26　试比较中断与DMA两种传输方式的特点。

6-27　8259A的主要功能是什么？它内部的主要寄存器有哪些？分别完成什么功能？

6-28　8259A的中断屏蔽寄存器IMR与8086中断允许标志IF有什么区别？

6-29　在多片8259A级联系统中，为什么主片常采用特殊屏蔽方式？

6-30　8259A的初始化命令字和操作命令字分别有哪些？它们的使用场合有什么不同？

6-31　试按照如下要求对8259A设定初始化命令字：8086系统中只有一片8259A，中断请求信号使用电平触发方式，全嵌套中断优先级，数据总线无缓冲，采用中断自动结束方式。中断类型码为20H～27H，8259A的端口地址为B0H和B1H。

6-32　8259A在初始化编程时设置为非中断自动结束方式，中断服务程序编写时应注意什么？

6-33　试说明8259A的A_0、$\overline{CA}$、$\overline{RD}$、$\overline{WR}$等信号的各种组合对8259A的端口地址访问功能。这种组合说明了8259A的可寻址端口有________个，其中一个是________，另一个是________。

6-34　若某一系统有一事故中断源，要求编一个中断服务程序：当事故发生（即有中断请求）时，能向输出端口PORTR的D_0位，以500Hz的频率，重复100次交替地输出“1”和“0”，使蜂鸣器发声，以示告警。

6-35　若一个微机系统中有8个中断源，编号为1～8，其优先级别从高到低排列为1，2，3，…，8；中断服务程序的入口地址分别为1000∶0000H，…，8000∶0000H。试编写一程序，当CPU收到中断请求并响应时，能用查询方式转至优先级别最高的中断源的中断服务程序（设中断请求寄存器地址为20H）。

6-36　条件同6-35题。利用8259A管理8级中断源，要求：

(1)写出8259A的初始化程序（其端口地址自定）。

(2)当有中断请求时，要求8086 CPU把一个1KB的数据块从AREA1开始的存储区送至AREA2开始的存储区。试编写一主程序等待中断和该中断服务程序。

6-37　试述80386/80486/Pentium CPU在实模式和保护模式下，在中断源及其识别方面与8086/8088 CPU的异同。

6-38　试指出80386/80486/Pentium微机与IBM PC/XT微机对可屏蔽中断源的管理在电路构成及其对中断控制器8259A的初始化设置和工作方式设置上的异同。

第 7 章　可编程接口应用

CPU 与外部设备之间的信息交换是通过 I/O 接口电路实现的，因此接口是沟通 CPU 与外部设备之间的桥梁。本章将在前面关于微计算机 I/O 接口和 I/O 技术介绍的基础上，进一步讨论组成微计算机/微处理器系统的一些通用可编程接口芯片。

7.1　可编程接口芯片

1. 可编程接口的组成及功能

接口的基本功能是在 CPU 的系统总线和 I/O 设备之间传输信息、提供缓冲作用，以满足双方的时序需要。可编程接口芯片组成框图及与外设、CPU 的连接如图 7-1 所示。一般来说，一个接口应具备图中所示的一些功能。

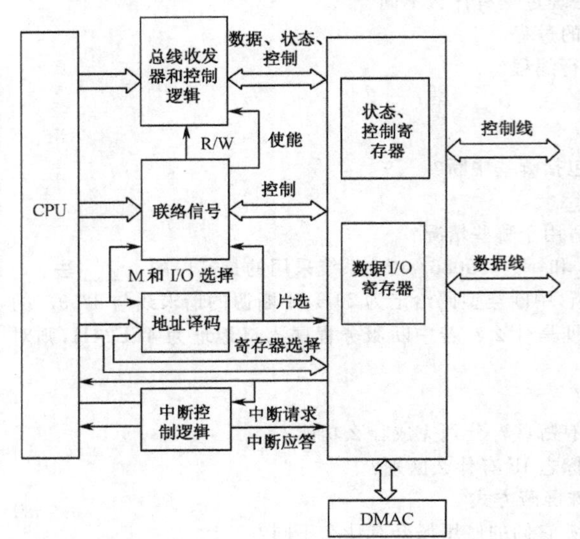

图 7-1　可编程接口芯片组成及与外设、CPU 的连接

(1)寻址功能

接口首先应能对选择存储器(M)和 I/O 接口的信号做出响应；此外，还要对送来的片选信号进行识别，以断定当前接口是否被访问，并确定是接口中的哪个寄存器被访问。

(2)输入/输出功能

接口要根据送来的读/写信号决定当前进行的是输入操作还是输出操作，并能随后从总线上接收来自 CPU 的数据和控制信息，或将数据或状态信息送到总线上。

(3)数据转换功能

接口不但要从外设输入数据或者将数据送往外设，并且要把 CPU 输出的并行数据转换成所连接外设可接收的数据格式(如串行格式)；或者反过来，把从外设输入的信息转换成并行数据送往 CPU。

(4)联络功能

当接口从总线上接收一个数据，或者把一个数据送到总线上以后，能发一个就绪信号，以通知 CPU 数据传输已经完成，可准备进行下一次传输。

(5)中断管理功能

作为具有中断控制能力的接口应该具有发送中断请求信号和接收中断响应信号的功能，还具有发送中断类型号的功能。此外，如果总线控制逻辑中没有中断优先级管理电路，则接口还应具有中断优先级管理功能。

(6)复位功能

接口应能接收复位信号，从而使接口本身及所连接的外设能够重新启动。

(7)可编程功能

接口应具有可编程功能，从而可以通过软件设置控制信号来使接口工作于不同的方式。

(8)错误检测功能

接口设计中常常要考虑对错误的检测问题。当前多数可编程接口芯片都能检测下列两类错误。

一类是传输错误。因为接口与设备之间的连线常常受噪声干扰，由此引起传输错误，所以一般在传输时采用奇偶校验对传输错误进行检测。如果发现有错，则对状态寄存器中的相应值进行设置，而状态寄存器的内容可以通过程序进行读取和检测。除奇偶校验以外，有些接口还能对数据块传输进行冗余校验。

另一类是覆盖错误。当计算机主机从外设输入数据时，实际上是从接口的输入缓冲寄存器中取数。在主机尚未取走数据时，如果输入缓冲寄存器由于某种原因又被装上了新的数据，就会产生一个覆盖错误。同样，当主机通过接口的输出缓冲器向外设输出数据时，如果数据在被外设取走以前主机又向缓冲器送了一个新数，原来的数据就被覆盖了。产生覆盖错误时，接口也在状态寄存器中设置相应的状态值。

2. 可编程接口芯片的分类

现今，接口芯片种类繁多，各芯片生产厂商围绕自己生产的 CPU 都有自己的系列接口芯片。这些芯片按其使用范围可以分为以下两大类。

① 专用接口芯片。这类芯片是为某类外设的专门功能而设计的专用控制芯片，如串行接口芯片、CRT 控制器芯片、软/硬磁盘控制器芯片、SDLC 协议控制器芯片、键盘/显示器接口芯片、网卡接口芯片，以及自行设计的其他专用芯片等。

② 通用接口芯片。通用接口可作为多种外设的接口，其功能是通用的，即通过用户编程可指定接口的工作方式、工作状态和功能，以适应不同外设所提出的接口要求。因此，这类芯片被称为可编程通用接口芯片，如 Intel 系列的并行接口芯片 8255A、串行接口芯片 8250 和定时器/计数器 8253/8254 等。在采用总电阻的 Pentium 及以上微机中，这些接口总电的功能均集成在总电阻内。

7.2 并行 I/O 接口 8255A

7.2.1 8255A 的基本性能

Intel 8086/8088 系列的可编程外设接口电路(Programmable Peripheral Interface，PPI)，型号为 8255，改进型为 8255A 及 8255A-5，是具有 24 条输入/输出引脚、可编程的通用并行输入/输出接口电路芯片，使用单+5V 电源，40 脚双列直插式封装。8255A 的通用性极强，使用灵活，CPU 通过它可方便地与各种外设相连，实现其间数据的并行传输。

8255A 具有 3 个相互独立的输入/输出通道，即通道 A、通道 B 和通道 C，也称为 A 端口、B 端口和 C 端口，或简称 A 口、B 口、C 口。A、B、C 口可以联合使用，构成单线、双线或三线联络信号的并行接口，此时 C 口完全服务于 A、B 口。A 口有 3 种工作方式：方式 0、方式 1、方式 2。B 口有 2 种工作方式：方式 0 和方式 1。

7.2.2 8255A 的内部结构

8255A 的内部逻辑结构如图 7-2 所示，由外设接口、内部逻辑和 CPU 接口 3 部分组成。

(1)外设接口部分(端口 A、B、C)

8255A 有 A、B 和 C 3 个输入/输出端口，用来与外部设备相连。每个端口有 8 位，可以选择作为输入或输出，但功能上有不同的特点。

① 端口 A：一个 8 位的数据输出锁存/缓冲器和一个 8 位的数据输入锁存器。

② 端口 B：一个 8 位的数据输出锁存/缓冲器和一个 8 位的数据输入缓冲器。

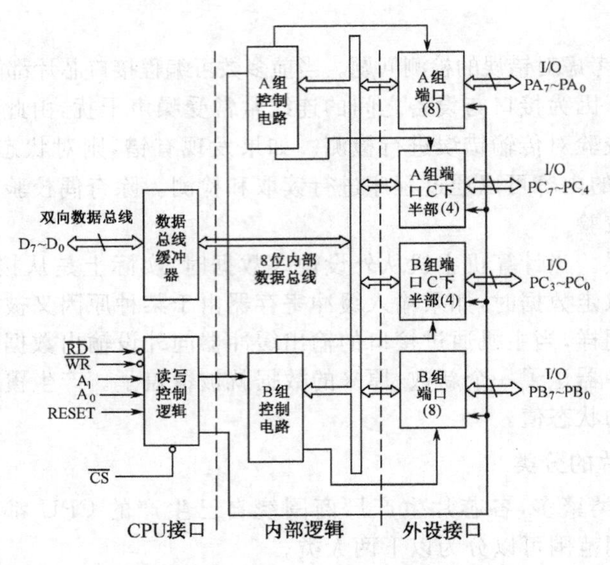

图 7-2　8255A 内部逻辑结构

③ 端口 C：一个 8 位的数据输出锁存/缓冲器和一个 8 位的数据输入缓冲器(输入没有锁存)。

在与外设连接时，端口 A 和 B 常作为独立的输入端口或输出端口，端口 C 则配合端口 A 和 B 的工作。具体地说，端口 C 在工作方式的控制下可分成两个 4 位端口，高 4 位(上半部)与端口 A 组成 A 组，低 4 位(下半部)与端口 B 组成 B 组，分别用来为端口 A 或端口 B 输出控制信号或输入状态信号。

(2)内部逻辑(A组和 B组控制电路)

这是两组根据 CPU 的命令字控制 8255A 工作方式的电路。每组控制电路从读写控制逻辑接受各种命令，从内部数据总线接收控制字并发出命令到各自相应的端口，也可以根据 CPU 的命令字对端口 C 的每一位实现按位“置位”或“复位”控制。

A 组控制电路控制端口 A 和端口 C 的上半部(PC_7～PC_4)，B 组控制电路控制端口 B 和端口 C 的下半部(PC_3～PC_0)。

(3)CPU 接口(数据总线缓冲器和读/写控制逻辑)

① 数据总线缓冲器。这是一个 8 位双向三态缓冲器，三态由读/写控制逻辑控制。这个缓冲器是 8255A 与 CPU 数据总线的接口，所有输入/输出的数据、CPU 通过输出指令向 8255A 发出的控制字以及通过输入指令从 8255A 读入的外设状态信息，都是通过这个缓冲器传送的。

② 读写控制逻辑。它与 CPU 的 6 根控制线相连接，控制 8255A 内部的各种操作。控制线 RESET 用来使 8255A 复位。$\overline{CS}$和地址线 A_1 及 A_0 用于芯片选择和端口寻址。控制线$\overline{RD}$和$\overline{WR}$用来决定 8 位内部和外部数据总线上信息传送的方向，即控制将 CPU 的控制命令或输出的数据送到相应的端口，或者控制将外设的状态信息或输入的数据通过相应的端口送到 CPU。8255A 的读写控制逻辑的作用，就是从 CPU 的地址和控制总线上接受输入的信号，转变成各种命令送到 A 组或 B 组控制电路进行相应的操作。

7.2.3　8255A 的引脚特性及其与外部的连接

8255A 的引脚特性如图 7-3 所示。其 40 条引脚可分为与外设连接和与 CPU 连接的引脚。

(1)与外设连接的引脚

8255A 与外设连接的引脚有 PA_7～PA_0、PB_7～PB_0 和 PC_7～PC_0 共 3 组，每组 8 条，总共 24 条，分别对应于 A、B、C 口，均为双向、三态。PB_7～PB_0 和 PC_7～PC_0 引脚能驱动达林顿复合晶体管

(1.5V 时输出 1mA)，所以 B、C 口一般作为输出端口。

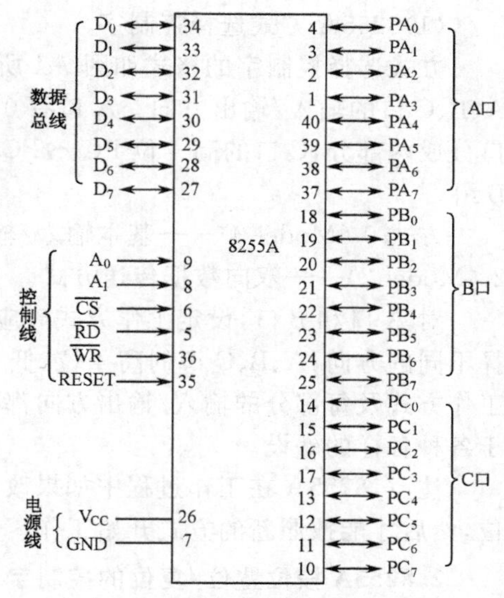

图 7-3　8255A 的引脚特性

(2)与 CPU 连接的引脚

8255A 与 CPU 连接的引脚有 8 条数据总线 D_7～D_0，全部是双向、三态，用来与 CPU 数据总线相连接；还有 6 条输入控制引脚，用来接收 CPU 送来的地址和控制信息。

① RESET：复位输入信号，高电平有效。当 RESET 有效时，所有内部寄存器(包括控制寄存器)清零，且把 A、B、C 口都设置为输入方式，对应的 PA_7～PA_0、PB_7～PB_0、PC_7～PC_0 引脚均为高阻状态。

② $\overline{CS}$：片选信号，输入，低电平有效。当$\overline{CS}$有效时，8255A 才被 CPU 选中。

③ A_0 和 A_1：芯片内部寄存器的选择信号。当 8255A 被选中时，再由 A_0、A_1 的编码决定是选 A 或 B 或 C 口，还是控制寄存器。

④$\overline{RD}$：读信号，输入，低电平有效。当$\overline{RD}$有效时，由 CPU 读出 8255A 的数据或状态信息。

⑤$\overline{WR}$：写信号，输入，低电平有效。当$\overline{WR}$有效时，由 CPU 将数据或命令写到 8255A。

$\overline{CS}$、A_0、A_1、$\overline{RD}$、$\overline{WR}$引脚的电平与 8255A 读/写操作的关系见表 7-1。

表 7-1　8255A 端口选择和基本操作表

A_1	A_0	$\overline{RD}$	$\overline{WR}$	$\overline{CS}$	基本操作	
0	0	0	1	0	数据总线⇐端口 A	输入操作(读)
0	1	0	1	0	数据总线⇐端口 B	
1	0	0	1	0	数据总线⇐端口 C	
0	0	1	0	0	数据总线⇒端口 A	输出操作(写)
0	1	1	0	0	数据总线⇒端口 B	
1	0	1	0	0	数据总线⇒端口 C	
1	1	1	0	0	数据总线⇒控制寄存器	
×	×	×	×	1	数据总线→三态	开功能
1	1	0	1	0	非法条件	
×	×	1	1	0	数据总线→三态	

8086 系统有 16 位数据线，CPU 进行数据传送时，总是将低 8 位数据送往偶地址端口，高 8 位数据送往奇地址端口；反过来，从偶地址端口取得的数据总是通过低 8 位数据线传送到 CPU，从奇地址端口取得的数据总是通过高 8 位数据线送到 CPU。所以，当 8255A 的 D_7～D_0 接到系统总线的低 8 位时(为了硬件上连接的方便，实际系统中常常这样连接)，CPU 要求 8255A 的 4 个端口地址必须全为偶地址。在 8086 系统的实际连接中，将 8255A 的 A_1 端与地址总线的 A_2 相连，而将 8255A 的 A_0 端与地址总线的 A_1 相连，并使 CPU 访问 8255A 时，地址 A_0 位总为 0，来保证端口为偶地址。

7.2.4　8255A 的控制字

8255A 可以通过指令往控制端口中设置控制字来决定它的工作。8255A 有两个控制字：方式选择控制字和端口 C 按位置位/复位控制字。两个控制字共用一个地址，即当地址线 A_1、A_0 均为 1 时访问控制字寄存器。为区分这两个控制字，控制字的 D_7 位被给予特殊的含义，D_7 位为 1，表示方式选择控制字；D_7 位为 0，表示对 C 口按位置位/复位的控制字。

(1)8255A 方式选择控制字

方式选择控制字的格式如图 7-4 所示，这个控制字可以分别确定 A 口和 B 口的工作方式及 A、B、C 口的输入/输出方向。A 口有 0、1、2 共 3 种工作方式，B 口只有 0 和 1 两种工作方式。C 口分成两部分，C 口的高 4 位 $PC_7 \sim PC_4$ 与 A 口构成 A 组，C 口的低 4 位 $PC_3 \sim PC_0$ 与 B 口构成 B 组。

方式 0 (Model 0)——基本输入/输出方式；方式 1 (Model 1)——选通输入/输出方式；方式 2 (Model 2)——双向数据传送方式。

对 A 口和 B 口，设定工作方式时应以全部 8 位为一个整体，而 C 口的高、低 4 位可以分别选择不同的方向；A、B、C 口的高 4 位、低 4 位均可以设置为输入端口或输出端口，8255A 4 部分的工作方式及每部分的输入/输出方向都可以任意组合，使得 8255A 的 I/O 结构十分灵活，能适用于各种各样的外设。

注意，8255A 在工作过程中如果改变工作方式，所有的输出寄存器包括状态触发器将全部复位，然后才能按照新的方式开始工作。

2. 8255A 按位置位/复位的控制字

C 口的每 1 位都可以通过向控制寄存器写入置位/复位控制字，使之置位(即输出为 1)或复位(即输出为 0)。C 口置位/复位控制字的格式如图 7-5 所示。

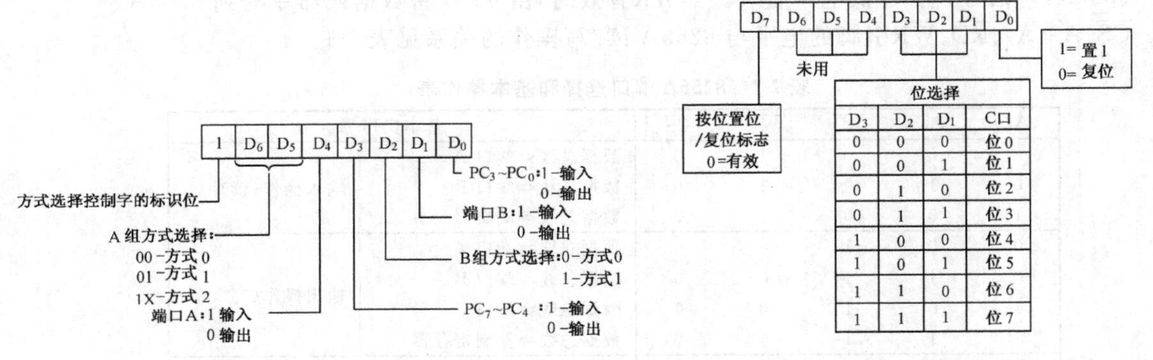

图 7-4　8255A 的方式选择控制字　　图 7-5　8255A 端口 C 置位/复位控制字

下面是对 C 口置位/复位控制字的几点说明。

① 尽管 C 口置位/复位控制字是对 C 口进行操作的，但控制字必须写入控制口，而不是写入 C 口。

② 置位/复位控制字的 D_0 位决定了将 C 口的某位置 1 还是清 0，若 D_0 为 1，则对 C 口中某位置 1，否则清 0。

③ 置位/复位控制字的 D_6、D_5、D_4 位可以为 1，也可为 0，不影响置位/复位操作。但 D_7 必须为 0，它是对 C 口置位/复位的特征位。

例如，要求将 C 口的 PC_0 位清 0，则控制字为 00000000B，即 00H；将 C 口的 PC_7 位置 1，则控制字为 00001111B，即 0FH。若 8255A 控制寄存器的符号地址为 CPORTCR，则用如下程序段可实现上述要求。

```
MOV    AL,0FH
MOV    DX,CPORTCR        ;控制口地址送 DX
OUT    DX,AL             ;PC7 置 1 操作
;..............................................
MOV    AL,00H            ;PC0 置 0 控制字
OUT    DX,AL             ;PC0 进行置 0 操作
```

7.2.5 8255A 的工作方式

如前所述,8255A 的端口 A 可以在方式 0、1、2 这 3 种方式下工作,而端口 B 只能在方式 0 和方式 1 两种方式下工作。8255A 的工作方式是由控制寄存器的内容决定的。

1. 方式 0

(1)方式 0 的工作特点

方式 0 是一种基本的输入或输出方式。这种方式通常不用联络信号(或不使用固定的联络信号),不使用中断,每个端口都可以由程序选定作为输入/输出。其基本功能为:① 两个 8 位端口和两个 4 位端口,即端口 A 和端口 B,及端口 C 的高 4 位和低 4 位;② 任何一个端口均可作为输入/输出口;③ 输出锁存;④ 输入不锁存;⑤ 各端口的输入/输出方向可以有 16 种组合。

(2)方式 0 的应用

方式 0 适用于同步 I/O 方式及查询方式两种场合。在同步传输中使用 8255A 时,3 个数据端口可以实现三路数据传输。在查询方式下,因为方式 0 并没有固定的应答信号,可以将端口 A 和端口 B 作为数据端口,而把端口 C 的 4 位(高 4 位或者低 4 位)规定为输出口以输出控制信号,另 4 位规定为输入口以输入状态信息。这样,利用端口 C 可配合端口 A、B 完成查询式的输入/输出操作。

2. 方式 1

(1)方式 1 的工作特点

方式 1 也叫做选通的输入/输出方式。8255A 工作于方式 1 时,端口 A 和 B 仍作为数据的输入/输出端口,同时端口 C 的某些位被固定作为端口 A、B 的控制位或状态信息位。

① 端口 A 和 B 可分别作为两个数据口工作在方式 1,且任一端口均可作为输入口或输出口,输入和输出带锁存。

② 如果 8255A 的端口 A 和 B 中只有一个端口工作在方式 1,那么端口 C 中有 3 位被规定为配合方式 1 的控制和状态信号,此时另一个端口仍可以工作在方式 0,而端口 C 中的其余 5 位也可以任意作为输入或输出口用。

③ 当 8255A 的端口 A 和 B 均工作在方式 1 时,端口 C 有 6 位被规定为配合方式 1 的控制和状态信号,余下的 2 位仍可由程序设定作为输入或输出口用。

(2)方式 1 输入情况下有关信号的规定

当端口 A 或 B 工作于方式 1 输入时,端口 C 中被固定使用的控制、状态信号如图 7-6 所示。端口 A 和 B 各固定使用端口 C 的 3 位作为 3 个控制信号,其中 $\overline{STB}$ 和 IBF 信号用于与外设进行联络,另一信号 INTR 用于向 CPU 发出中断请求。

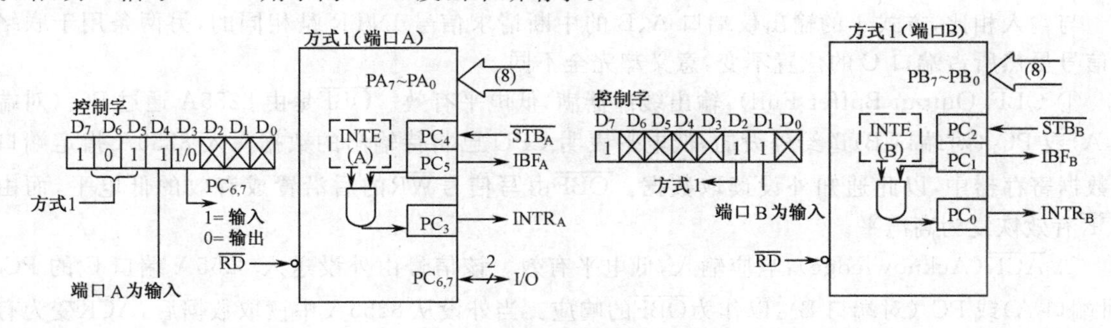

图 7-6　方式 1 输入时,端口对应的控制信号

① $\overline{STB}$(Strobe):选通输入,低电平有效。这是由外设产生的数据选通信号,送入端口 C 的 PC_4(端口 A)或 PC_2(端口 B)。$\overline{STB}$有效时,外设使端口 A 或 B 上的数据选通并进入相应的输入锁存器。

② IBF(Input Buffer Full):输入缓冲器满,高电平有效。该信号由 8255A 的 PC_5(端口 A)或 PC_1(端口 B)发出,以作为$\overline{STB}$的应答。IBF 为高电平表明此时输入缓冲区中已存了一个新的数据,可被 CPU 读取。在查询方式下,CPU 可以将该信号作为状态信息位以确定是否有数据到来。IBF 信号是由$\overline{STB}$信号自动置位的。也就是说,当$\overline{STB}$信号有效后,IBF 信号也将由低电平变为高电平,且只要 CPU 还未从输入缓冲器中读取数据(即$\overline{RD}$信号无效),IBF 就一直保持高电平直至$\overline{RD}$有效为止。

③ INTR(Interrupt Request):中断请求信号,高电平有效。当 8255A 的$\overline{STB}$和 IBF 信号均变为高电平时,在对应的 INTE 信号有效的情况下,端口 C 的 PC_3(对端口 A)或 PC_0(对端口 B)将变为有效电平。在中断方式下,可以将 INTR 信号作为 8255A 向 CPU 发出的中断请求信号,该信号有效表示 CPU 可以从 8255A 的输入缓冲区中读入数据。读完后,$\overline{RD}$信号的后沿将自动清除有效的 INTR 信号。

④ INTE(Interrupt Enable):中断允许信号,高电平有效。由图 8-6 可知,INTR 信号是受控于 INTE 和 IBF 的。只有当 INTE=1 时,端口 A 或 B 才能向 CPU 发出中断请求。因此,INTE=1 是使端口能够产生中断的必要条件。INTE 由软件通过对 C 端口的置位或复位指令来实现对中断的控制。将 PC_4 置 1,端口 A 允许中断;将 PC_2 置 1,端口 B 允许中断。清 0 则屏蔽中断。注意,对 PC_4 和 PC_2 的置位/复位操作是用来控制端口 A 和 B 的 INTE 信号的,完全是对 8255A 内部寄存器的操作,而与 PC_4 和 PC_2 对应的外部引脚上电平的高低、输入/输出方向无关。

(3)方式 1 输出时有关信号的规定

当 8255A 的端口 A、B 工作于方式 1、输出时,对应的控制信号如图 7-7 所示。

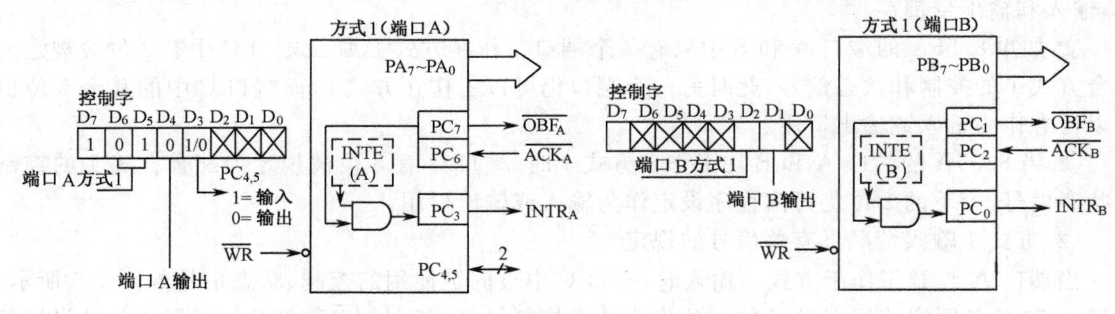

图 7-7　方式 1 输出时端口对应的控制信号

与输入相比,方式 1 的输出仅端口 A、B 的中断请求信号 INTR 是相同的,另两条用于联络的信号虽然所占端口 C 的位置不变,意义却完全不同。

① $\overline{OBF}$(Output Buffer Full):输出缓冲器满,低电平有效。$\overline{OBF}$是由 8255A 通过 PC_7(对端口 A)或 PC_1(对端口 B)送给外设的,低电平表明 CPU 已将待输出的数据写入 8255A 指定端口的数据寄存器中,以此通知外设读取数据。$\overline{OBF}$由写信号$\overline{WR}$的后沿置成有效的低电平,而由$\overline{ACK}$有效恢复为高电平。

② $\overline{ACK}$(Acknowledge):响应输入,低电平有效。该信号由外设送入 8255A 端口 C 的 PC_6(对端口 A)或 PC_2(对端口 B),以作为$\overline{OBF}$的响应。当外设从 8255A 中读取数据后,$\overline{ACK}$变为有效低电平。

③ INTR:中断请求信号,高电平有效,用于向 CPU 发出中断请求,表明外设已将数据取走,

CPU 可继续输出新数据。当相应的中断允许位 INTE 置“1”时，若输出缓冲器空（$\overline{OBF}=1$），则自动产生 INTR，于是 CPU 可在其中断处理程序中输出新数据；写信号$\overline{WR}$的后沿将自动清除有效的 INTR 请求。$\overline{OBF}$、INTE、INTR 的状态均可由端口 C 的相应位读出。

④ INTE：中断允许信号，高电平有效。INTE 的含义、用法与端口 A、B 在方式 1 输入时相同，不再赘述。

(4)方式 1 输入和输出组合

以上介绍的是端口 A、B 同时工作在方式 1 输入或输出的情况，如果两个端口分别工作在方式 1 的输入和输出组合时，其情况如图 7-8 所示。

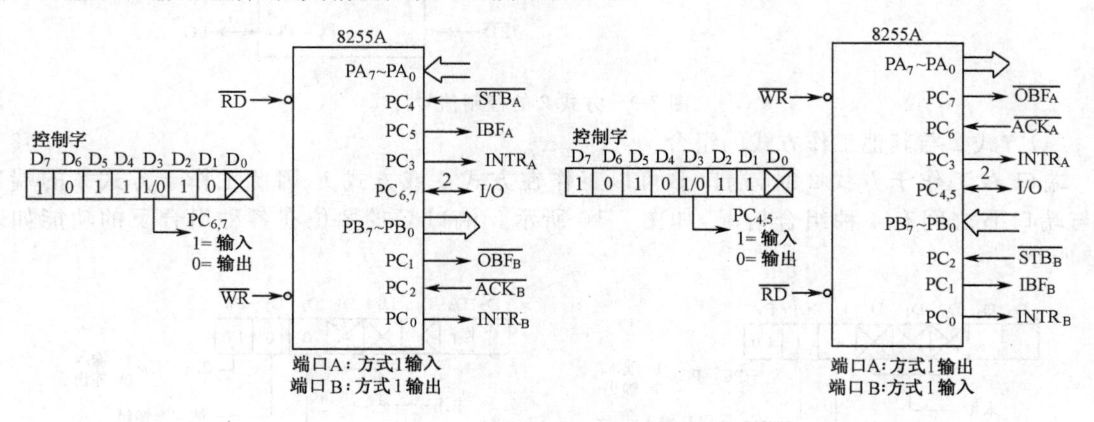

图 7-8　8255A 方式 1 的组合

比较图 7-6、图 7-7 和图 7-8 可以看出，方式 1 时，A、B 两组端口的输出和输入组态是不同的，但是每组端口本身的输出和输入组态固定不变，与另一组端口无关。因此，A、B 组可以各自独立地工作在所需状态下。它们的状态由 8255A 的控制方式字设定。

还可看到，方式 1 下，无论 B 组端口是输入还是输出，端口 C 中均没有多余的输入/输出线；而 A 组尚余两条，仍可由程序确定为输入或输出。但由于这两条线同属于端口 C 的上半部，所以它们只能同时工作在输入或输出状态。

3. 方式 2

方式 2 又称为双向传输方式。外设通过端口 A 既可以向 CPU 发送数据，又能从 CPU 接收数据。在相应的控制、状态信号的配合下，方式 2 可实现程序查询方式和中断方式的 I/O 同步控制。

(1)方式 2 的工作特点

方式 2 只适用于端口 A。端口 A 工作在方式 2 时，端口 C 的 $PC_7 \sim PC_3$ 自动配合端口 A 提供控制。

(2)方式 2 的控制信号

图 7-9 给出了 8255A 工作于方式 2 的控制信号及方式选择控制字格式。其中端口 C 的 5 个控制信号的含义与方式 1 相同。可以看出，双向传送方式不过是端口 A 在方式 1 输出与输入情况下的组合。

(3)方式 2 的应用

根据方式 2 工作的特点，我们通常选择具有输入和输出功能，但不是同时进行输入、输出的外设与方式 2 配合工作。例如，磁盘驱动器既可接收来自主机的数据，也可以向主机提供数据，这种输入、输出的过程是分时进行的。如果将磁盘驱动器的数据线与 8255A 的 $PA_7 \sim PA_0$ 相连，再使 $PC_7 \sim PC_3$ 与磁盘驱动器的控制线、状态线相接，即可使用。

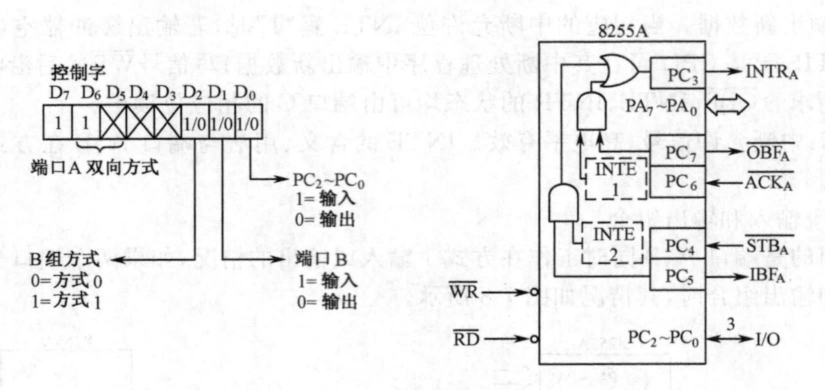

图 7-9　方式 2 的控制信号

(4)方式 2 与其他工作方式的组合

端口 A 工作于方式 2 时，端口 B 可以工作在方式 0 或方式 1，因此工作于方式 2 的端口 A 与端口 B 之间有 4 种组合情况，如图 7-10 所示。端口 C 的 8 位在各种组合下的功能如表 7-2 所示。

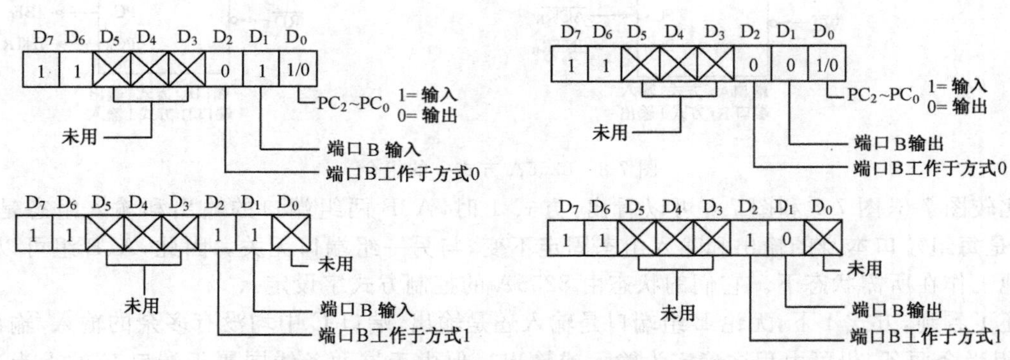

图 7-10　8255A 方式 2 与方式 0、方式 1 的组合

表 7-2　端口 C 各位的功能

端口 C	方式 2 与方式 0(输入)	方式 2 与方式 0(输出)	方式 2 与方式 1(输入)	方式 2 与方式 1(输出)
PC_7	$\overline{OBF_A}$	$\overline{OBF_A}$	$\overline{OBF_A}$	$\overline{OBF_A}$
PC_6	$\overline{ACK_A}$	$\overline{ACK_A}$	$\overline{ACK_A}$	$\overline{ACK_A}$
PC_5	IBF_A	IBF_A	IBF_A	IBF_A
PC_4	$\overline{STB_A}$	$\overline{STB_A}$	$\overline{STB_A}$	$\overline{STB_A}$
PC_3	$INTR_A$	$INTR_A$	$INTR_A$	$INTR_A$
PC_2	I/O	I/O	$\overline{STB_B}$	$\overline{ACK_B}$
PC_1	I/O	I/O	IBF_B	$\overline{OBF_B}$
PC_0	I/O	I/O	$IINTR_B$	$INTR_B$

4. 8255A 的工作时序

分析时序应注意弄清每个信号的发出者和接收者，还要明白各信号间的因果关系。

(1)方式 0 的输入/输出时序

方式 0 的输入时序及各参数说明如图 7-11 所示。

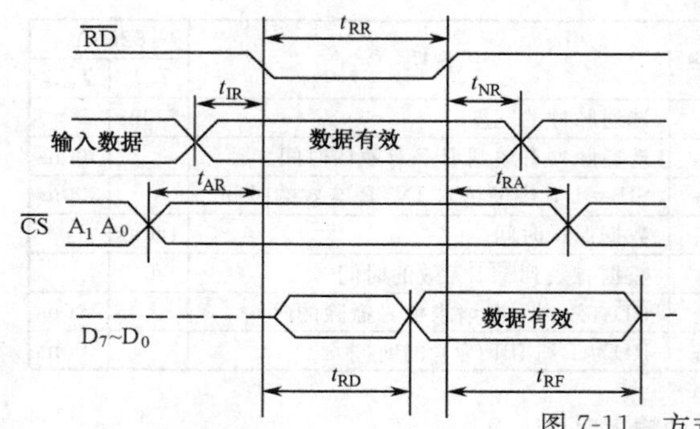

参数	说明	8255A	
		T_{min}	T_{max}
t_{RR}	读脉冲宽度	300ns	
t_{AR}	地址稳定领先于读信号的时间	0	
t_{IR}	输入数据领先于$\overline{RD}$的时间	0	
t_{NR}	读信号过后数据继续保持时间	0	
t_{RA}	读信号无效后地址保持时间	0	
t_{RD}	从读信号有效到数据保持时间		250ns
t_{RF}	读信号撤除后数据保持时间	10ns	150ns
t_{RY}	两次读操作间的时间间隔	850ns	

图 7-11　方式 0 的输入时序

8255A 工作于方式 0 输入时，8255A 必须首先被选中，其次是准备好送 CPU 的数据。具体过程是：CPU 发出读信号之前先发地址信息使 A_1、A_0、$\overline{CS}$信号有效，8255A 被选中；地址信息延迟 t_{AR}后稳定，CPU 发出读信号$\overline{RD}$；在读脉冲 t_{RR}期间，存放在 8255A 输入数据缓冲器中的数据被送到数据总线上，并在 t_{RD}时间内保持稳定。这样就完成了一次数据的读取操作。为了保证读出的数据不出错，必须在读期间维持地址有效，而输入的数据则保持到读信号结束后。t_{RR}的宽度不小 300ns。

(2)方式 0 的输出时序

方式 0 的输出时序和各参数说明如图 7-12 所示。

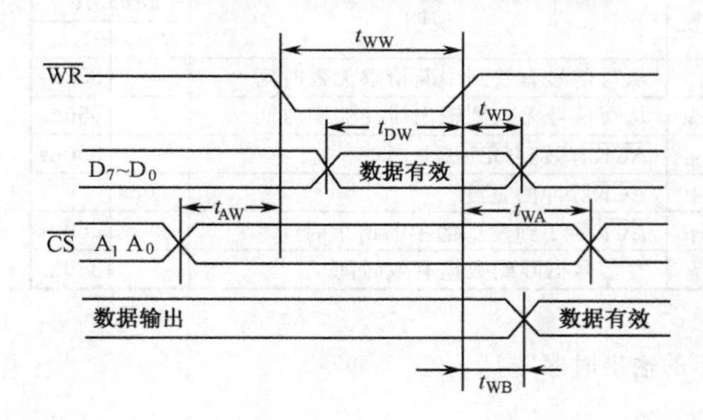

参数	说明	8255A	
		T_{min}	T_{max}
t_{AW}	地址稳定领先于写信号的时间	0	
t_{WW}	写脉冲宽度	400ns	
t_{DW}	数据有效时间	100ns	
t_{WD}	数据保持时间	30ns	
t_{WA}	写信号撤除后的地址保持时间	20ns	
t_{WB}	写信号结束到数据有效时间		350ns

图 7-12　方式 0 的输出时序

在进行写操作之前，CPU 必须先发出地址选通信号，使$\overline{CS}$、A_1、A_0 均有效。为保证数据正确写入，地址信息必须保持到写信号撤除后延迟 t_{WA}才消失。数据应在写信号结束前 t_{DW}内出现在数据总线上，且保持 t_{WD}时间。写脉冲的宽度 t_{WW}不小于 400ns。在写信号结束前 t_{DW}时间，CPU 输出的数据就出现在 8255A 的指定通道上，从而可以送到外设中。

(3)方式 1 的输入时序

方式 1 的输入时序如图 7-13 所示。其输入过程是从外设送出数据并发出$\overline{STB}$信号开始的。选通脉冲$\overline{STB}$的宽度 $t_{SR}\geqslant$500ns。$\overline{STB}$有效使外设送到 8255A 数据线上的数据锁存；STB下降沿后经过约 t_{SIB}的时间，IBF 有效，输出到外设作为对$\overline{STB}$的响应以表明输入缓冲器已满。只要 CPU 未读取数据，就不会有新的数据进入缓冲器中。如果中断允许(INTE＝1)，在$\overline{STB}$的后沿延迟 t_{SIT}时间后 INTR 有效，向 CPU 发出中断申请，请求 CPU 取走数据。CPU 在中断服务程序中通过 IN 指令读取数据并同时产生$\overline{RD}$信号，$\overline{RD}$经过 t_{RIT}时间使 INTR 无效，撤销本次中断申请。$\overline{RD}$后沿(上升沿)之后 t_{RIB}时间内 IBF 变为低电平，告知外设数据已被取走，可输入新数据。至此，一次 8255A 方式 1 的输入过程结束。

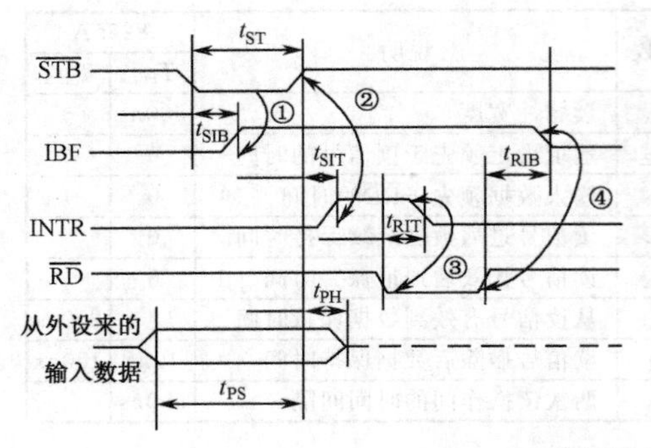

参数	说明	8255A	
		T_{min}	T_{max}
t_{SR}	选通脉冲的宽度	500ns	
t_{SIB}	选通脉冲有效到 IBF 有效的时间		300ns
t_{SIT}	SIB=1 到中断请求 INTR 有效的时间		300ns
t_{PH}	数据保持时间	180ns	
t_{PS}	数据有效到$\overline{STB}$无效的时间	0	
t_{RIT}	$\overline{RD}$有效到中断请求信号撤除的时间		400ns
t_{RIB}	$\overline{RD}$为 1 到 IBF 为 0 的时间		300ns

图 7-13　方式 1 的输入时序

(4)方式 1 的输出时序

图 7-14 是方式 1 的输出时序。在中断方式下，输出过程由 CPU 响应中断开始。CPU 在中断服务程序中执行 OUT 指令并同时产生$\overline{WR}$信号。$\overline{WR}$的上升沿一方面清除了中断请求 INTR，以表示 CPU 已响应中断，另一方面使$\overline{OBF}$信号有效，通知外设接收数据。$\overline{OBF}$信号常被用做外设锁存输出数据的选通信号。当外设接收到 CPU 输出的数据后，便发出$\overline{ACK}$响应。$\overline{ACK}$下降沿后约 350ns，$\overline{OBF}$信号变为无效；而$\overline{ACK}$上升沿后约 350ns，INTR 变高，通知 CPU 数据已取走，可以输出新的数据，由此可以开始新的一轮输出。

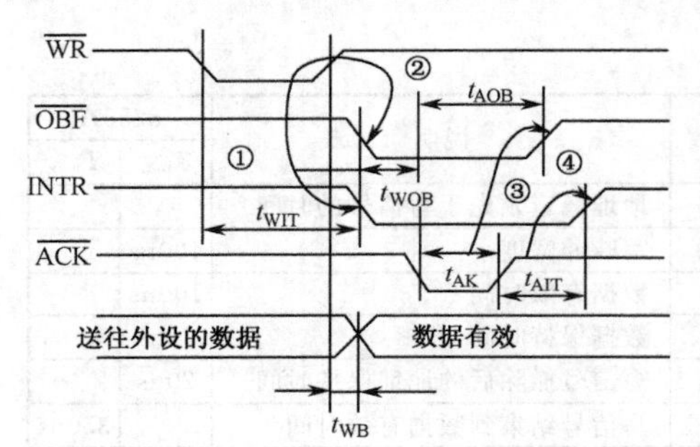

参数	说明	8255A	
		T_{min}	T_{max}
t_{WIT}	从写信号有效到中断请求无效时间		850ns
t_{WOB}	从写信号无效到输出缓冲器满时间		650ns
t_{AOB}	$\overline{ACK}$有效到$\overline{OBF}$无效时间		350ns
t_{AK}	$\overline{ACK}$脉冲的宽度	300ns	
t_{AIT}	$\overline{ACK}$为 1 到发新的中断请求时间		350ns
t_{WB}	写信号撤除到数据有效时间		350ns

图 7-14　方式 1 的输出时序

(5)方式 2 的时序

方式 2 的时序相当于方式 1 的输入时序与输出时序的组合，如图 7-15 所示。

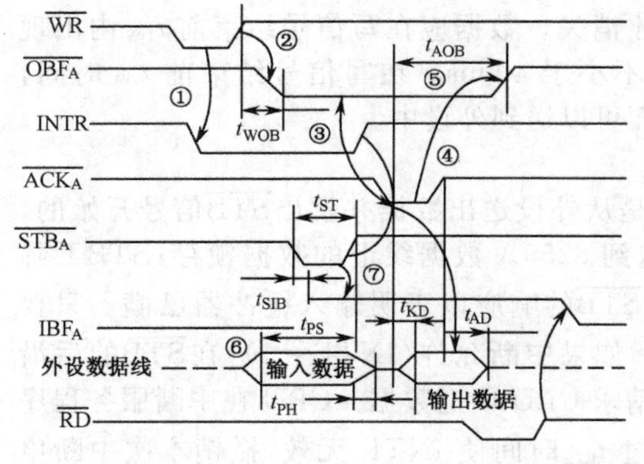

参数	说明	8255A	
		T_{min}	T_{max}
t_{ST}	选通脉冲宽度	500ns	
t_{SIB}	选通有效到 IBF_A 有效的时间		300ns
t_{PS}	数据有效到$\overline{STB_A}$有效时间	0	
t_{PH}	数据保持时间	180ns	
t_{WOB}	写信号无效到$\overline{OBF_A}$时间		650ns
t_{AOB}	$\overline{ACK_A}$有效到$\overline{OBF_A}$无效时间		350ns
t_{AD}	$\overline{ACK_A}$有效到数据输出时间		350ns
t_{KD}	数据保持时间	200ns	

图 7-15　方式 2 的时序

实际上，方式 2 的输入与输出过程以及各自的次数是任意的，只要$\overline{WR}$在$\overline{ACK}$之前产生，$\overline{STB}$在$\overline{RD}$之前产生就行了。

输出过程由 CPU 执行输出指令向端口 A 写一个数据，同时产生$\overline{WR}$信号开始。$\overline{WR}$信号使

INTR 信号无效，表示中断申请已被响应。$\overline{WR}$后沿使$\overline{OBF}$有效，当外设接收到$\overline{OBF}$时发出$\overline{ACK}$响应，打开端口 A 的输出锁存器，将数据送到 8255A 与外设的数据线上。$\overline{ACK}$变高表示输出缓冲器已空，可进行下一个数据的输出。

输入过程由选通信号$\overline{STB}$有效开始。当外设送数据到 8255A 时，$\overline{STB}$有效并将数据锁存到输入锁存器中，从而使输入缓冲区满信号 IBF 变高。$\overline{STB}$=1 时，使 INTR=1。CPU 响应中断进行读操作，发出有效的读信号$\overline{RD}$，数据被读到 CPU 中，使 IBF=0。则 INTR=0。

7.2.6 8255A 应用举例

下面再对 8255A 以同步传送方式、查询方式和中断方式作为接口举例如下。

【例 7-1】 利用 8255A 作为简单的输入/输出接口，实现同步传送。设在 IBM PC 的扩展板上有一片 8255A，其端口 B 接 8 位二进制开关，端口 C 接 8 位 LED 发光二极管。运行程序时，可观察到 LED 的显示将反映二进制开关的状态，并且，按下任意键时，可退出运行。

设 8255A 的端口地址为：端口 A，218H；端口 B，219H；端口 C，21AH；控制端口，21BH。

解：按题意，电路连接如图 7-15 所示。

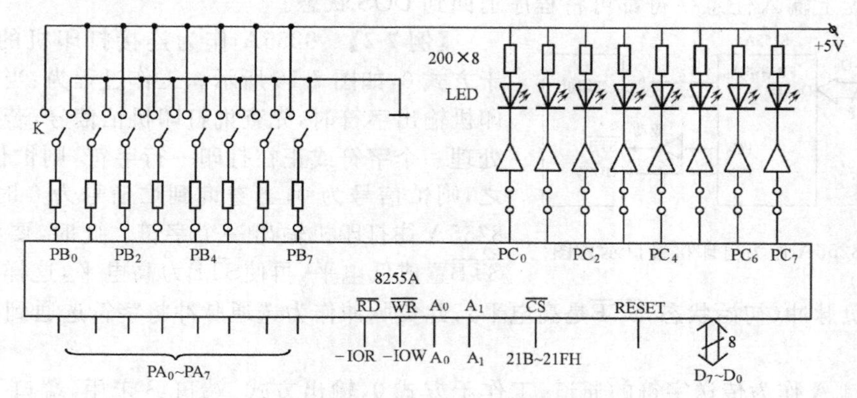

图 7-15 例 7-1 电路连接图

源程序如下：

```
DATA    SEGMENT
MESS    DB 'ENTER  ANY KEY TO EXIT TO DOS!',0DH,0AH,'$'
DATA    ENDS
CODE    SEGMENT
        ASSUME  CS:CODE,DS:DATA
START:  MOV  AX,DATA
        MOV  DS,AX
;…………………………………………………………………………
        MOV  AH,09H                   ;显示提示信息
        MOV  DX,OFFSET MESS
        INT  21H
;…………………………………………………………………………
INIT:   MOV  DX,21BH                  ;写入控制字，使端口都工作于方式 0，且 B 组端口为输入
                                      ;口，A 组端口为输出口
        MOV  AL,82H
        OUT  DX,AL
;…………………………………………………………………………
READ:   MOV  DX,219H                  ;从端口 B 输入开关状态
        IN   AL,DX
```

```
;------------------------------------------------------------
WRITE:  MOV  DX,21AH                 ;从端口C输出,由LED显示
        OUT  DX,AL
;------------------------------------------------------------
        MOV  AH,06H                  ;从键盘输入任意字符
        MOV  DL,0FFH
        INT  21H
        JNZ  QUITT                   ;判断是否有键按下,有,则转退出
        JMP  READ                    ;否则,不退出,继续读开关状态
;------------------------------------------------------------
QUITT:  MOV  AX,4C00H                ;返回DOS
        INT  21H
CODE    ENDS
        END  START
```

程序说明:该程序在有外接硬件电路的条件下,经汇编、链接后,在DOS状态下运行。运行后屏幕上显示“ENTER ANY KEY TO EXIT TO DOS!”的提示,如用户从键盘上输入任意字符都可将程序退回到DOS状态。

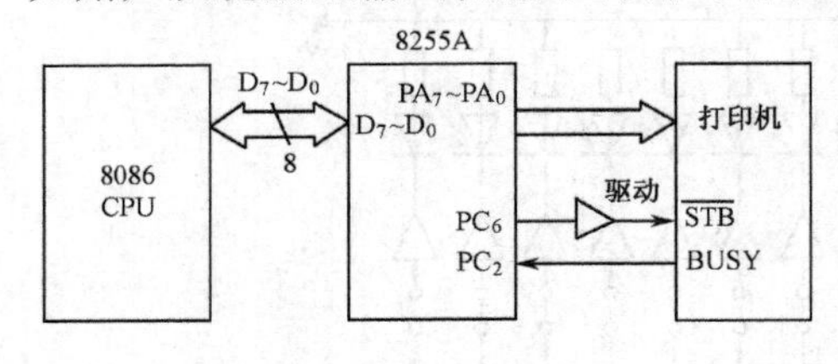

图7-16　8255A作为打印机接口示意图

【例7-2】 8255A作为连接打印机的接口,工作于方式0,如图7-16所示。工作过程为:当主机要往打印机输出字符时,先查询打印机忙信号,若打印机正在处理一个字符或正在打印一行字符,则忙信号为1,反之,则忙信号为0;当查询到忙信号为0时,则可通过8255A往打印机输出一个字符。此时,要将选通信号$\overline{STB}$置成低电平,再使$\overline{STB}$为高电平,这样相当于$\overline{STB}$端输出一个负脉冲(初始状态,$\overline{STB}$是高电平),此负脉冲作为选通脉冲将字符选通到打印机输入缓冲器。

现将端口A作为传送字符的通道,工作于方式0,输出方式;端口B未用,端口C也工作于方式0,PC_2作为“BUSY”信号输入端,故$PC_3 \sim PC_0$为输入方式,PC_6作为$\overline{STB}$信号输出端,故$PC_7 \sim PC_4$为输出方式。

设8255A的端口地址为:端口A,00D0H;端口B,00D2H;端口C,00D4H;控制端口,00D6H。

解:程序段如下:

```
INIT:   MOV  AL,81H        ;控制字设置,使A、B、C 3个端口均工作于方式0,端口A为输
                           ;出,PC7~PC4为输出,PC3~PC0为输入
        OUT  0D6H,AL
        MOV  AL,0DH        ;用置0/置1方式选择字使PC6为1,即STB为高电平
        OUT  0D6H,AL
;------------------------------------------------------------
LPST:   IN   AL,0D4H       ;读端口C的值
        AND  AL,04H
        JNZ  LPST          ;若不为0,说明忙信号(PC2)为1,即打印机处于忙状态,等待
        MOV  AL,CL
        OUT  0D0H,AL       ;否则,把CL中字符经端口A送打印机
        MOV  AL,0CH
        OUT  0D6H,AL       ;使STB为0
        INC  AL
```

```
        OUT   0D6H,AL              ;再使STB为1,得一个负脉冲输出
;....................................................................
        ⋮                          ;后续程序段
```

【例 7-3】 用 8255A 作为打印机接口,并以中断方式控制字符的打印。试编写 8255A 的初始化和中断设置程序,及打印字符的中断服务程序。8255A 以中断方式作为打印机接口的示意图如图 7-17 所示。

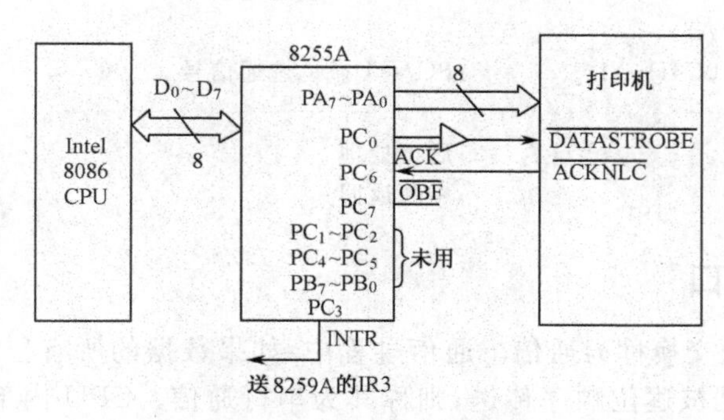

图 7-17 8255A 以中断方式作为打印机接口

解:端口 A 为数据端口,工作在方式 1、输出。此时,PC_7 为$\overline{OBF}$信号的输出端,PC_6 是$\overline{ACK}$信号的输入端,而 PC_3 自动作为 INTR 的输出端。端口 C 其他各位及端口 B 未用。打印机需要一个数据选通信号,可由 CPU 控制 PC_0 来产生选通脉冲。$\overline{OBF}$没有具体作用,$\overline{ACK}$由打印机的$\overline{ACKNLC}$端提供。PC_3 接至中断控制器 8259A 的 IR3 上,对应于中断类型号 0BH,相应的中断向量放在物理地址为 0002CH～0002FH 的 4 字节单元中。

设 8255A 的端口 A、B、C 及控制口地址分别为 0C0H、0C2H、0C4H 和 0C6H。字符打印由程序控制进行,程序分为主程序和中断服务程序。主程序完成 8255A 的初始化及中断设置,中断服务程序完成字符输出。

主程序段如下:

```
        ⋮
MAIN:   MOV   AL,0A0H              ;端口 A 方式 1,输出,PC0 输出
        OUT   0C6H,AL              ;控制字
        MOV   AL,01                ;PC0=1,选通无效
        OUT   0C6H,AL
;....................................................................
        XOR   AX,AX
        MOV   DS,AX                ;设置中断向量 0100H:2000H
        MOV   AX,2000H
        MOV   WORD PTR[002CH],AX
        MOV   AX,0100H
        MOV   WORD PTR[002EH],AX
;....................................................................
        MOV   AL,0DH
        OUT   0C6H,AL              ;PC6=1,允许 8255A 中断
        ST1                        ;开中断
        ⋮
```

假设字符已放在输出缓冲区,在中断服务程序中 CPU 将端口 C 的相应位清 0,发出选通信号,由此将数据送到打印机。当打印机接收并打印字符后,发出应答信号$\overline{ACK}$,由此清除了 8255A 的数据缓冲区满信号,并使 8255A 产生新的中断请求。如果中断是开放的,CPU 便可进

入中断服务程序。本例中，中断服务程序的入口地址设置为 0100H:2000H。

其程序段如下

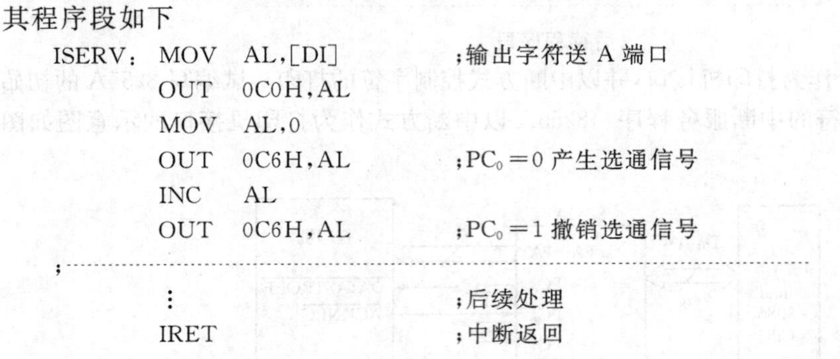

```
ISERV: MOV   AL,[DI]        ;输出字符送 A 端口
       OUT   0C0H,AL
       MOV   AL,0
       OUT   0C6H,AL        ;PC0=0 产生选通信号
       INC   AL
       OUT   0C6H,AL        ;PC0=1 撤销选通信号
;------------------------------------------------
       ⋮                    ;后续处理
       IRET                 ;中断返回
```

7.3 串行通信接口

CPU 与外部的信息交换称为通信。通信过程中，如果数据的所有位被同时传送出去，则称其为并行通信；如果数据被逐位顺序传送，则称其为串行通信。CPU 内部通常采用并行传送的方式，因为并行处理可以大大提高 CPU 的执行速度，从而提高其工作效率。如果 CPU 仍然采用并行方式和远距离设备进行数据传输，必然使硬件开销过大，系统费用增高，而且这种增高常常是呈指数规律上升的。因此，对距离较远的通信，人们习惯采用串行方式。

串行通信虽可使系统的费用下降，但也随之带来了串/并、并/串转换以及位计数等问题，使串行通信技术比并行技术复杂得多。为了提高串行通信的速率、CPU 利用率和串行口使用的方便程度，目前的微机系统中普遍采用专用 LSI 接口芯片来完成这种转换。我们把具备串/并、并/串转换功能的接口称为串行通信接口，简称串行接口或串口。

7.3.1 串行接口及串行通信协议

1. 串行接口的典型结构

图 7-18 是大多数可编程串行接口的典型结构。图中各组成部分的作用如下所述。

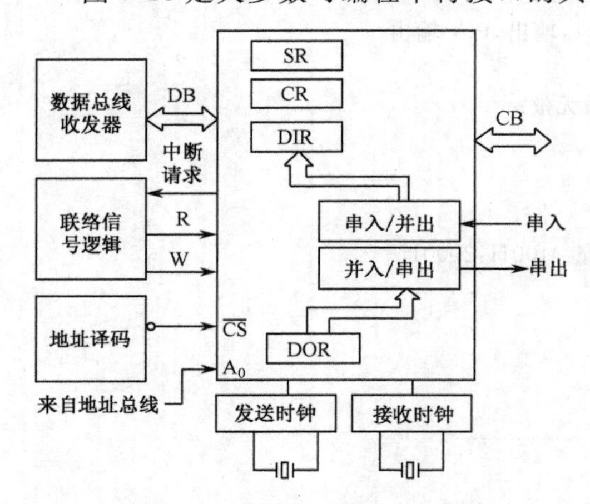

图 7-18 可编程串行接口的典型结构

① 数据总线收发器是并行的双向数据通道，负责将 CPU 送来的并行数据传送给串行接口，并将串行接口接收的外设数据送给 CPU。

② 联络信号逻辑用于完成 CPU 与串行接口之间信息的联系。

③ 控制总线 CB(Control Bus)：串行接口与外设之间进行数据传输所需的各种控制信息的通路。

④ 串入/串出是串行接口与外设之间的数传通道，均为串行方式。

⑤ 发送时钟和接收时钟是串行通信中数据传送的同步信号。

⑥ 状态寄存器 SR 用来指示传送过程中可能发生的某种错误或当前的传输状态。

⑦ 控制寄存器 CR 接收来自 CPU 的各种控制信息，这些信息是由 CPU 执行初始化程序得到的，包括传输方式、数据格式等。

⑧ 数据输入寄存器 DIR(Data Input Register)与串入/并出移位寄存器相连。串入/并出移

位寄存器完成串/并转换。转换后的并行数据可经数据总线收发器送入 CPU 进行处理。

⑨ 数据输出寄存器 DOR(Data Output Register)与并入/串出移位寄存器相连。并入/串出移位寄存器的操作与串入/并出相反,完成并/串转换。

⑩ $\overline{CS}$和 A_0。串行接口的各种操作是否有效取决于$\overline{CS}$,即片选信号;片选信号低有效时,当前对串口中哪个部件进行操作则取决于地址线 A_0 和读写信号。通常,信号由 CPU 通过地址译码逻辑控制,而 A_0 直接与 CPU 的地址线 A_0 相连。

2. 串行通信协议

为使通信能顺利进行,数据发送方和接收方必须共同遵守基本通信规程(Protocol),这些规程在计算机网络中被称为协议。协议的内容一般包括收发双方的同步方式、传输控制步骤、差错检验方式、数据编码、数据传输速率、通信报文格式及控制字符定义等。目前有两大类通信协议:异步通信协议和同步通信协议。

(1)异步通信协议(Asynchronous data communication protocol)

异步通信协议又简称为异步通信(ASYNC)。它以字符作为一个独立的信息单元,字符出现在数据流中的时间是任意的,而每个字符中的各位以固定的时间传送。这种传送方式在同一字符内是同步的,而字符与字符之间不同步。发送器和接收器可以没有同步时钟,因而异步通信中收发双方同步的方法,是在字符中设置相应的起始、终止标志位。起始标志是在每发送一个字符时,都在数据位前加上一个"0";数据位之后又有 1 位、1.5 位或 2 位停止位,以"1"为标志。字符之间的空隙同样用"1"填满,此时的"1"称为空闲位。"0"、"1"这两种标志分别称为空号(0-Space)和传号(1-Mark)。当数据接收方检测到起始位时,便从下一位开始接收有效字符位;检测到停止位时,便知道字符传输结束。

起始位和停止位之间的字符数据位称为信息位。信息位通常由 7 位 ASCII 码和 1 位奇偶校验位组成,传送时由低位向高位依次进行。因此,在异步方式下传送一个字符,总共要传输 10 位、10.5 位或者 11 位信息。异步串行通信的数据格式如图 7-19 所示。

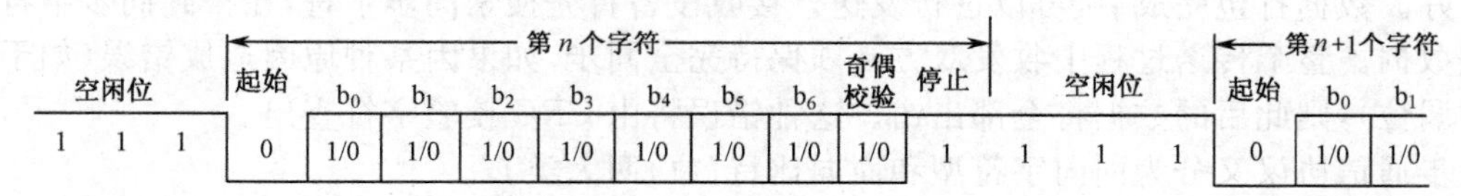

图 7-19　异步串行通信的数据格式

传送开始后,接收设备不断检测传输线,如果在一系列的"1"之后检测到一个"0",就认为是一个字符的开始,于是以每位的传输时间为间隔,移位接收数据位和奇偶校验位,并拼装成一个字符的并行字节。随后,若接收方未收到停止位,就会出现"帧(Frame)错误"。只有既无帧错误又无奇偶校验错误的数据才是有效的。因为异步通信是按字符传输,接收方在收到起始位后只要能在一个字符的传输时间内与发送方保持同步,就能够正确接收。即使收发双方的时钟略有偏差,只要这种偏差不产生积累效应,问题也不大。

异步通信的关键在于准确检测起始位的前沿。为此,起始位与空闲位或停止位应采用相反的电平。假如一个字符的起始位前沿已被检测到,那么如何以该前沿作为采样各信息位的定时基准呢?通常的做法是接收方选取比位时钟频率高若干倍的时钟来控制采样时间,如 16 倍频、32 倍频、64 倍频。如果使用 16 倍频时钟,接收方在检测到一个下降沿后开始计数,计数时钟即是接收时钟。计到 8 个时钟时对输入信号采样,若仍为低电平,则确认该信号为起始位。此后接收方每隔 16 个时钟对输入线采样一次,直至停止位到来。当下一次出现由 1 到 0 的跳变时,重复进行上述过程。

异步通信方式每个字符都必须有起始位、停止位，传送一个字符要附加20%～30%的额外信息，所以数据传输效率不高。异步方式适用于数据较少、传输率要求较低的场合。

(2)同步通信协议(Synchronous data communication protocol)

同号通信协议又简称为同步通信(SYNC)，使用同一时钟作为收发双方的同步信号。与异步通信方式不同，同步方式下的数据没有起、止位，一次传送的字符数可变。传送前先按照一定格式将各种信息打成一个包，即一个信息场。其中包括供接收方识别用的同步字符1或2个，其后紧随欲传送的 n 个字符(n 的大小由用户设定且可变)，最后是1个校验字符。同步串行传输的数据格式如图7-20所示。

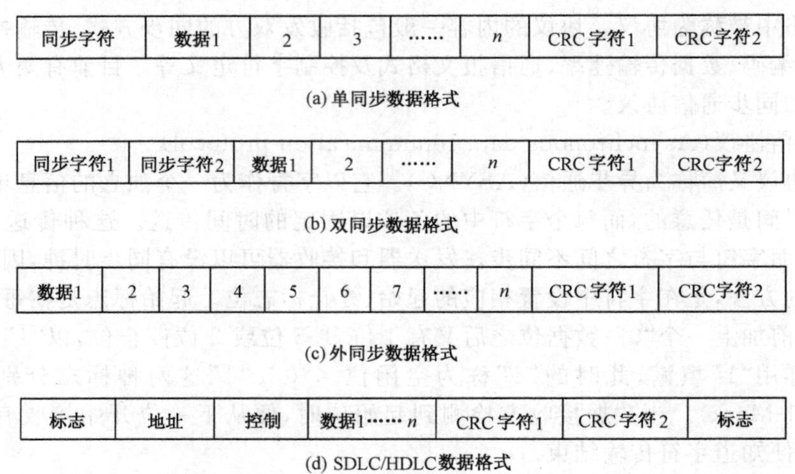

图7-20　同步串行传输数据格式

在同步传输的过程中，如果发送方的数据没有准备好，则发送器将发送同步字符来填充，直至准备好。数据打包完成后，可以进行发送。接收设备首先搜索同步字符，在得到同步字符后开始接收数据。整个传送过程中收发双方必须保持完全同步，如果因某种原因造成错误(如干扰引起接收漏位)，则此后的数据将全部出错。这种错误将由CRC校验字符查出。

同步通信协议又分为面向字符型和面向比特(位)两大类。

① 面向字符型的通信规程。如IBM的二进制同步通信规程BSC(Binary Synchronous Communication)，又称BISYC，是一种有两个同步字符的双同步通信规程。国际标准化组织ISO的基本型BASYC也是一种面向字符型的同步通信规程。这两种规程的特点是，规定了10个字符作为传输控制的专用字符，信息场长度为8的整数倍，传输速率为200～4800波特。

② 面向比特的通信规程。如IBM的同步数据链路控制规程SDLC(Synchronous Data Link Control)、ISO的高级数据链路控制规程HDLC(High-Level Data Link Control)。这类规程的特点是由比特组合来实现传输控制，这种组合与实际的字符代码完全重合，以避免引起混淆。面向比特的通信规程规定了传输的信息长度可变，传输速率可达2400波特以上。

同步通信要求发送和接收的时钟完全同步，不能有一点误差。因此在近距离传送时，如几百米甚至数千米，可以在传输线中增加一条时钟线，以确保收发方使用同一时钟；在数千米以上的远距离通信中，则通过调制/解调器从数据流中提取同步信号，并利用锁相技术得到与发送时钟频率完全相同的接收时钟。

3. 串行通信的连接方式

串行通信有单工(Simplex)、半双工(Half-Duplex)和全双工(Full-Duplex)3种连接方式。

① 单工方式。单工方式只允许数据以一个固定方向传送。采用该方式时，已经确定了通信

双方中的一方接收，另一方发送，且不可更改。如图 7-21(a)所示，在参加通信的 A、B 两端中，A 只能为接收器，B 只能为发送器。

② 半双工方式。参加通信的 A、B 两端均具备接收或发送数据的能力，但因为 A、B 间仅有一条通信线路，故在任一时刻传输仍是单向的，B 发 A 收或 A 发 B 收，决不允许 A 或 B 同时既发又收。半双工方式的连接如图 7-21(b)所示。

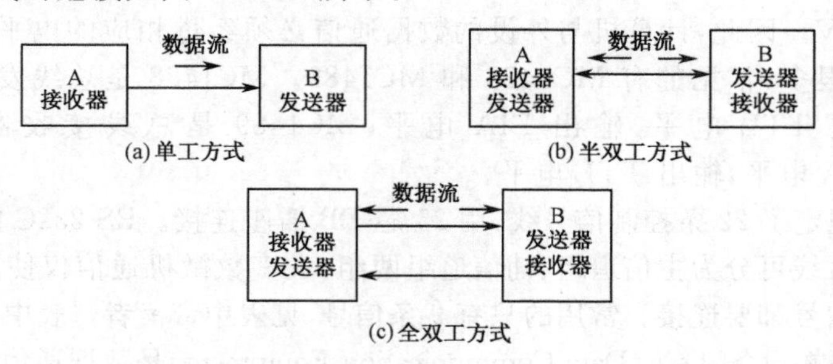

图 7-21　串行通信的 3 种连接示意图

③ 全双工方式。由图 7-21(c)可见，全双工方式下，A、B 两端有两条信道，因而克服了单工或半双工方式中 A、B 不能同时收发的缺点。要实现全双工传输，A、B 端必须分别具备一套完全独立的接收器和发送器。

7.3.2　串行通信的物理标准

为通信方便，串行通信在数据传输率、电气特性、信号名称和接口标准等方面建立了一致的概念和标准。

1. 传输率

传输率由比特率(b/s)和波特率表征。比特率即每秒所传送的二进制位数，波特率则是每秒传送的有效信息位数目。在计算机中的数据均采用二进制方式，因此比特率和波特率是一致的。

计算机通信中常用波特率来表示传输率。常用标准值有 110、300、600、1200、2400、4800、9600 和 19200 波特。大多数 CRT 终端的传输率设定为 9600 波特。由于受机械装置速率较慢的影响，串行打印机波特率常设定为 110 波特；而点阵式打印机有较大的内部数据缓冲器，常设定为 2400 波特。通信时应根据波特率确定发送和接收的时钟频率。时钟频率与波特率之间的关系为：

$$时钟频率 = n \times 波特率(n 可以为 1,16,32 或 64)$$

下面的例子说明，在波特率相同的情况下，采用同步方式传输字符的速度比异步方式传输同样的字符要快。

例如波特率为 1200。异步传输时，每个字符由 10 位组成：1 个起始位，1 个停止位，1 个奇偶校验位及 7 个字符信息位。因此，异步传输每秒钟所能传送的最大字符数为 1200/10＝120 个；若同步传输，有同步字符 4 个，传输 100 个字符所需的时间为 $7\times(100+4)/1200=0.6067$s，则每秒钟能传送的字符个数为 100/0.6067＝165 个。

可见，异步传输比同步传输的效率低，因而在波特率相同的情况下传输速率慢。

2. RS-232C 标准

标准化的通用总线结构能大大简化系统软件和硬件设计，使系统结构模块化、标准化，因此被计算机系统普遍采用。RS-232C 是美国电子工业协会(Electronic Industry Association，EIA)颁布的串行总线标准，其中 RS 表示 Recommended Standard。另外，国际电报电话咨询委员会

(Consultative Committee of International Telegraph and Telephone，CCITT)也颁布了一个与RS-232C 基本相同的 CCITT V.24 标准。

RS-232C 对信号电平标准、控制信号的定义做了如下规定。

RS-232C 采用负逻辑，它的 EIA 电平与 TTL 电平不同。RS-232C 要求：空号(Space)和控制、状态信号的逻辑“0”对应于电平＋3V～＋25V；传号(Mark)和控制、状态信号的逻辑“1”对应于电平－3V～－25V。因此，计算机与外设的数据通信必须经过相应的电平转换。可完成这种电平转换的芯片有很多，常见的有 MC1488 和 MC1489。MC1488 是总线发送器(PC/XT 中使用 SN75150)，接收 TTL 电平，输出 EIA 电平；MC1489 是总线接收器(PC/XT 中使用 SN75154)，输入 EIA 电平，输出 TTL 电平。

RS-232C 标准规定了 22 条控制信号线，用 25 芯 DB 插座连接。RS-232C 的信号定义如表 7-3 所示。表中所有信号线可分为主信道组、辅信道组两组，大多数微机通信仅使用主信道组，而且并非所有主信道组的信号都要连接。常用的只有 9 条信号，见表中带 * 者。表中 DTE(Data Terminal Equipment)是数据终端设备，DCE(Data Communication Equipment)是数据通信设备。

表 7-3　RS-232C 的信号定义

引脚号	功能说明	引脚号	功能说明
1	保护地	14	(辅信道)发送数据(TxD)
2*	发送数据(TxD)	15	发送信号单元定时(DCE 为源)
3*	接收数据(RxD)	16	(辅信道)接收数据(RxD)
4*	请求发送(RTS)	17	接收信号单元定时(DCE 为源)
5*	清除发送(CTS)	18	未定义
6*	数据通信设备(DCE)准备好(DSR)	19	(辅信道)请求发送(RTS)
7*	信号地(公共地)	20*	数据终端准备好(DTR)
8*	数据载体检测(DCD)	21*	信号质量检测
9	(保留供数据通信设备测试)	22	振铃指示(RI)
10	(保留供数据通信设备测试)	23	数据信号速率选择(DTE/DCE 为源)
11	未定义	24	发送信号单元定时(DTE 为源)
12	(辅信道)数据载体检测(DCD)	25	未定义
13	(辅信道)清除发送(CTS)		

7.3.3　可编程串行异步通信接口 8250

最常用的可编程串行通信接口芯片是 Intel 的 8250、8251 等。8251 具有同步、异步接收和发送功能，8250 则是专门的异步通信接口。目前的微机系统中普遍采用 8250 作为串行通信电路的核心。这里着重介绍它的功能和应用。

1. 8250 的主要功能

INS8250 可编程串行异步通信接口芯片有 40 条引脚，双列直插式封装，使用单＋5V 电源供电。8250 能实现数据串/并或并/串转换，支持异步通信规程，片内有时钟产生电路，波特率可变。8250 可为应用于远程通信系统中的调制解调器提供控制信号，接收并记录由调制解调器发送给 CPU 的状态信息，还具有数据回送功能，为调试检测提供了方便。

2. 8250 的内部结构

8250 的内部结构框图如图 7-22 所示，包括数据总线缓冲器、选择和读/写控制逻辑、接收缓冲器 RBR、发送保持寄存器 THR、调制解调器控制寄存器 MCR、调制解调器状态寄存器 MSR、传输线控制寄存器 LCR、传输线状态寄存器 LSR、中断使能寄存器 IER、中断识别寄存器 IIR、分频次数锁存器(除数寄存器)DLL 及 DLM 等。这里简介时钟发送环节和中断控制逻辑，其余部分随后介绍。

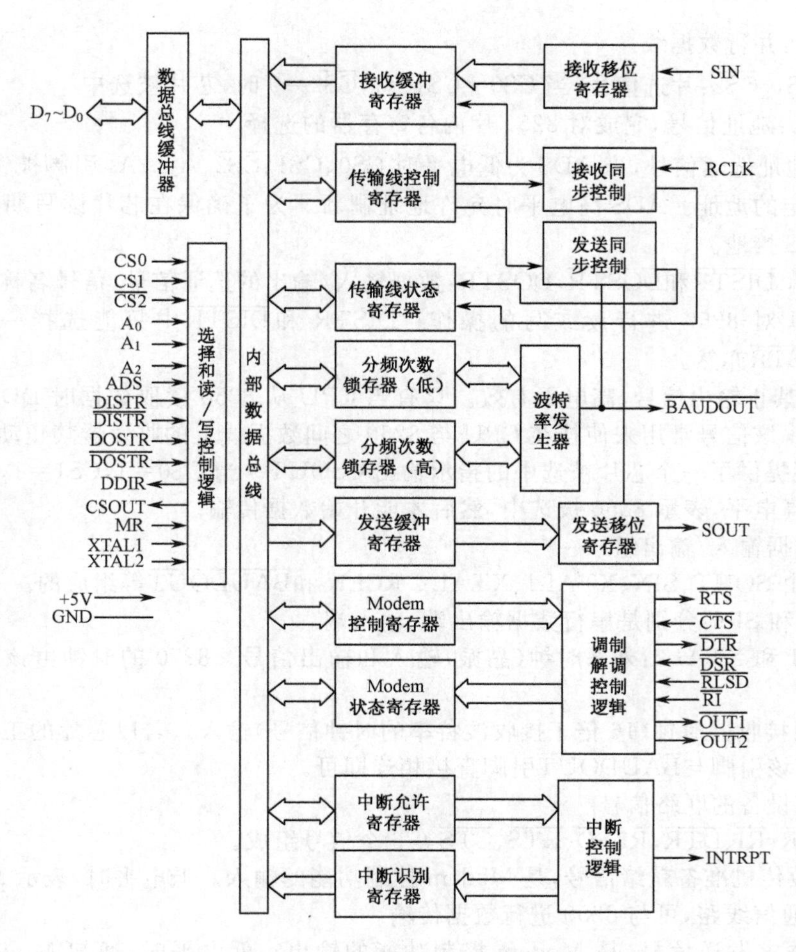

图 7-22　8250 的内部结构框图

① 时钟发送环节：由波特率发生器、分频次数锁存器(高)和分频次数锁存器(低)组成。由于 8250 内部有时钟产生电路，可根据外部提供的 1.8432MHz 时钟为发送和接收器提供波特率。8250 的收、发时钟频率固定，即为外部时钟 1.8432MHz 的 16 分频。

② 中断控制逻辑：由中断允许寄存器、中断识别寄存器和中断控制逻辑 3 部分组成，用于管理中断优先权、中断申请等。

3. 8250 的引脚特性

8250 的引脚特性如图 7-23 所示，40 条引脚中 29 脚未用，40 脚为+5V 电源输入，20 脚为地，其余 37 条引脚分成 4 组。

(1)并行数据输入/输出组

这是一组与 CPU 的读写操作有关的信号线，由 D_0～D_7、CS0、CS1、$\overline{CS2}$、A_0 ～ A_2、ADS、CSOUT、DISTR、$\overline{DISTR}$、$\overline{DOSTR}$、DOSTR、DDIR 等 21 个信号组成。

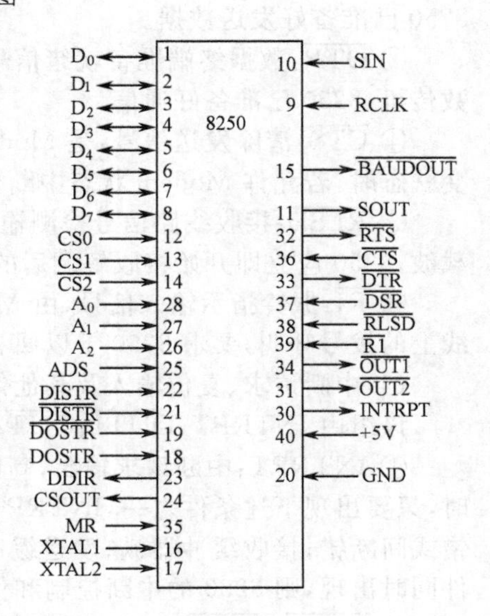

图 7-23　8250 引脚特性

① D_0～D_7:并行数据线。

② CS0、CS1、$\overline{\text{CS2}}$:片选信号,当 CS0＝CS1＝1,$\overline{\text{CS2}}$＝0 时,芯片被选中。

③ A_2～A_0:地址信号,完成对 8250 片内各寄存器的选择。

④ ADS:地址选通信号,当 ADS 为低电平时 CS0、CS1、$\overline{\text{CS2}}$、A_2～A_0 引脚被锁存,从而为读写操作提供稳定的地址。ADS 高电平时允许地址刷新。为了确保在芯片读写期间有稳定的地址,则可将 ADS 接地。

⑤ DISTR,$\overline{\text{DISTR}}$和$\overline{\text{DOSTR}}$,DOSTR:数据输入/输出的选通信号,信号名称中的 I 和 O 分别代表着 CPU 对 8250 进行读或写的操作。DISTR 和$\overline{\text{DISTR}}$中只能选择一个信号有效,DOSTR 和$\overline{\text{DOSTR}}$亦然。

⑥ DDIR:禁止输出信号,高电平有效。只有当 CPU 从 8250 读取数据时 DDIR＝0,其他时候均为高电平。该信号常用来使挂在 CPU 与 8250 之间数据线上的收发器禁止动作。

⑦ 8250 还提供了一个芯片被选中的指示输出 CSOUT。当 CS0＝1,CS1＝1,$\overline{\text{CS2}}$＝0 时,该引脚输出一个高电平,表示 8250 被选中,然后才能开始数据传输。

(2)串行数据输入/输出组

该组信号由 SOUT、SIN、XTAL1、XTAL2、RCLK 和$\overline{\text{BAUDOUT}}$等组成的。

① SOUT 和 SIN:分别是串行数据输出端、输入端。

② XTAL1 和 XTAL2:外部时钟(晶振)输入和输出信号。8250 的时钟由该外部基准振荡器提供。

③ RCLK:接收器时钟(16 倍于接收波特率的时钟信号)输入。若以芯片的工作时钟为接收时钟,则只要将该引脚与$\overline{\text{BAUDOUT}}$引脚直接相连即可。

(3)与通信设备的联络信号

该组由$\overline{\text{DSR}}$、$\overline{\text{RI}}$、$\overline{\text{DTR}}$、$\overline{\text{RLSD}}$、$\overline{\text{RTS}}$、$\overline{\text{CTS}}$等 6 个信号组成。

① $\overline{\text{DSR}}$:数传机准备就绪信号,是 Modem 控制功能的输入。低电平时,表示 Modem 或数传机准备好建立通信线路,可与 8250 进行数据传输。

② $\overline{\text{RTS}}$:请求发送信号,是 Modem 控制功能的输出。低电平时,通知 Modem 或数传机,8250 已准备好发送数据。

③ $\overline{\text{DTR}}$:数据终端准备就绪信号,是 Modem 控制功能的输出。低电平时,通知 Modem 或数传机,8250 已准备好通信。

④ $\overline{\text{CTS}}$:清除发送信号,是 Modem 控制功能的输入。每当 Modem 状态寄存器的 CTS 位改变状态时,若允许 Modem 状态中断,就会产生一次中断。

⑤ $\overline{\text{RLSD}}$:接收线路信号检测输入,由 Modem 控制。$\overline{\text{RLSD}}$＝0,表明 Modem 已接收到数据载波,8250 应立即开始接收解调后的数据。

⑥ $\overline{\text{RI}}$:振铃指示输入信号,由 Modem 控制。$\overline{\text{RI}}$＝0,表示 Modem 或数据装置接收到了电话线上的拨号呼叫,要求 8250 予以回答。

(4)中断请求、复位输入及其他信号

该组由 INTRPT、$\overline{\text{OUT1}}$、$\overline{\text{OUT2}}$、MR 等信号组成。

① INTRPT:中断请求输出,高电平有效。当中断允许寄存器 IER 相应位为 1,即中断允许时,只要出现下述条件之一,INTRPT 就会变为高电平:接收器数据错,包括重叠错、奇偶错、帧错或间断错;接收缓冲器满;发送缓冲器空以及 Modem 状态寄存器的状态改变。如果有多个条件同时出现,则 8250 的中断控制和优先权判定管理逻辑电路将按上述先后次序判定优先级。

② $\overline{\text{OUT1}}$,$\overline{\text{OUT2}}$:用户指定的输出信号,分别受控于 Modem 控制寄存器的 D_2 和 D_3 位。若编程将 D_2 和 D_3 设定为 1,则$\overline{\text{OUT1}}$和$\overline{\text{OUT2}}$均为有效的低电平。8250 复位后输出高电平。

③ MR:主复位信号。当 MR＝1 时,8250 进入复位状态,控制逻辑和内部寄存器(接收器、

数据发送器和分频锁存器除外)将被清除。8250 的复位功能如表 7-4 所示。

表 7-4　8250 的复位功能

寄存器/引脚	复位控制	复位后状态
中断允许寄存器	系统复位(MR)	8 位均清 0(0～3 强制清 0,4～7 恒为 0)
中断识别寄存器	系统复位(MR)	0 位置 1,1～2 位为 0,3～7 位恒为 0
传输线控制寄存器	系统复位(MR)	8 位均清 0
Modem 控制寄存器	系统复位(MR)	8 位均清 0
传输线状态寄存器	系统复位(MR)	仅 5,6 位被置 1
Modem 状态寄存器	系统复位(MR)	0～3 位被清 0,4～7 位为输入信号的反相
SOUT	系统复位(MR)	1(高电平)
INTRPT 接收器错	读 LSR/MR	0(低电平)
INTRPT(发送缓冲器空)	读 IIR/写 IBR/MR	0
INTPRT(接收器数据准备就绪)	读 RBR/MR	0
INTPRT Modem 状态变化	读 MSR/MR	0
$\overline{RTS}$	系统复位(MR)	1
$\overline{DTR}$	系统复位(MR)	1
$\overline{OUT1}$	系统复位(MR)	1
$\overline{OUT2}$	系统复位(MR)	1

7.3.4　8250 的初始化编程

1. 8250 内部寄存器及其寻址

8250 内部有 10 个可访问的寄存器,它们的地址由 A_2～A_0 这 3 条地址线的 8 种组合决定,因此有几个寄存器共用一个地址的情况。对于地址相同的寄存器,用传输线控制寄存器 D_7 位 DLAB 加以区别。例如,寻址 16 位的除数寄存器,若 DLAB=1,$A_2A_1A_0$=000,访问低 8 位 DLL 锁存器;若 $A_2A_1A_0$=001,则为高 8 位 DLH。相反,寻址接收缓冲器 RBR 和发送缓冲器 TBR,则必须在 DLAB=0 时,通过读、写两种不同的操作来区分。表 7-5 给出了 8250 内部寄存器的编址情况。

表 7-5　8250 内部寄存器编址

DLAB	A_2	A_1	A_0	被访问的寄存器	0 号板地址
0	0	0	0	接收缓冲器(读)、发送缓冲器(写)	3F8H
0	0	0	1	中断允许寄存器	3F9H
×	0	1	0	中断标志寄存器(只读)	3FAH
×	0	1	1	传输线控制寄存器	3FBH
×	1	0	0	Modem 控制寄存器	3FCH
×	1	0	1	传输线状态寄存器	3FDH
×	1	1	0	Modem 状态寄存器	3FEH
1	0	0	0	除数寄存器(低字节)	3F8H
1	0	0	1	除数寄存器(高字节)	3F9H

注:0 号板地址是 IBM PC 及其兼容机的 0 号槽中的异步串行通信适配器上的 8250 内部寄存器地址。

2. 8250 的控制字

8250 内部有多个寄存器,分为两组。一组用于工作方式以及通信参数的控制和设置,属于这一组的有波特率分频次数锁存器、传输线控制寄存器、Modem 控制寄存器和中断允许寄存器。这些寄存器均是在 8250 初始化时用 OUT 指令置入初值的。初始化后很少再去更新它们。另一组寄存器用于实现通信传输,包括发送、接收缓冲寄存器、传输线状态寄存器和中断识别寄存器。

(1)波特率因子寄存器

初始化的第一个参数是波特率因子,由它决定传输速率。波特率与分频系数的对应关系如表 7-6 所示(注:这是对 IBM PC 微机的 8250 设置的波特率)。为了设置波特率因子,必须先把传输线控制寄存器的 DLAB 置为 1,然后分别将高、低字节的值送入对应的分频器中。

表 7-6 波特率与设置的分频系数对应表

波特率	分频器(H)	分频器(L)	波特率	分频器(H)	分频器(L)
50	09H	00H	1800	00H	40H
75	06H	00H	2000	00H	3AH
110	04H	17H	2400	00H	30H
134.5	03H	59H	3600	00H	20H
150	03H	00H	4800	00H	18H
300	01H	80H	7200	00H	10H
600	00H	C0H	9600	00H	0CH
1200	00H	60H			

(2)传输线控制寄存器 LCR

初始化第二个参数是 LCR。LCR 寄存器的控制字位功能如图 7-24 所示。

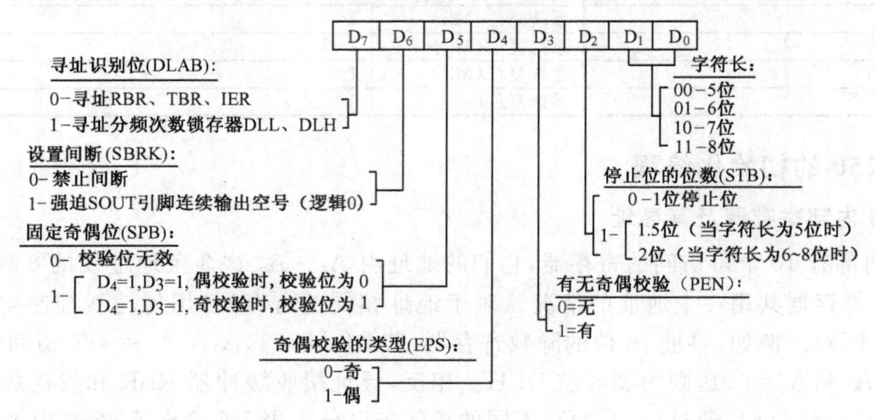

图 7-24 传输线控制寄存器 LCR 的控制字位功能

LCR 决定了串行传输的字符长度、停止位个数的奇偶校验类型，通常高 3 位置成 0，D_7 置 0，表示不访问波特率因子寄存器。

(3)调制解调器控制寄存器 MCR

初始化的第三个参数是调制解调器控制寄存器 MCR。MCR 寄存器控制字的位功能如图 7-25 所示。$D_0=1$，表示数据终端准备好，$D_1=1$，表示请求发送；D_2($\overline{OUT1}$)是用户指定的输出，不用；D_3($\overline{OUT2}$)是用户指定的输入，为了把 8250 产生的中断信号经系统总线送到中断控制器的 IRQ4 上，此位须置 1；D_4 通常置 0，若置为 1，则 8250 串行输出被回送。利用这个特点，可以编程测试 8250 工作是否正常；D_5、D_6、D_7 总是为 0。

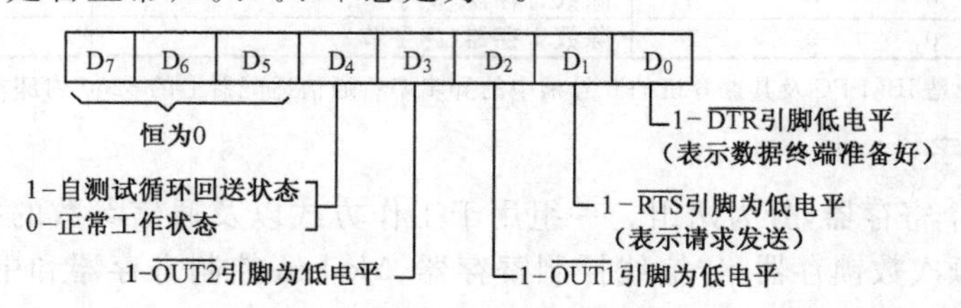

图 7-25 Modem 控制寄存器 MCR 控制字的位功能

(4)中断允许寄存器 IER

初始化的最后一个参数是 IER。如果不用中断，就把该寄存器置为 0；若允许中断，只需将相应的位置 1 即可。IER 寄存器控制字的位功能如图 7-26 所示。

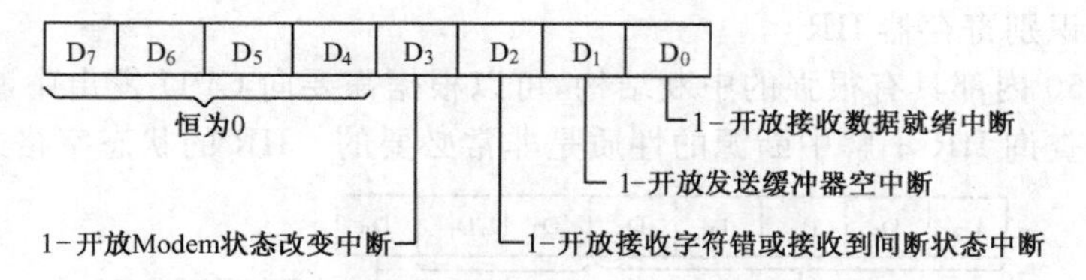

图 7-26　中断允许寄存器 IER 控制字的位功能

3. 用 8250 进行通信

8250 初始化工作结束后，就可以进行串行通信了。每发送一个字符数据时，若发送数据缓冲器空，CPU 才可以将字符输出给 8250 的发送数据缓冲器；如果接收数据缓冲器接收有字符，CPU 才可读取。8250 的内部状态通过传输线状态寄存器 LSR 提供给 CPU。CPU 可以采用查询或中断的方式读取 LSR。

(1)查询传输线状态寄存器 LSR

LSR 的格式如图 7-27 所示。如果要发送一个数据，必须首先读 LSR 并检查 D_5 位，若为 1，则表示发送数据缓冲器空，可以接收 CPU 新送来的数据。数据输入到 8250 后 LSR 的 D_5 位将自动清 0，表示缓冲器已满，该状态一直持续到数据发送完毕、发送数据缓冲器变空为止。

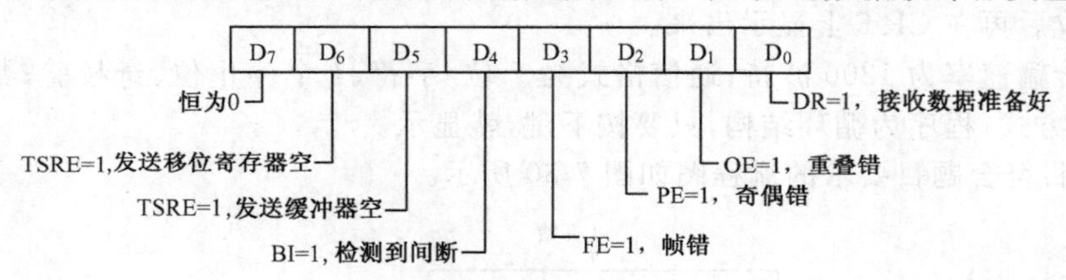

图 7-27　传输线状态寄存器 LSR 状态字的格式

LSR 的 $D_0=1$，表示 8250 已收到一个数据并将它放在接收数据缓冲器中。这时，CPU 应用 IN 指令读取数据，数据被取走后 D_0 位自动清 0。如果 $D_0=1$ 时 8250 又接收了一个新数据，就会冲掉前一个未取走的数据，8250 将产生一个重叠错误即 $D_1=1$。

LSR 也可以用来检测任一接收数据错或接收间断错。如果对应位中有一个是 1，就表示接收数据缓冲器的内容无效。注意，LSR 的内容一旦被读过，8250 中所有的错误位都将自动复位，即使错误未被处理。

(2)查询 Modem 状态寄存器 MSR

MSR 主要用于在有 Modem 的系统中了解 Modem 的状态。MSR 状态字的格式如图7-28所示。MSR 的 $D_0 \sim D_3$ 是记录输入信号变化的状态标志，CPU 读取 MSR 时把这些位清 0。若 CPU 读取 MSR 后输入信号发生了变化，则将对应的位置 1；高 4 位 $D_7 \sim D_4$ 以相反的形式记录对应的输入引脚的电平状态。

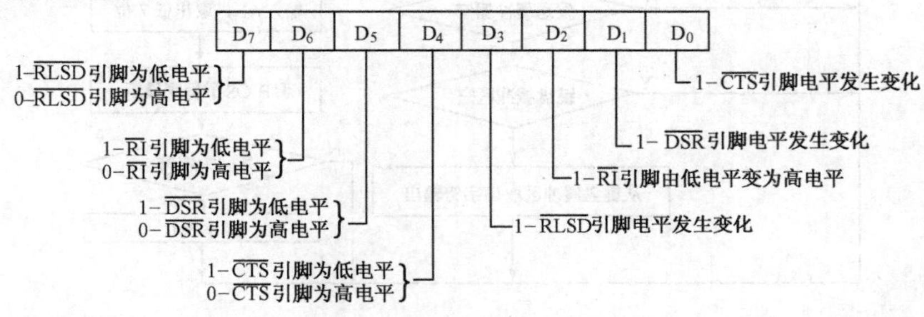

图 7-28　Modem 状态寄存器 MSR 状态字的格式

(3)查询中断识别寄存器 IIR

如前所述,8250 内部具有很强的中断结构,可以根据需要向 CPU 发出中断请求。在具有多个中断源共存时,查询 IIR 了解中断源的性质是非常必要的。IIR 的状态字格式如图 7-29 所示。

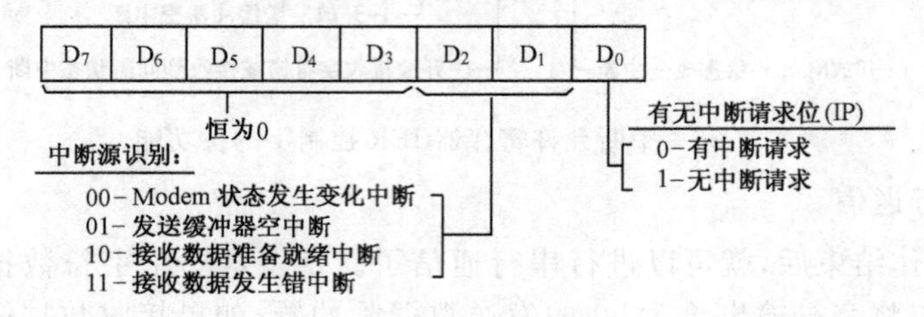

图 7-29　中断识别寄存器 IIR 的状态字格式

通常,查询中断识别寄存器是在有多个中断源的系统中,如果初始化指定为一个,就没有必要了。

7.3.5　8250 应用举例

【例 7-4】 已知在一台 IBM PC 的 0 号扩展槽内,插了一块以 INS8250 为核心的异步串行通信适配卡。试编写一程序,利用 8250 的循环回送特性,将 IBM-PC 作为发送和接收机,从键盘输入内容,经接收后再在 CRT 上显示出来。

设:数据传输速率为 1200 波特;通信格式为 7 位/字符、1 个停止位、奇校验;数据发送和接收均采用查询方式;程序为循环结构,只要按下键,就显示。

① 流程图:符合题目要求的流程图如图 7-30 所示。

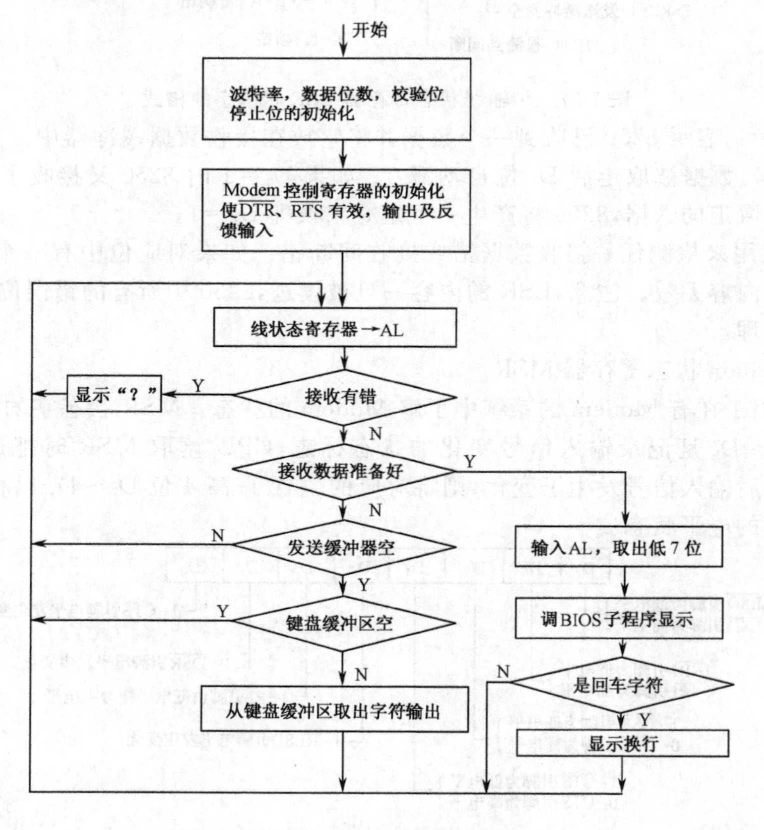

图 7-30　例 7-4 程序流程图

② 程序：

```
STACK     SEGMENT  PARA  STACK   'STACK'
          DB  256  DUP(0)
STACK     ENDS
CODE      SEGMENT  PARA  PUBLIC  'CODE'
          ASSUME  CS:CODE
;------------------------------------------------------------------
START     PROC  FAR
          PUSH  DS                          ;保存 PSP 段地址
          XOR  AX,AX
          PUSH  AX
;------------------------------------------------------------------
;PART1:初始化 8250 为 7 位数据位,1 位停止位,奇校验,波特率 1200,并
;设定为内部连接方式
          MOV  DX,3FBH
          MOV  AL,80H
          OUT  DX,AL                        ;设传输线控制寄存器 D7 为 1
;------------------------------------------------------------------
          MOV  DX,3F8H                      ;设波特率为 1200
          MOV  AL,60H
          OUT  DX,AL
          MOV  DX,3F9H
          MOV  AL,0
          OUT  DX,AL
;------------------------------------------------------------------
          MOV  DX,3FBH                      ;设奇校验,1 位停止位,7 位数据位
          MOV  AL,0AH
          OUT  DX,AL
;------------------------------------------------------------------
          MOV  DX,3FCH                      ;设 Modem 控制寄存器:发DTR和RTS
          MOV  AL 13H                       ;信号,内部输出输入反接,中断禁止
          OUT  DX,AL
;------------------------------------------------------------------
          MOV  DX,3F9H                      ;设中断允许寄存器为 0,
          MOV  AL,0                         ;使 4 种中断被屏蔽
          OUT  DX,AL
;------------------------------------------------------------------
;以上为初始化阶段
;PART2:把接收到的字符显示出来,把键盘输入的发送出去
;------------------------------------------------------------------
FOREVER:  MOV  DX,3FDH                      ;输入线状态寄存器内容,
          IN   AL,DX                        ;测接收是否出错
          TEST  AL,1EH
          JNZ   ERROR
;------------------------------------------------------------------
          TEST  AL,01H                      ;测是否"接收数据准备好"
          JNZ   RECEIVE
;------------------------------------------------------------------
          TEST  AL,20H                      ;测是否"输出数据缓冲器空"
          JZ    FOREVER                     ;不空,返回循环
```

```
;------------------------------------------------------------------
        MOV   AH,1              ;测键盘缓冲区是否存字符
        INT   16H
        JZ    FOREVER           ;无,返回循环
;------------------------------------------------------------------
        MOV   AH,0              ;从键盘缓冲区取一个字符代码入 AL
        INT   16H
;------------------------------------------------------------------
        MOV   DX,3F8H           ;把字符代码发送到输出数据缓冲器
        OUT   DX,AL
;------------------------------------------------------------------
        JMP   FOREVER
RECEIVE: MOV  DX,3F8H           ;接收数据准备好,输入字符代码
        IN    AL,DX             ;入 AL,取出低 7 位
        AND   AL,7FH
;------------------------------------------------------------------
        PUSH  AX
        MOV   BX,0
        MOV   AH,14             ;显示
        INT   10H
;------------------------------------------------------------------
        POP   AX
        CMP   AL,0DH            ;是回车键吗
        JNZ   FOREVER           ;不是,则转
;------------------------------------------------------------------
        MOV   AL,0AH            ;向显示器输出换行代码 0AH
        MOV   AH,14
        MOV   BX,0
        INT   10H
;------------------------------------------------------------------
        JMP   FOREVER
ERROR:  MOV   DX,3F8H           ;输入错误字符,清除准备好标志
        IN    AL,DX
        MOV   AL,'?'
        MOV   BX,0
        MOV   AH,14             ;显示"?"
        INT   10H
;------------------------------------------------------------------
        JMP   FOREVER
;------------------------------------------------------------------
        START  ENDP
CODE    ENDS
        END  START
```

7.4 可编程定时器/计数器 8253

定时器/计数器在微计算机系统中具有极为重要的作用,如在 IBM PC 中作定时用,为计时电子钟提供恒定的时间基准,为动态存储器刷新定时及扬声器的基音调定时等。在实时操作系统和多任务操作系统中,定时器/计数器则是任务调度的主要依据。

7.4.1 8253的基本功能及用途

(1)8253芯片的主要特点

① 有3个独立的16位计数器;② 每个计数器可按二进制或二-十进制计数;③ 每个计数器的计数频率可高达2.6MHz;④ 每个计数器都可以由程序确定按照6种不同的方式工作;⑤ 所有的输入/输出电平均与TTL电平兼容;⑥ 采用NMOS工艺。

(2)8253的用途

8253有很强的通用性,可作为定时器和计数器,这使它几乎能适用于所有的由微处理器组成的系统。其具体用途有:① 在多任务的分时系统中作为中断信号实现程序切换;② 作为I/O设备输出精确的定时信号;③ 作为一个可编程的波特率发生器;④ 实现时间延迟。

7.4.2 8253的内部结构及工作原理

8253可作为定时器,也可作为计数器使用。当作为计数器时,即在设置好计数初值后,进行减"1"操作,减为"0"时,输出一个信号便结束;而作为定时器时,即在设置好定时常数后,进行减"1"计数,并按定时常数不断地输出为时钟周期整数倍的定时间隔信号。

由此可以看出,这两种用途的主要区别是:8253工作于计数器状态时,减至"0"后输出一个信号便结束;而作为定时器时,则不断重复产生信号。

定时器/计数器的基本原理图如图7-31所示。它有4个寄存器:初始值寄存器、计数输出寄存器、控制寄存器和状态寄存器。

初始值寄存器用来存放计数初始值,该值由程序写入,若不复位或没有往该寄存器写入新内容,则原值一直保持不变。

计数输出寄存器可在任何时候从CPU读出,计数器中计数值的变化均可由它的内容来反映。

控制寄存器从数据总线缓冲器中接收控制字,以确定8253的操作方式。

状态寄存器随时提供定时器/计数器当前所处的状态,这些状态有利于了解定时器/计数器某个时刻的内部情况。

8253的内部结构框图如图7-32所示,由与CPU的接口、控制部分及3个计数器组成。

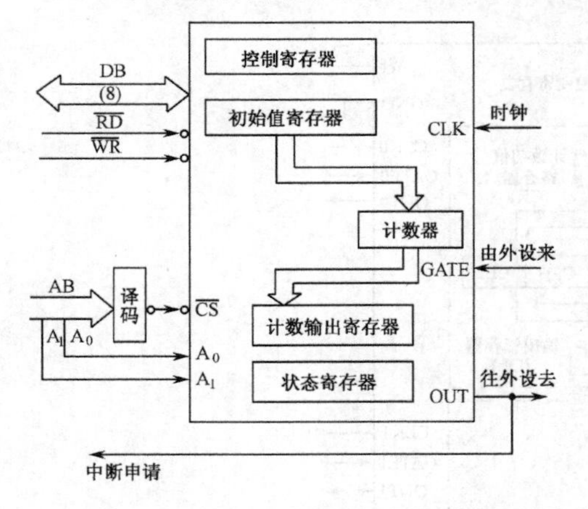

图7-31 定时器/计数器的基本原理图

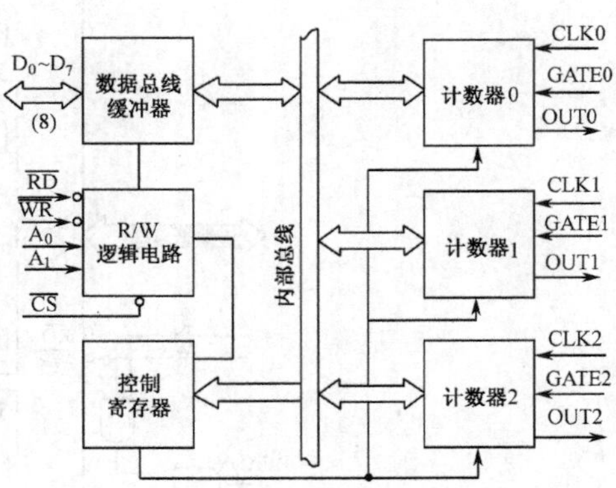

图7-32 8253内部结构框图

1. 数据总线缓冲器

这是8253用于与CPU数据总线连接的8位双向三态缓冲器。CPU在对8253进行读/写操作时的所有数据都是经过这个缓冲器传送的。这些数据包括:① CPU向8253写入的方式控制字;② CPU向某计数器写入的初始计数值;③ CPU从某计数器读出的计数值。

2. 读写逻辑电路

这是 8253 内部操作的控制电路，由它决定 3 个计数器和控制寄存器中哪一个能够进行工作，并控制内部总线上数据传送的方向。读写逻辑从系统控制线上接收输入信号，然后转变成 8253 内部操作的各种控制信号。读写逻辑接收的输入信号有：① A_1、A_0——用来对 3 个计数器和控制器进行寻址；② $\overline{RD}$——读信号，低电平有效，表示 CPU 正在对 8253 的一个计数器进行读操作；③ $\overline{WR}$——写信号，低电平有效，表示 CPU 正在对 8253 的一个计数器写入计数初值或对控制寄存器写入控制字；④ $\overline{CS}$——片选信号，低电平有效，只有$\overline{CS}$有效时，$\overline{RD}$和$\overline{WR}$才被确认，否则不起作用。

3. 控制寄存器

当 $A_1A_0=11$ 时，通过读写控制逻辑电路选中控制寄存器，此时 CPU 可以写入控制字并寄存起来。寄存在该寄存器中的控制字控制了每个计数器的操作方式，这将在后面详细讲述。控制寄存器只能写入，不能读出。

CPU 对 8253 各寄存器访问时，其输入信号与各寄存器读写操作选择的对应关系如表7-7所示。

表 7-7 8253 寄存器选择表

$\overline{CS}$	$\overline{RD}$	$\overline{WR}$	A_1	A_0	寄存器选择和操作
0	1	0	0	0	写入计数器 0
0	1	0	0	1	写入计数器 1
0	1	0	1	0	写入计数器 2
0	1	0	1	1	写方式字
0	0	1	0	0	读计数器 0
0	0	1	0	1	读计数器 1
0	0	1	1	0	读计数器 2

说明：① 5 条控制线除了以上 7 种组合外，其他组合下，数据总线均为高阻三态；② 当 $A_0=A_1=1$ 时，第一次写入的一定作为控制字，此后写入的作为命令字。

4. 计数器 0、1 和 2

这 3 个计数器互相独立，各自按不同的方式工作，其工作方式决定于控制寄存器中的控制字。各计数器的编程结构如图 7-33 所示。

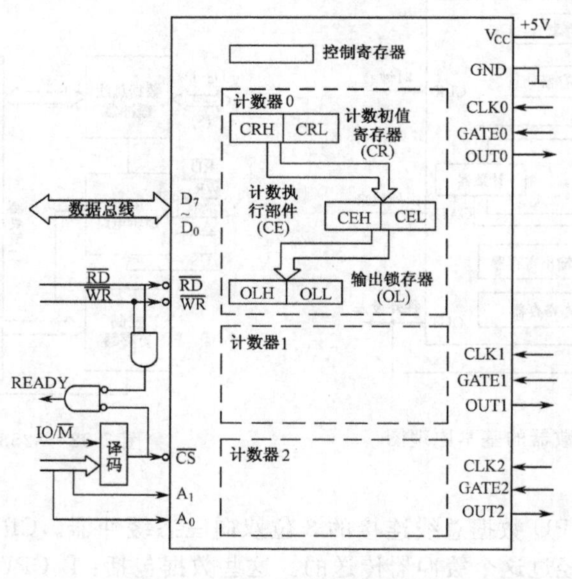

图 7-33 8253 计数器编程结构

从图 7-33 中可以看出，每个计数器内部结构相同，包含一个 8 位的控制寄存器、一个 16 位的计数初值寄存器(CR)、一个计数执行部件(CE)和一个输出锁存器(OL)。

执行部件(CE)实际上是一个 16 位的减法计数器，它的起始值就是计数初值寄存器 CR 的值，而初始值寄存器的值是由程序设置的。输出锁存器 OL 用来锁存计数执行部件 CE 的内容，以便 CPU 执行读操作。CR、CE 和 OL 都是 16 位寄存器，CPU 可通过读写操作对这些寄存器进行访问。

当计数器计数开始后，计数执行部件从初始值寄存器中获得计数初值，对其 CLK 输入端输入的脉冲按照二进制或二-十进制从预置的初值开始进行减 1 计数，此时输出锁存器跟随计数执行部件的内容变化，当有一个锁存命令到来时，锁存器便锁定当前计数值，直到被读走以后，又跟随计数执行部件而变化，当执行部件减到 0，由 OUT 脚输出一个脉冲。

7.4.3 8253 的引脚特性及其与外部的连接

8253 引脚特性如图 7-34 所示。它内部的每个计数器都有一个时钟引脚 CLK、一个输出引脚 OUT 和一个门控引脚 GATE。

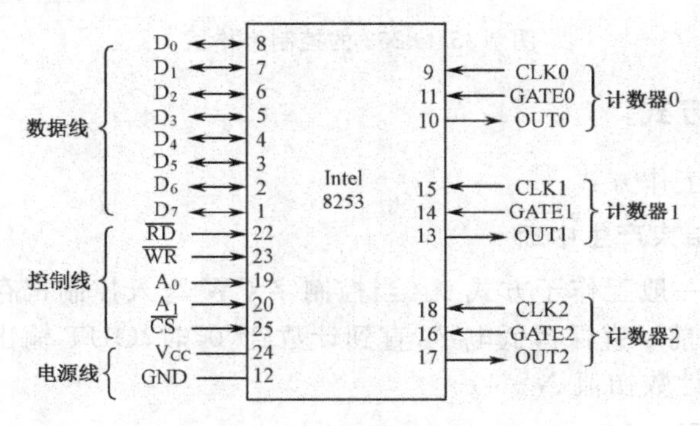

图 7-34 8253 引脚特性

① CLK：时钟输入引脚，为计数执行部件 CE 提供一个计数脉冲。CLK 脉冲可以是系统时钟脉冲，也可是其他任意脉冲。输入的 CLK 脉冲可以是均匀的、连接的、周期精确的，也可以是不均匀的、断续的、周期不定的。

② GATE：门控输入引脚，是允许/禁止计数器工作的输入引脚。GATE＝1，允许计数器工作；GATE＝0，禁止计数器工作。通常，可用 GATE 信号启动定时或中止计数器的操作。

③ OUT：定时器/计数器的脉冲输出引脚。当计数器减到 0 时，在 OUT 上产生一个电平或脉冲输出，OUT 脚输出的信号可以是方波、电平或脉冲等，具体情况由工作方式确定。

从图 7-34 还可看出，8253 除了有以上 3 类引脚外，还有一些其他外部引脚，如数据线、控制线、电源线。电源线、数据线的连接是不言而喻的；控制线包括 5 条信号线，这 5 条线的功能已在前面述及，除了$\overline{CS}$片选信号是接向地址译码器的输出端外，其余 4 条线在系统中均直接与 CPU 的对应信号线相连。

7.4.4 8253 的控制字

在 8253 的初始化程序中，须由 CPU 向 8253 的控制字寄存器写入一个控制字 CW，由它规定 8253 的工作方式。控制字 CW 的格式如图 7-35 所示。

由图 7-35 可看出，D_0 位(即 BCD 位)用来设置计数值格式，$D_3D_2D_1$ 位(即 $M_2M_1M_0$ 位)为工作方式选择位。8253 工作时可有 6 种方式供选择，每种方式下的输出波形各不相同。通过对 $M_2M_1M_0$ 这 3 位的设置来决定 8253 当前工作的方式。D_5D_4(即 RW_1，RW_0 位)是读写格式指示位，CPU 向计数通道写入初值和读取它们的当前状态时，有几种格式，如 $D_5D_4=10$ 时表示只对计数值的高有效字节进行读写操作，而 $D_5D_4=00$ 时，则把写控制字时的计数值锁存起来，以后再读。D_7D_6 位(即 SC_1、SC_0 位)是计数器选择位。不管是计数值格式设置、方式设置还是读写格式指示，对于 8253 的 3 个计数器来说，互相都是独立的。但是，它们的控制字寄存器的地址是同一个，即 $A_1A_0=11$，因此在设置控制字的时候，要指出是对 8253 的哪一个计数器进行设置，这便是 SC_1 和 SC_0 位的功能。

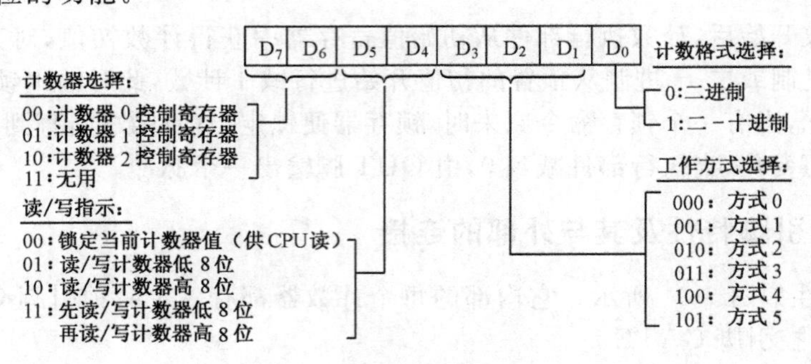

图 7-35　8253 的控制字格式

7.4.5　8253 的工作方式

8253 共有以下 6 种工作方式。

1. 方式 0——计数结束产生中断

8253 作为计数器时一般工作于方式 0。当控制字 CW 写入控制寄存器时，使 OUT 输出变低，并在计数值减至 0 之前一直保持低电平，直到计数到“0”时，OUT 输出变高。图 7-36 是方式 0 的工作波形图(这里设计数初值 $N=4$)。

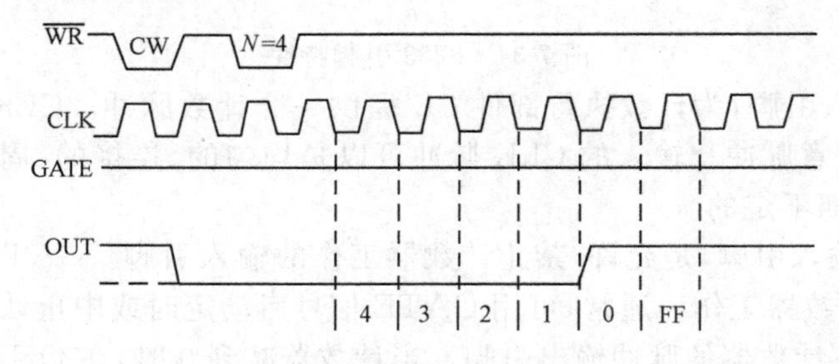

图 7-36　方式 0 的波形图

方式 0 的工作特点如下：

① 计数器只计一次。当计数器减至 0 后，不重新计数，输出 OUT 保持为高，只有写入另一计数初值后，OUT 变低，才开始新的计数。

② 8253 内部是在 CPU 写计数初值的 $\overline{WR}$ 信号上升沿将此值写入计数器的，但必须在有 $\overline{WR}$ 信号后下一个时钟脉冲到来时，计数初值才送至计数执行部件。这样，当计数值为 N 时，如 GATE 保持高，输出端 OUT 要在初始值写入后再过 $N+1$ 个时钟脉冲后，才升为高电平；如在 GATE=0 时送入计数初值，仍将在下一时钟脉冲到来时，将计数初值送至计数执行部件，但要等到 GATE 变高时，才开始计数，这样输出端 OUT 在 GATE 变高后 N 个时钟脉冲输出高电平。

③ 门控 GATE 可以暂停计数器的计数过程。如果在计数过程中有一段时间 GATE 变低，则计数器暂停计数，直到 GATE 重新变高为止。

④ 计数过程中，如果有新的计数初值送至计数器，则在下一时钟脉冲到来时，新的初值送至

计数执行部件。此后,计数器按新的初值重新计数。如果初值为 2 字节,则计数将直到高位字节写完后的下一时钟脉冲才开始。

在实际应用中,方式 0 下,常将计数结束时的 OUT 上升跳变作为中断信号。

【例 7-5】 设 8253 计数器 0 工作于方式 0,用 8 位二进制计数,计数值为 9(设该 8253 在系统中分配地址为 E0H~E3H),试写出其初始化程序段。

解:8253 的初始化编程包含两方面的设置:① 将控制字写入控制寄存器,以设置相应的计数器工作在预定的方式下;② 写入计数初值。当计数初值写入后,8253 的计数器 0 开始工作。

初始化程序段如下:

```
MOV   AL,10H         ;设计数器 0 工作于方式 0
OUT   0E3H,AL        ;写入控制寄存器
;.....................................................
MOV   AL,9           ;设计数初值
OUT   0E0H,AL        ;初值写入计数器 0 的 CR
```

2. 方式 1——可重复触发的单稳态触发器

在方式 1 下,8253 的工作有如下特点:

① 写入控制字后,计数器 OUT 输出端以高电平作为起始电平,计数初值送到初值寄存器后,再经过一个时钟周期,便送到计数执行部件。当门控信号 GATE 上升沿到来时,边沿触发器受到触发,在下一个 CLK 脉冲到来时,输出端 OUT 变为低电平,并在计数到达 0 以前一直维持低电平。

② 当计数器减至 0 时,输出端 OUT 变为高电平,并在下一次触发后的第一个时钟到来之前一直保持高电平。

③ 若计数器初值设置为 N,则在输出端 OUT 将产生维持 N 个时钟周期的输出脉冲。

④ 方式 1 的触发是可重复的。即当初值为 N 时,计数器受门控 GATE 触发,输出端 OUT 出现 N 个时钟周期的输出负脉冲后,如果又来一门控 GATE 的上升沿,OUT 输出端将再输出 N 个时钟周期的输出负脉冲,而不必重新写入计数初值。

⑤ 如果在输出负脉冲期间,又来一个门控信号 GATE 上升沿,则在该上升沿的下一个时钟脉冲后,计数执行部件重取初值进行减 1 计数,减为 0 时输出端才变为高电平,这样,原来的低脉冲输出比原来延长了。

⑥ 如果在输出脉冲期间,对计数器写入一个新的计数初值,将不对当前输出产生影响,输出低电平脉宽仍为原来的初值,除非又来一个门控信号 GATE 上升沿,而在下一门控触发信号到来时,按新的计数初值作减 1 计数。

方式 1 的时序图如图 7-37 所示。

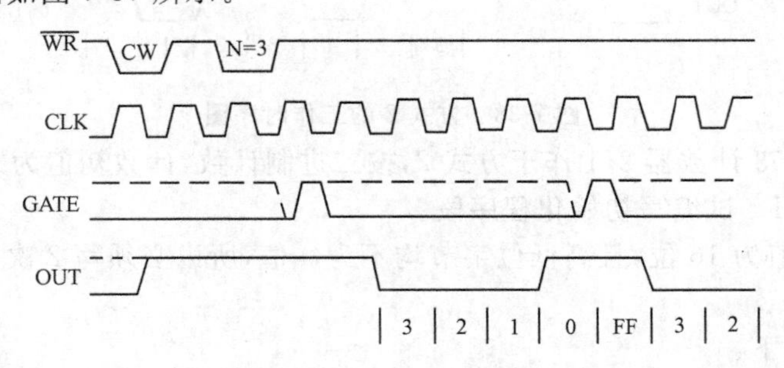

图 7-37　方式 1 的时序图

在方式 1 下,门控信号 GATE 的上升沿作为触发信号,使输出 OUT 变低,当计数变为 0 时,

又使输出端自动回到高电平。这是一种单稳态工作方式,输出脉冲的宽度主要取决于计数初值,也会被输出中到来的门控信号 GATE 的上升沿展宽。

【例 7-6】 设计数器 1 工作于方式 1,按 BCD 码计数,计数值为十进制数 4000。设 8253 的端口地址为 E0H～E3H。试写出其初始化程序段。

解:根据题意,控制字为 63H,初始值为 4000,因为控制字中已经设定是按 BCD 码计数,所以初始值写入时直接写入 4000H 即可。另外,虽然是 16 位计数初始值,但由于计数值低 8 位为 0,所以控制字设定操作控制段只写高 8 位格式,因此只设置 CR 高位初值,而 CR 低 8 位自动清 0。

初始化程序段为:

```
MOV   AL,63H        ;设控制字
OUT   0E3H,AL
;............................................................
MOV   AL,40H        ;设初值 4000H
MOV   0E1H,AL
```

3. 方式 2——分频器

当设置 8253 为方式 2 时,输出端 OUT 变高作为初始状态,计数初值 N 置入后的下一个 CLK 脉冲到来时计数执行部件 CE 开始减 1 计数,当减至"1"(注意,不是"0"),OUT 变低,持续一个 CLK 脉冲后,OUT 又变为高电平,开始一个新的计数过程。在新的初值置入前,保持每 N 个 CLK 脉冲 OUT 输出重复一次,即 OUT 输出波形为 CLK 脉冲的 N 分频。

方式 2 的特点如下:

① 上述执行过程是以 GAET 输入端保持高电平为条件的。若 GATE 端加低电平,则不进行计数操作。而 GATE 端的每一次从低到高的跳变都将引起计数执行部件重新装入初值。

② 若在计数期间,送入新的计数值,而 GATE 一直保持高,则输出 OUT 将不受影响。但在下一输出周期,将按新的计数值进行计数。

③ 若在计数期间,送入新的计数值,而 GATE 发生一个由低至高的跳变,那么在下一时钟脉冲到来时,新的计数值被送入计数执行部件,计数器按新的计数初值进行分频操作。

方式 2 的工作时序如图 7-38 所示,可以看出,当 GATE 保持高时,计数器为一个 N 分频器。因此,方式 2 下的 8253 可作为一个脉冲速率发生器或用于产生实时时钟中断。

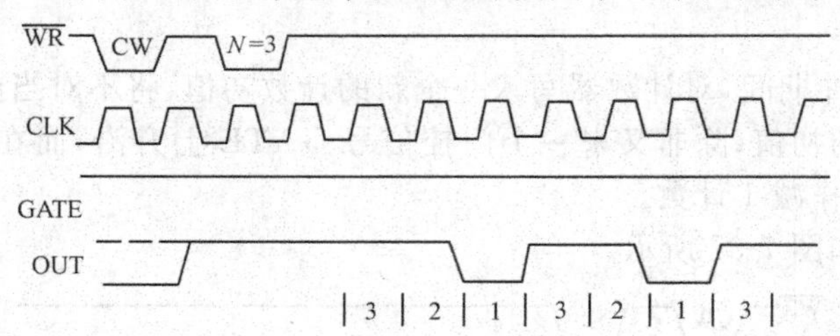

图 7-38　方式 2 的工作时序图

【例 7-7】 设 8253 计数器 2 工作于方式 2,按二进制计数,计数初值为 0304H,设 8253 的端口地址为 E0H～E3H。试编写初始化程序段。

解:因为计数初值为 16 位,且高低位字节均不为 0 值,所以必须写 2 次,先写低位字节,再写高位字节。

初始化程序段如下:

```
MOV   AL,0B4H       ;设控制字
OUT   0E3H,AL
;............................................................
```

```
    MOV  AL,04H          ;设置计数器 2 的低字节
    OUT  0E2H,AL
;.........................................................
    MOV  AL,03H          ;设置计数器 2 的高字节
    OUT  0E2H,AL
```

4. 方式 3——可编程方波发生器

方式 3 与方式 2 的工作极其类似,不同的是,OUT 的输出为方波或基本对称的矩形波。

在方式 3 下,当输入控制字后,输出端 OUT 输出高电平作为初始电平。当计数执行部件获得计数初值后,如门控 GATE 保持高电平,开始做减 1 计数。当计数计至一半时,输出变为低电平,计数器继续做减 1 计数,计数至"0"时,输出变为高电平,从而完成一个计数周期。之后,马上自动开始下一个周期,由此不断进行下去,产生周期为 N 个时钟脉冲宽度的输出。当计数值 N 为偶数时,输出端高低电平持续时间相等,为对称的方波;当计数值 N 为奇数时,输出端高电平持续时间比低电平持续时间多一个时钟周期,即高电平持续$(N+1)/2$,低电平持续$(N-1)/2$,为矩形波,周期仍为 N 个时钟脉冲周期。

方式 3 的其他工作特点与方式 2 完全一样。

图 7-39 是方式 3 的工作时序图,这种方式常用来产生一定频率的方波。

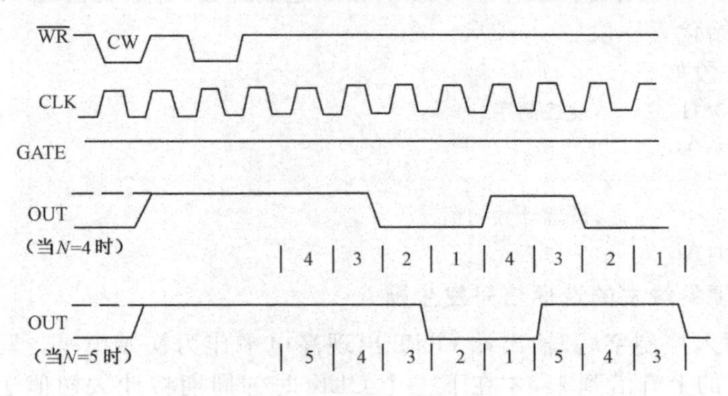

图 7-39 方式 3 的时序图

【例 7-8】 设 8253 的计数器 0 工作于方式 3,按二进制计数,计数初值为 4。8253 端口地址为 E0H~E3H。试写出其初始化程序段。

解:初始化程序段如下:

```
    MOV  AL,16H          ;设计数器 0 工作于方式 3
    OUT  0E3H,AL         ;设置控制字
;.........................................................
    MOV  AL,4            ;设置计数初值
    OUT  0E0H,AL
```

5. 方式 4——软件触发的选通信号发生器

8253 在方式 4 下,当方式控制字写入后,输出端 OUT 变高,作为初始电平。写入初始值后,再过一个时钟周期,计数执行部件获得计数初值,开始减 1 计数。当计数器减至"0"时,输出变为低电平,此低电平持续一个 CLK 时钟周期,然后自动变高,并一直维持高。通常,方式 4 的负脉冲被用做选通信号。

方式 4 的特点如下:

① GATE=1 时,进行减 1 计数:GATE=0 时,计数停止,而输出维持当时的电平。只有在计数器减为"0"时,才使输出产生电平的变化而出现负脉冲。

② 若在计数中又写入新的计数值，则在下一个时钟周期，此计数值被写入计数执行部件，并且计数器从新的计数值开始做减1计数。

③ 如果新写入的计数初值为2字节，则在写第1字节时，计数不受影响，写入第2字节后的下一个时钟周期，计数执行部件获得新计数值，并以新计数值重新开始计数。

该方式下是靠软件写入新的计数值而使计数器重新工作的，所以又叫软件触发的选通信号发生器。

方式4的工作时序如图7-40所示。

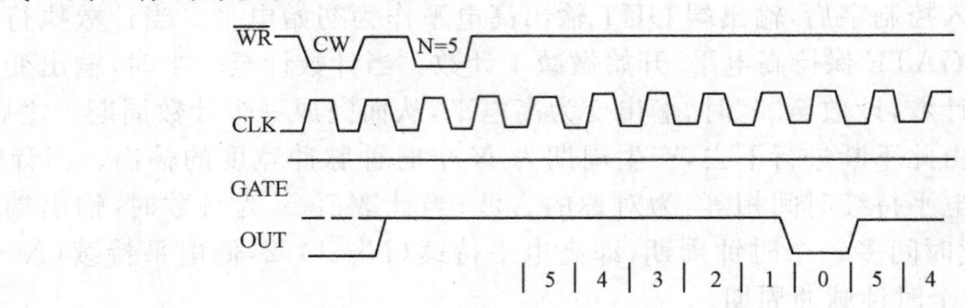

图7-40　方式4的工作时序图

【例7-9】 设8253计数器1工作于方式4，按二进制计数，计数初值为3。端口地址为E0H～E3H。试编写初始化程序段。

解：初始化程序段如下：

```
MOV   AL,58H          ;设控制字
OUT   0E3H,AL
;………………………………………………………………
MOV   AL,3            ;设置计数初值
OUT   0E1H,AL
```

6. 方式5——硬件触发的选通信号发生器

在方式5下，写入控制字后，输出端OUT出现高电平作为初始电平。写入计数值后，必须有门控信号GATE的上升沿到来，才在下一个CLK时钟周期将计数初值送到计数执行部件。此后，计数执行部件进行减1计数，直到"0"，输出端出现一个宽度为1个时钟周期的负脉冲，然后自动变为高电平，并持续不变。输出的负脉冲可作为选通脉冲。

方式5的特点如下：

① 若在计数过程中，GATE端来一上升沿进行触发，则经过下一个时钟周期后，计数执行部件将重新获得计数初值（初值未变），并进行减1计数直至"0"。

② 若在计数过程中，写入新的计数初值，而GATE无上升沿触发脉冲，则当前输出周期不受影响。在当前周期结束后，再受触发，按新的计数初值开始计数。

③ 若在计数过程中写入新的计数初值，而GATE又有上升沿触发脉冲，则在下一个CLK时钟周期，计数执行部件将获得新的计数值，并按此值做减1计数。

方式5的工作时序图如图7-41所示。方式5中，因选通负脉冲是通过硬件电路产生的门控信号GATE上升沿触发后得到的，所以又称硬件触发的选通脉冲发生器。

【例7-10】 设8253的计数器2工作于方式5，按二进制计数，计数初值为3。端口地址为E0H～E3H。其初始化程序段如下：

```
MOV   AL,9AH          ;设置控制字
OUT   0E3H,AL
;………………………………………………………………
MOV   AL,3            ;设置计数初值
```

OUT　0E2H,AL

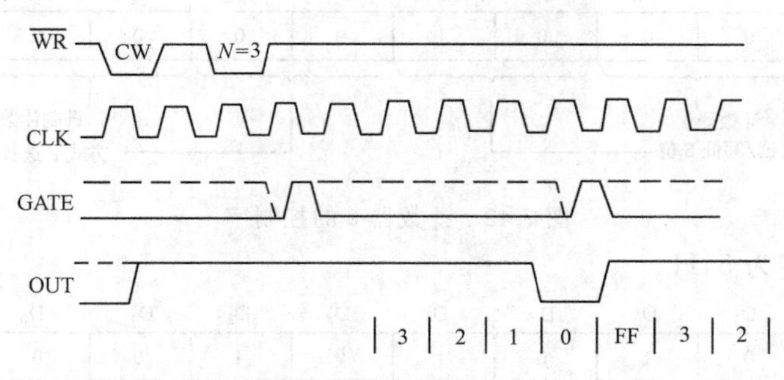

图 7-41　方式 5 的时序图

7. 8253 工作方式小结

① 控制字写入计数器时,所有控制逻辑电路复位,输出端 OUT 输出初始电平(高或低)。

② 初始值写入后,要经过一个 CLK 时钟周期(包括一个上升沿和一个下降沿),计数执行部件 CE 才开始计数。

③ 门控信号 GATE 可以用电平触发或边沿触发,有的方式中两种方式都允许。8253 在不同工作方式下受门控输入信号的作用情况如表 7-8 所示。

表 7-8　8253 各工作方式下受门控信号影响的情况

门控 方式	低电平或高电平变为低电平	上升沿	高电平
0	计数停止	—	进行计数
1	计数不受影响	① 受触发开始计数 ② 下一个时钟后,输出为低电平,直到计数为 0	不受影响
2	计数停止,输出高电平	① 重新设置初始值 ② 开始计数	进行计数
3	计数停止,输出高电平	开始计数	进行计数
4	计数停止	—	进行计数
5	计数不受影响	开始计数	—

④ 在时钟 CLK 的下降沿,计数器减 1。“0”是计数器能容纳的最大初值,在二进制时,0 相当于 2^{16};在 BCD 码时,0 相当于 10^4。

7. 4. 6　8253 初始化编程

8253 正常工作前要进行初始化编程。初始化程序的内容及步骤如下。

(1)写入每个计数器的控制字,规定其工作方式。

(2)写入计数初值。

① 若规定只写低 8 位,则写入的为计数值的低 8 位,高 8 位自动置 0。

② 若规定只写高 8 位,则写入的为计数值的高 8 位,低 8 位自动置 0。

③ 若是 16 位的计数值,则分两次写入,先写低 8 位,后写高 8 位。

【例 7-11】　设 8253 端口地址为 FFF0H～FFF3H,要使计数器 0 工作于方式 0,计数值为 FFH;计数器 1 工作于方式 2,要求对 CLK1 的脉冲进行 4 分频;计数器 2 工作于方式 4,当其对 CLK 脉冲计至 F0FFH 时,输出一低脉冲选通信号给其他外设。

解:(1)各计数器的控制字如图 7-42～图 7-44 所示。

计数器 0:控制字为 10H。

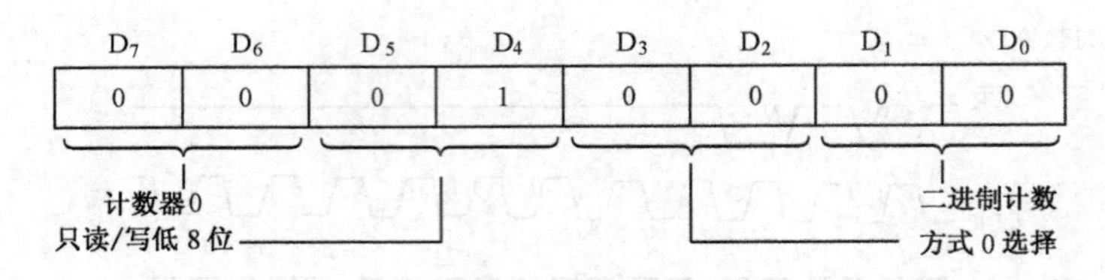

图 7-42　计数器 0 的控制字

计数器 1:控制字为 54H。

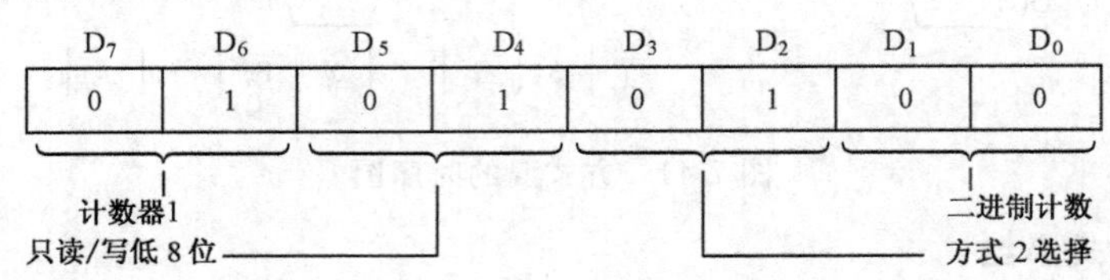

图 7-43　计数器 1 的控制字

计数器 2:控制字为 B8H。

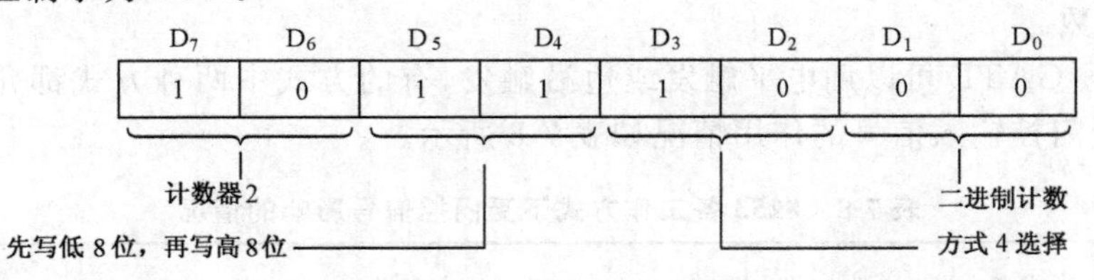

图 7-44　计数器 2 的控制字

(2)计数器 0 计数初值为 FFH;计数器 1 计数初值为 04H;计数器 2 计数初值:低 8 位为 FFH,高 8 位为 F0H。

(3)初始化程序段如下:

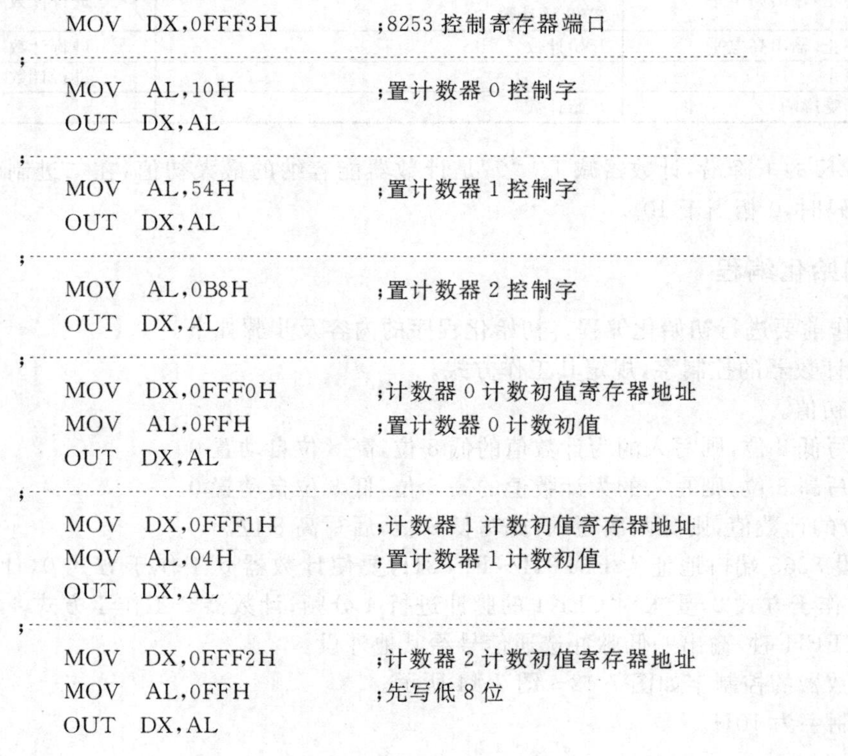

```
        MOV   DX,0FFF3H           ;8253 控制寄存器端口
;..........................................................
        MOV   AL,10H              ;置计数器 0 控制字
        OUT   DX,AL
;..........................................................
        MOV   AL,54H              ;置计数器 1 控制字
        OUT   DX,AL
;..........................................................
        MOV   AL,0B8H             ;置计数器 2 控制字
        OUT   DX,AL
;..........................................................
        MOV   DX,0FFF0H           ;计数器 0 计数初值寄存器地址
        MOV   AL,0FFH             ;置计数器 0 计数初值
        OUT   DX,AL
;..........................................................
        MOV   DX,0FFF1H           ;计数器 1 计数初值寄存器地址
        MOV   AL,04H              ;置计数器 1 计数初值
        OUT   DX,AL
;..........................................................
        MOV   DX,0FFF2H           ;计数器 2 计数初值寄存器地址
        MOV   AL,0FFH             ;先写低 8 位
        OUT   DX,AL
```

```
        MOV   AL,0F0H                 ;再写高 8 位
        OUT   DX,AL
;................................................................
```

8253 有一方便 CPU 查询计数器计数状态的功能，即 CPU 可用输入指令读取计数值，但因 8253 计数器是 16 位的，需分两次读入 CPU，这样就需要先将计数值锁存起来，再分别读入 CPU。

7.4.7 8253 应用举例

【例 7-12】 设在 IBM PC/XT 机扩展板上有一 8253 定时器，其端口地址为 200H～203H。定时器的 CLK0 与 4.77MHz 的系统时钟相连，时钟输入 CLK1 与定时器 0 的输出 OUT0 相连。要求：编程将定时器 0 设为方式 3(方波发生器)，其分频比为 2000H；定时器 1 设为方式 2(分频器)，分频比为 15，并用双踪示波器观测定时器 0 和定时器 1 的输出波形。

解： 8253 的硬件连接如图 7-45 所示。程序流程图如图 7-46 所示。

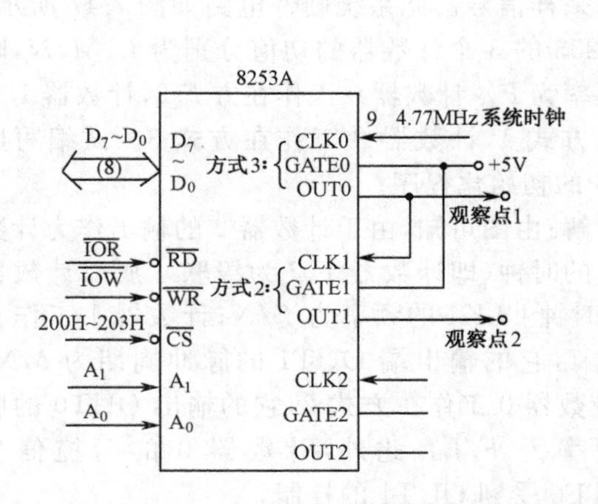

图 7-45 8253 作为定时器硬件连接图

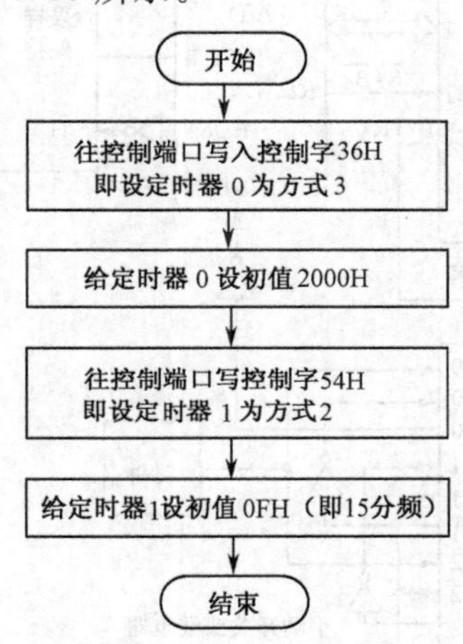

图 7-46 【例 7-12】程序流程图

由题可知，8253 的控制端口地址为 203H，定时器 0 端口地址为 200H、定时器 1 端口地址为 201H。

程序清单如下：

```
            TIM_CTL     EQU   203H       ;控制字寄存器端口地址
            TIMER0      EUQ   200H       ;定时器 0 端口地址
            TIMER1      EUQ   201H       ;定时器 1 端口地址
    DATA    SEGMENT                      ;数据段
    DATA    ENDS
    CODE    SEGMENT                      ;代码段
            ASSUME  CS:CODE,DS:DATA
    MAIN    PROC        FAR
;................................................................
    START:  CLI                          ;关中断
            MOV   DX,TIM_CTL             ;设置定时器 0 工作方式为方式 3，计数初值只写高 8
            MOV   AL,26H                 ;位，二进制计数
            OUT   DX,AL
            MOV   DX,TIMIER0             ;定时器 0 端口地址
            MOV   AL,20H                 ;设置定时器 0 计数初值高 8 位
            OUT   DX,AL
            MOV   DX,TIM-CTL             ;设置定时器 1 工作方式为方式 2，计数初值只写低 8
```

```
        MOV   AL,54H                ;位,二进制计数
        OUT   DX,AL
        MOV   DX,TIMER1             ;往定时器 1 送计数初值低 8 位 0FH,高 8 位自动置 0
        MOV   AL,0FH
        OUT   DX,AL
        STI                         ;开中断
        RET                         ;返回 DOS
MAIN    ENDP
CODE    ENDS
        END   START
```

用双踪示波器观察 8253 的 OUT0 输出为 600Hz 的方波,OUT1 输出为 40Hz 的占空比为 14/15(高电平/脉冲周期)的矩形波。

【例 7-13】 用 8253 给 A/D 子系统提供可编程的采样信号。此系统硬件电路如图 7-47 所示。设 8253 的 3 个计数器的初值分别为 L、M、N,时钟频率为 F。计数器 0 工作在方式 2,计数器 1 工作在方式 1,计数器 2 工作在方式 3。试编写此 8253 的初始化程序。

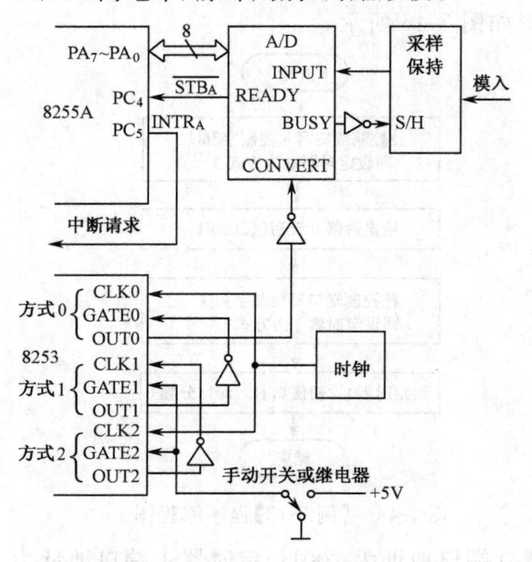

图 7-47 8253 作为定时器的电路连接

解:由图可知,由于计数器 2 的输出作为计数器 1 的时钟(即计数器 1、2 为级联),所以计数器 1 的时钟 CLK1 的频率为 F/N;计数器 1 工作在方式 1,它的输出端 OUT1 的脉冲周期为 MN/F;计数器 0 工作在方式 2,它的输出 OUT0 的脉冲频率为 F/L。此外,计数器 0 的门控信号 GATE0 受到 OUT1 的控制。

该电路的工作原理是:由于 OUT0 与 A/D 转换器的 CONVERT 端相连,当 3 个计数器的初值设置好后,将继电器或手动开关合上,A/D 转换器便按 F/L 的采样频率工作,每次采样的持续时间为 MN/F。当采样的模拟信号经 A/D 转换送到 8255A 中,由 PC_5 发出中断请求,从而进入中断服务程序。

设 8253 的端口地址为 70H～76H;初始值 L、N 为二进制数,且小于 256;M 为 BCD 数。

对此 8253 进行初始化的程序段如下:

```
    ⋮
    MOV   AL,14H
    OUT   76H,AL       ;设计数器 0 为工作方式 2
;..........................................................
    MOV   AL,L
    OUT   70H,AL       ;设初值 L
;..........................................................
    MOV   AL,73H
    OUT   76H,AL       ;设计数器 1 为工作方式 1
;..........................................................
    MOV   AX,M
    OUT   72H,AL
    MOV   AL,AH
```

```
    OUT   72H,AL        ;设初值 M
;.................................................
    MOV   AL,96H
    OUT   76H,AL        ;设计数器 2 为工作方式 3
;.................................................
    MOV   AL,N
    OUT   74H,AL        ;设初值 N
    ⋮
```

【例 7-14】 已知 IBM PC/XT 机系统板上 8253-5 的接口电路如图 7-48 所示。PCLK 是来自时钟发生器 8284A 的输出时钟，频率为 2.38MHz，经 74LS175 二分频后，作为 8253-5 的 3 个计数器的时钟输入。8253-5 的 3 个计数器的使用情况如下。

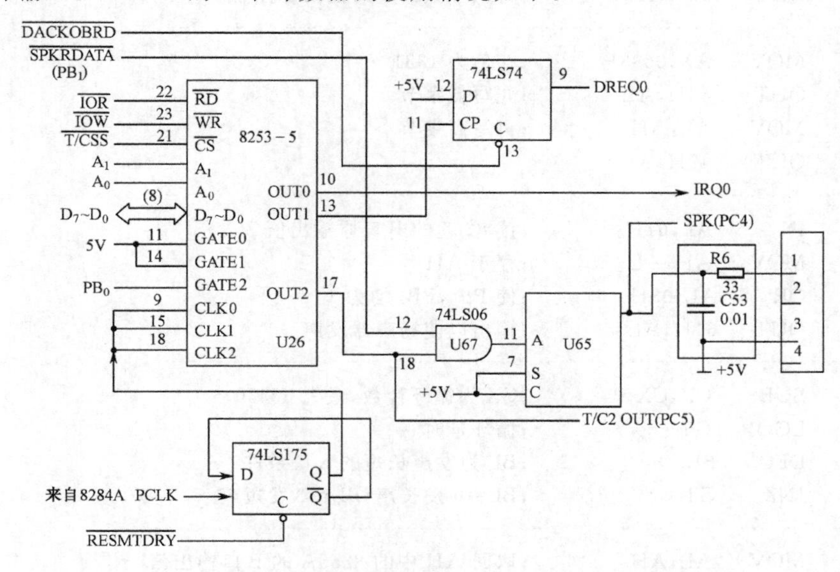

图 7-48 IBM-PC/XT 系统板中 8253-5 的接口电路

① 计数器 0：方式 3，二进制计数，GATE0 固定接高电平，OUT0 作为中断请求信号接至 8259A 中断控制器的 IRQ0，用于系统电子钟和磁盘驱动器的马达定时(约 55ms)。

② 计数器 1：方式 2，GATE1 固定接高电平，OUT1 输出经 74LS74 后作为 DMA 控制器 8237A 通道 0 的 DMA 服务请求信号 DREQ0，用于定时(约 15μs)启动刷新动态 RAM。

③ 计数器 2：方式 3，输出的 1kHz 方波滤掉高频分量后送到扬声器。门控信号 GATE2 来自 8255A 的 PB_0，OUT2 输出经与门 74LS06 控制，控制信号为 8255A 的 PB_1。可通过控制 PB_1 和 PB_0 同时为 1 来控制扬声器发声时间。长音时间为 3s，短音时间为 0.5s。

解：该 8253-5 的端口地址为 40H～43H，3 个计数器对应的初始化程序段分别如下(这些程序段已固化在 ROM-BIOS 中)。

(1)计数器 0 用于定时(约 55ms)中断。

```
    MOV   AL,00110110B          ;16 位二时制计数，方式 3
    OUT   43H,AL
;.................................................
    MOV   AL,0                  ;初值为 0000，即为最大值
    OUT   40H,AL                ;OUT 两次变“高”之间的间隔
    OUT   40H,AL                ;为 840ns * 65536＝55ms
```

(2)计数器 1 用于定时(约 15μs)DMA 请求。

```
        MOV   AL,01010100B            ;只装低 8 位,8 位计数器,方式 2
        OUT   43H,AL
;………………………………………………………………………………
        MOV   AL,12H                  ;初值 18,OUT 两次变高之间的间隔为
        OUT   41H,AL                  ;840ns * 18=15μs,2ms 内可刷新 132 次
```

(3)计数器 2 用于产生 1kHz 的方波送至扬声器发声,声响子程序为 BEEP,入口地址为 FFA08H。

```
BEEP   PROC   NEAR
       MOV    AL,10110110B    ;16 位二进制计数器,方式 3
       OUT    43H,AL          ;写入计数器 2 的控制寄存器
;………………………………………………………………………………
       MOV    AX,0533H        ;初值为 1331
       OUT    42H,AL          ;先写低字节
       MOV    AL,AH           ;再写高字节
       OUT    42H,AL
;………………………………………………………………………………
       IN     AL,61H          ;读 8255 的 B 口原输出值
       MOV    AH,AL           ;存于 AH
       OR     AL,03H          ;使 PB1,PB0 均为 1
       OUT    61H,AL          ;输出以使扬声器发声
;………………………………………………………………………………
       SUB    CX,CX           ;CX 为循环计数,最大 65536
GT:    LOOP   GT              ;循环延时
       DEC    BL              ;BL 为发声长短的入口条件
       JNZ    GT              ;BL=6 发长声,BL=1 发短声
;………………………………………………………………………………
       MOV    AL,AH           ;取回 AH 中的 8255A 的 B 口输出值
       OUT    61H,AL          ;恢复 8255A 的 B 口,停止发声
       RET                    ;返回
```

7.4.8 8253、8255 的综合应用

1. 声音的产生与乐曲程序

(1)发声系统

IBM PC 主机箱内有一小扬声器,由主板上的定时器 8253A 和并行接口 8255A 控制其能不能发声及声音的频率,其控制系统如图 7-49 所示。

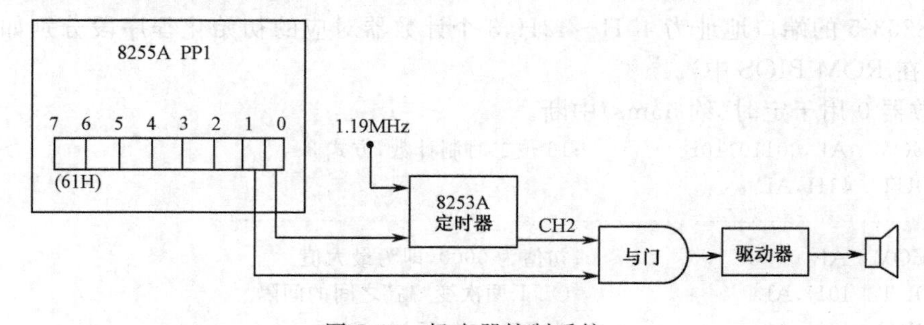

图 7-49 扬声器控制系统

通过对 8255A 的输出端口 61H 的低两位的状态进行控制，确定扬声器有无驱动信号输入。通过对 8253A 的编程，控制其通道 2(CH2)产生不同频率的波形，使扬声器发出不同频率的声音。

(2)乐曲程序

乐曲是按照一定的高低、长短和强弱关系组成的音调，在一首乐曲中，每个音符的音高和音长与声音的频率及持续时间有关。因此，通过编程控制驱动扬声器信号的发声频率及时间长短，达到演奏的目的。

① 编程控制声音的频率

8253A 靠内部计数器控制输出波形的频率。因此，对频率的控制实际上是对 8253A 计数器计数值的控制。计数值与声音频率的关系如下：

计数值＝1.19318(MHz)÷给定声音频率(Hz)＝1234DCH÷给定声音频率

假定给定声音频率在 DI 中，则用下列程序段计算计数值：

```
MOV   DX,12H
MOV   AX,34DCH                ;DX:AX=1234DCH
DIV   DI                      ;求出计数值在 AX 中
```

② 编程控制声音的长短

下面程序段可完成 10ms 的延时。注意：对于 PC 286 及其以上的机器，CX 中的值应增大。

```
        MOV   CX,2801
DELY:   LOOP  DELY
```

则延时 1 秒可以这样做：

```
        MOV   BX,100
WAIT:   MOV   CX,2801
DELY:   LOOP  DELY
        DEC   BX
        JNZ   WAIT
```

在 4/4 拍的乐曲中，每小节 4 拍。若给全音符的持续时间(4 拍)定为 1s(100×10ms)，则二分音符为 0.5s(50×10ms)，四分音符为 0.25s(25×10ms)，八分音符为 0.125s(12.5×10ms)。由此，可以得到一张节拍与时间对照表，如表 7-9 所示，音符与频率的关系由表 7-10 给出。

表 7-9　节拍与延时关系表

节拍	4 拍	2 拍	1 拍	1/2 拍
延时	1 秒	0.5 秒	0.25 秒	0.125 秒

表 7-10　音符与频率关系表

音符	c	d	e	f	g	a	b	c′	d′	e′	f′	g′	a′	b′	C″
	$\underset{\cdot}{1}$	$\underset{\cdot}{2}$	$\underset{\cdot}{3}$	$\underset{\cdot}{4}$	$\underset{\cdot}{5}$	$\underset{\cdot}{6}$	$\underset{\cdot}{7}$	1	2	3	4	5	6	7	$\dot{1}$
频率	131	147	165	175	196	220	247	262	294	330	349	392	440	494	523

对于一首具体的乐曲，就可以将乐谱数据化，转换为频率表及时间表，程序中顺序取出两个表中的值，经过计算及执行相关指令，使扬声器按乐谱发音，便完成了乐曲的演奏。

下面例题将演奏音调优美的《太湖船》。

(3)乐曲程序实例

【例 7-15】 已知《太湖船》乐曲的乐谱如图 7-50 所示，试编程由计算机来演奏它。

解：按乐谱拟定的频率表 MUSFREQ 和时间表 MUSTIME 均放在数据段，程序调用 GENSOUND 子程序来发声。

图 7-50 《太湖船》乐谱

源程序如下：

```
STACK       SEGMENT  PARA  STACK 'STACK'
            DB  64 DUP(?)
STACK       ENDS
;
DSEG        SEGMENT  PARA 'DATA'
MUSFREQ     DW  330,392,330,294,330,392,330,294,330
            DW  330,392,330,294,262,294,330,392,294
            DW  262,262,220,196,196,220,262,294,330
            DW  262,-1
MUSTIME     DW  3 DUP(50),25,25,50,25,25,100
            DW  2 DUP(50,50,25,25),100
            DW  3 DUP(50,25,25),100
DSEG        ENDS
;
CSEG        SEGMENT  PARA 'CODE'
            ASSUME  CS:CSEG,DS:DSEG,SS:STACK
MUSIC2P     PROC  FAR
            PUSH  DS
            MOV  AX,0
            PUSH  AX
            MOV  AX,DSEG
            MOV  DX,AX
            LEA  SI,MUSFREQ              ;取频率表首址
            LEA  BP,MUSTIME              ;取时间表首址
FREQ:       MOV  DI,[SI]
            CMP  DI,-1
            JE  ENDMUS
            MOV  BX,DS:[BP]
            SAL  BX,1                    ;将发声时间变为数据表
            SAL  BX,1                    ;预定义的 4 倍(其倍数选择视 PC 机主频而定,主
                                         ;频越高,倍数越高)
            CALL  GENSOUND
            ADD  SI,2
            ADD  BP,2
```

```
          JMP   FREQ
ENDMUS:   RET
MUSIC2P   ENDP
;......................................................................
GENSOUND  PROC                          ;通用发声子程序
          PUSH  AX                      ;保存寄存器
          PUSH  BX
          PUSH  CX
          PUSH  DX
          PUSH  DI
;......................................................................
          MOV   AL,0B6H                 ;初始化 8253A
          OUT   43H,AL
;......................................................................
          MOV   DX,12H                  ;时间被除数
          MOV   AX,533H*896
          DIV   DI
          OUT   42H,AL                  ;写时间常数低字节
          MOV   AL,AH
          OUT   42H,AL                  ;写时间常数高字节
          IN    AL,61H                  ;取当前端口设置
          MOV   AH,AL                   ;保存 AL
          OR    AL,3                    ;接通扬声器
          OUT   61H,AL
;......................................................................
WAITL:    MOV   CX,2801                 ;延时
DELAY:    LOOP  DELAY
          DEC   BX
          JNZ   WAITL
;......................................................................
          MOV   AL,AH                   ;恢复原端口设置
          OUT   61H,AL
;......................................................................
          POP   DI                      ;恢复寄存器
          POP   DX
          POP   CX
          POP   BX
          POP   AX
          RET
GENSOUND  ENDP
CSEG      ENDS
;......................................................................
          END   MUSIC2P
```

子程序 GENSOUND 中关于端口 42H、43H 和 61H 的输入输出语句 OUT 是对 8253A 和 8255A 进行初始化和控制的语句，此处不必深究。

【例 7-16】 键盘控制发音程序——电子琴演奏

解：键盘模拟为琴键，字符 1～8 对应音符 1，2，3，4，5，6，7，i。根据节拍，将发声时间定为每按一次键发音 BX＊10ms。因此根据不同的机器时钟和乐曲要求，选择适当的 BX 值。8 个音符

的频率表 TABLE 放入数据段，根据按下的键选择发音频率，从而达到键盘演奏的目的。

程序框图如图 7-51 所示。

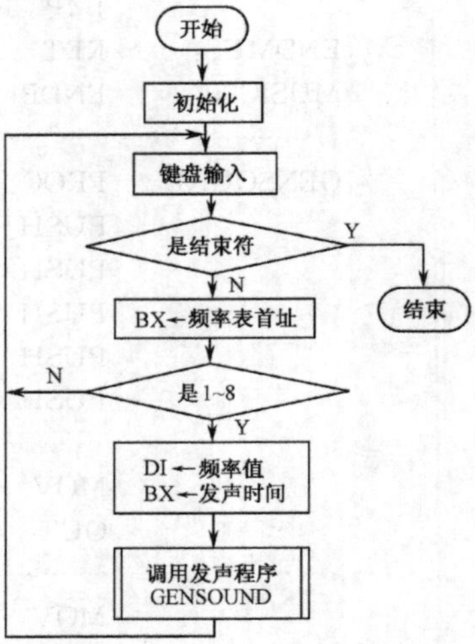

图 7-51　例 7-16 程序框图

源程序如下：

```
STACK      SEGMENT  PARA STACK 'STACK'
           DB  100 DUP(?)
STACK      ENDS
DSEG       SEGMENT  PARA  'DATA'
TABLE      DW  262,294,330,349,392,440,494,523
                                            ;频率表
;---------------------C  D  E  F  G  A  B  C
DSEG       ENDS
;------------------------------------------------------
CSEG       SEGMENT  PARA 'CODE'
           ASSUME CS:CSEG,DS:DSEG,SS:STACK
START:     MOV  AX,STACK                    ;初始化 SS
           MOV  SS,AX
MAIN       PROC  FAR
           PUSH  DS                         ;保存返回地址
           MOV  AX,0
           PUSH  AX
           MOV  AX,DSEG                     ;初始化 DS
           MOV  DS,AX
;------------------------------------------------------------
NEW_NOTE:
           MOV  AH,0                        ;输入音符
           INT  16H
           CMP  AL,0DH                      ;是回车符?
           JE   EXIT                        ;是,退出
           MOV  BX,OFFSET TABLE             ;频率表首址送 BX
           CMP  AL,'1'                      ;是'1'～'8'?
           JB   NEW_NOTE                    ;否,重新输入
           CMP  AL,'8'
           JA   NEW_NOTE
           AND  AX,0FH
           SHL  AX,1
           SUB  AX,2
           MOV  SI,AX
           MOV  DI,[BX][SI]                 ;频率值送 DI
           MOV  BX,50                       ;发声时间送 BX
           CALL  GENSOUND                   ;发声
           JMP   NEW_NOTE
EXIT:      RET
MAIN       ENDP
;------------------------------------------------------------
GENSOUND   PROC  FAR                        ;通用发声子程序
           PUSH  AX                         ;保存寄存器
```

```
          PUSH  BX
          PUSH  CX
          PUSH  DX
          PUSH  DI
;--------------------------------------------------------------------
          MOV   AL,0B6H
          OUT   43H,AL
;--------------------------------------------------------------------
          MOV   DX,12H                    ;时间被除数
          MOV   AX,533H*896
          DIV   DI
          OUT   42H,AL                    ;写时间常数低字节
          MOV   AL,AH
          OUT   42H,AL                    ;写时间常数高字节
;--------------------------------------------------------------------
          IN  AL,61H                      ;取当前端口设置
          MOV   AH,AL                     ;保存 AL
          OR  AL,3                        ;接通扬声器
          OUT   61H,AL
;--------------------------------------------------------------------
WAITL:    MOV   CX,2801                   ;延时
DELAY:    LOOP  DELAY
          DEC   BX
          JNZ   WAITL
;--------------------------------------------------------------------
          MOV   AL,AH                     ;恢复原端口设置
          OUT   61H,AL
;--------------------------------------------------------------------
          POP   DI                        ;恢复寄存器
          POP   DX
          POP   CX
          POP   BX
          POP   AX
          RET
GENSOUND  ENDP
CSEG      ENDS
;--------------------------------------------------------------------
          END   START
```

这两个程序运行起来非常有趣，读者不妨上机运行一下。对于 PC/XT、286、386 和 486 各档次机器，由于时钟频率不同，应挑选合适的延时计数值，以达到逼真的演奏效果。

7.5 模拟量输入/输出接口

7.5.1 A/D、D/A 接口简介

模拟量输入/输出接口是外围设备的模拟信号与微机或 CPU 间的信号转换部件，实现模拟信号与数字信号的转换。其典型框图如图 7-52 所示。

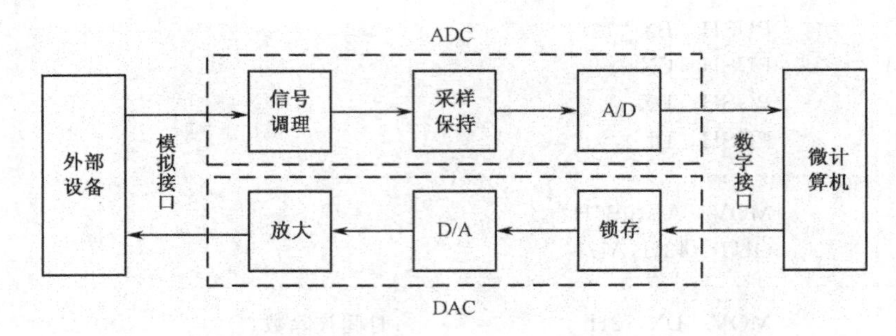

图 7-52　模拟量输入/输出典型应用

图 7-52 中，上面部分实现模拟信号到数字信号的转换，称为模/数(A/D，Analog to Digit)转换器(ADC)；下面部分实现数字信号到模拟信号的转换，称为数/模(D/A，Digit to Analog)转换器(DAC)，分别简称 A/D、D/A 接口。

ADC 芯片内通常包含信号调理电路、采样保持器、A/D 等，以适应模拟信号的不同输入要求。

DAC 电路内通常包括数据锁存器、D/A、放大器等电路。

A/D 和 D/A 可采用独立芯片来完成，也可与 CPU 集成在一起，很多嵌入式处理器、数字信号处理器(DSP)或微控制器(MCU)均集成 A/D、D/A 接口，使用方便、成本低廉，但性能一般不及专用 DAC。

7.5.2　DAC 及其接口技术

1. DAC 工作原理

DAC 芯片型号众多，工作原理各不相同，有权电阻型、T 型电阻型、倒 T 型电阻型、变形权电阻型、电容型、权电流型等。DAC 内一般有基准电源、解码网络、运算放大器和缓冲寄存器等电路。不同 DAC 的主要区别在于解码网络不同，T 型和倒 T 型 DAC 解码网络中使用的电阻阻值很少，只有 R 和 2R 两种，转换速度快、误差小、生产容易、价格低廉，成为 DAC 的主流。

一个典型的 4 位 T 形电阻 DAC 原理电路如图 7-53 所示。以 DAC 为例，数字信号 $D_3 \sim D_0$ 分别控制一个模拟开关。当某一位为 1 时，对应开关接通右边(加权)，反之，开关接通左边(接地)。考虑运算放大器工作在负反馈方式，容易分析出图中 $X_3 \sim X_0$ 各点对应的电位分别为 V_{ref}、$V_{ref/2}$、$V_{ref/4}$、$V_{ref/8}$，而与开关方向无关。于是有：

$$\sum I = \frac{Vx_3}{2R} \cdot D_3 + \frac{Vx_2}{2R} \cdot D_2 + \frac{Vx_1}{2R} \cdot D_1 + \frac{Vx_0}{2R} \cdot D_0$$

$$= \frac{1}{2R \times 2^3} V_{ref}(D_3 \times 2^3 + D_2 \times 2^2 + D_1 \times 2^1 + D_0 \times 2^0)$$

$$V_o = -R_f \cdot \sum I = -\frac{R_f}{2R \times 2^3} \cdot V_{ref} \cdot \sum_{i=0}^{3} D_i \times 2^i$$

即输出电压正比于数字量的值，并需要基准电压 V_{ref} 保证精度。

T 型电阻 DAC 的主要优点是，D/A 转换结果 V_o 只与电阻比值有关，而与电阻大小无关，使得其在大规模生产非常容易。在集成电路中，要求实现精确的电阻十分困难，但要求按比例实现则很容易。

T 型电阻 DAC 的静态转换误差除了受到电阻比值误差的影响外，与基准电压 V_{ref} 的准确性、模拟开关的导通压降、运算放大器的零点漂移等因素有关。

T 型电阻 DAC 的主要缺点是，各位数码变化引起的电压变化到达运算放大器输入端的时间不同，使得在输入数字量变化的动态过程中，可能使输出的模拟信号产生很大的尖峰脉冲，产生较大的动态误差。而且，模拟开关的切换时间的差异也会产生类似结果。所有这些影响将导致DAC的转换精度、转换速度性能的下降。为此，可在运算放大器的输出端，增加一个采样保持电路，使得信号稳定后，再输出，但会增加转换时间。

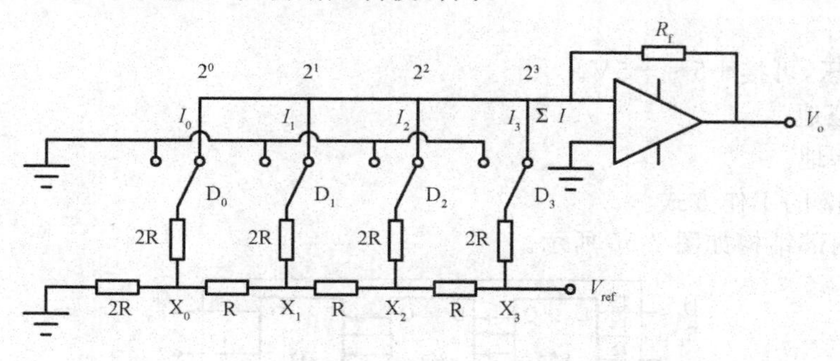

图 7-53 T形D/A转换原理图

2. D/A转换器的主要性能指标

① 分辨率：即最小量化信号的分辨能力，一般用转换器数字量的位数来表示。对于一个分辨率为n位的DAC，能对满刻度的2^{-n}倍的输入变换量做出反应。常见的分辨率有8、10、12、14、16位等。

② 建立时间：指DAC的数字输入发生满刻度值的变化时，其输出模拟信号电压(或电流)达到满刻度值上1/2 LSB时所需要的时间。通常，电流输出型的DAC建立时间很短，而电压输出型的DAC的建立时间主要取决于输出运放所需的响应时间。一般DAC的建立时间为几ns至几ps。

其他还有绝对精度、相对精度、线性度、温度系数和非线性误差等性能指标。

3. 典型并行8位DAC芯片——DAC0832

DAC0832是美国NSC公司生产的8位双缓冲D/A转换器，是一种典型通用DAC，片内带有输入寄存器和DAC寄存器双缓冲，与微处理器的连接十分方便。

(1)DAC0832的主要性能

分辨率8位；建立时间1us；电流型输出；单电源供电＋5V～＋15V；低功耗200mW；基准电压范围±25V。

(2)DAC0832的引脚功能

DAC0832引脚如图7-54所示。引脚分为数字接口、模拟接口和电源3类。

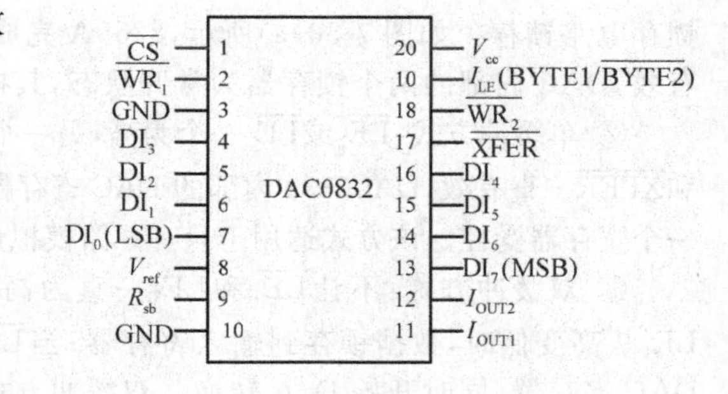

图 7-54 DAC0832引脚图

① 数字接口类

D_0～D_7：数字输入，与CPU接口。

ILE：数据允许，高电平有效。

$\overline{CS}$：片选，低有效。

$\overline{WR_1}$：输入寄存器写选通，低有效。

$\overline{WR_2}$：DAC寄存器写选通，低有效。

$\overline{XFER}$：数据传送控制，低有效。

② 模拟接口类

I_{out1}：模拟电流输出1，是逻辑电平为1的各位输出电流之和。输入数字为全1时，输出最大电流$255V_{ref}/(256R_{fb})$；输入数字为全0时，输出最小电流0。

I_{out2}:模拟电流输出 2,是逻辑电平为 1 的各位输出电流之和。$I_{out1}+I_{out2}=$常量。

R_{fb}:内置反馈电阻的输出端,为运算放大器提供反馈及 DAC 提供电压输出。

V_{ref}:参考电压输入端,范围为$+10\sim-10$V。

③ 电源类:

V_{cc}:电源电压,可接$+5\sim-5$V。

AGND:模拟地。

DGND:数字地。

(3)DAC0832 的工作方式

DAC0832 内部结构如图 7-55 所示。

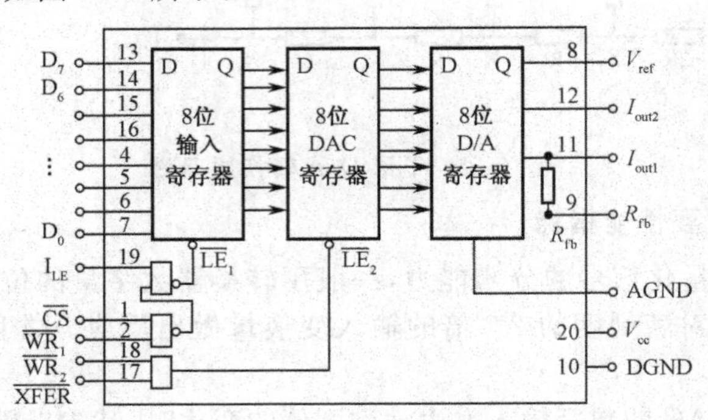

图 7-55 DAC0832 内部逻辑框图

DAC0832 由 8 位输入锁存器、8 位 DAC 寄存器、8 位 D/A 转换电路组成。$D_0\sim D_7$ 是 8 位数字接口,ILE、$\overline{CS}$和$\overline{WR}$1控制输入寄存器的锁存信号$\overline{LE}$1;$\overline{XFER}$和 $\overline{WR}_2$ 控制寄存器锁存信号 LE_2。数字信号进入 DAC 寄存器时,DAC 开始数字量到模拟量的转换,数字量不变,模拟量也不变。

当 ILE 为高、$\overline{CS}$和$\overline{WR}_1$为低时,若$\overline{LE}_1$为高,则输入寄存器处于直通状态,数字输出随数字输入的变化而变化,否则,若 $\overline{LE}_1$为低,则输入数据被锁存到输入寄存器中。当$\overline{XFER}$和$\overline{WR}_2$为低时,若$\overline{LE}_2$为高,则 DAC 寄存器处于直通状态,输出随输入的变化而变化;若$\overline{LE}_2$为低,则将输入数据锁存到 DAC 寄存器中。

DAC0832 有以下三种工作方式。

① 直通方式:$\overline{LE}_1$和$\overline{LE}_2$一直为高,数据可直接进入 DAC。此时输入 DAC 的数据须由外部锁存电路锁存。如图 7-56(a)所示,8255A 完成对输入数据的锁存,$\overline{CS}$、$\overline{WR}_1$、$\overline{WR}_2$和 $\overline{XFER}$一直有效,DAC 内部的两个锁存器为常开状态,其模拟输出由当前输入的数字量决定。

② 单缓冲方式:$\overline{LE}_1$或$\overline{LE}_2$一个为高,另一个为低,只控制一个寄存器。如图 7-56(b)所示,$\overline{WR}_2$和$\overline{XFER}$一直有效,DAC0832 内部的 DAC 寄存器为常开状态,输入寄存器由$\overline{CS}$和$\overline{WR}_1$控制,即只有一个寄存器受控。该方式适用于只有一路模拟量输出或几路模拟量非同步输出的情形。

③ 双缓冲方式:不让$\overline{LE}_1$和$\overline{LE}_2$一直为高,两级寄存器均受到控制。如图 7-56(c)所示,当$\overline{LE}_1$从高变低时,数据锁存到输入寄存器;当$\overline{LE}_2$从高变低时,锁存在输入寄存器的数据被存入 DAC 寄存器,同时开始 D/A 转换。双缓冲方式能做到对某个数据进入 D/A 转换的同时输入下一个数据,两个寄存器均可控制。该方式适用于要求多个模拟量同时输出的场合。

(4) DAC0832 的模拟输出

DAC0832 的输出是电流型的,通常需将输出电流转换为电压再输出,有两种输出方式:单极性电压输出和双极性电压输出。

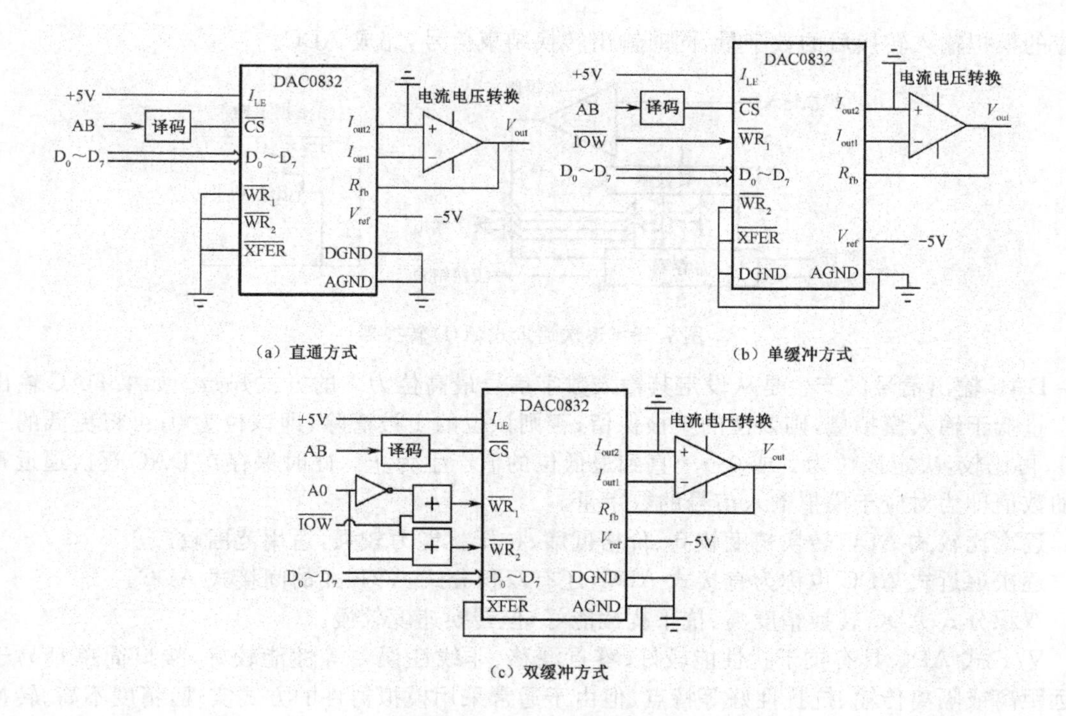

图 7-56　DAC0832 的工作方式

①单极性输出

如图 7-57(a)所示，对应数字量 00H～FFH 的模拟电压 V_{out} 的输出范围是 0～$-V_{ref}$。

② 双极性输出

如图 7-57(b)所示，图中第一级运放 OP1 的单极性输出电压 V_{out1} 经第二级运放 OP2 电压偏移、放大后，得到输出电压 V_{out2}，输出范围是$-V_{ref}$～$+V_{ref}$，与数字量 00H～FFH 相对应。

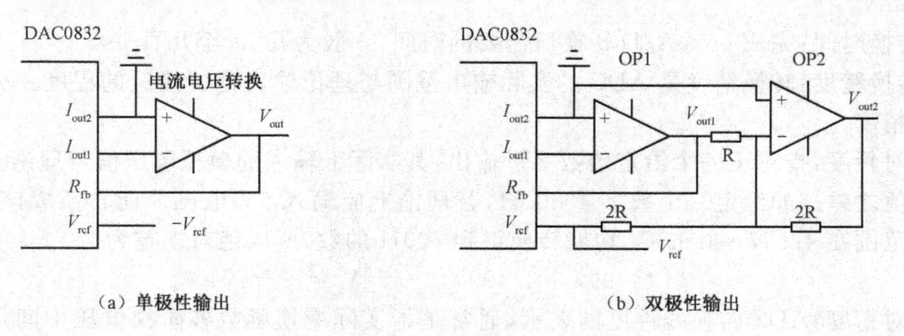

图 7-57　DAC0832 的输出方式

7.5.3　ADC 及其接口技术

1. ADC 工作原理

ADC 是将模拟量转换为数字量。实现模数转换的方法很多，有逐次逼近法、双积分法及电压频率转换法等，其中逐次逼近式 A/D 最常用。

逐次逼近式 ADC 内部一般包括寄存器、DAC、比较器等，如图 7-58 所示。逐次逼近法(或逐次比较法)的主要特点是：二分搜索、反馈比较、逐次逼近。A/D 转换时，将一个需转换的模拟输入信号 V_i与由内部 DAC 提供的信号 V_o相比较，再根据比较结果调整 DAC 的输入数字量、改变 DAC 的输出信号 V_o，以逼近输入信号 V_i，当二者“相等”时，得到的 D/A 转换器的输入数字即为对应的模拟输入转换后的数字量，同时输出转换结束信号，完成 ADC。

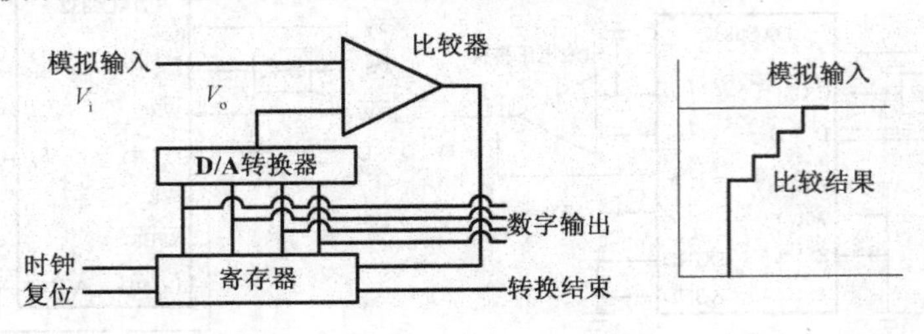

图 7-58 逐次逼近式 A/D 转换器

DAC 输出信号的产生是从设定其输入数字信号最高位为 1 的方式开始。如果 DAC 输出的模拟量低于输入模拟量，则该位的 1 被保留；否则该位的 1 被清除，即该位为 0；再将更低的一位置 1，再比较，决定该位为 1 或 0……直到最低位的值产生为止。此时保存在 DAC 逐次逼近寄存器的数值即为对应于模拟输入信号的数字量。

逐次比较式 ADC 转换精度较高、价格低廉、抗干扰能力较强，适用范围较广。

逐次逼近式 ADC 也称为直接式 ADC，还有双积分式、V/F 式的间接式 ADC。

双积分式 ADC 转换精度高、抗干扰性能好，但转换速度较慢。

V/F 式 ADC 具有抗干扰性能较好、零点漂移、非线性误差等性能较好、接口简单且易于实现远距离或隔离传输、抗扰性好等特点，但由于通常采用模拟器件的方式实现，精度不高、转换速度较慢。

2. A/D 转换器的主要性能指标

(1)分辨率：表示 ADC 对最小输入量变化的敏感程度，通常用转换器输出数字量的位数来表示。常用的分辨率有 8、10、12、14、16 位等。位数不同，其分辨率不同，8 位 ADC 的分辨率是 8 位，数字量变换范围是 0～255，当输入电压满刻度为 5V 时，ADC 对输入模拟电压的分辨能力为 5V/255≈19.6mV。

(2)转换时间：完成一次 A/D 转换所需要的时间，一般为几 μs 至几百 μs。

(3)转换精度：转换精度是 ADC 的实际输出范围与理论输出范围接近的程度。分为绝对精度和相对精度。

①绝对精度：指对于一个给定的数字量输出，其实际上输入的模拟电压值与理论上应输入的模拟电压值之差。如给定一个数字量 800H，若理论上应输入 5V 电压才能转换成该数字，但实际上输入范围在 4.997～4.999V 均能转换得到 800H 的数，所以绝对误差为：

$$[(4.997+4.999)/2-5]\text{V}=-2\text{mV}$$

②相对精度：ADC 转换线性度的表示，通常是指实际变换函数各阶梯电压中间点的连线与零点一满刻度点直线间的最大偏差。这又称为积分线性度，是实际变换函数的整体非线性度的反映。相对精度也可通过差分线性度表示，反映实际变换函数的局部不均匀性。

其他性能指标还有对电源电压变化的抑制比、温度系数和增益系数等。

3. 典型 8 位 ADC——ADC0809

(1)ADC0809 的主要性能

ADC0809 是逐次比较式 A/D 转换器。其主要技术指标如下：

① 分辨率 8 位，模拟电压输入范围 0～5V。

② 转换时间：由时钟频率决定，其时钟频率范围 10kHz～1280kHz，在标准时钟频率(640kHz)下的转换时间为 100μs。

③ 模拟输入电压范围：单极性 0～5V，双极性±5V、±10V。

④ 总的不可调误差：±1LSB。

⑤ 单一电源：+5V。

⑥ 具有可控三态输出缓存器。

⑦ 无需零点、满刻度调节。

ADC0809 的内部结构如图 7-59 所示，引脚信号及功能如图 7-60 所示。通过引脚 IN0～IN7，可输入 8 路模拟电压，每次选通一路转换，其通道号由地址信号（ADD）C、B、A 译码后选定，片内有地址锁存和译码器。转换结果送入三态输出锁存器，当输出允许信号 OE 有效时，才输出到数据总线上。

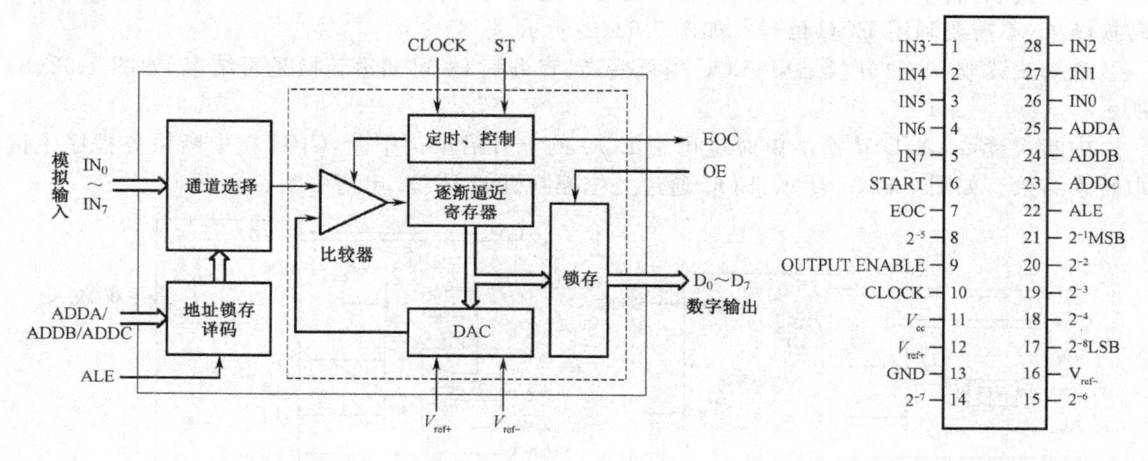

图 7-59　ADC0809 内部结构框图　　　　图 7-60　ADC0809 引脚图

（2）ADC0809 的引脚功能

ADC0809 引脚分为三类：数字、模拟和电源。

① 数字接口

D_7～D_0：数据总线，输出转换结果。

ADDA/B/C：地址总线，选择输入的模拟通道。

ST：转换启动，高有效。当 CPU 需采样模拟信号时，通过 ST 启动 ADC。

ALE：地址锁存，高电平时，将 ADDA/ADDB/ADDC 中的地址锁存到地址锁存器，选通多路开关。

EOC：转换结束，高有效，ADC 转换结束时，输出高电平，通知 CPU 读取转换结果。

OE：输出允许，CPU 通过 EOC 获知转换结束，即可通过 OE 读取转换数据。

CLK：时钟，A/D 转换同步信号。

② 模拟接口

IN0～IN7：模拟输入信号输入。

V_{ref+}、V_{ref-}：参考电压。

③ 电源

V_{CC}、GND：+5V 电源及地。

（3）ADC0809 的工作过程

ADC0809 的转换时序如图 7-61 所示。首先 ADC 通道地址 ADDC/ADDB/ADDA 在 ALE 的上升沿被锁存；在启动信号 ST（StarT conversion）的下

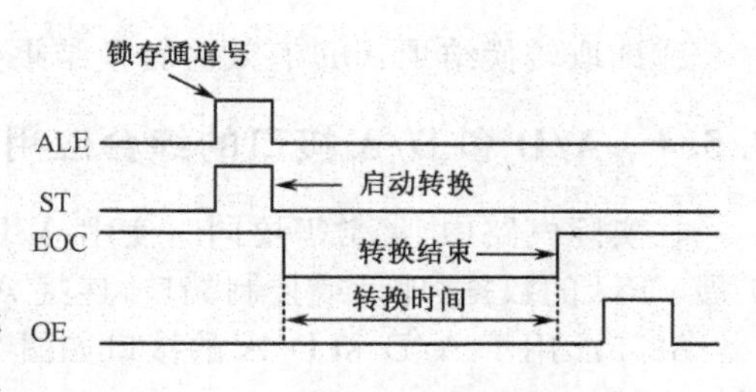

图 7-61　ADC0809 的转换时序图

降沿 ADC 开始转换，同时 EOC 为低电平；转换结束 EOC 变高，这时若 OE 有效，则转换结果输出到数据总线。具体过程如下：

① 择通道并启动转换：通常 ST 和 ALE 可由同一正脉冲信号控制，该脉冲的上升沿锁存地址、下降沿启动转换。通道地址可由数据总线输入，如将数据线 D0～D_2 分别连接到 ADDA/B/C 即可。

通道地址也可由地址总线输入，ADC 的通道地址信号 ADDC/B/A 分别与地址总线的 A_2、A_1、A_0 连接。

读取方式：分为直接读取、查询式、中断式三种方式。

直接读取：启动转换后，（软件或硬件）延时一定时间（确保大于 A/D 转换时间）后，直接读取转换结果，不需要利用 EOC 信号。如图 7-62(a)所示。

查询式读取：A/D 转换结束，EOC 由低变高，查询其 D_7 可知道转换是否结束，如图 7-62(b)所示。

中断式读取：A/D 转换结束时也可用 EOC 的上升沿申请中断，CPU 在中断服务程序中读取转换结果。如图 7-62(c)所示，EOC 通过上位控制机的 IRQ2 申请中断。

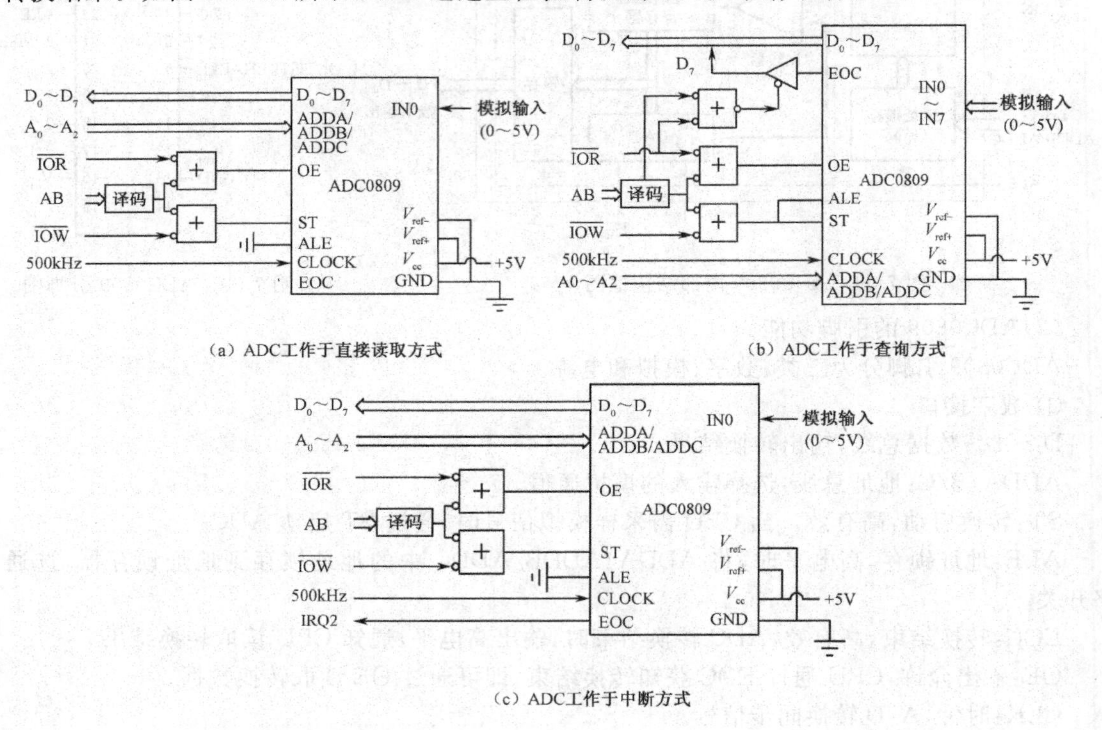

图 7-62　ADC0809 与系统总线的连接

②读取转换结果：OE 有效时转换结果数据输出到外部数据线。

7.5.4　A/D 和 D/A 接口的综合应用

在实际电路中，常常需要同时使用 A/D 和 D/A 接口，在 CPU 端口缺乏时，可通过接口芯片扩展 CPU 的数据、地址或控制端口，连接 ADC 和 DAC。接口芯片可选用 8255A 等端口芯片。

8255A 用于 A/D 和 D/A 的接口如图 7-63 所示，8255A 作为并行接口与 A/D 和 D/A 转换器相连接。

A/D变换期间输入端电压应保持不变，因此在A/D之前需接入取样保持电路(许多A/D器件自带取样保持电路)，8255A的A组工作于方式1、输入。端口C的PC_7为输出，作为A/D转换器的启动信号，即A/D的启/停是由程序向PC_7发送1、再发送0，以方波形式触发转换连续进行的。A/D变换期间，既不向PC_4端加有效的$\overline{STB_A}$选通信号，也不进行新的取样。当"忙碌"端下降沿到来时，其后沿触发的单稳电路经反相输出一个负方波加到PC_4上，使A/D输出的数字量锁存输入端口A，同时取样保持电路取新的采样电压。此时可发出读端口A的指令，将数据读入AL中。对D/A部分，端口B工作于方式0、输出，直接与D/A的输入相接，不需要联络信号。

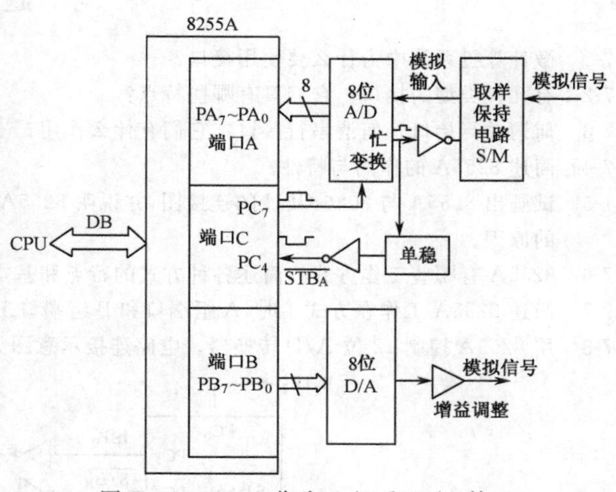

图7-63 8255A作为A/D和D/A接口

设8255A的端口A、B、C和控制寄存器的I/O地址分别为300H、301H、302H和303H，8255A端口A工作于方式1、输入，端口B工作于方式0、输出，PC_7输出。

程序段如下：

```
            ⋮
            MOV     DX,303H
            MOV     AL,10110000B        ;写控制字:A端口方式1,输入
            OUT     DX AL               ;B端口方式0,输出,PC7输出
;......................................................................
            MOV     DX,303H
            MOV     AL,00001111B        ;PC7输出高电平,启动A/D
            OUT     DX,AL
;......................................................................
            MOV     AL,00001110B        ;PC7位输出低电平,停止A/D
            OUT     DX,AL
;......................................................................
            MOV     DX,302H
AGAIN:      IN      AL,DX               ;读PC口状态
            TEST    AL,0010000B         ;PC5=1?(输入数据缓冲器满否?)
            JZ      AGAIN               ;PC5=0,未满等待
;......................................................................
            MOV     DX,300H             ;即IBF=1,一次数据已转换完成
            IN      AL,DX               ;输入到AL中
            MOV     DX,301H
            OUT     DX,AL               ;将A/D转换后的数据送D/A
            ⋮
```

图7-63中A/D变换的启动是由程序实现的。对IBM PC而言，上述情况只适用于取样周期长且不固定的情况。因为动态存储器刷新周期和时钟中断的插入，很难保证由PC_7发出的启动信号有严格准确的周期，如果采用外定时电路(如用8253定时器)产生定时信号去启动变换，可以使取样和变换按固定频率重复操作。定时信号的周期必须大于A/D的转换时间。

习　题　7

7-1　微计算机系统中为什么要使用接口？

7-2　有几种类型的接口？它们具有哪些特点？

7-3　何谓并行接口？何谓串行接口？它们有什么作用？

7-4　简述 8255A 的作用与特性。

7-5　试画出 8255A 与 8086 CPU 的连接图，并说明 8255A 的 A_0、A_1 地址线与 8086 CPU 的 A_1、A_2 地址线连接的原因。

7-6　8255A 有哪些工作方式？简述各种方式的特点和基本功能。

7-7　简述 8255A 工作在方式 1 时，A 组端口和 B 组端口工作在不同状态（输入或输出）时，C 端口各位的作用。

7-8　用 8255A 控制 12 位 A/D 转换器。电路连接示意图如图 7-64 所示。

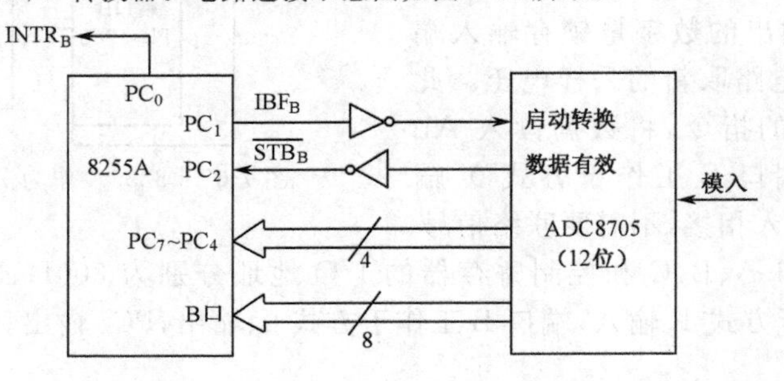

图 7-64　8255A 与 12 位 ADC 连接

设 B 口工作于方式 1(输入)，C 口上半部输入，A 口工作于方式 0(输入)。试编写 8255A 的初始化程序段和中断服务程序(注：CPU 采用中断方式从 8255A 中读取转换了的数据)。

7-9　使用 8255A 作为 CPU 与打印机接口。A 口工作于方式 0(输出)，C 口工作于方式 0。8255A 与打印机和 CPU 的连线如图 7-65 所示(8255A 的端口地址及 CPU 内存地址自行设定)。试编写一程序，用查询方式将 100 个数据送打印机打印(8255A 的端口地址及 100 个数据的存放地址自行设定)。

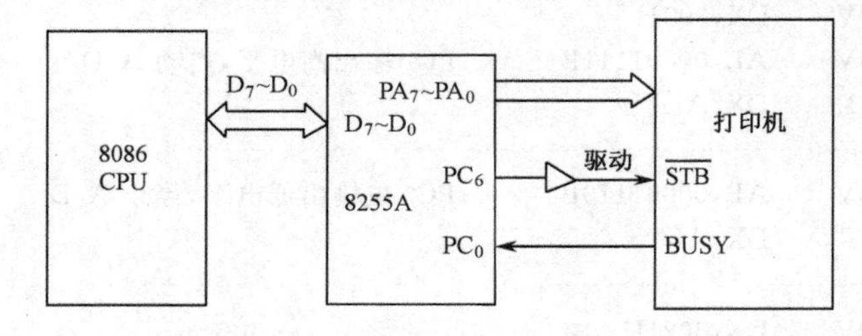

图 7-65　8255A 作为打印机接口示意

7-10　8251A 和调制解调器的连接如图 7-66 所示。已知控制字端口地址为 68H，试编写下列程序段：

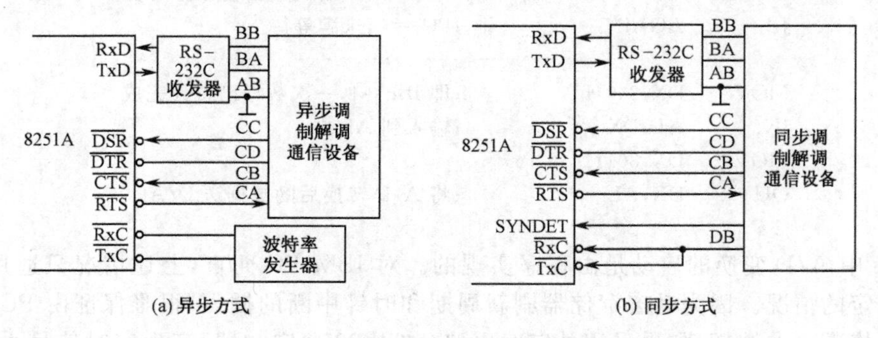

图 7-66　8251A 和调制解调器的连接

① 异步方式下的初始化程序段：设定字符 7 位、1 个偶校验位、2 个停止位、波特率因子 16，启动接收和发送器。

② 同步方式下的初始化程序段：设定双同步字符（字符自行设定）、内同步方式、字符 7 位、偶校验、启动接收和发送器。

7-11 在上题①条件下采用状态查询方式，输入 100 个数给 CPU，放在首地址符号为 Buffer 的内存缓冲区中（每输入一个字符需检测错误信息标志，出错时转入出错程序处理）。

7-12 采用中断方式完成题 7-11 的要求。

7-13 已知条件如例 7-11，试编写一程序，以中断方式完成例中的要求。

7-14 试编写两台 IBM PC 之间的相互通信程序。条件如例 7-4，其连接如图 7-67 所示。

7-15 简述 8253 的作用与特性。

7-16 试画出 8253 的内部结构框图。

7-17 试比较软件、硬件和可编程定时/计数器用于定时的特点。

7-18 8253 每个通道的最大定时值是多少？欲使 8253 用于定时值超过其最大值时，应该如何应用？

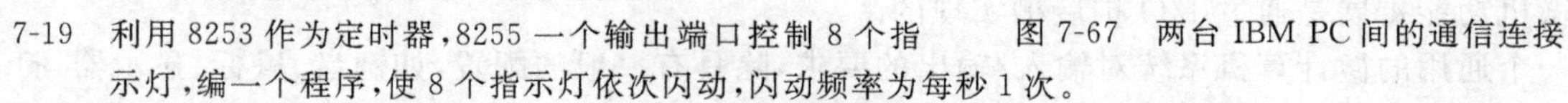

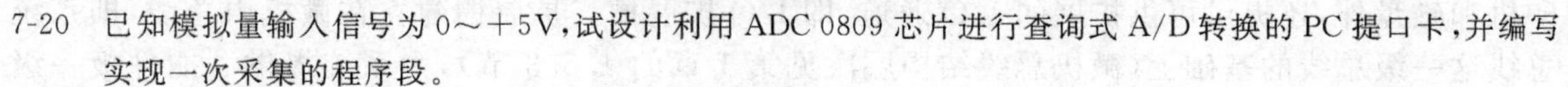

图 7-67 两台 IBM PC 间的通信连接

7-19 利用 8253 作为定时器，8255 一个输出端口控制 8 个指示灯，编一个程序，使 8 个指示灯依次闪动，闪动频率为每秒 1 次。

7-20 已知模拟量输入信号为 0～＋5V，试设计利用 ADC 0809 芯片进行查询式 A/D 转换的 PC 提口卡，并编写实现一次采集的程序段。

7-21 在 PC 总线上扩充 DAC0832 芯片，并完成三角波信号转出，要求：

(1)三角波的电压范围为 0～＋2.5V。

(2)画出硬件接线图，DAC0832 可用地址有 4 个：280H～283H。

(3)编写 D/A 转换程序。

第 8 章　微计算机扩展与应用

微计算机功能强大,应用范围日趋广泛,以计算机为核心、通过总线或端口扩展,可完成众多的任务,为人们的工作的工作、生产、生活带来极大的便利。本章首先介绍有关微机的总线标准、微机的结构体系,使我们能对微机的扩展功能有个较全面的了解;再简要介绍微机及微处理器在测控、数控、网络设备、手机终端等方面的应用案例,从而对微机及微处理器的应用前景有大致的了解,为我们在今后的科研和工作中应用计算机技术打下一个良好的基础。

8.1　微计算机功能扩展及总线标准

8.1.1　微计算机功能扩展

微机功能扩展是通过 I/O 扩展槽实现的。

一个通用的微计算机系统对输入/输出的要求,除具有一般的配置,如键盘、鼠标、显示器、打印机和磁盘外,还提供可供扩展的 I/O 通道,即 I/O 扩展槽。扩展槽建立在微机内总线,即系统总线这一级总线的基础上(微机总线结构层次见第 1 章的 1.5.3 节),为系统提供了插件板一级的接口。它是接口电路与 CPU 总线之间的物理连接器,是微机接口技术的新特点,主要用于微机系统的功能扩展和升级。例如,许多实用系统的图像处理板、生产过程检测/控制板、数控系统的运动板以及上、下位机的通信联络板等都可通过插入扩展槽接入微机系统。

总线是联系微机内部各部分资源的高速公路体系,因此,总线结构性能的好坏、速度的高低和其优化合理程度都将直接影响到微机的性能。

8.1.2　总线标准

总线标准的建立对微机的应用至关重要。微机中使用的总线标准有以下两类。

(1)通用总线标准

通用总线标准如 S-100、STD、Multibus 等总线。这类总线是由 IEC(国际电工委员会)和 IEEE(美国电气与电子工程师协会)制订的,其特点是通用性、兼容性、可扩展性和适应能力等均很强,适用于各类 CPU 系统,得到世界上许多厂商的支持。但这类标准未照顾到各种 CPU 自身的特点,构成的系统成本较高。在低成本的微机系统中应用有一定困难。

(2)国际总线标准

国际总线标准是国际性的大微机厂商如 IBM、Intel、Microsoft、Compaq、HP、Motorola、Apple等根据自己生产的微机或兼容机系统联合推出的总线标准。这些标准因相应使用的微机数量大而得到普及推广,并成为事实上的国际总线标准。许多外围设备提供商和兼容机生产厂商都遵循这些标准,使这类标准与国际标准有同等的效力。最典型的就是应用于 80x86 系列微机的 IBM PC/XT 总线、PC/AT/ISA 总线、PCI 总线等。

任何总线一旦成为标准就具有通用性。按这种总线标准设计的外围接口设备就适用于采用这种总线标准的任何系统。这对从事接口设计的专业人员来说,无疑是件好事。在进行接口设计时,可以不用刻意去研究微机系统的具体结构和 CPU 的具体特性,只要研究总线标准并按总线标准进行接口设计就可以了。

表 8-1 为适用于 80x86/Pentium 系列机型的并行总线性能对照表。这类总线是伴随 IA-32 结构微处理器的发展而发展起来的。

表 8-1 适用于 80x86 系列机型的并行总线性能对照表

总线名称	PC/XT	ISA(PC/AT)	EISA	VESA(VL-BUS)	PCI
适应机型	8086/8088 PC	286,386,486 PC	386,486,586 PC	486,586 系列 PC	Pentium 系列 PC,工作站
最大传输率	4MB/s	16MB/s	33MB/s	266MB/s	(133/264) MB/s
总线宽度	8 位	16 位	32 位	32 位	(32/64)位
总线时钟	4MHz	8.33MHz	8.33MHz	66MHz	(33/66)MHz
同步方式			同步		同步
仲裁方式	集中	集中	集中	集中	
逻辑时序	边缘	边缘		电平	边缘
地址宽度	20 位	24 位	32 位		(32/64) 位
负载能力	8	8	6	6	3
信号线数			143 条	90 条	49/100 条
可否 64 位扩展	不可	不可		可	可
自动配置	无	无			可
并发工作				可	可
突发方式					有
引脚可否复用	否	否	否	否	可

从表中可见,IBM PC/XT 时代使用的 62 芯总线是具有真正意义的第一个总线标准。随着 80286 的出现,IBM PC/AT 机将 62 芯再扩展一个 36 芯槽成为 PC/AT 总线。经世界认可,命名为工业标准结构总线 ISA(Industry Standard Architecture),并向下兼容 PC/XT 总线。ISA 总线是影响极为深远的一种总线,直至今日,一些 Pentium 主板上也还保留着 ISA 槽,说明它具有强大的生命力和实用价值。随着 32 位的 80386 问世,ISA 标准又被扩充,成为扩展的工业标准结构 EISA(Extended Industry Standard Architecture)总线。直到 80486 出现,随着 Windows 图形界面的普及,对微机图形处理要求的迅速增加,几家专门设计显示接口的公司联手推出以增强显示性能为目的的总线标准,即视频电子标准协会局部总线 VESA(Video Electronic Standard Association Local Bus),简称 VL-BUS。VL-BUS 的弱点是它与微处理器相连的局部总线特性,使它对处理器的依赖性高,且不可避免会引起处理器负载增加而过热,又因它采用在 ISA 上再加一个 VL 总线槽,与已有的 ISA 总线槽排成一排,达到与 ISA 兼容的效果,因此体积太大。

1991 年首先由 Intel 公司提出,得到 IBM、Compaq、AST、HP、DEC 等大型计算机厂家大力支持,于 1993 年正式推出的新一代总线标准外围器件互连(Peripheral Component Interconnect,PCI)总线。PCI 是一种性能比 VL-BUS 更优、体积更小的总线,逐渐取代了 VL-BUS 而占据主流,主要用在以 Pentium 为 CPU 的微机系统中。PCI 以其较完善的功能、成熟的技术成为当前绝大多数高档微机制造商的首选。

本书主要对价廉而实用的 ISA 总线及功能较完善、技术成熟的 PCI 总线进行介绍。

8.1.3 ISA 总线

ISA 总线是经世界认可的工业标准结构,又称为 PC/AT 总线,向下兼容 PC/XT 总线。

(1)IBM PC/XT 总线

PC/XT 总线是一种 8 位总线,不仅具有 8086/8088 CPU 的三总线信号,而且是重新驱动过的,具有多路处理、中断和 DMA 操作能力的增强性通道。该通道上的 62 条引线接照 PC/XT 总线标准规范排列、每条引线上的信号在电气性能上满足 PC/XT 总线规范。IBM PC/XT 微机主板上有 8 个这样的扩展槽。

(2)ISA 总线

ISA 总线是 16 位总线,是 IBM PC/AT 微机使用的总线,在 PC/XT 总线的 62 线扩展槽外,又增加一个 36 线的 I/O 扩展槽组成的一长一短的两个槽。增加的扩展槽主要用来扩充高位地

址 A_{20}～A_{23}和高位数据字节 D_8～D_{15}，使系统可以通过它访问 16MB 的存储空间，并可以为外设和存储器提供 8 位和 16 位的数据总线。ISA 总线又被称为 IBM PC/XT(AT)总线。

在 IBM PC/AT 微机主板上有 8 个 62 线的 PC/XT I/O 通道。(J_1～J_8)，并有 5 个 36 线的扩展槽，(J_{11}至 J_{14}和 J_{16})。62 线扩展槽和 36 线扩展槽排成一列，以便插入电路板。

IBM PC/XT(AT)I/O 通道信号排列如图 8-1 所示。

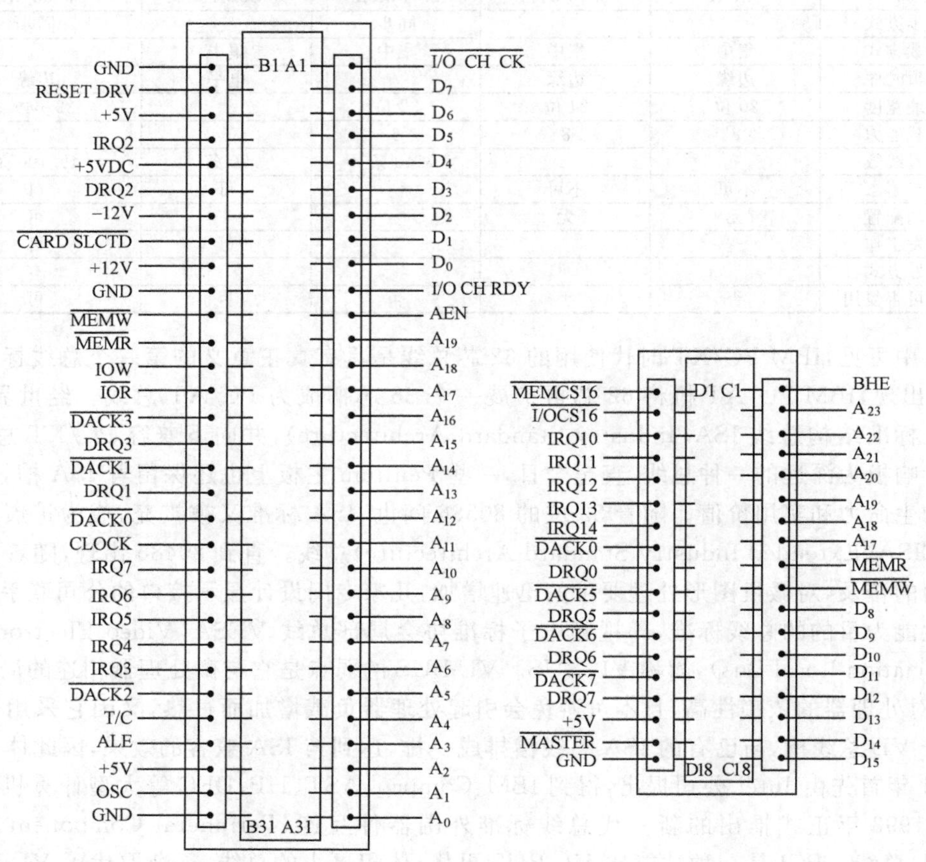

图 8-1　IBM PC/XT(AT)I/O 通道引脚特性

表 8-2 和表 8-3 对 62 线通道和 36 线通道的信号分别进行了说明。

表 8-2　PC/XT I/O 通道引脚信号(62 线通道，J1 至 J8)

引脚	信号	I/O	说明	引脚	信号	I/O	说明
B1	GND		地	A1	－I/O CH CK	I	I/O 通道校验低出错
B2	＋RESET DRV	O	复位“高”有效	A2	D_7	I/O	
B3	＋5V			A3	D_6	I/O	
B4	＋IRQ2	I	中断请求 2“高”有效	A4	D_5	I/O	
B5	－5V			A5	D_4	I/O	数据线
B6	＋DRQ2	I	DMA 请求 2“高”有效	A6	D_3	I/O	“高”为 1
B7	－12V			A7	D_2	I/O	
B8	CARD SLCTD		插件板选中“低”有效	A8	D_1	I/O	
B9	＋12V			A9	D_0	I/O	
B10	GND		地	A10	＋I/O CH RDY	I	I/O 通道就绪“高”
B11	－MEMW	O	存储器写命令“低”有效	A11	＋AEN	O	有效地址允许
B12	－MEMR	O	存储器读命令“低”有效	A12	A_{19}	O	
B13	－IOW	O	I/O 写命令“低”有效	A13	A_{18}	O	

续表

引脚	信号	I/O	说明	引脚	信号	I/O	说明
B14	－IOR	O	I/O 读命令"低"有效	A14	A_{17}	O	
B15	－DACK3	O	DMA 认可 3"低"有效	A15	A_{16}	O	
B16	＋DRQ3	I	DMA 请求 3"高"有效	A16	A_{15}	O	
B17	－DACK1	O	DMA 认可 1"低"有效	A17	A_{14}	O	
B18	＋DRQ1	I	DMA 请求 1"高"有效	A18	A_{13}	O	
B19	－DACK0	O	DMA 认可 0"低"有效	A19	A_{12}	O	
B20	CLOCK	O	时钟脉冲 4.77MHz	A20	A_{11}	O	
B21	＋IRQ7	I	中断请求 7"高"有效	A21	A_{10}	O	
B22	＋IRQ6	I	中断请求 6"高"有效	A22	A_9	O	地址线,"高"为 1
B23	＋IRQ5	I	中断请求 5"高"有效	A23	A_8	O	
B24	＋IRQ4	I	中断请求 4"高"有效	A24	A_7	O	
B25	＋IRQ3	I	中断请求 3"高"有效	A25	A_6	O	
B26	－DACK2	O	DMA 认可 2"低"有效	A26	A_5	O	
B27	＋T/C	O	DMA 传送终点计到,"高"有效	A27	A_4	O	
B28	＋ALE	O	地址锁存使能下跳沿闩锁	A28	A_3	O	
B29	＋5V			A29	A_2	O	
B30	OSC	O	振荡方波 14.8MHz	A30	A_1	O	
B31	GND		地	A31	A_0	O	

表 8-3　PC/AT I/O 通道引脚信号(36 线通道,J10 至 J14 和 J16)

引脚	信号	I/O	说明	引脚	信号	I/O	说明
D1	－MEMCS16	I	存储器 16 位片选信号	C1	BHE	I/O	高字节允许
D2	I/O CS16	I	I/O16 位片选信号	C2	A_{23}	I/O	
D3	IRQ10	I	中断请求 10	C3	A_{22}	I/O	
D4	IRQ11	I	中断请求 11	C4	A_{21}	I/O	地
D5	IRQ12	I	中断请求 12	C5	A_{20}	I/O	址
D6	IRQ13	I	中断请求 13	C6	A_{19}	I/O	线
D7	IRQ14	I	中断请求 14	C7	A_{18}	I/O	
D8	－DACK0	O	DMA 认可 0	C8	A_{17}	I/O	
D9	DRQ0	I	DMA 请求 0	C9	－MEMR	I/O	存储器读
D 10	－DACK5	O	DMA 认可 5	C10	－MEMW	I/O	存储器写
D 11	DRQ5	I	DMA 请求 5	C11	D_8	I/O	
D 12	－DACK6	O	DMA 认可 6	C12	D_9	I/O	数
D 13	DRQ6	I	DMA 请求 6	C13	D_{10}	I/O	据
D 14	－DACK7	O	DMA 认可 7	C14	D_{11}	I/O	线
D 15	DRQ7	I	DMA 请求 7	C15	D_{12}	I/O	
D 16	＋5V		电源	C16	D_{13}	I/O	
D 17	－MASTER	I	I/O CPU 发出的总线控制信号	C17	D_{14}	I/O	
D 18	GND		地	C18	D_{15}	I/O	

8.1.4　PCI 总线

PCI 总线是 32 位并能扩展至 64 位的总线,是当今 Pentium 时代最流行、应用最广泛的总线。

1. PCI 总线的特点

PCI 总线由 Intel、Compaq、IBM 等 100 多家公司于 1993 年联合推出。它采用数据线和地址线复用结构,减少了总线引脚数,从而可节省线路空间,降低设计成本。目标设备可用 47 条引脚,总线主控设备可用 49 条引脚。

PCI 提供两种信号环境:5V 和 3.3V,并可进行两种环境的转换,扩大了它的适应范围。PCI 对 32 位与 64 位总线的使用是透明的,允许 32 位与 64 位器件相互协作。PCI 标准允许 PCI 总线扩展卡进行自动配置，提供了即插即用的能力。

PCI 总线独立于处理器，它的工作频率与 CPU 时钟无关，可支持多机系统及未来的处理器。PCI 有良好的兼容性，保持与 ISA、EISA、VESA、MCA 等标准的兼容性，使高性能的 PCI 总线与已大量使用的传统总线技术特别是 ISA 总线并存。

PCI 总线的性能特点如下：

① 高性能，支持突发工作方式，保证总线不断满载数据。

② 总线时钟 33MHz，宽度 32 位，并可扩展到 64 位。

③ 存取延迟极小，大大缩短了外围设备取得总线控制权所需时间。

④ 采用总线主控和同步操作。

⑤ 独立于 CPU 的结构，不受 CPU 品种的限制，兼容性好。

⑥ 适应性广（台式机和便携机），预留了发展空间和考虑到技术发展的潜力，能将传输速率提高到 264MB/s。

⑦ 具有自动配置功能，支持即插即用（plug-and-play），因 PCI 接口包含一小块存储器，其中可存储允许自动配置 PCI 卡的信息。

⑧ 成本低、效率高，因为此总线一开始就采用优化的集成电路，引脚多种复用。

2. PCI 总线信号

完整的 PCI 总线标准共定义了 100 条信号线，但一般的 PCI 接口用不到 50 条信号线。对 PCI 的全部信号线，通常分为必备的和可选的两大类。

必备信号线：32 位 PCI 接口所不可少的，并且通过这些信号线可实现完整的 PCI 接口功能，如信息传输、接口控制、总线仲裁等。如果作为目标设备，必备信号线为 47 条，如果作为主控设备，则为 49 条。

可选信号线：PCI 作为高性能接口、进行功能和性能方面的扩展使用的，如 64 位地址/数据、中断、66MHz 主频等信号线。

PCI 总线的定义和分类如图 8-2 所示。PCI 总线插座信号如图 8-3 所示。

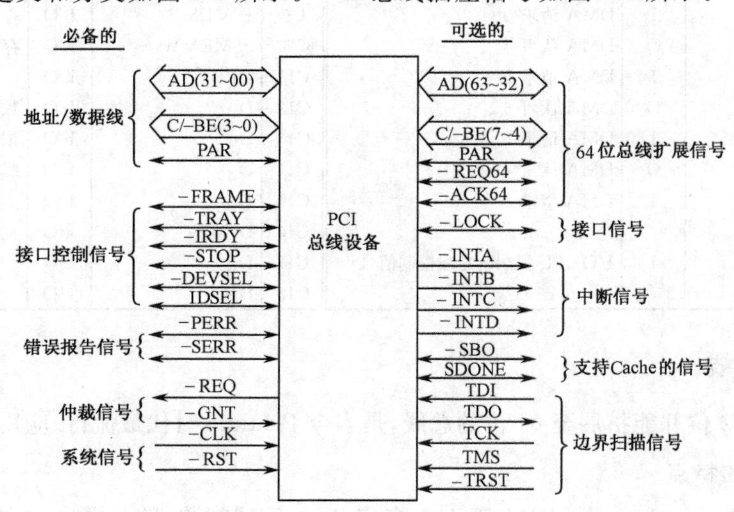

图 8-2 PCI 总线的定义和分类 （图中"—"表示低电平有效）

PCI 总线信号定义如下。

① CLK：PC 总线时钟，最高为 33MHz。

② AD0～AD63：双向三态信号，为地址与数据多路复用信号线，32 位。

计算机后面板

引脚号	焊接面	元件面
1	−12V	$\overline{TRST}$
2	TCK	+12V
3	GND	TM5
4	TD0	TD1
5	+5V	+5V
6	+5V	$\overline{INTA}$
7	$\overline{INTB}$	$\overline{INTC}$
8	$\overline{INTD}$	+5V
9	$\overline{PRSNT1}$	
10		+V1/0
11	$\overline{PRSNT1}$	
12	KEY	KEY
13	KEY	KEY
14		
15	GND	$\overline{RST}$
16	CLK	+V1/0
17	GND	$\overline{VNT}$
18	$\overline{REO}$	GND
19	+V1/0	
20	AD31	AD30
21	AD29	+3.3
22	GND	AD28
23	AD27	AD26
24	AD25	GND
25	+3.3V	AD24
26	C/$\overline{BE3}$	IDSE
27	AD23	+3.3
28	GND	AD22
29	AD21	AD20
30	AD19	GND
31	+3.3V	AD18
32	AD17	AD16
33	C/$\overline{BE2}$	+3.3
34	GND	$\overline{FRAM}$
35	$\overline{IRDY}$	GND
36	+3.3V	$\overline{TRDY}$
37	$\overline{DEVSEL}$	GND
38	GND	$\overline{STOP}$
39	$\overline{LOCK}$	+3.3
40	$\overline{PERR}$	SDO
41	+3.3V	$\overline{SBO}$
42	$\overline{SERR}$	GND
43	+3.3V	PAR
44	C/$\overline{BE1}$	AD15
45	AD14	+3.3V
46	GND	AD13
47	AD12	AD11

引脚号	焊接面	元件面
48	AD10	GND
49	GND	AD9
50	KEY	KEY
51	KEY	KEY
52	AD8	C/$\overline{BE0}$
53	AD7	+3.3V
54	+3.3V	AD6
55	AD5	AD4
56	AD3	GND
57	GND	AD2
58	AD1	AD0
59	+V1/0	+V1/0
60	$\overline{ACK64}$	$\overline{REO64}$
61	+5V	+5V
62	+5V	+5V
63		GND
64	GND	C/$\overline{BE7}$
65	C/$\overline{BE6}$	C/$\overline{BE5}$
66	C/$\overline{BE4}$	+V1/0
67	GND	PAR64
68	AD63	AD62
69	AD61	GND
70	+V1/0	AD60
71	AD59	AD58
72	AD57	GND
73	GND	AD56
74	AD55	AD54
75	AD53	+V1/0
76	GND	AD52
77	AD51	AD50
78	AD49	GND
79	+V1/0	AD48
80	AD47	AD46
81	AD45	GND
82	GND	AD44
83	AD43	AD42
84	AD41	+V1/0
85	GND	AD40
86	AD39	AD38
87	AD37	GND
88	+V1/0	AD36
89	AD35	AD34
91	AD33	GND
91	GND	AD32
92		
93		GND
94	GND	

注：(1)引脚63~94只存在于64位 PCI 卡上；(2)+V1/0在3.3V板上是 3.3V，在 5V 板上是5V；(3)有空引脚存在

图 8-3　PCI 总线插座信号图

③ C/$\overline{BE0}$～C/$\overline{BE7}$：双向三态信号，为总线命令和字节允许多路复用信号线。

④ $\overline{FRAME}$：持续的、低有效的双向三态信号，为帧周期信号，由当前主设备驱动，表示一次访问的开始持续期。

⑤ $\overline{IRDY}$：持续的、低有效的双向三态信号，为主设备准备好信号，在读周期表示数据线上的数据已可用，在写周期表示主设备已准备就绪接收数据。

⑥$\overline{TRDY}$：持续的、低有效的双向三态信号，为从设备准备好信号，在读周期表示有效数据已提交到数据线上，在写周期表示目标设备已准备就绪接收数据。

⑦$\overline{\text{STOP}}$:持续的、低有效的双向三态信号,为停止数据传送信号,表示当前目标设备要求主设备停止对话。

⑧$\overline{\text{LOCK}}$:持续的、低有效的双向三态信号,为锁定信号。

⑨IDSEL:输入信号,为初始化设备选择信号,在读写自动配置空间时作片选。

⑩$\overline{\text{DEVSEL}}$:持续的、低有效的双向三态信号,为设备选中信号,由目标设备驱动,表示总线上有目标设备被选中。

⑪ $\overline{\text{REQ}}$:低有效的三态信号,为总线占用请求信号,向总线仲裁器表明本设备要求使用总线,每个主设备都应有该线。

⑫ $\overline{\text{GNT}}$:低有效的三态信号,为总线占用允许信号,是总线申请响应信号。

⑬ $\overline{\text{PERR}}$:持续的、低有效的双向三态信号,为数据奇偶校验错误报告信号。

⑭ $\overline{\text{SERR}}$:低有效的漏极开路信号,为系统错误报告信号。

⑮ $\overline{\text{INTA}}$、$\overline{\text{INTB}}$、$\overline{\text{INTC}}$、$\overline{\text{INTD}}$:低有效的漏极开路信号,用来实现中断请求。

⑯$\overline{\text{SBO}}$:低有效的输入输出信号,为试探返回信号。

⑰SDONE:高有效的输入输出信号,为监听完成信号。

⑱$\overline{\text{REQ64}}$:持续的、低有效的双向三态信号,为 64 位传输请求信号。

⑲$\overline{\text{ACK64}}$:持续的、低有效的双向三态信号,为 64 位传输响应信号。

⑳PAR64:高有效的双向三态信号,为奇偶双字节校验信号。

㉑ $\overline{\text{RST}}$:低有效的输入信号,为 PC 复位信号。

8.1.5　USB

USB(Universal Serial Bus,通用串行总线)是一种新型的外设接口标准。USB 以 Intel 公司为主,联合 Microsoft、Compaq、IBM 等公司共同开发,于 1994 年制定了第一个方案;1996 年 2 月推出了 UBS 1.0 版本,2000 年发展到 2.0 版本。1997 年,Microsoft 在 Windows 97 中开始以外挂模块形式提供了对 USB 的支持,随后在 Windows 98 中内置了对 USB 接口的支持模块。自此,使用 USB 的设备日益增多,USB 逐渐流行起来。目前,P4 微机主板常设置有 6 个 USB 接口。其中 2 个接至前面板。4 个接至后背面板。

1. USB 的物理接口和电气特性

① 接口信号线:USB 总线(电缆)包括 4 根信号线,如图 8-4 所示。其中 D_+ 和 D_- 为信号线,传送信号,是一对双绞线;V_{BUS} 和 GND 是电源和地线。USB 的接插件(插头/座)也比较简单,只有 4 芯。上游是 4 芯长方形插头,下游是 4 芯方型插头,两头不能弄错。

图 8-4　USB 电缆

② 电气特性:电源电压为 4.75～5.25V,由 USB 主机提供,设备能吸入的最大电流为 500mA。

2. USB 系统的组成

USB 系统包括硬件和软件两部分。

(1) 硬件部分

USB 系统的硬件组成如图8-5所示,包括 USB 主机、USB 设备(Hub 及功能设备)和连接电缆。

① USB 主机是一个带有 USB 主控制器的 PC,是 USB 系统的主控设备,一个 USB 系统只有一个主机。

② USB 主控制器/根集线器(USB Host Controller/Root Hub):分别完成对传输的初始化和设备的接入。主控制器负责产生由软件调度的传输,再传给根集线器。一般来说,每次 USB

交换都是在根集线器组织下完成的。

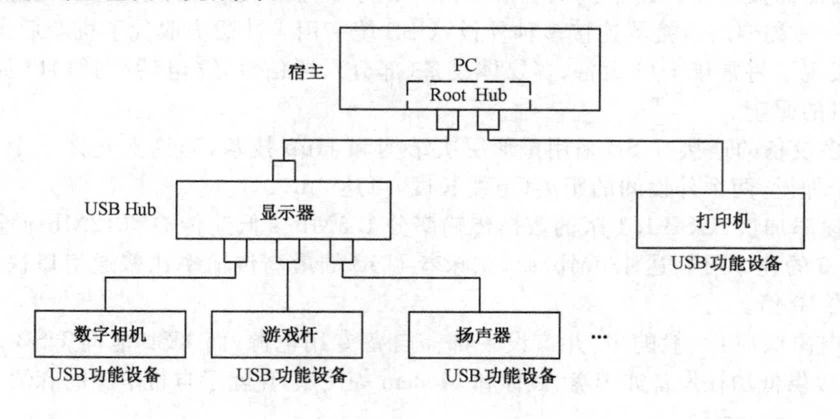

图 8-5　USB系统组成

③ Hub设备除3根集线器外，为了能接入更多的外部设备，系统还需要其他USB Hub。USB Hub可串在一起再并接到根集线器上。

④ USB功能设备能在总线上发送和接收数据或控制信号，通过Hub连接在计算机上，用来完成某项特定功能并符合USB规范的硬件设备，如鼠标、键盘等。

(2) 软件部分。

① 主控制器驱动程序(Host Controller Driver)：完成对USB交换的调度，并通过根Hub或其他Hub完成对交换的初始化。

② USB驱动程序(USB Driver)：对USB设备提供支持，组织数据传输。

③ USB设备驱动程序(USB Device Driver)：用来驱动USB功能设备的程序，通常由操作系统或USB设备制造商提供。

3. USB数据传输类型

根据设备对系统资源的不同需求，USB标准规定了以下4种基本的数据传输类型。

① 控制(Control)传输：控制传输是双向的，Setup、Data和Status三个阶段。在Setup阶段由主机送命令给设备，Data阶段传输的是Setup阶段所设定的数据，在Status阶段，设备返回握手信号给主机。

Control传输主要用于配置设备，也可以作为设备的其他特殊用途。例如，对数字相机设备可以传送暂停、继续、停止等控制信号。

② 批(Bulk)传输：批传输可以单向，也可以双向，用于传输大批数据，时间性不强但须确保数据的正确性(传输出错，则重传)的场合。打印机、扫描仪和数字相机常以批传输方式与主机相连接。

③ 中断(Interrupt)传输：中断传输是单向的，且仅输入到主机，用于不固定的、少量数据且要求实时处理的场合，如键盘、鼠标及操纵杆之类的输入设备。

④ 等时(Isochronous)传输：等时(同步)传输可以单向也可以双向，用于传输连续、实时的数据，且对数据的正确率要求不高但时间性强的外设，如麦克风、喇叭、电话、视频设备、数字相机可采用这种方式。当数据发生传输错误时，并不需要及时处理，而是继续传输新的数据。

4. USB的特点

USB技术的应用是计算机外设总线的重大变革。它之所以得到广泛支持和迅速普及是源于它的许多特点。

① 连接简单快速：USB能自动识别系统中设备的接入或移走，真正做到"即插即用"。USB

支持机箱外的热插拔连接。设备接入 USB 时，不必打开机箱，也不必关闭主机电源。

② 可用一种类型的连接器连接多种外设：USB 统一用 4 针插头取代了机箱后背种类繁多的串/并插头，实现了将常规 I/O 设备、多媒体设备（部分）、通信设备（电话、网络）以及家用电器统一为一种接口的愿望。

③ 支持多设备的连接：USB 采用星形层次结构和 Hub 技术，理论上允许一个 USB 主机连接多达 127 个外设，两个外设间的距离（电缆长度）可达 5m。

④ 传输速率加快：USB 1.1 版的数据传输率分 1.5Mb/s 低速传输和 12Mb/s 全速传输两种方式（USB 2.0 的速率可高达 480Mb/s），意味着 USB 的最高传输率比普通串口快约 100 倍，比普通并口快约 10 倍。

⑤ 内置电源供应：一般的串/并口设备都需自备专用电源，而 USB 能向 USB 设备提供5V/500mA 电源，以供低功耗设备如键盘、鼠标和 Modem 等使用，免除了自带电源的麻烦。

5. USB 的应用前景

① 目前，USB 已在微机的多种外设上成功应用，包括扫描仪、数码相机、数码摄像机、数字声音系统、显示器、软驱动器、网卡及通用 I/O 设备的打印机、USB 键盘、鼠标以及游戏操纵杆等。

② 目前市场上正出现的 USB 设备有 USB Modem、USB ZIP、软盘驱动器、USB 网卡及优盘（Flash ROM）存储器等。

③ USB 转接设备的出现，提供了 USB 接口到其他接口的转换，如 USB 到 SCSI、USB 到 PCI 等，可以使其他非 USB 接口的外设接到 USB 接口上使用。

④ 对移动型的笔记本电脑，USB 接口不仅使笔记本电脑对外设的连接变得方便，而且可以使生产厂商不再需要为不同配置安置不同的接口，从而使系统结构简化，散热问题得到改善，促进笔记本电脑使用更高主频的处理器。

8.1.6 AGP 总线

1. AGP 简介

AGP（Accelerated Graphics Port，图形加速端口）是显卡的专用扩展插槽，是在 PCI 图形接口的基础上发展而来的。AGP 规范是 Intel 公司为解决计算机显示三维图形能力差的问题而提出的。AGP 严格意义上并不是一种总线，而是一种接口。随着三维游戏做得越来越复杂，大量的三维特效和纹理被使用，使得原来传输速率为 133MB/s 的 PCI 总线越来越不堪重负，因此 Intel推出了拥有高带宽的 AGP 接口。这是一种与 PCI 总线迥然不同的图形接口，它完全独立于 PCI 总线之外，直接把显卡与主板控制芯片联在一起，使得三维图形数据省略了越过 PCI 总线的过程，从而很好地解决了低带宽 PCI 接口造成的系统瓶颈问题。可以说，AGP 代替 PCI 成为新的图形端口是技术发展的必然。

AGP 标准分为 AGP 1.0（AGP 1X 和 AGP 2X）、AGP 2.0（AGP 4X）、AGP Pro、AGP 3.0（AGP 8X）等，典型代表是 AGP Pro、AGP 3.0。

（1）AGP Pro

AGP Pro 与 AGP 2.0 同时推出，为满足显示设备功耗日益增加的要求，其主要的特点是比 AGP 4x 略长一些，加长部分可容纳更多的电源引脚，使得这种接口可以驱动功耗更大（25～110W）或者处理能力更强大的 AGP 显卡。这种标准其实是专为高端图形工作站而设计的，完全兼容 AGP 4x 规范，使 AGP 4x 的显卡也可以在该插槽中正常使用。AGP Pro 在原有 AGP 插槽的两侧进行延伸，提供额外的电能，用来增强而非取代现有 AGP 插槽的功能。根据所能提供能量的不同，AGP Pro 可以细分为 AGP Pro110 和 AGP Pro50。在某些高档台式机主板上也能见到 AGP Pro 插槽，如华硕的许多主板。

(2)AGP 3.0(AGP 8x)

2000 年 8 月，Intel 推出 AGP 3.0 规范，工作电压降到 0.8V，为了防止用户将非 0.8V 显卡使用在 AGP 0.8V 插槽上，Intel 专门为 AGP 3.0 插槽和主板增加了电子 ID，可以支持 1.5V 和 0.8V 信号电压；并增加了 8x 模式，其数据传输带宽达 2132MB/s，数据传输能力相对于 AGP 4x 成倍增加，能较好地满足当前显示设备的带宽需求。

不同 AGP 接口的模式传输方式不同，AGP 1x 模式的 AGP 的工作频率达到 PCI 总线的 2 倍(66MHz)，传输带宽理论上可达 266MB/s。AGP 2x 工作频率同样为 66MHz，但使用了正负沿(一个时钟周期的上升沿和下降沿)触发的工作方式，在一个时钟周期的上升沿和下降沿各传输一次数据，从而在一个工作周期中先后触发 2 次，使传输带宽加倍。触发信号的工作频率为 133MHz，因此 AGP 2x 的传输带宽为 266MB/s×2(触发次数)＝533MB/s。AGP 4x 仍使用这种触发方式，只是利用两个触发信号在每个时钟周期的下降沿触发 2 次，从而达到了在一个时钟周期中触发 4 次的目的，这样在理论上就可以达到 266MB/s×2(单信号触发次数)×2(信号个数)＝1066MB/s 的带宽。在 AGP 8x 规范中，这种触发模式仍然保留，只是触发信号的工作频率变成 266MHz，两个信号触发点也变成了每个时钟周期的上升沿，单信号触发次数为 4 次，这样它在一个时钟周期所能传输的数据就从 AGP 4x 的 4 倍变成了 8 倍，理论传输带宽将可达到 266MB/s×4(单信号触发次数)×2(信号个数)＝2132MB/s。

2. AGP 的主要指标

AGP 主要技术指标如表 8-4 所示。从表中可见，随着 APG 版本的增加，传输带宽越来越宽。尽管 AGP 接口具有不少优点，但随着计算机技术的发展，也将被更先进的技术所取代。

表 8-4　AGP 主要技术指标

标准	AGP 1.0	AGP 1.0	AGP 2.0	AGP 3.0
接口速率	AGP 1x	AGP 2x	AGP 4x	AGP 8x
工作频率	66MHz	66MHz	66MHz	66MHz
传输带宽	266MHz	533MHz	1066MHz	2132MHz
工作电压	3.3V	3.3V	1.5V	1.5V
单信号触发次数	1	2	4	4
数据传输位宽	32bit	32bit	32bit	32bit
触发信号频率	66MHz	66MHz	133MHz	266MHz

8.2　微计算机体系结构实例

尽管经过多年的发展，微机性能提升巨大，但其体系结构基本未变。在即将结束本课程学习的时候，再回头看看，从 PC/XT 微机、Pentium 微机及现代多核微机，看看它们的主板组成的原理框图，体会其围绕总线的组成原理，就会一目了然。

8.2.1　IBM PC/XT 微型计算机

IBM PC/XT 系统主板的原理框图如图 8-6 所示。该板是一块固定在机箱底部，大约为 8.5 英寸×12 英寸的 4 层印刷电路板，表面两层布信号通路，中间两层是电源网和地线网。该板上的电源共有 4 种：＋5V、＋12V、－5V、－12V。

系统主板和外界的联系有：

① 通过一个 5 芯圆形插座 DIN 与键盘连接。

② 通过一个 4 针插座与一个 2.5 英寸的扬声器和电源指示灯连接。

③ 通过板上的扩展槽与系统配置的适配器卡和用户自行设计的功能扩展卡连接。

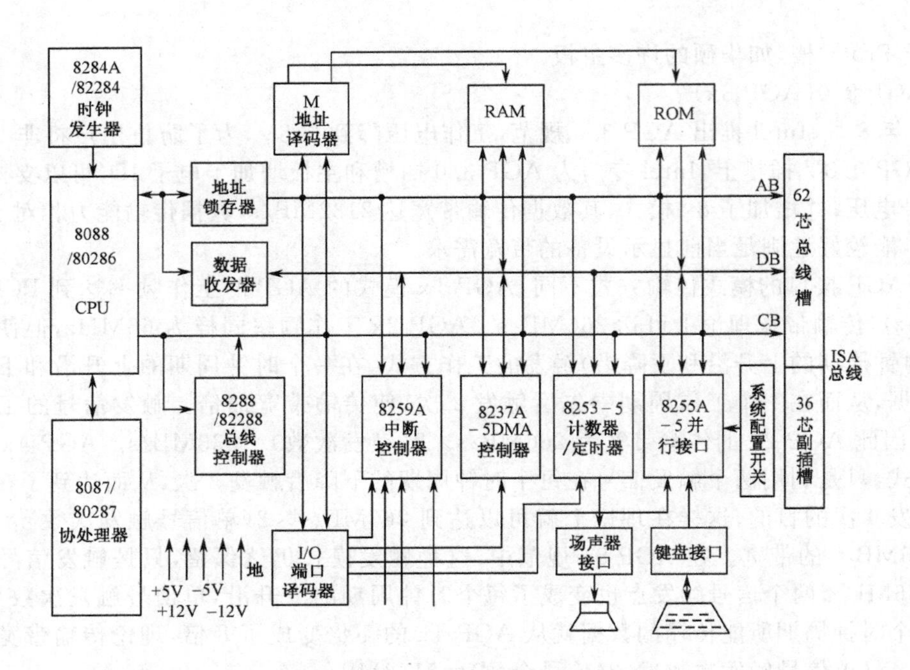

图 8-6 IBM PC/XT 系统主板原理框图

系统主板可划分为以下 5 个功能子系统。

(1)CPU 处理器子系统

① CPU:CPU 为 Intel 8088/80286,按最大方式工作,可配接 8087/80287 浮点运算协处理器,使浮点运算速度提高 100 倍。

② 地址锁存器:用 74LS373 和 74LS244 进行地址锁存。

③ 数据收发器:用 74LS245 作为数据收发器,提高数据总线的负载能力。

④ 总线控制器:因 IBM PC/XT 工作于最大方式,因此用 Intel8288/82288 总线控制器根据 CPU 执行指令时提供的状态信号建立控制时序,产生控制命令的输出。

(2)ROM 子系统

系统板上提供 60KB 的 ROM 空间,实际安装了一片 32K×8 位和一片 8K×8 位共 40KB 的 ROM 芯片。40KB 的 ROM 中固化了系统的 BIOS 和 BASIC 的解释程序。

(3)RAM 子系统

采用动态 DRAM。最初的 IBM PC 上提供 2 个 128K×8 位的 RAM 区,其余空间可由扩展槽扩展。随着大规模集成电路的发展,目前主板多数已安装 640KB RAM,甚至 1MB 的 RAM (IBM PC/XT 机)。

ROM 子系统和 RAM 子系统均由 3∶8 译码器 74LS138 提供片选信号。

(4)系统主板上的 I/O 接口子系统

① I/O 芯片

〈1〉DMA 控制器 8237A-5,这是一片可以管理 4 个 DMA 通道,实现 CPU 不干预的 I/O 设备和存储器之间直接进行高速数据传送的大规模集成电路芯片,具体通道如下:通道 0(CH0),作为 DRAM 刷新;通道 1(CH1),留给用户使用;通道 2(CH2),给软盘驱动器使用;通道 3(CH3),给硬盘驱动器使用。

〈2〉定时器/计数器 8253-5,这是一片含 3 个通道的 16 位的定时/计数电路。

通道 0(CH0),作为定时用,为计时电子钟提供恒定的时间基准;通道 1(CH1),为 DMA 的 CH0 产生 DRAM 刷新的定时信号;通道 2(CH2),用于产生扬声器的基音调。

〈3〉并行接口 8255A-5,一片含 3 个 8 位 I/O 并行端口的芯片。

A 端口(PORT A),用于读取键盘的扫描码;B 端口(PORT B),输出系统内部的一些控制信号;C 端口(PORT B),输出读取 DIP 系统配置开关的状态。

〈4〉中断控制器 8259A,一片可允许 8 级中断源输入的中断优先权管理电路,其中 0 级为最高优先权,并依次递降。

0 级:连到 8253-5 的 CH0 接收计时电子钟的中断请求;1 级:用于键盘中断请求;2～7 级:连到 62 芯总线槽,供系统功能扩展和供用户使用。

② I/O 接口电路

〈1〉串行键盘接口,通过主板右后方的 5 芯 DIN 插座 CN10 与键盘相连,每接收到一个完整的扫描码时,就通过 8259A 的 1 级口向 CPU 发一次中断请求。

〈2〉扬声器接口,在主板正前方有一个 4 芯的 CN8 连接器,其中两条接至扬声器,两条接至上电指示灯。

(5)总线扩展槽

PC/XT 主板后部有 8 个平行槽 J_1～J_8(即 PC 总线),均为 62 芯印制插座;还配有 5 个 36 芯插槽 J_{10}～J_{14}和 J_{16},为 36 芯印制插座。这种 62 芯+36 芯总线构成了工业标准总线 ISA(Industry Standard Architecture)。插座上有 CPU 的数据总线 DB 信号、地址总线 AB 信号和控制总线 CB 信号,并接入 4 种直流电源。这些槽用来扩展系统的功能,可插入各种适配卡,如多功能扩展卡(用做打印机和 CRT 的接口)、磁盘控制卡、串行异步通信接口适配卡、SDLC 通信卡、传真通信卡及帧存储卡等。

8.2.2 Pentium 系列微计算机

Pentium 微机所用的 CPU 结构更加先进,采用了为提高指令运行速度的 Cache 结构、更宽的数据总线、更快的协处理器、双整型处理器及分支预测逻辑,从而显著提高了处理速度。PC/XT 微机通常采用 CPU+外围器件(总线、时钟、中断、接口等)的方式组成,而 Pentium 微机采用芯片组协调和控制数据在 CPU、内存和各部件之间的传输。因此,Pentium 微机的芯片组取代了以前所有外围独立芯片的功能,简化了主板设计,提升了主板性能。微机的性能除了决定于 CPU 外,也与芯片组的型号、最高工作频率、内存容量和扩展槽的数量、外存大小、接口配置等相关。早期 Pentium 所使用的芯片组由 4 片组成(430/440/450 系列芯片组等),随着集成电路技术的发展,芯片组中的芯片缩减到 2 片,分别称为北桥和南桥芯片。下面以第 1 章提到过的 P4 为例,介绍其主板的组成结构框图,如图 8-7 所示。

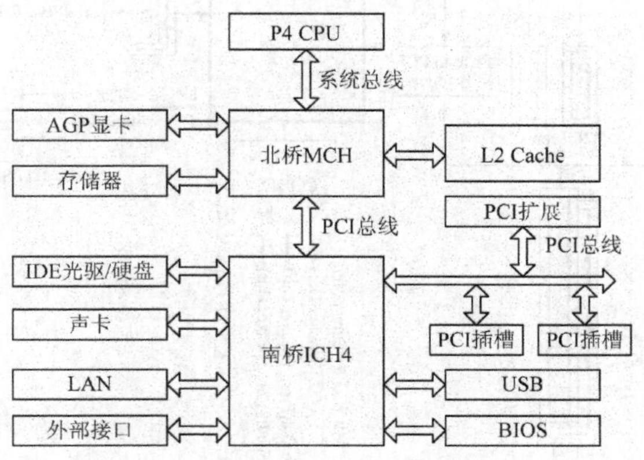

图 8-7　典型 P4 系列微机主板结构框图

图 8-7 上部是北桥。北桥直接与 P4 的 CPU 通过板间总线相连，主要控制主存、显存和 AGP/PCI 显卡，所以又称为存储器控制中心（MCH）或图形存储器控制中心（GMCH）。除了提供对存储器和图形显示的控制外，北桥还提供电源管理和 ECC 数据纠错等功能。若处理器内未含 L2 Cache（二级缓存），它还会提供对 CPU 外部的 L2 Cache 的控制。相对于南桥，北桥起着主导作用，所以被称为主桥，决定主板的规格、对硬件的支持及系统的性能。

南桥位于主板的下方，通过带宽为 166MHz 的 PCI 总线或带宽为 266MHz 以上的专用新型高速总线与北桥相连。南桥主要功能是控制 USB、RS232、PCI 插槽、IDE 插座等接口，并通过快速 IDE 接口控制硬盘和光盘驱动器，通过 I/O 接口控制键盘、鼠标、打印机和软驱等外设，同时控制声卡、LAN 和 BIOS 固件等。有的芯片组的南桥还支持 ISA 扩展总线，可外接 ISA 总线设备，以兼容早期的微机的 ISA 插卡。所以，南桥又称为 I/O 控制中心（ICH4）。

8.2.3　多核微计算机

目前，多核微机的主流 CPU 为 4 核微处理器，其生产厂家很多，这里以技嘉主板 GA-Z77P-D3 为例，简单介绍多核微机的组成原理。

技嘉主板 GA-Z77P-D3 配置图在第 1 章中已有介绍，其原理框图如图 8-8 所示。

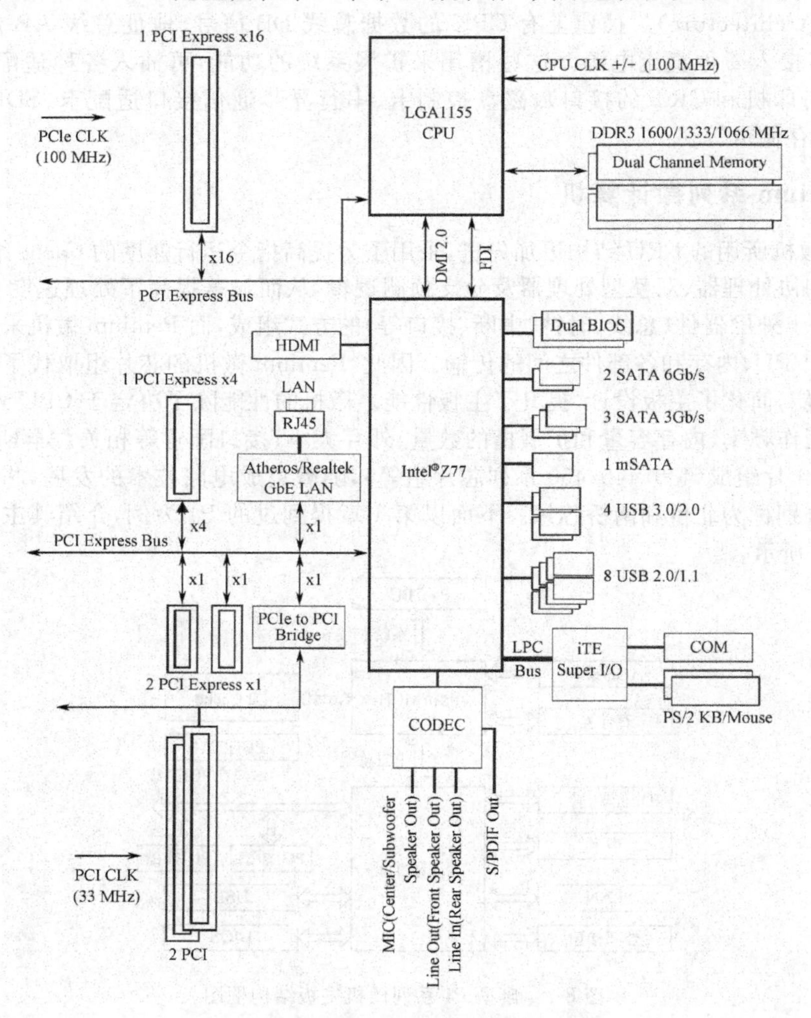

图 8-8　GA-Z77P-D3 主板原理框图

CPU 插座 LGA115 可支持从单核到 4 核的 CPU，包括单核的 Celeron（赛扬）、Pentium（奔腾）系列到双核 Core i3、4 核 Core i7 系列，适应范围宽。

主板上的芯片组采用 Intel 的 Z77 高速芯片组，集成了 Pentium 微机的南桥、北桥的功能，完全取代了 PC/XT 的各种辅助芯片，如 8237、8250、8255、8253、8259、8288 等，并通过各种总线，完成对外部接口、设备的连接与控制。

主板最多可配置 4 个 1.5V 的 DDR3 内存条，最高支持 32GB；支持双通道内存技术；支持 DDR3 1600/1333/1066MHz；支持 non-ECC 内存；支持 Extreme Memory Profile(XMP)内存。

主板具有可支持 1920×1200 分辨率的 HDMI 接口，也通过高性能的扩展 PCI 总线 PCI Express，取代 AGP，为高性能显卡提供更好的支持。

另外，主板也支持高性能音频输入输出、10/100/1000Mb/s 网口、6 个不同数据宽度的 PCI、6 个不同速率的 SATA 接口、4 个 USB 3.0/2.0 接口、8 个 USB 2.0/1.1 接口、PS/2、串口、音频等接口，可满足不同需要。

8.3 微处理器在测控系统中的应用

本节以一个实际例子，阐述微机对温度的测量和控制。温度的测量和控制在工业生产的各部门和科学研究的各领域中都具有十分重要的意义。下面以微机控制的热电偶自动检定系统为例，讨论微机在温度的测量和控制中的应用。

1. 热电偶检定系统的简介

热电偶是生产和科研中应用最广泛的测温元件，它在使用前或使用中都需要进行检定或校验，产品出厂前也要进行标定或定标。热电偶检定的目的是，核对标准热电偶的热电势－温度关系是否符合标准，或者确定非标准热电偶的热电势－温度的定标曲线，通过检定消除测量的系统误差。在对工业热电偶进行检定中，常用比较法。比较法是将被检定的热电偶与高一级的标准热电偶放在同一温度的介质中进行比较，并以标准热电偶的温度读数值为温度标准，确定非标准热电偶的热电势和温度的对应关系。提供均匀温度场的装置多为管状电炉（检定炉）。

微机控制的热电偶自动检定系统如图 8-9 所示，由微型计算机测控系统、检定炉、可控硅（SCR）及其触发电路、被检热电偶及其调理电路等组成。微型计算机系统由 8086 CPU、存储器（ROM 和 RAM）、A/D 转换器及 D/A 转换器、并行接口 8255、定时器/计数器 8253 及打印机等组成。

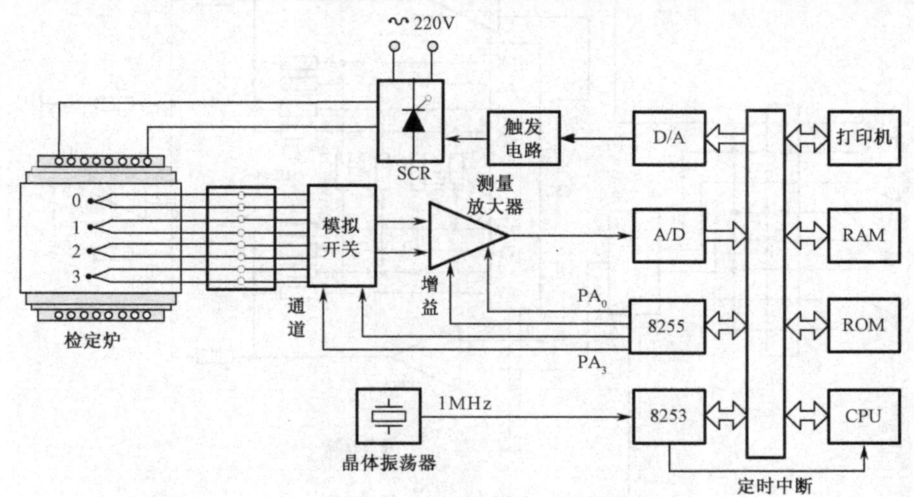

图 8-9　微机控制的热电偶自动检定系统

微型计算机在热电偶自动检定系统的主要作用如下：

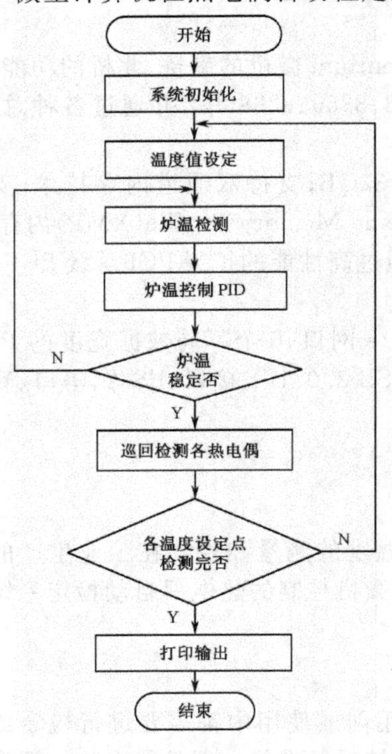

图 8-10　热电偶检定系统的工作流程图

① 对检定炉的温度进行控制，使炉温满足热电偶检定规程的要求，即按规程要求的设置值对炉温进行准确的控制。② 待炉温达到稳定的要求后，对多支热电偶的热电势值进行快速巡回测量，并对测得的热电势值进行计算，处理，获得被检定的热电偶的热电势－温度的曲线。③ 完成一个温度设定点的检测后，再转到下一个温度设定点，待全部温度点检测完后，再直接打印出检定结果。热电偶检定系统的工作过程如图 8-10 所示。

本系统检定热电偶采用微差法进行比较，把同型号的一只标准热电偶和若干只被检热电偶放在检定炉内进行比较：首先，检测标准热电偶的热电势，根据该热电势进行炉温的控制，检定的温度点可根据需要来设定。然后，测量被检热电偶的热电势 ux 与标准热电偶的电势 ur 微差值，$\Delta\mu=\Delta\mu r-\Delta\mu s\Delta u=\Delta u_r-\Delta u_x$。根据 $\Delta\mu s=\Delta\mu r-\Delta\mu\Delta\mu_x=\Delta\mu_r-\Delta u$ 计算出被检热电偶的热电势。

2. 热电偶检测系统的硬件设计

热电偶检定系统的硬件部分包括信号输入通道的温度检测传感器、模拟开关 S1、测量放大器、A/D 转换器；输出通道的 D/A 转换器、可控硅 SCR 及触发电路。此外，还有并行接口 8255 及定时器/计数器 8253 等外围接口电路。

(1) 通道选择(开关 S_1)

如图 8-11 所示，本系统的测量通道共 4 路，它们由模拟开关 S_1 选择。0 号通道(当 8255 的 PA_3、PA_2 为 00 时)用于测量标准热电偶的热电势 u_r，即用于测量检定炉的温度；1 号、2 号和 3 号通道(当 8255 的 PA_3、PA_2 分 01、10、11 时)分别用于测量标准热电偶与 1 号、2 号和 3 号受检热电偶之间的热电势差值 Δu_1、Δu_2 和 Δu_3。

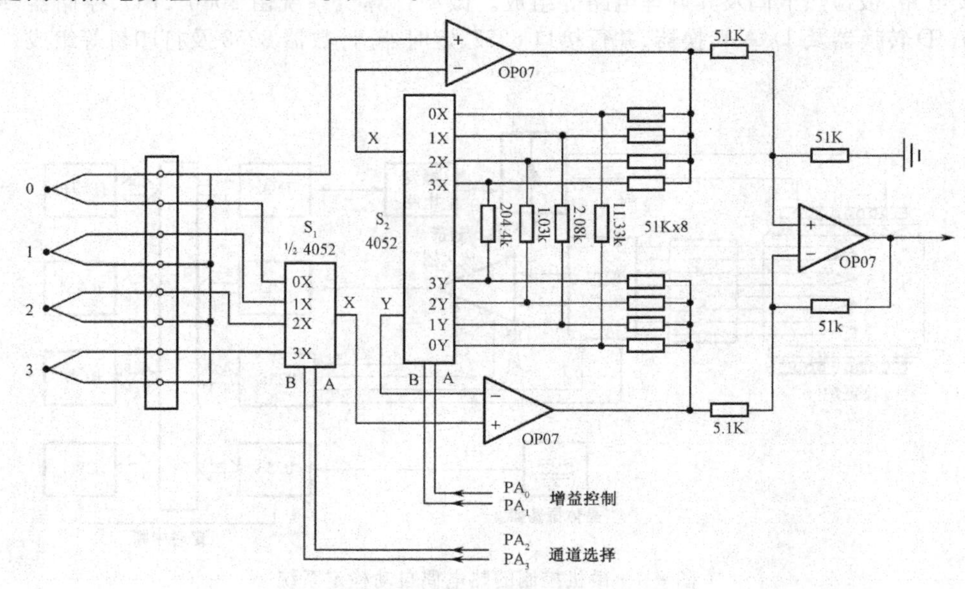

图 8-11　热电偶检定系统的输入通道

(2) 增益选择(开关 S_2)

增益程控的测量放大器由 3 个运算放大器 0P07 构成,如图 8-11 所示。它用于放大热电偶输出热电势或者放大热电势的差值。假定检定的热电偶为镍铬一镍硅热电偶(分度号为 K),其分度值表为表 8-5 所示。

表 8-5 镍镉一镍硅热电偶的热电势分度表(参考端为 0℃)

工作温度(℃)	0	100	200	300	400	500	600
热电势(℃)	0.000	4.095	8.137	12.207	16.395	20.640	24.902
工作温度(℃)	700	800	900	1000	1100	1200	1300
热电势(℃)	29.128	33.277	37.325	41.269	45.108	48.828	52.398

由表可见,当炉温在 0～1200℃范围内,热电偶的输出热电势在 0～50mV 范围以内。如果选用的 A/D 转换器的量程在 0～5V 范围内,则要求测量放大器的增益为

$$A_1=\frac{A/D\text{满度输入值}}{\text{输出热电偶值}}=\frac{5\text{V}}{50\text{mV}}=100$$

在标准热电偶与被检定热电偶进行比较时,假定两者的热电势的差值电压点的最大值 $\Delta u=\Delta u_r-\Delta u_x$,$\Delta\mu=\mu_r-\mu_x$ 在 0～±1mV 范围内,则要求测量热电势的差值时测量放大器的增益为

$$A_2=\frac{A/D\text{满度输入值}}{\text{热电势差值}}=\frac{5\text{V}}{1\text{mV}}=5000$$

测量放大器的增益设计为 4 档:100、500、1000、5000。计算机通过 8255 的 PA_0、PA_1 两条输出口线控制增益选择开关 S_2(CD4052),来控制测量放大器的增益。当测标准热电偶的热电势(即测炉温)时,增益选择为 100(PA_0、PA_1 为 00);当巡回测量各热电偶与标准热电偶热电势之差值时,增益选择为 5000(PA_0、PA_1 为 11)。

(3) A/D 及 D/A 转换器的选择

热电偶的热电势值是 mV 级的小直流电压。为了获得不低于 0.1%的检定精度,要求电压测量分辨力达 1μv,因此选择 A/D 转换器的分辨力不低于 16 位,而 D/A 转换器的分辨率为 12 位即可。

(4) 8255 与 8253 的设置

本系统使用并行 I/O 接口芯片 8255 的 PA 口作为通道选择(PA_3、PA_2)和增益控制(PA_1、PA_0)。PA 口的工作方式设置为方式 0,输出,CPU 通过对 8255 的 PA 口的操作进行通道和增益控制。

本系统使用定时器/计数器接口芯片 8253 的计数器 0 作为定时控制。计数器 0 设置为方式 0,CLK0 输入 1MHz 的标准时钟,设计定时时间为 50ms,即计数初值设置为 50000,当 8253 计数器从初值减法计数到 0 时,向 CPU 申请中断,即 8253 为系统提供 50ms 的定时中断。

3. 热电偶检定系统的软件设计

热电偶检定系统的工作大体上分为炉温控制和热电势的测量两个阶段,其工作过程如图 8-10所示。炉温的控制算法是整个软件设计的核心,本实例中使用了比例、积分、微分控制(简称 PID 控制)算法。在介绍本系统的主程序之前,先介绍炉温的 PID 控制技术。

(1) PID 控制

在热电偶检定中,检定炉温度在检定点的稳定程度对热电偶热电势的测量准确度影响很大,且检定炉温度达到稳定所需要的时间又决定了整个检定系统的工作效率。而检定炉温度稳定所需时间和稳定程度都取决于控制算法的选择及控制参数的整定。

① PID 控制算法

计算机控制系统可采用各种各样的控制算法，本系统使用一种应用最为广泛的 PID 控制，能满足相当多工业对象的控制要求，至今它仍是一种最基本的控制方式。一个典型的 PID 单回路控制系统原理如图 8-12 所示。E 为被控参数，R 为 E 的设定值，E 和 R 的偏差值为 $e=R-E$，计算机控制器对变量 e 执行 PID 算法，其输出为 V。

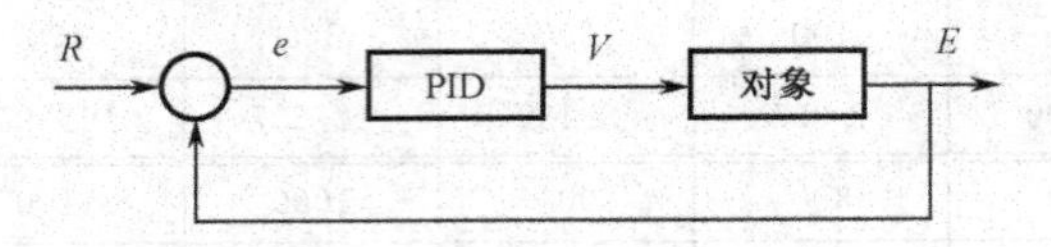

图 8-12　PID 单回路控制系统

检定炉保温性能好，外界干扰小，温度控制系统的采样周期 T_s 可取 1 秒。PID 控制由比例、积分、微分三个环节构成，数字 PID 控制的差分方程为

$$V(n) = K_p\{e(n) + \frac{T_s}{T_i}\sum_{i=0}^{0} e(i) + \frac{T_d}{T_s}[e(n) - e(n-1)]\}$$

$$= K_p e(n) + K_I\sum_{i=0}^{n} e(i) + K_d[e(n) - e(n-1)] \qquad (1)$$

式中：K_p—比例增益；T_s—采样周期；T_i—积分时间；T_d—微分时间；$K_i=K_p\frac{T_s}{T_i}$—积分系数；$Kd=K_p\frac{T_d}{T_s}$—微分系数；n —采样序号；$e(n)=R(n)-E(n)$—第 n 次采样的偏差值。

图 8-13 为实现 PID 算式(1)的程序流程图。我们采用微分型算式，由于在计算第一个周期时微分效果相当强，计算值容易超出界限。同时，积分项 $K_i\sum_{i=0}^{0} e(i)$ 也可能过大引起积分饱和。为了有效地防止上下限溢出，运算过程中采用了几次限制输出值的措施。

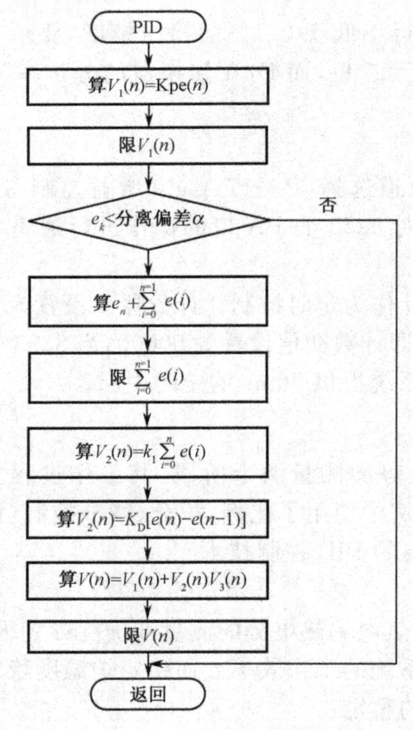

图 8-13　PID 运算的程序流程图

对于一个特定的被控对象来说，PID 控制的比例、积分、微分三个环节的控制作用要适当调整，即合理地选用 P、I、D 的参数对于获得最佳的控制效果十分重要。

② 参数整定

在检定炉温的控制中，控制目标是使检定炉温度在尽可能短的时间内稳定在给定值上，稳定时炉温变化不大于 。参数整定的指导思想是使炉温稳定要快，且尽量减小超调，减少振荡次数，最好能不超调地一次稳定在给定值附近。

检定炉大小不同、功率不同，其静态和动态特性都不一样，要准确写出每台炉子的传递函数，进而计算出对每台炉实现最优控制的 PID 参数，这是很困难的。因此，采用参数值估算和实验试凑相结合的整定方法。

(2)主程序

热电偶检定系统的工作过程如下：

① 计算机控制切换开关 S_1 接到标准热电偶，反映检定炉温度的标准热电偶的热电势值经放大、A/D 转换后，转换为数字量送入计算机。

② 计算机根据测量的标准热电偶的热电势值和存放在 RAM 中的检定点给定值之间的偏差值进行 PID 运算。

③ 把 PID 运算的结果输出，经 D/A 转换器和 SCR 触发电路，改变可控硅 SCR 的导通角，调节检定炉电阻丝的加热电流，对炉温进行控制。同时，计算机通过对标准热电偶的热电势值不断进行检测，判断炉温量是否已经稳定。

④ 炉温稳定程度达到检定规程要求后，计算机控制切换开关 S_1 顺序动作，依次测量到各支被检定的热电偶的热电势值，并存入存储器。

⑤ 测试完成后，计算机取入下一个温度检定点的设定值，修改控制参数，开始下一个温程的升温，重复前面的过程，直到检定完全部的温度检定点为止。

主程序流程图如图 8-14 所示。在检定系统中，采样周期 T_S 选为 1 秒，1 秒的定时由定时器 8253 芯片来控制。

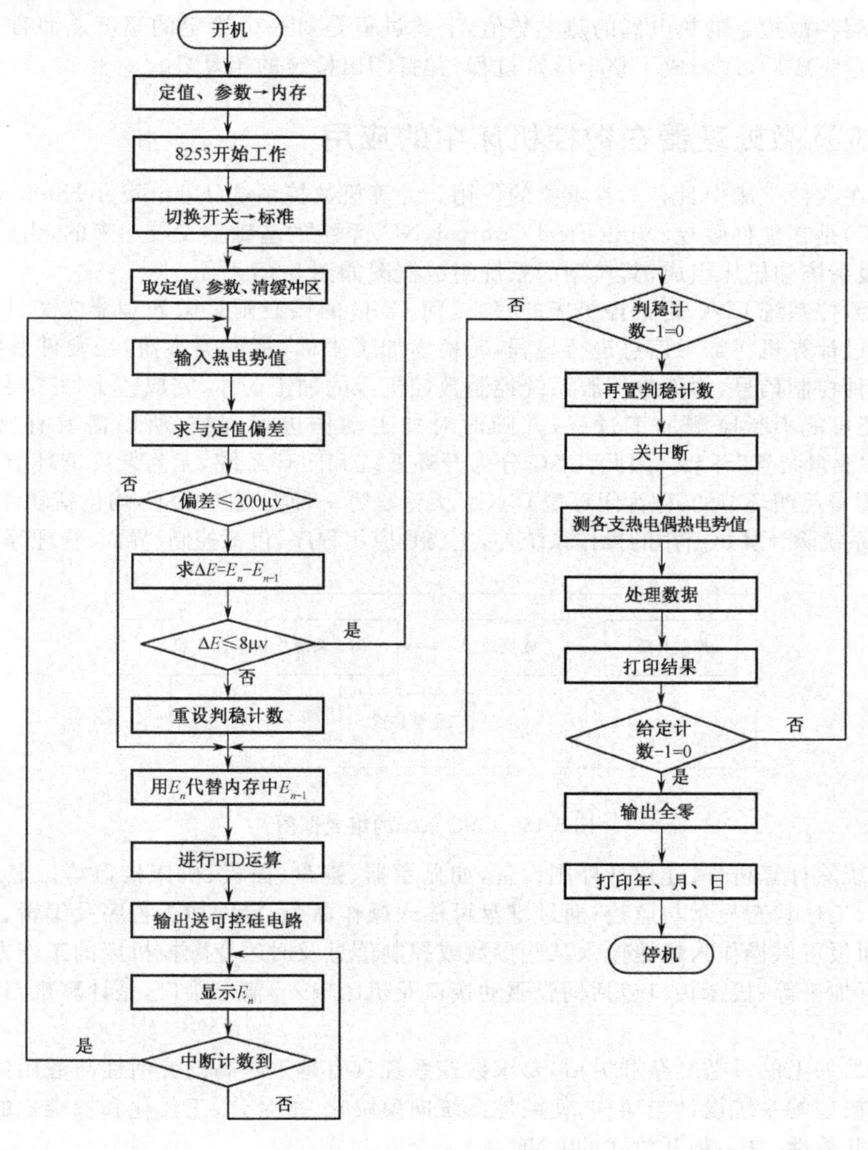

图 8-14　主程序流程图

程序开始执行后，8253 每隔约 50ms 发出一个中断申请，而中断服务程序只有中断计数的作用。欲使采样周期为 1 秒，软件必须设一个中断计数器，计数器初始值设置为 20。让 8253 申请一次中断，计数器减 1，直到中断计数器为零，表明 1 秒钟到，执行一次 PID 采样与控制。从整个主程序看，大部分时间在显示输入的热电势值 E_n，在这个显示 E_n 的循环程序中等待定时器中断。

图 8-14 中的偏差是指给定值与输入值之差。由于检定时要求偏差不超过 ±200μV（±5℃），所以程序中设置了偏差检验。只有偏差满足要求时，才对炉温进行判稳。否则，要继续进行 PID 调整。

炉温稳定的要求是，炉温每分钟的变换不超过 ±0.2℃。对于工业用镍铬-镍硅热电偶（分度号为 K）来说，就是输入与参数的差值连续 60 次（即 1 分钟）不超过 ±8μV，因此程序中设置了一判稳计数。若输入与参数的差值不满足要求，则把这次的输入作为参数存入，并再置判稳计数，重新进行 PID 调节。如果连续 60 次采样与参数的差值都满足要求，则说明炉温已经稳定，便可开始巡回检测各被检定的热电偶的热电势值，上述过程是对一个给定的温度点而言。必须把全部给定点检定完成后，才完成了整个检定过程，并打印出检定的年月日。

8.4 微机及微处理器在数控机床中的应用

计算机在数控机床中具有非常重要的作用。计算机数控系统（Computer Numerical Control system，CNC）是在硬件数控（Numerical Control，NC）系统的基础上发展起来的，由控制介质、数控装置、伺服系统和机床组成，其典型的系统组成框图如图 8-15 所示。

计算机数控系统 CNC 是数控机床的核心，而 CNC 的核心则是微处理器或微计算机，其功能是首先通过计算机将加工信息进行编程，转换为加工坐标、精度等参数，经硬件系统转换为加工所需的各种控制信号，再通过伺服系统控制数控机床的加工动作，完成整个加工要求。在加工的过程中，还可能不断监测加工过程，并随时对加工动作进行调整，所以需要有反馈通道，即图 8-15中的“测量装置”环节。因此，CNC 分为开环系统和闭环系统，无测量反馈环节的称为开环型 CNC；有测量反馈环节的，称为闭环型 CNC。无论是哪一种类型的 CNC，均包括软件系统和硬件系统。软件系统除计算机所用的操作系统外，主要是应用程序，包括控制、界面、管理等功能。

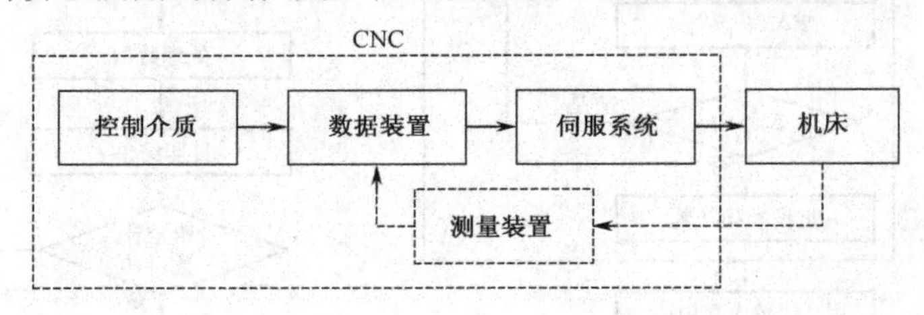

图 8-15 CNC 系统的组成框图

硬件系统除计算机外，还包括外围设备，如显示器、键盘、面板、机床接口等。显示器用于编程内容显示、工作状态显示与监控；通过键盘可输入操作命令、零件加工程序及编辑、修改加工程序等；操作面板可供操作人快捷输入某些参数或控制信息及时改变数控机床的工作方式、输入设定数据、运行加工等；机床接口包括伺服驱动接口及机床输入/输出接口，是计算机与机床的信号中转部件。

随着产品加工的日益复杂和灵活，要求数控系统具有越来越高的灵活性与通用性，因此必须建立新的开放型的系统设计与架构，使数控系统向模块化、平台化、工具化和标准化的方向发展，即要求具有开放性，是一种开放式的 CNC。

下面简要介绍开放式 CNC 的硬件组成。

1. 基于 PC 的有限开放 CNC

这种 CNC 大多通过改造原有 CNC 系统的接口，使 CNC 系统能与 CNC 互连，由 CNC 承担 CNC 人机界面功能，原来的 CNC 系统不做结构上的根本改变，这一形式综合了 PC 和原来 CNC 系统的特点，构成了一种有限开放的 CNC 系统。具体有 PC 连接型 CNC 和 PC 内藏型 CNC。

① PC 连接型 CNC：将现有 CNC 与 PC 用串行线直接相连而构成的。其特点是易于实现，已有 CNC 几乎可以不加改动就可以应用，如图 8-16 所示。如采用低速的串行线互连，系统的响应速度会受到影响。

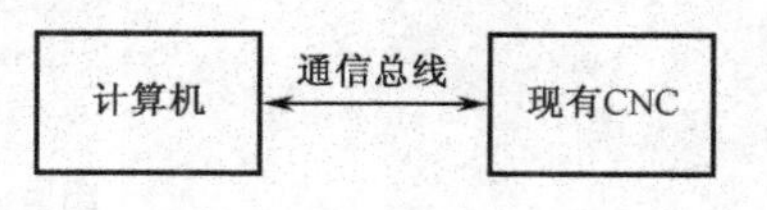

图 8-16　PC 连接型 CNC

这种结构的 PC 主要完成人机交互功能，它可由用户提供，内存大小及软件、硬件可任由用户配置，对 CNC 的性能、可靠性和功能都无影响。

② PC 内藏型 CNC：指在 CNC 内部加装 PC，PC 与 CNC 之间用专用总线连接。这种结构除保持原有 CNC 的性能、可靠性和功能外，还具有数据传送快、系统响应快的特点。GE-FANUC 的工作站型 CNC 系统采用了这一结构，如图 8-17 所示。

这种结构是在 GE-FANUC 的高速串行总线 CNC 和集成工作站这两种系统的原有结构基础上，加上 CNC 的主机板及相应的外设，构成一种多 CPU 的 CNC 内藏型 CNC 系统。此系统在硬件上把集成工作站、CNC、PLC 集成在一个机架内，可通过总线转换器提供 3 个 ISA 总线扩展槽作为扩展硬件使用，将 32 位的 CPU(Intel486Dx250MHz)与 CNC 和 PLC 相连，CNC 与 32 位 CPU 通过电子开关切换共用的显示器和键盘。而在功能上，PC 只承担人机界面(含编程)、大容量存储(程序、文件等)和通信，但不直接控制机床(仍由原 CNC 担任)。这种方式因不需要将数控功能移植到 PC 上而具有一定的开放性。

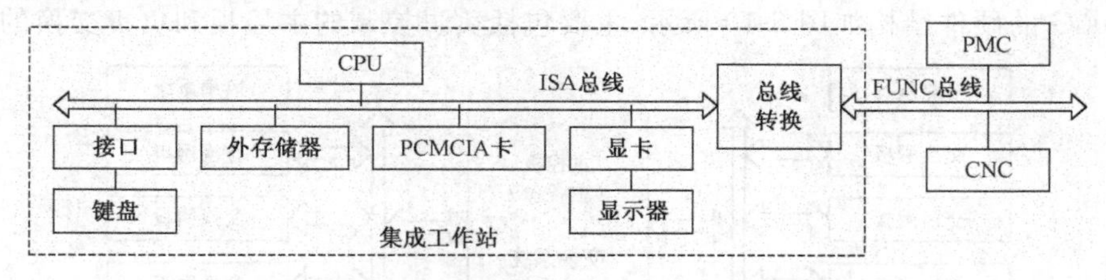

图 8-17　基于集成工作站的 PC 内藏型 CNC

2. 基于 PC 的可开放 CNC

下面简单介绍基于 WINCE. net 的开放式数控系统实现方案。

系统包括一台 WINCE. net 的嵌入式计算机(联想 IPC800A 工控机)、外加功能模块组成。WinCE. net 支持广泛的硬件平台和外部设备，因此可以较方便地为开放式数控系统组建基于 WinCE. net 的硬件平台。数控系统借助于各种插接到总线插槽的数控模板、接口模板完成系统功能。软件上一般是定时往某一数控模块的某一地址写入数据或读取数据。车床控制单元采用的是美国 Delta tau Data systems 公司的 PMAC(Programmable Multi-Axis Controller)多轴运动控制卡。系统硬件组成如图 8-18 所示。

由加工信号通过操作面板输入到 I/O 接口后，进入工控机 IPC800A，转换为控制命令然后将命令输入到 PMAC 卡，转换为加工时车床的各种控制信号、再控制伺服电机的运行，进行加工。为保证加工进度，需随时对加工结果、车床工作状态进行监控，各种监控信号通过位置反馈模块、机床开关量 I/O 模块反馈给 PMAC 卡，PMAC 卡再对加工参数进行修正，从而完成整个加工任务。

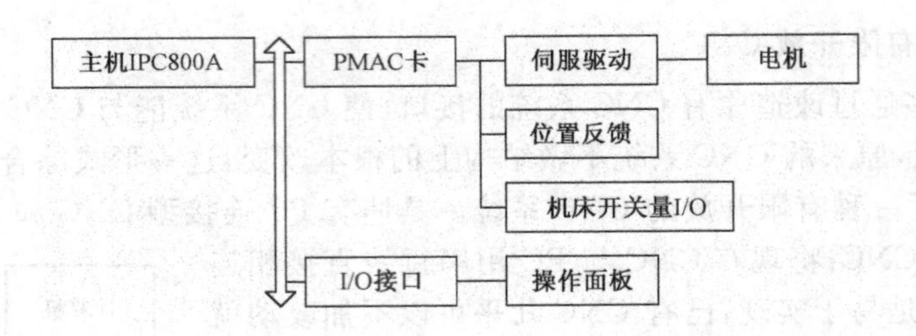

图 8-18　基于 WINCE.net 的开放式数控系统组成

8.5　微处理器及微机在计算机网络中的应用

计算机网络是计算机技术的一个重大发展，已深入各行各业，发挥着日益重要的作用，为人们提供丰富、完善的服务。计算机网络形态各异、结构复杂，但都离不开一些关键的设备，如交换机、服务器、路由器、调制解调器、网关、计算机终端、打印机终端等。通过计算机网络，使人们能够充分享受信息交互、信息共享、设备共用等便利。计算机网络中的各种设备，均以计算机技术为基础，下面以几种关键的网络设备为例，介绍计算机及微处理器在计算机网络中的应用。

1. 微处理器在交换机中的应用

在计算机网络中，随着网络规模的不断增加、网络结构日益复杂。如在校园网中，除本地网络外，还可通过宽带接入网交换机与互联网、专网等各种网络互连，实现更大范围内的信息共享。

华为 MA5200G 就是计算机网络中典型的宽带接入网交换机。

(1)MA5200G 硬件结构

MA5200G 的硬件结构如图 8-19 所示，主要包括负责控制的主控板和负责交换的交换网板。

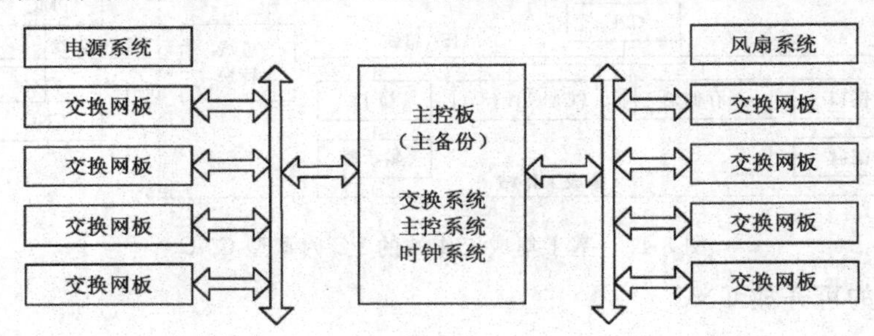

图 8-19　MA5200G 的硬件结构

(2)主控板

主控板包括主控 CPU、交换系统和时钟系统，不包含交换网板。主控 CPU 完成系统管理和路由、业务处理功能；时钟系统向各业务板和下游设备提供 2 路 2.048MHz 同步时钟信号，支持满足 G.703 建议要求的外部定时和线路恢复定时，达到三级时钟标准。

(3)交换网板

交换网板内部结构如图 8-20 所示。

图 8-20　交换网板内部结构

交换网板采用“转发和控制分离”的构架，由 CPU 系统、NP(Network Processor)系统和线路接口系统构成。CPU 系统管理各线路接口模块，处理接入协议，与主控板共同完成用户的接入认证处理，并且控制 NP 系统处理用户业务。NP 系统的核心是网络处理器，对用户数据报文进行策略处理，查找 FIB(Forward Information Base，转发信息库)进行转发。

2. 微处理器在服务器中的应用

服务器是在计算机网络中为网络设备提供服务的计算机系统。所以，服务器实际上就是高性能的计算机。相对于普通微机而言，服务器具有更高的稳定性、安全性、运算能力，在 CPU、芯片组、存储器等方面，均有较大不同。表 8-6 是典型的联想服务器 5B20 和 5C20 的主要技术指标。

表 8-6　联想 5B20、5C20 服务器主要技术指标

	5B20	5C20
处理器(2P)	2 颗英特尔®至强 TM 处理器 EM64T 2.8GHz；800MHz 前端总线，支持 64 位扩展技术	英特尔®至强 TM 处理器 EM64T 2.8GHz～3.2GHz 或更高主频，800MHz 前端总线，支持 64 位扩展技术
前端总线	800MHz	800MHz
支持的最大内存	Registered ECC，DDR333 内存，4×DIMM，2×Channel 总容量最大 8GB	Registered ECC，DDR333 内存，6×DIMM，2×Channel
驱动器控制器	主板集成 Lsilogic(LSI53C1030) SCSI RAID 1	主板集成双通道 Ultra320 SCSI 控制器 LSI MPT SCSI 芯片
网卡	双口千兆 Intel 以太网络芯片	双口千兆 Intel 以太网络芯片
硬盘驱动器位	最大内部存储：584GB SCSI (4×146GB)；2 个 PCI-X 插槽	系统支持 6 个硬盘架位；支持 6 个 36GB/73GB/146GB U320 热插拔 SCSI 硬盘
主机高度	标准 1U	标准 2U

因此，可以认为，服务器是性能更好的计算机。

3. 微处理器在路由器/调制解调器中的应用

ADSL/Cable 路由器/调制解调器是企业或家庭的小型局域网或互联网接入应用的最佳选择，申请了 ADSL 上网后，将 ADSL Modem 的以太网接口连接至 ADSL 路由器的 WAN(广域网)接口，再将 ADSL 路由器的 LAN(局域网)接口连接到集线器或交换机或直接接电脑即可。

下面以典型的 ADSL/Cable 路由器/调制解调器 EA-2204 为例，简要介绍其硬件结构。

EA-2204 的内部构造如图 8-21 所示，EA-2204 核心是 ARM7(Advanced RISC Machines)微处理器，通过系统总线连接 FLASH 和 SDRAM，路由器上电后，CPU 从 FLASH 中读取程序和配置数据进行初始化，SDRAM 为程序运行和数据处理提供临时存储空间。CPU 复位电路在系统上电或电源异常又恢复时使 CPU 自动复位，用户在必要时可通过按后面板上的复位开关来使 CPU 复位。CPU 控制广域以太网控制芯片，通过一个 RJ-45 接口或 RS-232 接口，连接国际互联网来处理数据。一个 4 端口交换控制器，通过 4 个 RJ-45 连接局域网集线器、交换机或连接计算机，直接进行数据交换或通过 CPU 控制与广域网连接进行数据处理。

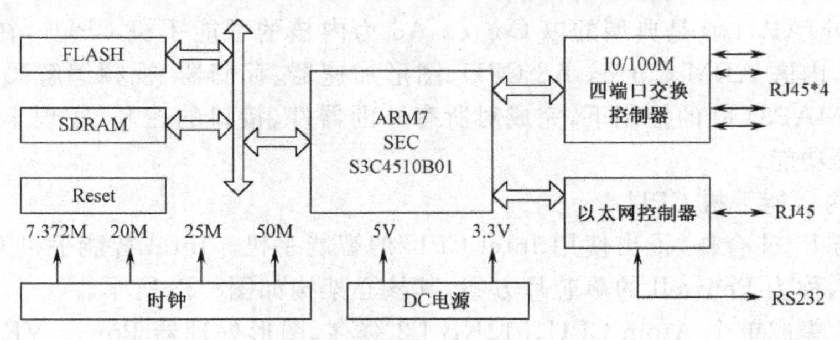

图 8-21　EA－2204 内部结构

在计算机网络中，除了以上介绍的常用网络设备外，还有大量的网络终端设备，如工作站。工作站分为有盘工作站和无盘工作站。有盘工作站可采用普通微机承担；无盘工作站不配备硬盘，具有更高的可靠性。工作站与普通微机基本相同，不再赘述。

8.6 SoC 在手机中的应用

随着计算机技术的发展，计算机技术越来越多地应用于移动终端，大规模提升移动终端性能也逐渐成为现实。现在最大的移动终端市场当属手机，因此手机功能越来越丰富、强大，与微机的界限越来越模糊，成为移动通信与计算机相互融合的应用典型。

近年来，随着嵌入式技术的发展，智能手机迅速占领了全球手机市场。它们结合照相手机、个人数码助理、媒体播放器以及无线通信等众多功能于一体，极大满足了人们对手机的需求，其中以 Intel 的移动 SoC 处理器为基础的手机终端及以 ARM 处理器为基础的苹果手机终端更是嵌入式手机中的佼佼者，占领者世界智能手机的制高点。

1. 智能手机 CPU

智能手机 CPU 主要生产厂商有德州仪器(TI)、三星(Samsung)、苹果(Apple)、Intel 等，主要分为 ARM 架构和 Intel 的 X86 架构，均有相应的手机厂家使用，并推出智能手机。

(1)ARM 架构智能手机 CPU

采用 ARM 架构 CPU 的智能手机是目前智能手机的主流，如苹果、摩托罗拉等智能手机，均是计算机技术与通信融合的成功案例。

苹果的 iPhone 系列的智能手机所使用的 CPU 均是以 ARM 为内核，如 iPhone 3GS 的 CPU 选用的是 Samsung S5PC100 芯片，其内核是 ARM Cortex-A8。ARM Cortex-A8 的内部结构框图如图 8-22 所示。

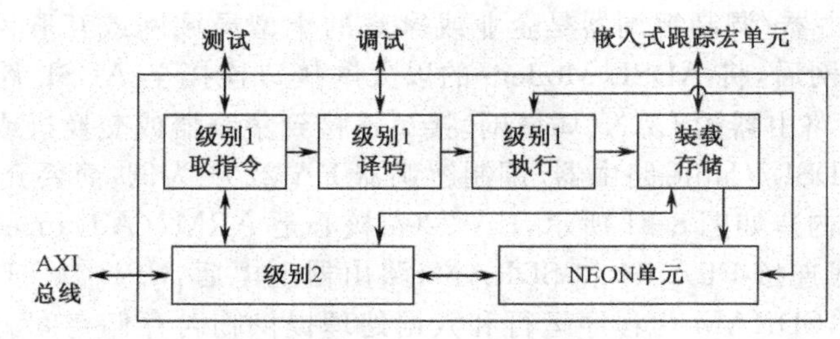

图 8-22　Cortex A8 内部结构框图

ARM Cortex-A8 处理器基于 ARMv7 体系结构，能够将速度从 600MHz 提高 1GHz 以上。Cortex-A8 处理器可以满足需要在 300mW 以下运行的移动设备的功率优化要求；以及需要高速运算性能的消费类应用领域的要求。

TI 生产的 OMAP3430 是典型的以 Cortex A8 为内核的智能手机 CPU。在以 OMAP3430 为核心的手机中，内嵌 ARM Cortex A8 CPU、图形加速器、存储器、视频编解码、各种接口空盒子单元等。在 OMAP3430 的控制下，完成对所有外围器件、接口的控制，实现丰富的通信、数据处理、信息交换等功能。

(2)Intel 架构智能手机 CPU

目前，联想与 Intel 合作，推出使用 Intel CPU 的智能手机。Intel 智能手机 CPU 是以 Medfield 平台为核心、称为 Penwell 的单芯片方案，其核心架构如图8-23 所示。

该移动 CPU 集成单个 Atom CPU、512KB L2 缓存、图形处理器 Power VR SGX 540 GPU 和双通道 LPDDR2 内存控制器，工作频率 1.6GHz，具有强大的视频编解码及显示处理功能，功能完善,性能优越。

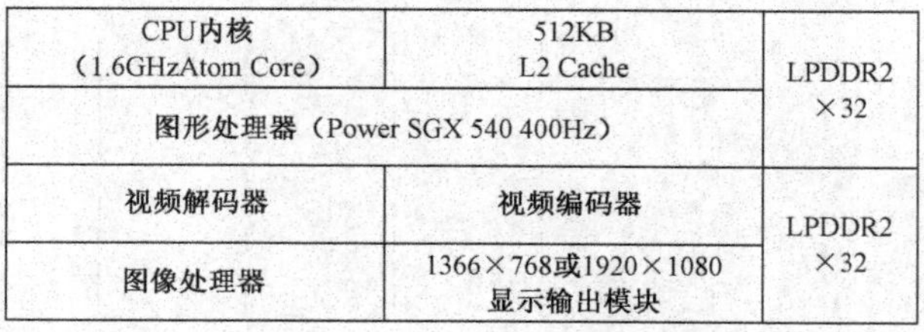

CPU内核
(1.6GHzAtom Core)
512KB
L2 Cache
LPDDR2
×32
图形处理器(Power SGX 540 400Hz)
视频解码器
视频编码器
LPDDR2
×32
图像处理器
1366×768或1920×1080
显示输出模块

图 8-23 Penwell 核心架构

2. 智能手机硬件平台

不同 CPU 的智能手机的硬件平台基本相同,如 iPhone 3GS 的硬件结构如图 8-24 所示:

16GB
NAND
NOR
SRAM
256MB
SDRAM
电池
功放
模块
射频
收发模块
数字基带
处理器
应用处理器
三星S5PC100
电源管理
USB
等接口
麦克风
扬声器
GPS
模块
WiFi
蓝牙模块
摄像头
触摸屏
控制器

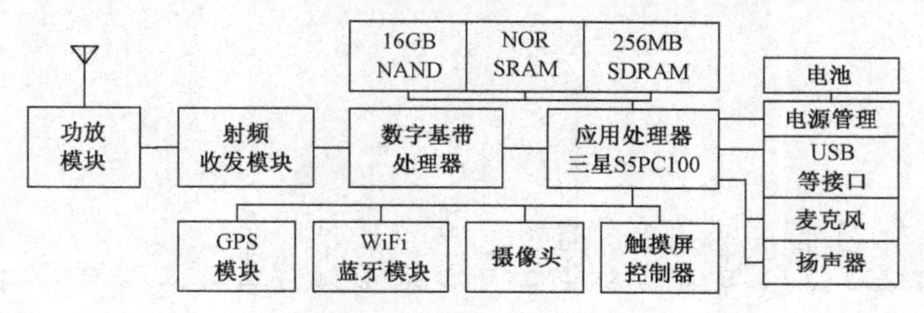

图 8-24 iPhone 3GS 硬件结构

iPhone 3GS 硬件结构图中中间两个芯片是其核心,右边的是应用程序处理器 CPU 三星 S5PC100,左边的是基带处理器。iPhone 3GS 使用的 CPU 是英飞凌(Infineon)的芯片。硬件结构中,除 CPU 核心外,还包括 LCD,相机、扬声器、话筒等,都围绕 CPU 芯片这个核心布局连线。在 CPU 芯片内部,内核是关键。

习 题 8

8-1 微机系统总线层次化结构是怎样的?系统总线的作用是什么?

8-2 试比较适用于 80x86 系列微机的并行总线的主要性能?

8-3 PCI 局部总线信号分哪两大类?其主要作用是什么?

8-4 什么是 USB 总线?它有哪些特点?可作为哪些设备的接口?

8-5 USB 系统的组成部分包括哪些?试述其作用。

8-6 USB 的数据传输类型有哪些?试举例说明其应用的设备。

附录A 8086/8088指令系统一览表

类型	助记符	汇编语言格式	功能	操作数	时钟周期数	字节数	标志位 O D I T S Z A P C
一、数据传送类	MOV	MOV. dst,src	(dst)←(src)	mem,ac	10	3	———————
				ac,mem	10	3	
				reg,reg	2	2	
				reg,mem	8+EA	2—4	
				mem,reg	9+EA	2—4	
				reg,data	4	2—3	
				mem,data	10+EA	3—6	
				segreg,reg	2	2	
				segreg,mem	8+EA	2—4	
				reg,segreg	2	2	
				mem,segreg	9+EA	2—4	
	PUSH	PUSH src	(SP)←(SP)−2	reg	11	1	———————
			((SP)+1,(SP))←(src)	segreg	10	1	
				mem	16+EA	2—4	
	POP	POP dst	(dst)←((SP)+1,(SP))	reg	8	1	———————
			(SP)←(SP)+2	segreg	8	1	
				mem	17+EA	2—4	
	XCHG	XCHG opr1,opr2	(opr1)←(opr2)	reg,ac	3	1	———————
				reg,mem	17+EA	2—4	
				reg,reg	4	2	
	IN	IN ac,port	(ac)←(port)		10	2	———————
		IN ac,DX	(ac)←((DX))		8	1	
	OUT	OUT port,ac	(port)←(ac)		10	2	———————
		OUT DX,ac	((DX))←(ac)		8	1	
	XLAT	XLAT			11	1	———————
	LEA	LEA reg,src	(reg)←src	reg,mem	2+EA	2—4	———————
	LDS	LDS reg,src	(reg)←src	reg,mem	16+EA	2—4	———————
			(DS)←(src+2)				

注：符号说明如下：0——置0；1—置1；x——根据结果设置；-——不影响；u——无定义；r——恢复原先保存的值。

续表

类型	助记符	汇编语言格式	功能	操作数	时钟周期数	字节数	标志位 O D I T S Z A P C
	LES	LES reg,src	(reg)←(src) (ES)←(src+2)	reg,mem	16+EA	2—4	—————————
	LAHF	LAHF	(AH)←(PSW 低字节)		4	1	—————————
	SAHF	SAHF	(PSW 低字节)←AH		4	1	———— r r r r r
	PUSHF	PUSHF	(SP)←(SP)—2 ((SP)+1,((SP))←(PSW)		10	1	—————————
	POPF	POPF	(PSW)←((SP)+1,(SP)) (SP)←(SP)+2		8	1	r r r r r r r r r
二、算术运算类	ADD	ADD dst,src	(dst)←(src)+(dst)	reg,reg	3	2	x——— x x x x x
				reg,mem	9+EA	2—4	
				mem,reg	16+EA	2—4	
				reg,data	4	3—4	
				mem,data	17+EA	3—6	
				ac,data	4	2—3	
	ADC	ADC dst,src	(dst)←(src)+(dst)+CF	reg,reg	3	2	x——— x x x x x
				reg,mem	9+EA	2—4	
				mem,reg	16+EA	2—4	
				reg,data	4	3—4	
				mem,data	17+EA	3—6	
				ac,data	4	2—3	
	INC	INC	(opr)←(opr)+1	reg	2—3	1—2	x——— x x x x —
				reg,reg	15+EA	2—4	
	SUB	SUB dst,src	(dst)←(dst)−(src)	reg,reg	3	2	x——— x x x x x
				reg,men	9+EA	2—4	
				men,reg	16+EA	2—4	
				ac,data	4	2—3	
				reg,data	4	3—4	
				men,data	17+EA	3—6	
	SBB	SBB dst,src	(dst)←(dst)−(src)−CF	reg,reg	3	3	x——— x x x x x
				reg,mem	9+EA	2—4	
				mem,reg	16+EA	2—4	

续表

类型	助记符	汇编语言格式	功能	操作数	时钟周期数	字节数	标志位 O D I T S Z A P
				ac,data	4	2—3	
				reg,data	4	3—4	
				mem,data	17+EA	3—6	
	DEC	DEC opr	(opr)←(opr)−1	reg	2—3	1—2	x— — — x x x x —
				mem	15+EA	2—4	
	NEG	NEG opr	(opr)←−(opr)	reg	3	2	x— — — x x x x x
				mem	16+EA	2—4	
	CMP	CMP opr1,opr2	(opr1)−(opr2)	reg,reg	3	2	x— — — x x x x x
				reg,mem	9+EA	2—4	
				mem,reg	9+EA	2—4	
				reg,data	4	3—4	
				mem,data	10+EA	3—6	
				ac,data	4	2—3	
	MUL	MUL src	(AX)←(AL) * (src)	8 位 reg	70—77	2	x— — — u u u u x
				8 位 mem	(76—83)+EA	2—4	
			(DX,AX)←(AX) * (src)	16 位 reg	118—133	2	
				16 位 mem	(124—139)+EA	2—4	
	IMUL	IMUL src	(AX)←(AL) * (src)	8 位 reg	80—98	2	x— — — u u u u x
				8 位 mem	(86—104)+EA	2—4	
			(DX,AX)←(AX) * (src)	16 位 reg	128—154	2	
				16 位 mem	(134—160)+EA	2—4	
	DIV	DIV src	(AL)←(AX)/(src)的商	8 位 reg	80—90	2	x— — — u u u u u
			(AH)←(AX)/(src)的余数	8 位 mem	(86—96)+EA	2—4	
			(AX)←(DX,AX)/(src)的商	16 位 reg	144—162	2	
			(DX)←(DX,AX)/(src)的余数	16 位 mem	(150—168)+EA	2—4	
	IDIV	IDIV src	(AL)←(AX)/(src)的商	8 位 reg	101—112	2	x— — — u u u u u
			(AH)←(AX)/(src)的余数	8 位 mem	(107—118)+EA	2—4	
			(AX)←(DX,AX)/(src)的商	16 位 reg	165—184	2	
			(DX)←(DX,AX)/(src)的余数	16 位 mem	(171—190)+EA	2—4	
	DAA	DAA	(AL)←把 AL 中的和调整到压缩的 BCD 格式		4	1	u— — — x x x x x
	DAS	DAS	(AL)←把 AL 中的差调整到压缩的 BCD 格式		4	1	u— — — x x x x x
	AAA	AAA	(AL)←把 AL 中的和调整到非压缩的 BCD 格式		4	1	u— — — u u x u x

续表

类型	助记符	汇编语言格式	功能	操作数	时钟周期数	字节数	标志位 O D I T S Z A P C
	AAS	AAS	(AH)←(AH)+调整产生的进位值 (AL)←把 AL 中的差调整到非压缩的 BCD 格式		4	1	u— — — u u x u x
	AAM	AAM	(AH)←(AH)−调整产生的借位值 (AX)←把 AX 中的积调整到非压缩的 BCD 格式		83	2	u— — — x x u x u
	AAD	AAD	(AL)←10 * (AH)+(AL) (AH)←0 实现除法的非压缩的 BCD 调整		60	2	u— — — x x u x u
三、逻辑运算与移位类	AND	AND dst,src	(dst)←(dst) ∧ (src)	reg,reg	3	2	0— — — x x u x 0
				reg,mem	9+EA	2−4	
				mem,reg	16+EA	2−4	
				reg,data	4	3−4	
				mem,data	17+EA	3−6	
				ac,data	4	2−3	
	OR	OR dst,src	(dst)←(dst) ∨ (src)	reg,reg	3	2	0— — — x x u x 0
				reg,mem	9+EA	2−4	
				mem,reg	16+EA	2−4	
				ac,data	4	2−3	
				reg,data	4	3−4	
				mem,data	17+EA	3−6	
	NOT	NOT opr	(opr)←$\overline{(opr)}$	reg	3	2	— — — — — — — — —
				mem	16+EA	2−4	
	XOR	XOR dst,src	(dst)←(dst) ∀ (src)	reg,reg	3	2	0— — — x x u x 0
				reg,mem	9+EA	2−4	
				mem,reg	16+EA	2−4	
				ac,data	4	2−3	
				reg,data	4	3−4	
				mem,data	17+EA	3−6	
	TEST	TEST opr1,opr2	(opr1) ∧ (opr2)	reg,reg	3	2	0— — — x x u x 0
				reg,mem	9+EA	2−4	
				ac,data	4	2−3	

续表

类型	助记符	汇编语言格式	功能	操作数	时钟周期数	字节数	标志位 O D I T S Z A P C
				reg,data	5	3—4	
				mem,data	11+EA	3—6	
	SHL	SHL opr,1	逻辑左移	reg	2	2	x — — — x x u x x
				mem	15+EA	2—4	
		SHL opr,CL		reg	8+4/位	2	
				mem	20+EA+4/位	2—4	
	SAL	SAL opr,1	算术左移	reg	2	2	x — — — x x u x x
				mem	15+EA	2—4	
		SHL opr,CL		reg	8+4/位	2	
				mem	20+EA+4/位	2—4	
	SHR	SHR opr,1	逻辑右移	reg	2	2	x — — — x x u x x
				mem	15+EA	2—4	
		SHR opr,CL		reg	8+4/位	2	
				mem	20+EA+4/位	2—4	
	SAR	SAR opr,1	算术右移	reg	2	2	x — — — x x u x x
				mem	15+EA	2—4	
		SAR opr,CL		reg	8+4/位	2	
				mem	20+EA+4/位	2—4	
	ROL	ROL opr,1	循环左移	reg	2	2	x — — — — — — — x
				mem	15+EA	2—4	
		ROL opr,CL		reg	8+4/位	2	
				mem	20+EA+4/位	2—4	
	ROR	ROR opr,1	循环右移	reg	2	2	x — — — — — — — x
				mem	15+EA	2—4	
		ROR opr,CL		reg	8+4/位	2	
				mem	20+EA+4/位	2—4	
	RCL	RCL opr,1	带进位循环左移	reg	2	2	x — — — — — — — x
				mem	15+EA	2—4	
		RCL opr,CL		reg	8+4/位	2	
				mem	20+EA+4/位	2—4	
	RCR	RCR opr,1	带进位循环右移	reg	2	2	x — — — — — — — x
				mem	15+EA	2—4	
		RCR opr,CL		reg	8+4/位	2	
				mem	20+EA+4/位	2—4	

类型	助记符	汇编语言格式	功能	操作数	时钟周期数	字节数	标志位 O D I T S Z A P C
四、串操作类	MOVS	MOVSB	((DI)←(SI))		不重复:18	1	—————————
		MOVSW	(SI)←(SI)±1 或 2		重复:9+17/rep		
			(DI)←(DI)±1 或 2				
	STOS	STOSB	((DI))←(AC)		不重复:11	1	—————————
		STOSW	(DI)←(DI)±1 或 2		重复:9+10/rep		
	LODS	LODSB	(AC)←((SI))		不重复:12	1	—————————
		LODSW	(SI)←(SI)±1 或 2		重复:9+13/rep		
	REP	REP string primitive	当(CX)=0,退出重复;否则 (CX)←(CX)−1,执行其后的串指令		2	1	—————————
	CMPS	CMPSB	((SI))−((DI))		不重复:22	1	x———x x x x x
		CMPSW	(SI)←(SI)±1 或 2		重复:9+22/rep		
			(DI)←(SI)±1 或 2				
	SCAS	SCASB	(AC)−((DI))		不重复:15	1	x———x x x x x
		SCASW	(DI)←(DI)±1 或 2		重复:9+15/rep		
	REPE 或 REPZ	REPE/REPZ string primitive	当(CX)=0 或 ZF=0 退出重复;否则, (CX)←(CX)−1,执行其后的串指令		2	1	—————————
	REPNE 或 REPNZ	REPNE/REPNZ string primitive	当(CX)=0 或 ZF=1 退出重复;否则, (CX)←(CX)−1,执行其后的串指令		2	1	—————————
五、控制转移类	JMP	JMP short opr	无条件转移		15	2	—————————
		JMP near ptr opr			15	3	
		JMP far ptr opr			15	5	
		JMP word ptr opr		reg	11	2	
				mem	18+EA	2−4	
		JMP dword ptr opr			24+EA	2−4	
	JZ 或 JE	JZ/JE opr	ZF=1 则转移		16/4	2	—————————
	JNZ 或 JNE	JNZ/JNE opr	ZF=0 则转移		16/4	2	—————————
	JS	JS opr	SF=1 则转移		16/4	2	—————————
	JNS	JNS opr	SF=0 则转移		16/4	2	—————————
	JO	JO opr	OF=1 则转移		16/4	2	—————————
	JNO	JNO opr	OF=0 则转移		16/4	2	—————————
	JP 或 JPE	JP/JPE opr	PF=1 则转移		16/4	2	—————————

续表

类型	助记符	汇编语言格式	功能	操作数	时钟周期数	字节数	标志位 O D I T S Z A P C
五、控制转移类	JNP 或 JPO	JNP/JP0 opr	PF=0 则转移		16/4	2	—————————
	JC 或 JB 或 JNAE	JC/JB/JNAE opr	CF=1 则转移		16/4	2	—————————
	JNC 或 JNB 或 JAE	JNC/JNB/JAE ope	CF=0 则转移		16/4	2	—————————
	JBE 或 JNA	JBE/JNA opr	CF∨ZF=1 则转移		16/4	2	—————————
	JNBE 或 JA	JNBE/JA opr	CF∨ZF=0 则转移		16/4	2	—————————
	JL 或 JNGE	JL/JNGE opr	SF∀OF=1 则转移		16/4	2	—————————
	JNL 或 JGE	JNL/JGE opr	SF∀OF=0 则转移		16/4	2	—————————
	JLE 或 JNG	JLE/JNG opr	(SF∀OF)∨ZF=1 则转移		16/4	2	—————————
	JNLE 或 JG	JNLE/JG opr	(SF∀OF)∨ZF=0 则转移		16/4	2	—————————
	JCXZ	JCXZ opr	(CX)=0 则转移		18/6	2	—————————
	LOOP	LOOP opr	(CX)≠0 则循环		17/5	2	—————————
	LOOPZ 或 LOOPE	LOOPZ/LOOPE opr	ZF=1 且(CX)≠0 则循环		18/6	2	—————————
	LOOPNZ 或 LOOPNE	LOOPNZ/LOOPNE opr	ZF=0 且(CX)≠0 则循环		19/5	2	—————————
	CALL	CALL dst	段内直接：(SP)←(SP)−2 ((SP)+1,(SP))←(IP) (IP)←(IP)+D16		19	3	—————————
			段内间接：(SP)←(SP)−2 ((SP)+1,(SP))←(IP) (IP)←EA	reg mem	16 21+EA	2 2−4	
			段间直接：(SP)←(SP)−2 ((SP)+1,(SP))←(CS) (SP)←(SP)−2 ((SP)+1,(SP))←(IP) (IP)←转向偏移地址 (CS)←转向段地址		28	5	
			段间直接：(SP)←(SP)−2 ((SP)+1,(SP))←(CS) (SP)←(SP)−2 ((SP)+1,(SP))←(IP) (IP)←(EA) (CS)←(EA+2)		37+EA	2−4	

续表

类型	助记符	汇编语言格式	功能	操作数	时钟周期数	字节数	标志位 O D I T S Z A P C
	RET	RET	段内:(IP)←((SP)+1,(SP)) (SP)←(SP)+2		16	1	— — — — — — — — —
			段间:(IP)←((SP)+1,(SP)) (SP)←(SP)+2 (CS)←((SP)+1(SP)) (SP)←(SP)+2		24	1	
		RET exp	段内:(IP)←((SP)+1,(SP)) (SP)←(SP)+2 (SP)←(SP)+D16		20	3	
			段间:(IP)←((SP)+1,(SP)) (SP)←(SP)+2 (CS)←((SP)+1,(SP)) (SP)←(SP)+2 (SP)←(SP)+D16		23	3	
	INT	INT type INT(当 type=3 时)	(SP)←(SP)−2 ((SP)+1,(SP))←(PSW) (SP)←(SP)−2 ((SP)+1,(SP))←(CS) (SP)←(SP)−2 ((SP)+1,(SP))←(IP) (IP)←(type * 4) (CS)←(type * 4+2)	type=3 type≠3	52 51	1 2	— — 0 0 — — — — —
	INTO	INTO	若 OF=1,则 (SP)←(SP)−2 ((SP)+1,(SP))←(PSW) (SP)←(SP)−2 ((SP)+1,(SP))←(CS) (SP)←(SP)−2 ((SP)+1,(SP))←(IP) (IP)←(10H) (CS)←(12H)		53(OF=1) 4(OF=0)	1	— — 0 0 — — — — —

续表

类型	助记符	汇编语言格式	功能	操作数	时钟周期数	字节数	标志位 O D I T S Z A P C
	IRET	IRET	(IP)←((SP)+1,(SP)) (SP)←(SP)+2 (CS)←((SP)+1,(SP)) (SP)←(SP)+2 (PSW)←((SP)+1,(SP)) (SP)←(SP)+2		24	1	r r r r r r r r r
	CBW	CBW	(AL)符号扩展到(AH)		2	1	— — — — — — — — —
	CWD	CWD	(AX)符号扩展到(DX)		5	1	— — — — — — — — —
六、处理器控制类	CLC	CLC	进位位置 0		2	1	— — — — — — — — 0
	CMC	CMC	进位位求反		2	1	— — — — — — — — x
	STC	STC	进位位置 1		2	1	— — — — — — — — 1
	CLD	CLD	方向标志置 0		2	1	— 0 — — — — — — —
	STD	STD	方向标志置 1		2	1	— 1 — — — — — — —
	CLI	CLI	中断标志置 0		2	1	— — 0 — — — — — —
	STI	STI	中断标志置 1		2	1	— — 1 — — — — — —
	NOP	NOP	无操作		3	1	— — — — — — — — —
	HLT	HLT	停机		2	1	— — — — — — — — —
	WAIT	WAIT	等待		3 或更多	1	— — — — — — — — —
	ESC	ESC mem	换码		8+EA	2—4	— — — — — — — — —
	LOCK	LOCK	封锁		2	1	— — — — — — — — —
		segreg:	段前缀		2	1	— — — — — — — — —

附录B　MASM伪指令一览表

类型	伪指令名	格　式	说　明
数据	ASSUME	ASSUME segreg:segment name[,...]	规定段所属的段寄存器
	COMMENT	COMMENT delimiter text delimiter	后跟注释,不必使用;
	DB	[variable name]DB operand[,...]	定义字节变量
		重复从句 repeat_count DUP (operand[,...])	
	DD	[variable name]DD operand[,...]	定义双字变量
	DQ	[variable name]DQ operand[,...]	定义四字变量
	DT	[variable name]DT operand[,...]	定义十个字的变量
	DW	[variable name]DW operand[,...]	定义字变量
	END	END[label]	源程序结束
	EQU	expression_name EQU expression	赋值
	=	label=expression	赋值
	EVEN	EVEN	使地址计数器成为偶数
	EXTRN	EXTRN name:type[,...]	说明用在本模块中的外部符号
	GROUP	name GROUP seg_name[,...]	可使指定的段都在 64KB 的物理段内
	INCLUDE	INCLUDE filespec	把另一个源文件放到当前的源文件中
	LABEL	name LABEL type	定义 name 属性
		type 可以是 BYTE,WORD,DWORD 或 NEAR,FAR	
	NAME	NAME module_name	为模块起名
	ORG	ORG expression	地址计数器置成 expression 的值
	PROC	procedure_name PROC type	包含过程块
	ENDP	⋮	
		procedure_name ENDP	
		type 可以是 NEAR 或 FAR	
	PUBLIC	PUBLIC symbol[,...]	说明在本模块中定义的外部符号
	.RADIX	.RADIX expression	可以改变当前的基数
		expression 可以在 2—16 的范围内	
	RECORD*	record_name RECORD field specification[,...]	定义记录
		field specification 的格式是:	length 为字段的位数
		filed name:length[=preassignment]	pressignment 为预置值
		记录预置语句的格式为:	

续表

类型	伪指令名	格　　式	说　　明
		variable record_name〈preassignment specifications〉	
	SEGMENT	seg_name SEGMENT[align_type][combine_type][′class′]	定义段
	ENDS	⋮	
		seg_name ENDS	
		align_type 可以是 PARA,BYTE,WORD 或 PAGE	
		combine_type 可以是 PUBLIC,COMMON,	
		AT expression,STACK 或 MEMORY	
		′class′为段组名	
	STRUC*	structure_name STRUC	定义结构
		⋮	
		structure_name ENDS	
		结构预置语句的格式为	
		variable structure_name	
		〈preassignment specifications〉	
条件	IF	IF××argument	条件伪操作
	ELSE	⋮	
	ENDIF	[ELSE]	
		⋮	
		ENDIF	
	IF	IF expression	表达式不为零则为“真”
	IFE	IFE expression	表达式为零则为“真”
	IF1	IF1	第一遍扫视为“真”
	IF2	IF2	第二遍扫视为“真”
	IFDEF*	IFDEF symbol	符号已定义为“真”
	IFNDEF*	IFNDE2 symbol	符号未定义为“真”
	IFB*	IFB〈argument〉	自变量为空则为“真”
	IFNB*	IFNB〈argument〉	自变量不空则为“真”
	IFIND	IFIDN〈arg－1〉〈arg－2〉	字符串〈arg－1〉和〈arg－2〉相同则为“真”
	IFDIF	IFDIF〈arg－1〉〈arg－2〉	字符串〈arg－1〉和〈arg－2〉不同则为“真”
宏	MACRO*	name MACRO [dummylist]	宏定义
	ENDM*	⋮	
		ENDM	
		宏调用:name[paramlist]	
	PURGE*	PURGE macro_name[,...]	取消指定的宏定义

续表

类型	伪指令名	格　　式	说　　明
	LOCAL*	LOCAL lists of local labels	定义局部标号,汇编程序为指定的每个标号建立惟一的从?? 0001～?? FFFF的符号
	REPT*	REPT expression ⋮ ENDM	REPT 和 ENDM 中的语句重复由表达式的值指定次数
	IRP*	IRP dummy,〈argument list〉 ⋮ ENDM	重复 IRP 和 ENDM 中的语句,每次重复用自变量表中的一项取代语句中的哑元
	IRPC*	IRPC dummy,string ⋮ ENDM	重复 IRPC 和 ENDM 中的语句,每次重复用字符串中的下一个字符取代语句中的哑元
	EXITM*	EXITM	立即退出宏定义块或重复块
	& *	text & text	在展开宏定义时,合并前后两个符号而形成一个符号
	;; *	;;text	展开时不产生其后的注释
	! *	! character	自变量中使用! 则后面的字符直接输入
	% *	% expression	展开时把后面的表达式转换为由当前基数表示的数
列表	. CREF	. CREF	控制交叉引用文件信息的输出
	. XCREF	. XCREF	停止交叉引用文件信息的输出
	. LALL	. LALL	列出所有宏展开正文
	. SALL	. SALL	取消所有宏展开正文
	. XALL	. XALL	只列出产生目标代码的宏展开
	. LIST	. LIST	控制列表文件的输出
	. XLIST	. XLIST	不列出源和目标代码
	%OUT	%OUT text	在汇编期间遇到%OUT 时,在屏幕上显示 text 项
	PAGE	PAGE[operand-1][operand-2]	控制列表文件的格式和打印,建立页的长度和宽度
	SUBTTL	SUBTTL text	在每页的标题后一行打印出一个副标题
	TITLE	TITLE text	指定每一页第一行上要打印的标题
	. LFCO2ND	. LFCOND	恢复对赋值为假条件块的列表
	. SFCOND	. SFCOND	取消对赋值为假条件块的列表
	. TFCOND	. TFCOND	置换控制假条件列表的现行设置

注:* 表示小汇编 ASM 不支持

附录C　中断向量地址一览表

中断向量	类型号	功能
1. 8088 中断向量		
0－3	0	除以零
4－7	1	单步(用于 DEBUG)
8－B	2	非屏蔽中断
C－F	3	断点指令(用于 DEBUG)
10－13	4	溢出
14－17	5	打印屏幕
18－1F	6,7	保留
2. 8259 中断向量		
20－23	8	定时器
24－27	9	键盘
28－2B	A	彩色/图形
2C－2F	B	异步通信(secondary)
30－33	C	异步通信(primary)
34－37	D	硬磁盘
38－3B	E	软磁盘
3C－3F	F	并行打印机
3. BIOS 中断		
40－43	10	屏幕显示
44－47	11	设备检验
48－4B	12	测定存储器容量
4C－4F	13	磁盘 I/O
50－53	14	串行通讯口 I/O
54－57	15	盒式磁带 I/O
58－5B	16	键盘输入
5C－5F	17	打印机输出
60－63	18	BASIC 入口代码
64－67	19	引导装入程序
68－6B	1A	日时钟
4. 提供给用户的中断		
6C－6F	1B	Ctr1－Break 控制的软中断
70－73	1C	定时器控制的软中断
5. 数据表指针		
74－77	1D	显示器参量表
78－7B	1E	软盘参量表
7C－7F	1F	图形表
6. DOS 中断		
80－83	20	程序结束
84－87	21	DOS 功能调用
88－8B	22	结束退出
8C－8F	23	Ctrl－Break 退出
90－93	24	严重错误处理
94－97	25	绝对磁盘读功能
98－9B	26	绝对磁盘写功能
9C－9F	27	驻留退出
A0－BB	28－2E	DOS 保留
BC－BF	2F	打印机
C0－FF	30－3F	DOS 保留
7. BSAIC 中断		
100－17F	40－5F	保留
180－19F	60－67	用户软中断
1A0－1FF	68－7F	保留
200－217	80－85	由 BASIC 保留
218－3C3	86－F0	BASIC 中断
3C4－3FF	F1－FF	保留

附录 D　DOS 功能调用(INT 21H)

功能号	功　能	入口参数	出口参数
00	程序终止(同 INT 20H)	CS=程序段前缀	
01	键盘输入并回显		AL=输入字符
02	显示输出	DL=输出字符	
03	异步通讯输入		AL=输入数据
04	异步通讯输出	DL=输出数据	
05	打印机输出	DL=输出字符	
06	直接控制台 I/O	DL=FF(输入) DL=字符(输出)	AL=输入字符
07	键盘输入(无回显)		AL=输入字符
08	键盘输入(无回显) 检测 Ctrl-Break		AL=输入字符
09	显示字符串	DS:DX=串首地址 '$'结束字符串	
0A	键盘输入到缓冲区	DS:DX=缓冲区首地址 (DS:DX)=缓冲区最大字符数	(DS:DX+1)=实际输入的字符数
0B	检验键盘状态		AL=00 有输入 AL=FF 无输入
0C	清除输入缓冲区并请求指定的输入功能	AL=输入功能号 (1,6,7,8,A)	
0D	磁盘复位		清除文件缓冲区
0E	指定当前缺省的磁盘驱动器	DL=驱动器号　0=A,1=B,...	AL=驱动器数
0F	打开文件	DS:DX=FCB 首地址	AL=00 文件找到 AL=FF 文件未找到
10	关闭文件	DS:DX=FCB 首地址	AL=00 目录修改成功 AL=FF 目录中未找到文件
11	查找第一个目录项	DS:DX=FCB 首地址	AL=00 找到 AL=FF 未找到
12	查找下一个目录项	DS:DX=FCB 首地址 (文件名带 * 或?)	AL=00 找到 AL=FF 未找到
13	删除文件	DS:DX=FCB 首地址	AL=00 删除成功 AL=FF 未找到
14	顺序读	DS:DX=FCB 首地址	AL=00 读成功 =01 文件结束,记录中无数据 =02 DTA 空间不够 =03 文件结束,记录不完整
15	顺序写	DS:DX=FCB 首地址	AL=00 写成功 =01 盘满 =02 DTA 空间不够
16	建文件	DS:DX=FCB 首地址	AL=00 建立成功 =FF 无磁盘空间
17	文件改名	DS:DX=FCB 首地址 (DS:DX+1)=旧文件名 (DX:DX+17)=新文件名	AL=00 成功 =FF 未成功
19	取当前缺省 磁盘驱动号		AL=缺省的驱动器号 0=A,1=B,2=C,…
1A	置 DTA 地址	DS:DX=DTA 地址	
1B	取缺省驱动器		AL=每簇的扇区数

续表

功能号	功　能	入口参数	出口参数
	FAT 信息		DS:BX=FAT 标志字节 CX=物理扇区的大小 DX=缺省驱动器的族数
1C	取任一驱动器 FAT 信息	DL=驱动器号	同上
21	随机读	DS:DX=FCB 首地址	AL=00 读成功 =01 文件结束 =02 缓冲区溢出 =03 缓冲区不满
22	随机写	DS:DX=FCB 首地址	AL=00 写成功 =01 盘满 =02 缓冲区溢出
23	测定文件大小	DS:DX=FCB 首地址	AL=00 成功 文件长度填入 FCB AL=FF 未找到
24	设置随机记录号	DS:DX=FCB 首地址	
25	设置中断向量	DS:DX=中断向量 AL=中断类型号	
26	建立程序段前缀	DX=新的程序段的段前缀	
27	随机分块读	DS:DX=FCB 首地址 CX=记录数	AL=00 读成功 =01 文件结束 =02 缓冲区太小,传输结束 =03 缓冲区不满 CX=读取的记录数
28	随机分块写	DS:DX=FCB 首地址 CX=记录数	AL=00 写成功 AL=01 盘满 =02 缓冲区溢出
29	分析文件名	ES:DI=FCB 首地址 DS:SI=ASCIIZ 串 AL=控制分析标志	AL=00 标准文件 =01 多义文件 =FF 非法盘符
2A	取日期		CX=年 DH：DL=月：日(二进制)
2B	设置日期	CX:DH:DL=年:月:日	AL=00 成功 =FF 无效
2C	取时间		CH:CL=时:分 DH:DL=秒:1/100 秒
2D	设置时间	CH:CL=时:分 DH:DL=秒:1/100 秒	AL=00 成功 AL=FF 无效
2E	置磁盘自动读写标志	AL=00 关闭标志 AL=01 打开标志	
2F	取磁盘缓冲区的首址		ES:BX=缓冲区首址
30	取 DOS 版本号		AH=发行号,AL=版号
31	结束并驻留	AL=返回码 DX=驻留区大小	
33	Ctrl－Break 检测	AL=00 取状态 AL=01 置状态(DL) DL=00 关闭检测 =01 打开检测	DL=00 关闭 Ctrl－Break 检测 =01 打开 Ctrl－Break 检测
35	取中断向量	AL=中断类型	DS:BX=中断向量

续表

功能号	功　能	入口参数	出口参数
36	取空闲磁盘空间	DL＝驱动器号 0＝缺省,1＝A,2＝B…	成功:AX＝每簇扇区数 BX＝有效簇数 CX＝每扇区字节数 DX＝总簇数 失败:AX＝FFFF
38	置/取国家信息	DS:DX＝信息区首地址	BX＝国家码(国际电话前缀码) AX＝错误码
39	建立子目录(MKDIR)	DS:DX＝ASCIIZ 串地址	AX＝错误码
3A	删除子目录(RMDIR)	DS:DX＝ASCIIZ 串地址	AX＝错误码
3B	改变当前目录(CHDIR)	DS:DX＝ASCIIZ 串地址	AX＝错误码
3C	建立文件	BS:DX＝ASCIIZ 串地址 CX＝文件属性	成功:AX＝文件代号 失败:AX＝错误码
3D	打开文件	DS:DX＝ASCIIZ 串地址 AL＝0 读 ＝1 写 ＝2 读/写	成功:AX＝文件代号 失败:AX＝错误码
3E	关闭文件	BX＝文件号	失败:AX＝错误码
3F	读文件或设备	DS:DX＝数据缓冲区地址 BX＝文件代号 CX＝读取的字节数	读成功: AX＝实际读入的字节数 AX＝0 已到文件尾 读出错:AX＝错误码
40	写文件或设备	DS:DX＝数据缓冲区地址 BX＝文件代号 CX＝写入的字节数	写成功: AX＝实际写入的字节数 写出错:AX＝错误码
41	删除文件	DS:DX＝ASCIIZ 串地址	成功:AX＝00 出错:AX＝错误码(2,5)
42	移动文件指针	BX＝文件代号 CX:DX＝位移量 AL＝移动方式(0,1,2)	成功:DX:AX＝新指针位置 出错:AX＝错误码
43	置/取文件属性	DS:DX＝ASCIIZ 串地址 AL＝0 取文件属性 AL＝1 置文件属性 CX＝文件属性	成功:CX＝文件属性 失败:AX＝错误码
44	设备文件 I/O 控制	BX＝文件代号 AL＝0 取状态 ＝1 置状态 DX ＝2 读数据 ＝3 写数据 ＝6 取输入状态 ＝7 取输出状态	DX＝设备信息
45	复制文件代号	BX＝文件代号 1	成功:AX＝文件代号 2 失败:AX＝错误码
46	人工复制文件代号	BX＝文件代号 1 CX＝文件代号 2	失败:AX＝错误码
47	取当前目标路径名	DL＝驱动器号 DS:SI＝ASCIIZ 串地址	(DS:SI)＝ASCIIZ 串 失败:AX＝错误码
48	分配内存空间	BX＝申请内存容量	成功 AX＝分配内存首址 失败:BX＝最大可用空间
49	释放内存空间	ES＝内存起始段地址	失败:AX＝错误码

续表

功能号	功　　能	入 口 参 数	出 口 参 数
4A	调整已分配的存储块	ES=原内存起始地址 BX=再申请的容量	失败:BX=最大可用空间 AX=错误码
4B	装配/执行程序	DS:DX=ASCIIZ 串地址 ES:BX=参数区首地址 AL=0 装入执行 AL=3 装入不执行	失败:AX=错误码
4C	带返回码结束	AL=返回码	
4D	取返回代码		AX=返回代码
4E	查找第一个匹配文件	DS:DX=ASCIIZ 串地址 CX=属性	AX=出错代码(02,18)
4F	查找下一个匹配文件	DS:DX=ASCIIZ 串地址 (文件名中带?或*)	AX=出错代码(18)
54	取盘自动读写标志		AL=当前标志值
56	文件改名	DS:DX=ASCIIZ 串(旧) ES:DI=ASCIIZ 串(新)	AX=出错码(03,05,17)
57	置/取文件日期和时间	BX=文件代号 AL=0 读取 AL=1 设置(DX:CX)	 DX:CX=日期和时间 失败 AX=错误码
58	取/置分配策略码	AL=0 取码 =1 置码(BX) BX=策略码	成功:AX=策略码 失败:AX=错误码
59	取扩充错误码		AX=扩充错误码 BH=错误类型 BL=建议的操作 CH=错误场所
5A	建立临时文件	CX=文件属性 DS:DX=ASCIIZ 串地址	成功:AX=文件代号 失败:AX=错误码
5B	建立新文件	CX=文件属性 DS:DX=ASCIIZ 串地址	成功:AX=文件代号 失败:AX=错误码
5C	控制文件存取	AL=00 封锁 =01 开启 BX=文件代号 CX:DX=文件位移 SI:DI=文件长度	失败:AX=错误码
62	取程序段前缀地址		BX=PSP 地址

* AH=0-2E 适用 DOS 1.0 以上版本。
AH=2F-57 适用 DOS 2.0 以上版本。
AH=58-62 适用 DOS 3.0 以上版本。

附录E　BIOS中断调用

INT	AH	功能	入口参数	出口参数
10	0	设置显示方式	AL=00　40×25 黑白方式 =01　40×25 彩色方式 =02　80×25 黑白方式 =03　80×25 彩色方式 =04　320×200 彩色图形方式 =05　320×200 黑白图形方式 =06　640×200 黑白图形方式 =07　80×25 单色文本方式 =08　160×200 16 色图形(PCjr) =09　320×200 16 色图形(PCjr) =0A　640×200 16 色图形(PCjr) =0B　保留(EGA) =0C　保留(EGA) =0D　320×200 彩色图形(EGA) =0E　640×200 彩色图形(EGA) =0F　640×350 黑白图形(EGA) =10　640×350 彩色图形(EGA) =11　640×480 单色图形(EGA) =12　640×480 16 色图形(EGA) =13　320×200 256 色图形(EGA) =40　80×30 彩色文本(CGE400) =41　80×50 彩色文本(CGE400) =42　640×400 彩色文本(CGE400)	
10	1	置光标类型	$(CH)_{0-3}$=光标起始行 $(CL)_{0-3}$=光标结束行	
10	2	置光标位置	BH=页号 DH,DL=行,列	
10	3	读光标位置	BH=页号	CH=光标起始行 DH,DL=行,列
10	4	读光笔位置		AH=0 光笔未触发 =1 光笔触发 CH=像素行 BX=像素列 DH=字符行 DL=字符列
10	5	置显示页	AL=页号	
10	6	屏幕初始化或上卷	AL=上卷行数 AL=0 整个窗口空白 BH=卷入行属性 CH=左上角行号 CL=左上角列号 CH=右下角行号 DL=右下角列号	
10	7	屏幕初始化或下卷	AL=下卷行数 AL=0 整个窗口空白 BH=卷入行属性 CH=左上角行号	

续表

INT	AH	功能	入口参数	出口参数
			CL＝左上角列号 DH＝右下角行号 DL＝右下角列号	
10	8	读光标位置的字符和属性	BH＝显示页	AH＝属性 AL＝字符
10	9	在光标位置显示字符及其属性	BH＝显示页 AL＝字符 BL＝属性 CX＝字符重复次数	
10	A	在光标位置显示字符	BH＝显示页 AL＝字符 CX＝字符重复次数	
10	B	置彩色调板 (320×200 图形)	BH＝彩色调色板 ID BL＝和 ID 配套使用的颜色	
10	C	写像素	DX＝行(0－199) CX＝列(0－639) AL＝像素值	
10	D	读像素	DX＝行(0－199) CX＝列(0－639)	AL＝像素值
10	E	显示字符 (光标前移)	AL＝字符 BL＝前景色	
10	F	取当前显示方式		AH＝字符列数 AL＝显示方式
10	13	显示字符串 (适用 AT)	ES:BP＝串地址 CX＝串长度 DH,DL＝起始行,列 BH＝页号 AL＝0,BL＝属性 串:char,char,… AL＝1,BL＝属性 串:char,char,… AL＝2 串:char,attr,char,attr,… AL＝3 串:char,attr,char,attr,…	光标返回起始位置 光标跟随移动 光标返回起始位置 光标跟随移动
11		设备检验		AX＝返回值 bit0＝1,配有磁盘 bit1＝1,80287 协处理器 bit4,5＝01,40×25BW(彩色板) ＝10,80×25BW(彩色板) ＝11,80×25BW(黑白板) bit6,7＝软盘驱动器号 bit9,10,11＝RS－232 板号 bit12＝游戏适配器 bit13＝串行打印机 bit14,15＝打印机号
12		测定存储器容量		AX＝字节数(KB)
13	0	软盘系统复位		
13	1	读软盘状态		AL＝状态字节

续表

INT	AH	功能	入口参数	出口参数
13	2	读磁盘	AL=扇区数 CH,CL=磁道号,扇区号 DH,DL=磁头号,驱动器号 ES:BX=数据缓冲区地址	读成功:AH=0 AL=读取的扇区数 读失败:AH=出错代号
13	3	写磁盘	同上	写成功:AH=0 AL=写入的扇区数 写失败:AH=出错代码
13	4	检验磁盘扇区	同上(ES:BX 不设置)	成功:AH=0 AL=检验的扇区数 失败:AH=出错代码
13	5	格式化盘磁道	ES:BX=磁道地址	成功:AH=0,失败:AH=出错代码
14	0	初始化串行通信口	AL=初始化参数 DX=通信口号(0,1)	AH=通信口状态 AL=调制解调器状态
14	1	向串行通信口写字符	AL=字符 DX=通信口号(0,1)	写成功:$(AH)_7=0$ 写失败:$(AH)_7=1$ $(AH)_{0-6}$=通信口状态
14	2	从串行通信口读字符	DX=通信口号(0,1)	读成功:$(AH)_7=0$,(AL)=字符 读失败:$(AH)_7=1$ $(AH)_{0-6}$=通信口状态
14	3	取通信口状态	DX=通信口号(0,1)	AH=通信口状态 AL=调制解调器状态
15	0	启动盒式磁带马达		
15	1	停止盒式磁带马达		
15	2	磁带分块读	ES:BX=数据传输区地址 CX=字节数	AH=状态字节 AH=00 读成功 =01 冗余检验错 =02 无数据传输 =04 无引导 =80 非法命令
15	3	磁带分块写	DS:BX=数据传输区地址 CX=字节数	AH=状态字节 (同上)
16	0	从键盘读字符		AL=字符码　AH=扫描码
16	1	读键盘缓冲区字符		ZF=0　AL=字符码　AH=扫描码 ZF=1 缓冲区空
16	2	取键盘状态字节		AL=键盘状态字节
17	0	打印字符,回送状态字节	AL=字符 DX=打印机号	AH=打印机状态字节
17	1	初始化打印机回送状态字节	DX=打印机号	AH=打印机状态字节
17	2	取状态字节	DX=打印机号	AH=打印机状态字节
1A	0	读时钟		CH:CL=时:分 DH:DL=秒:1/100 秒
1A	1	置时钟	CH:CL=时:分 DH:DL=秒:1/100 秒	
1A	2	读实时钟(适用 AT)		CH:CL=时:分(BCD)
1A	6	置报警时间(适用 AT)	CH:CL=时:分(BCD) DH:DL=秒:1/100 秒(BCD)	DH:DL=秒:1/100 秒(BCD)
1A	7	清除报警(适用 AT)		

附录 F　IBM PC ASCII 码字符表

低四位 B \ 高四位 B		0000	0001	0010	0011	0100	0101	0110	0111	1000	1001	1010	1011	1100	1101	1110	1111
低四位 H \ 高四位 H		0	1	2	3	4	5	6	7	8	9	A	B	C	D	E	F
0000	0	BLANK (NULL)	►	BLANK (SPACE)	0	@	P	‘	p	Ç	É	á	░	└	╨	α	≡
0001	1	☺	◄	!	1	A	Q	a	q	ü	æ	í	▒	┴	╤	β	±
0010	2	☻	↕	"	2	B	R	b	r	é	Æ	ó	▓	┬	╥	Γ	≥
0011	3	♥	‼	#	3	C	S	c	s	â	ô	ú	│	├	╙	π	≤
0100	4	♦	¶	$	4	D	T	d	t	ä	ö	ñ	┤	─	╘	Σ	⌠
0101	5	♣	§	%	5	E	U	e	u	à	ò	Ñ	╡	┼	╒	σ	⌡
0110	6	♠	▬	&	6	F	V	f	v	å	û	ª	╢	╞	╓	µ	÷
0111	7	•	↨	’	7	G	W	g	w	ç	ù	º	╖	╟	╫	τ	≈
1000	8	◘	↑	(	8	H	X	h	x	ê	ÿ	¿	╕	╚	╪	Φ	°
1001	9	○	↓	)	9	I	Y	i	y	ë	Ö	⌐	╣	╔	┘	Θ	∙
1010	A	◙	→	*	:	J	Z	j	z	è	Ü	¬	║	╩	┌	Ω	·
1011	B	♂	←	+	;	K	[	k	{	ï	¢	½	╗	╦	█	δ	√
1100	C	♀	∟	,	<	L	\	l	¦	î	£	¼	╝	╠	▄	∞	n
1101	D	♪	↔	-	=	M	]	m	}	ì	¥	¡	╜	═	▌	φ	2
1110	E	♫	▲	.	>	N	^	n	~	Ä	₧	«	╛	╬	▐	∈	■
1111	F	☼	▼	/	?	O	_	o	△	Å	ƒ	»	┐	╧	▀	∩	BLANK FF

附录G　MASM宏汇编程序出错信息

汇编程序在对源程序的汇编过程中，若检查出某语句有语法错误，则随时在屏幕上给出出错信息。如操作人员指定了列表文件名(即.LST)，汇编程序亦将在列表文件中出错行的下面给出错信息，以便操作人员即时查找错误，给予更正。MASM5.0出错信息格式如下：

源程序文件行：WARNING/ERROR 错误信息码：错误描述信息

其中，错误信息码由5个字符组成。第一个是字母A，表示汇编语言程序出错；接着有一数字指明出错类别：'2'为严重错误，'4'为严肃警告，'5'为建议性警告，最后三位为错误编号。

例：test.ASM(20)：error A2006：phase error between passes

读出错信息指出，在源程序test.ASM的20行中有006号严重错误

错误编号	错 误 描 述
0	Block nesting error 嵌套出错。嵌套的过程、段、结构、宏指令或重复块等非正常结束。例如在嵌套语句中有外层的结束语句，而无内层的结束语句
1	Extra characters on line 一语句行有多余字符，可能是语句中给出的参数太多
2	Internal error — Register already defined 这是一个内部错误。如果出现该错误，请记下发生错误的条件，并使用 Product Assistance Request 表与 Microsoft 公司联系
3	Unknown type specifer 未知的类型说明符。例如类型字符拼错，把BYTE写成BIT，NEAR写成NAER等。
4	Redefinition of symbol 符号重定义。同一标识符在两个位置定义。在汇编第一遍扫描时，在这个标识符的第二个定义位置上给出这个错误。
5	Symbol is multidefined 符号多重定义。同一标识符在两个位置上定义。在汇编第二遍扫描时，每当遇到该标识符都给出此错误。
6	Phase error between passes 两次扫描间的遍错。一个标号在二次扫描时得到不同的地址值，就会给出这种错误。若在启动MASM时使用/D任选项，产生第一遍扫描的列表文件，它可帮助你查找这种错误。
7	Already had ELSE clause 已有ELSE语句。在一个条件块里使用多于一个的ELSE语句。
8	Must be in conditional block 没有在条件块里。通常是有ENDIF或ELSE语句，而无IF语句。
9	Symbol not defined 符号未定义，在程序中引用了未定义的标识符。
10	Syntax error 语法错误。不是汇编程序所能识别的一个语句。
11	Type illegal in context 指定非法类型。例如对一个过程指定BYTE类型，而不是NEAR或FAR。
12	Group name must be unique 组名应是惟一的。作为组名的符号又作为其他符号用。
13	Must be declared during pass 1 必须在第一遍扫描期间定义。在第一遍扫描期间，如一个符号在未定义前就引用，就会出现这种错误。例如HEX1未定义前就出现IF的HEX1语句。
14	Illegal public declaration 一个标识符被非法的指定为PUBLIC类型。
15	Symbol already different kind 重新定义一个符号为不同种类符号。例如一个段名重新被当做变量名定义使用。

续表

错误编号	错误描述
16	Reserved word used as symbol 把汇编语言规定的保留字作标识符使用。
17	Forward reference illegal 非法的前向引用。在第一遍描述期间,引用了一个未定义符号。例如: DB　CUNT　DUP(0) CUNT　EQU　10H 对调上述二语句的顺序即为合法。并非任何前向引用都是错误的。
18	Operand must be register 操作数位置上应是寄存器,但出现标识符。
19	Wrong type of register 使用的寄存器类型出错。如"LEA AL,VAR"就属于这种错误。
20	Operand must be segment or group 应该给出一个段名或组名(group)。例如 ASSUME 语句中应为某段寄存器指定一个段名或组名,而不应是别的标号或变量名等。
21	Symbol has no segment 不知道标识符的段属型。
22	Operand must be type specifier 操作数应给出类型说明符,如 NEAR,FAR,BYTE,WORD 等。
23	Symbol already defined locally 已被指定为内部(Local)的标识符,企图在 EXTRN 语句中又定义外部标识符。
24	Segment parameters are changed 段参数被改变。如同一标识符定义在不同段内。
25	Improper align/combine type 段定义时的定位类型/组合类型使用出错。
26	Reference to multidefined symbol 指令引用了多重定义的标识符。
27	Operand expected 需要一个操作数,但只有操作符,如"MOV BX,OFFSET"。
28	Operator expected 需要一个操作符,但只有操作数。
29	Division by 0 or overflow 除以 0 或溢出。
30	Negative shift count 运算符 SHL 或 SHR 的移位表达值为负数。
31	Operand type must match 操作数类型不匹配。双操作数指令的二个操作数长度不一致,一个是字节,一个是字。
32	Illegal use of external 外部符号使用出错。
33	Must be record field name 应为记录字段名。在记录字段名位置上出现另外的符号。
34	Must be record name of field name 应为记录名或记录字段名。在记录名或记录字段名位置上出现另外的符号。
35	Operand must have size 应指明操作数的长度(如 BYTE,WORD 等)。通常使用 PTR 运算即可改正错误。
36	Must be variable,label or constant 应该是变量名、标号或常数的位置上出现了其他信息。
37	Must be structure field name 应为结构字段名。在结构字段名位置上出现另外的符号。
38	Left operand must segment

续表

错误编号	错 误 描 述
	操作数的左边应是段的信息。如设DA1,DA2均是变量名,下列语句就是错误的:"MOV AX,DA1:DA2"。在DA1位置上应使用某段寄存器名。
39	One operand must be constant 操作数必须是常数。例如一个表达式中用'+'运算符把两个变量名用相加出错。而用'+'运算必须有一个常数。
40	Operand must be in same segment or one constant '-'运算符用错。例如"MOV AL,-VAR"其中VAR是变量名,应有一常数参加运算。又如两个不同段的变量名相减出错。
41	Normal type operand expected 要求给出一个正常的操作数。例如在变量名的位置上出现了另外的符号或信息。
42	Constant expected 要求给出一个常数。例如给出一个不是常数的操作数或表达式。
43	Operand must have segment 运算符SEG用错。如SEG后跟一个常数,而常数没有段属性。
44	Must be associated with data 在必须与数据段有关的位置上出现了代码段有关的项。例如:"MOV AX,LENGTH CS:VAR。"其中VAR是数据段中的变量名。
45	Must be associated with code 在必须与代码段有关的位置上出现了数据段有关的项。
46	Multiple base registers 同时使用了多个基址寄存器。例如:"MOV AX,[BX][BP]。"
47	Multiple index registers 同时使用了多个变址寄存器。例如:"MOV AX,[SI][DI]。"
48	Must be index or base register 指令仅要求使用基址寄存器或变址寄存器,而不能用其他寄存器。例如:"MOV AX,[SI+CX]"。
49	Illegal use of register 非法使用寄存器出错。
50	Value is out of range 数值太大,超过允许值。例如:"MOV AL,100H。"
51	Operand not in current CS ASSUME segment 操作数不在当前代码段内。通常指转移指令的目标地址不在当前CS段内。
52	Improper operand type 操作数类型不当。例如:"MOV VAR1,VAR2。"两个操作数均为存储器操作数,不能汇编出目标代码。
53	Jump out of rang by %1d byte(s) 条件转移指令跳转范围超过-128~+127个字节。出错信息同时给出超过的字节数。
54	Index displacement must be constant 变址寻址的位移量必须是常数。
55	Illegal register value 非法的寄存器值。目标代码中表达寄存器的值超过'7'。
56	Immediate mode illegal 不允许使用立即数寻址方式。例如:"MOV DS,CODE",其中CODE是段名,不能把段名作为立即数传送给段寄存器DS。
57	Illegal size for operand 使用的操作数大小(字节数)出错。例如使用双字(32位)的存储器操作数。
58	Byte register illegal 要求用字寄存器的指令使用了字节寄存器。如PUSH,POP指令的操作数就必须是字寄存器(16位)。
59	Illegal use of CS register 指令中错误地使用段寄存器CS。如:"MOV CS,AX",CS不能作目的操作数。
60	Must be accumulator register

错误编号	错 误 描 述
	要求用 AX 或 AL 的位置上出现了其他寄存器。如 IN,OUT 指令必须使用累加器 AX 或 AL。
61	Improper use of segment register 不允许用段寄存器的位置上使用了段寄存器。如 SHL DS,1"指令。
62	Missing or unreachable CS 试图跳转去执行一个 CS 达不到的标号。通常是指缺少 ASSUME 语句中 CS 与代码段相关联。
63	Operand combination illegal 双操作数指令中两个操作数组合出错。
64	Near JMP/CALL to different CS 试图用 NEAR 属性的转移指令跳转到不在当前段的一个地址。
65	Label cannot have segment override 段前缀使用出错。
66	Must have instruction after prefix 在重复前缀 REP,REPE,REPNE 的后面必须有指令。
67	Cannot override ES for destination 串操作指令中目的操作数不能用其他段寄存器替代 ES。
68	Cannot address with segment register 指令中寻找一个操作数,但 ASSUME 语句中未指明哪个段寄存器与该操作数所在段有关联。
69	Must be in segment block 指令语句没有在段内。
70	Cannot use EVEN or ALIGN with byte alignment 在段定义伪指令的定位类型中选用 BYTE,这时不能使用 EVEN 或 ALIGN 伪指令。
71	Forward needs override or FAR 转移指令的目标没有在源程序中说明为 FAR 属性,可用 PTR 指定。
72	Illegal value for DUP count 操作符 DUP 前的重复次数是非法的(如负数)或未定义。
73	Symbol is already external 在模块内试图定义的符号,它已在外部符号伪指令中说明。
74	DUP nesting too deep 操作符 DUP 的嵌套太深。
75	Illegal use of undefined operand(?) 不定操作符'?'使用不当。例如"DB 10H DUP(? +2)"。
76	Too many value for struc or record initialization 在定义结构变量或记录变量时,初始值太多。
77	Angle brackets required around initialized list 定义结构变量时,初始值未用尖括号"〈〉"括起来。
78	Directive illegal structure 在结构定义中的伪指令语句使用不当。结构定义中伪指令语句仅两种:分号(;)开始的注释语句和用 DB,DW 等数据定义伪指令语句。
79	Override with DUP illegal 在结构变量初始值表中使用 DUP 操作符出错。
80	Field cannot be overridden 在定义结构变量语句中试图对一个不允许修改的字段设置初值。
81	Override is of wrong type 在定义结构变量语句中设置初值时类型出错。
82	Circular chain of EQU aliases 用等值语句定义的符号名,最后又返回指向它自己。如: A EQU B B EQU A
83	Cannot emulate cooprocessor opcode

续表

错误编号	错 误 描 述
	仿真器不能支持的 8087 协处理器操作码。
84	End of file,no END directive 源程序文件无 END 语句。
85	Data emitted with no segment 数据语句没有在段内。
86	Forced error—pass 1 用条件错误伪指令.ERR1 在第一次扫描中无条件地产生的错误。
87	Forced error—pass 2 用条件错误伪指令.ERR2 在第二次扫描中无条件地产生的错误。
88	Forced error 用条件错误伪指令.ERR 无条件地产生的错误。
89	Force error—expression true(0) 用条件错误伪指令.ERRE 测试表达式,当结果为 0 时,产生的错误。
90	Force error—expression false(not 0) 用条件错误伪指令.ERRNZ 测试表达式,当结果不为 0 时,产生的错误。
91	Forced error—symbol not defined 用条件错误伪指令.ERRNDEF 检测一个标识符,若该标识符未定义而产生的错误。
92	Forced error—symbol defined 用条件错误伪指令.ERRDEF 检测一个标识符,若该标识符已定义而产生的错误。
93	Forced error—string blank 用条件错误伪指令.ERRB 检测传送给 MACRO 的实参,若其为空,则产生错误。
94	Forced error—string not blank 用条件错误伪指令.ERRNB 检测传送给 MACRO 的实参,若其不为空,则产生错误。
95	Forced error—string identical 用条件错误伪指令.ERRIND 检测传送给 MACRO 的某两个实参,若其相同,则产生错误。
96	Forced error—string difference 用条件错误伪指令.ERRDIF 检测传送给 MACRO 的某两个实参,若其不相同,则产生错误。
97	wrong length for override value 在定义结构变量并给某字段赋值时,由于赋给的值太大而无法存放时,产生的错误。
98	Line too long expanding symbol 使用 EQU 伪指令定符号常量时,由于表达式太长而致使汇编程序内部缓冲区溢出,而产生错误。
99	Impure memory reference 在使用特权指令(Privileged instruction)和选择项/P 时,发现不合适的存储器引用。例如将一个数据存储到代码段的 cword 单元中:MOV CS:cword,data。这种操作在实模式中是允许的,但在保护模式中不允许。
100	Missing data;zero assumed 指令中缺少操作数,MASM 用 0 替代它。例如语句"MOV ax,"被 MASM 假定为 MOV AX,0。
101	Segment near(or at)64K limit 这个错误是由 80286 处理器的缺陷引起的。在保护模式下,代码段中只差几个字节就要到达 64K 边界时,而产生的转移错误。
102	Align must be power of 2 使用 ALIGN 伪指令定位时,边界定位参数必须是 2 的幂。例如 ALIGN 4。
103	Jump within short distance 当 JUMP 指令的跳转范围在－128～＋127 范围内时,应该使用 SHORT 操作符,使指令更精简、有效。例如跳转目的 target 在－128～＋127 的范围内,用 JUMP SHORT target 语句。
104	Expected element 在指令中缺少某些项(例如标点符号)或操作符而引发的错误。例如在定义一个结构 xtrl 的语句中,误写为"xtr1 xtruc〈,则显示信息:Expected〉。
105	line too long 源程序语句行太长,超过 MASM 允许的最大长度 128 个字符。

续表

错误编号	错 误 描 述
106	Illegal digit in number 或 Non-digit in number 按当前进位制表示的常数中,有非法的数。例如 xa db 23A。
107	Empty string not allowed 不允许用语句 null db",定义一个空串。如果要定义一个空串,必须用 null db 0 指令。
108	Miss operand 在这条指令或伪指令中缺少操作数。
109	Open parenthesis or bracket 缺少括号,或括号不配对。例如 MOV CX,(length var *2,或 MOV AX,SI]。
110	Directive must be in macro 一条只能用于宏定义中的伪指令,却用在宏块之外。
111	Unexpected end of line 一条语句非正常结束,但 MASM 不能确定究竟缺少什么信息。
112	Cannot change processor in segment 在某一个段内使用了处理器伪指令(如.80386)。通常,处理器伪指令应写在段定义前,或者段间,而不能用在段内。
113	Operand size not match segment word size 操作数的尺寸大小(SIZE)与段的大小不匹配。也就是说,在16位段中使用了32位操作数,或者相反。
114	Address size not match segment word size 地址尺寸大小(SIZE)与段的大小不匹配。也就是说,在16位段上使用了32位地址,或者相反。

附录 H　调试程序 DEBUG 的主要命令

DEBUG 是为汇编语言设计的一种调试工具，通过单步、设置断点等方式为汇编语言程序员提供了非常有效的调试手段。

1. DEBUG 程序的调用

在 DOS 的提示符下，可输入命令：

C>DEBUG[d:][path][filename][.ext][parm1][parm2]

其中，文件名是被调试文件的名字。如果键入文件名，则 DEBUG 将指定的文件装入存储器中，用户可对其进行调试；如果未键入文件名，则用户可以用当前存储器的内容工作，或者用 DEBUG 命令 N 和 L 把需要的文件装入存储器后再进行调试。命令中的 d 指定驱动器，path 为路径，parm1 和 parm2 则为运行被调试文件时所需要的命令参数。

在 DEBUG 程序调入后，将出现提示符，此时就可用 DEBUG 命令来调试程序。

2. DEBUG 的主要命令

(1)显示存储单元命令 D(DUMP)，格式为：

－D[address]或

－D[range]

例如，按指定范围显示存储单元内容的方法为：

```
-d100 120
18E4:0100   C7 06 04 02 38 01 C7 06-06 02 00 02 C7 06 08 0      2  G...8.G.....G...
18E4:0110   02 02 BB 04 02 E8 02 00-CD 20 50 51 56 57 8B 37 ..;..h.. M PQVW.7
18EA:0120   8B
```

其中 0100 至 0120 是 DEBUG 显示的单元内容。左边用十六进制表示每个字节，右边用 ASCII 字符表示每个字节，表示不可显示的字符。这里没有指定段地址，D 命令自动显示 DS 段的内容。若只指定首地址，则显示从首地址开始的 80 个字节的内容。如果完全没有指定地址，则显示上一个 D 命令显示的最后一个单元后的内容。

(2)修改存储单元内容的命令有两种。

① 输入命令 E(Enter)，有两种格式如下：

第一种格式可以用给定的内容表来替代指定范围的存储单元内容。命令格式为：

－E address[list]

例如，－E DS:100 F3' XXZ'　8D

其中 F3,'X','Y','Z'和 8D 各占一个字节，该命令可以用这 5 个字节来替代存储单元 DS:0100 到 0104 的原先的内容。

第二种格式则是采用逐个单元相继修改的方法。命令格式为：

－E address

例如，－e cs:100，则可能显示为：

18 E4:0100 89._

若需要把该单元的内容修改为 78，则可以直接键入 78，再按"空格"键，可接着显示下一个单元的内容如下：

18 E4:0100 89.78 1B._

这样，用户可以不断修改相继单元的内容，直到用 Enter 键结束该命令为止。

② 填写命令 F(Fill)，其格式为：

－F range list

例如：－f 4BA:0100 5 F3'XYZ'8D

使 04BA:0100～0104 单元包含指定的 5 个字节的内容。如果 list 中的字节数超过指定的范围，则忽略超过的项，如果 list 的字节数小于指定的范围，则重复使用 list 填入，直到填满指定的所有单元为止。

(3)检查和修改寄存器内容的命令 R(Register)，有 3 种格式

① 显示 CPU 内所有寄存器内容和标志位状态，其格式为：

－R

例如： －r

AX=0000　BX=000　CX=010A　DX=0000　SP=FFFE　BP=0000　SI=0000　DI=0000

DS=18EA　EX=18E4　SS=18E4　CS=18E4　IP=0100　NV UP DI PL NZ NA PO NC

18E4:0100　C70604023801　MOV　WORD　PTR[0204],0138　DS:0204=0000

其中标志位状态的含义可见第2章。

② 显示和修改某个寄存器内容，其格式为：

－R register name

例如，键入

－r ax

系统将响应如下：

AX FIF4

:

即AX寄存器的当前内容为F1F4，若不修改，则按Enter键；否则，可键入欲修改的内容，如：

－r bx

BX　0369

:059F

则把BX寄存器的内容修改为059F

③ 显示和修改标志位状态，命令格式为：

－rf

系统将响应，如下：

OV DN EI NG ZR AC PE CY－

此时，若不修改其内容可按Enter键；否则，可键入欲修改的内容，如

OV DN EI NG ZR AC PE CY－PONZDINV

即可。可见键入的顺序可以是任意的。

(4)运行命令 $G_{(G0)}$，其格式为：

－G[=address1][address2[address3...]]

其中，地址1指定了运行的起始地址，若不指定，则从当前的CS:IP开始运行，后面的地址均为断点地址，当指令执行到断点时，就停止执行并显示当前所有寄存器及标志位的内容和下一条将要执行的指令。

(5)跟踪命令T(Trace)，有两种格式：

① 逐条指令跟踪

－T=[=address]

从指定地址起执行一条指令后停下来，显示所有寄存器内容及标志位的值。如未指定地址，则从当前的CS:IP开始执行。

② 多条指令跟踪

－T[=address][value]

从指定地址起执行n条指令后停下来，n由value指定。

(6)汇编命令A(Assemble)，其格式为：

－A[address]

该命令允许输入汇编语言语句，并把它们汇编成机器代码，相继地存放在从指定地址开始的存储区中。必须注意：DEBUG把输入的数字都看成十六进制数，所以，若如要键入十进制数，则其后应加以说明，如100D。

(7)反汇编命令U(Unassemble)，有两种格式：

① 从指定地址开始，反汇编32字节，其格式为：

－U[address]

例如： －u100

18E4:0100　C70604023801　MOV　WORD PTR[0204],0138

18E4:0106　C70604020002　MOV　WORD PTR[0206],0200

18E4:010C　C70608020202　MOV　WORD PTR[0208],0202

```
      18E4:0112      BB0402        MOV   BX,0204
      18E4:0115      E80200        CALL  011A
      18E4:0118      CD20          INT   20
      18E4:011A      50            PUSH  AX
      18E4:011B      51            PUSH  CX
      18E4:011C      56            PUSH  SI
      18E4:011D      57            PUSH  DI
      18E4:011E      8D37          MOV   SI,[SX]
```

如果地址被省略,则从上一个 U 命令最后一条指令的下一个单元开始显示 32 字节。

② 对指定范围的存储单元进行反汇编,格式为:

-U[range]

范围 range 可由起始地址和结束地址给出,也可用起始地址和长度表示。

例如:-u100 10C

```
      18E4:0100      C70604023801   MOV   WORD PTR[0204],0138
      18E4:0106      C70606020002   MOV   WORD PTR[0206],0200
      18E4:010C      C70608020202   MOV   WORD PTR[0208],0204
```

或 -u100 L10

```
      18E4:0100      C70604023801   MOV   WORD PTR[0204],0138
      18E4:0106      C70606020002   MOV   WORD PTR[0206],0200
      18E4:010C      C70608020202   MOV   WORD PTR[0208],0202
```

可见,这两种格式是等效的。

(8)命名命令 N(Name),其格式为:

-N filespecs[filespecs]

该命令把两个文件标识符格式化在 CS:5CH 和 CS:6CH 的两个文件控制块中,以便在其后用 L 或 W 命令把文件装入或存盘。filespecs 的格式可以是:

[d:][path]filename[.ext]

例如: -N myprog

-L

~

可把文件 myprog 装入存储器。

(9)装入命令 L(load),有两种功能:

① 把磁盘上指定扇区范围的内容装入到存储器从指定地址开始的区域中。其格式为:

-L address drive sector sector

② 装入指定文件,其格式为:

-L[address]

此命令装入已在 CS:5CH 中格式化了的文件控制块所指定的文件。若未指定地址,则装入 CS:0100 开始的存储区中。

(10)写命令 W(Write),有两种功能:

① 把数据写入磁盘的指定扇区。其格式为:

-W address drive sector sector

② 把数据写入指定的文件中。其格式为:

-W[address]

此命令把指定的存储区中的数据写入由 CS:5CH 处的文件控制块所指定的文件中。若未指定地址,则数据从 CS:0100 开始。要写入文件的字节数应先放入 BX 和 CX 中。

(11)退出 DEBUG 命令 Q(Quit),其格式为:

-Q

退出 DEBUG,返回 DOS。本命令并无存盘功能。若需存盘,应先使用 W 命令。

附录 I　80x86/Pentium 汇编语言程序上机调试过程

1. 汇编语言上机步骤

① 编辑:用编辑程序建立一个扩展名为.ASM 的汇编语言源程序文件。

② 汇编:调用汇编程序(MASM. EXE)对源程序汇编,生成目标文件(.OBJ)。

③ 连接:调用连接程序(LINK. EXE)连接目标文件,生成可执行文件(.EXE)。

④ 运行:运行可执行文件。

⑤ 调试:如果程序运行时有错,可调用调试程序(DEBUG. EXE)对可执行文件(EXE)进行调试,直到程序正确。

汇编语言程序的上机流程如图 I-1 所示。

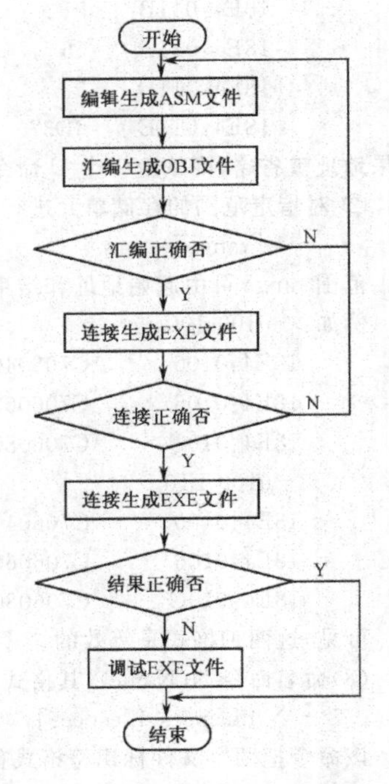

图 I-1　汇编语言程序的上机流程

2. 编辑

用文本编辑程序将汇编语言源程序录入,以文件形式存入磁盘,建立汇编语言源程序文件(.ASM),汇编语言源程序文件名称由用户自定义(只能用字母、数字或下划线构成)。

这里以文本编辑程序 EDIT. COM(DOS 的外部命令)为例介绍汇编语言程序编辑方法。

EDIT 命令格式:

[盘符:][路径]EDIT [盘符 1:][路径 1][文件名]

EDIT 前的盘符和路径是指 EDIT. COM 文件的位置,盘符 1 和路径 1 是指当前要编辑的汇编语言程序存放的位置,文件名是给汇编语言程序起的名称。

例如,将两个整数进行比较,输出其中的较大数。

假定文本编辑程序位于 D 盘根目录下,需要在当前目录下建立一个名为 EXAMPLE 的汇编源程序文件。

```
D:\>EDIT EXAMPLE. AASM <CR>          ;编辑源程序文件 EXAMPLE. ASM
```

输入如下汇编语言程序:

```
   DATA SEGMENT
   X        DB       5
   Y        DB       8
MAX        DB ?
DATA       ENDS
CODE       SEGMENT
ASSUME     CS:CODE,DS:DATA
START:     MOV AX,DATA
           MOV DS,AX
           MOV AL,X                 ;将第一个整数 X 送 AL 中
           CMP AL,Y                 ;将 AL 中的整数与第二个整数 Y 进行比较
           JA NEXT                  ;若 AL 中的整数大于 Y,则转向 NEXT 标号处的语句执行
           MOV AL,Y                 ;若小于,则将大数 Y 送 AL 中
NEXT:      ADD AL,30H               ;将 AL 中的数转换成 ASCII 码
           MOV DL,AL
           MOV AH,02
           INT 21H                  ;调用 DOS 的 2 号功能子程序将 DL 中存放的字符显示输出
           MOV AH,4CH
           INT 21H                  ;返回 DOS 系统
```

```
CODE    ENDS
        END START
```

选择 File 菜单项下的 Save 选项，按指定的文件名 EXAMPLE 保存文件，生成 EXAMPLE. asm 文件。

3. 汇编

汇编就是利用汇编程序将汇编语言源程序翻译成目标程序的过程。用宏汇编程序 MASM. exe 汇编源程序，生成浮动目标程序（即扩展名为. obj 的文件）。

汇编 EXAMPLE. asm 文件的命令如下：

D:\＞MASM EXAMPLE. ASM ＜CR＞　　　　;汇编源程序 EXAMPLE. asm

屏幕显示以下各行（一次一行），提示用户应键入的信息：

Object filename[EXAMPLE. obj]：＜CR＞　　　　;生成目标文件 EXAMPLE. obj
Source Listing [NUL. lst]：　　　　;询问是否生成列表文件(. lst)，列出源程序与对应的机器码
Cross reference[NUL. crf]：　　　　;询问是否生成交叉引用文件(. crf)

产生目标文件(. OBJ)是汇编的主要目的，通常用户可以直接按回车键，表示采用默认文件名汇编。LST 文件为列表文件，提供全部汇编后的信息。若用户不需要这些信息，可直接回车。CRF 文件为交叉引用文件。若要建立交叉引用文件，则输入文件名；若用户不需要这些信息，可直接按回车键。

上述三个提示回答完成后，MASM 开始对源程序进行汇编。在汇编过程中，若发现源程序中有语法错误，则列出有错误的语句，错误的代码和错误的类型，最后列出错误的总数。此时就可以分析错误，调用编辑程序修改错误，直到汇编正确。

4. 连接

源程序经汇编后生成的目标代码文件还需要用连接程序将其转换为可执行文件后才能执行，目标文件中的地址只是相对地址，还不是真正的内存中的物理地址。对于由多个模块组成的大程序，也需要将每个模块分别汇编后再连接成可执行文件。

调用 LINK. exe 文件可将 OBJ 文件连接成 EXE 可执行文件。

连接 EXAMPLE. obj 文件的命令如下：

D:\＞LINK EXAMPLE ＜CR＞　　　　;连接目标文件 EXAMPLE. obj

屏幕显示以下各行(一次一行)，提示用户应输入：

Run file[EXAMPLE. exe]：＜CR＞　　　　;生成可执行文件 EXAMPLE. exe
List file[UNL. map]：　　　　;询问是否生成内存映象文件(. map)
Libbaries[. lib]：　　　　;询问要连接的库文件名

第一个提示询问要产生的可执行文件(. exe)的文件名，通常按回车表示默认括号内规定的文件名。第二个提示询问是否建立内存映象文件(. map)，给出每个段在存储器中的分配情况，直接回车表示不需要建立。最后询问是否用库文件(. lib)，若不用库文件，直接回车。然后连接程序开始进行连接，若连接过程有错，则显示错误信息。有错误就要修改源文件，重新汇编、连接直至无错。若用户程序直接使用系统堆栈，则可忽略"NO STACK SEGMENT"的警告提示。

5. 运行

汇编语言源程序经过汇编、连接以后生成的 EXE 文件，可在 DOS 提示符下直接输入文件名运行。

D:\＞EXAMPLE ＜CR＞

EXAMPLE. EXE 文件装入内存并从程序中起始的地址运行。

程序若正确无误，则执行完后显示运行结果：8

系统正常返回 DOS 操作系统。若运行结果存放在存储单元里，或发现程序运行错误，或想跟踪程序的执行，则需要调用 DEBUG 程序。

6. 汇编程序的调试

DEBUG 是专为汇编语言设计的一个调试程序，它通过单步、设置断点等方式为汇编语言程序的调试提供了非常有效的调试手段。在 DOS 的提示符下，输入命令：

D:\＞DEBUG EXAMPLE. exe＜CR＞

DOS 将 DEBUG. com 调入内存后把被调试的 EXAMPLE. EXE 程序也调入内存。装入内存的地址从偏移 0 开始，装入后显示 DEBUG 的提示符"－"。在提示符"－"下可执行 DEBUG 的各种命令(请参阅附录 H)。

参考文献

[1] 潘名莲,马争,丁庆生．微计算机原理(第 2 版),电子工业出版社,2003.

[2] 潘名莲,马争,惠林．微计算机原理,电子工业出版社,1994.

[3] 潘名莲,马争,王灿．微机原理与应用,电子科技大学出版社,1995.

[4] 罗克露,单立平,刘辉,俸志刚．计算机组成原理,电子工业出版社,2004.

[5] 杨全胜,胡友彬等.现代微机原理与接口技术(第 2 版).电子工业出版社,2011.

[6] 吴宁、马旭东．80x86/Pentium 微型计算机原理及应用(第 3 版).电子工业出版社 2011.

[7] [美]Barry B. Brey The Intel Microprocessors 8086/8088,80186/80188,80286,80386,80486,Pentium,Pentium Pro Processor ,PentiumII,Pentium III,Pentium 4 Architecture,Programming,and Interfacing. Sixth Edition.电子工业出版社,2004.

[8] Intel 公司.IA－32 Intel Architecture Software Developer's Manual.

[9] 李继灿.Intel 8086－Pentium 4 后系列微机原理与接口技术.清华大学出版社,2010.

[10] 肖洪兵.微机原理及接口技术.北京大学出版社,2010.

[11] 张颖超.微机原理与接口技术.电子工业出版社会,2011.

[12] 王怀明,程广振.数控技术及应用.电子工业出版社,2011.

[13] 莫卫东.现代计算机网络技术及应用.机械工业出版社,2007.

[14] 董南萍,郭文荣,周进.计算机网络与应用教程.清华大学出版社,2005.

[15] (美)Noam Nisan,(美)Shimon Schocken.计算机系统要素——从零开始构建现代计算机.周维等译,电子工业出版社,2007.

[16] By Joseph C. Giarratano. Modern computer concepts. Indianapolis, Ind. H. W. Sams. c1982.